新一代通信技术
新兴领域“十四五”
高等教育教材

通信原理

（第5版）

北京邮电大学通信原理课程组　编写
杨鸿文　主编

北京邮电大学出版社
www.buptpress.com

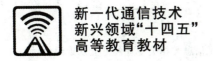

内 容 简 介

本书系统、深入地介绍了通信的基本原理与基本分析方法，是电子信息类相关专业的专业基础课教材。

全书共13章，内容包括通信基本概念、确定信号分析、随机过程、模拟通信系统、数字基带传输、数字频带传输、信源和信源编码、信道、信道编码、扩频通信、正交频分复用多载波调制技术、通信系统的优化、通信网的基本知识。

本书具有概念清晰、内容新颖的特点，书中配备了丰富的例题与习题，并通过二维码形式提供了详细的习题解析。读者可扫描封底的二维码下载安装“北邮智信”App，在“北邮智信”App中验证正版教材，加载免费资源。此外，读者还可通过中国大学MOOC及学堂在线获取与本书配套的更多电子资源。

本书可作为高等学校通信工程、电子工程和其他相近专业本科生的教材，也可供通信工程技术人员和科研人员作为参考书。

图书在版编目（CIP）数据

通信原理 / 杨鸿文主编. -- 5版. -- 北京 ：北京邮电大学出版社，2024. -- ISBN 978-7-5635-7491-9

Ⅰ. TN911

中国国家版本馆CIP数据核字第20244LQ966号

策划编辑：彭 楠　**责任编辑**：彭 楠　**责任校对**：张会良　**封面设计**：七星博纳

出版发行：北京邮电大学出版社
社　　址：北京市海淀区西土城路10号
邮政编码：100876
发 行 部：电话：010-62282185　传真：010-62283578
E-mail：publish@bupt.edu.cn
经　　销：各地新华书店
印　　刷：保定市中画美凯印刷有限公司
开　　本：787 mm×1 092 mm　1/16
印　　张：27.5
字　　数：717千字
版　　次：2002年8月第1版　2005年11月第2版　2008年8月第3版　2015年8月第4版
2024年12月第5版
印　　次：2024年12月第1次印刷

ISBN 978-7-5635-7491-9

定价：78.00元

总　　序

伴随着社会需求的不断提高和技术的飞速发展，通信技术实现了跨越式发展，为信息通信网络基础设施的建设提供了有力支撑。同时，目前通信技术已经接近香农信息论所预言的理论极限，面对可持续发展的巨大挑战，我国对未来通信人才的培养提出了更高要求。

坚持以习近平新时代中国特色社会主义思想为指导，立足于"新一代通信技术"这一战略性新兴领域对人才的需求，结合国际进展和中国特色，发挥我国在前沿通信技术领域的引领性，打造启智增慧的"新一代通信技术"高质量教材体系，是通信人的使命和责任。为此，北京邮电大学张平院士组织了来自七所知名高校和四大领先企业的学者和专家，组建了编写团队，共同编写了"新一代通信技术新兴领域'十四五'高等教育教材"系列教材。编写团队入选了教育部"战略性新兴领域'十四五'高等教育教材体系建设团队"。

"新一代通信技术新兴领域'十四五'高等教育教材"系列教材共20本，该系列教材注重守正创新，致力于推动思教融合、科教融合和产教融合，其主要特色是：

(1)"分层递进、纵向贯通"的教材体系。根据通信技术的知识结构和特点，结合学生的认知规律，构建了以"基础电路、综合信号、前沿通信、智能网络"四个层次逐级递进、以"校内实验—校外实践"纵向贯通的教材体系。首先在以《电子电路基础》为代表的电路教材基础上，设计编写包含各类信号处理的教材；然后以《通信原理》教材为基础，打造移动通信、光通信、微波通信和空间通信等核心专业教材；最后编著以《智能无线网络》为代表的多种新兴网络技术教材；同时，《通信与网络综合实验教程》教材以综合性、挑战性实验的形式实现四个层次教材的纵向贯通；充分体现出教材体系的完备性、系统性和科学性。

(2)"四位一体、协同融合"的专业内容。从通信技术的基础理论出发，结合我国在该领域的科技前沿成果和产业创新实践，打造出以"坚实基础理论、前沿通信技术、智能组网应用、唯真唯实实践"四位一体为特色的新一代通信技术专业内容；同时，注重基础内容和前沿技术的协同融合，理论知识和工程实践的融会贯通。教材内容的科学性、启发性和先进性突出，有助于培养学生的创新精神和实践能力。

(3)“数智赋能、多态并举”的建设方法。面向教育数字化和人工智能应用加速的未来趋势，该系列教材的建设依托教育部的虚拟教研室信息平台展开，构建了“新一代通信技术”核心专业全域知识图谱；建设了慕课、微课、智慧学习和在线实训等一系列数字资源；打造了多本具有富媒体呈现和智能化互动等特征的新形态教材；为推动人工智能赋能高等教育创造了良好条件，有助于激发学生的学习兴趣和创新潜力。

尺寸教材，国之大者。教材是立德树人的重要载体，希望以“新一代通信技术新兴领域‘十四五’高等教育教材”系列教材以及相关核心课程和实践项目的建设为着力点，推动“新工科”本科教学和人才培养的质效提升，为增强我国在新一代通信技术领域竞争力提供高素质人才支撑。

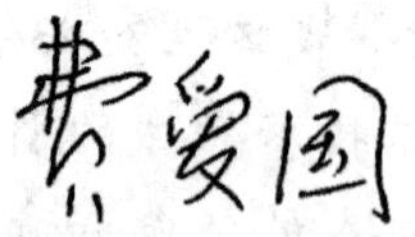

中国工程院院士

2024. 6

序　言

《通信原理》的第 1 版至第 4 版由已故中国工程院院士周炯槃主编，庞沁华、续大我、吴伟陵等老前辈亦为主要作者。该教材的基本架构由周先生精心擘画，教材内容凝聚着各位老先生毕生的心血。

如今，周先生已溘然长逝，其他老同志已届耄耋之年，教材修订的重任便落在了通信原理课程组的肩上，主要由杨鸿文、桑林、林家儒、刘杰、刘丹谱等负责组织实施。

在《通信原理》第 1～4 版中，周炯槃院士编写第 1 章和第 13 章；续大我教授编写第 2、3、8、10 章；庞沁华教授编写第 4、5、6、11 章；吴伟陵教授编写第 7、9、12 章。杨鸿文教授参与了第 3 版部分章节的编写工作，并协助庞沁华教授完成统稿工作，负责第 4 版第 2、3 章的改编修订及全书统稿工作。

《通信原理》第 5 版在延续前 4 版基本结构与主体内容的基础上，结合读者反馈与教学经验，对部分内容进行了更新修订。在第 5 版中，杨鸿文、庞沁华对第 1～4 章进行了改编；庞沁华、杨鸿文对第 8 章 8.6 节进行了改编；其余各章主要由庞沁华、杨鸿文进行了个别修订。第 5 版吸收了通信原理课程组任课教师提出的修订意见，同时也吸收了读者意见。此外，北邮理学院胡细宝教授对第 3 章进行了审读并提出了修订意见，北邮教材办组织的专家也提出了许多宝贵意见，在此一并表示感谢。

本书具有概念清晰、内容新颖的特点，书中配备了丰富的例题与习题，并通过二维码形式提供了详细的习题解析。此外，读者还可通过中国大学 MOOC 及学堂在线获取与本书配套的更多电子资源。

借此机会，编者谨代表北京邮电大学通信原理课程组感谢谈振辉教授及历届教育部电子信息教学指导委员会对北邮通信原理课程的指导，感谢教育部电子信息类专业虚拟教研室、教育部通信原理课程虚拟教研室的支持，感谢国内同仁与企业的帮助，感谢编辑彭楠及北邮出版社的辛勤付出。尤其要感谢本书的广大读者，若把作者比作信源，那么信宿就是读者。从周先生等老前辈到本版作者，编写《通信原理》所有版次的目的都是帮助读者学好通信原理。

鉴于编者学识水平有限，书中难免存在疏漏错谬之处，敬请读者批评指正。

编　者

2024 年 12 月

目　　录

第1章　绪论 …… 1

1.1　引言 …… 1
1.2　通信发展简史 …… 1
1.3　通信系统的构成 …… 5
1.3.1　通信系统模型 …… 5
1.3.2　信源和信号 …… 6
1.3.3　信源编码 …… 7
1.3.4　信道编码 …… 7
1.4　本书总体结构 …… 8

第2章　确定信号分析 …… 9

2.1　信号 …… 9
2.1.1　信号 …… 9
2.1.2　能量与功率 …… 14
2.1.3　复信号 …… 17
2.1.4　内积 …… 19
2.2　信号频谱 …… 23
2.2.1　傅里叶级数 …… 23
2.2.2　傅里叶变换 …… 25
2.2.3　常用傅氏变换及性质 …… 26
2.2.4　能量谱密度与功率谱密度 …… 31
2.2.5　信号的带宽 …… 34
2.3　线性时不变系统 …… 37
2.3.1　滤波器 …… 37
2.3.2　滤波器输出的能量及功率谱密度 …… 40
2.3.3　希尔伯特变换与解析信号 …… 41
2.3.4　滤波器的可实现性 …… 44
2.4　带通信号与带通系统 …… 46
2.4.1　带通信号的等效基带表示 …… 46
2.4.2　带通滤波器的等效基带表示 …… 49

2.4.3 复包络无失真 …… 51
习题 …… 52

第3章 随机过程 …… 54

3.1 随机信号 …… 54
3.1.1 引言 …… 54
3.1.2 随机变量 …… 54
3.1.3 随机过程 …… 55
3.1.4 随机序列 …… 56
3.2 随机过程的统计特性 …… 57
3.2.1 概率分布 …… 57
3.2.2 数字特征 …… 60
3.2.3 相关函数 …… 63
3.2.4 功率谱密度 …… 66
3.2.5 随机过程通过滤波器 …… 67
3.3 平稳过程 …… 69
3.3.1 平稳过程 …… 69
3.3.2 遍历性 …… 70
3.3.3 循环平稳 …… 70
3.3.4 平稳过程通过滤波器 …… 72
3.4 复随机过程 …… 73
3.4.1 复随机变量 …… 73
3.4.2 复随机过程 …… 74
3.4.3 带通随机信号 …… 77
3.5 高斯噪声 …… 78
3.5.1 高斯随机变量 …… 78
3.5.2 加性白高斯噪声 …… 81
3.5.3 窄带高斯噪声 …… 83
3.6 匹配滤波器 …… 85
习题 …… 87

第4章 模拟通信系统 …… 89

4.1 引言 …… 89
4.1.1 模拟调制的概念 …… 89
4.1.2 超外差系统 …… 89
4.1.3 系统模型 …… 90
4.1.4 复信号表示 …… 91
4.1.5 本章内容 …… 92

4.2 幅度调制 …… 93
4.2.1 双边带抑制载波调制 …… 93
4.2.2 包络调制 …… 95
4.2.3 单边带调制 …… 98
4.2.4 载波同步 …… 101
4.3 角度调制 …… 105
4.3.1 调频与调相 …… 105
4.3.2 FM 信号的频谱特性 …… 106
4.3.3 FM 调制与解调的实现 …… 108
4.4 模拟调制的抗噪声性能 …… 110
4.4.1 系统模型 …… 110
4.4.2 线性调制相干解调 …… 110
4.4.3 AM 包络检波 …… 111
4.4.4 FM 解调 …… 112
4.4.5 模拟调制的抗噪声性能比较 …… 115
4.5 频分复用 …… 115
习题 …… 118

第 5 章 数字基带传输 …… 121

5.1 引言 …… 121
5.1.1 数字基带信号及数字基带传输 …… 121
5.1.2 数字通信中的基本速率 …… 122
5.2 数字基带信号波形及其功率谱密度 …… 122
5.2.1 数字脉冲幅度调制 …… 123
5.2.2 常用的数字 PAM 信号波形(码型) …… 123
5.2.3 数字 PAM 信号的功率谱密度计算 …… 128
5.2.4 常用线路码型 …… 131
5.3 在加性白高斯噪声信道条件下数字基带信号的接收 …… 136
5.3.1 加性白高斯噪声信道 …… 136
5.3.2 利用匹配滤波器的最佳接收 …… 137
5.4 PAM 信号通过限带信道传输 …… 139
5.4.1 符号间干扰 …… 139
5.4.2 无 ISI 传输的奈奎斯特准则 …… 141
5.5 在理想限带及加性白高斯噪声信道条件下数字 PAM 信号的最佳基带传输 …… 144
5.6 眼图 …… 146
5.7 信道均衡 …… 147
5.8 部分响应系统 …… 153
5.9 符号同步 …… 157

习题 …… 160

第6章 数字频带传输 …… 164

6.1 引言 …… 164
6.2 二进制数字信号的正弦型载波调制 …… 165
6.2.1 通断键控 …… 165
6.2.2 二进制移频键控 …… 171
6.2.3 二进制移相键控 …… 174
6.2.4 差分移相键控 …… 176
6.3 四相移相键控 …… 178
6.3.1 四相移相键控 …… 178
6.3.2 差分四相移相键控 …… 183
6.3.3 偏移四相移相键控 …… 185
6.4 M 进制数字调制 …… 186
6.4.1 数字调制信号的矢量表示 …… 187
6.4.2 统计判决理论 …… 192
6.4.3 加性白高斯噪声干扰下 M 进制确定信号的最佳接收 …… 194
6.4.4 M 进制振幅键控 …… 197
6.4.5 M 进制移相键控 …… 203
6.4.6 正交幅度调制 …… 209
6.4.7 M 进制移频键控 …… 214
6.5 恒包络连续相位调制 …… 218
6.5.1 最小移频键控 …… 219
6.5.2 高斯最小移频键控 …… 225
习题 …… 233

第7章 信源和信源编码 …… 239

7.1 引言 …… 239
7.2 信源的分类及其统计特性描述 …… 240
7.3 信息熵 $H(X)$ …… 242
7.4 互信息 $I(X;Y)$ …… 246
7.5 无失真离散信源编码定理简介 …… 248
7.6 无失真离散信源编码 …… 250
7.7 信息率失真 $R(D)$ 函数 …… 252
7.8 限失真信源编码定理与限失真信源编码 …… 255
7.9 连续信源的限失真编码 …… 256
7.9.1 模拟信号数字化基本原理 …… 256
7.9.2 采样 …… 258

7.9.3　标量量化 …… 263
7.9.4　时分复用 …… 269
7.9.5　矢量量化 …… 270
7.10　有记忆信源解除相关性的限失真信源编码 …… 273
7.10.1　预测编码 …… 273
7.10.2　变换编码 …… 278
习题 …… 282

第 8 章　信道 …… 285

8.1　引言 …… 285
8.2　信道的定义和分类 …… 285
8.3　通信信道实例 …… 286
8.3.1　恒参信道 …… 286
8.3.2　随参信道 …… 287
8.4　信道的数学模型 …… 288
8.4.1　连续信道模型 …… 288
8.4.2　离散信道模型 …… 289
8.5　无失真信道 …… 290
8.6　衰落信道 …… 291
8.6.1　多径信道的时变冲激响应与时变传递函数 …… 291
8.6.2　衰落幅度的分布特性 …… 292
8.6.3　信道的相关函数 …… 292
8.6.4　多径时延扩展与相干带宽 …… 293
8.6.5　多普勒扩展与相干时间 …… 294
8.6.6　信道衰落小结 …… 295
8.7　分集 …… 296
8.8　信道容量 …… 297
习题 …… 299

第 9 章　信道编码 …… 301

9.1　信道编码的基本概念 …… 301
9.2　线性分组码 …… 306
9.2.1　基本概念 …… 306
9.2.2　生成矩阵和监督矩阵 …… 308
9.2.3　对偶码 …… 312
9.2.4　系统码的编码与译码 …… 313
9.2.5　汉明码 …… 315
9.3　循环码 …… 316

9.3.1 基本概念 …… 316
9.3.2 多项式描述 …… 318
9.3.3 生成多项式与生成矩阵 …… 320
9.3.4 编码电路 …… 324
9.3.5 循环冗余校验 …… 325
9.4 BCH码与RS码 …… 327
9.5 卷积码 …… 332
9.5.1 卷积码的编码 …… 333
9.5.2 卷积码的译码 …… 338
9.6 交织 …… 344
9.7 级联码 …… 345
9.8 Turbo码 …… 347
9.9 高效率信道编码TCM …… 348
9.10 低密度校验码 …… 353
9.10.1 LDPC码的译码 …… 354
9.10.2 LDPC码的编码 …… 355
9.10.3 LDPC码 H 矩阵的构造 …… 355
习题 …… 356

第10章 扩频通信 …… 360

10.1 引言 …… 360
10.2 伪随机码 …… 360
10.2.1 定义 …… 360
10.2.2 最长线性反馈移存器序列(m序列) …… 361
10.2.3 Gold码 …… 365
10.3 伪码的同步 …… 365
10.3.1 粗同步(捕获) …… 365
10.3.2 细同步(跟踪) …… 367
10.4 正交码 …… 369
10.5 直接序列扩频 …… 372
10.5.1 直扩二相移相键控 …… 372
10.5.2 功率谱密度 …… 373
10.5.3 DS-BPSK的抗干扰性能 …… 375
10.6 直扩正交多进制调制 …… 377
10.7 码分复用与码分多址 …… 378
10.7.1 码分复用 …… 378
10.7.2 沃尔什码相关特性的改善 …… 379
10.7.3 码分多址 …… 380

10.8　多径分集接收:Rake 接收 …… 380
10.9　扩频码的其他应用 …… 381
10.9.1　误码率的测量 …… 381
10.9.2　数字信息序列的扰码与解扰 …… 382
10.9.3　噪声发生器 …… 383
10.9.4　数字通信加密 …… 383
10.9.5　测量时延 …… 383
习题 …… 384

第 11 章　正交频分复用多载波调制技术 …… 386

11.1　引言 …… 386
11.2　OFDM 多载波调制技术的基本原理 …… 387
11.2.1　BPSK-OFDM …… 387
11.2.2　QAM-OFDM …… 389
11.3　OFDM 调制的数字实现 …… 391
11.4　循环前缀 …… 392
11.4.1　保护间隔 …… 392
11.4.2　循环前缀 …… 392
11.5　OFDM 系统的收发信机 …… 394
11.6　OFDM 系统的应用 …… 395

第 12 章　通信系统的优化 …… 397

12.1　通信系统优化的物理与数学模型 …… 397
12.1.1　模型的建立与描述 …… 397
12.1.2　通信系统优化的度量指标与准则 …… 399
12.2　通信系统单技术指标下的优化 …… 400
12.2.1　无失真信源的编码定理 …… 400
12.2.2　限失真信源的编码定理 …… 401
12.2.3　信道编码定理 …… 401
12.3　基于 AWGN 信道在可靠性指标下的优化 …… 402
12.4　随参信道通信系统在可靠性指标下优化的基本思路 …… 405

第 13 章　通信网的基本知识 …… 408

13.1　引言 …… 408
13.2　通信网的组成要素和性能要求 …… 408
13.3　交换技术的基本原理 …… 410
13.3.1　电路转接 …… 410
13.3.2　信息转接 …… 411

13.3.3 多址接入 …… 413
13.4 信令和协议 …… 414
13.4.1 电话信令 …… 414
13.4.2 数据网协议 …… 416
13.5 下一代网络 …… 417
13.5.1 NGN …… 417
13.5.2 软交换 …… 417
13.5.3 IMS …… 418
13.6 无线自组织网络 …… 419
13.7 结束语 …… 419
缩略语 …… 420
参考文献 …… 423

第1章 绪 论

1.1 引 言

通信乃是互通信息。

人类的一切活动都离不开通信,人类所创造的通信技术的基础正是本书讲授的通信原理。

从社会发展史来看,农业社会以生产物资为主,物资包括生存所需的生活资料和生产所需的生产工具。到了工业社会,为了扩展人的体能而引入的能量生产,形成了这一时代的特色。这从蒸气的热能转化成机械能开始,而后用发电机转化为电能。电能是一种便于使用的能源,它可高效地转化成各种能量供不同的需要,因而极大地促进了物资生产和生活质量,使人类社会发生了一次飞跃,如列宁曾说:"共产主义就是电气化加苏维埃。"另一次飞跃就是引入扩展人的智能的信息技术,使人类社会进入通常所说的信息社会。信息是一个古老的概念,但直到20世纪中叶,香农(C. Shannon)在概率论的基础上定义了信息熵,其才有了定量的意义。以后由此建立了信息论这一学科,对于信息技术的发展起到奠基作用。但是这种信息的定义是有特定限制条件的,所以一般称为狭义信息或语法信息。通常意义下的信息或广义信息,迄今尚无确切的科学定义。一般地说,它不同于物资资源和能量资源,是可以共享和重复使用的,而且可不受空间和时间的限制而被广泛地传播,所以它对物资生产和能量生产可起极大的促进作用。信息技术常称为3C,即通信技术、计算机技术、控制技术。通信技术突破了空间限制,可以快速将大量信息传送到遥远各处,进而又拓展到遥测、遥感领域。计算机技术可使大量信息存储并快速处理,并可共享和重复使用。控制技术在自身发展基础上又拓展到遥控领域,使信息的提取和利用进入更大空间和更深层次。这些技术的发展,实际上就是因为人的智力得到极大的扩展,从而不但使传统产业得到改造而进一步发展,新产业也不断形成,如探索宇宙奥秘的航天产业,丰富人的精神生活和物质生活的家电产业等。其实这些技术都与通信和通信网有关,因此通信技术的发展加快信息社会的形成,而信息社会的形成又加速通信产业的发展。"通信原理"因而备受重视,几乎成为所有电子信息类专业的必修课程。本书着重讲述基础理论问题,而对新型和发展中的专业知识只作适当阐述,以利后续专业课详细讨论。

1.2 通信发展简史

通信发展历史是人类智慧创造的史诗。从第一封电报、第一个电话、第一条广播、第一台电视、第一部手机到第一条短信,有无数个改变人类社会与生活的"第一"。

1. 电通信之前

通信无处不在。面对面说话是通信,书信往来是通信,手势、表情、肢体语言是通信,基因延续、文化传承也是通信,所有具有信息传递特征的行为都是通信。通信充彻于人们日常生活中,如阅读书籍:作者将其思维表述于书中,阅者通过眼睛扫视书中图文,经神经中枢通信,告知大脑信息。人类的眼、耳、鼻、舌、身等将感知的信息,经神经系统通信传到大脑,大脑经思考作出反应,通知身体各部作出动作。动植物也同样通过通信作出各种生理反应。

通信也称为通讯,英文为 communication。中文通信一词最早见于《晋书·王澄传》。西晋名士王澄被王敦所杀,《王澄传》提到"因下床而谓澄曰:'何与杜弢通信?'"唐代李德裕所著《代刘沔与回鹘宰相书意》中也有一句话:"又恐回鹘与吐蕃通信,已令兵马把断三河口道路。"

在电通信之前,古人发明了许多实用的远距离通信方式。例如,鸿雁传书,将鸽子腿绑上小纸条传递信息;八百里加急,通过骑马接力传递紧急信息;烽火通信,通过长城上一个接一个的烽火台,点燃狼烟传递紧急军情,是世界上第一个长距离中继通信系统;旗语通信,使用手持旗、棒、圆盘、桨来传递信息,是19世纪海上舰船广泛使用的通信方式。

2. 电通信

人类对电通信的探索始于19世纪初。1837年,库克(W. Cooke)与惠斯通(C. Wheatstone)发明了磁针式电报。同年,摩尔斯(S. Morse)发明了莫尔斯电码。莫尔斯电报系统于1844年在华盛顿和巴尔的摩之间试运行,此后风行天下,开启了人类通信的电时代。1876年(光绪二年),福州城至马尾港电报线建成,中国有了第一条电报线路。

1875年,贝尔(A. Bell)利用电磁感应原理发明了电话。1876年,人类实现了第一次电话通话,贝尔的同事华生(Watson)通过电话听到了贝尔清晰的话音:"Mr. Watson, come here, I want to see you."1882年,我国第一部磁石电话交换机在上海开通。

1864年,麦克斯韦(J. Maxwell)建立电磁场理论。1887年,赫兹(H. Hertz)实验证明电磁波的存在。1901年,马可尼(G. Marconi)实现了从英国到纽芬兰,超越2 700 km的跨大西洋无线电通信。1905年,费森登(R. Fessenden)实验成功无线传送语声与音乐,标志着调幅无线电广播的诞生。此后陆续出现了调频、单边带等模拟调制方式以及超外差技术。20世纪二三十年代,电视开始普及,极大地改变了人们的生活方式。

电通信的基础是电信号处理,电通信的发展程度取决于电子技术的发展程度。1906年,德福雷斯特(L. de Forest)发明了第一只真空三极管,使电子管成为实用器件。1917年,法国无线电工程师莱维(L. Lévy)发明了超外差接收机。1946年,第一台数字电子计算机问世,为通信技术提供了强大的计算支持。1948年,贝尔实验室的巴丁(J. Bardeen)、勃拉登(W. Brattain)发明了晶体管。1958年,基尔比(J. Kilby)和诺伊斯(R. Noyce)分别发明了集成电路。集成电路后续又发展到超大规模集成电路,使在这期间刚出现的数字计算机得到迅猛发展,并很快与通信技术相结合,通信设备日益计算机化,计算机借助通信日益网络化。

3. 数字传输

通信有模拟通信和数字通信之分。最早的莫尔斯电码属于数字通信。后来出现的电话、广播则是模拟通信。数字通信有许多优点,例如易于加密,可以避免噪声积累,可以采用先进的调制编码技术,易于软件实现或数字集成芯片实现。电话、电视等模拟信息可以数字化为比特流。今天,电脑里的音乐、视频都是以数字化的比特形式存储的。1937年,里夫(A. Reeves)提出用脉冲编码调制(Pulse Coded Modulation,PCM)对语音信号编码,使模拟电话信号变成比特流。但在商业应用上,PCM直到20世纪70年代才逐渐取代当时普遍采用的模拟电话传输系统。我国在20世纪七八十年代逐步引入数字传输，开始了通信数字化的发展。1982年，中国第一部万门程控电话交换机在福州启用。

1971年，美国国防部建立了阿帕网（APPANET），使计算机之间的通信从局域网向广域网发展，最终成为今天的互联网。90年代起，互联网用户数开始爆炸式增长，业务不断扩大，传统的电话业务也开始低价位通过网络传输，直至今天的微信语音。目前的通信系统大多已数字化。移动通信系统从GSM开始步入数字化，逐步替代了原来广泛使用的模拟调频方式。通信方式数字化的背后是电子设备的数字化。1995年，布鲁斯特（S. Blust）提出了“软件无线电”一词。通过模数/数模变换（ADC/DAC），可以把调制解调、锁相、滤波等各类模拟信号处理全部数字化，并通过软件无线电、FPGA、DSP、集成芯片等来完成。

大容量多路传输也从最初的模拟传输发展到今天的数字传输。1941年，美国建成第一条同轴电缆，最初开通480路电话，之后陆续增加到13 200路。我国在1976年敷设京沪杭1 800路同轴电缆并投入使用。1966年，英籍华人高锟提出用玻璃光纤传送信号。此后，光纤通信迅猛发展，从多模发展到单模，从单波发展到波分复用，从非相干发展到相干。光通信的传输速率越来越高。目前，我国已打破普通单模光纤实时传输速率世界纪录，每条光纤的传输速率达到120 Tbit/s。

多路传输促进了复用技术的发展。最早出现的是时分复用（Time Division Multiplexing，TDM），由法国工程师波特（E. Baudot）于1870年发明，用于电报传输。1874年，爱迪生（T. Edision）发明了能传输4路电报的时分复用技术。在波特提出时分复用的40年后，斯奎尔（G. Squier）于1910年发明了用于复用多路电话信号的频分复用（Frequency Division Multiplexing，FDM）。此后陆续出现了码分复用（Code Division Multiplexing，CDM）、空分复用（Spatial Division Multiplexing，SDM）等众多的复用技术。

4. 香农极限

1948年，香农发表了著名的论文《通信的数学理论》，提出了通信系统的一般模型，定量揭示了通信的本质问题。之后香农又发表了率失真理论和密码理论等论文，后经其他学者的努力，逐步完善了一系列编码定理，到20世纪60年代形成信息论这一新学科。信息论是关于通信本质的理论。信息论给出了信息的明确定义及定量度量，回答了信源最大可以压缩到什么程度，信道最高能支持多高的传输速率等通信的基本问题。随着当今电子技术和信号处理算法的高度发展，通信系统的传输能力已经越来越逼近香农理论所给出的极限能力。

香农的熵公式被誉为改变人类世界的十七个伟大公式之一，其表达式为

$$H(X) \triangleq -\sum_{i=1}^{M} p_i \log p_i \tag{1.2.1}$$

其中 $p_1, p_2, \cdots, p_M$ 是信源符号的出现概率，详见本书第7章。基于信息熵及互信息的概念，香农给出了著名的香农信道容量公式：

$$C = B\log_2(1+\text{SNR}) \tag{1.2.2}$$

它表征了信噪比（Signal to Noise Ratio，SNR）、信号带宽 B 与最高传输速率 C 之间的定量关系。熵以及香农公式对现代通信具有极其重要的指导意义。本书第7章和第8章将进一步介绍。

5. 卫星通信

1945年，英国物理学家克拉克（A. Clarke）发表了一篇富有想象力的文章《地球外的中继》，文中提出了利用位于地球同步轨道上的人造地球卫星作为中继站进行通信的设想。1957

年,苏联成功发射了世界上第一颗人造卫星,地球上首次收到从人造卫星发来的电波。1963年,美国发射了第一颗地球同步卫星。1965年,国际卫星通信组织发射了第一代国际通信卫星INTELSAT-1,正式承担国际通信业务,标志着卫星通信时代的到来。近年来,卫星通信领域已成为通信技术领域新的热点,低轨卫星发展迅速。SpaceX的星链目前已部署了上千颗卫星,为用户提供高速互联网接入服务。

我国于1970年4月24日在酒泉卫星发射中心成功发射了第一颗卫星"东方红一号",随后在1984年4月发射了第一颗同步通信卫星"东方红二号"。2009年12月,中国第一颗业余通信卫星"希望1号"发射成功。2016年8月,我国成功发射了"天通一号01星"。随后,"天通一号02星"和"天通一号03星"也相继成功发射,构建了我国自主建设的首个卫星移动通信系统。目前,我国在轨卫星数量位居世界第二。随着"千帆星座"的陆续发射,我国向全球卫星互联网领域迈出了重要一步。

6. 移动通信

最近几十年来发展最强劲、最为公众瞩目的是移动通信。最早的移动通信可追溯到19世纪末船舶上用短波进行的电报通信。从20世纪20年代起,船舶上可通无线电话,陆地上的警车中也装有无线电台作调度通信。20世纪40年代,欧美各国开始建立公用汽车电话网,这个时代是移动通信的1G(第一代)时代。1G时代的移动通信是以模拟技术为基础的蜂窝无线电话系统,只能传输语音,网络容量有限,多个用户同时通信采用频分多址(Frequency Division Multiple Access,FDMA)技术。1973年,摩托罗拉员工马丁库帕(M. Cooper)发明了世界上第一部手机,开启了手机时代。1987年,中国第一个无线基站在广州建立。

20世纪90年代初,世界各国相继开通2G(第二代)移动通信,主要包括采用时分多址(Time Division Multiple Access,TDMA)的GSM系统,以及采用码分多址(Code Division Multiple Access,CDMA)的IS-95系统。2G移动通信以数字语音传输技术为核心,开启了手机上网的先河。1993年,我国第一个数字移动电话GSM网在浙江嘉兴开通。进入21世纪时,移动通信也发展到3G(第三代)。3G能支持高速数据传输,提供高质量的宽带多媒体综合业务,并能实现全球无缝覆盖、全球漫游。3G最早由国际电信联盟(International Telecommunication Union,ITU)于1985年提出,1996年更名为IMT-2000,其容量是2G的2~5倍。最具代表性的3G系统有美国提出的CDMA 2000、欧洲提出的宽带码分多址(Wideband Code Division Multiple Access,WCDMA)和中国提出的时分同步码分多址(Time Division-Synchronization Code Division Multiple Access,TD-SCDMA)。TD-SCDMA的提出,标志着我国在移动通信领域进入了世界前列。到4G(第四代)、5G(第五代)时,我国已处于领先地位。4G提供了更快的上网速率,能传输高质量的图像与视频,直接促进了智能手机的全球普及。4G能够灵活利用频谱,能在不同的带宽、不同的频段下工作。4G支持3GPP(the third Generation Partnership Project)和非3GPP多种无线接入方式,支持大带宽、低时延、灵活漫游,下载速率超过100 Mbit/s,能够提供定位定时、数据采集、远程控制、高清视频等丰富的综合应用,是集成多功能的宽带移动通信系统。

2019年6月,工信部正式发放5G商用牌照,我国迈入了5G时代。5G实现了高速率、低时延和大宽带连接,开启了万物互联的新时代。5G融合了软件定义网络、网络功能虚拟化、超密集组网、自组织网络、设备直连、大规模多输入多输出、毫米波、多连接等技术,实现了峰值速率、用户体验数据速率、频谱效率、移动性管理、连接密度、网络能效等关键能力的全面提升。ITU为5G定义了3种主要场景:一是增强型移动宽带(enhance Mobile Broadband,eMBB),

其特征是大带宽，广覆盖；二是海量机器类通信（massive Machine Type Communication，mMTC），其特征是低功耗，大连接；三是超可靠低时延通信（ultra-Reliable and Low-Latency Communication，uRLLC），其特征是低时延，高可靠。

7. 未来发展

5G 的后续是 6G（第六代），其预计商用时间是 2030 年。6G 提出了三个新的场景，包括通信和感知的结合、通信和人工智能的结合，还有类似于泛在物联的天地融合场景。未来 6G 要连接的对象不光是人，还有很多的智能体，如机器人、元宇宙。6G 通信能力将达到 5G 的 10 倍以上。5G 向 6G 的发展是从万物互联走向"万物智联，数字孪生"。6G 将推动沉浸感更强的全息视频，实现物理世界、虚拟世界、人的世界的联动。2023 年 6 月，ITU 完成了 6G 愿景需求建议书，其中采纳了我国提出的 5 类 6G 典型场景和 14 个关键能力指标。

普遍认为，通信的未来将深度融合人工智能。大自然用漫长的历史进化出人类的智能，人类正在用人类的智能去设计智能的通信技术，智能通信开始走向现实。

1.3　通信系统的构成

1.3.1　通信系统模型

通信是互通信息。"互通"说明有两方：信息的发出者，即信源；信息的接收者，即信宿。通信的过程就是将信息从信源传输到信宿的过程。研究通信系统可以采用如图 1.3.1 所示的香农模型，其中图 1.3.1(a)是将香农的原图加注了中文，图 1.3.1(b)与图 1.3.1(a)等价。

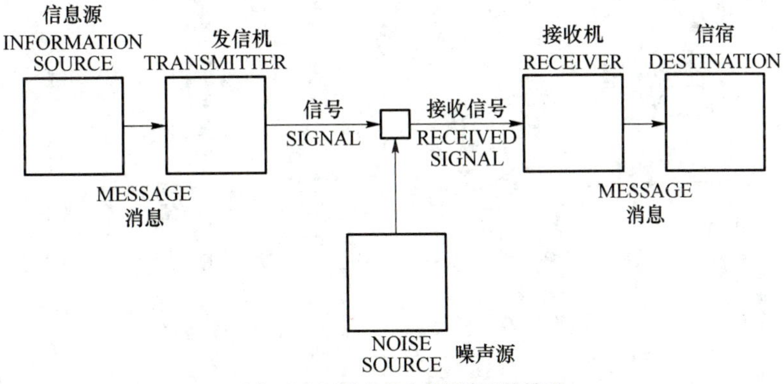

(a) 香农原始文献中的通信系统模型

(b) 通信系统模型

图 1.3.1　通信系统的香农模型

在香农模型中，信源是发出信息的主体，信宿是该信息的接收者。信道是传输信息的通道，如电缆、光缆、无线信道等。信道一般会引入噪声干扰以及信号失真。香农模型中的编码是广义的，泛指把信息变换为信号所经历的各种信号处理，对应的译码是从接收信号中恢复出原始信息的相反过程。例如，两个人面对面说话，说话人是信源，听者是信宿。说话人通过控制嘴巴把他想表达的意思变成声波振动信号,这个过程就是香农模型中的编码。声波通过空气媒介传播,到达听者。听者用耳朵接收声音信号,再通过大脑中的算法识别出说话人的意思,这个过程是香农模型中的译码。基于香农模型,通信原理的学习内容就是,针对信源和信道的具体特性,发端如何设计承载信息的发送信号(编码),收端如何从接收信号中检测还原出发送的信息(译码)。

香农模型所示的系统是单向通信系统,信息只从信源传到信宿。现代的通信系统一般是双向的。例如,手机既可以发送,也可以接收。双向通信系统可由两个单向通信系统构成。两边的通信终端都有信源和信宿,有相应的编码和译码过程。一对终端和它们之间的信道构成一个点对点的通信系统。点到点通信的传输模式有单工、半双工、双工之分。单工如广播、寻呼机,其通信是单向的。半双工如对讲机,通信的双方轮流传输。双工如手机,是同时双向通信。

许多终端相互通信时,需要将它们连接成通信网,如图1.3.2所示。一个通信网包含许多节点。相邻两个节点之间是一条由点对点通信系统形成的通信链路。图1.3.2中虚线范围内是一个通信网,实线代表链路。终端发出的信息沿着网络中的一条路径到达另一个终端,这条路径(路由)由一条条首尾相接的点对点链路组成。举例来说,北京的学生与拉萨的父母微信视频时,北京手机发出的无线电信号并不是直接到达拉萨的手机,而是在运营商巨大的网络中,沿着一条路由,经由一系列链路,到达拉萨的手机。这一过程可能包括地面无线链路、光纤链路、卫星链路等多种不同类型的链路。本章主要学习点对点通信系统的一般原理。本书第13章简要介绍通信网。

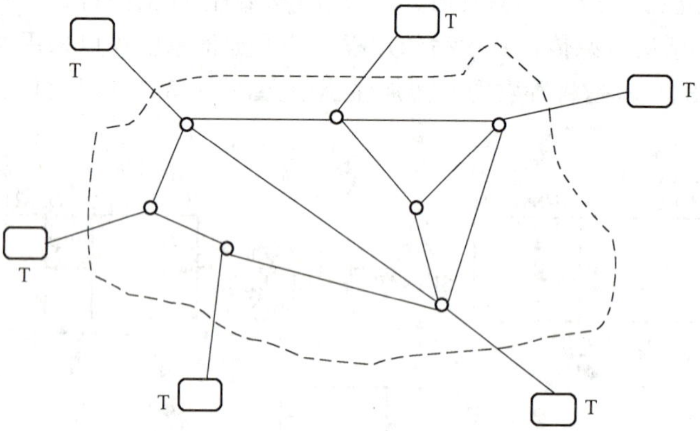

图1.3.2 通信网

1.3.2 信源和信号

信源和信宿是通信系统的服务对象。信源的输出也称为消息。不同信源输出的消息可以有不同的形式,如文字、声音、图像、视频等。

信号是消息的载体。信号有模拟、数字之分。模拟信号的意思是指该信号在模仿某个物理量的变化,如麦克风产生的电信号在模仿声波的变化。模拟信号通常是时间连续、取值连续的信号。数字信号在数字信号处理中指经过采样量化的信号,是模拟信号的数字化,其特征是时间离散,取值离散。在通信原理中,数字信号是表示或携带数字信息的信号,如Wi-Fi发出的无线信号代表一个由“0”“1”二进制数构成的比特流。

发送端将消息转换成信号进行处理、变换、发送，到接收终端后再转换成消息提供给信宿。

除了载荷信源信息的信号外，现代的通信系统还需要有协助通信功能实现的控制指令，称为信令信号。此外，除了携带信源信息的信号外，通信系统中还存在干扰信号，如外界噪声、设备内部噪声、邻路干扰以及各种失真因素引起的符号间干扰。

1.3.3　信源编码

香农模型中广义的编码译码可以进一步分为信源编译码和信道编译码两部分，如图 1.3.3 所示。

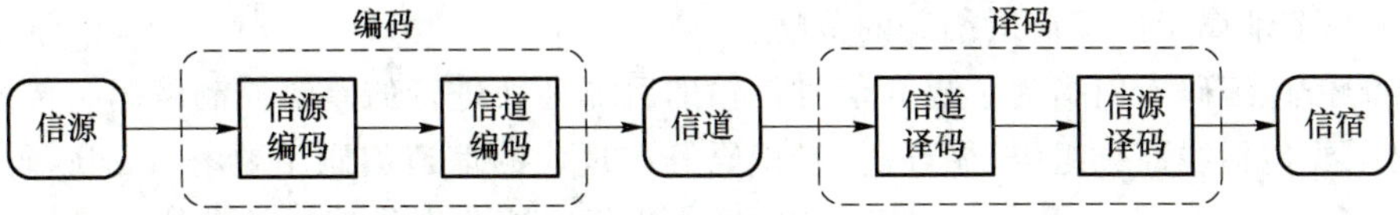

图 1.3.3　信源编译码与信道编译码

信源编码包括将信源消息转换成电信号的传感器及其后续信号处理。信源编码的目的一般是提高系统的有效性，也就是能让同样的信道可传送更多的信息。模拟通信中体现有效性最主要的参数是信号带宽，它决定信号所占用的信道资源，所以在模拟通信系统中，信源编码的任务就是压缩频带。例如，考虑人耳特性和对语声的要求，可将语声信号的频带限制在 300～2 700 Hz 之内。又如，电视信号利用人眼对色彩分辨率较低的特性，将亮度信号与彩色信号分离，分别限制频带。模拟信源经过采样、量化、编码等处理后，可转换为比特流，此过程称为模拟信源的数字化。为了尽量降低数字化后的比特速率，可在保证失真度满足要求的条件下，采取降低采样率、减少量化级数、优化量化设计等措施。对于数字信源，压缩信源输出的比特速率是信源编码的目标，可采用哈夫曼编码等无失真的熵编码技术。

1.3.4　信道编码

通信系统中的信道可分为两大类。

一类是用自由空间的电磁波来传播信息的无线信道。这种信道只能传送高频的带通信号，因此需要调制解调器、高频振荡器、变频和天线等组成的收发信机。这些设备把信源编码输出的信号变换成适于信道传送的信号，可以归属于广义的信道编码。

另一类是有线信道，包括明线、对称电缆、同轴电缆和光缆等。有线信道有许多属于基带信道，其频带范围是从很低频率到高频。通过基带信道传输信息时，不一定需要调制解调单元。光缆信道是有线信道，但它与无线信道一样只能传送带通信号，差别只是把无线电波变成了光波。

信道的承载容量通常远大于单个用户所需。为了充分利用信道，可采用复用和多址接入技术。复用是多个信源输出变换成相互正交的信号后叠加起来再进行传输。在接收端可利用正交性将各路分开。复用方式有 FDM、TDM、CDM 等多种。模拟通信系统常用频分复用，数字通信系统由于信号处理灵活，各种复用都可以用，以时分复用最常见。4G、5G 移动通信系统采用了正交频分复用(Orthogonal Frequency Division Multiplexing，OFDM)，将多个调制符号通过频谱虽有交叠但彼此正交的子载波复用在一起。OFDM 具有优异的抗频率选择性能力。如果无线信道同时具有时间选择性和频率选择性，可以采用正交时频空间(Orthogonal Time Frequency Space，OTFS)调制技术。对于安装了多天线的多入多出(Multiple Input

Multiple Output,MIMO)系统,可以采用空分复用。

多址接入是多用户共享传输媒介的复用技术。多址与复用的主要差别是,多址不要求各个信源的信号集中在一起,每个用户终端对信号变换后直接接入信道。主要的多址方式有FDMA、TDMA和CDMA等。1G移动通信系统采用FDMA,2G采用TDMA和FDMA的组合。3G采用CDMA,4G/5G采用正交频分复用多址(Orthogonal Frequency Division Multiple Access,OFDMA)。除了上述这些正交多址方式外,随着信号处理技术的提升,近年来又出现了非正交多址(Non-Orthogonal Multiple Access,NOMA)。

复用与多址虽然涉及多个用户的通信,但在通信网视角中仍属于物理层通信。在香农模型中,复用和多址属于广义信道编码的范畴。

狭义的信道编码专门指为了提高信息传输的可靠性而进行的差错控制编码。传统的差错控制编码主要包括线性分组码、循环码、卷积码等。现代的信道编码主要有Turbo码、低密度校验(Low Density Parity Check,LDPC)码、极化码等。这些现代编码的性能已经能够逼近香农极限,是现代通信系统的主流信道编码。例如,3G、4G采用了Turbo码,5G采用了LDPC码及极化码。

信道编码可以与信源编码联合设计,称为联合信源信道编码(Joint Source-Channel Coding,JSCC)。近年来出现的语义通信是一种以任务为主体,"先理解,后传输"的通信方式,其代表性模型就是信源信道联合编码。2024年全球6G大会发布了《语义通信白皮书》,现代语义通信关键技术已经成为6G标准化组织关注的候选技术。

1.4 本书总体结构

本书总体结构如图1.4.1所示,其中第2、3章是学习通信原理必要的信号分析基础,第4、5、6章是基本的通信原理。从第5章起,主要考虑数字通信。第7、8章讨论信源与信道相关问题。第9章解决传输中的差错问题。第10章的扩频通信主要解决抗干扰问题,扩频通信同时具有隐蔽性、保密性、抗多径等优点,是CDMA技术的基础。第11章简要介绍的OFDM能够有效克服信道中的多径传播问题,是一种高频谱效率的通信技术,用于4G、5G等系统。第12章从信息论的视角介绍通信系统的优化问题。本书第4~12章主要考虑点对点物理层通信,其中的技术也支撑多用户多址通信。现代的通信系统需要考虑多点之间的通信,形成通信网络。通信网是现代通信技术发展的重点。本书第13章讨论通信网的基本原理。通信网是通信系统与交换设备包括信令和协议的结合,所以第13章将简要阐述交换的基本原理,多址接入的交换方式以及协议和信令等方面的基本知识。

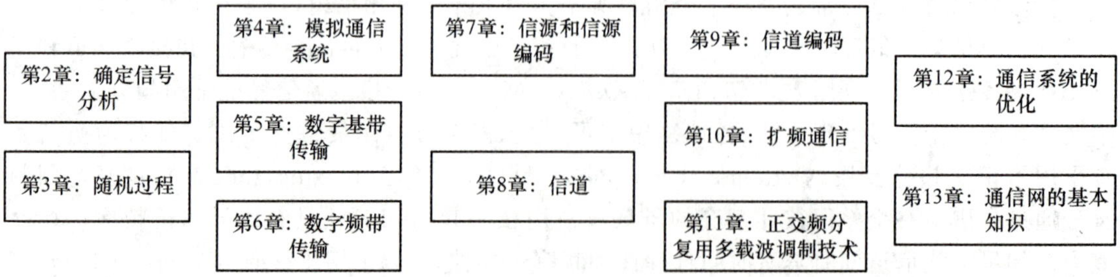

图1.4.1 本书总体结构

第 2 章　确定信号分析

2.1　信　　号

通信的原理总的来说就是，在发端设计一个合适的携带信息的信号，信号到达收端后可能有失真，并有噪声干扰，在收端设法从中提取出信息。有关信号的数学分析是理解通信原理，设计、研究通信系统的基础。

2.1.1　信号

1. 信号的数学模型

信号是携带信息的物理存在，可以是电、光、声等任何形态。本章主要考虑电信号，表现为电压、电流等随时间的变化。根据欧姆定律，给定阻抗后，电压和电流之间是简单的比例关系，电压的变化完全能反映电流的变化，故以下主要考虑电压信号。我们用 v、s 等字母来表示电压，用 t 来表示时间，用数学函数 $v(t)$、$s(t)$等来表示电压信号。

用数学函数来表示实际信号时，需要意识到实际信号一般具有持续时间有限、取值范围有限、变化连续的特征。例如，手机中信号的持续时间不可能超过手机的生存期，其电压值也不可能取到无穷。手机信号是连续的，电压从一个值变到另一个值需要时间，也许非常短，但不可能是零时间。尽管实际信号具有这些特性，但为了使信号的数学表示具有一般性，方便数学分析，我们常常采用理想化建模。具体来说，如果实际信号$s(t)$的持续时间充分大，可近似认为$-\infty<t<\infty$；如果取值范围充分大，可近似认为$-\infty<s<\infty$。如果 $s(t)$在某个时刻 t_0 处电压发生跳变的过渡时间小到可以忽略不计，则可近似认为 $s(t)$在 t_0 时刻是间断点。

信号有确定信号和随机信号之分。确定信号也叫确知信号，是说信号的取值在任何时刻都是确定已知的，比如 $s(t)=2\cos(20\pi t)$，只要给定 t，就能算出 $s(t)$的值。再比如存储在手机里的一段录音，任意给定一个时刻，就能读出该时刻的信号值。随机信号的取值具有不确定性，给定 t 时，$s(t)$是一个随机变量。本章介绍确定信号分析，第 3 章介绍随机信号分析。

2. 常用信号模型

(1) 直流信号

电池、充电宝、直流稳压电源等输出的是直流信号，其电压不随时间变化。电压为 A 伏的直流信号可以表示为

$$v(t)=A,\quad -\infty<t<\infty \tag{2.1.1}$$

(2) 正弦波

正弦振荡器、正弦信号发生器等的输出可以表示为正弦类函数：

$$v(t)=A\cos(2\pi f_0 t+\theta),\quad -\infty<t<\infty \tag{2.1.2}$$

上式是用余弦函数表示，也可以写成正弦函数形式：

$$v(t)=A\sin(2\pi f_0 t+\phi),\quad -\infty<t<\infty \tag{2.1.3}$$

其中 $\phi=\theta+\pi/2$。由于两种表示方式只是相位不同，没有实质区别，因此本书中除了需要特别区分的情形外，所有形如式(2.1.2)或式(2.1.3)的信号都统一称为正弦波。

正弦波的角度为 $\varphi(t)=2\pi f_c t+\theta$，角度随时间的变化率(一阶导)是角频率 $\omega_0=\frac{\mathrm{d}}{\mathrm{d}t}\varphi(t)=2\pi f_0$，角频率除以 2π 是频率。

正弦波有三个参量，分别是幅度 A、频率 f_0、初相 θ，初相也称为相位。把正弦信号发生器的输出连接到示波器，可以测量出它的幅度和频率，但不能得知相位。因为相位是相对值，与时间原点的位置有关。同一个正弦波，如果改变时间原点的定义，其相位也将不同。例如在图2.1.1中，时间原点位于A点时，信号的数学表示为 $v(t)=A\cos(2\pi f_0 t)$，其初相为0。时间原点位于B点时，$v(t)=-A\sin(2\pi f_0 t)$，其初相为 $\pi/2$。如果不关心时间原点，或者说不关心初相，则可以在表达式中略去，简化为

$$v(t)=A\cos(2\pi f_0 t),\quad -\infty<t<\infty \tag{2.1.4}$$

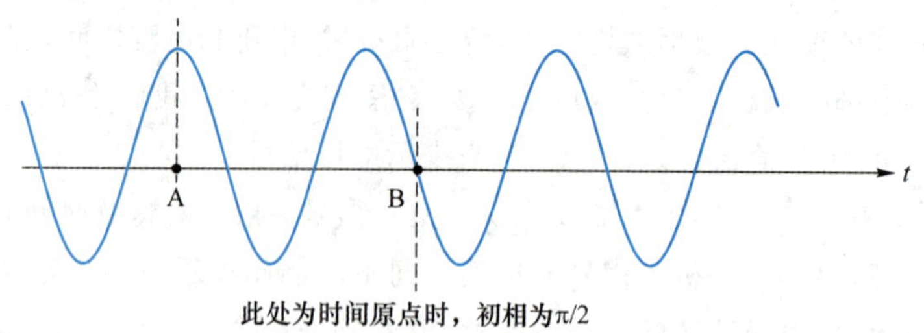

图2.1.1 时间原点与初相

将任意信号 $v(t)$ 的时间变量从 t 变成 at，就是将信号沿时间轴缩窄或拉伸，$a>1$ 是缩窄，$0<a<1$ 是拉伸。正弦波在时间上拉伸或缩窄将会改变频率。例如，$\cos(20\pi t)$ 的频率为10 Hz，将 t 变成 $2t$ 得到 $\cos(40\pi t)$，其频率变成20 Hz；将 t 变成 $t/2$ 得到 $\cos(10\pi t)$，频率变成5 Hz。时间轴无限拉宽时，$v(t)=A\cos\left(\frac{2\pi t}{T_0}\right)$ 的波形被无限拉宽，其极限为

$$\lim_{T_0\to\infty}\left\{A\cos\left(\frac{2\pi t}{T_0}\right)\right\}=A,\quad -\infty<t<\infty \tag{2.1.5}$$

上式右边是与时间 t 无关的直流电压。因此，可以把直流信号看成是频率为零的正弦波。

将任意信号 $v(t)$ 的时间变量从 t 变成 $-t$，则时间轴镜像反转，时间倒流。此时 $A\cos(2\pi f_0 t+\theta)$ 变成 $A\cos(-2\pi f_0 t+\theta)=A\cos(2\pi f_0 t-\theta)$，说明时间反转后，幅度与频率不变，相位反极性。

(3) 受调制的正弦波

若式(2.1.2)中的 A 或 θ 随 t 变化，如图2.1.2所示，则称其为受调制的正弦波，表达式为

$$v(t)=A(t)\cos[2\pi f_0 t+\theta(t)] \tag{2.1.6}$$

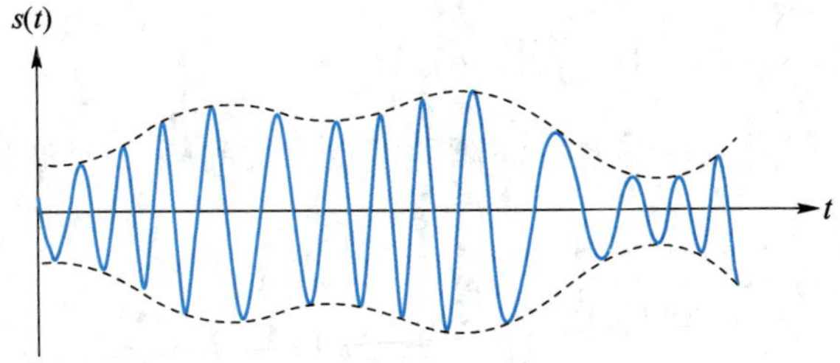

图 2.1.2　受调制的正弦波

无线通信的发射信号一般都是受调制的正弦波，信息携带在 $A(t)$ 或 $\theta(t)$ 中。频率是角度的一阶导除以 2π，频率的变化可以包含在相位的变化中，因此式(2.1.6)中只需要引入 A、θ 随 t 的变化，不需要专门再引入频率随时间的变化。

(4) 矩形脉冲

脉冲一般指全部或大部分能量聚集在较短时间内的信号。图 2.1.3 是几种常见脉冲的波形示例。

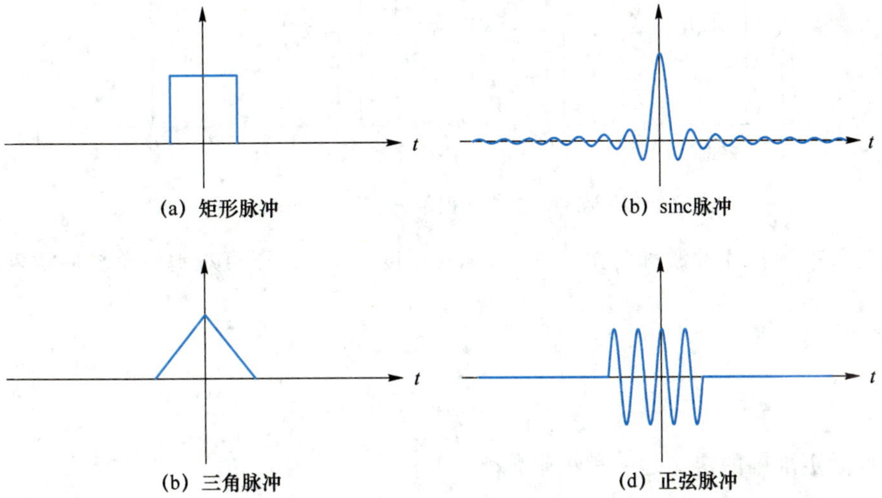

图 2.1.3　常见脉冲的波形示例

图 2.1.3(a)是矩形脉冲。宽度为 T、高度为 A、中心在原点的矩形脉冲可以表示为

$$A\cdot\operatorname{rect}\left(\frac{t}{T}\right)=\begin{cases}A, & |t|\leqslant\dfrac{T}{2}\\ 0, & \text{其他 } t\end{cases} \tag{2.1.7}$$

其中 $\operatorname{rect}(x)=\begin{cases}1, & |x|<1/2\\ 0, & \text{其他 } x\end{cases}$。

将矩形脉冲沿时间无限拉宽就是直流：

$$\lim_{T\to\infty}\left\{A\cdot\operatorname{rect}\left(\frac{t}{T}\right)\right\}=A \tag{2.1.8}$$

(5) sinc 脉冲

图 2.1.3(b)称为 sinc 脉冲，其数学表达式为

$$v(t)=A\cdot\text{sinc}\left(\frac{t}{T}\right) \tag{2.1.9}$$

其中 $\text{sinc}(x)=\dfrac{\sin(\pi x)}{\pi x}=\text{Sa}(\pi x)$,规定 $\text{sinc}(0)=1$。

sinc 脉冲持续时间无限,其波形有等间隔的零点。按间隔 T 对波形采样,结果只有一处不为零:

$$v(kT)=\begin{cases}A, & k=0\\ 0, & k=\pm1,\pm2,\cdots\end{cases} \tag{2.1.10}$$

与矩形脉冲一样,将 sinc 脉冲沿时间轴无限拉宽,结果是直流:

$$\lim_{T\to\infty}\left\{A\cdot\text{sinc}\left(\frac{t}{T}\right)\right\}=A \tag{2.1.11}$$

(6) 狄拉克冲激

狄拉克冲激脉冲 $\delta(t)$ 表示非常窄、非常高的窄脉冲。在图 2.1.4 中,保持矩形脉冲的面积为 1,脉冲不断变窄时,其高度不断变高,最终的极限就是狄拉克冲激。

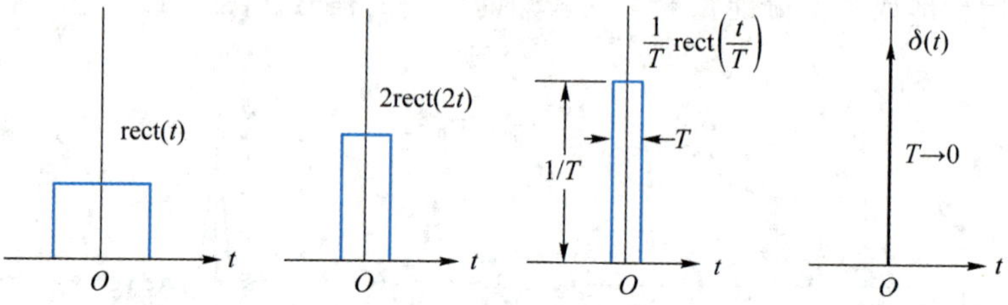

图 2.1.4 狄拉克冲激代表无限窄、无限高、面积为 1 的窄脉冲

面积为 1 的狄拉克冲激称为单位冲激,称其强度为 1。可以直观地将单位冲激表示为

$$\delta(t)=\begin{cases}\infty, & t=0\\ 0, & t\neq0\end{cases} \tag{2.1.12}$$

$$\int_{-\infty}^{\infty}\delta(t)\,\mathrm{d}t=1 \tag{2.1.13}$$

单位冲激更准确的定义是一种极限:

$$\delta(t)\triangleq\lim_{T\to0^+}\left\{\frac{1}{T}\cdot g\left(\frac{t}{T}\right)\right\} \tag{2.1.14}$$

其中 $g(t)$ 是面积为 1、在 $t=0$ 处连续且 $g(0)>0$ 的任意脉冲。上式中,当 T 从大变小时,$\dfrac{1}{T}g\left(\dfrac{t}{T}\right)$ 的脉冲变窄、变高,类似于图 2.1.4。

式(2.1.14)的这个定义可以理解为:$\delta(t)$ 是一个记号,指代的是式右的极限。所有出现 $\delta(t)$ 的地方可认为是记号替换:把 $\lim\limits_{T\to0}\left\{\dfrac{1}{T}\cdot g\left(\dfrac{t}{T}\right)\right\}$ 替换成了 $\delta(t)$。

将式(2.1.14)中的 t 换成 $-t$ 后,极限不变。因此冲激函数是偶函数:$\delta(t)=\delta(-t)$。

单位冲激 $\delta(t)$ 乘以常数 a,则 $a\cdot\delta(t)$ 的强度是 a。注意冲激的强度不是其在冲激位置处的函数高度(高度是无穷大),而是函数的面积。

冲激函数最重要的特性是其采样性,如图 2.1.5 所示,写成公式就是

$$x(t)\delta(t-t_0)=x(t_0)\delta(t-t_0) \tag{2.1.15}$$

$$\int_{-\infty}^{\infty} x(t)\delta(t-t_0)\mathrm{d}t = x(t_0) \tag{2.1.16}$$

即任意信号 $x(t)$ 与位于 t_0 时刻的单位冲激相乘后，结果是一个强度为 $x(t_0)$，仍然位于 t_0 时刻的冲激。进一步积分，结果是 $x(t)$ 在 t_0 时刻的采样值 $x(t_0)$。信号 $x(t)$ 只有在 $t=t_0$ 时刻的值影响结果，其他所有 $t\neq t_0$ 处无论 $x(t)$ 的取值是什么，都不影响图 2.1.5 中乘法器及积分器的结果，这就是冲激函数的采样性。

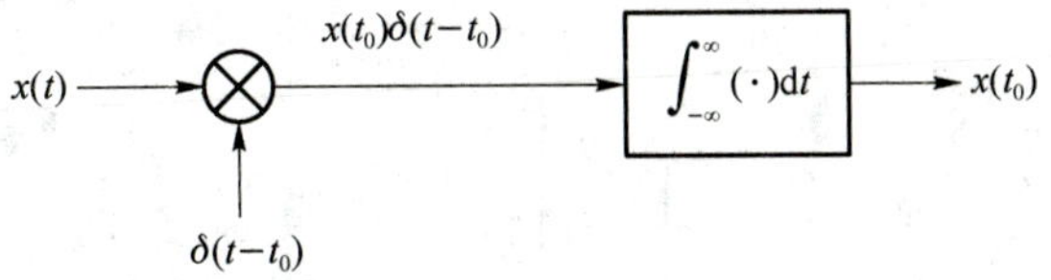

图 2.1.5　冲激函数的采样性

将式(2.1.15)中的 $x(t)$ 换成冲激也能成立，即若 $x(t)=\delta(t-\tau)$，则有

$$\delta(t-\tau)\delta(t-t_0)=\delta(t_0-\tau)\delta(t-t_0) \tag{2.1.17}$$

(7) 周期信号

若存在 $T>0$ 使得

$$s(t)=s(t+T),\quad -\infty<t<\infty \tag{2.1.18}$$

则称 $s(t)$ 是周期为 T 的周期信号。

若 $s(t)=s(t+T)$，则 $s(t+T)=s(t+2T)$，因而 $s(t)=s(t+2T)$，说明若 T 是周期信号 $s(t)$ 的周期，则 $2T,3T,\cdots$，都是 $s(t)$ 的周期。所有周期中的最小周期叫基本周期。一般所称的周期默认指最小周期。例如，对于频率为 50 Hz 的正弦波 $\cos(100\pi t+\theta)$，20 ms、40 ms、60 ms 等都是其周期，基本周期是 20 ms。一般称 50 Hz 正弦波的周期为 20 ms。

直流信号是一种特殊的周期信号。若按式(2.1.18)中的定义，直流信号的最小周期似乎应该是 0。但考虑到“周期性”这个词反映的是变化，而直流永远不变，因此一般把直流信号看成是频率为零的正弦波，其周期是无穷大。

用任意脉冲 $g(t)$ 可以构造出如下周期信号：

$$s(t) = \sum_{n=-\infty}^{\infty} g(t-nT) \tag{2.1.19}$$

上式明显满足 $s(t)=s(t+T)$。图 2.1.6 中示出了用 $g(t)=A\cdot\mathrm{rect}\left(\frac{2t}{T}\right)$ 形成的周期方波以及用 $g(t)=\delta(t)$ 形成的周期冲激序列。

式(2.1.19)中 $s(t)$ 的最小周期一般等于 T，但在一些特殊情况下，右边的级数可能会收敛到常数。例如在图 2.1.7 中，$g(t)$ 是图(a)所示的梯形脉冲，其底宽为 4，顶宽为 1，高度为 1。当 $T=2.5$ 时，$g(t)$ 左右搬移后叠成一条直线，如图(b)所示。此时 $s(t)=1$，$-\infty<t<\infty$。

用任意脉冲 $g(t)$ 可以按式(2.1.19)构造周期信号。反之，一切周期信号都可以表示为式(2.1.19)的形式。例如，设 $s(t)$ 是周期为 T 的周期信号，取 $g(t)$ 为 $s(t)$ 在区间$[-T/2,T/2)$内的截短部分，就可以将 $s(t)$ 表示为式(2.1.19)的形式。

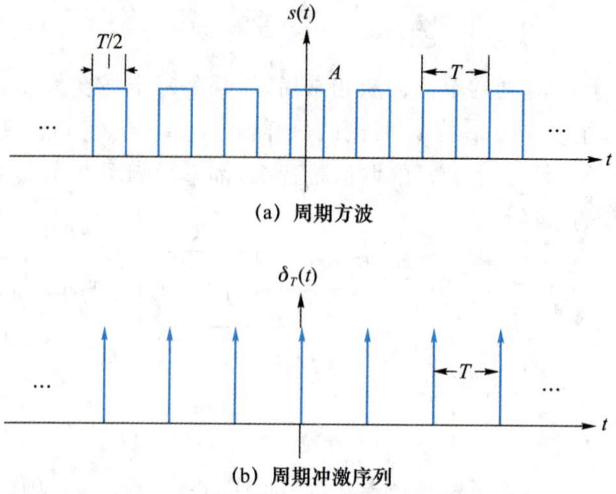

图 2.1.6 周期信号示例

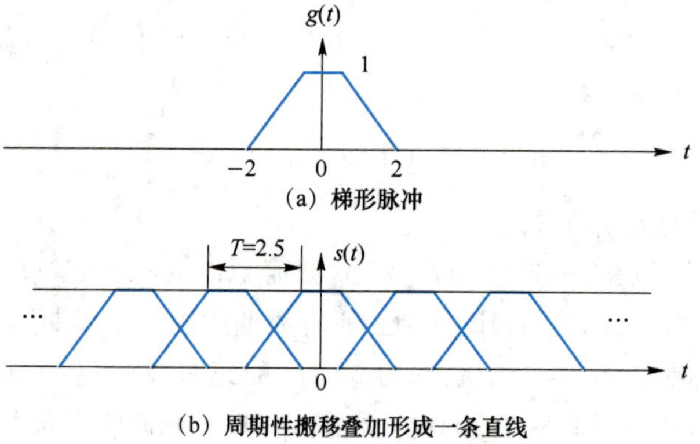

图 2.1.7 脉冲左右搬移叠加

2.1.2 能量与功率

1. 信号的功率与能量

直流电压 A 在 R 欧姆电阻上的功率是 $P=A^2/R$。功率是单位时间内的能量。电压 A 在持续时间 T 内所产生的能量是 $E=PT=A^2T/R$。电阻值的具体大小不影响通信的原理。因此,为了简化公式记号,可取 $R=1\ \Omega$。此时,功率等于电压的平方,$P=A^2$,能量则为 $E=A^2T$。

考虑持续时间限制在区间$[-T/2,T/2]$内的信号 $v(t)$。在任意时刻 t,$v(t)$是电压,其平方 $v^2(t)$是功率,称为 $v(t)$在时刻 t 的瞬时功率。对于充分小的区间$[t,t+\Delta]$,$v(t)$在该区间内近似不变(实际信号的连续性),该区间内的信号能量是 $v^2(t)\Delta$。$v(t)$在时间区间$[-T/2,T/2]$内的总能量(简称能量)为

$$E_T=\int_{-\frac{T}{2}}^{\frac{T}{2}} v^2(t)\,\mathrm{d}t \tag{2.1.20}$$

按时间区间$[-T/2,T/2]$计算的平均功率(简称功率)为

$$P_T=\frac{E_T}{T}=\frac{1}{T}\int_{-\frac{T}{2}}^{\frac{T}{2}} v^2(t)\,\mathrm{d}t \tag{2.1.21}$$

直观来说，信号的能量是其瞬时功率 $v^2(t)$ 的积分（面积），信号的功率是瞬时功率 $v^2(t)$ 的时间平均（平均高度）。时间平均是本课常用的概念，图 2.1.8 直观示出了函数 $x(t)$ 的时间平均。以下用记号 $\overline{x(t)}$ 表示函数 $x(t)$ 的时间平均。

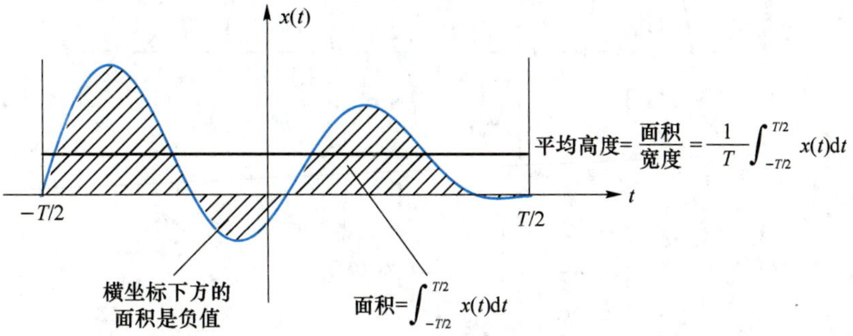

图 2.1.8　时间平均的概念

信号的持续时间无穷时，对式(2.1.20)和式(2.1.21)取极限 $T\to\infty$ 得到

$$E_v = \lim_{T\to\infty}\int_{-\frac{T}{2}}^{\frac{T}{2}} v^2(t)\mathrm{d}t = \int_{-\infty}^{\infty} v^2(t)\mathrm{d}t \tag{2.1.22}$$

$$P_v = \lim_{T\to\infty}\left\{\frac{1}{T}\int_{-\frac{T}{2}}^{\frac{T}{2}} v^2(t)\mathrm{d}t\right\} = \overline{v^2(t)} \tag{2.1.23}$$

以上两个极限不可能同时成为非零有限值，即当信号的持续时间 $T\to\infty$ 时，能量和功率二者中必有一个无意义：若无穷时间内的能量有限，则按无穷时间计算的平均功率是零；若无穷时间内的平均功率非零，则总能量为无穷。一般将能量非零有限的信号称为能量信号，将功率非零有限的信号称为功率信号。

例 2.1.1　矩形脉冲 $g(t)=A\cdot \mathrm{rect}\left(\frac{t}{\tau}\right)$ 的能量为

$$E_g = \int_{-\infty}^{\infty} g^2(t)\mathrm{d}t = \int_{-\tau/2}^{\tau/2} A^2\mathrm{d}t = A^2\tau \tag{2.1.24}$$

例 2.1.2　信号 $s(t)=\mathrm{rect}\left(\frac{t}{T}\right)\cdot A\cos(2\pi f_0 t+\theta)$ 是幅度为 1 的矩形脉冲与幅度为 A 的正弦波相乘，或者说是将正弦波截短于区间 $[-T/2, T/2]$ 内，如图 2.1.9 所示。截短信号的能量为

$$\begin{aligned} E_s &= \int_{-\infty}^{\infty} s^2(t)\mathrm{d}t = \int_{-\frac{T}{2}}^{\frac{T}{2}} A^2\cos^2(2\pi f_0 t+\theta)\mathrm{d}t \\ &= A^2\int_{-\frac{T}{2}}^{\frac{T}{2}}\left[\frac{1}{2}+\frac{\cos(4\pi f_0 t+2\theta)}{2}\right]\mathrm{d}t \\ &= \frac{A^2}{2}\left\{T+\frac{1}{4\pi f_0}[\sin(2\pi f_0 T+2\theta)-\sin(-2\pi f_0 T+2\theta)]\right\} \\ &= \frac{A^2 T}{2}\left\{1+\frac{1}{2\pi f_0 T}\sin(2\pi f_0 T)\cos(2\theta)\right\} \\ &= \frac{A^2 T}{2}[1+\cos(2\theta)\mathrm{sinc}(2f_0 T)] \end{aligned} \tag{2.1.25}$$

若 $2f_0T$ 为整数，则 $\mathrm{sinc}(2f_0T)=0$，$s(t)$ 的能量为 $A^2T/2$。若 $2f_0T$ 虽不是整数，但远大于 1，则 $\mathrm{sinc}(2f_0T)$ 远小于 1，此时截短信号的能量近似是 $A^2T/2$。直观来说，正弦波的功率

是 $A^2/2$,其在时间窗口$[-T/2,T/2]$内的能量是 $A^2T/2$。

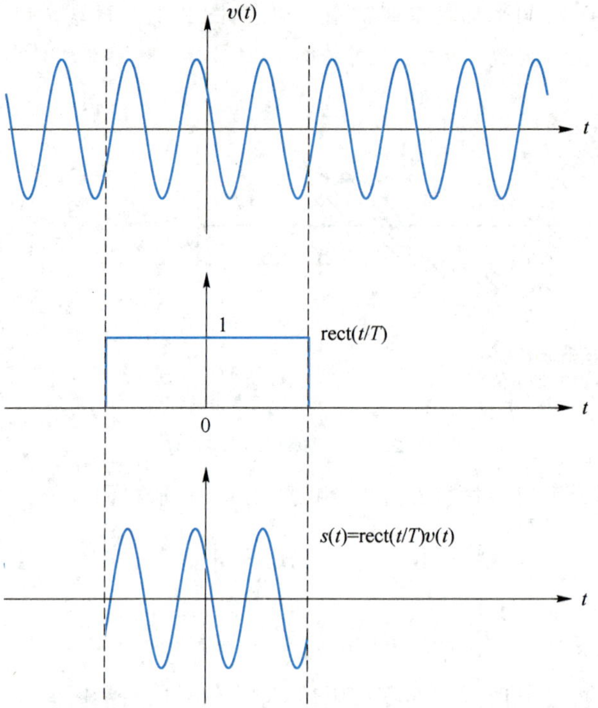

图 2.1.9 正弦波的截短

例 2.1.3 求图 2.1.6 中周期方波的平均功率。

解 周期信号 $s(t)$的瞬时功率 $s^2(t)$也是周期函数。周期函数在不同周期内相同,其在无限时间内的平均高度等于每个周期内的平均高等,故时间平均可按一个周期来计算。因此,$s(t)$的平均功率为

$$\overline{s^2(t)} = \frac{1}{T}\int_{-T/2}^{T/2}\left[A\cdot \mathrm{rect}\left(\frac{2t}{T}\right)\right]^2 \mathrm{d}t = \frac{A^2}{2} \tag{2.1.26}$$

图 2.1.6 中的周期方波是将直流 A 关断了一半时间。直流 A 的平均功率是 A^2,一半时间切断,平均功率从 A^2 减为 $A^2/2$。

2. 能量与功率的性质

信号的能量有以下性质。

(1) 非负性:$E_v = \int_{-\infty}^{\infty} v^2(t)\mathrm{d}t \geqslant 0$。

(2) 平方比例性:若 $v(t)$ 的能量为 E_v,a 是确定实数,则 $u(t) = a\cdot v(t)$ 的能量是 $E_u = a^2E_v$。因为$\int_{-\infty}^{\infty}[a\cdot v(t)]^2\mathrm{d}t = a^2\int_{-\infty}^{\infty}v^2(t)\mathrm{d}t$。

(3) 延迟不改变能量:$v(t)$ 与 $v(t-t_0)$ 能量相同。因为$\int_{-\infty}^{\infty}v^2(t-t_0)\mathrm{d}t = \int_{-\infty}^{\infty}v^2(t)\mathrm{d}t$。

(4) 时间镜像不改变能量:$v(t)$ 与 $v(-t)$ 能量相同。因为$\int_{-\infty}^{\infty}v^2(-t)\mathrm{d}t = \int_{-\infty}^{\infty}v^2(t)\mathrm{d}t$。

(5) 能量不满足叠加性:若 $u(t)$,$v(t)$的能量分别是 E_u 和 E_v,则 $x(t)=u(t)+v(t)$的能量 E_x 不一定等于 E_u+E_v。因为

$$E_x = \int_{-\infty}^{\infty} [u(t)+v(t)]^2 \mathrm{d}t = \int_{-\infty}^{\infty} [u^2(t)+2u(t)v(t)+v^2(t)]\mathrm{d}t$$
$$= E_u + E_v + 2\int_{-\infty}^{\infty} u(t)v(t)\mathrm{d}t \quad (2.1.27)$$

对于任意信号 $u(t)$，$v(t)$，上式中的最后一个积分未必是零。

平均功率是总能量除以总时间。故此，能量的性质对功率也存在。设 $s(t)$ 的功率为 P_s，则 $P_s \geqslant 0$，$as(t)$ 的功率是 $a^2 P_s$，$s(t-t_0)$、$s(-t)$ 与 $s(t)$ 的功率相同。另外，$u(t)+v(t)$ 的功率不一定等于 $u(t)$，$v(t)$ 各自功率之和。

3. 分贝

工程中常用分贝(deci-Bel，dB)表示两个功率的相对大小。分贝如同分米，十分米是一米，十分贝是一贝。一贝指两个数 a，b 的比值为 $a/b=10$。若比值 $a/b=10^x$ 就是 x 贝，$10x$ 分贝。“贝”来自人名贝尔(Bell)。将功率比值换算为分贝的公式为

$$\left[\frac{P_1}{P_2}\right]_{\mathrm{dB}} = 10\lg\frac{P_1}{P_2} \quad (2.1.28)$$

将信号功率与单位功率 1 W、1 mW 的比值转换为分贝，称为分贝瓦及分贝毫瓦，记为 dBW、dBm。

分贝的对数特性使其便于描述很大的变化范围。比如功率值从 100 W 降到 0.01 mW，相差 10 000 000 倍。折成分贝后是从 20 dBW=50 dBm 降到 −20 dBm，下降 70 dB。

由于 $10\lg_2 \approx 3.0103 \approx 3$，工程中习惯将 2 倍等同于相差 3 dB。

例 2.1.4　图 2.1.10 所示的无线通信系统的发射机输出功率为 47 dBm，输出信号通过一个增益为 18 dB 的天线向外辐射，电磁波在空间传输中衰减了 113 dB，接收天线的增益为 2 dB，接收天线输出的信号通过一个增益为 46 dB 的放大器，放大器输出信号功率为

$$47+18-113+2+46=0\ \mathrm{dBm}$$

与分贝值对应的原值称为线性值。按线性值，本例中发射机输出功率是 50 W，接收端放大器输出功率是 1 mW。

图 2.1.10　某无线系统信号传输过程中功率变化的分贝表示

2.1.3　复信号

1. 复信号

复数是实数的扩展，复信号是实信号的扩展。

复数 z 由两个实数构成：$z=a+\mathrm{j}\cdot b=A\mathrm{e}^{\mathrm{j}\varphi}$，其中 $a=\mathrm{Re}\{z\}$，$b=\mathrm{Im}\{z\}$ 分别是 z 的实部和虚部，$A=|z|$，$\varphi=\angle z$ 分别是 z 的幅度和角度。复数可以表示二维平面上的点。$z=a+\mathrm{j}\cdot b$ 是直角坐标表示，$z=A\mathrm{e}^{\mathrm{j}\varphi}$ 是极坐标表示。

与此类似，复信号 $z(t)$ 由两个实信号构成：

$$z(t)=a(t)+\mathrm{j}\cdot b(t)=A(t)\mathrm{e}^{\mathrm{j}\varphi(t)} \quad (2.1.29)$$

其中

$$a(t)=\mathrm{Re}\{z(t)\}=\frac{z(t)+z^*(t)}{2}=A(t)\cos[\varphi(t)]$$

$$b(t)=\mathrm{Im}\{z(t)\}=\frac{z(t)-z^*(t)}{2\mathrm{j}}=A(t)\sin[\varphi(t)] \tag{2.1.30}$$

$$A(t)=|z(t)|=\sqrt{a^2(t)+b^2(t)}$$

$$\varphi(t)=\arctan\frac{b(t)}{a(t)}$$

图2.1.11给出了上述关系的几何表示。$z(t)$代表点z在二维平面上的运动,其实部$a(t)$、虚部$b(t)$分别是$z(t)$在横轴和纵轴上的投影,$A(t)$是$z(t)$离原点的距离,$\varphi(t)$是$z(t)$所在位置的方向。

若在图2.1.11中的横轴位置放一面以纵轴为法线的镜子,则$z(t)$在镜中的影子就是其共轭$z^*(t)$。$z(t)$与$z^*(t)$合成为水平方向的$z(t)+z^*(t)=2a(t)$,其差$z(t)-z^*(t)$则是垂直方向的$2\mathrm{j}\cdot b(t)$。

2. 复正弦信号

称$z(t)=A\cdot \mathrm{e}^{\mathrm{j}(2\pi f_0 t+\varphi)}$为复正弦(complex sinusoid)信号或复单频信号。若$A=1$,则$z(t)$表示单位圆上的匀速运动,如图2.1.12所示,其中$\varphi=0$。此时,点z在单位时间内经过的弧长等于扫过的角度,即z运动的线速度就是角速度,记为ω_0,常称为角频率,单位是rad/s。z的转速$f_0=\frac{\omega_0}{2\pi}$称为频率,单位为c/s,其中c代表circle。为了纪念科学家赫兹(Hertz),频率的单位记为Hz。

图2.1.12中,z正转(逆时针)对应正频率($f_0>0$),反转对应负频率($f_0<0$),静止不动对应直流($f_0=0$)。例如,$\mathrm{e}^{\mathrm{j}100\pi t}$是正转,频率为50 Hz;$\mathrm{e}^{-\mathrm{j}100\pi t}$是反转,频率为$-50$ Hz。而$\mathrm{e}^{\mathrm{j}\frac{\pi}{4}}=\frac{1}{\sqrt{2}}+\mathrm{j}\frac{1}{\sqrt{2}}$则是两个直流电压组成的复信号,可称为复直流或复电压。

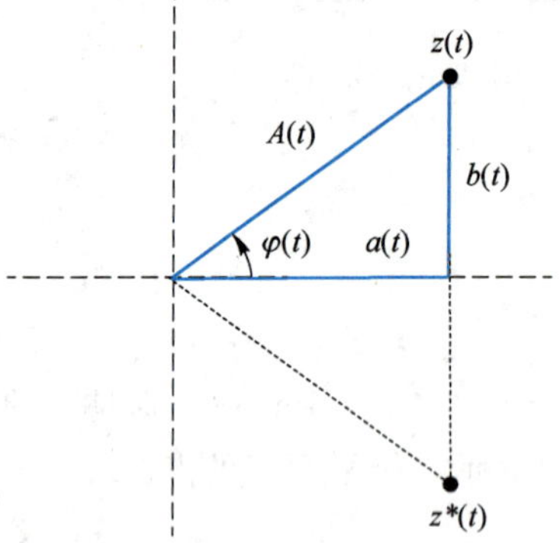

图2.1.11 复信号的几何表示

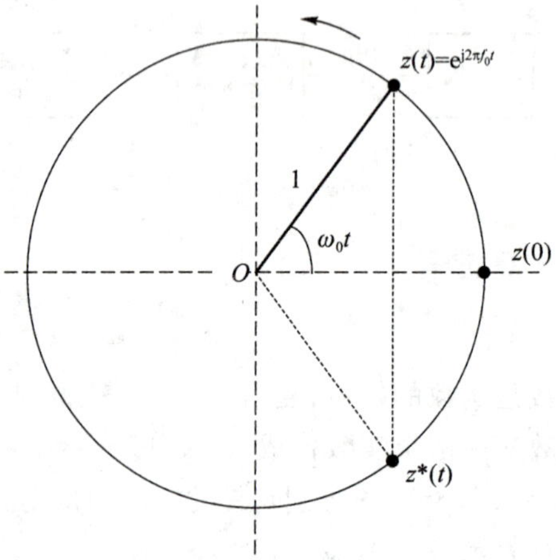

图2.1.12 复单频信号

对$z(t)$取共轭将使频率反极性。若在图2.1.12的横轴位置放一面以纵轴为法线的镜子,则当$z(t)$正转时,镜中的影子$z^*(t)$在反转。时间倒流,即$z(t)$变$z(-t)$,也将使频率反极性。例如,$(3+4\mathrm{j})\mathrm{e}^{\mathrm{j}20\pi t}$的频率为10 Hz,其共轭$(3-4\mathrm{j})\mathrm{e}^{-\mathrm{j}20\pi t}$、时间反转$(3+4\mathrm{j})\mathrm{e}^{-\mathrm{j}20\pi t}$的频率都

是-10 Hz。

频率为 f_0 的实单频信号 $\cos(2\pi f_0 t)$可以分解为频率一正一负的两个复单频信号之和：

$$\cos(2\pi f_0 t+\varphi)=\frac{1}{2}e^{j(2\pi f_0 t+\varphi)}+\frac{1}{2}e^{-j(2\pi f_0 t+\varphi)} \tag{2.1.31}$$

实信号本无正负频率的概念，扩展到复信号后，频率便有了正负之分。通过示波器能看见的是实信号，都包含正频率和负频率，缺任何一个都不可能成为实信号。

实信号天然具有一正一负两个对称的频率成分，因此工程中提及实信号的频率时，只需要说不带极性的频率值，不需要特意点出负频率。例如，“交流电频率是 50 Hz”，“Wi-Fi 工作在 5 GHz 频段”等。

3. 复信号的意义

复信号常用来表示与正弦波有密切关系的实信号。例如，电路课程中常用的相量法就是用复数 $A\cdot e^{j\theta}$来表示正弦波 $A\cdot\cos(2\pi f_0 t+\theta)$。将这一方法加以扩展，让 A 和 θ 随时间变化，则复信号 $A(t)e^{j\theta(t)}$可以表示受调制的正弦波 $v(t)=A(t)\cdot\cos[2\pi f_0 t+\theta(t)]$。引入复信号是为了分析处理方便。

4. 复信号的能量与功率

复信号由实部和虚部两个实信号组成，复信号的功率或能量就是这两个实信号的功率或能量之和。因此，任意复信号 $z(t)=a(t)+j\cdot b(t)$的瞬时功率是 $a^2(t)+b^2(t)=|z(t)|^2$。注意，实信号的瞬时功率是信号的平方，复信号的瞬时功率是信号的模平方。除了这一差别外，其他相同或类似：复信号的能量是瞬时功率$|z(t)|^2$ 的积分，平均功率是瞬时功率$|z(t)|^2$ 的时间平均。按无穷时间范围，复信号 $z(t)$的能量及功率分别为

$$E_z=\int_{-\infty}^{\infty}|z(t)|^2 dt \tag{2.1.32}$$

$$P_z=\lim_{T\to\infty}\left\{\frac{1}{T}\int_{-\frac{T}{2}}^{\frac{T}{2}}|z(t)|^2 dt\right\}=\overline{|z(t)|^2} \tag{2.1.33}$$

以上两个中只有一个有意义，使得复信号也有能量信号及功率信号的概念。

复信号能量或功率的性质与实信号基本类似。

(1) 非负性：$E_z\geqslant 0$、$P_z\geqslant 0$。

(2) $z(t)$与其相移 $z(t)e^{j\theta}$、共轭 $z^*(t)$、时间镜像 $z(-t)$、延迟 $z(t-t_0)$有相同的能量或功率。

(3) 模平方比例性：设 K 是任意复系数，则 $Kz(t)$的能量或功率是 $z(t)$的能量或功率的$|K|^2$ 倍。

(4) 不满足叠加性：和的能量或功率不一定等于各自能量或功率之和。

2.1.4　内积

1. 内积

设 $x(t)$，$y(t)$是两个能量信号，能量分别是 E_x，E_y。考虑到实信号是复信号的特例，故为了一般性，假设 $x(t)$，$y(t)$是复信号。复信号 $x(t)$，$y(t)$的内积定义为

$$<x,y>=\int_{-\infty}^{\infty}x(t)y^*(t)dt \tag{2.1.34}$$

由定义可以看出，$x(t)$，$y(t)$交换顺序对应内积取共轭：

$$\int_{-\infty}^{\infty} y(t)x^*(t)\mathrm{d}t = \left[\int_{-\infty}^{\infty} x(t)y^*(t)\mathrm{d}t\right]^* \tag{2.1.35}$$

实信号是复信号的特例。若 $x(t)$,$y(t)$是实信号,内积变成

$$<x,y> = \int_{-\infty}^{\infty} x(t)y(t)\mathrm{d}t \tag{2.1.36}$$

两个实信号的内积在交换次序后不变。

2. 内积与能量

式(2.1.34)中代入 $y(t)=x(t)$,得到 $x(t)$ 的能量 $\int_{-\infty}^{\infty} |x(t)|^2\mathrm{d}t$,即能量是信号与其自身的内积。仿照这一点,可以把信号 $x(t)$ 与 $y(t)$ 的内积称为互能量:

$$E_{xy} = \int_{-\infty}^{\infty} x(t)y^*(t)\mathrm{d}t \tag{2.1.37}$$

当 $x(t)=y(t)$时,互能量 E_{xy} 变成能量 E_x。相对于互能量这个词,也可称信号 $x(t)$的能量 E_x 为自能量。

两个信号之和的能量之所以不等于各自能量之和,是因为有互能量:

$$\begin{aligned}\int_{-\infty}^{\infty} |x(t)+y(t)|^2\mathrm{d}t &= \int_{-\infty}^{\infty} |x(t)|^2 + x(t)y^*(t) + y(t)x^*(t) + |y(t)|^2\mathrm{d}t \\ &= E_x + E_{xy} + E_{yx} + E_y\end{aligned} \tag{2.1.38}$$

注意,自能量一定是正能量,至少是0,不可能有负能量,而互能量可正可负,还可以是复数。互能量反映两个信号叠加后额外的能量消长。例如 $x(t)+[-x(t)]=0$,能量完全抵消,互能量为负。$x(t)+x(t)=2x(t)$的能量是 $4E_x$,比 E_x+E_x 多出 $2E_x$,多出的这部分是正的互能量。

例 2.1.5 求图 2.1.13 中信号 $x(t)$、$y(t)$的内积,并求 $x(t)+y(t)$的能量。

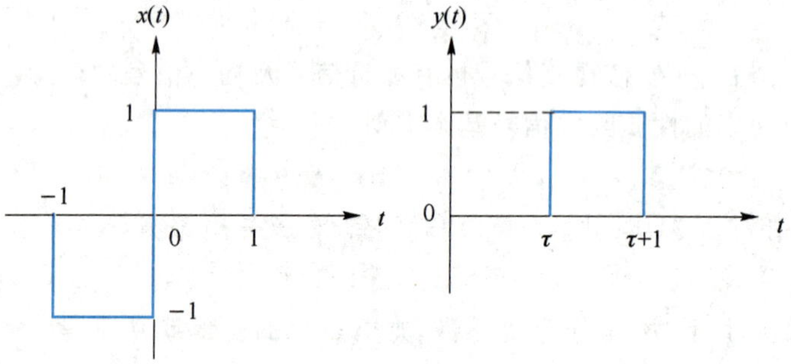

图 2.1.13 $x(t)$与 $y(t)$的波形

解 $x(t)$与 $y(t)$都是实信号,其内积为

$$E_{xy} = \int_{-\infty}^{\infty} x(t)y(t)\mathrm{d}t = \int_{\tau}^{\tau+1} x(t)\mathrm{d}t$$

其结果是 $x(t)$在时间窗口$[\tau,\tau+1]$内的面积。窗口位置不同则积分值不同,结果是 τ 的函数,如图 2.1.14(a)所示。

$x(t)$ 的能量是 $E_x = \int_{-\infty}^{\infty} x^2(t)\mathrm{d}t = 2$,$y(t)$ 的能量是 $E_y = \int_{-\infty}^{\infty} y^2(t)\mathrm{d}t = 1$,代入式(2.1.38)得到 $x(t)+y(t)$ 的能量为

$$E_{x+y}=E_x+E_y+2E_{xy}=3+2E_{xy}$$

结果示于图 2.1.14(b)。τ 不同时，$x(t)$与 $y(t)$的互能量不同，导致 $x(t)+y(t)$的能量在 $E_x+E_y=3$ 周围变化。$\tau=-1$ 时，$y(t)$与 $x(t)$在区间$[-1,0]$内完全抵消，$x(t)+y(t)$的能量是 1。$\tau=0$ 时，$x(t)$在区间$[-1,0]$内不变，能量是 1；在区间$[0,1]$内幅度变成 2，能量变成 4，$x(t)+y(t)$的能量是 5。

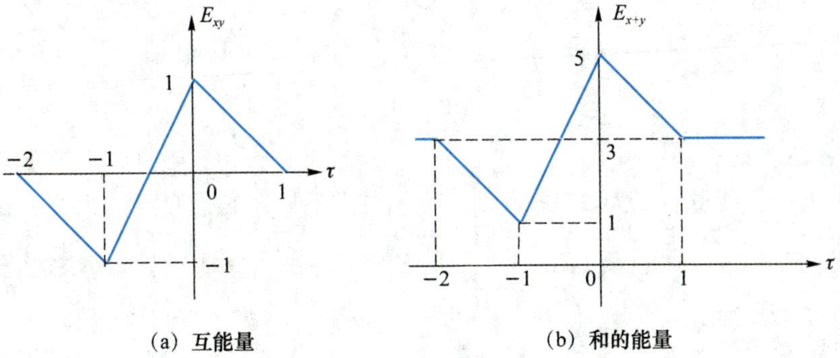

图 2.1.14　不同 τ 值下的互能量与信号之和的能量

3. 正交

若 $x(t)$与 $y(t)$的内积为零，则称 $x(t)$与 $y(t)$正交。两个信号正交时，互能量为零，故正交信号之和的能量等于各自能量之和。例如在图 2.1.13 中，当 $\tau=-1/2$ 时，$y(t)=\mathrm{rect}(t)$与 $x(t)$正交。此时 $E_{xy}=0$，$E_{x+y}=E_x+E_y=3$。

若 $y(t)$与 $x(t)$不正交，说明 $y(t)$以线性的方式包含了一部分 $x(t)$，即 $y(t)$可以分解为

$$y(t)=a\cdot x(t)+z(t) \tag{2.1.39}$$

上式右边的 $x(t)$与 $z(t)$正交。两边对 $x(t)$做内积得到 $y(t)$与 $x(t)$的互能量为 $E_{yx}=aE_x$，故此式中的系数为 $a=E_{yx}/E_x$。若 $z(t)$的能量是 E_z，则 $y(t)$的能量 $E_y=|a|^2E_x+E_z$。图 2.1.15 示出了这种信号分解关系。基于图中的几何表示，内积也可以称为投影。

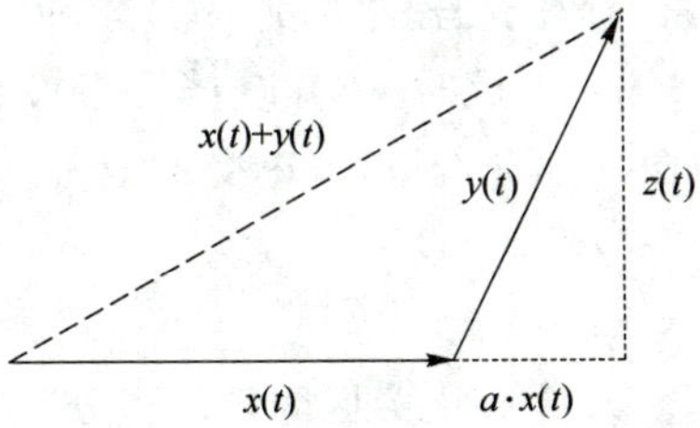

图 2.1.15　$y(t)$分解为两个正交信号之和

例 2.1.6　设 $x(t)$，$y(t)$如图 2.1.16 所示。将 $y(t)$分解为两个正交信号之和：$y(t)=a\cdot x(t)+z(t)$，则 $a=E_{yx}/E_x$，其中 $E_{yx}=\int_{-\infty}^{\infty}y(t)x(t)\mathrm{d}t=-2\int_0^1 t\mathrm{d}t=-1$，$E_x=\int_{-\infty}^{\infty}x^2(t)\mathrm{d}t=2$，$a=-0.5$。对应的 $z(t)$为

$$z(t)=y(t)+\frac{1}{2}x(t)=\begin{cases}t+0.5, & -1<t\leqslant 0\\ t-0.5, & 0<t\leqslant 1\\ 0, & \text{其他 } t\end{cases}$$

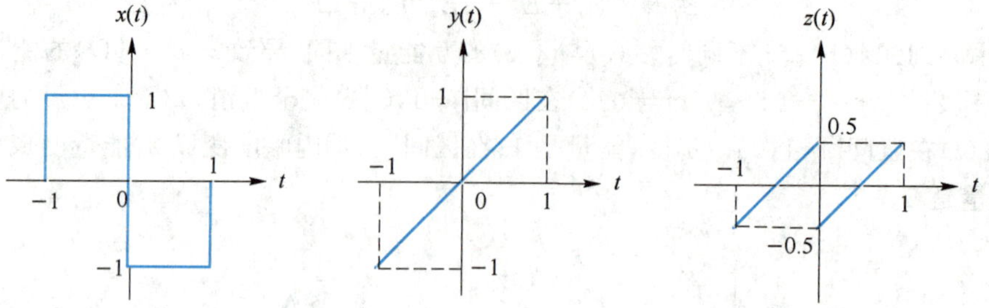

图 2.1.16 正交分解

4. 许瓦兹不等式

$x(t)$与$y(t)$的互能量有多大,取决于$x(t)$,$y(t)$的关系以及它们自身的大小。在式(2.1.39)中代入$a=E_{yx}/E_x$,则$y(t)$的能量是$E_y=\left|\frac{E_{xy}}{E_x}\right|^2E_x+E_z=\frac{|E_{xy}|^2}{E_x}+E_z$。$z(t)$的能量$E_z$非负,故$E_y\geqslant\frac{|E_{xy}|^2}{E_x}$,即

$$|E_{xy}|\leqslant\sqrt{E_xE_y} \tag{2.1.40}$$

此不等式称为许瓦兹不等式,它说明两个信号互能量的模值最大不超过自能量的几何平均。

式(2.1.40)中等号成立的条件是$E_z=0$,即$z(t)=0$[①]。此时$y(t)=a\cdot x(t)$,说明互能量模值最大的条件是:两个波形的形状相同,大小相差一个系数。

将信号$x(t)$除以$\sqrt{E_x}$后,$x(t)/\sqrt{E_z}$的能量为1,称$x(t)/\sqrt{E_x}$为$x(t)$的能量归一化信号。将两个信号$x(t)$、$y(t)$的能量归一化,然后求内积,结果称为这两个信号的归一化相关系数,简称相关系数:

$$\rho\triangleq\int_{-\infty}^{\infty}\frac{x(t)}{\sqrt{E_x}}\cdot\frac{y^*(t)}{\sqrt{E_y}}\mathrm{d}t=\frac{E_{xy}}{\sqrt{E_xE_y}} \tag{2.1.41}$$

根据许瓦兹不等式,归一化相关系数的模值最大是1,即$|\rho|\leqslant1$。两个信号的相关系数反映彼此的相似程度或彼此包含对方的程度。若$\rho=0$,则$y(t)$与$x(t)$正交,$y(t)$完全不包含$x(t)$;若相关系数达到最大值$|\rho|=1$,则$z(t)=0$,此时$y(t)$纯包含$x(t)$,不包含其他信号。当$0<|\rho|<1$时,$y(t)$包含一部分$x(t)$,还包含一部分与$x(t)$正交的成分。$|\rho|$越大,$y(t)$中$x(t)$的含量越大。

5. 功率信号的内积

功率信号$x(t)$的瞬时功率$|x(t)|^2$在无穷区间内的积分(总能量)是无穷大。为了使问题有意义,我们将能量计算公式(2.1.32)中的求积分变成了式(2.1.33)中的求时间平均,相应使能量演变为功率。

同理,两个功率信号$x(t)$,$y(t)$的互能量$\int_{-\infty}^{\infty}x(t)y^*(t)\mathrm{d}t$也可能是无穷大,此时可将求积分改成求时间平均,从而使互能量演变成互功率。两个功率信号$x(t)$,$y(t)$的内积(互功率)定义为

① 严格来说,从$\int_{-\infty}^{\infty}|z(t)|^2\mathrm{d}t=0$不能导出$z(t)=0,-\infty<t<\infty$。注意本课是用数学函数来建模实际信号。作为实际信号,能量为零一定表示完全没有信号。

$$P_{xy} = \overline{x(t)y^*(t)} = \lim_{T\to\infty}\left\{\frac{1}{T}\int_{-T/2}^{T/2} x(t)y^*(t)\mathrm{d}t\right\} \tag{2.1.42}$$

上式花括号中的积分是 $x(t)$，$y(t)$ 在区间 $[-T/2, T/2]$ 内的互能量，互能量除以持续时间 T 后变成互功率。根据许瓦兹不等式，互能量的模值小于等于自能量的几何平均，即对任意 T 有

$$\left|\int_{-T/2}^{T/2} x(t)y^*(t)\mathrm{d}t\right| \leqslant \sqrt{\int_{-T/2}^{T/2}|x(t)|^2\mathrm{d}t \cdot \int_{-T/2}^{T/2}|y(t)|^2\mathrm{d}t} \tag{2.1.43}$$

两边同时除以持续时间 T，并令 $T\to\infty$，则上式左边除以 T 后的极限是 P_{xy}，右边根号中的两项除以 T 后的极限分别是自功率 P_x，P_y。由此得到功率信号的许瓦兹不等式为

$$|P_{xy}| \leqslant \sqrt{P_x P_y} \tag{2.1.44}$$

即互功率的模值最大不超过自功率的几何平均。

2.2 信号频谱

信号频谱是在频域上描述信号在不同频率上的幅度及相位分布情况。通过傅里叶级数或傅里叶变换可以将信号从时域变换到频域。

2.2.1 傅里叶级数

若 $x(t)$ 是周期为 T 的周期信号，或者是定义在 $[-T/2, T/2]$ 上的信号，则 $x(t)$ 可以展开为傅里叶级数①

$$x(t) = \sum_{n=-\infty}^{\infty} x_n \mathrm{e}^{\mathrm{j}2\pi f_n t}, \quad -\frac{T}{2} < t < \frac{T}{2} \tag{2.2.1}$$

其中 $f_n = n/T$，系数 $x_n = A_n \mathrm{e}^{\mathrm{j}\varphi_n}$ 由下式给定：

$$x_n = \frac{1}{T}\int_{-T/2}^{T/2} x(t)\mathrm{e}^{-\mathrm{j}2\pi f_n t}\mathrm{d}t \tag{2.2.2}$$

式(2.2.1)说明，信号 $x(t)$ 由大量复单频信号组成，不同的 $x(t)$ 有不同的频谱 $\{x_n\}$，每个 x_n 是 $x(t)$ 中各频率分量的复振幅。

例 2.2.1　按区间 $[-T/2, T/2]$ 将 $\delta(t)$ 展开为傅里叶级数。

解　将 $x(t)=\delta(t)$ 代入式(2.2.2)得到 $x_n = \frac{1}{T}\int_{-T/2}^{T/2}\delta(t)\mathrm{e}^{-\mathrm{j}2\pi f_n t}\mathrm{d}t = \frac{1}{T}$，$n=0,\pm1,\pm2,\cdots$，因此

$$\delta(t) = \frac{1}{T}\sum_{n=-\infty}^{\infty}\mathrm{e}^{\mathrm{j}2\pi f_n t}, \quad -\frac{T}{2} < t < \frac{T}{2} \tag{2.2.3}$$

狄拉克冲激的频谱中各频率分量的复振幅 x_n 相同。

例 2.2.2　设有 3 个频谱 $x_{1,n} = \frac{1}{2T}\left[\mathrm{sinc}\left(\frac{n}{T}-0.5\right)+\mathrm{sinc}\left(\frac{n}{T}+0.5\right)\right]$，$x_{2,n} = \frac{1}{T}\mathrm{sinc}^2\left(\frac{n}{T}\right)$，$x_{3,n} = \frac{1}{T}\left[\mathrm{sinc}^4\left(\frac{n}{T}-3\right)+\mathrm{sinc}^4\left(\frac{n}{T}+3\right)\right]$，$n=0,\pm1,\pm2,\cdots$。分别代入式(2.2.1)，用计算机

① 式(2.2.1)右侧的级数收敛到左侧要求 $x(t)$ 满足狄里赫利条件。本课中的函数 $x(t)$ 表示实际信号，一般是连续有界的，故不用担心级数的收敛性。

软件可画出三个信号 $x_1(t)$、$x_2(t)$、$x_3(t)$的波形,结果如图 2.2.1 所示。

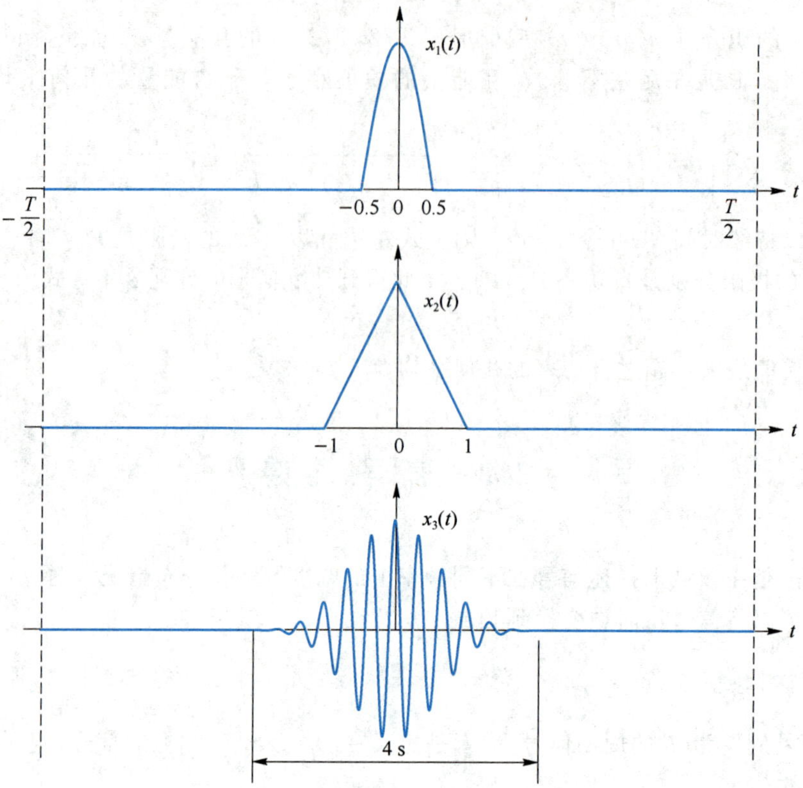

图 2.2.1 不同频谱对应不同波形(T=10 s)

例 2.2.3 设 $x(t)=\text{rect}(t)\cos(\pi t)$。根据式(2.2.2)可求得 $x(t)$的频谱为

$$x_n = \frac{1}{T}\int_{-T/2}^{T/2} \text{rect}(t)\cos(\pi t)\text{e}^{-\text{j}2\pi f_n t}\,\text{d}t = \frac{1}{T}\int_{-0.5}^{0.5} \cos(\pi t)\text{e}^{-\text{j}2\pi f_n t}\,\text{d}t$$

被积函数的实部 $\cos(\pi t)\cos(2\pi f_n t)$是偶函数,虚部 $-\cos(\pi t)\sin(2\pi f_n t)$是奇函数。奇函数在对称区间内的积分为零,故

$$\begin{aligned} x_n &= \frac{2}{T}\int_0^{0.5} \cos(\pi t)\cos(2\pi f_n t)\text{d}t \\ &= \frac{1}{T}\int_0^{0.5} \cos(2\pi f_n t - \pi t) + \cos[2\pi f_n t + \pi t]\text{d}t \\ &= \frac{1}{T}\left[\frac{\sin(\pi f_n - \pi/2)}{2\pi f_n - \pi} + \frac{\sin(\pi f_n + \pi/2)}{2\pi f_n + \pi}\right] \\ &= \frac{1}{2T}[\text{sinc}(f_n - 0.5) + \text{sinc}(f_n + 0.5)] \end{aligned}$$

图 2.2.2 中按 T=1 s、10 s、100 s 三种情况画出了频谱图。频谱图由许多谱线构成,谱线的间隔是 $1/T$。随着 T 增大,频谱高度不断变小,间隔不断变密。到 T=100 s 时,图中的谱线显示对人眼已经密不可分。

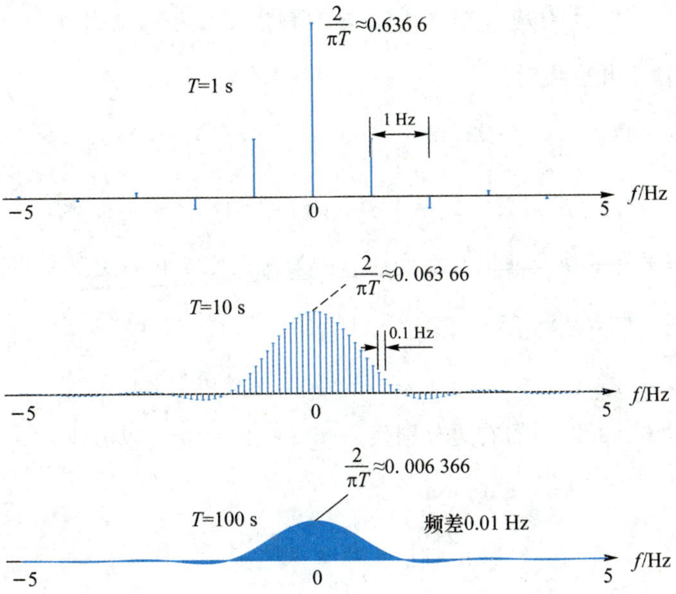

图 2.2.2　T 增大时，谱线的高度变小，间隔变密

2.2.2　傅里叶变换

可将上述傅里叶分析方法推广到无限区间或非周期信号，导出傅里叶变换。

从图 2.2.2 中可以注意到，随着观察时间 T 的增大，频谱间隔越来越密，幅度越来越小。当 T 较大时，通过逐一列举每条谱线来描述信号频谱将变得十分不便。为此可以改用频谱的密度。

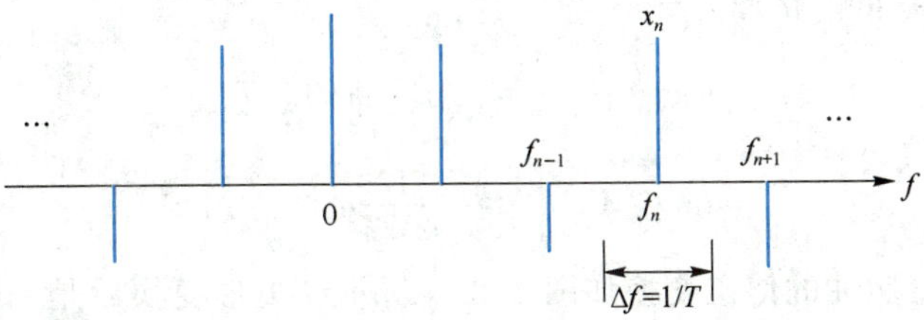

图 2.2.3　频谱密度

密度是小区间内的量值除以区间的大小。参考图 2.2.3，在信号 $x(t)$ 的频谱中，相邻谱线之间的频率间隔为 $\Delta f=1/T$。在区间 $\left[f_n-\frac{\Delta f}{2},f_n+\frac{\Delta f}{2}\right]$ 内，$x(t)$ 包含一个大小为 x_n、频率为 $f_n=n/T=n\Delta f$ 的单频信号。该区间内的频谱密度为

$$\frac{x_n}{\Delta f}=Tx_n=\int_{-T/2}^{T/2}x(t)\mathrm{e}^{-\mathrm{j}2\pi f_n t}\mathrm{d}t \tag{2.2.4}$$

代入式(2.2.1)，傅里叶级数表达式可以写成

$$x(t)=\sum_{n=-\infty}^{\infty}\frac{x_n}{\Delta f}\mathrm{e}^{\mathrm{j}2\pi f_n t}\Delta f=\sum_{n=-\infty}^{\infty}(Tx_n)\mathrm{e}^{\mathrm{j}2\pi(n\Delta f)t}\Delta f \tag{2.2.5}$$

当 $T\to\infty$ 时，$\Delta f=\frac{1}{T}\to0$。对于所有整数 n，$f_n=n\Delta f$ 将无限逼近 $(-\infty,\infty)$ 内的任意实数。

用 f 表示 f_n，用 $X(f)$ 表示对应频率 $f=f_n$ 处的频谱密度 $\frac{x_n}{\Delta f}$，则当 $T\to\infty$ 时，式(2.2.4)和式(2.2.5)演变成傅里叶变换对：

$$X(f)=\mathscr{F}[x(t)]=\int_{-\infty}^{\infty}x(t)\mathrm{e}^{-\mathrm{j}2\pi ft}\mathrm{d}t,\quad -\infty<f<\infty \tag{2.2.6}$$

$$x(t)=\mathscr{F}^{-1}[X(f)]=\int_{-\infty}^{\infty}X(f)\mathrm{e}^{\mathrm{j}2\pi ft}\mathrm{d}f,\quad -\infty<t<\infty \tag{2.2.7}$$

以下分别将傅里叶变换及傅里叶反变换简称为傅氏变换和傅氏反变换。

2.2.3 常用傅氏变换及性质

1. 面积与原点值

在式(2.2.6)及式(2.2.7)的右边分别代入 $f=0$ 和 $t=0$ 可以看出，一个域中的面积是另一个域中的原点值：

$$\begin{aligned} x(0)&=\int_{-\infty}^{\infty}X(f)\mathrm{d}f \\ X(0)&=\int_{-\infty}^{\infty}x(t)\mathrm{d}t \end{aligned} \tag{2.2.8}$$

2. 矩形与 sinc

矩形脉冲与 sinc 脉冲构成傅氏变换对。中心在原点、宽度为 T、高度为 1 的矩形脉冲 $\mathrm{rect}(t/T)$ 的傅氏变换为

$$\int_{-\infty}^{\infty}\mathrm{rect}\left(\frac{t}{T}\right)\mathrm{e}^{-\mathrm{j}2\pi ft}\mathrm{d}t=2\int_{0}^{T/2}\cos(2\pi ft)\mathrm{d}t=\frac{\sin(\pi fT)}{\pi f}=T\cdot\mathrm{sinc}(fT) \tag{2.2.9}$$

同理可知，中心在原点、宽度为 $2W$、高度为 $\frac{1}{2W}$ 的矩形频谱 $\frac{1}{2W}\mathrm{rect}\left(\frac{f}{2W}\right)$ 的傅氏反变换为 $\mathrm{sinc}(2Wt)$。以上关系可以整理为

$$\begin{aligned} \mathrm{rect}\left(\frac{t}{T}\right) &\Leftrightarrow T\cdot\mathrm{sinc}(fT) \\ \mathrm{sinc}(2Wt) &\Leftrightarrow \frac{1}{2W}\mathrm{rect}\left(\frac{f}{2W}\right) \end{aligned} \tag{2.2.10}$$

矩形脉冲与 sinc 脉冲的傅氏变换如图 2.2.4 所示。矩形变换后是 sinc，sinc 变换后是矩形。sinc 前的系数是矩形的面积，与变换域中的变量 f 或 t 相乘的是矩形的宽度。从图 2.2.4 还可以注意到，时域变窄则频域变宽，时域变宽则频域变窄。

3. 直流与冲激

在式(2.2.6)、式(2.2.7)的右边分别代入 $x(t)=\delta(t)$ 和 $X(f)=\delta(f)$，可得到

$$\begin{aligned} \delta(t) &\Leftrightarrow 1 \\ 1 &\Leftrightarrow \delta(f) \end{aligned} \tag{2.2.11}$$

即常数与冲激构成傅氏变换对。从图 2.2.4 也可以看出这一点。频域 $T\cdot\mathrm{sinc}(fT)$ 的面积是时域 $\mathrm{rect}\left(\frac{t}{T}\right)$ 的原点值，为 1。当 $T\to\infty$ 时，$\mathrm{rect}\left(\frac{t}{T}\right)$ 无限变宽成为直流 1，$T\cdot\mathrm{sinc}(fT)$ 无限变窄变高成为单位冲激。

由于常数与冲激构成傅氏变换对，故在式(2.2.6)、式(2.2.7)的右边分别代入 $x(t)=1$ 和 $X(f)=1$，左边将变成冲激，说明单位冲激可以表示为如下积分：

$$\int_{-\infty}^{\infty} e^{j2\pi uv}\,dv = \delta(u) \tag{2.2.12}$$

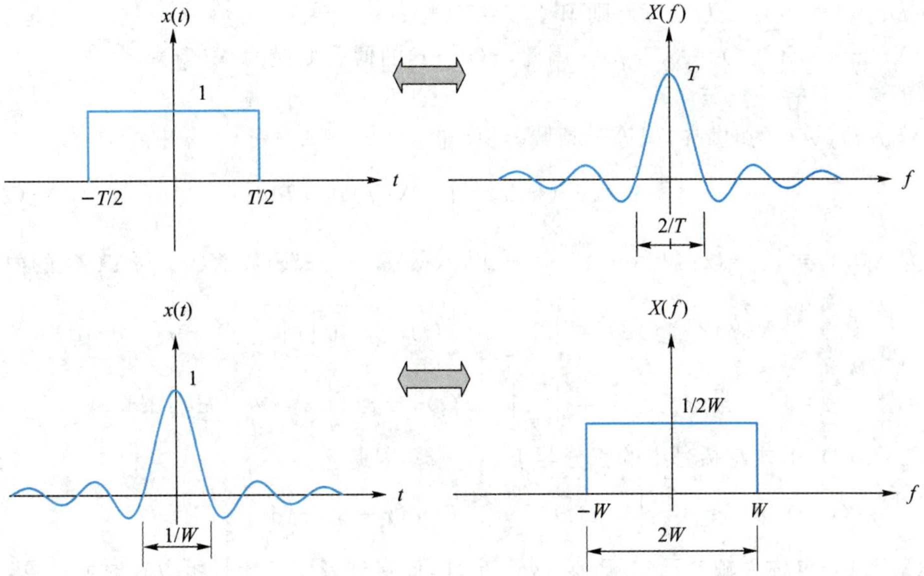

图 2.2.4　矩形脉冲与 sinc 脉冲的傅氏变换

4. 时移与频移

在式(2.2.6)、式(2.2.7)的右边分别将 t 换成 $t-t_0$，f 换成 $f-f_0$，可得到

$$x(t-t_0) \quad \Leftrightarrow \quad X(f)e^{-j2\pi f t_0}$$

$$x(t)e^{j2\pi f_0 t} \quad \Leftrightarrow \quad =X(f-f_0) \tag{2.2.13}$$

即在一个域中平移对应另一个域中乘以复正弦函数。

5. 共轭

式(2.2.6)或式(2.2.7)两边共轭并将 f 换成 $-f$ 得到

$$x^*(t) \quad \Leftrightarrow \quad X^*(-f) \tag{2.2.14}$$

若 $x(t)$是实信号，则 $x(t)=x^*(t)$，此时 $X(f)=X^*(-f)$。$X(f)$一般是复数，按幅值和角度可以表示为 $X(f)=|X(f)|e^{j\varphi(f)}$，其中 $|X(f)|$ 是幅度谱，$\varphi(f)=\angle X(f)$是角度谱或相位谱。$X(f)=X^*(-f)$说明 $|X(f)|e^{j\varphi(f)}=|X(-f)|e^{-j\varphi(-f)}$，即实信号的幅度谱是偶函数 $|X(f)|=|X(-f)|$，相位谱是奇函数 $\varphi(f)=-\varphi(-f)$。

6. 奇偶性

在式(2.2.7)的两边将 t 换成 $-t$ 并在右边将 f 换成 $-f$，可得到

$$x(-t) \quad \Leftrightarrow \quad X(-f) \tag{2.2.15}$$

$x(-t)$是将 $x(t)$的时间轴镜像反转，即时间倒流。此时，构成 $x(t)$的每个频率分量 $e^{j2\pi ft}$ 变成 $e^{-j2\pi ft}$，其转向反转，频率反极性，从而导致 $X(f)$的频率轴镜像反转。

若 $x(t)$是偶函数，则 $x(t)=x(-t)$，$X(f)=X(-f)$。若 $x(t)$是奇函数，则 $x(t)=-x(-t)$，$X(f)=-X(-f)$。说明傅氏变换不改变奇偶性，偶函数的傅氏变换是偶函数，奇函数的傅氏变换是奇函数。

若 $x(t)$为实偶函数，则 $X(f)=X^*(-f)$且 $X(f)=X(-f)$，即 $X^*(-f)=X(-f)$，取共轭后不变只能是实函数，说明实偶函数的傅氏变换是实偶函数。类似可得知实奇函数的傅氏

变换是虚奇函数。

例 2.2.4 设实信号 $x(t)$ 的傅氏变换为 $X(f)$。令 $y(t)=x(-t)$，则 $Y(f)=X(-f)$。再令 $w(t)=y(t-t_0)=x(t_0-t)$，则 $W(f)=Y(f)\mathrm{e}^{-\mathrm{j}2\pi ft_0}=X(-f)\mathrm{e}^{-\mathrm{j}2\pi ft_0}$。$x(t)$ 是实信号，$X(f)=X^*(-f)$，$X^*(f)=X(-f)$。因此，$x(t_0-t)$ 的傅氏变换为 $X^*(f)\mathrm{e}^{-\mathrm{j}2\pi ft_0}$。

7. 时域内积等于频域内积

信号 $x(t)$，$y(t)$ 的时域内积等于频域内积，即

$$\int_{-\infty}^{\infty} x(t)y^*(t)\mathrm{d}t=\int_{-\infty}^{\infty} X(f)Y^*(f)\mathrm{d}t \tag{2.2.16}$$

这是因为 $X(f)=\int_{-\infty}^{\infty} x(t)\mathrm{e}^{-\mathrm{j}2\pi ft}\mathrm{d}t$，$Y(f)=\int_{-\infty}^{\infty} y(\tau)\mathrm{e}^{-\mathrm{j}2\pi f\tau}\mathrm{d}\tau$。函数 $X(f)$ 与 $Y(f)$ 的内积为

$$\begin{aligned}\int_{-\infty}^{\infty} X(f)Y^*(f)\mathrm{d}f&=\int_{-\infty}^{\infty}\left[\int_{-\infty}^{\infty} x(t)\mathrm{e}^{-\mathrm{j}2\pi ft}\mathrm{d}t\right]\left[\int_{-\infty}^{\infty} y^*(\tau)\mathrm{e}^{\mathrm{j}2\pi f\tau}\mathrm{d}\tau\right]\mathrm{d}f\\&=\int_{-\infty}^{\infty}\int_{-\infty}^{\infty} x(t)y^*(\tau)\left\{\int_{-\infty}^{\infty}\mathrm{e}^{\mathrm{j}2\pi f(\tau-t)}\mathrm{d}f\right\}\mathrm{d}t\mathrm{d}\tau\end{aligned}$$

根据式(2.2.12)，上式花括号中的积分等于 $\delta(\tau-t)$，因此

$$\int_{-\infty}^{\infty} X(f)Y^*(f)\mathrm{d}f=\int_{-\infty}^{\infty} x(t)\left\{\int_{-\infty}^{\infty} y^*(\tau)\delta(\tau-t)\mathrm{d}\tau\right\}\mathrm{d}t=\int_{-\infty}^{\infty} x(t)y^*(t)\mathrm{d}t$$

式(2.2.16)也称为帕瑟瓦尔(Parserval)定理，该定理说明互能量可以在时域计算，也可以在频域计算。当 $y(t)=x(t)$ 时，式(2.2.16)成为

$$\int_{-\infty}^{\infty} |x(t)|^2\mathrm{d}t=\int_{-\infty}^{\infty} |X(f)|^2\mathrm{d}f \tag{2.2.17}$$

8. 卷积与乘积

一个域中的乘积对应另一个域中的卷积，即

$$x(t)*y(t)=\int_{-\infty}^{\infty} x(u)y(t-u)\mathrm{d}u \quad\Leftrightarrow\quad X(f)Y(f) \tag{2.2.18}$$

$$x(t)y(t) \quad\Leftrightarrow\quad \int_{-\infty}^{\infty} X(u)Y(f-u)\mathrm{d}u=X(f)*Y(f) \tag{2.2.19}$$

其中的 $*$ 表示卷积。注意式(2.2.18)右边的卷积积分是 $x(u)$ 与 $y^*(t-u)$ 按变量 u 做内积。参考例 2.2.4，$y(t-u)$ 按变量 u 做傅氏变换的结果为 $Y(-f)\mathrm{e}^{-\mathrm{j}2\pi ft}$，$y^*(t-u)$ 是 $y(t-u)$ 的共轭，共轭后频域共轭且 f 变 $-f$，即 $y^*(t-u)$ 按变量 u 做傅氏变换的结果为 $Y^*(f)\mathrm{e}^{-\mathrm{j}2\pi ft}$。时域内积等于频域内积，故

$$\int_{-\infty}^{\infty} x(u)y(t-u)\mathrm{d}u=\int_{-\infty}^{\infty} X(f)[Y^*(f)\mathrm{e}^{-\mathrm{j}2\pi f\tau}]^*\mathrm{d}f=\int_{-\infty}^{\infty} X(f)Y(f)\mathrm{e}^{\mathrm{j}2\pi f\tau}\mathrm{d}f$$

即左边的卷积是 $X(f)Y(f)$ 的傅氏反变换。同理可证式(2.2.19)。

当两个信号 $x(t)$ 与 $y(t)$ 中有一个为冲激时，有如下关系：

$$x(t)\delta(t-t_0)=x(t_0)\delta(t-t_0) \quad\Leftrightarrow\quad x(t_0)\mathrm{e}^{-\mathrm{j}2\pi ft_0} \tag{2.2.20}$$

$$x(t)*\delta(t-t_0)=x(t-t_0) \quad\Leftrightarrow\quad X(f)\mathrm{e}^{-\mathrm{j}2\pi ft_0} \tag{2.2.21}$$

若两个信号都是冲激，有如下关系：

$$\delta(t-t_1)\delta(t-t_0)=\delta(t_0-t_1)\delta(t-t_0) \quad\Leftrightarrow\quad \delta(t_0-t_1)\mathrm{e}^{-\mathrm{j}2\pi ft_0} \tag{2.2.22}$$

$$\delta(t-t_1)*\delta(t-t_0)=\delta(t-t_1-t_0) \quad\Leftrightarrow\quad \mathrm{e}^{-\mathrm{j}2\pi f(t_0+t_1)} \tag{2.2.23}$$

例 2.2.5 求 $\mathrm{sinc}^2\left(\dfrac{t}{T}\right)$ 的傅氏变换。

解 $\mathrm{sinc}^2\left(\dfrac{t}{T}\right)$ 是两个 $\mathrm{sinc}\left(\dfrac{t}{T}\right)$ 的乘积。$\mathrm{sinc}\left(\dfrac{t}{T}\right)$ 的傅氏变换是矩形 $T\cdot\mathrm{rect}(fT)$。时

域乘积对应频域卷积。两个宽度相同的矩形卷积结果是三角形。由此得到的 $\mathrm{sinc}^2(t/T)$ 的傅氏变换如图 2.2.5 所示。

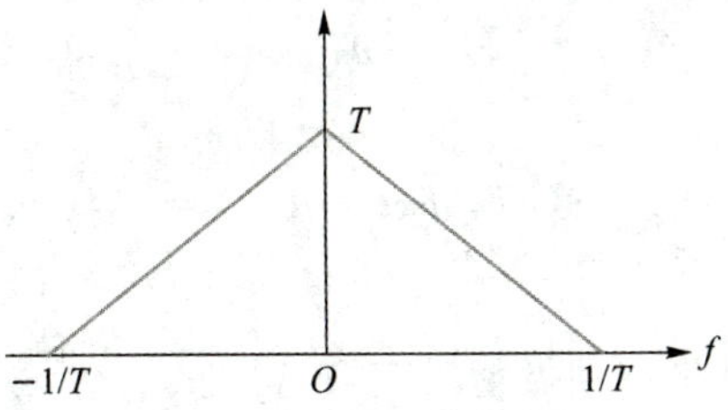

图 2.2.5　$\mathrm{sinc}^2(t/T)$ 的傅氏变换

9. 微分

对式(2.2.7)、式(2.2.6)的两边分别求关于 t 和 f 的导数得到

$$\begin{aligned}\frac{\mathrm{d}}{\mathrm{d}t}x(t) \quad &\Leftrightarrow \quad \mathrm{j}2\pi f\cdot X(f)\\ -\mathrm{j}2\pi t\cdot x(t) \quad &\Leftrightarrow \quad \frac{\mathrm{d}}{\mathrm{d}f}X(f)\end{aligned} \tag{2.2.24}$$

即在一个域中求导对应另一个域中乘以过原点的直线 $\mathrm{j}2\pi f$ 或 $-\mathrm{j}2\pi t$。

例 2.2.6　求 $h(t)=\frac{1}{\pi t}$ 的傅氏变换 $H(f)$。

解　$h(t)$ 是实奇函数，故 $H(f)$ 必为虚奇函数。等式 $h(t)=\frac{1}{\pi t}$ 两边同乘 $-\mathrm{j}2\pi t$ 得到 $-\mathrm{j}2\pi t\cdot h(t)=-2\mathrm{j}$。左边 $-\mathrm{j}2\pi t\cdot h(t)$ 的傅氏变换是 $\frac{\mathrm{d}}{\mathrm{d}f}H(f)$，右边 $-2\mathrm{j}$ 的傅氏变换是 $-2\mathrm{j}\cdot\delta(f)$，即 $\frac{\mathrm{d}}{\mathrm{d}f}H(f)=-2\mathrm{j}\cdot\delta(f)$。两边积分，并注意 $H(f)$ 是虚奇函数，得到

$$H(f)=\begin{cases}-\mathrm{j}, & f>0\\ +\mathrm{j}, & f<0\end{cases}=-\mathrm{j}\cdot\mathrm{sgn}(f) \tag{2.2.25}$$

10. 周期冲激序列

图 2.1.6(b)中的周期冲激序列是将单个冲激 $\delta(t)$ 按周期 T 不断复制形成的：

$$\delta_T(t)=\sum_{n=-\infty}^{\infty}\delta(t-nT), \quad -\infty<t<\infty \tag{2.2.26}$$

$\delta_T(t)$ 是周期信号。周期信号的傅里叶级数展开等于它在任何一个周期内的傅里叶级数展开。在区间 $[-T/2,T/2]$ 内，$\delta_T(t)=\delta(t)$ 的傅里叶级数展开式为式(2.2.3)。因此 $\delta_T(t)$ 的傅里叶级数展开为

$$\delta_T(t)=\sum_{n=-\infty}^{\infty}\delta(t-nT)=\frac{1}{T}\sum_{m=-\infty}^{\infty}\mathrm{e}^{\mathrm{j}2\pi\frac{m}{T}t}, \quad -\infty<t<\infty \tag{2.2.27}$$

上式两边逐项做傅氏变换，$\delta(t-nT)$ 的傅氏变换是 $\mathrm{e}^{-\mathrm{j}2\pi fnT}$，$\mathrm{e}^{\mathrm{j}2\pi\frac{m}{T}t}$ 的傅氏变换为 $\delta\left(f-\frac{m}{T}\right)$，于是得到周期冲激序列的傅氏变换为

$$\mathscr{F}\left[\sum_{n=-\infty}^{\infty}\delta(t-nT)\right]=\sum_{n=-\infty}^{\infty}\mathrm{e}^{-\mathrm{j}2\pi fnT}=\frac{1}{T}\sum_{n=-\infty}^{\infty}\delta\left(f-\frac{m}{T}\right) \tag{2.2.28}$$

结果说明周期冲激序列在频域也是周期冲激序列。

11. 采样

信号 $x(t)$的理想采样是其与周期冲激序列的乘积:

$$\begin{aligned} x_s(t) &= x(t)\sum_{n=-\infty}^{\infty}\delta(t-nT_s) = \sum_{n=-\infty}^{\infty}x(t)\delta(t-nT_s) \\ &= \sum_{n=-\infty}^{\infty}x(nT_s)\delta(t-nT_s) = \sum_{n=-\infty}^{\infty}x_n\delta(t-nT_s) \end{aligned} \tag{2.2.29}$$

其中 $x_n=x(nT_s)$。

对式(2.2.29)中的最后结果逐项做傅氏变换,得到

$$X_s(f) = \sum_{n=-\infty}^{\infty}x_n e^{-j2\pi nfT_s} \tag{2.2.30}$$

上式是序列$\{x_n\}$的离散时间傅氏变换(Discrete-time Fourier Transform,DTFT)①。

在式(2.2.29)的第一个等式中代入周期冲激序列的傅氏级数展开式(2.2.27),得到

$$x_s(t) = \frac{1}{T_s}\sum_{m=-\infty}^{\infty}x(t)e^{j2\pi\frac{m}{T_s}t} \tag{2.2.31}$$

两边做傅氏变换得到

$$X_s(f) = \frac{1}{T_s}\sum_{m=-\infty}^{\infty}X\left(f-\frac{m}{T_s}\right) \tag{2.2.32}$$

结果说明理想采样后的频谱是原频谱的周期性搬移叠加,频域搬移的间隔是采样率 $f_s=1/T_s$。若搬移间隔较小,式(2.2.32)右边的各项在频谱上的图形将产生交叠,而当搬移间隔足够大时,各项在频谱上的图形将不会产生交叠,如图 2.2.6 所示。

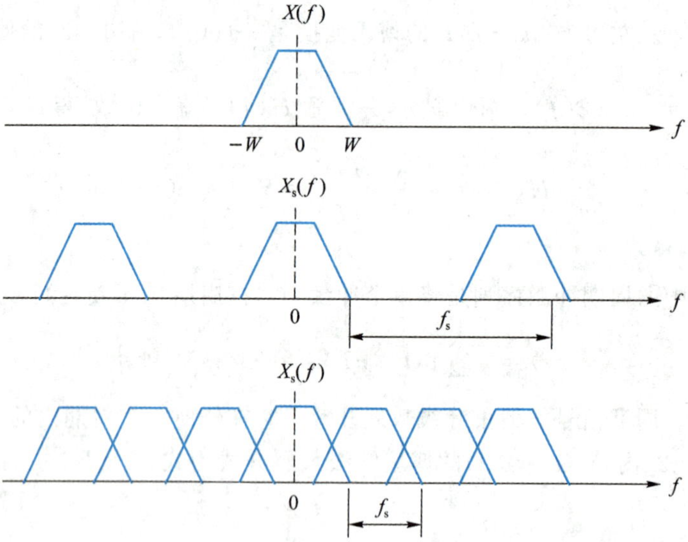

图 2.2.6 理想采样后的频谱是原信号频谱的搬移叠加

---

① 注意式中频率 f 的单位是 Hz。若采用归一化频率,即把 fT_s 换成 f(相当于将采样间隔 T_s 视为单位时间),则 DTFT 的表达式为 $X_s(f)=\sum_{n=-\infty}^{\infty}x_n e^{-j2\pi nf}$。

2.2.4　能量谱密度与功率谱密度

任何信号均由不同频率的复单频信号构成。不同的频率分量彼此正交，所以信号总体的能量或功率是各个单频信号的能量或功率之和。能量或功率沿频率轴的分布密度称为能量谱密度或功率谱密度。

1. 能量谱密度

参考图 2.2.3，在 $x(t)$ 的频率成分中，频率为 $f_n=n/T$ 的分量所在的区间为 $\left[-\frac{\Delta f}{2}+f_n,\frac{\Delta f}{2}+f_n\right]$，其中 $\Delta f=1/T$。该区间内的单频信号是 $x_n e^{j2\pi f_n t}$。若该频率处的频谱密度为 $X(f_n)$，则 $x_n=X(f_n)\Delta f=\frac{X(f_n)}{T}$。$x_n e^{j2\pi f_n t}$ 的功率是 $|x_n|^2$，在 T 时间内的能量是 $|x_n|^2T$。这部分能量在该频率区间内的密度为 $\frac{|x_n|^2T}{\Delta f}=|x_n|^2T^2=|X(f_n)|^2$，即 $x(t)$ 的能量在频率 f_n 处的密度等于该频率处的频谱密度的模平方。以上物理意义说明，信号的能量谱密度等于频谱密度的模平方：

$$E_x(f)=|X(f)|^2 \tag{2.2.33}$$

推广到互能量，信号 $x(t)$ 与 $y(t)$ 的互能量谱密度为

$$E_{xy}(f)=X(f)Y^*(f) \tag{2.2.34}$$

两个信号相加后的总能量除了各自的能量外，还有体现消长的互能量。不同频率处的消长情况可能不同，互能量谱密度反映互能量在频域的分布密度。自能量谱密度（能量谱密度）是互能量谱密度在 $x(t)=y(t)$ 时的特例。两个信号之和的能量谱密度等于各自的能量谱密度之和再加上两个互能量谱密度：

$$|X(t)+Y(f)|^2=|X(f)|^2+|Y(f)|^2+X(f)Y^*(f)+X^*(f)Y(f) \tag{2.2.35}$$

密度的积分是总量。能量谱密度的积分是总能量，互能量谱密度的积分是总互能量。式(2.2.16)中的时域内积等于频域内积反映的正是这一关系。该式左边是瞬时互功率的积分，右边是互能量谱密度的积分。

有频域就有时域。能量谱密度是频域函数，对应的时域函数是相关函数。信号 $x(t)$ 的自相关函数定义为信号时间错开后的内积：

$$R_x(\tau)=\int_{-\infty}^{\infty}x(t+\tau)x^*(t)\mathrm{d}t \tag{2.2.36}$$

信号 $x(t)$ 与 $y(t)$ 的互相关函数是两个信号时间错开后的内积：

$$R_{xy}(\tau)=\int_{-\infty}^{\infty}x(t+\tau)y^*(t)\mathrm{d}t \tag{2.2.37}$$

能量谱密度与相关函数有如下性质。

(1) 能量谱密度 $|X(f)|^2$ 非负。

(2) 自相关函数的傅氏变换是能量谱密度，互相关函数的傅氏变换是互能量谱密度：

$$R_x(\tau) \quad \Leftrightarrow \quad |X(f)|^2 \tag{2.2.38}$$

$$R_{xy}(\tau) \quad \Leftrightarrow \quad X(f)Y^*(f) \tag{2.2.39}$$

这一点可根据时域内积等于频域内积的性质直接得到：

$$\int_{-\infty}^{\infty}x(t+\tau)y^*(t)\mathrm{d}t=\int_{-\infty}^{\infty}X(f)e^{j2\pi f\tau}\cdot Y^*(f)\mathrm{d}f=\int_{-\infty}^{\infty}X(f)Y^*(f)e^{j2\pi f\tau}\mathrm{d}f$$

式右是互能量谱密度的傅氏反变换，从而得到(2.2.39)。式(2.2.38)是式(2.2.39)的特例。

(3) 自相关函数在 $\tau=0$ 时最大,最大值等于能量:

$$|R_x(\tau)|\leqslant R_x(0)=E_x \tag{2.2.40}$$

一个域中的原点值是另一个域中的面积,频域能量谱密度的面积是能量 E_x,对应时域自相关函数的原点值,即 $R_x(0)=E_x$。式(2.2.36)右边是 $x(t+\tau)$ 与 $x(t)$ 的互能量。根据许瓦兹不等式,互能量的模值不超过自能量的几何平均。而 $x(t+\tau)$ 与 $x(t)$ 的能量相同,均为 $E_x=R_x(0)$,故 $|R_x(\tau)|\leqslant R_x(0)$。

(4) 实信号的自相关函数是实偶函数,复信号的自相关函数共轭对称:

$$\begin{aligned}&\text{实信号}\quad R_x(\tau)=R_x(-\tau)\\&\text{复信号}\quad R_x(\tau)=R_x^*(-\tau)\end{aligned} \tag{2.2.41}$$

(5) 信号次序调换后,实信号的互相关函数 τ 变 $-\tau$,复信号的互相关函数 τ 变 $-\tau$ 并共轭:

$$\begin{aligned}&\text{实信号}\quad R_{yx}(\tau)=R_{xy}(-\tau)\\&\text{复信号}\quad R_{yx}(\tau)=R_{xy}^*(-\tau)\end{aligned} \tag{2.2.42}$$

(6) 信号经过相移和时延后自相关函数不变,能量谱密度不变。

$x(t)$ 变成 $e^{j\theta}x(t-t_0)$ 后,傅氏变换变成 $e^{j\theta}e^{-j2\pi ft_0}X(f)$,其模值不变,故能量谱密度不变,能量谱密度不变则自相关函数不变。

(7) 若 $x(t)$ 与 $y(t)$ 的频谱不交叠,即 $X(f)Y(f)=0$,则互能量谱密度为零。

$x(t)$ 与 $y(t)$ 的频谱不交叠,说明在 $X(f)\neq 0$ 的频率 f 处,定有 $Y(f)=0$,$Y^*(f)=0$,因此互能量谱密度 $X(f)Y^*(f)=0$,$-\infty<f<\infty$。

2. 功率谱密度

功率谱密度反映功率信号的功率在频域的分布密度。令 $x_T(t)$ 表示功率信号 $x(t)$ 在区间 $[-T/2,T/2]$ 内的截短部分:

$$x_T(t)=\text{rect}\left(\frac{t}{T}\right)x(t)=\begin{cases}x(t), & |t|<\dfrac{T}{2}\\0, & \text{其他 } t\end{cases} \tag{2.2.43}$$

参考图 2.2.3,$x_T(t)$ 由许多频率间隔为 $\Delta f=1/T$ 的复单频信号组成。频率为 $f_n=n/T$ 的分量所在的小区间为 $\left[-\dfrac{\Delta f}{2}+f_n,\dfrac{\Delta f}{2}+f_n\right]$,该区间内的单频信号分量是 $x_n e^{j2\pi f_n t}$。若 $x_T(t)$ 的频谱密度为 $X_T(f)$,则 $x_n=X(f_n)\Delta f=\dfrac{X(f_n)}{T}$。$x_n e^{j2\pi f_n t}$ 的功率是 $|x_n|^2$,这部分功率在该频率区间内的密度为 $\dfrac{|x_n|^2}{\Delta f}=|x_n|^2T=\dfrac{|X(f_n)^2|}{T}$。令 $T\to\infty$,便得到 $x(t)$ 的功率谱密度为

$$P_x(f)=\lim_{T\to\infty}\left\{\frac{|X_T(f)|^2}{T}\right\} \tag{2.2.44}$$

同理,功率信号 $x(t)$ 与 $y(t)$ 的互功率谱密度为

$$P_{xy}(f)=\lim_{T\to\infty}\left\{\frac{X_T(f)Y_T^*(f)}{T}\right\} \tag{2.2.45}$$

其中 $Y_T(f)$ 是截短信号 $y_T(t)=\text{rect}\left(\dfrac{t}{T}\right)y(t)$ 的傅氏变换。互功率谱密度反映互功率在频域的分布密度。自功率谱密度(功率谱密度)是互功率谱密度在 $x(t)=y(t)$ 时的特例。

将 $x(t)$、$y(t)$ 截短后的 $x_T(t)$、$y_T(t)$ 是能量信号,式(2.2.44)、(2.2.45)花括号内分子是

截短信号的能量谱密度和互能量谱密度。能量除以时间是功率,能量谱密度除以时间是功率谱密度。

考虑两个功率信号相加。此时,式(2.2.35)对截短信号 $x_T(t)$、$y_T(t)$成立。两边除以 T 并取极限 $T\to\infty$ 得

$$P_{x+y}(f)=P_x(f)+P_y(f)+P_{xy}(f)+P_{yx}(f) \tag{2.2.46}$$

即两个功率信号之和的功率谱密度等于各自功率谱密度之和再加上互功率谱密度。

与能量信号类似,功率信号的相关函数也是时间错开后的内积。具体来说,$x(t)$的自相关函数为

$$R_x(\tau) = \lim_{T\to\infty}\left\{\frac{1}{T}\int_{-T/2}^{T/2} x(t+\tau)x^*(t)\,\mathrm{d}t\right\} = \overline{x(t+\tau)x^*(t)} \tag{2.2.47}$$

$x(t)$与 $y(t)$的互相关函数为

$$R_{xy}(\tau) = \lim_{T\to\infty}\left\{\frac{1}{T}\int_{-T/2}^{T/2} x(t+\tau)y^*(t)\,\mathrm{d}t\right\} = \overline{x(t+\tau)y^*(t)} \tag{2.2.48}$$

功率信号的相关函数与能量信号的相关函数只是除以 T 的差别,实质是一样的。因此功率信号相关函数及功率谱密度的主要性质与能量信号类似。

(1) 功率密度非负,$P_x(f)\geqslant 0$。

(2) 自相关函数的傅氏变换是功率谱密度,互相关函数的傅氏变换是互功率谱密度:

$$\begin{aligned} R_x(\tau) &\Leftrightarrow P_x(f) \\ R_{xy}(\tau) &\Leftrightarrow P_{xy}(f) \end{aligned} \tag{2.2.49}$$

(3) 自相关函数在 $\tau=0$ 时最大,且最大值等于功率:

$$|R_x(\tau)|\leqslant R_x(0)=P_x \tag{2.2.50}$$

(4) 实信号的自相关函数是实偶函数,复信号的自相关函数共轭对称:

$$\begin{aligned} &\text{实信号}\quad R_x(\tau)=R_x(-\tau) \\ &\text{复信号}\quad R_x(\tau)=R_x^*(-\tau) \end{aligned} \tag{2.2.51}$$

(5) 信号次序调换后,实信号的互相关函数 τ 变 $-\tau$,复信号的互相关函数 τ 变 $-\tau$ 并共轭:

$$\begin{aligned} &\text{实信号}\quad R_{yx}(\tau)=R_{xy}(-\tau) \\ &\text{复信号}\quad R_{yx}(\tau)=R_{xy}^*(-\tau) \end{aligned} \tag{2.2.52}$$

(6) 信号经过相移和时延后自相关函数不变,功率谱密度不变。

(7) 若 $x(t)$与 $y(t)$没有共同频率成分,则它们的互功率谱密度为零。

对于功率信号,$x(t)$与 $y(t)$没有共同频率成分,意思是 $P_x(f)P_y(f)=0$,也就是对于充分大的观察时间 T 有$\dfrac{|X_T(f)|^2}{T}\cdot\dfrac{|Y_T(f)|^2}{T}=0$,也即$\left|\dfrac{1}{T}X_T(f)Y^*{}_T(f)\right|^2=0$,即 $P_{xy}(f)=0$。

例 2.2.7 设 $x_1(t)=\mathrm{e}^{\mathrm{j}20\pi t}$、$x_2(t)=\mathrm{e}^{\mathrm{j}\left(22\pi t+\frac{2\pi}{3}\right)}$、$x_3(t)=\mathrm{e}^{\mathrm{j}\left(20\pi t+\frac{2\pi}{3}\right)}$。求 $x_1(t)$、$x_2(t)$、$x_3(t)$的功率谱密度以及 $x_1(t)+x_2(t)$、$x_1(t)+x_3(t)$的功率谱密度。

解 功率谱密度是功率在频域的分布密度。$\mathrm{e}^{\mathrm{j}20\pi t}$ 的频率是 10 Hz,功率是$|\mathrm{e}^{\mathrm{j}20\pi t}|^2=1$,所有功率都集中在频率 10 Hz 处,功率的分布密度为 $\delta(f-10)$。也可以先求自相关函数:$\overline{\mathrm{e}^{\mathrm{j}20\pi(t+\tau)}\cdot \mathrm{e}^{-\mathrm{j}20\pi t}}=\mathrm{e}^{\mathrm{j}20\pi\tau}$,再通过傅氏变换得到功率谱密度为 $P_1(f)=\delta(f-10)$。

$\mathrm{e}^{\mathrm{j}\left(22\pi t+\frac{2\pi}{3}\right)}$ 的频率是 11 Hz,功率是 1,功率谱密度是 $P_2(f)=\delta(f-11)$。$x_3(t)$是 $x_1(t)$的相移,相移不改变功率谱密度,故 $P_3(f)=\delta(f-10)$。

$x_1(t)$与 $x_2(t)$没有共同的频率分量,其互功率谱密度为零,因此 $x_1(t)+x_2(t)$的功率谱密

度是各自功率谱密度之和:$P_{1+2}(f)=\delta(f-10)+\delta(f-11)$。

$x_1(t)+x_3(t)=x_1(t)(1+e^{j\frac{2\pi}{3}})$是$x_1(t)$乘以复系数,因此$P_{1+3}(f)=P_1(f)\left|1+e^{j\frac{2\pi}{3}}\right|^2=P_1(f)$。

例 2.2.8 求周期冲激序列$\delta_{T_s}(t)=\sum\limits_{n=-\infty}^{\infty}\delta(t-nT_s)$的功率谱密度、自相关函数。

解 式(2.2.27)右边每一项$\frac{1}{T_s}e^{j2\pi\frac{m}{T}t}$的功率是$\left|\frac{1}{T_s}e^{j2\pi\frac{m}{T}t}\right|^2=\frac{1}{T_s^2}$,功率谱密度是$\frac{1}{T_s^2}\delta\left(f-\frac{m}{T_s}\right)$,故$\delta_{T_s}(t)$的功率谱密度为

$$P(f)=\frac{1}{T_s^2}\sum_{m=-\infty}^{\infty}\delta\left(f-\frac{m}{T_s}\right)=\frac{1}{T_s}\sum_{n=-\infty}^{\infty}e^{-j2\pi fnT_s}$$

上式中的后一个等式来自式(2.2.28)。再对上式做傅氏反变换得到$\delta_{T_s}(t)$的自相关函数为

$$R(\tau)=\frac{1}{T_s}\sum_{n=-\infty}^{\infty}\delta(\tau-nT_s)$$

结果说明,周期冲激序列的波形、傅氏变换、自相关函数、功率谱密度都是周期冲激序列。

2.2.5 信号的带宽

信号带宽是一个工程概念,表示信号的频谱宽度。工程中的实际信号是实信号,其带宽指功率谱密度或能量谱密度的图形在正频率部分的宽度,以下主要以功率谱密度为例。

工程实际中对实信号不区分正负频率。比如交流电的频率是50 Hz、电话话音的频带范围是300~3 400 Hz、某FM广播电台的频率是97 MHz、Wi-Fi的工作频段是2.4 GHz等说法中,频率不分正负。为此,工程中经常使用不区分正负频率的单边谱。实信号的功率谱密度是偶函数,单边谱就是将对称的负频率部分对折到正频率。设$x(t)$的双边功率谱密度为$P_x(f)$,则单边功率谱密度定义为

$$P_x^{单边}(f)=P_x(f)+P_x(-f)=2P_x(f),\quad f>0 \tag{2.2.53}$$

在不致混淆的情况下,单边功率谱密度也可以写成$P_x(f)$。

图2.2.7给出了单边功率谱密度示例。信号的频谱通常聚集在频率轴的某个区域内。若聚集在$f=0$附近,称为基带信号或低通信号;若聚集在某个较高频率f_c附近,称为带通信号或频带信号。在图2.2.7中,上方的$x(t)$是带通信号,下方的$m(t)$是基带信号,图(b)是带通信号的单边谱,图(d)是基带信号的单边谱。带宽是单边谱的图形宽度,图中带通信号的带宽是$2W$,基带信号的带宽是100 Hz。

信号的频谱形状千差万别,使我们很难建立一个统一的宽度定义标准。根据不同的信号特点和不同的用途,实际中存在多种带宽定义,以下给出几种典型定义。

(1) 绝对带宽

若信号的单边频谱明确落在某个区间内,在该区间之外频谱为零,则可以把该区间的宽度作为带宽的定义,称为绝对带宽。例如图2.2.7(b)中,$x(t)$的单边谱落在区间(f_c-W,f_c+W)内,其绝对带宽是$2W$。图2.2.7(d)中,$m(t)$的单边谱落在区间(0,100)内,其绝对带宽是100 Hz。

(2) 主瓣带宽

许多信号的功率谱密度无穷宽,但其频谱形状呈现出多瓣的特征。此类信号可以按其主瓣的宽度定义带宽,称为主瓣带宽。对基带信号,主瓣带宽一般等于$f>0$处的第一个零点的频率值。对于带通信号,主瓣带宽一般是主峰两侧两个零点的间距。例如在图2.2.8中,

图(a)的主瓣带宽是 200 kHz,图(b)的主瓣带宽是 300 Hz。

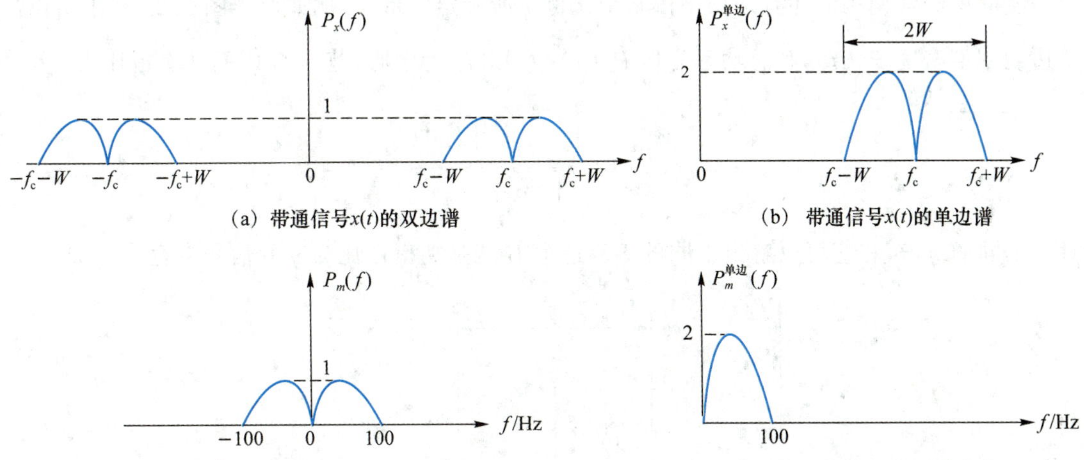

(a) 带通信号 $x(t)$ 的双边谱　(b) 带通信号 $x(t)$ 的单边谱

(c) 基带信号 $m(t)$ 的双边谱　(d) 基带信号 $m(t)$ 的单边谱

图 2.2.7　双边谱与单边谱

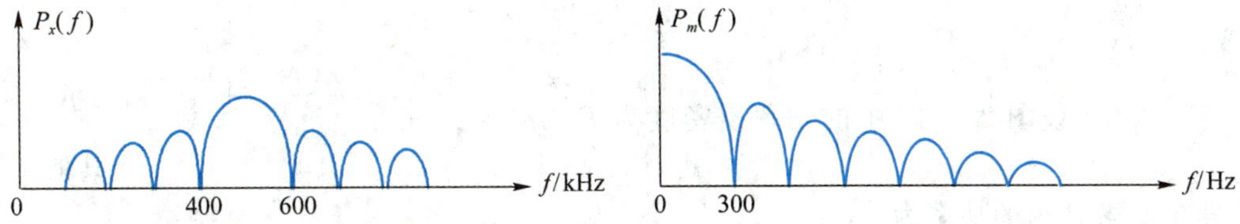

(a) 带通信号 $x(t)$ 的单边谱　(b) 基带信号 $m(t)$ 的单边谱

图 2.2.8　主瓣带宽

(3) 3 dB 带宽

3 dB 带宽指功率谱密度从峰顶下降到一半处的宽度。例如图 2.2.9 中功率谱密度的最高点在 $f=0$ 处,到 $f=2$ kHz 处下降了一半,因此 3 dB 带宽为 2 kHz。

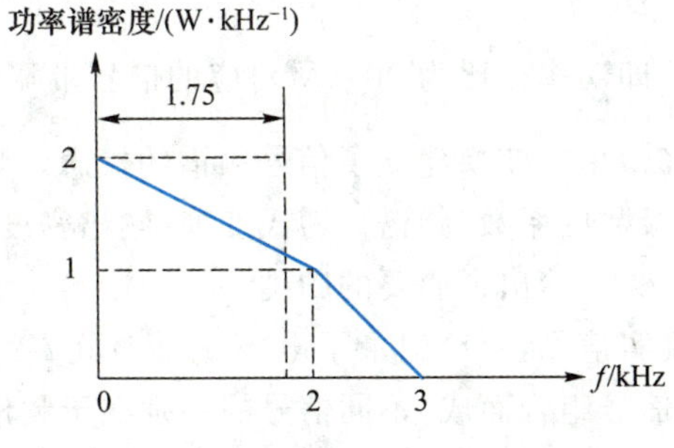

图 2.2.9　等效矩形带宽和 3 dB 带宽

(4) 等效矩形带宽

矩形有明确的宽度。若功率谱密度 $P_x(f)$ 与某个同高的矩形有相同的面积(即功率相同),可用该矩形的宽度作为带宽的定义,称为等效矩形带宽。在图 2.2.9 中,功率谱密度的面积为 3.5 W,高度为 2 W/kHz。面积除以高度得到等效矩形带宽为 1.75 kHz。等效矩形带宽常用于噪声功率的计算,也称为等效噪声带宽。

(5) 按功率占比定义的带宽

实际中经常使用的还有按功率占某个比例 η 所确定的带宽。例如对于图 2.2.10 中给出的单边功率谱密度 $P_x(f)$，其总功率为 $\int_0^\infty P_x(f)\mathrm{d}f$。以 f_c 为中心，范围 B 内的功率占比为

$$\eta(B)=\frac{\int_{f_c-B/2}^{f_c+B/2}P_x(f)\mathrm{d}f}{\int_0^\infty P_x(f)\mathrm{d}f} \tag{2.2.54}$$

对于不同的 η 值，相应可以解出不同的 B。这个 B 就是功率占比为 η 的信号带宽。

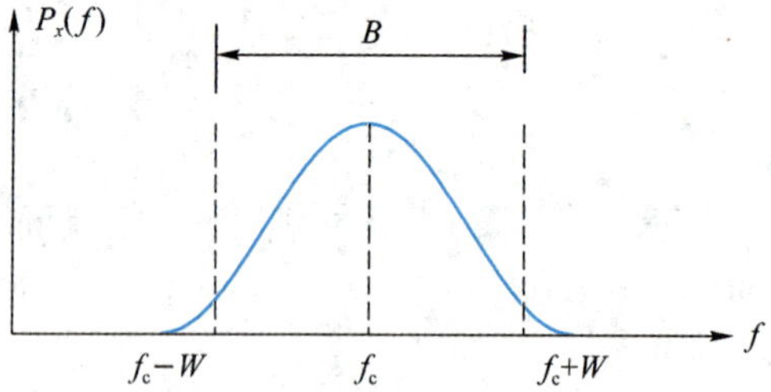

图 2.2.10 按功率占比确定的带宽

例 2.2.9 设图 2.2.10 中的功率谱密度为 $P_x(f)=\begin{cases}1+\cos\dfrac{\pi(f-f_c)}{W}, & |f-f_c|\leqslant W\\ 0, & \text{其他 } f\end{cases}$。此信号在带宽 B 内的功率为

$$\begin{aligned}P(B)&=\int_{f_c-B/2}^{f_c+B/2}1+\cos\frac{\pi(f-f_c)}{W}\mathrm{d}f=\int_{-B/2}^{B/2}1+\cos\frac{\pi f}{W}\mathrm{d}f\\&=2\int_0^{B/2}1+\cos\frac{\pi f}{W}\mathrm{d}f=B\left[1+\mathrm{sinc}\left(\frac{B}{2W}\right)\right]\end{aligned}$$

绝对带宽是 $2W$，总功率是 $P(2W)=2W$。带宽 B 内的功率占比为 $\eta=\dfrac{B}{2W}\left[1+\mathrm{sinc}\left(\dfrac{B}{2W}\right)\right]$。当 $\dfrac{B}{2W}\approx 0.5961$ 时，$\eta=0.9$，即功率占比为 90%所对应的信号带宽约为 $1.19W$。

本节基于傅里叶级数和傅里叶变换建立了信号频谱的概念。频谱一词泛指各种对信号频域结构的描述，包括傅里叶级数的系数(频谱)、傅氏变换(频谱密度)、能量谱密度、功率谱密度等都属于频谱的范畴，图 2.2.11 给出了简要的归纳。

对于某个客观存在的真实信号，$x(t)$ 记录了电压 x 随时间 t 的变化。信号频谱的核心观点是，所有信号均由复单频信号组合而成，不同信号的差别在于频谱的不同。对于某个具体的信号 $x(t)$，其各个频率分量的频谱大小由傅里叶级数的系数确定。当观测时间不断增大时，谱线越来越密，每个频率分量的强度越来越小，此时基于傅里叶级数的频谱演变成基于傅里叶变换的频谱密度 $X(f)$。

一个信号，从时域看是 $x(t)$，从频域看是 $X(f)$。我们在时域直接感知到的是时域波形 $x(t)$，然后通过分析推理得知频域的存在。$X(f)$ 包含了 $x(t)$ 的全部信息，给定 $X(f)$ 与 $x(t)$ 中的任何一个，便能给定另外一个。$X(f)$、$x(t)$ 都是对信号的记录。基于这些记录可以对信号展开各种分析。

能量或功率谱密度反映信号能量或功率沿频率轴的分布密度。能量谱密度与功率谱密度无实质差别,二者只是差一个系数 $1/T$,工程中使用最多的是功率谱密度。从定义中的傅氏变换取模平方可知,能量及功率谱密度去掉了信号中的相位因素,从功率谱密度或能量谱密度不能反推出 $x(t)$或 $X(f)$。工程中各类频谱仪所测量的主要是功率谱密度。

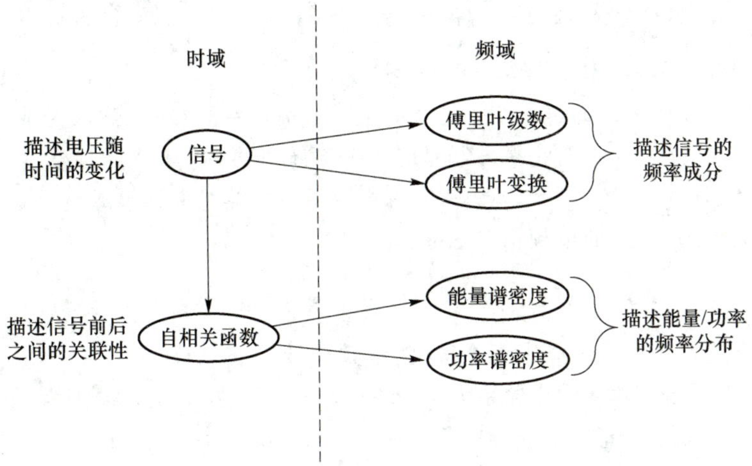

图 2.2.11　频谱

自相关函数及互相关函数是另一个重要的信号特性,在扩频通信、CDMA、各类同步算法、雷达目标识别中有非常重要的意义。相关函数是信号时间错开后的内积,是信号的时域属性,对应的频域属性是能量或功率谱密度。

2.3　线性时不变系统

从发端到收端,信号需要经历各种各样的变换,有些由模拟电路完成,有些由数字信号处理算法实现。此外,信号所经过的传输媒介也会对信号产生变换作用。无论这些变换的具体细节如何,都可以建模为一个黑箱,它将输入 $x(t)$映射为输出 $y(t)$,如图 2.3.1 所示。

图 2.3.1　变换

把一个信号变成另一个信号的过程构成一个信号系统。信号系统有线性、非线性、时变、时不变之分,本章主要考虑线性时不变系统,也叫线性滤波器或滤波器。

2.3.1　滤波器

1. 线性与时不变

线性时不变系统同时具有线性与时不变两个特性。所谓线性,是说多个输入信号线性组合后的输出是各自输出的线性组合。所谓时不变,是说输入延迟则输出也延迟。线性时不变系统不会产生输入所没有的频率成分(见习题 2.7),非线性系统、时变系统可能产生新的频率分量。

例 2.3.1　信号 $x(t)$经过某线性调制系统后的输出 $y(t)=x(t)\cos(2\pi f_0 t)$。由于

$$[x_1(t)+x_2(t)]\cos(2\pi f_0 t)=[x_1(t)\cos(2\pi f_0 t)]+[x_2(t)\cos(2\pi f_0 t)]$$

该系统为线性系统，但它不满足时不变性：$x(t)$的输出是 $y(t)=x(t)\cos(2\pi f_0 t)$，$x(t-t_0)$的输出 $x(t-t_0)\cos(2\pi f_0 t)$不等于 $y(t-t_0)=x(t-t_0)\cos(2\pi f_0(t-t_0))$。

若 $f_0=10$ Hz，输入是频率为 1 Hz 的单频信号 $\cos(2\pi t)$，输出为

$$y(t)=\cos(2\pi t)\cos(20\pi t)=\frac{1}{2}\cos(18\pi t)+\frac{1}{2}\cos(22\pi t)$$

输出包含两个单频信号，频率分别为 9 Hz 和 11 Hz。

例 2.3.2 将信号 $x(t)$通过一个平方器，输出为 $y(t)=x^2(t)$。输入变成 $x(t-t_0)$后，输出变成 $x^2(t-t_0)=y(t-t_0)$，因此平方器是时不变系统。将两个信号 $x_1(t)$、$x_2(t)$叠加后送入平方器，输出为$[x_1(t)+x_2(t)]^2\neq x_1^2(t)+x_2^2(t)$，说明平方器是非线性系统。

若输入是频率为 1 Hz 的单频信号 $\cos(2\pi t)$，输出为

$$y(t)=\cos^2(2\pi t)=\frac{1}{2}+\frac{1}{2}\cos(4\pi t)$$

输出包含一个直流信号和一个频率为 2 Hz 的单频信号。

例 2.3.3 某系统的输入输出关系为 $y(t)=x(t)+x(t-T)$。输入分别为 $x_1(t)$、$x_2(t)$时，输出为 $y_1(t)=x_1(t)+x_1(t-T)$和 $y_2(t)=x_2(t)+x_2(t-T)$。输入为 $x(t)=x_1(t)+x_2(t)$时，输出为

$$\begin{aligned}y(t)&=x(t)+x(t-T)\\&=x_1(t)+x_2(t)+x_1(t-T)+x_2(t-T)\\&=y_1(t)+y_2(t)\end{aligned}\tag{2.3.1}$$

当输入为 $w(t)=x(t-t_0)$时，输出为

$$w(t)+w(t-T)=x(t-t_0)+x(t-t_0-T)=y(t-t_0)$$

因此，该系统是线性时不变系统。

若 $T=1/4$，输入信号是频率为 1 Hz 的单频信号 $\cos(2\pi t)$，输出为

$$y(t)=\cos(2\pi t)+\cos\left(2\pi t-\frac{\pi}{2}\right)=\sqrt{2}\cos\left(2\pi t-\frac{\pi}{4}\right)$$

输出仍然是频率为 1 Hz 的单频信号，只是幅度和相位发生了变化。

2. 滤波器的传递函数

线性时不变系统不会产生输入所没有的频率分量。当滤波器的输入是频率为 f 的单频信号 $e^{j2\pi ft}$时，输出还是这个单频信号，只是幅度和相位可能发生变化，即输出是输入 $e^{j2\pi ft}$ 乘上一个表示幅度和相位变化的复系数 $Ae^{j\varphi}$。输入频率不同时，幅度和相位的变化可能不同，即复系数 $Ae^{j\varphi}$与频率有关，可记其为 $A(f)e^{j\varphi(f)}=H(f)$。此时，滤波器输出为 $H(f)e^{j2\pi ft}$。称 $H(f)$为滤波器的传递函数，其幅频特性是 $A(f)$，相频特性是 $\varphi(f)$。

滤波器不产生新的频率，它只是把输入端已有的频率成分搬运到输出端，搬运过程中会根据设计意图对不同的频率成分做出差异化处理，有些被滤除，有些调整幅度和相位。

按照频谱分析的观点，滤波器输入信号 $x(t)$由不同频率的单频信号 $e^{j2\pi ft}$ 组成，各个频率成分的含量体现为频谱密度 $X(f)$。滤波器对各频率分量逐一调整幅度和相位，在频率 f 处幅度乘以 $A(f)$，相位增加 $\varphi(f)$，使滤波器输出信号的频谱密度相应变成

$$Y(f)=H(f)X(f)\tag{2.3.2}$$

3. 滤波器的冲激响应

式(2.3.2)右边是频域乘积，在时域对应卷积。若 $H(f)$的傅氏反变换为 $h(t)$，则滤波器

输出信号为

$$y(t)=\int_{-\infty}^{\infty}x(t-\tau)h(\tau)\mathrm{d}\tau \tag{2.3.3}$$

若滤波器输入是单位冲激 $x(t)=\delta(t)$，代入上式后，输出是 $h(t)$，即 $h(t)$是滤波器对单位冲激的响应，简称冲激响应。根据线性时不变特性，若滤波器输入的冲激改变强度和位置，变成 $a\cdot\delta(t-t_0)$，输出将变成 $a\cdot h(t-t_0)$。

4. 滤波器输出与相关函数

滤波器的输入 $x(t)$、冲激响应 $h(t)$、输出 $y(t)$都可以是复信号。按复信号考虑，若设计 $h(t)=g^*(-t)$，则滤波器输出为

$$y(t)=\int_{-\infty}^{\infty}x(t-\tau)h(\tau)\mathrm{d}\tau=\int_{-\infty}^{\infty}x(t-\tau)g^*(-\tau)\mathrm{d}\tau=R_{xg}(t) \tag{2.3.4}$$

输出是 $x(t)$与 $g(t)$的互相关函数。说明通过适当设计冲激响应，可以用滤波器来测量两个信号的互相关函数。

5. 理想滤波器

理想滤波器是一个频域窗口，它能够理想滤除窗口外的频率成分，完整保留窗口内的分量。图 2.3.2 示出了理想低通滤波器和理想带通滤波器的传递函数。本书提到的低通滤波器(Low-Pass Filter，LPF)和带通滤波器(Band-Pass Filter，BPF)主要指理想滤波器。

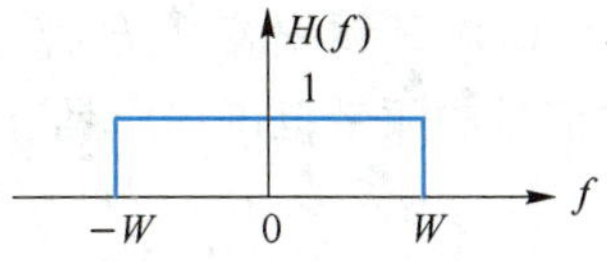

(a) 理想低通滤波器

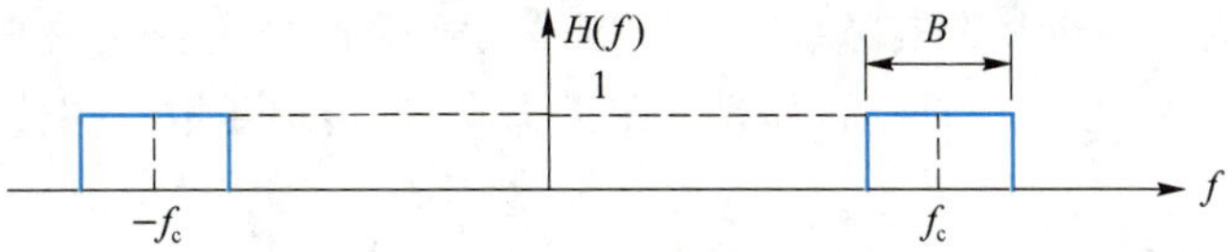

(b) 理想带通滤波器

图 2.3.2　理想低通滤波器与理想带通滤波器

根据传递函数可以求出冲激响应。带宽为 W、增益为 1 的理想低通滤波器的传递函数是 $H_{\mathrm{LPF}}(f)=\mathrm{rect}\left(\frac{f}{2W}\right)$，对应的冲激响应是

$$h_{\mathrm{LPF}}(t)=2W\cdot\mathrm{sinc}(2Wt) \tag{2.3.5}$$

带宽为 B，增益为 1 的理想带通滤波器的传递函数是 $\mathrm{rect}\left(\frac{f}{B}\right)$左右搬移，即

$$H_{\mathrm{BPF}}(f)=\mathrm{rect}\left(\frac{f-f_{\mathrm{c}}}{B}\right)+\mathrm{rect}\left(\frac{f+f_{\mathrm{c}}}{B}\right) \tag{2.3.6}$$

频域搬移对应时域乘 $\mathrm{e}^{\mathrm{j}2\pi f_{\mathrm{c}}t}$或 $\mathrm{e}^{-\mathrm{j}2\pi f_{\mathrm{c}}t}$，故理想带通滤波器的冲激响应为

$$\begin{aligned}h_{\mathrm{BPF}}(t)&=B\cdot\mathrm{sinc}(Bt)\mathrm{e}^{\mathrm{j}2\pi f_{\mathrm{c}}t}+B\cdot\mathrm{sinc}(Bt)\mathrm{e}^{-\mathrm{j}2\pi f_{\mathrm{c}}t}\\&=2B\cdot\mathrm{sinc}(Bt)\cos(2\pi f_{\mathrm{c}}t)\end{aligned} \tag{2.3.7}$$

6. 周期信号

周期信号 $y(t)=\sum_{n=-\infty}^{\infty}x(t-nT)$可以看成是周期冲激序列 $\delta_T(t)=\sum_{n=-\infty}^{\infty}\delta(t-nT)$通过一个冲激响应为 $x(t)$的滤波器的输出，如图 2.3.3 所示。

设滤波器的传递函数为 $X(f)$。利用式(2.2.28)可得到周期信号 $y(t)$的傅氏变换为

$$Y(f)=X(f)\cdot\frac{1}{T}\sum_{m=-\infty}^{\infty}\delta\left(f-\frac{m}{T}\right)=\frac{1}{T}\sum_{m=-\infty}^{\infty}X\left(\frac{m}{T}\right)\delta\left(f-\frac{m}{T}\right) \tag{2.3.8}$$

两边做傅氏反变换可得到周期信号 $y(t)$ 的傅里叶级数展开式为

$$\sum_{n=-\infty}^{\infty} x(t-nT)=\frac{1}{T}\sum_{m=-\infty}^{\infty} X\left(\frac{m}{T}\right)e^{j2\pi\frac{m}{T}t} \tag{2.3.9}$$

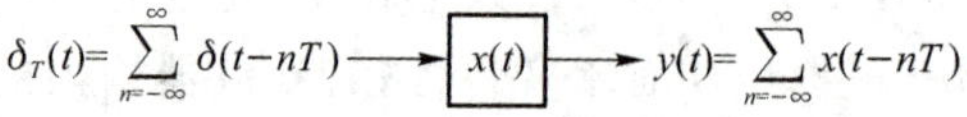

图 2.3.3 周期信号的模型

7. 波形无失真

通信信号传输的理想情形是信号不发生失真，即波形不变。例如，在电脑上播放音乐，调节音量大小不会造成失真，播放时间略有推迟也不是失真。实信号通过无失真系统，其输入输出关系是

$$y(t)=c\cdot x(t-t_0) \tag{2.3.10}$$

其中 c 是实系数。上式两边做傅氏变换得到

$$Y(f)=c\cdot e^{-j2\pi f t_0}X(f) \tag{2.3.11}$$

即无失真系统的传递函数为

$$H(f)=c\cdot e^{-j2\pi f t_0} \tag{2.3.12}$$

注意上式不需要在 $-\infty<f<\infty$ 范围内成立，只需要在 $X(f)\neq 0$ 的频率范围内成立。

为了确定某个实际系统对拟传输的通信信号是否无失真，可以对其频率特性 $H(f)$ 进行测量。式(2.3.12)说明，如果系统无失真，其传递函数在拟传输信号的频带范围内应具有如下特征：

(1) 幅频特性 $A(f)=|H(f)|$ 是常数；

(2) 相频特性 $\varphi(f)=\angle H(f)$ 是过原点的直线。

在通信系统中，如果携带信息的信号经过的某个环节是无失真系统，那么原则上说，无论式(2.3.12)中的 c，t_0 具体是多少，该环节对通信系统的原理没有影响。因此，当不需要特别关注幅度和时延时，对于无失真系统(如理想信道)，我们经常假设 $c=1,t_0=0$。

2.3.2 滤波器输出的能量及功率谱密度

滤波器会改变信号中各个频率分量的强度，进而改变信号的能量谱密度或功率谱密度。

设滤波器的输入 $x(t)$ 是能量信号，其能量谱密度是傅氏变换的模平方：$E_x(f)=|X(f)|^2$。通过传递函数为 $H(f)$ 的滤波器之后，输出信号 $y(t)$ 的傅氏变换为 $Y(f)=H(f)X(f)$，其能量谱密度为

$$E_y(f)=|Y(f)|^2=|H(f)|^2\cdot|X(f)|^2 \tag{2.3.13}$$

即输出能量谱密度是输入能量谱密度乘以传递函数的模平方。

式(2.3.13)的右边是三项的乘积：$|X(f)|^2\cdot H(f)\cdot H^*(f)$。以 τ 为时间变量做傅氏反变换，$|Y(f)|^2$ 的傅氏反变换是 $y(t)$ 的自相关函数 $R_y(\tau)$，$|X(f)|^2$ 的傅氏反变换是 $x(t)$ 的自相关函数 $R_x(\tau)$，$H(f)$、$H^*(f)$ 的傅氏反变换分别是 $h(\tau)$、$h^*(-\tau)$。频域乘积对应时域卷积，因此滤波器输出的自相关函数为

$$R_y(\tau)=R_x(\tau)*h(\tau)*h^*(-\tau) \tag{2.3.14}$$

设滤波器的输入 $x(t)$ 是功率信号，其功率谱密度为 $P_x(f)=\lim\limits_{T\to\infty}\left\{\frac{|X_T(f)|^2}{T}\right\}$，其中

$X_T(f)$是截短信号$x_T(t)=\mathrm{rect}\left(\frac{t}{T}\right)x(t)$的傅氏变换。输入为截短信号$x_T(t)$时，滤波器输出信号的频谱密度为$H(f)X_T(f)$，能量谱密度为$|H(f)|^2\cdot|X_T(f)|^2$，除以$T$后取极限，得到滤波器输出的功率谱密度为

$$P_y(f)=|H(f)|^2P_x(f) \tag{2.3.15}$$

上式两边做傅氏反变换，结果与式(2.3.14)相同。

以上分析可以拓展到滤波器输入与输出的互能量谱密度、互功率谱密度、互相关函数。主要结果列在表 2.3.1 中。图 2.3.4 按功率信号画出了相互关系。

表 2.3.1　与滤波器输出有关的谱密度与相关函数

	谱密度	相关函数
能量信号	$E_y(f)=\|H(f)\|^2E_x(f)$	$R_y(\tau)=R_x(\tau)*h(\tau)*h^*(-\tau)$
	$E_{xy}(f)=H^*(f)E_x(f)$	$R_{xy}(\tau)=R_x(\tau)*h^*(-\tau)$
	$E_{yx}(f)=H(f)E_x(f)$	$R_{yx}(\tau)=R_x(\tau)*h(\tau)$
功率信号	$P_y(f)=\|H(f)\|^2P_x(f)$	$R_y(\tau)=R_x(\tau)*h(\tau)*h^*(-\tau)$
	$P_{xy}(f)=H^*(f)P_x(f)$	$R_{xy}(\tau)=R_x(\tau)*h^*(-\tau)$
	$P_{yx}(f)=H(f)P_x(f)$	$R_{yx}(\tau)=R_x(\tau)*h(\tau)$

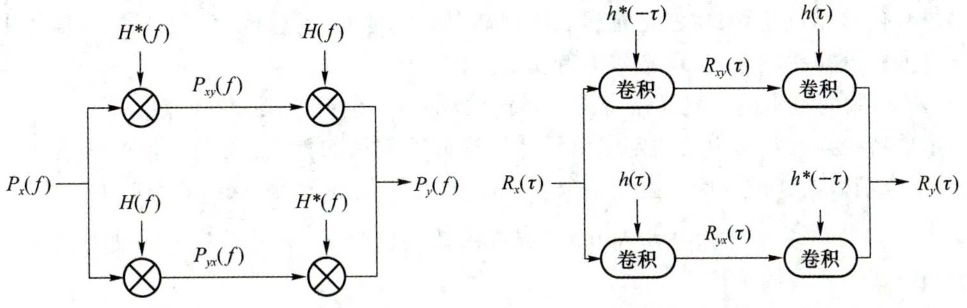

(a) 谱密度关系　　(b) 相关函数关系

图 2.3.4　滤波器输入输出的相关函数与谱密度关系

2.3.3　希尔伯特变换与解析信号

1. 希尔伯特变换

实信号$x(t)$通过一个冲激响应为$\frac{1}{\pi t}$的滤波器，其输出$\hat{x}(t)$称为$x(t)$的希尔伯特变换。根据式(2.2.25)，希尔伯特变换的传递函数为$-\mathrm{j}\cdot\mathrm{sgn}(f)$。图 2.3.5 示出了希尔伯特变换的冲激响应与传递函数示意图。注意希尔伯特变换对直流不适用，所以传递函数在$f=0$处的值不重要。

希尔伯特变换有以下性质。

(1) 希尔伯特变换是对实信号的每个频率分量移相 90°。

希尔伯特变换的传递函数在$f>0$时为$-\mathrm{j}$，在$f<0$时为j，即正频率后移 90°，负频率前移 90°。实信号的相位是f的奇函数，实信号移相 90°就是正频率后移 90°，负频率前移 90°。

例如,$\cos(20\pi t)$移相90°是$\sin(20\pi t)$。而$\cos(20\pi t)=\frac{1}{2}(e^{j20\pi t}+e^{-j20\pi t})$包含±10 Hz两个频率分量,$\sin(20\pi t)=\frac{1}{2j}(e^{j20\pi t}-e^{-j20\pi t})=\frac{1}{2}(-j\cdot e^{j20\pi t}+j\cdot e^{-j20\pi t})$就是$\cos(20\pi t)$的正频率后移了90°,负频率前移了90°。

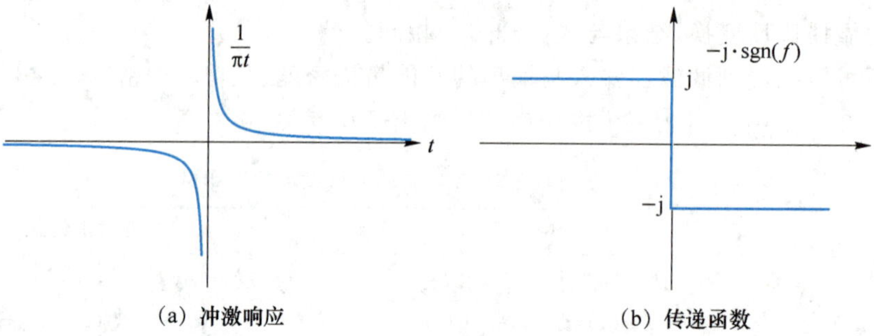

图 2.3.5　希尔伯特变换的冲激响应与传递函数

一次希尔伯特变换移相90°,两次希尔伯特变换移相180°,也就是信号反相:$\hat{\hat{x}}(t)=-x(t)$。在一次希尔伯特变换$\hat{x}(t)$的基础上再做三次希尔伯特变换,四次变换移相360°,回到了原信号$x(t)$。因此,希尔伯特变换的反变换就是连做三次希尔伯特变换,也就是移相270°或−90°。

实单频信号相位后移90°就是延迟1/4周期。频率越低,延迟越大。如果输入信号中包含非常丰富的极低频率成分,实现希尔伯特变换将比较困难。

(2) 偶函数的希尔伯特变换是奇函数,奇函数的希尔伯特变换是偶函数。

希尔伯特变换的定义中已约定实信号。根据傅氏变换的性质,实偶函数的傅氏变换是实偶函数,实奇函数的傅氏变换是虚奇函数。若$x(t)$是实偶函数,则$X(f)$是实偶函数,其希尔伯特变换$\hat{x}(t)$的频谱$-j\cdot\mathrm{sgn}(f)X(f)$是虚奇函数,故$\hat{x}(t)$是实奇函数。同理可知实奇函数的希尔伯特变换是实偶函数。

(3) 希尔伯特变换不改变能量或功率谱密度,不改变能量或功率,不改变自相关函数。

希尔伯特变换的传递函数的模平方是$|-j\cdot\mathrm{sgn}(f)|^2=1$,故$\hat{x}(t)$与$x(t)$有相同的能量谱密度或功率谱密度,从而有相同的能量或功率,有相同的自相关函数。

(4) 信号的希尔伯特变换与原信号的互相关函数是原信号自相关函数的希尔伯特变换。

根据表2.3.1,若$x(t)$的自相关函数是$R_x(\tau)$,则$\hat{x}(t)$与$x(t)$的互相关函数是$R_x(\tau)$与$\frac{1}{\pi\tau}$的卷积。与$\frac{1}{\pi\tau}$卷积就是希尔伯特变换,故$\hat{x}(t)$与$x(t)$的互相关函数是$R_x(\tau)$的希尔伯特变换:

$$R_{\hat{x}x}(\tau)=\hat{R}_x(\tau) \tag{2.3.16}$$

(5) 信号与其希尔伯特变换正交。

正交即$\int_{-\infty}^{\infty}\hat{x}(t)x(t)\mathrm{d}t=0$,也即$R_{\hat{x}x}(0)=0$。式(2.3.16)中,$\hat{R}_x(\tau)$是偶函数的希尔伯特变换,故$R_{\hat{x}x}(\tau)$是奇函数,$R_{\hat{x}x}(0)=0$,即$\hat{x}(t)$与$x(t)$正交。

2. 解析信号

实信号的频谱正负频率对称。用如图2.3.6(a)所示的滤波器去掉负频率,得到一个只有正频率的信号,这种信号称为解析信号。该滤波器输出的频谱正负频率不对称,因此解析信号一定是复信号。

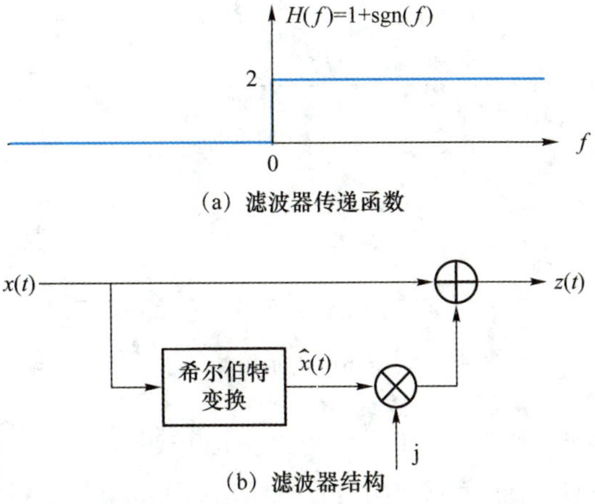

图 2.3.6　实信号通过滤波器形成解析信号

设有实信号 $x(t)$，其傅氏变换是 $X(f)$。$x(t)$通过图 2.3.6(a)的滤波器后，输出信号 $z(t)$的傅氏变换为

$$Z(f)=X(f)H(f)=\begin{cases}2X(f), & f>0\\ 0, & f<0\end{cases} \tag{2.3.17}$$

上式中的传递函数 $H(f)$可写成 $H(f)=1+\mathrm{sgn}(f)=1+\mathrm{j}[-\mathrm{j}\cdot\mathrm{sgn}(f)]$。于是

$$Z(f)=X(f)H(f)=X(f)+\mathrm{j}[-\mathrm{j}\cdot\mathrm{sgn}(f)X(f)] \tag{2.3.18}$$

其中$-\mathrm{j}\cdot\mathrm{sgn}(f)$是希尔伯特变换的传递函数，$-\mathrm{j}\cdot\mathrm{sgn}(f)X(f)$是 $x(t)$的希尔伯特变换$\hat{x}(t)$的傅氏变换。对式(2.3.18)两边做傅氏反变换的结果为

$$z(t)=x(t)+\mathrm{j}\cdot\hat{x}(t) \tag{2.3.19}$$

说明解析信号的虚部是实部的希尔伯特变换。图 2.3.6(b)按式(2.3.19)画出了从实信号 $x(t)$变换为解析信号 $z(t)$的过程。

根据式(2.3.17)，解析信号的傅氏变换是原信号傅氏变换正频率部分的 2 倍。反映到能量谱密度，则是原信号能量谱密度正频率部分的 4 倍。若 $x(t)$是功率信号，则解析信号的功率谱密度是原信号功率谱密度正频率部分的 4 倍。

解析信号 $z(t)$的共轭为 $z^*(t)=x(t)-\mathrm{j}\cdot\hat{x}(t)$，对应到图 2.3.6(b)中就是相加改相减，传递函数变成 $1-\mathrm{j}[-\mathrm{j}\cdot\mathrm{sgn}(f)]=1-\mathrm{sgn}(f)=\begin{cases}0, & f>0\\ 2, & f<0\end{cases}$，即解析信号的共轭只有负频率。解析信号与其共轭没有共同的频率分量，它们的互能量或互功率为零，互能量谱密度或互功率谱密度均为零。

例 2.3.4　设 $z(t)=m(t)\mathrm{e}^{\mathrm{j}2\pi f_c t}=m(t)\cos(2\pi f_c t)+\mathrm{j}\cdot m(t)\sin(2\pi f_c t)$，其中 $m(t)$是带宽为 W 的实基带信号，$f_c>W$。若 $m(t)$的频谱为 $M(f)$，则 $z(t)$的频谱是 $M(f-f_c)$，如图 2.3.7 所示①。从图中可以看出，$z(t)$的频谱 $Z(f)$只有正频率，说明 $z(t)$是解析信号，其虚部 $m(t)\sin(2\pi f_c t)$是实部 $m(t)\cos(2\pi f_c t)$的希尔伯特变换。

① 因为复数不方便图示，所以图中画出的是幅度谱。本书很多情况下给出的傅氏变换图均为幅度谱。

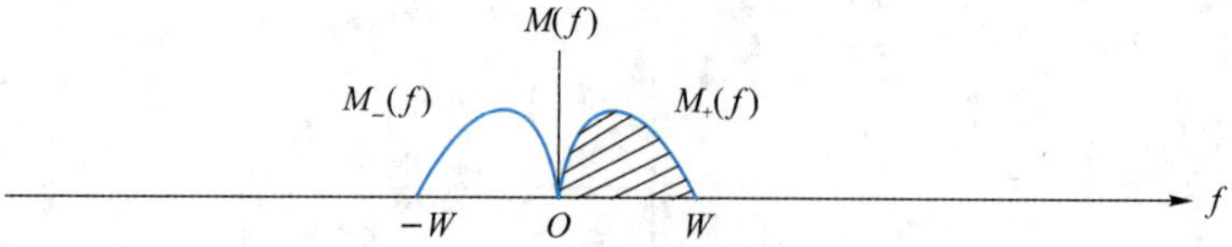

(a) $m(t)$的频谱

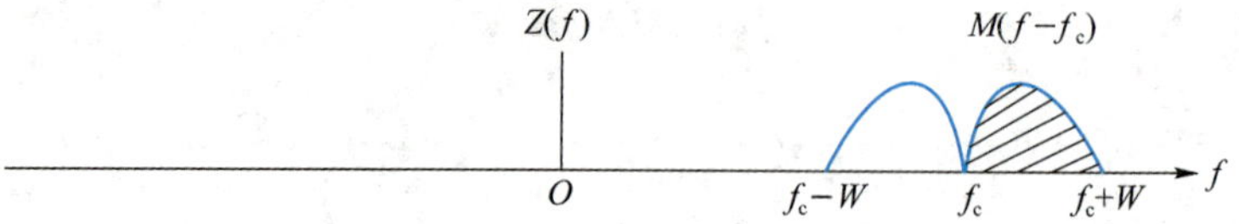

(b) $z(t)$的频谱

图 2.3.7 解析信号的频谱示意图

实信号 $m(t)$的频谱 $M(f)$正负频率对称。令 $M_+(f)$和 $M_-(f)$分别表示 $M(f)$的正频率部分和负频率部分，其傅氏反变换分别为 $m_+(t)$和 $m_-(t)$，则 $M(f)=M_+(f)+M_-(f)$，$m(t)=m_+(t)+m_-(t)$。$m(t)$对应的解析信号 $m(t)+\mathrm{j}\cdot\hat{m}(t)$的频谱是 $M(f)$正频率部分的2倍，即 $2M_+(f)$，因此 $m_+(t)=\frac{1}{2}[m(t)+\mathrm{j}\cdot\hat{m}(t)]$。$m_-(t)=m(t)-m_+(t)=\frac{1}{2}[m(t)-\mathrm{j}\cdot\hat{m}(t)]$，即 $m_-(t)=m_+^*(t)$。

2.3.4 滤波器的可实现性

本书中的滤波器大多是一些理想化模型，本小节关注这些理想化系统在实际中能否实现的问题。

1. 因果性

物理可实现的滤波器必须要满足因果性：响应不能发生在激励之前。默认假设滤波器初始状态为零。若在零时刻输入单位冲激 $\delta(t)$，滤波器不能在零时刻之前就开始响应。因此，物理可实现滤波器的冲激响应$h(t)$满足 $h(t)=0, t<0$。本章前面提到的式(2.3.5)中理想低通滤波器冲激响应、图2.3.5中希尔伯特变换冲激响应等都不满足。这些系统在实际实现中需要做因果化处理。

图2.3.8(a)(b)分别示出了两个系统的冲激响应，其中系统1非因果，系统2因果，二者是延迟关系：$h_2(t)=h_1(t-t_0)$。对于相同的输入 $x(t)$，系统1的输出是 $y(t)$，系统2的输出是 $y(t-t_0)$，系统2等价于系统1的输出推迟送出，如图2.3.8(c)所示。延迟是无失真关系，因此在无失真意义下，系统2和系统1是等价的。此时，$h_2(t)$就是 $h_1(t)$的因果化。我们可以按系统1设计通信系统，而真正实现的是系统2。

图2.3.8中的冲激响应持续时间有限。对于无限持续时间的非因果系统，例如理想低通滤波器的冲激响应 $\mathrm{sinc}\left(\frac{t}{T}\right)$，或者希尔伯特变换的冲激响应 $\frac{1}{\pi t}$，实际实现时可采取近似的方法：先将 $h(t)$截短为 $h_T(t)=\mathrm{rect}\left(\frac{t}{T}\right)h(t)$，然后对持续时间受限的 $h_T(t)$因果化，如图2.3.9所示。

2. 频域锐降

理想滤波器的传递函数在截止频率处直接跳到零，是锐降，如图2.3.10(a)所示。能够实现的实际滤波器则是滚降，传递函数逐渐变到零，存在一个过渡带，如图2.3.10(b)所示。实际滤波器是对理想滤波器的近似实现。这种近似能否被接受，取决于通过滤波器的信号频谱在截止频率处有多大。如果滤波器输入频谱如图 2.3.10(c)所示，在截止频率处的能量很小，那么通过实际滤波器后的输出与通过理想滤波器后的输出差别不大，此时用实际滤波器作为理想滤波器的实现，影响不大，可以认为此时的理想滤波器是可实现的。但如果滤波器输入频谱如图 2.3.10(d)所示，在截止频率处有丰富的能量，那么通过实际滤波器后的输出与通过理想滤波器后的输出相比就会有显著失真，此时用实际滤波器不能起到理想滤波器所预期的效果，可以认为此时的理想滤波器是不可实现的。

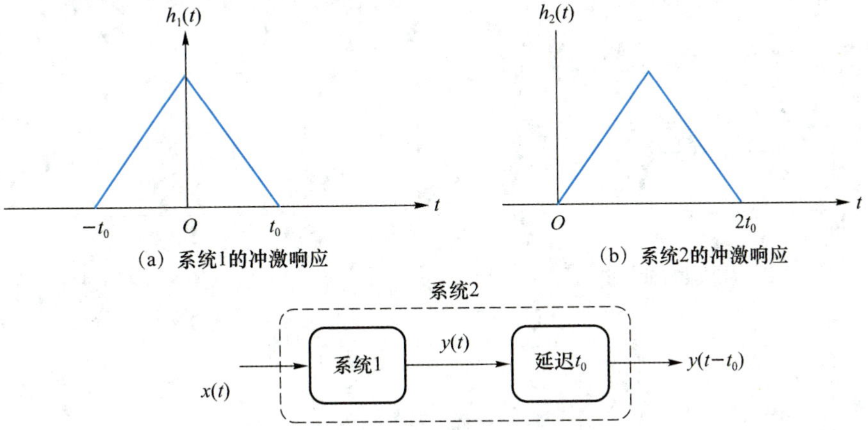

(a) 系统1的冲激响应　(b) 系统2的冲激响应

(c) 系统2是系统1的延迟

图 2.3.8　冲激响应因果化

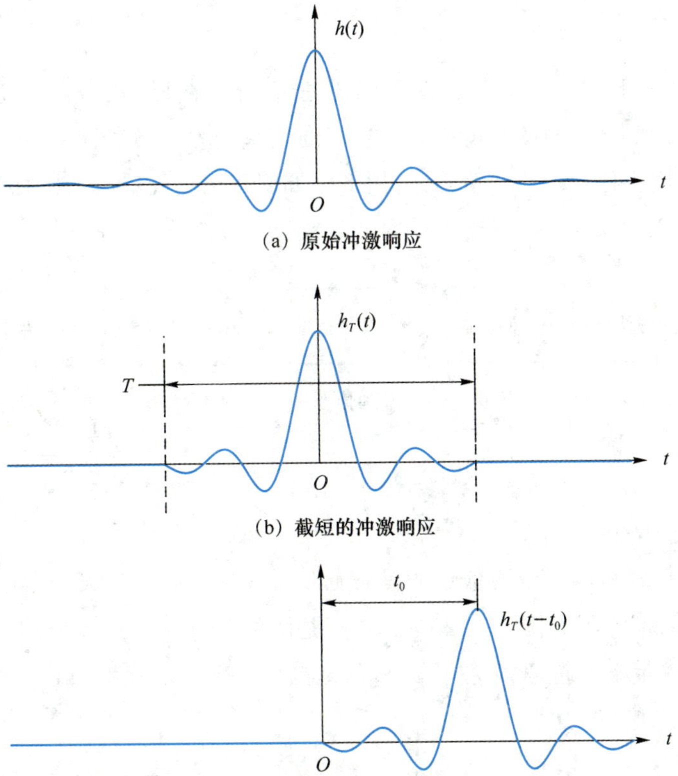

(a) 原始冲激响应

(b) 截短的冲激响应

(c) 因果化的冲激响应

图 2.3.9　截短后因果化

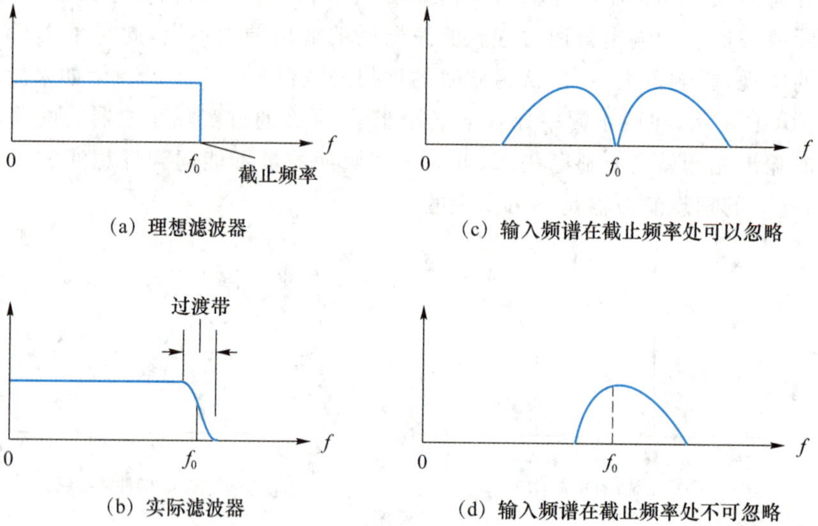

图 2.3.10 锐降特性的可实现问题

2.4 带通信号与带通系统

2.4.1 带通信号的等效基带表示

无线通信系统一般是将频率比较低的低通基带信号加载到高频载波上，产生带通信号。频率越高，实现复杂信号处理的难度越大。现代通信系统普遍的做法是把带通信号等效为基带信号，在基带完成各种复杂的通信算法，用I/Q调制解调完成基带到带通的转换，如图2.4.1所示。这种设计的原理是：一切带通信号均可等效为基带信号。

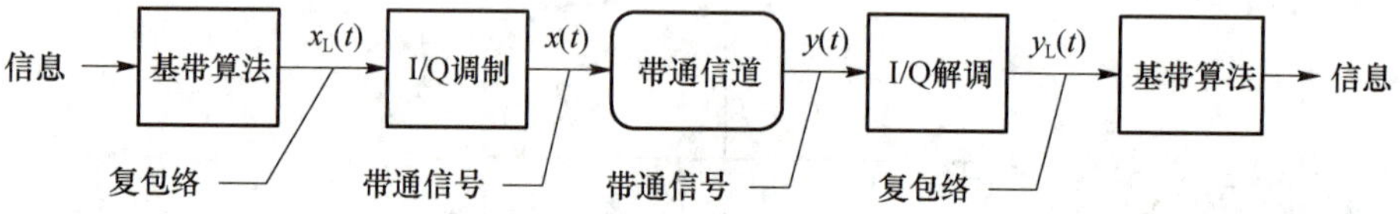

图 2.4.1 复包络与带通信号在通信系统中的位置

1. 复包络

在图2.4.1中，发端送入带通信道的是带通信号 $x(t)$，其频谱 $X(f)$ 处在参考载频 f_c 附近的区间 $f_L \leqslant f \leqslant f_H$ 内[①]，如图2.4.2所示。f_c 是图中I/Q调制单元所用的载波 $\cos(2\pi f_c t)$ 的频率。$X(f)$ 的频带不会超过 f_c 左右 $\pm f_c$ 的范围。大部分情况下，$x(t)$ 的带宽 $B=f_H-f_L$ 远小于 f_c，称为窄带信号。

① 实际发送的信号都是实信号，实信号的频谱正负频率对称，因此工程上谈及实信号的频率范围时，只说正频率部分。

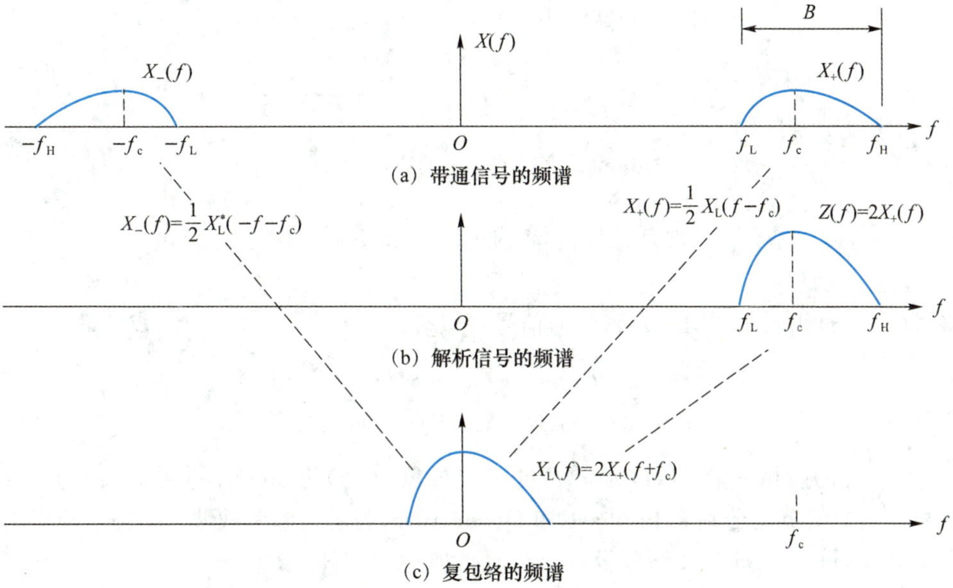

图 2.4.2　复包络的频谱

作为实信号，$x(t)$的频谱 $X(f)$具有对称性，其负频率部分是正频率部分的镜像共轭：$X_-(f)=X_+^*(-f)$，$f<0$。给定正频率部分，便能推知负频率部分，即用解析信号 $z(t)=x(t)+\mathrm{j}\cdot\hat{x}(t)$的频谱 $Z(f)=2X_+(f)$可以完全确定 $x(t)$的频谱 $X(f)$。将解析信号的频谱向左搬移 f_c，得到一个基带信号，其频谱为

$$X_L(f)=Z(f+f_c)=2X_+(f+f_c) \tag{2.4.1}$$

对应的时域表达式为

$$x_L(t)=z(t)\mathrm{e}^{-\mathrm{j}2\pi f_c t}=[x(t)+\mathrm{j}\cdot\hat{x}(t)]\mathrm{e}^{-\mathrm{j}2\pi f_c t} \tag{2.4.2}$$

称这个基带信号 $x_L(t)$为 $x(t)$的复包络(complex envelope)。参考载波 $\cos(2\pi f_c t)$是固定的，因此，给定带通信号，便能唯一确定复包络；反之，给定复包络，也能唯一确定解析信号 $z(t)$及带通信号 $x(t)$，关系为

$$z(t)=x_L(t)\mathrm{e}^{\mathrm{j}2\pi f_c t} \tag{2.4.3}$$

$$x(t)=\mathrm{Re}\{z(t)\}=\mathrm{Re}\{x_L(t)\mathrm{e}^{\mathrm{j}2\pi f_c t}\} \tag{2.4.4}$$

“复包络”的命名仿照了包络调制中的术语。包络调制的信号形式为 $A(t)\cos(2\pi f_c t)$，它是包络 $A(t)$与载波 $\cos(2\pi f_c t)$的乘积。式(2.4.3)与此相仿，是复包络 $x_L(t)$与复载波 $\mathrm{e}^{\mathrm{j}2\pi f_c t}$的乘积。

根据图 2.4.2，复包络的频谱是带通信号频谱的正频率部分左移乘 2，左移得到的频谱未必具有正负频率对称性，因此复包络一般是一个复信号，可以表示为

$$x_L(t)=x_c(t)+\mathrm{j}\cdot x_s(t)=A(t)\mathrm{e}^{\mathrm{j}\phi(t)} \tag{2.4.5}$$

其中

$$
\begin{aligned}
x_{\mathrm{c}}(t) &= \mathrm{Re}\{x_{\mathrm{L}}(t)\} = A(t)\cos\phi(t) \\
x_{\mathrm{s}}(t) &= \mathrm{Im}\{x_{\mathrm{L}}(t)\} = A(t)\sin\phi(t) \\
A(t) &= |x_{\mathrm{L}}(t)| = \sqrt{x_{\mathrm{c}}^2(t)+x_{\mathrm{s}}^2(t)} \\
\phi(t) &= \angle x_{\mathrm{L}}(t) = \arctan\frac{x_{\mathrm{s}}(t)}{x_{\mathrm{c}}(t)}
\end{aligned}
\tag{2.4.6}
$$

上述 $x_{\mathrm{c}}(t)$、$x_{\mathrm{s}}(t)$、$A(t)$、$\phi(t)$都是基带信号，其几何关系类似于图 2.1.11。

2. 带通信号的表示

将式(2.4.5)代入式(2.4.4)后，带通信号可以表示为

$$x(t)=x_{\mathrm{c}}(t)\cos(2\pi f_{\mathrm{c}}t)-x_{\mathrm{s}}(t)\sin(2\pi f_{\mathrm{c}}t) \tag{2.4.7}$$

$$x(t)=A(t)\cos[2\pi f_{\mathrm{c}}t+\phi(t)] \tag{2.4.8}$$

称 $x_{\mathrm{c}}(t)$为 $x(t)$的同相分量，$x_{\mathrm{s}}(t)$为 $x(t)$的正交分量，$A(t)$为 $x(t)$的包络，$\phi(t)$为 $x(t)$的相位。同相及正交的英文分别是 In phase 和 Quadrature，表示与参考载波 $\cos(2\pi f_{\mathrm{c}}t)$相比，相位一致或正交。同相分量也叫 I 路分量，正交分量也叫 Q 路分量。

3. I/Q 调制与解调

式(2.4.7)将带通信号表示为两个信号的叠加，由于 cos 和 sin 正交，称式(2.4.7)为带通信号的正交表示。基于带通信号的正交表示，可以用如图 2.4.3 所示的 I/Q 调制解调完成从复包络到带通信号，再从带通信号到复包络的变换。

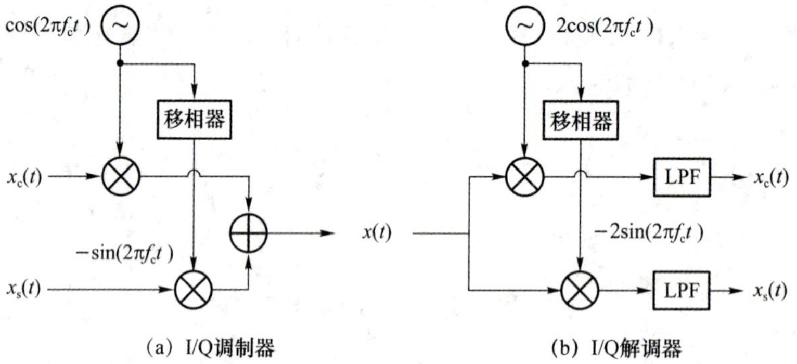

图 2.4.3 I/Q 调制解调

I/Q 调制器的原理就是直接按式(2.4.7)来操作。下面说明 I/Q 解调器的原理。对于 I 路，接收信号 $x(t)$与载波 $2\cos(2\pi f_{\mathrm{c}}t)$的乘积为

$$
\begin{aligned}
x(t)\cdot 2\cos(2\pi f_{\mathrm{c}}t) &= [x_{\mathrm{c}}(t)\cos(2\pi f_{\mathrm{c}}t)-x_{\mathrm{s}}(t)\sin(2\pi f_{\mathrm{c}}t)]\cdot 2\cos(2\pi f_{\mathrm{c}}t) \\
&= x_{\mathrm{c}}(t)\cdot 2\cos^2(2\pi f_{\mathrm{c}}t)-x_{\mathrm{s}}(t)\cdot 2\sin(2\pi f_{\mathrm{c}}t)\cos(2\pi f_{\mathrm{c}}t) \\
&= x_{\mathrm{c}}(t)+x_{\mathrm{c}}(t)\cos(4\pi f_{\mathrm{c}}t)-x_{\mathrm{s}}(t)\cdot\sin(4\pi f_{\mathrm{c}}t)
\end{aligned}
\tag{2.4.9}
$$

式中，$x_{\mathrm{c}}(t)$是基带信号，最后两项是比原带通信号 $x(t)$频率更高的带通信号。适当设计低通滤波器 LPF 的截止频率，可以滤除这两项，只留下 $x_{\mathrm{c}}(t)$。Q 路同理。

4. 频谱关系

根据图 2.4.2，给定带通信号的频谱 $X(f)$后，复包络的频谱是带通信号正频率部分 $X_{+}(f)$左移乘 2。反之，给定复包络的频谱 $X_{\mathrm{L}}(f)$后，带通信号的频谱为

$$X(f)=X_+(f)+X_-(f)=X_+(f)+X_+^*(-f)$$
$$=\frac{1}{2}X_L(f-f_c)+\frac{1}{2}X_L^*(-f-f_c) \qquad (2.4.10)$$

同相分量 $x_c(t)=\frac{1}{2}[x_L(t)+x^*{}_L(t)]$的傅氏变换为

$$X_c(f)=\frac{1}{2}X_L(f)+\frac{1}{2}X_L^*(-f)=X_+(f-f_c)+X_-(f+f_c) \qquad (2.4.11)$$

即带通信号同相分量的频谱是带通信号频率的正频率部分左移,负频率部分右移后叠加。类似可得到正交分量的频谱表达式。

若带通信号 $x(t)$是功率信号,其功率谱密度为 $P_x(f)$,则解析信号的功率谱密度是带通信号功率谱密度正频率部分的 4 倍,频谱搬移后,复包络的功率谱密度为

$$P_{x_L}(f)=\begin{cases}4P_x(f+f_c), & |f|\leqslant f_c\\ 0, & \text{其他 } f\end{cases} \qquad (2.4.12)$$

即复包络的功率谱密度是带通信号功率谱密度的正频率部分向左搬移后乘 4。

给定复包络 $x_L(t)$的功率谱密度 $P_{x_L}(f)$,则 $x_L^*(t)$的功率谱密度为 $P_{x_L}(-f)$。据此可求出带通信号 $x(t)=\mathrm{Re}\{x_L(t)e^{j2\pi f_c t}\}=\frac{1}{2}[x_L(t)e^{j2\pi f_c t}+x_L^*(t)e^{-j2\pi f_c t}]$的功率谱密度为

$$P_x(f)=\frac{1}{4}P_{x_L}(f-f_c)+\frac{1}{4}P_{x_L}(-f-f_c) \qquad (2.4.13)$$

5. 参考载波的相位

本书一般默认假设参考载波的初相为零。如果载波相位不为零,复包络会发生旋转。

当参考载波的初相变成 θ 时,图 2.4.3(a)中 I/Q 调制器的载波变成 $\cos(2\pi f_c t+\theta)$,所产生的带通信号为

$$x(t)=x_c(t)\cos(2\pi f_c t+\theta)-x_s(t)\sin(2\pi f_c t+\theta)=\mathrm{Re}\{x_L(t)e^{j(2\pi f_c t+\theta)}\} \qquad (2.4.14)$$

其复包络为 $x_L(t)=x_c(t)+j\cdot x_s(t)$。上式也可以改写为

$$x(t)=\mathrm{Re}\{x_L(t)e^{j\theta}\cdot e^{j2\pi f_c t}\} \qquad (2.4.15)$$

对照式(2.4.4)来看,若载波为 $\cos(2\pi f_c t)$,则同一带通信号 $x(t)$的复包络是 $x_L(t)e^{j\theta}$,与载波相位为 θ 时的复包络 $x_L(t)$相比,发生了相位旋转。

载波相位的变化所导致的复包络旋转会影响通信中相干解调的性能,第 4 章将对此进一步讨论。

2.4.2　带通滤波器的等效基带表示

当带通信号 $x(t)$通过一个冲激响应为 $h(t)$、传递函数为 $H(f)$的带通滤波器后,其输出 $y(t)$也是带通信号。所有带通信号对应都有复包络。于是,带通信号通过带通滤波器输出一个带通信号的过程,换个角度来看就是,复包络 $x_L(t)$经过一个基带系统后变成了另一个复包络 $y_L(t)$,如图 2.4.4 所示。后一个系统的输入输出都是基带信号,它是原带通系统的等效基带系统。

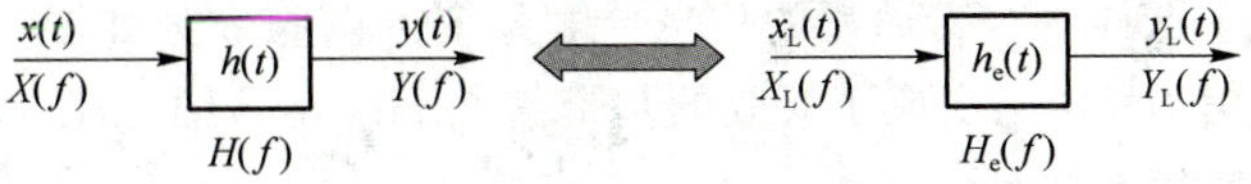

图 2.4.4　带通滤波器等效为基带滤波器

带通滤波器的冲激响应也是带通信号。设 $x(t)$、$y(t)$、$h(t)$ 这三个带通信号的傅氏变换分别为 $X(f)$,$Y(f)$,$H(f)$,复包络分别为 $x_L(t)$,$y_L(t)$,$h_L(t)$,复包络的傅氏变换分别为 $X_L(f)$,$Y_L(f)$,$H_L(f)$。根据图 2.4.2,带通信号频谱的正频率部分是复包络频谱右移除以 2:

$$\begin{cases} X(f)=\frac{1}{2}X_L(f-f_c) \\ Y(f)=\frac{1}{2}Y_L(f-f_c) \quad , \quad f>0 \\ H(f)=\frac{1}{2}H_L(f-f_c) \end{cases} \tag{2.4.16}$$

上式左边三个频谱满足 $Y(f)=X(f)H(f)$,因此

$$\frac{1}{2}Y_L(f-f_c)=\frac{1}{2}H_L(f-f_c)\cdot\frac{1}{2}H_L(f-f_c), \quad f>0 \tag{2.4.17}$$

两边约掉一个 1/2,并做变量代换 $f-f_c\to f$,得到

$$Y_L(f)=\frac{1}{2}H_L(f)\cdot X_L(f), \quad f>-f_c \tag{2.4.18}$$

复包络的频带范围不会超出 $|f|\leqslant f_c$,因此上式右边的 $f>-f_c$ 可以略去。

将式(2.4.18)与图 2.4.4 对比可知,带通滤波器的等效基带传递函数为

$$H_e(f)=\frac{1}{2}H_L(f)=H_+(f+f_c) \tag{2.4.19}$$

其中 $H_+(f)$ 是带通滤波器传递函数 $H(f)$ 的正频率部分。

通过傅氏反变换可得到等效基带滤波器的冲激响应为

$$h_e(t)=\frac{1}{2}h_L(t) \tag{2.4.20}$$

带通滤波器的基带等效有很多用途,把原本要在高频处做的带通滤波功能放到基带实现就是其中之一。例如在图 2.4.5 中,原本想实现的功能是将 I/Q 调制后的带通信号 $x(t)$ 通过某个带通滤波器 $H(f)$ 以得到新的带通信号 $y(t)$。等效基带的方法告诉我们有另一种实现方法:先将 $x(t)$ 的复包络 $x_L(t)$ 通过等效基带滤波器得到 $y(t)$ 的复包络 $y_L(t)$,然后用 I/Q 调制器把 $y_L(t)$ 变成所需的带通信号 $y(t)$。这两种实现方法完全等价。但后一种方法在基带,实现复杂度低。

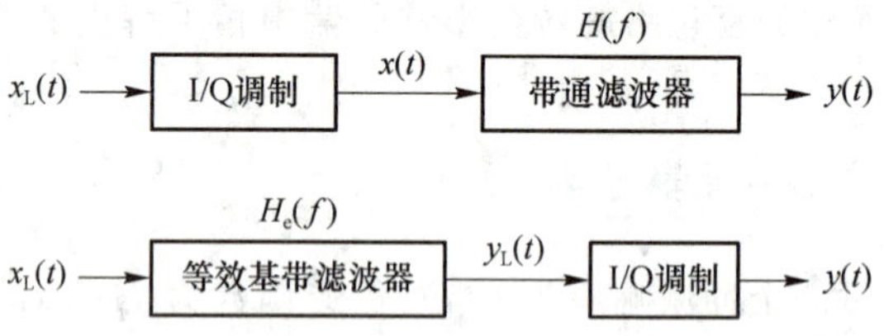

图 2.4.5　带通滤波与基带滤波等效

在图 2.4.1 中,假设从发送信号 $x(t)$ 到接收信号 $y(t)$ 的带通信道是线性时不变系统,其传递函数为 $H(f)$,其中综合包含了无线电波传播环境、收发端射频电路等的影响。按照等效基带的方法,图 2.4.1 这样一个带通型的信息传输系统可以等效为如图 2.4.6 所示的基带传输系统,原本的带通信道 $H(f)$ 变成了等效的基带信道 $H_e(f)$。图 2.4.6 是一个基带系统,其分析研究、仿真设计都容易实现。

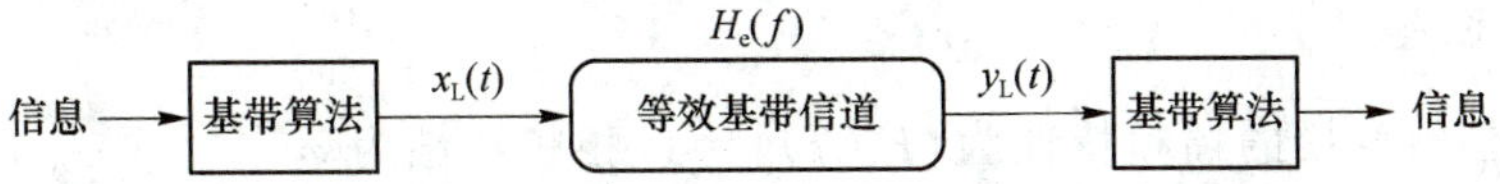

图 2.4.6　带通传输系统等效为基带传输系统

例 2.4.1　某带通滤波器的单位冲激响应 $h(t)=g(t)\cos(2\pi f_0 t)$，其中 $g(t)=\begin{cases}1, & 0<t<T\\ 0, & 其他\ t\end{cases}$，$f_0\gg 1/T$。设滤波器输入信号是 $x(t)=m(t)\cos(2\pi f_0 t+\phi)$，其中基带信号 $m(t)$ 的带宽远小于 f_0。求滤波器输出信号表达式。

解　由 $h(t)=\mathrm{Re}\{g(t)\mathrm{e}^{\mathrm{j}2\pi f_0 t}\}$ 以及 $x(t)=\mathrm{Re}\{m(t)\mathrm{e}^{\mathrm{j}(2\pi f_0 t+\phi)}\}=\mathrm{Re}\{m(t)\mathrm{e}^{\mathrm{j}\phi}\cdot\mathrm{e}^{\mathrm{j}2\pi f_0 t}\}$ 可知 $h(t)$ 的复包络是 $h_L(t)=g(t)$，$x(t)$ 的复包络是 $x_L(t)=m(t)\mathrm{e}^{\mathrm{j}\phi}$。

等效基带滤波器的冲激响应是 $h_e(t)=\frac{1}{2}h_L(t)=\frac{1}{2}g(t)$。输出带通信号 $y(t)$ 的复包络是基带信号 $x_L(t)$ 与基带信号 $h_e(t)$ 的卷积：

$$\begin{aligned}y_L(t)&=\int_{-\infty}^{\infty}x_L(t-\tau)h_e(\tau)\mathrm{d}\tau=\int_{-\infty}^{\infty}m(t-\tau)\mathrm{e}^{\mathrm{j}\phi}\cdot\frac{1}{2}g(\tau)\mathrm{d}\tau\\&=\frac{\mathrm{e}^{\mathrm{j}\phi}}{2}\int_0^T m(t-\tau)\mathrm{d}\tau\overset{u=t-\tau}{=}\frac{\mathrm{e}^{\mathrm{j}\phi}}{2}\int_{t-T}^{t}m(u)\mathrm{d}u\end{aligned}$$

滤波器输出带通信号的表达式为

$$y(t)=\mathrm{Re}\{y_L(t)\mathrm{e}^{\mathrm{j}2\pi f_c t}\}=\frac{1}{2}\left[\int_{t-T}^{t}m(u)\mathrm{d}u\right]\cos(2\pi f_0 t+\phi)$$

2.4.3　复包络无失真

本章 2.3.1 节指出，实信号通过系统后无失真的条件是系统的幅频特性为常数，相频特性为过原点的直线。

无线通信系统所发送的信号一般是带通信号，带通信号 $x(t)$ 经过带通系统 $H(f)$ 成为带通信号 $y(t)$。带通系统可以等效为基带系统，其中 $x(t)$ 的复包络 $x_L(t)$ 通过等效基带系统 $H_e(f)=H_+(f+f_c)$ 变成 $y(t)$ 的复包络 $y_L(t)$。信息加载在复包络上，因此我们更关心复包络是否有失真。

复信号无失真也是信号形状不变，可以有时延和比例系数。只不过对于复信号，式(2.3.10)中的系数可以是复数 $c=a\cdot\mathrm{e}^{\mathrm{j}\theta}$，其中 $a=|c|$，$\theta=\angle c$。当 c 为复数时，无失真系统的幅频特性 $|H_e(f)|=a$ 依然是常数，但相频特性 $\varphi(f)=\angle H_e(f)=-2\pi f t_0+\theta$ 不一定是过原点的直线。因此对复信号，无失真条件中的“相频特性为过原点的直线”可以放宽为直线，不要求必须过原点。

注意到无失真系统的时延 t_0 是相频特性的负斜率除以 2π，为此可以定义一个称为群时延的频域特性：

$$\tau_G(f)=\frac{1}{2\pi}\cdot\frac{\mathrm{d}}{\mathrm{d}f}\varphi(f)\tag{2.4.21}$$

相频特性是直线 $\varphi(f)=-2\pi f t_0+\theta$ 时，群时延特性是常数 t_0。于是，带通传输中复包络无失真的条件为：(1)幅频特性是常数，(2)群时延特性是常数。

例 2.4.2　设有带通信号 $x(t)=m_1(t)\cos 2\pi f_c t-m_2(t)\sin 2\pi f_c t$，其中 $m_1(t)$，$m_2(t)$ 分别是 $x(t)$ 的同相分量及正交分量。将 $x(t)$ 通过希尔伯特变换成为 $\hat{x}(t)$。试分析希尔伯特变换

是否为无失真系统。

解 希尔伯特变换的幅频特性为$|H(f)|=1$,相频特性为$\varphi(f)=-\frac{\pi}{2}$,群时延特性为$\tau_G(f)=-\frac{1}{2\pi}\cdot\frac{d\varphi(f)}{df}=0$。相频特性不是过原点的直线,群时延特性是常数,说明$x(t)$与$\hat{x}(t)$相比波形有失真,但复包络无失真。

具体来说,$x(t)$是解析信号$[m_1(t)+jm_2(t)]e^{j2\pi f_c t}$的实部,其虚部就是$x(t)$的希尔伯特变换,即

$$\hat{x}(t)=\mathrm{Im}\{[m_1(t)+jm_2(t)]e^{j2\pi f_c t}\}=m_1(t)\sin(2\pi f_c t)+m_2(t)\cos(2\pi f_c t)$$

与$x(t)$相对照,可以看出不存在常数c,t_0,能使$\hat{x}(t)=c\cdot x(t-t_0)$对所有$t$成立。所以希尔伯特变换不是波形无失真系统。但从等效基带来看,$x(t)$的复包络为$x_L(t)=m_1(t)+jm_2(t)$,$\hat{x}(t)$的复包络为$\hat{x}_L(t)=m_2(t)-j\cdot m_1(t)=-j\cdot x_L(t)$,两者相比,只有系数$-j$的差别,因此带通信号经过希尔伯特变换后,复包络无失真。

习 题

2.1 设$m(t)$是功率为2 W的实信号,求$z(t)=m(t)+j\cdot 2m(t)$的功率。

2.2 考虑题2.2图中的4个信号,求它们两两之间的内积。

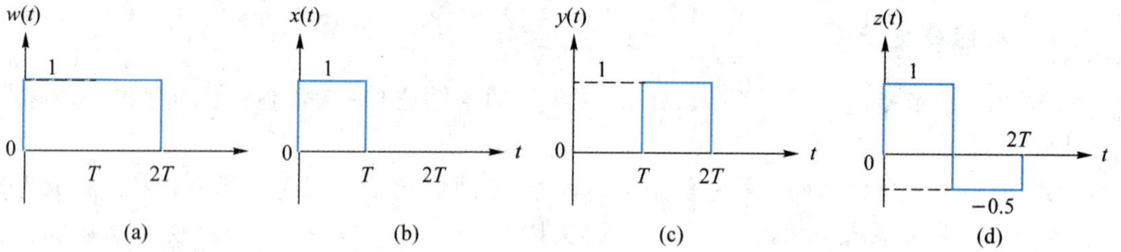

题2.2图

2.3 证明$\delta(t-t_1)\delta(t-t_2)=\delta(t-t_1)\delta(t_1-t_2)$。

2.4 求信号$s(t)=Ae^{j(2\pi f_0 t+\varphi)}$的傅氏变换、功率谱密度。

2.5 求信号$g(t)=\mathrm{rect}\left(\frac{t}{T_s}\right)\cos\left(\frac{\pi t}{T_s}\right)$的能量、傅氏变换、能量谱密度、主瓣带宽。

2.6 求信号$\mathrm{sinc}\left(\frac{t}{T}\right)$的能量。

2.7 证明:若一个系统满足线性、时不变这两个特性,则其输入为$e^{j2\pi ft}$时,输出为$c\cdot e^{j2\pi ft}$,其中c是复系数。

2.8 将周期信号$s(t)=\sum_{n=-\infty}^{\infty}\delta(t-nT)$通过一个传递函数为$H(f)$、冲激响应为$h(t)$的滤波器,求输出信号$y(t)$的傅氏变换、傅里叶级数展开式、功率谱密度。

2.9 求矩形脉冲$s(t)=\mathrm{rect}\left(\frac{t}{T}\right)$的自相关函数。

2.10 能量为E_s的信号$s(t)$通过一个冲激响应为$h(t)$的线性时不变系统后在$t=T$时刻

采样得到采样值 z，如题 2.10 图所示。若已知 $h(t)$ 的能量为 E_h，求能使 z 最大的 $h(t)$。

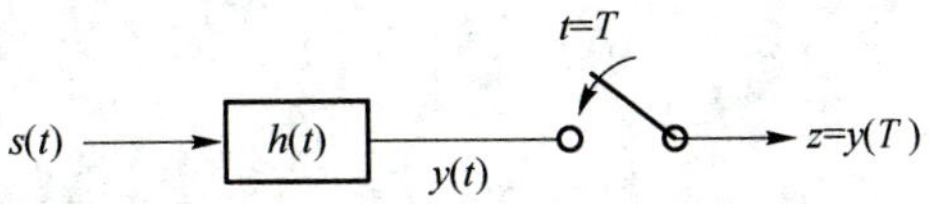

题 2.10 图

2.11　设有带通信号 $s(t)=a(t)\cos(2\pi f_c t)-b(t)\sin(2\pi f_c t)$，其中 $a(t)$、$b(t)$ 是基带信号。求 $s(t)$ 以 $\cos(2\pi f_c t+\theta)$ 为参考载波的复包络。

2.12　设有窄带信号 $x(t)=m(t)\cos(2\pi f_c t+\varphi)$，其中 φ 是定值，$m(t)$ 是实基带信号，其带宽远小于 f_c。求 $x(t)$ 的复包络 $x_L(t)$、希尔伯特变换 $\hat{x}(t)$ 以及 $\hat{x}(t)$ 的复包络。

2.13　设有窄带信号 $x(t)=I(t)\cos(2\pi f_c t+\varphi)-Q(t)\sin(2\pi f_c t+\varphi)$，其中 $I(t)$、$Q(t)$ 是实基带信号且其带宽远小于 f_c。求 $x(t)$ 的希尔伯特变换 $\hat{x}(t)$ 并分别以 $\cos(2\pi f_c t+\varphi)$ 和 $\cos(2\pi f_c t)$ 为参考载波求 $x(t)$、$\hat{x}(t)$ 的复包络。

第 2 章习题答案

第3章 随机过程

3.1 随机信号

3.1.1 引言

某无线通信系统欲将话音信号 $m(t)$ 传输到远处。为此，系统的发端将 $m(t)$ 变成一个能通过天线发射的带通信号 $s(t)$，收端将天线收到的微弱信号放大，得到

$$y(t)=s(t)+n(t) \tag{3.1.1}$$

其中 $n(t)$ 是噪声。收端从 $y(t)$ 中复原出话音信号，送入扬声器播放。

在系统的设计阶段，$m(t)$、$n(t)$ 等波形还没有产生（它们要等到系统投入使用后才会出现）。任意给定一个时刻 t，设计者不能明确给出函数 $m(t)$、$n(t)$ 的具体取值，其值具有不确定性、随机性，因此它们不是确定信号，而是随机信号。

系统的设计者只知道 $m(t)$ 是话音，$n(t)$ 是噪声，不知道话音和噪声的具体波形。令 Ω_m 和 Ω_n 分别表示全体话音波形及全体噪声波形的集合，则 $m(t)$ 来自 Ω_m，$n(t)$ 来自 Ω_n，该系统可以表示为图 3.1.1。系统应能有效传输 Ω_m 中的话音，并能有效抵抗 Ω_n 中噪声的影响。设计者根据 Ω_m 和 Ω_n 中波形的整体特性来设计发端和收端的信号处理。

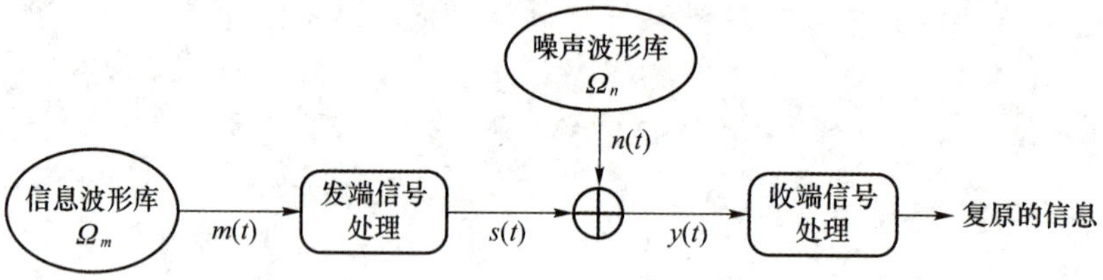

图 3.1.1 通信中的随机信号

3.1.2 随机变量

通信中的随机信号在数学中就是随机过程。为了理解随机过程的概念，我们先回顾随机变量。在概率论中，随机变量定义为从样本空间 Ω 到实数的映射：$X=X(e)$，$e\in\Omega$。为了更好地理解这一点，我们来看一个随机试验的例子。

例 3.1.1 一个口袋里有很多纸条，伸手抽出一张，翻开一看，纸条上写着 3.14。

口袋就是样本空间，纸条就是样本 e，在纸条上写数，就是把样本映射到实数，这个映射就是随机变量。

将纸条映射到实数，写数不是唯一的方法，还可以是：纸条上写数学方程，抽到纸条后解方程，报出方程的解；把纸条放到天平上称重，得到一个数；纸条上是一个门牌号码，到这家，数家里有几只猫。总之，任何从样本到实数的映射，都是随机变量。在图 3.1.2 中，抽出纸条 e 见到一个数 x，将其平方得到 $y=x^2$，再取对数得到 $z=\ln y$。x,y,z 都是从抽出的这个纸条 e 映射而来的，相应形成了随机变量 $X(e)$、$Y(e)$、$Z(e)$。这里的随机性体现在样本点的出现是随机的。一旦样本给定，结果就是确定的。

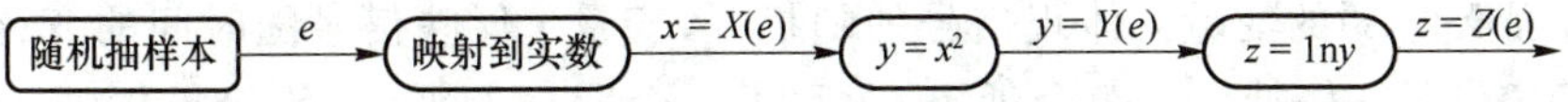

图 3.1.2　随机变量是样本到实数的映射

随机变量是一种映射，其记号 $X(e)$ 中的 X 是映射的名称，如同 $\sin(x)$ 中的 sin 是函数名。大部分情况下，我们关注的不是纸条，而是纸条所决定的那个数，故常将 $X(e)$ 简记为 X，并把 X 的全体可能取值作为样本空间。例如在图 3.1.2 中，若口袋中有两个纸条，分别写着 -2 和 $+3$。从两张纸条 e_1,e_2 中抽出一个 $e\in\{e_1,e_2\}$，抽出的这个纸条决定了 $X(e)$ 是 -2 还是 $+3$，进一步决定了 $Y(e)$ 是 4 还是 9，$Z(e)$ 是 2ln2 还是 2ln3。实际中，大家对随机变量的理解比较直接：从 $\Omega_X=\{-2,+3\}$ 中抽出了 X，从 $\Omega_Y=\{4,9\}$ 中抽出了 Y，从 $\Omega_Z=\{2\ln 2,2\ln 3\}$ 中抽出了 Z。

另外需要说明的是，概率论教材中一般用大写字母表示随机变量（映射），小写字母表示随机变量的具体实现（映射结果）。在本书中，大小写字母都可以用于表示随机变量。

3.1.3　随机过程

在数学中，随机过程有以下两种实质相同的定义：

定义 1　随机过程是一族确定函数：在随机试验中，设其样本空间为 Ω，若对每一个 $e\in\Omega$，都对应一个确定函数 $X(e,t)$，$t\in\mathcal{T}$，我们把全体 e 所确定的函数族 $\{X(e,t),t\in\mathcal{T}\mid e\in\Omega\}$ 称为随机过程，函数族中的每个函数称为一个样本函数，或一条样本轨道。

定义 2　随机过程是一族随机变量：在随机试验中，对于每一个参数 $t\in\mathcal{T}$，都对应一个随机变量 $X(e,t)$，$e\in\Omega$，全体依赖于 t 的一族随机变量称为随机过程。

以上两个定义实质相同，均表示从 $e\in\Omega$，$t\in\mathcal{T}$ 到实数的映射。Ω 是随机实验的样本空间，$\mathcal{T}$ 是样本函数的定义域。默认 $\mathcal{T}=(-\infty,\infty)$，而当 $\mathcal{T}$ 为离散的时间点集合时，称为随机序列。随机过程 $X(e,t)$ 也可简记为 $X(t)$。

定义 1 是信号的视角，表示随机试验的结果是确定波形，好比例 3.1.1 中翻开纸条看见的不是数字，而是波形。这使我们能够用第 2 章中确定信号分析的方法来研究随机过程。定义 2 是随机变量的视角，它使我们可以用概率论的方法来研究随机过程。

例 3.1.2　在图 3.1.3 中，一探测器在时间区间 $[0,T_b]$ 内发出信号 $s_1(t)=\cos(2\pi f_0 t)$ 或 $s_2(t)=-\cos(2\pi f_0 t)$ 以表示探测结果为 $e=1$ 或 $e=0$，其中 $e=1$ 表示环境中存在某种特定成分，$e=0$ 表示不存在。本例中，样本点 e 是环境的状态，样本空间为 $e\in\{0,1\}$。探测器将 e 映

射为波形 $s(e,t)$。$e=1$ 时,$s(1,t)=s_1(t)$;$e=0$ 时,$s(0,t)=s_2(t)$。

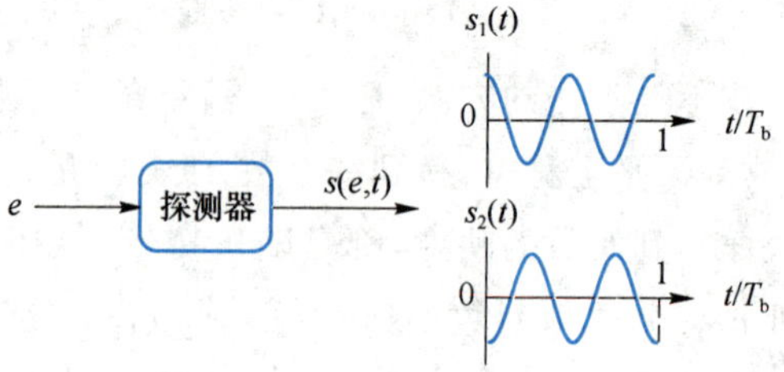

图 3.1.3　简单随机过程示例

随机过程 $X(e,t)$的变量 e 体现信号的随机性,变量 t 反映信号随时间的变化。给定 e,$X(e,t)$是确定信号——抽出了一个纸条,看到了一个明确的波形;给定 t,$X(e,t)$是随机变量——指定了某个时刻,但没说是哪个纸条,因此数值不确定,有随机性。表 3.1.1 总结了 $X(e,t)$的 4 种不同情况。

表 3.1.1　$X(e,t)$的不同情况

e,t	$X(e,t)$	随机性
$e\in\Omega,t\in(-\infty,\infty)$	随机信号	随机
e 固定,$t\in(-\infty,\infty)$	确定信号	非随机
$e\in\Omega,t$ 固定	随机变量	随机
e 固定,t 固定	确定实数	非随机

例 3.1.3　在图 3.1.4 中,信号采集单元对空中信号 $x(e,t)$进行采集。采集单元的输出是复数格式的复包络。每执行一次信号采集就是一次随机试验。对采集到的复包络分别取出实部、虚部、模值和角度,形成 4 个基带型的随机信号 $x_c(e,t)$、$x_s(e,t)$、$A(e,t)$、$\varphi(e,t)$。略去代表样本的变量 e,则为 $x_c(t)$、$x_s(t)$、$A(t)$、$\varphi(t)$。

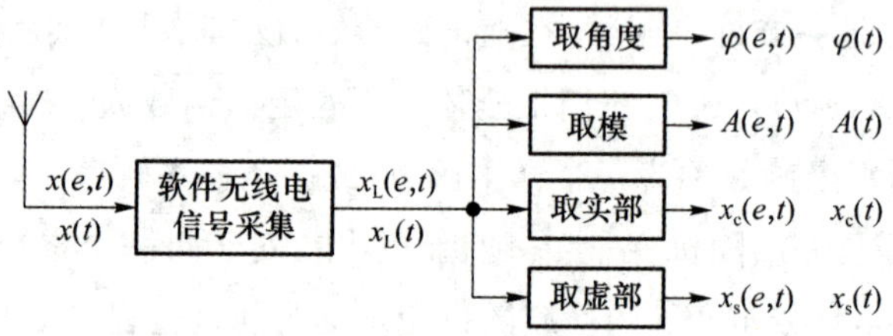

图 3.1.4　带通随机信号

3.1.4　随机序列

按前述定义,随机序列是随机过程 $X(e,t),t\in\mathcal{T}$的时间参数$\mathcal{T}$为离散时间点集合时的特例,一般记为$\{X_n(e)\}$,简记为$\{X_n\}$。随机序列$\{X_n(e)\}$是从样本空间 Ω 到实数序列的映射,如同例 3.1.1 中翻开纸条看见的不是一个数字,而是一串数字。

随机序列可以是有限长序列,如$\{X_1,X_2,\cdots,X_N\}$,此时也可称为随机向量,并记为 $\boldsymbol{X}=(X_1,X_2,\cdots,X_N)^{\mathrm{T}}$。对于无限长序列,$X_n$ 的下标可以是自然数 $n\in\{0,1,2,\cdots\}$,也可以是整数 $n=0,\pm1,\pm2,\cdots$。

随机序列是时间离散的随机过程，可看成是时间连续随机过程 $X(t)$ 的采样。对于一组有限个或无限个时间点 $\{t_k\}$，令 $X_k=X(t_k)$ 表示 $X(t)$ 在 t_k 时刻的采样，则 $\{X_k\}$ 是随机序列。

以上介绍的随机变量、随机过程、随机序列都是从样本出发的映射，差别只在映射到什么，也就是纸条上具体是什么。纸条上是实数就是随机变量，纸条上是信号波形就是随机过程，其他情况同理，如图 3.1.5 所示。

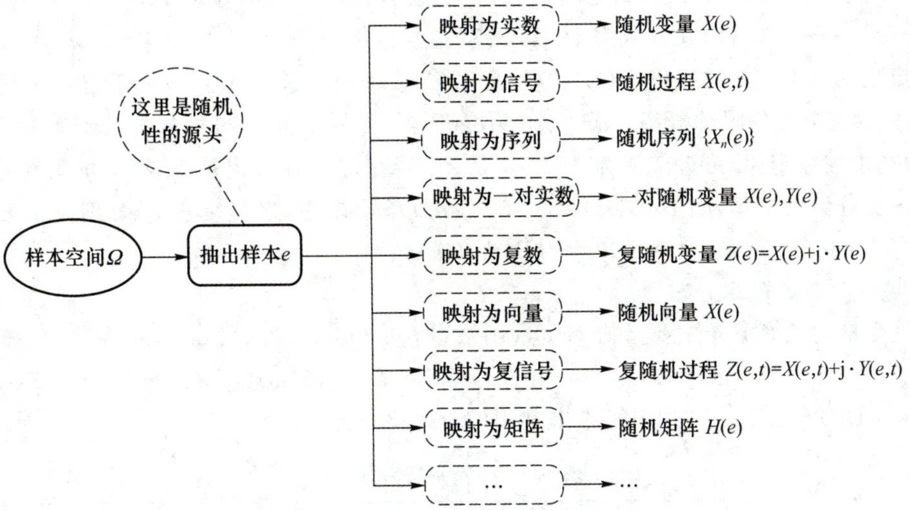

图 3.1.5 映射

3.2 随机过程的统计特性

如表 3.1.1 所示，随机过程在任何具体的时刻都是随机变量。按前述定义 2，随机过程就是沿时间轴排列的无数个随机变量。随机过程的统计特性就是这些随机变量的统计特性。

3.2.1 概率分布

1. 事件的概率

概率是概率论的核心概念，反映事件在随机试验中出现的可能性。基于大数定律，事件 A 的概率可以通过大量的随机试验来测量：

$$P(A)=\lim_{N\to\infty}\frac{N_A}{N} \tag{3.2.1}$$

其中 N 是试验次数，N_A 是 N 次试验中事件 A 发生的次数。式(3.2.1)是计算机仿真以及通信仪表(如误码仪)中测量概率的基本原理。这里的极限是概率意义上的极限。

通信中经常需要考虑多个随机事件。两个事件 A、B 的联合概率 $P(A,B)$ 是它们同时发生的机会。条件概率 $P(B|A)$ 是事件 A 已发生的情况下，事件 B 发生的机会。

联合概率满足如下链式法则：

$$P(A,B)=P(A)P(B|A)=P(B)P(A|B) \tag{3.2.2}$$

根据上式可以给出条件概率与联合概率的关系：$P(B|A)=P(A,B)/P(A)$，$P(A|B)=P(A,B)/P(B)$，同时可以给出两个条件概率之间的关系，也即贝叶斯(Bayes)公式：

$$P(A|B)=P(B|A)\frac{P(A)}{P(B)} \tag{3.2.3}$$

如果事件 A 发生的概率不受事件 B 影响,则称事件 A 与 B 独立。此时必有:$P(A|B)=P(A)$、$P(B|A)=P(B)$、$P(A,B)=P(A)P(B)$,即两个事件独立意味着条件概率等于无条件概率、联合概率等于各自概率的乘积。

例 3.2.1 在图 3.1.4 中,给定时刻 t_0,定义事件 A 为"同相分量 $x_c(t_0)>0$",事件 B 为"正交分量 $x_n(t_0)>0$",则联合概率 $P(A,B)$就是复包络 $x_L(t)=x_c(t)+j\cdot x_s(t)$在 t_0 时刻位于第1象限的概率。条件概率 $P(B|A)$就是已知 t_0 时刻复包络 $x_L(t_0)$位于右半平面的情况下,$x_L(t_0)$落在第1象限的概率。若有10万条记录,其中 t_0 时刻同相分量大于零的记录有2万条,则基于大数定律,可近似认为 $P(A)=0.2$。若在这2万条记录中,有5 000条记录在 t_0 时刻的正交分量大于零,则 $P(B|A)=0.25$。10万条记录中,复包络在 t_0 时刻位于第1象限的记录有5 000条,$P(A,B)=0.05=P(B|A)P(A)$。

2. 随机变量的概率分布

随机变量的概率分布主要指概率质量函数(Probability Mass Function,PMF)、概率密度函数(Probability Density Function,PDF)和累积分布函数(Cumulative Distribution Function,CDF)。表3.2.1列出了本书常用的一些概率分布。

表 3.2.1 常用概率分布

分布名称	PMF/PDF	均值 m_X	方差 σ_X^2
伯努利分布	$P(X=1)=p,P(X=0)=1-p$	p	$p(1-p)$
二项分布	$P(X=k)=C_n^k p^k(1-p)^{n-k}$ $k=0,1,2,\cdots$	np	$np(1-p)$
泊松分布	$P(X=k)=\frac{\lambda^k e^{-\lambda}}{k!},k=0,1,2,\cdots$	λ	λ
均匀分布	$p(x)=\frac{1}{b-a},x\in[a,b]$	$\frac{a+b}{2}$	$\frac{1}{12}(b-a)^2$
高斯分布 $N(a,\sigma^2)$	$p(x)=\frac{1}{\sqrt{2\pi\sigma^2}}e^{-\frac{(x-a)^2}{2\sigma^2}}$	a	σ^2
指数分布	$p(x)=\lambda e^{-\lambda x},x\geqslant 0$	$1/\lambda$	$1/\lambda^2$
瑞利分布	$p(x)=\frac{x}{\sigma^2}e^{-\frac{x^2}{2\sigma^2}},x\geqslant 0$	$\sqrt{\frac{\pi\sigma^2}{2}}$	$\frac{4-\pi}{2}\sigma^2$
莱斯分布	$p(x)=\frac{x}{\sigma^2}e^{-\frac{x^2+A^2}{2\sigma^2}}I_0\left(\frac{Ax}{\sigma^2}\right),x\geqslant 0$ 莱斯因子:$K=\frac{A^2}{2\sigma^2}$	$\sqrt{\frac{\pi\sigma^2}{2}}L_{1/2}\left(\frac{-A^2}{2\sigma^2}\right)$	$2\sigma^2+A^2-m_X^2$

注:莱斯分布中 $I_0(\cdot)$是第一类零阶修正贝塞尔函数,$L_q(\cdot)$是拉盖尔函数。当 A/σ 很大时,莱斯分布可近似为高斯分布 $N(A,\sigma^2)$。当 $A=0$ 时,莱斯分布退化为瑞利分布。

概率质量函数是对离散随机变量各可能取值的出现概率的枚举，即对 X 的每个可能取值 $x_0, x_1, \cdots, x_{M-1}$，逐一列出概率 $P(X=x_k), k=0,1,\cdots,M-1$。概率质量函数也称为分布列。

例 3.2.2 某通信系统发送的数据包有 $n=100$ 比特。到达接收端时，数据包中可能有一些比特出错，假设错误比特数 X 服从二项分布，其中 $p=0.01$。假设该系统采用了某种信道编码技术，使得错误比特数在 $X=0,1,2,3,\cdots,t$ 范围内时，接收端可以完全纠正错误，而当错误比特数超过 t 时，只能丢包。求 $t=2$ 及 $t=6$ 情况下，丢包的概率。

解 丢包概率为 $1-\sum_{k=0}^{t} P(X=k)=1-\sum_{k=0}^{t} C_n^k p^k (1-p)^{n-k}$。代入 $n=100, p=0.01$ 后可以算出，$t=2$ 时丢包率约为 8%，$t=6$ 时丢包率约为 7.1×10^{-5}。

连续随机变量做不到逐一列举每个可能取值的出现概率（每个特定取值的概率为零），改用概率的密度。若随机变量 X 的概率密度函数为 $p_X(x)$，则对于充分小的区间 $[x, x+\Delta x]$（x 为 $p_X(x)$ 的连续点），X 落在该区间内的概率近似为 $p_X(x)\Delta x$。密度的积分是总量，$p_X(x)$ 对所有 x 积分的结果是 1。

离散随机变量的每个可能取值有相应的概率值，相应的概率密度无穷大，呈现为冲激函数。例如表 3.2.1 中伯努利分布的概率密度函数为

$$p_X(x)=p\delta(x-1)+(1-p)\delta(x) \tag{3.2.4}$$

这一点类似于物理中的质点，其质量集中在一个点上，质量密度是冲激。也类似于第 2 章中的复单频信号，其功率集中在一个频率点上，功率谱密度是冲激。

无论是离散随机变量还是连续随机变量，X 的取值不超过 x 的概率是累积分布函数，其导数是概率密度函数：

$$F_X(x)=P(X\leqslant x)=\int_{-\infty}^{x} p_X(x)\mathrm{d}x \tag{3.2.5}$$

$$p_X(x)=\frac{\mathrm{d}}{\mathrm{d}x}F_X(x) \tag{3.2.6}$$

设有两个连续随机变量 X, Y。令 A 表示事件"X 落入区间 $[x, x+\Delta x]$"，B 表示事件"Y 落入区间 $[y, y+\Delta y]$"，则对于充分小的 $\Delta x, \Delta y$（$\Delta x>0, \Delta y>0$），联合概率 $P(A,B)$ 近似是 $p_{X,Y}(x,y)\Delta x\Delta y$，条件概率 $P(A|B)$ 近拟是 $p_{X|Y}(x|y)\Delta x$，其中的 $p_{X,Y}(x,y)$ 是联合概率密度，也叫二维概率密度，$p_{X|Y}(x|y)$ 是条件概率密度。代入式(3.2.2)后，联合概率密度可表示为

$$p_{X,Y}(x,y)=p_X(x)p_{Y|X}(y|x)=p_Y(y)p_{X|Y}(x|y) \tag{3.2.7}$$

事件"X 不超过 x"与事件"Y 不超过 y"的联合概率是 X, Y 的联合累积分布函数，也称为二维累积分布函数，其二阶偏导是联合概率密度：

$$F_{X,Y}(x,y)=P(X\leqslant x, Y\leqslant y) \tag{3.2.8}$$

$$p_{X,Y}(x,y)=\frac{\partial^2}{\partial x\partial y}F_{X,Y}(x,y) \tag{3.2.9}$$

两个随机变量 X, Y 独立表现为联合概率密度等于各自概率密度的乘积：$p_{X,Y}(x,y)=p_X(x)p_Y(y)$，条件概率密度与条件无关：$p_{Y|X}(y|x)=p_Y(y)$。

在不致混淆的情况下，概率密度函数记号中的下标可以省略，如用 $p(x,y)$、$p(y|x)$ 分别表示 $p_{X,Y}(x,y)$ 和 $p_{Y|X}(y|x)$。

3. 随机过程的概率分布

随机过程在任何时刻都是随机变量，这些随机变量未必分布相同。时刻 t 的随机变量 $X(e,t)$ 的累积分布函数记为 $F_X(x,t)$，概率密度函数记为 $p_X(x,t)$。$F_X(x,t)$ 与 $p_X(x,t)$ 只涉

及 t 时刻这一个随机变量,是随机过程的一维概率分布。

例 3.2.3　考虑图 3.1.3 中的随机过程 $X(t)\in\{s_1(t),s_2(t)\}$。对于任意时刻 $t\in[0,T_b]$,$X(t)$有两种可能取值,$s_1(t)=\cos(2\pi f_0 t)$或 $s_2(t)=-\cos(2\pi f_0 t)$,是离散随机变量。若抽中 $s_1(t)$的机会是 3/4,则 $X(t)$在 t 时刻的一维概率密度函数为

$$p_X(x,t)=\frac{3}{4}\delta[x-\cos(2\pi f_0 t)]+\frac{1}{4}\delta[x+\cos(2\pi f_0 t)] \tag{3.2.10}$$

任意给定两个时刻 t_1,t_2,$X_1=X(e,t_1)$与 $X_2=X(e,t_2)$是两个随机变量。所取时间 t_1,t_2 不同,则随机变量不同,联合分布也不同。记 t_1,t_2 时刻的两个随机变量 X_1,X_2 的联合累积分布函数为 $F_X(x_1,x_2,t_1,t_2)$,联合概率密度为 $p_X(x_1,x_2,t_1,t_2)$,它们是 $X(e,t)$的二维概率分布。

扩展到 n 维,随机过程 $X(t)$的 n 维联合累积分布函数是任意 n 个时刻 $t_1,t_2,\cdots,t_n$ 上的 n 个随机变量 $X_1=X(t_1),X_2=X(t_2),\cdots,X_n=X(t_n)$的联合累积分布函数:

$$F_X(x_1,x_2,\cdots,x_n,t_1,t_2,\cdots,t_n)=P(X_1\leqslant x_1,X_2\leqslant x_2,\cdots,X_n\leqslant x_n) \tag{3.2.11}$$

相应的 n 维联合概率密度为

$$p_X(x_1,x_2,\cdots,x_n,t_1,t_2,\cdots,t_n)=\frac{\partial^n}{\partial x_1\partial x_2\cdots\partial x_n}F_X(x_1,x_2,\cdots,x_n,t_1,t_2,\cdots,t_n) \tag{3.2.12}$$

考虑两个随机过程 $X(t)$、$Y(t)$。在 $X(t)$上任取 n 个随机变量 $X_1=X(t_1)$、$X_2=X(t_2)$、…、$X_n=X(t_n)$,在 $Y(t)$上任取 m 个随机变量 $Y_1=Y(t'_1)$、$Y_2=Y(t'_2)$、…、$Y_m=Y(t'_m)$,这 $n+m$ 个随机变量的联合累积分布函数为

$$\begin{aligned}&F_{XY}(x_1,x_2,\cdots,x_n,t_1,t_2,\cdots,t_n;y_1,y_2,\cdots,y_m,t'_1,t'_2,\cdots,t'_m)\\&=P(X_1\leqslant x_1,X_2\leqslant x_2,\cdots,X_n\leqslant x_n;Y_1\leqslant y_1,Y_2\leqslant y_2,\cdots,Y_m\leqslant y_m)\end{aligned} \tag{3.2.13}$$

联合概率密度函数为

$$\begin{aligned}&p_{XY}(x_1,x_2,\cdots,x_n,t_1,t_2,\cdots,t_n;y_1,y_2,\cdots,y_m,t'_1,t'_2,\cdots,t'_m)\\&=\frac{\partial^{n+m}}{\partial x_1\cdots\partial x_n\partial y_1\cdots\partial y_m}F_{XY}(x_1,\cdots,x_n,t_1,\cdots,t_n;y_1,\cdots,y_m,t'_1,\cdots,t'_m)\end{aligned} \tag{3.2.14}$$

两个随机过程相互独立时,联合分布等于各自联合分布之积,即对于任意正整数 n,m 以及任意时刻 $t_1,t_2,\cdots,t_n,t'_1,t'_2,\cdots,t'_m$,有

$$\begin{aligned}&F_{XY}(x_1,x_2,\cdots,x_n,t_1,t_2,\cdots,t_n;y_1,y_2,\cdots,y_m,t'_1,t'_2,\cdots,t'_m)\\&=F_X(x_1,x_2,\cdots,x_n,t_1,t_2,\cdots,t_n)F_Y(y_1,y_2,\cdots,y_m,t'_1,t'_2,\cdots,t'_m)\end{aligned} \tag{3.2.15}$$

3.2.2　数字特征

1. 统计平均

随机过程 $X(e,t)$有 e、t 两个变量,对其取平均有按 e 取平均和按 t 取平均两种情况。固定 t,对随机变量 $X(e,t)$的各种可能结果(对应不同 e)取平均,平均结果叫统计平均值、均值或数学期望。

根据概率论,若 $X(e)\in\{a_1,a_2,\cdots,a_M\}$是离散随机变量,其各可能取值的出现概率依次为 $p_1,p_2,\cdots,p_M$,则 X 的数学期望为

$$E[X]=\sum_{i=1}^{M}a_i p_i \tag{3.2.16}$$

若 $X(e)$是连续随机变量,其概率密度函数为 $p_X(x)$,则 X 的数学期望为

$$E[X]=\int_{-\infty}^{\infty}x\cdot p_X(x)\mathrm{d}x \tag{3.2.17}$$

随机变量的均值可能是零，也可能不是零。均值不为零的随机变量可看成是零均值随机变量叠加了常数：

$$X=\tilde{X}+m_X \tag{3.2.18}$$

其中 $m_X=E[X]$ 是 X 的均值，$\tilde{X}=X-m_X$ 是从 X 中扣除了均值，$E[\tilde{X}]=E[X]-m=0$。

工程中测量数学期望的基本原理是大数定律，即用 N 次随机试验的结果 $x_1,x_2,\cdots,x_N$ 取平均来逼近数学期望：

$$E[X]=\lim_{N\to\infty}\frac{1}{N}\sum_{i=1}^{N}x_i \tag{3.2.19}$$

根据图 3.1.2，随机变量的函数也是随机变量。设 $y=g(x)$ 是确定函数，则 $Y(e)=g[X(e)]$ 是随机变量。Y 的数学期望可以用 X 的概率密度来计算：

$$E[Y]=\int_{-\infty}^{\infty}g(x)\cdot p_X(x)\mathrm{d}x \tag{3.2.20}$$

例如，若 $Y(e)=a\cdot X(e)+c$，其中的 a,c 与 e 无关(即不是随机变量)，则

$$E[Y]=E[aX(e)+c]=aE[X(e)]+c \tag{3.2.21}$$

就是说，数学期望作用于 e，与 e 无关的加性或乘性系数都可以提到 $E[\cdot]$ 的外面。

数学期望 m_X 是随机变量 X 的概率质心：在式(3.2.17)中把概率密度看成是质量为 1 的线状物体的质量密度，积分结果就是质心的位置。

$Y=(X-m_X)^2$ 是随机变量 X 的函数，其数学期望反映随机变量 X 中，围绕均值的波动部分 $\tilde{X}=X-m_X$ 的强弱，称为 X 的方差：

$$\sigma_X^2=E[(X-m_X)^2]=E[X^2]-m_X^2 \tag{3.2.22}$$

方差也可记为 $D(X)$、$\mathrm{Var}(X)$ 等。σ_X 称为标准差，$E[X^2]$ 称为 X 的二阶矩。

方差是扣除均值后的二阶矩。随机变量 X 加上常数 c 会改变均值，但不影响方差：$E[X+c]=m_X+c$，$\mathrm{Var}(X+c)=\mathrm{Var}(X)$。

设 a 是常数，随机变量 X/a 的均值为 $E[X/a]=E[X]/a=m_X/a$，二阶矩为 $E[(X/a)^2]=E[X^2]/a^2$，方差为 σ_X^2/a^2，即随机变量除以常数后，均值除以常数，二阶矩和方差除以常数的平方。随机变量 X 除以标准差 σ_X 后，X/σ_X 的方差是 1。令 $\tilde{X}=(X-m_X)/\sigma_X$，则 $\tilde{X}$ 是将 X 的均值归零、方差归 1，称为 X 的标准化。

对于正整数 n，$E[X^n]$ 称为 X 的 n 阶矩或 n 阶原点矩，$E[(X-m_X)^n]$ 称为 X 的 n 阶中心矩。随机变量 X 经过标准化后的三阶矩 $E[\tilde{X}^3]$ 反映概率密度函数的对称性，称为偏度；四阶矩 $E[\tilde{X}^4]$ 反映概率密度函数的尖锐程度，称为峰度。

随机过程 $X(e,t)$ 在每个时刻都是随机变量，随机过程的数学期望就是这些随机变量的数学期望。不同时刻的数学期望未必相同，一般情况下是 t 的函数：

$$E[X(e,t)]=\int_{-\infty}^{\infty}x\cdot p_X(x,t)\mathrm{d}x=m_X(t) \tag{3.2.23}$$

统计平均是按 e 平均，$X(e,t)$ 按 e 取平均将消掉 e、只剩 t，说明随机信号的数学期望是确定信号。

零均值随机过程对所有 t 恒有 $E[X(e,t)]=0$。若 $X(e,t)$ 的均值不为零，可将其分解为一

个零均值随机过程与一个确定信号之和：

$$X(e,t)=\tilde{X}(e,t)+m_X(t) \tag{3.2.24}$$

其中$\tilde{X}(e,t)=X(e,t)-m_X(t)$的均值为零。

2. 时间平均

不妨假设随机过程 $X(e,t)$的每个样本函数都是功率信号。按表 3.1.1,给定样本 e 时,样本函数 $X(e,t)$是确定信号,其时间平均为

$$\overline{X(e,t)}=\lim_{T\to\infty}\left\{\frac{1}{T}\int_{-T/2}^{T/2}X(e,t)\mathrm{d}t\right\} \tag{3.2.25}$$

上式右边是一个与 t 无关、与 e 有关的实数,即$\overline{X(e,t)}$是一个随机变量。

例 3.2.4 设有随机信号 $X(e,t)=Z(e)\cdot\cos^2(2\pi t)+\sin(2\pi t)$,其中 $Z(e)$是零均值随机变量。$X(e,t)$的统计平均为

$$\begin{aligned}E[X(e,t)]&=E[Z(e)\cdot\cos^2(2\pi t)+\sin(2\pi t)]\\&=E[Z(e)]\cdot\cos^2(2\pi t)+\sin(2\pi t)=\sin(2\pi t)\end{aligned} \tag{3.2.26}$$

注意 e 代表随机性,t 代表时变性。统计平均 $E[\cdot]$是对 e 操作,所以式(3.2.26)的第 2 行把与 e 无关的 $\cos^2(2\pi t)$提到了 $E[\cdot]$的外面。对 e 取平均后的结果与 e 无关,故统计平均的结果 $\sin(2\pi t)$是非随机的确定函数。

$X(e,t)$的时间平均为

$$\begin{aligned}\overline{X(e,t)}&=\overline{Z(e)\cdot\cos^2(2\pi t)+\sin(2\pi t)}\\&=Z(e)\cdot\overline{\cos^2(2\pi t)}+\overline{\sin(2\pi)t}=\frac{1}{2}Z(e)\end{aligned} \tag{3.2.27}$$

时间平均$\overline{(\cdot)}$是对 t 操作,故上式第 2 行把与 t 无关的 $Z(e)$提到了$\overline{(\cdot)}$的外面。对 t 取平均后的结果与 t 无关但与 e 有关,所以时间平均的结果$\frac{1}{2}Z(e)$是与 t 无关的随机变量。

3. 功率

考虑随机过程的实现(样本函数)为电压信号。按照表 3.1.1,对于给定的 e 和 t,$X(e,t)$是一个确定的电压值,其平方 $X^2(e,t)$是样本 e 抽到的波形在 t 时刻的瞬时功率。

对瞬时功率 $X^2(e,t)$按 e 取平均是二阶矩 $E[X^2(e,t)]$,它是所有样本函数在 t 时刻的瞬时功率的统计平均。$E[X^2(e,t)]$与 e 无关,与 t 有关,再按 t 取平均便得到随机过程 $X(e,t)$的平均功率 $P_X=\overline{E[X^2(e,t)]}$。平均功率可简称为功率。

对瞬时功率 $X^2(e,t)$按 t 取平均,$\overline{X^2(e,t)}$是样本 e 所抽出的确定信号的平均功率。$\overline{X^2(e,t)}$与 t 无关,与 e 有关,是一个随机变量,表示不同样本信号有不同的功率。对$\overline{X^2(e,t)}$按 e 取平均同样得到随机过程的平均功率 $P_X=E[\overline{X^2(e,t)}]$。

以上两点说明,随机信号 $X(e,t)$的平均功率是瞬时功率 $X^2(e,t)$同时做时间平均和统计平均。两个平均可以交换次序：

$$P_X=E[\overline{X^2(e,t)}]=\overline{E[X^2(e,t)]} \tag{3.2.28}$$

图 3.2.1 示出了平均功率计算中时间平均与统计平均的关系。

如果 $X(e,t)$的统计平均值 $E[X(e,t)]=m_X(t)\neq 0$,则根据式(3.2.24),可将 $X(e,t)$看成是确定信号 $m_X(t)$叠加了零均值随机信号 $\tilde{X}(e,t)=X(e,t)-m_X(t)$。$\tilde{X}(e,t)$按 e 平均的功率是 $X(e,t)$的方差：

$$\sigma_X^2(t)=E[(X(e,t)-m_X(t))^2]=E[X^2(e,t)]-m_X^2(t) \tag{3.2.29}$$

对 $E[X^2(e,t)]=\sigma_X^2(t)+m_X^2(t)$ 做时间平均是 $X(e,t)$ 的功率：

$$P_X=\overline{E[(\tilde{X}(e,t)+m_X(t))^2]}=\overline{\sigma_X^2(t)}+\overline{m_X^2(t)} \tag{3.2.30}$$

结果说明，随机过程的功率可分成两部分，一部分是均值 $m_X(t)$ 的功率，另一部分是零均值随机信号 $\tilde{X}(e,t)$ 的功率。

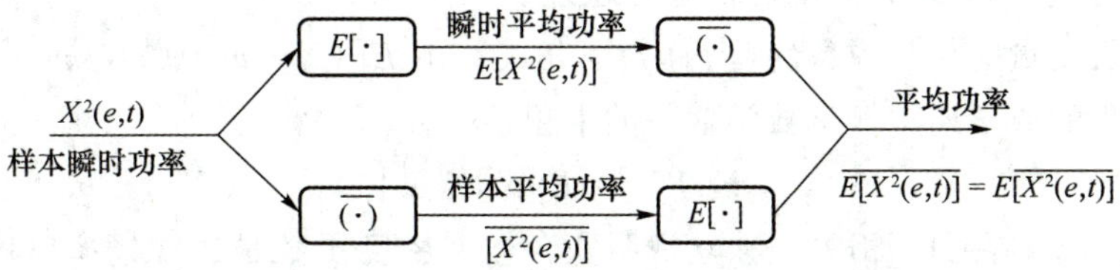

图 3.2.1 平均功率是瞬时功率的平均值

例 3.2.5 设 $X(e,t)=Z(e)\cdot\cos^2(2\pi t)+\sin(2\pi t)$，其中 Z 在区间 $[-1,1]$ 上均匀分布。由 $E[Z(e)]=0$ 可知 $E[Z(e)\cdot\cos^2(2\pi t)]=E[Z(e)]\cdot\cos^2(2\pi t)=0$，即 $X(e,t)$ 是 $\sin(2\pi t)$ 叠加了零均值随机过程 $Z(e)\cdot\cos^2(2\pi t)$。$\sin(2\pi t)$ 的功率是 0.5。$Z(e)\cdot\cos^2(2\pi t)=\frac{1}{2}Z(e)[1+\cos(4\pi t)]$ 的平均功率是

$$\overline{E\left[\frac{1}{4}Z^2(e)[1+\cos(4\pi t)]^2\right]}=\frac{1}{4}E[Z^2(e)]\overline{[1+\cos(4\pi t)]^2}$$

$$=\frac{1}{4}E[Z^2(e)]\cdot\left[\overline{1+2\cos(4\pi t)+\frac{1}{2}+\frac{1}{2}\cos(8\pi t)}\right]=\frac{1}{4}E[Z^2(e)]\cdot\frac{3}{2}=\frac{1}{8}$$

故 $X(e,t)$ 的平均功率是 $P_X=\frac{1}{8}+\frac{1}{2}=\frac{5}{8}$。

3.2.3 相关函数

1. 随机变量的内积

两个随机变量 X,Y 的内积定义为乘积的数学期望：

$$\langle X,Y\rangle=E[XY] \tag{3.2.31}$$

这个操作也称为 X,Y 的相关运算，其结果也称为 X,Y 的相关值。

随机变量 X 与自身的内积是二阶矩 $E[X^2]$。两个随机变量扣除均值后的内积是协方差：

$$\mathrm{Cov}(X,Y)=E[(X-m_X)(Y-m_Y)] \tag{3.2.32}$$

其中 $m_X=E[X]$、$m_Y=E[Y]$。当 $X=Y$ 时，协方差成为方差：

$$\sigma_X^2=E[(X-m_X)^2] \tag{3.2.33}$$

若 X,Y 表示信号电压，则 X^2 是功率，二阶矩 $E[X^2]$ 是平均功率。对零均值随机变量，功率等于方差：$E[X^2]=\sigma_X^2$。

既然 X 与自身的内积(二阶矩)是功率，那么 X,Y 之间的内积 $E[XY]$ 自然可以称为互功率。互功率表示两个随机电压相加后，平均功率的额外消长：

$$E[(X+Y)^2]=E[X^2]+E[Y^2]+2E[XY] \tag{3.2.34}$$

内积为零称为正交。正交随机变量之和的二阶矩(功率)等于各自二阶矩(功率)之和。

内积满足许瓦兹不等式：

$$|E[XY]|\leqslant\sqrt{E[X^2]E[Y^2]} \tag{3.2.35}$$

即互功率的模值不超过自功率的几何平均,等号成立的条件是 $Y=kX$,其中 k 是常系数。

将 X,Y 标准化为 $\widetilde{X}=(X-m_X)/\sigma_X$、$\widetilde{Y}=(Y-m_Y)/\sigma_Y$ 后的内积称为相关系数:

$$\rho=E\left[\frac{X-m_X}{\sigma_X}\cdot\frac{Y-m_Y}{\sigma_Y}\right]=\frac{\mathrm{Cov}(X,Y)}{\sqrt{\sigma_X^2\sigma_Y^2}} \tag{3.2.36}$$

根据许瓦兹不等式,相关系数的绝对值不会超过1。

若两个随机变量的相关系数为零,称为不相关。由 $E[(X-m_X)(Y-m_Y)]=0$ 可以导出不相关就是乘积的数学期望等于数学期望的乘积:

$$E[XY]=E[X]E[Y] \tag{3.2.37}$$

若 X,Y 独立,则它们不相关。独立说明联合概率密度函数是边缘概率密度函数的乘积:$p_{XY}(x,y)=p_X(x)p_Y(y)$。此时 X,Y 的内积为

$$E[XY]=\iint xyp_{XY}(x,y)\mathrm{d}x\mathrm{d}y=\iint xyp_X(x)p_Y(y)\mathrm{d}x\mathrm{d}y=E[X]E[Y] \tag{3.2.38}$$

图3.2.2示出了独立、不相关、正交之间的关系。

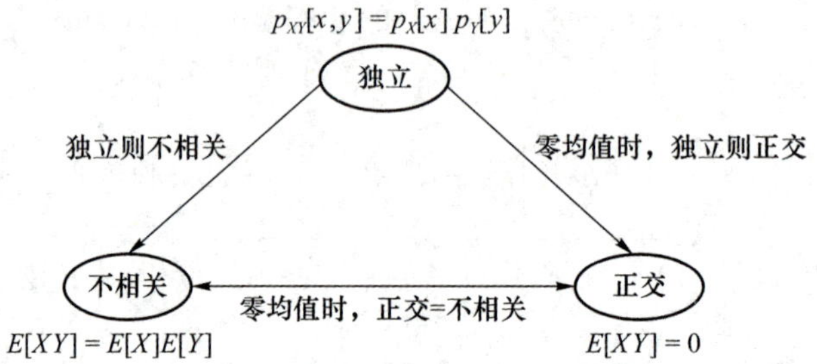

图3.2.2 独立、不相关、正交之间的关系

2. 随机过程的相关函数

随机过程 $X(e,t)$ 的自相关函数定义为

$$R_X(t_1,t_2)=E[X(e,t_1)X(e,t_2)] \tag{3.2.39}$$

数学期望是对 e 操作,因此自相关函数是确定函数,没有随机性。

自相关函数的概念可以扩展到互相关函数。两个随机过程 $X(e,t)$ 和 $Y(e,t)$ 的互相关函数为

$$R_{XY}(t_1,t_2)=E[X(e,t_1)Y(e,t_2)] \tag{3.2.40}$$

自相关函数是互相关函数在 $Y(e,t)=X(e,t)$ 的特例。

从定义可以看出,若两个信号调换次序,则互相关函数调换 t_1,t_2 的次序:

$$R_{YX}(t_1,t_2)=E[Y(e,t_1)X(e,t_2)]=R_{XY}(t_2,t_1) \tag{3.2.41}$$

若 $X(t)$ 上的任何随机变量与 $Y(t)$ 上的任何随机变量不相关,则称 $X(t)$ 与 $Y(t)$ 不相关。若 $X(t)$ 上的任何随机变量与 $Y(t)$ 上同一时刻的随机变量不相关,则称 $X(t)$ 与 $Y(t)$ 在同一时刻不相关。对于零均值随机过程,$X(t)$ 与 $Y(t)$ 不相关就是 $R_{XY}(t_1,t_2)=0$,同一时刻不相关就是 $R_{XY}(t,t)=0$。

若零均值随机过程 $X(t)$、$Y(t)$ 不相关,则其和的自相关函数等于各自自相关函数之和:

$$\begin{aligned}R_{X+Y}(t_1,t_2)&=E\{[X(t_1)+Y(t_1)][X(t_2)+Y(t_2)]\}\\&=E[X(t_1)X(t_2)+X(t_1)Y(t_2)+Y(t_1)X(t_2)+Y(t_1)Y(t_2)]\\&=R_X(t_1,t_2)+R_Y(t_1,t_2)\end{aligned}\tag{3.2.42}$$

若 $X(t)$是零均值随机过程,$m(t)$是确定功率信号,则 $X(t)+m(t)$的自相关函数为

$$\begin{aligned}R_{X+m}(t_1,t_2)&=E\{[X(t_1)+m(t_1)][X(t_2)+m(t_2)]\}\\&=E[X(t_1)X(t_2)+X(t_1)m(t_2)+m(t_1)X(t_2)+m(t_1)m(t_2)]\\&=R_X(t_1,t_2)+m(t_1)m(t_2)\end{aligned}\tag{3.2.43}$$

例 3.2.6　设有两个随机信号 $X(t)=\cos(2\pi t+\theta)$、$Y(t)=\cos(3\pi t+\theta)$,其中 $\theta(e)$是在$[0,2\pi]$内均匀分布的随机变量。求 $X(t)$、$Y(t)$的均值、自相关函数、互相关函数。

解　在任意时刻,$X(e,t)=\cos[2\pi t+\theta(e)]$是随机变量 $\theta(e)$的函数。θ 的概率密度函数是$\frac{1}{2\pi}$,$0\leqslant\theta<2\pi$,故 $X(e,t)$的均值为

$$m_X(t)=E[\cos(2\pi t+\theta)]=\int_0^{2\pi}\frac{\cos(2\pi t+\theta)}{2\pi}\mathrm{d}\theta=0$$

对任意两个时刻 t_1,t_2,$X(e,t_1)=\cos[2\pi t_1+\theta(e)]$、$X(e,t_2)=\cos[2\pi t_2+\theta(e)]$是两个随机变量,其乘积的数学期望为

$$\begin{aligned}R_X(t_1,t_2)&=E[\cos[2\pi t_1+\theta(e)]\cos[2\pi t_2+\theta(e)]]\\&=\frac{1}{2}E\{\cos[2\pi(t_1-t_2)]+\cos[2\pi(t_1+t_2)+2\theta(e)]\}\\&=\frac{1}{2}\cos[2\pi(t_1-t_2)]+\frac{1}{2}E\{\cos[2\pi(t_1+t_2)+2\theta(e)]\}\\&=\frac{1}{2}\cos[2\pi(t_1-t_2)]\end{aligned}$$

注意:$X(e,t_1)$和 $X(e,t_2)$中的 θ 是同一个 e 所映射出的随机变量,$\theta(e)$是 e 的函数,不是 t 的函数,故对于不同的时刻,θ 并不改变。

同理可得 $m_Y(t)=0$,$R_Y(t_1,t_2)=\frac{1}{2}\cos(3\pi t_1-3\pi t_2)$,$R_{XY}(t_1,t_2)=\frac{1}{2}\cos(2\pi t_1-3\pi t_2)$。

3. 样本相关函数与平均相关函数

给定样本 e 时,$X(e,t)$是确定功率信号。按第 2 章中的定义可求出其自相关函数为

$$R_X^S(e,\tau)=\overline{X(e,t+\tau)X(e,t)}=\lim_{T\to\infty}\left\{\frac{1}{T}\int_{-T/2}^{T/2}X(e,t+\tau)X(e,t)\mathrm{d}t\right\}\tag{3.2.44}$$

对 t 取平均后的结果与 t 无关,但不同的样本波形自相关函数可能不同,所以上式与 e,也即与抽到哪个波形有关,是一个随机量。对 e 求平均以消除随机性:

$$\begin{aligned}\overline{R}_X(\tau)&=E[\overline{X(e,t+\tau)X(e,t)}]=\lim_{T\to\infty}\left\{\frac{1}{T}\int_{-T/2}^{T/2}E[X(e,t+\tau)X(e,t)]\mathrm{d}t\right\}\\&=\lim_{T\to\infty}\left\{\frac{1}{T}\int_{-T/2}^{T/2}R_X(t+\tau,t)\mathrm{d}t\right\}=\overline{R_X(t+\tau,t)}\end{aligned}\tag{3.2.45}$$

称$\overline{R}_X(\tau)$为随机过程 $X(t)$的平均自相关函数。平均自相关函数$\overline{R}_X(\tau)$是样本自相关函数的$R_X^S(e,\tau)$统计平均,也等于随机过程的自相关函数 $R_X(t+\tau,t)$的时间平均。统计平均去掉 e,

时间平均去掉 t,最终的结果与 e、t 都无关,只与时间差 $\tau=t_1-t_2$ 有关。

推广到两个随机信号,给定 e,$X(e,t)$、$Y(e,t)$ 是一次随机试验所抽出的两个确定功率信号,其互相关函数为 $R_{XY}^{S}(e,\tau)=\overline{X(e,t+\tau)Y(e,t)}$,平均互相关函数为

$$\overline{R}_{XY}(\tau)=E[\overline{X(t+\tau)Y(t)}]=\overline{R_{XY}(t+\tau,t)} \tag{3.2.46}$$

平均自相关函数或互相关函数都是样本相关函数的统计平均。第2章的2.2.4节中给出了样本相关函数的性质,这些性质经过数学期望后继续存在:

(1) 平均自相关函数是偶函数:$R_X(\tau)=R_X(-\tau)$

$$\overline{R}_X(\tau)=E[\overline{X(t+\tau)X(t)}]=E[\overline{X(t)X(t+\tau)}]=\overline{R}_X(-\tau)$$

(2) 平均自相关函数在 $\tau=0$ 处最大且最大值是平均功率:$\overline{R}_X(\tau)\leqslant\overline{R}_X(0)=E[\overline{X^2(t)}]$

$$\overline{R}_X(\tau)=E[\overline{X(t+\tau)X(t)}]\leqslant E[\sqrt{\overline{X^2(t+\tau)}\cdot\overline{X^2(t)}}]=E[\overline{X^2(t)}]=\overline{R}_X(0)$$

(3) 信号次序调换后,平均互相关函数 τ 变 $-\tau$:$\overline{R}_{XY}(\tau)=\overline{R}_{YX}(-\tau)$

$$\overline{R}_{YX}(\tau)=E[\overline{Y(t+\tau)X(t)}]=E[\overline{X(t)Y(t+\tau)}]=\overline{R}_{XY}(-\tau)$$

4. 随机序列的相关函数

无限时间随机序列 $\{X_n\}$ 的自相关函数定义为

$$R_X(n+m,n)=E[X_{n+m}X_n] \tag{3.2.47}$$

例 3.2.7 设随机序列 $\{X_n\}$ 的元素以独立等概方式取值于 $\{\pm1\}$。当 $m\neq0$ 时,X_{n+m} 与 X_n 独立,$E[X_{n+m}X_n]=E[X_{n+m}]E[X_n]=0$。当 $m=0$ 时,$X_{n+m}X_n=X_n^2=1$。$\{X_n\}$ 的自相关函数为

$$R_X(m)=E[X_{n+m}X_n]=\begin{cases}1, & m=0\\0, & m\neq0\end{cases} \tag{3.2.48}$$

3.2.4 功率谱密度

每次随机试验中抽出的样本信号 $X(e,t)$ 是确定信号,其功率谱密度为

$$P_X(e,f)=\lim_{T\to\infty}\left\{\frac{|\mathscr{F}[X_T(e,t)]|^2}{T}\right\} \tag{3.2.49}$$

其中 $X_T(e,t)=\mathrm{rect}\left(\frac{t}{T}\right)X(e,t)$ 是样本信号的截短,$\mathscr{F}[X_T(e,t)]$ 是其傅氏变换,其模平方是能量谱密度,除以 T 便成为功率谱密度。

不同的样本信号可能有不同的功率谱密度,随机过程的功率谱密度定义为样本函数功率谱密度的统计平均:

$$P_X(f)=E[P_X(e,f)]=\lim_{T\to\infty}\left\{\frac{E\{|\mathscr{F}[X_T(e,t)]|^2\}}{T}\right\} \tag{3.2.50}$$

随机过程 $X(t)$,$Y(t)$ 的互功率谱密度相应定义为样本信号互功率谱密度的统计平均:

$$P_{XY}(f)=\lim_{T\to\infty}\left\{\frac{E\{\mathscr{F}[X_T(t)](\mathscr{F}[Y_T(t)])^*\}}{T}\right\} \tag{3.2.51}$$

其中 $Y_T(t)=\mathrm{rect}\left(\frac{t}{T}\right)Y(t)$ 是 $Y(t)$ 的截短。

根据2.2.4节,每个样本函数的功率谱密度是该样本函数的自相关函数的傅氏变换:

$$P_X(e,f)=\mathscr{F}[\overline{X(e,t+\tau)X(e,t)}] \tag{3.2.52}$$

两边求数学期望,右边交换数学期望与傅氏变换的次序,得到

$$P_X(f)=\mathscr{F}[E\{\overline{X(e,t+\tau)X(e,t)}\}]=\mathscr{F}[\overline{R}_X(\tau)] \tag{3.2.53}$$

即随机信号的功率谱密度等于平均自相关函数的傅氏变换，这一关系也叫维纳辛钦定理。扩展到互功率谱密度则为

$$P_{XY}(f)=\mathscr{F}[E\{\overline{X(e,t+\tau)Y(e,t)}\}]=\mathscr{F}[\overline{R}_{XY}(\tau)] \tag{3.2.54}$$

在式(3.2.42)中取 $t_1=t+\tau,t_2=t$，然后对 t 取平均得到$\overline{R}_{X+Y}(\tau)=\overline{R}_X(\tau)+\overline{R}_Y(\tau)$，再做傅氏变换得到 $P_{X+Y}(f)=P_X(f)+P_Y(f)$，说明两个零均值不相关随机过程之和的功率谱密度是各自功率谱密度之和。

均值非零的随机过程 $X(t)$ 可以分解为零均值过程$\widetilde{X}(t)=X(t)-m_X(t)$与确定信号 $m_X(t)=E[X(t)]$之和。在式(3.2.43)中将 $X(t)$换成$\widetilde{X}(t)$，$m(t)$换成 $m_X(t)$，取 $t_1=t+\tau,t_2=t$，然后对 t 取平均得到$\overline{R}_X(\tau)=\overline{R}_{\widetilde{X}}(\tau)+R_{m_X}(\tau)$，再做傅氏变换得到 $P_X(f)=P_{\widetilde{X}}(f)+P_{m_X}(f)$，说明随机过程的功率谱密度由两部分构成：一部分是扣除均值后的零均值随机过程的功率谱密度，另一部分是均值的功率谱密度。

例 3.2.8 设 $X(t)=\sum\limits_{n=-\infty}^{\infty}a_n\delta(t-nT_s)$，其中序列$\{a_n\}$的元素以独立等概方式取值于$\{\pm1\}$，$T_s>0$ 是常数。$X(t)$ 的自相关函数为

$$\begin{aligned}
E[X(t+\tau)X(t)] &= E\left[\left\{\sum_{n=-\infty}^{\infty}a_n\delta(t+\tau-nT_s)\right\}\left\{\sum_{m=-\infty}^{\infty}a_m\delta(t-mT_s)\right\}\right]\\
&=E\left[\sum_{n=-\infty}^{\infty}\sum_{m=-\infty}^{\infty}a_na_m\delta(t+\tau-nT_s)\delta(t-mT_s)\right]\\
&=\sum_{n=-\infty}^{\infty}\sum_{m=-\infty}^{\infty}E[a_na_m]\delta(mT_s+\tau-nT_s)\delta(t-mT_s)\\
&=\delta(\tau)\sum_{n=-\infty}^{\infty}\delta(t-nT_s)
\end{aligned} \tag{3.2.55}$$

其中代入了式(2.1.17)和式(3.2.48)。对上式按时间取平均可得到平均自相关函数。注意周期冲激序列的时间平均等于其在一个周期内的平均：

$$\overline{\sum_{n=-\infty}^{\infty}\delta(t-nT_s)}=\frac{1}{T_s}\int_{-T_s/2}^{T_s/2}\delta(t)\mathrm{d}t=\frac{1}{T_s} \tag{3.2.56}$$

因此 $X(t)$的平均自相关函数为

$$\overline{R}_X(\tau)=\overline{R_X(t+\tau,t)}=\frac{1}{T_s}\delta(\tau) \tag{3.2.57}$$

做傅氏变换得到 $X(t)$的功率谱密度为

$$P_X(f)=\frac{1}{T_s} \tag{3.2.58}$$

3.2.5 随机过程通过滤波器

随机过程通过滤波器具体到每次随机试验中就是样本函数通过滤波器，如图 3.2.3 所示。随机过程 $X(e,t)$是从样本 e 到确定信号 $x(t)$的映射。$x(t)$通过一个冲激响应为 $h(t)$、传递函数为 $H(f)$的滤波器，输出为 $y(t)$。从 e 到 $y(t)$的映射构成了随机过程 $Y(e,t)$。

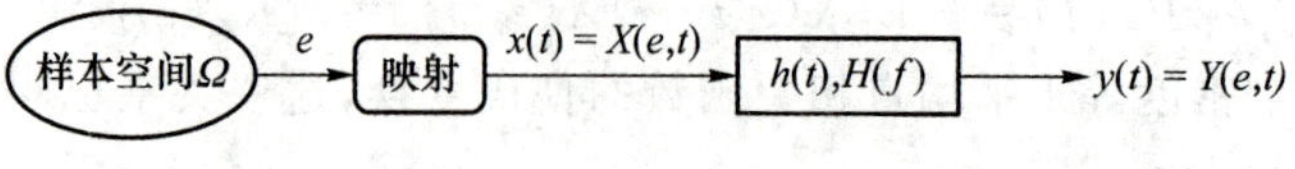

图 3.2.3 随机过程通过滤波器

在每次随机试验中，e 固定，$X(e,t)$ 和 $Y(e,t)$ 是确定信号，二者之间的关系为

$$Y(e,t)=\int_{-\infty}^{\infty}h(t-\tau)X(e,\tau)\mathrm{d}\tau \tag{3.2.59}$$

上式两边同求数学期望得

$$\begin{aligned}m_Y(t)&=E[Y(e,t)]=E\left[\int_{-\infty}^{\infty}h(t-\tau)X(e,\tau)\mathrm{d}\tau\right]\\&=\int_{-\infty}^{\infty}h(t-\tau)E[X(e,\tau)]\mathrm{d}\tau=\int_{-\infty}^{\infty}h(t-\tau)m_X(\tau)\mathrm{d}\tau\end{aligned} \tag{3.2.60}$$

即输出过程的均值是输入过程的均值通过滤波器的输出。很明显，零均值随机过程通过滤波器后还是零均值随机过程。

给定 e 时，若滤波器输入样本信号 $X(e,t)$ 的功率谱密度是 $P_X(e,f)$，则输出样本信号 $Y(e,t)$ 的功率谱密度为

$$P_Y(e,f)=|H(f)|^2P_X(e,f) \tag{3.2.61}$$

两边取数学期望得

$$P_Y(f)=|H(f)|^2P_X(f) \tag{3.2.62}$$

即随机过程通过滤波器后，输出的功率谱密度是输入功率谱密度乘以传递函数的模平方。

类似可以得到互功率谱密度关系为

$$\begin{aligned}P_{XY}(f)&=H^*(f)P_X(f)\\P_{YX}(f)&=H(f)P_X(f)\end{aligned} \tag{3.2.63}$$

对式(3.2.62)及式(3.2.63)两边做傅氏反变换，左边是平均自相关函数及平均互相关函数，右边频域乘积对应到时域是卷积，具体关系为

$$\begin{aligned}\overline{R}_Y(\tau)&=\overline{R}_X(\tau)*h(\tau)*h^*(-\tau)\\\overline{R}_{XY}(\tau)&=\overline{R}_X(\tau)*h^*(-\tau)\\\overline{R}_{YX}(\tau)&=\overline{R}_X(\tau)*h(\tau)\end{aligned} \tag{3.2.64}$$

上述关系与第2章的表2.3.1及图2.3.4完全类似。实际上，所谓随机信号，在每一次具体的随机试验中就是具体的确定信号，随机信号指的是这些确定信号整体(见3.1.3节定义1)。每个个体都满足表2.3.1及图2.3.4，全体的统计平均自然也满足。

例 3.2.9 设有随机信号 $Y(t)=\sum\limits_{n=-\infty}^{\infty}a_ng(t-nT_s)$，其中 a_n 以独立等概方式取值于 $\{\pm1\}$，$g(t)$ 是确定信号，其能量谱密度为 $|G(f)|^2$。可以注意到，$Y(t)$ 是 $X(t)=\sum\limits_{n=-\infty}^{\infty}a_n\delta(t-nT_s)$ 通过冲激响应为 $g(t)$ 的滤波器后的输出。例3.2.8中已求得 $X(t)$ 的功率谱密度是 $P_X(f)=\dfrac{1}{T_s}$。根据式(3.2.62)，$Y(t)$ 的功率谱密度为

$$P_Y(f)=\frac{1}{T_s}|G(f)|^2 \tag{3.2.65}$$

3.3 平稳过程

实际中的随机信号往往非常复杂。通信中经常采用一些理想化模型。平稳过程是随机信号分析中常用的一种理想化模型。

3.3.1 平稳过程

平稳的意思,大致来说就是随机过程经过任意时延后,其统计特性不变。按"统计特性"所指不同,可分出不同的平稳类型。若统计特性指随机过程上所有随机变量的联合分布,就是严平稳。若统计特性指均值和自相关函数,就是宽平稳。

1. 严平稳

若对任意 n,任意时刻 $t_1,t_2,\cdots,t_n$,任意时移 Δ,随机变量 $X(t_1),X(t_2),\cdots,X(t_n)$ 与随机变量 $X(t_1+\Delta),X(t_2+\Delta),\cdots,X(t_n+\Delta)$ 有完全相同的联合概率分布,即

$$p_X(x_1,x_2,\cdots,x_n,t_1,t_2,\cdots,t_n)=p_X(x_1,x_2,\cdots,x_n,t_1+\Delta,t_2+\Delta,\cdots,t_n+\Delta) \tag{3.3.1}$$

则称 $X(t)$ 为严平稳随机过程或狭义平稳随机过程。

2. 广义平稳

若 $X(t)$ 满足均值 $E[X(t)]=m_X$ 为常数,自相关函数 $E[X(t_1)X(t_2)]=R_X(t_1-t_2)$ 只与时间差 $\tau=t_1-t_2$ 有关,则称 $X(t)$ 为宽平稳随机过程或广义平稳随机过程。在通信中,最常用到的是广义平稳过程,本教材此后提到的平稳过程默认指广义平稳过程。

若 $X(t),Y(t)$ 平稳,且互相关函数 $E[X(t+\tau)Y(t)]=R_{XY}(\tau)$ 与绝对时间 t 无关,则称 $X(t)$,$Y(t)$ 联合平稳。

平稳过程是一般随机过程的特例,前面 3.2.3 节中提到的许多性质对平稳过程继续成立,例如自相关函数为偶函数:$R_X(\tau)=R_X(-\tau)$;自相关函数在 $\tau=0$ 处最大且最大值是平均功率:$R_X(\tau)\leqslant R_X(0)=E[X^2(t)]$;互相关函数的信号次序调换后,$\tau$ 变 $-\tau$:$R_{XY}(\tau)=R_{YX}(-\tau)$;自相关函数的傅氏变换是功率谱密度:$P_X(f)=\mathscr{F}[R_X(\tau)]$,互相关函数的傅氏变换是互功率谱密度:$P_{XY}(f)=\mathscr{F}[R_{XY}(\tau)]$。

平稳过程的均值是常数。对于电压信号,常数是直流,直流在功率谱密度中表现为 $f=0$ 处的冲激 $\delta(f)$。因此,如果平稳过程的功率谱密度中不包含 $\delta(f)$,说明它没有直流,均值为零:$E[X(t)]=0$。但注意,从 $E[X(t)]=0$ 不能推出功率谱密度无 $\delta(f)$。

例 3.3.1 设有随机信号 $X(t)=Z$,其中 Z 以等概方式取值于 ±1。$X(t)$ 的均值为 $E[X(t)]=E[Z]=0$,自相关函数为 $E[X(t+\tau)X(t)]=E[Z^2]=1$,均与 t 无关,$X(t)$ 是平稳过程。$X(t)$ 的功率谱密度为 $P_X(f)=\mathscr{F}[1]=\delta(f)$。

若 $X(t),Y(t)$ 联合平稳,则 $X(t)+Y(t)$ 的均值为 m_X+m_Y,自相关函数为

$$\begin{aligned}&E\{[X(t+\tau)+Y(t+\tau)][X(t)+Y(t)]\}\\&=E[X(t+\tau)X(t)+X(t+\tau)Y(t)+Y(t+\tau)X(t)+Y(t+\tau)Y(t)]\\&=R_X(\tau)+R_{XY}(\tau)+R_{XY}(-\tau)+R_Y(\tau)\end{aligned} \tag{3.3.2}$$

与 t 无关。说明联合平稳随机过程之和依然是平稳过程。

例 3.3.2 设有两个随机信号 $X(t)=\cos(2\pi t+\theta)$、$Y(t)=\cos(3\pi t+\theta)$,其中 θ 在 $[0,2\pi]$ 内均匀

分布。根据例 3.2.6 可知 $X(t)$,$Y(t)$都是零均值平稳过程。但 $R_{XY}(t+\tau,t)=\frac{1}{2}\cos(2\pi\tau-\pi t)$与 t 有关,故 $X(t)$,$Y(t)$不是联合平稳。

3. 平稳序列

若随机序列$\{X_n\}$满足均值为常数,自相关函数只与时间差有关,即

$$\begin{aligned}E[X_n]&=m_X\\E[X_{n+m}X_n]&=R_X(m)\end{aligned} \tag{3.3.3}$$

则称$\{X_n\}$为广义平稳序列。此后提到的平稳序列均指广义平稳序列。

3.3.2 遍历性

对随机过程 $X(e,t)$按 e 取平均和按 t 取平均是有区别的。若 $X(e,t)$具有平稳性,则按 e 平均后的结果与 t 无关。若 $X(e,t)$具有遍历性(ergodicity),则按 t 平均后的结果与 e 无关。遍历性也叫各态历经性,意思是说每一个样本函数都能经历其他样本的各种状态,使得只要观察一个样本函数,就能推知随机过程整体的特性。

设 $X(e,t)$是平稳过程,其均值为 m_X,自相关函数为 $R_X(\tau)$。一般来说,$X(e,t)$按时间平均计算的样本均值$\overline{X(e,t)}$、样本自相关函数$\overline{X(e,t+\tau)X(e,t)}$与所抽到的波形有关,具有随机性。若样本均值以概率 1 等于随机过程的均值,样本自相关函数以概率 1 等于随机过程的自相关函数,即

$$P\{\overline{X(e,t)}=m_X\}=1 \tag{3.3.4}$$

$$P\{\overline{X(e,t+\tau)X(e,t)}=R_X(\tau)\}=1 \tag{3.3.5}$$

则称 $X(e,t)$为广义平稳遍历过程或遍历过程。简单来说,就是时间平均等于统计平均。

遍历过程的每个样本函数具有相同的样本均值、样本自相关函数和功率谱密度。观察一个样本函数就能得到整个随机过程的均值、自相关函数及功率谱密度。

例 3.3.3 设 $X(t)=\cos(2\pi f_0t+\theta)$,其中$f_0$ 是常数,θ 是在$[0,2\pi]$上均匀分布的随机变量。参照例 3.2.6 可知,$X(t)$是零均值平稳过程,其自相关函数为 $R_X(\tau)=\frac{1}{2}\cos(2\pi f_0\tau)$,功率谱密度为 $P_X(f)=\frac{1}{4}[\delta(f-f_0)+\delta(f+f_0)]$。

本例中,$X(e,t)=\cos[2\pi f_0t+\theta(e)]$的样本均值为

$$\overline{X(e,t)}=\overline{\cos[2\pi f_0t+\theta(e)]}=0=E[X(e,t)]$$

样本自相关函数为

$$\begin{aligned}\overline{X(e,t+\tau)X(e,t)}&=\overline{\cos[2\pi f_0(t+\tau)+\theta(e)]\cos[2\pi f_0t+\theta(e)]}\\&=\frac{1}{2}\cos(2\pi f_0\tau)=R_X(\tau)\end{aligned}$$

$X(t)$是遍历过程。本例中随机过程的样本函数是不同相位的正弦波。正弦波的功率谱密度与相位无关,每个样本函数的功率谱密度都是$\frac{1}{4}[\delta(f-f_0)+\delta(f+f_0)]$。

3.3.3 循环平稳

按是否平稳可将随机过程分为平稳过程和非平稳过程两类。平稳过程的均值、自相关函

数与绝对时间 t 无关,非平稳过程的均值或自相关函数中至少有一个与 t 有关。若非平稳过程的均值或自相关函数是 t 的周期函数,称为循环平稳过程或周期平稳过程。

循环平稳过程可按一个周期的时间平均来求平均自相关函数:

$$\overline{R}_X(\tau)=\frac{1}{T_0}\int_{-T_0/2}^{T_0/2}R_X(t+\tau,t)\mathrm{d}t \tag{3.3.6}$$

例 3.3.4 设 $X(t)=\sum_{n=-\infty}^{\infty}a_n g(t-nT_s)$,其中$\{a_n\}$的元素以独立等概方式取值于$\{\pm1\}$,$g(t)$是确定实信号,其傅氏变换为 $G(f)$。试判断 $X(t)$ 的平稳性。

解 $X(t)$的均值为

$$E[X(t)]=E\left[\sum_{m=-\infty}^{\infty}a_m g(t-mT_s)\right]=\sum_{m=-\infty}^{\infty}E[a_m]g(t-mT_s)=0 \tag{3.3.7}$$

自相关函数为

$$\begin{aligned}E[X(t+\tau)X(t)]&=E\left[\left\{\sum_{n=-\infty}^{\infty}a_n g(t+\tau-nT_s)\right\}\left\{\sum_{m=-\infty}^{\infty}a_m g(t-mT_s)\right\}\right]\\&=E\left[\sum_{n=-\infty}^{\infty}\sum_{m=-\infty}^{\infty}a_n a_m g(t+\tau-nT_s)g(t-mT_s)\right]\\&=\sum_{n=-\infty}^{\infty}\sum_{m=-\infty}^{\infty}E[a_n a_m]g(t+\tau-nT_s)g(t-mT_s)\\&=\sum_{n=-\infty}^{\infty}g(t+\tau-nT_s)g(t-nT_s)\end{aligned} \tag{3.3.8}$$

上式右边与 t 有关,因此 $X(t)$不是平稳过程。将右边无穷求和中的 t 换成 $t+T_s$ 后结果不变,说明自相关函数是 t 的周期函数,周期为 T_s,$X(t)$是循环平稳过程。

将周期函数 $E[X(t+\tau)X(t)]$展开为傅里叶级数

$$E[X(t+\tau)X(t)]=\sum_{n=-\infty}^{\infty}R_X^{(n)}(\tau)\mathrm{e}^{\mathrm{j}2\pi\frac{n}{T_s}t} \tag{3.3.9}$$

其中第 n 项的系数为

$$\begin{aligned}R_X^{(n)}(\tau)&=\frac{1}{T_s}\int_{-T_s/2}^{T_s/2}\left\{\sum_{k=-\infty}^{\infty}g(t+\tau-kT_s)g(t-kT_s)\right\}\mathrm{e}^{-\mathrm{j}2\pi\frac{n}{T_s}t}\mathrm{d}t\\&=\frac{1}{T_s}\sum_{k=-\infty}^{\infty}\left\{\int_{-T_s/2}^{T_s/2}g(t+\tau-kT_s)g(t-kT_s)\mathrm{e}^{-\mathrm{j}2\pi\frac{n}{T_s}t}\mathrm{d}t\right\}\\&=\frac{1}{T_s}\sum_{k=-\infty}^{\infty}\left\{\int_{-T_s/2-kT_s}^{T_s/2-kT_s}g(t+\tau)g(t)\mathrm{e}^{-\mathrm{j}2\pi\frac{n}{T_s}(t+kT_s)}\mathrm{d}t\right\}\\&=\frac{1}{T_s}\int_{-\infty}^{\infty}g(t+\tau)g(t)\mathrm{e}^{-\mathrm{j}2\pi\frac{n}{T_s}t}\mathrm{d}t\end{aligned} \tag{3.3.10}$$

此积分是 $g(t+\tau)$与 $g^*(t)\mathrm{e}^{\mathrm{j}2\pi\frac{n}{T_s}t}=g(t)\mathrm{e}^{\mathrm{j}2\pi\frac{n}{T_s}t}$的内积。时域内积等于频域内积,故

$$\begin{aligned}R_X^{(n)}(\tau)&=\frac{1}{T_s}\int_{-\infty}^{\infty}G(f)\mathrm{e}^{\mathrm{j}2\pi f\tau}\cdot G^*\left(f-\frac{n}{T_s}\right)\mathrm{d}f\\&=\int_{-\infty}^{\infty}\left[\frac{1}{T_s}G(f)G^*\left(f-\frac{n}{T_s}\right)\right]\mathrm{e}^{\mathrm{j}2\pi f\tau}\mathrm{d}f\end{aligned} \tag{3.3.11}$$

即 $R_X^{(n)}(\tau)$是 $\frac{1}{T_s}G(f)G^*\left(f-\frac{n}{T_s}\right)$的傅氏反变换,后者称为 $X(t)$的周期谱。注意,$G(f)$

$G^*\left(f-\frac{n}{T_s}\right)$是$G(f)$与其频谱搬移$G\left(f-\frac{n}{T_s}\right)$的共轭相乘。如果$G(f)$的图形宽度不超过$\frac{1}{T_s}$(即带宽不超过$\frac{1}{2T_s}$),频移相乘后是零,$R_X^{(n)}(\tau)=0,n\neq 0$。代入式(3.3.9)后,$E[X(t+\tau)X(t)]=R_X^{(0)}(\tau)$,与$t$无关。因此,本例中的$X(t)$一般情况下是循环平稳过程,但如果$g(t)$的带宽不超过$\frac{1}{2T_s}$,则$X(t)$是平稳过程。

3.3.4 平稳过程通过滤波器

平稳过程通过滤波器后仍然是平稳过程。设滤波器的冲激响应为$h(t)$,传递函数为$H(f)$,滤波器输入平稳过程$X(t)$的均值为m_X,自相关函数为$R_X(\tau)$,则滤波器输出$Y(t)$的均值、自相关函数、输出与输入的互相关函数分别为

$$m_Y(t)=\int_{-\infty}^{\infty}h(t-\tau)m_X\mathrm{d}\tau=m_XH(0) \tag{3.3.12}$$

$$\begin{aligned}E[Y(t_1)Y(t_2)]&=E\left[\int_{-\infty}^{\infty}h(u)X(t_1-u)\mathrm{d}u\cdot\int_{-\infty}^{\infty}h(v)X(t_2-v)\mathrm{d}v\right]\\&=E\left[\int_{-\infty}^{\infty}\int_{-\infty}^{\infty}h(u)h(v)X(t_1-u)X(t_2-v)\mathrm{d}v\mathrm{d}u\right]\\&=\int_{-\infty}^{\infty}\int_{-\infty}^{\infty}h(u)h(v)E[X(t_1-u)X(t_2-v)]\mathrm{d}v\mathrm{d}u\\&=\int_{-\infty}^{\infty}\int_{-\infty}^{\infty}h(u)h(v)R_X(t_1-t_2+v-u)\mathrm{d}v\mathrm{d}u\end{aligned} \tag{3.3.13}$$

$$\begin{aligned}E[Y(t_1)X(t_2)]&=E\left[X(t_2)\int_{-\infty}^{\infty}h(v)X(t_1-v)\mathrm{d}v\right]=E\left[\int_{-\infty}^{\infty}h(v)X(t_2)X(t_1-v)\mathrm{d}v\right]\\&=\int_{-\infty}^{\infty}h(v)E[X(t_2)X(t_1-v)]\mathrm{d}v=\int_{-\infty}^{\infty}h(v)R_X(t_2-t_1+v)\mathrm{d}v\\&=\int_{-\infty}^{\infty}h(v)R_X(v-\tau)\mathrm{d}v=R_x(\tau)*h(\tau)\end{aligned} \tag{3.3.14}$$

均值、自相关函数、互相关函数都与绝对时间无关,说明$X(t)$与$Y(t)$平稳且联合平稳。

例 3.3.5 设$X(t)$是零均值平稳过程,其自相关函数为$R_X(\tau)$,功率谱密度为$P_X(f)$。求$X(t)$的希尔伯特变换为$\hat{X}(t)$的自相关函数、功率谱密度,并求互相关函数$R_{\hat{X}X}(\tau)$及$R_{X\hat{X}}(\tau)$。

解 希尔伯特变换是传递函数为$-\mathrm{j}\cdot\mathrm{sgn}(f)$的滤波器。零均值平稳过程通过滤波器后,零均值、平稳这两个特性继续保持,故$\hat{X}(t)$是零均值平稳过程,且$X(t)$与$\hat{X}(t)$联合平稳。传递函数$-\mathrm{j}\cdot\mathrm{sgn}(f)$的模值是1,因此$\hat{X}(t)$与$X(t)$有相同的功率谱密度、相同的自相关函数。

根据式(3.3.14),$\hat{X}(t)$与$X(t)$的互相关函数是$R_X(\tau)$与$h(v)$的卷积。$h(v)$是希尔伯特变换的冲激响应,故卷积结果是$R_X(\tau)$的希尔伯特变换:

$$R_{YX}(\tau)=\hat{R}_X(\tau) \tag{3.3.15}$$

$R_X(\tau)$是偶函数,其希尔伯特变换是奇函数,故$R_{YX}(\tau)$及$R_{XY}(\tau)=R_{YX}(-\tau)$是奇函数。此时$R_{YX}(0)=0$,$E[Y(t)X(t)]=0$,即零均值平稳过程与其希尔伯特变换在同一时刻不相关。

3.4 复随机过程

3.4.1 复随机变量

1. 复随机变量

复随机变量 $Z(e)$是从样本 e 到复数的映射，如图 3.1.5 所示。复数由两个实数构成，复随机变量也由两个实随机变量构成：$Z=X+\mathrm{j}\cdot Y$，其中 $X=\mathrm{Re}\{Z\}$、$Y=\mathrm{Im}\{Z\}$分别是 Z 的实部和虚部。复随机变量的概率密度 $p_Z(z)$就是实部虚部这两个实随机变量的联合概率密度 $p_{XY}(x,y)$。

2. 数字特征

复随机变量的数字特征与实随机变量类似，差别主要在涉及共轭的地方。

复随机变量的数学期望是实部和虚部分别做数学期望：

$$E[Z]=E[X]+\mathrm{j}\cdot E[Y] \tag{3.4.1}$$

复随机变量共轭后的数学期望是数学期望的共轭：

$$E[Z^*]=E[X]-\mathrm{j}\cdot E[Y] \tag{3.4.2}$$

类似于复信号的内积，两个复随机变量 Z_1,Z_2 的内积定义为共轭乘积的数学期望：

$$<Z_1,Z_2>=E[Z_1Z_2^*] \tag{3.4.3}$$

一般称上式为 Z_1,Z_2 的相关。式(3.2.31)中给出的实随机变量内积是上式的特例。

如果复随机变量 Z 的实部 X、虚部 Y 代表电压，可称 Z 为复电压。Z 的功率是 $X^2+Y^2=|Z|^2$，平均功率为 $E[|Z|^2]=E[Z\cdot Z^*]$，即平均功率是 Z 与其自身的内积。若 Z_1,Z_2 均为电压信号，则其内积就是平均互功率。

按照第 2 章中证明许瓦兹不等式的方法可证明复随机变量内积的许瓦兹不等式：

$$|E[Z_1Z_2^*]|\leqslant\sqrt{E[|Z_1|^2]\cdot E[|Z_1|^2]} \tag{3.4.4}$$

即互功率的模值不超过自功率的几何平均。

两个复随机变量 Z_1,Z_2 扣除均值后的内积是协方差：

$$\mathrm{Cov}(Z_1,Z_2)=E[(Z_1-E(Z_1))(Z_2-E(Z_2))^*]=E[Z_1Z_2^*]-E[Z_1]E[Z_2^*] \tag{3.4.5}$$

若 $Z_1=Z_2=Z$，则协方差变成方差：

$$\sigma_Z^2=E[|Z-E(Z)|^2]=E[|Z|^2]-|E[Z]|^2 \tag{3.4.6}$$

若 Z_1,Z_2 是零均值实随机变量，则 $E[Z_1Z_2]$与 $E[Z_1Z_2^*]$相等，都是协方差。但若 Z_1,Z_2 是零均值复随机变量，则 $E[Z_1Z_2]$与 $E[Z_1Z_2^*]$并不相等，$E[Z_1Z_2^*]$是协方差，$E[Z_1Z_2]=E[Z_1(Z_2^*)^*]$是 Z_1与Z_2^* 的协方差，对 Z_1,Z_2 来说叫伪协方差或共轭相关值。若 Z 是零均值复随机变量，$E[|Z|^2]$是方差，$E[Z^2]$是 Z 与其共轭 Z^* 的互相关，叫伪方差。

3. 圆对称复随机变量

将复随机变量 Z 相位旋转 φ 后得到 $Z'=Z\mathrm{e}^{\mathrm{j}\varphi}$。若对任意确定的 φ，Z 与 Z'的概率分布完全相同，即 $p_Z(z)=p_Z(z\mathrm{e}^{\mathrm{j}\varphi})$，则称 Z 为圆对称复随机变量或循环对称复随机变量。圆对称复随机变量 Z 有以下特性。

(1) Z 的概率密度函数圆对称

圆对称二元函数的等高线是圆。$p_Z(z)=p_Z(ze^{j\varphi})$说明函数 $p_Z(z)$与 z 的相位无关,可以表示为 $p_Z(z)=p_Z(|z|)$。设 c 是任意一个可能的概率密度取值,则等高线 $p_Z(z)=c$ 的解是 $|z|=$常数,即等高线是中心在原点的圆。

(2) Z 的相位均匀分布且与幅度独立

Z 的概率密度 $p_Z(z)=p_Z(|z|)$只与幅度有关,与方向无关,说明 $\theta=\angle Z$ 在$[0,2\pi]$的每个方向上的出现机会相同,即 θ 服从均匀分布。对于任意给定的方向 θ,幅值$|Z|$不同取值的出现机会与方向无关,即条件 θ 不影响$|Z|$的概率密度,说明$|Z|$与 θ 独立。

(3) Z 的均值为零

对于任意确定的相位旋转 φ,$E[Z]=E[Ze^{j\varphi}]=e^{j\varphi}E[Z]$,$E[Z]$必须是零。

(4) Z 与其共轭不相关

Z 与 Z^* 的内积为 $E[Z\cdot(Z^*)^*]=E[Z^2]$。相位旋转 φ 后分布不变,故 $E[Z^2]=E[(Ze^{j\varphi})^2]=e^{j2\varphi}E[Z^2]$,$E[Z^2]$只能是零。

(5) Z 的实部与虚部不相关且同分布

设 $Z=Ae^{j\theta}$,其实部 $X=A\cos\theta$,虚部 $Y=A\sin\theta$。由于 $E[Z]=0$,故 $E[X]=E[Y]=0$。$E[XY]=E[A^2\cos\theta\sin\theta]=\frac{1}{2}E[A^2\sin^2(2\theta)]$。$A$ 与 θ 独立,θ 在区间$[0,2\pi]$上均匀分布,因此 $E[XY]=\frac{1}{2}E[A^2]E[\sin^2(2\theta)]=0$,即 X,Y 不相关。令 $\tilde{\theta}=\theta-\frac{\pi}{2}$,则 $\tilde{\theta}$ 也在区间$[0,2\pi]$上均匀分布,因此 $\cos\theta$ 与 $\cos\tilde{\theta}=\cos\left(\theta-\frac{\pi}{2}\right)=\sin\theta$ 同分布,因此 $X=A\cos\theta$ 与 $Y=A\sin\theta$ 同分布。

例 3.4.1 设有复随机变量 $Z=X+j\cdot Y$,其实部 X 与虚部 Y 的联合概率密度函数为

$$p_{XY}(x,y)=\frac{1}{2\pi\sigma_1\sigma_2\sqrt{1-\rho^2}}\exp\left\{-\frac{1}{2(1-\rho^2)}\left(\frac{x^2}{\sigma_1^2}-\frac{2\rho xy}{\sigma_1\sigma_2}+\frac{y^2}{\sigma_2^2}\right)\right\} \tag{3.4.7}$$

当 $\sigma_1=\sigma_2=1$、$\rho=0$ 时,$p_{XY}(x,y)=\frac{1}{2\pi}\exp\left\{-\frac{1}{2}(x^2+y^2)\right\}$,其等高线 $p_{XY}(x,y)=c$ 对应 x^2+y^2 为常数,等高线是圆,如图 3.4.1(a)所示。此时,Z 是圆对称复随机变量。

当 $\sigma_1^2=\frac{1}{2}$、$\sigma_2^2=2$、$\rho=0$ 时,$p_{XY}(x,y)=\frac{1}{2\pi}\exp\left\{-\left(x^2+\frac{y^2}{4}\right)\right\}$,其等高线是椭圆,如图 3.4.1(b)所示。

当 $\sigma_1=\sigma_2=1$、$\rho=\frac{1}{2}$时,$p_{XY}(x,y)=\frac{1}{\pi\sqrt{3}}\exp\left\{-\frac{2}{3}(x^2-xy+y^2)\right\}$,其等高线也是椭圆,如图 3.4.1(c)所示。

3.4.2 复随机过程

1. 复随机过程

复随机过程 $Z(e,t)$是从样本 e 到复信号的映射。给定 e 时,$Z(e,t)$是确定信号。给定 t 时,$Z(e,t)$是复随机变量。

复随机过程 $Z(t)$的自相关函数为

$$R_Z(t_1,t_2)=E[Z(t_1)Z^*(t_2)] \tag{3.4.8}$$

两个复随机过程 $Z_1(t)$,$Z_2(t)$的互相关函数为

$$R_{Z_1Z_2}(t_1,t_2)=E[Z_1(t_1)Z_2^*(t_2)] \tag{3.4.9}$$

$Z(t)$与其共轭 $Z^*(t)$的互相关函数称为 $Z(t)$的共轭相关函数：

$$R_{ZZ^*}(t_1,t_2)=E[Z(t_1)Z(t_2)] \tag{3.4.10}$$

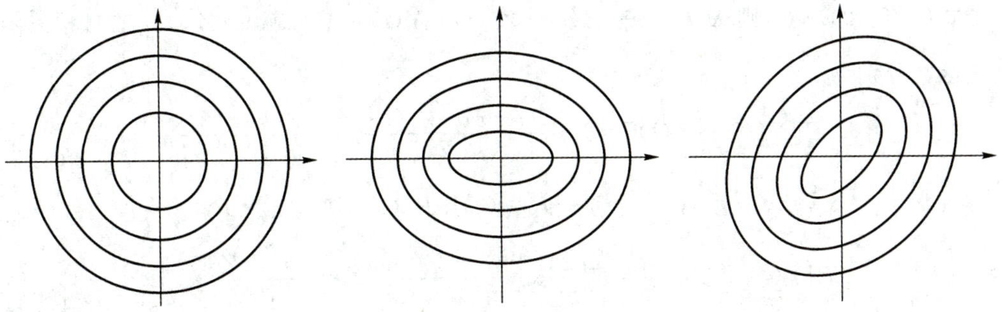

(a) $\sigma_1=\sigma_2=1$、$\rho=0$ (b) $\sigma_1^2=\frac{1}{2}$、$\sigma_2^2=2$、$\rho=0$ (c) $\sigma_1=\sigma_2=1$、$\rho=\frac{1}{2}$

图 3.4.1 概率密度函数的等高线图

上述相关函数是数学期望的结果，与 e 无关，但可能与绝对时间 t 有关。进一步对 t 取平均可得到只与时间差 $\tau=t_1-t_2$ 有关的平均相关函数。

2. 复平稳过程

复随机过程 $Z(t)=X(t)+\mathrm{j}\cdot Y(t)$由实部 $X(t)$和虚部 $Y(t)$两个实随机过程组成。若 $X(t)$与 $Y(t)$联合平稳，则称 $Z(t)$为复平稳过程。具体来说，$Z(t)$复平稳意味着以下 5 个数学期望均与绝对时间 t 无关：

$$\begin{aligned}
&E[X(t)]=m_X\\
&E[Y(t)]=m_Y\\
&E[X(t+\tau)X(t)]=R_X(\tau)\\
&E[Y(t+\tau)Y(t)]=R_Y(\tau)\\
&E[Y(t+\tau)X(t)]=R_{YX}(\tau)
\end{aligned} \tag{3.4.11}$$

上式也等价于以下 3 个数学期望均与绝对时间 t 无关：

$$\begin{aligned}
&E[Z(t)]=m_Z\\
&E[Z(t+\tau)Z^*(t)]=R_Z(\tau)\\
&E[Z(t+\tau)Z(t)]=R_{ZZ^*}(\tau)
\end{aligned} \tag{3.4.12}$$

即 $Z(t)$的均值、自相关函数、共轭相关函数都与绝对时间 t 无关。与实平稳过程相比，多出一个共轭相关函数与绝对时间无关的要求①。

从式(3.4.11)可以推出式(3.4.12)，从式(3.4.12)也可以推出式(3.4.11)。均值显而易见，下面来看相关函数。

若式(3.4.11)成立，则 $Z(t)$ 的自相关函数与共轭相关函数分别为

$$\begin{aligned}
E[Z(t+\tau)Z^*(t)]&=E[\{X(t+\tau)+\mathrm{j}\cdot Y(t+\tau)\}\{X(t)-\mathrm{j}\cdot Y(t)\}]\\
&=R_X(\tau)-\mathrm{j}\cdot R_{XY}(\tau)+\mathrm{j}\cdot R_{YX}(\tau)+R_Y(\tau)
\end{aligned} \tag{3.4.13}$$

① 也有文献定义复平稳过程时，只要求均值和自相关函数与绝对时间无关，对共轭相关函数无要求。这种定义下，不保证 $X(t)$与 $Y(t)$联合平稳。

$$E[Z(t+\tau)Z(t)] = E[\{X(t+\tau)+\mathrm{j}\cdot Y(t+\tau)\}\{X(t)+\mathrm{j}\cdot Y(t)\}]$$
$$= R_X(\tau)+\mathrm{j}\cdot R_{XY}(\tau)+\mathrm{j}\cdot R_{YX}(\tau)-R_Y(\tau) \quad (3.4.14)$$

结果均与 t 无关。

若式(3.4.12)成立,则 $X(t)=\frac{1}{2}[Z(t)+Z^*(t)]$、$Y(t)=\frac{1}{2\mathrm{j}}[Z(t)-Z^*(t)]$的自相关函数、互相关函数分别为

$$E[X(t+\tau)X(t)]=E\left[\frac{Z(t+\tau)+Z^*(t+\tau)}{2}\cdot\frac{Z(t)+Z^*(t)}{2}\right]$$
$$=\frac{1}{4}[R_{ZZ^*}(\tau)+R_Z(\tau)+R_Z^*(\tau)+R_{ZZ^*}^*(\tau)] \quad (3.4.15)$$

$$E[Y(t+\tau)Y(t)]=E\left[\frac{Z(t+\tau)-Z^*(t+\tau)}{2\mathrm{j}}\cdot\frac{Z(t)-Z^*(t)}{2\mathrm{j}}\right]$$
$$=\frac{1}{4}[-R_{ZZ^*}(\tau)+R_Z(\tau)+R_Z^*(\tau)-R_{ZZ^*}^*(\tau)] \quad (3.4.16)$$

$$E[Y(t+\tau)X(t)]=E\left[\frac{Z(t+\tau)-Z^*(t+\tau)}{2}\cdot\frac{Z(t)+Z^*(t)}{2\mathrm{j}}\right]$$
$$=\frac{1}{4\mathrm{j}}[R_{ZZ^*}(\tau)+R_Z(\tau)-R_Z^*(\tau)-R_{ZZ^*}^*(\tau)] \quad (3.4.17)$$

结果均与 t 无关。

从式(3.4.12)可以看出,复平稳过程的自相关函数共轭对称:

$$R_Z(\tau)=R_Z^*(-\tau) \quad (3.4.18)$$

例 3.4.2 设 $Z(t)=m(t)\mathrm{e}^{\mathrm{j}2\pi f_c t}$,其中 $m(t)$是自相关函数为 $R_m(\tau)$的零均值实平稳过程。$Z(t)$的均值为 $E[Z(t)]=E[m(t)\mathrm{e}^{\mathrm{j}2\pi f_c t}]=E[m(t)]\mathrm{e}^{\mathrm{j}2\pi f_c t}=0$,自相关函数为

$$E[Z(t+\tau)Z^*(t)]=E[m(t+\tau)\mathrm{e}^{\mathrm{j}2\pi f_c(t+\tau)}\cdot m(t)\mathrm{e}^{-\mathrm{j}2\pi f_c t}]$$
$$=E[m(t+\tau)m(t)]\mathrm{e}^{\mathrm{j}2\pi f_c\tau}=R_m(\tau)\mathrm{e}^{\mathrm{j}2\pi f_c\tau} \quad (3.4.19)$$

共轭相关函数为

$$E[Z(t+\tau)Z(t)]=E[m(t+\tau)\mathrm{e}^{\mathrm{j}2\pi f_c(t+\tau)}\cdot m(t)\mathrm{e}^{\mathrm{j}2\pi f_c t}]$$
$$=E[m(t+\tau)m(t)]\mathrm{e}^{\mathrm{j}2\pi f_c(2t+\tau)}=R_m(\tau)\mathrm{e}^{\mathrm{j}2\pi f_c(2t+\tau)} \quad (3.4.20)$$

虽然 $Z(t)$的均值、自相关函数与绝对时间无关,但共轭相关函数与 t 有关,因此 $Z(t)$不是复平稳过程。本例中 $Z(t)$的实部 $m(t)\cos(2\pi f_c t)$和虚部 $m(t)\sin(2\pi f_c t)$都不是平稳过程。

3. 复平稳过程通过滤波器

复随机信号通过滤波器时的输入输出关系依然是式(3.2.59)中的卷积关系。设滤波器输入 $X(t)$是零均值复平稳过程,其自相关函数是 $R_X(\tau)$、共轭相关函数是 $R_{XX^*}(\tau)$。

式(3.2.60)中 $m_X(t)=E[X(t)]=0$,故滤波器输出 $Y(t)$均值为零。

$Y(t)$的自相关函数为

$$E[Y(t_1)Y^*(t_2)]=E\left[\int_{-\infty}^{\infty}h(u)X(t_1-u)\mathrm{d}u\cdot\int_{-\infty}^{\infty}h^*(v)X^*(t_2-v)\mathrm{d}v\right]$$
$$=\int_{-\infty}^{\infty}\int_{-\infty}^{\infty}h(u)h^*(v)R_X(t_1-t_2+v-u)\mathrm{d}v\mathrm{d}u \quad (3.4.21)$$

$X(t)$与 $Y(t)$的互相关函数为

$$E[X(t_1)Y^*(t_2)]=\int_{-\infty}^{\infty}h^*(v)R_X(t_1-t_2+v)\mathrm{d}v \quad (3.4.22)$$

按式(3.3.13)可得到 $Y(t)$ 的共轭相关函数为

$$E[Y(t_1)Y(t_2)]=\int_{-\infty}^{\infty}\int_{-\infty}^{\infty}h(u)h(v)R_{XX^*}(t_1-t_2+v-u)\mathrm{d}v\mathrm{d}u \tag{3.4.23}$$

以上结果证明滤波器输出 $Y(t)$ 是复平稳过程且 $Y(t)$ 与 $X(t)$ 联合平稳。零均值平稳复随机过程通过滤波器后，零均值、平稳这两个特性继续保持。

3.4.3　带通随机信号

通信系统中实际发送的带通信号 $x(t)$ 是实信号，其等效基带分析涉及复信号。图 3.4.2 示出了带通信号等效基带分析中的相关信号，包括希尔伯特变换 $\hat{x}(t)$、解析信号 $z(t)=x(t)+\mathrm{j}\cdot\hat{x}(t)$、复包络 $x_{\mathrm{L}}(t)=z(t)\mathrm{e}^{-\mathrm{j}2\pi f_c t}$、同相分量 $x_c(t)=\mathrm{Re}\{x_{\mathrm{L}}(t)\}$、正交分量 $x_s(t)=\mathrm{Im}\{x_{\mathrm{L}}(t)\}$ 等。

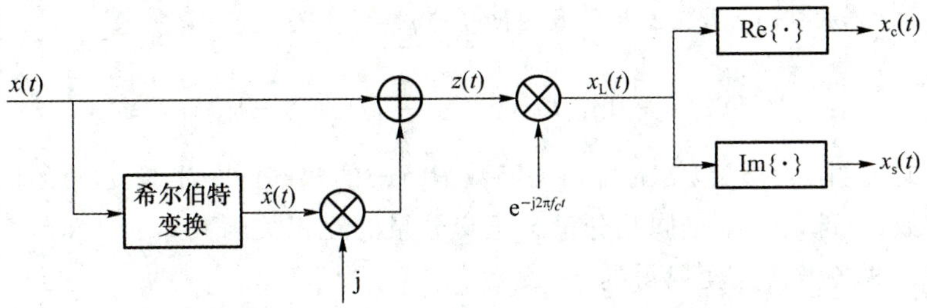

图 3.4.2　信号关系

假设 $x(t)$ 是平稳带通信号，平稳说明均值是常数，常数是直流，带通信号是高频信号，不包含直流，因此 $E[x(t)]=0$。

从 $x(t)$ 到 $\hat{x}(t)$、$z(t)$ 的过程是线性时不变系统，故 $\hat{x}(t)$ 是零均值平稳过程，$z(t)$ 是零均值复平稳过程。

设 $x(t)$ 的自相关函数为 $R_x(\tau)$，功率谱密度为 $P_x(f)$。根据例 3.3.5，$\hat{x}(t)$ 的功率谱密度等于 $P_x(f)$，自相关函数等于 $R_x(\tau)$，$\hat{x}(t)$ 与 $x(t)$ 的互相关函数为 $R_{\hat{x}x}(\tau)=\hat{R}_x(\tau)=-R_{x\hat{x}}(\tau)$。

$x(t)$ 与 $\hat{x}(t)$ 分别是 $z(t)$ 的实部与虚部。利用式(3.4.13)、(3.4.14)可得到 $z(t)$ 的自相关函数及共轭相关函数分别为

$$R_z(\tau)=E[z(t+\tau)z^*(t)]=2[R_x(\tau)+\mathrm{j}\cdot\hat{R}_x(\tau)] \tag{3.4.24}$$

$$R_{zz^*}(\tau)=E[z(t+\tau)z(t)]=0 \tag{3.4.25}$$

式(3.4.24)中的 $\hat{R}_x(\tau)$ 是 $R_x(\tau)$ 的希尔伯特变换，$R_x(\tau)+\mathrm{j}\cdot\hat{R}_x(\tau)$ 是解析信号，其傅氏变换是 $R_x(\tau)$ 傅氏变换的正频率部分的 2 倍，因此 $z(t)$ 的功率谱密度为

$$P_z(f)=\begin{cases}4P_n(f), & f>0\\ 0, & f<0\end{cases} \tag{3.4.26}$$

$z(t)$ 均值为零，故复包络的均值为 $E[x_{\mathrm{L}}(t)]=E[z(t)\mathrm{e}^{-\mathrm{j}2\pi f_c t}]=E[z(t)]\mathrm{e}^{-\mathrm{j}2\pi f_c t}=0$。

复包络 $x_{\mathrm{L}}(t)$ 的自相关函数及共轭相关函数分别为

$$\begin{aligned}R_{x_{\mathrm{L}}}(\tau)&=E[x_{\mathrm{L}}(t+\tau)x_{\mathrm{L}}^*(t)]=E[z(t+\tau)\mathrm{e}^{-\mathrm{j}2\pi f_c(t+\tau)}\cdot z^*(t)\mathrm{e}^{\mathrm{j}2\pi f_c t}]\\&=R_z(\tau)\mathrm{e}^{-\mathrm{j}2\pi f_c\tau}=2[R_x(\tau)+\mathrm{j}\cdot\hat{R}_x(\tau)]\mathrm{e}^{-\mathrm{j}2\pi f_c\tau}\end{aligned} \tag{3.4.27}$$

$$R_{x_L x_L^*}(\tau)=E[x_L(t+\tau)x_L(t)]=E[z(t+\tau)e^{-j2\pi f_c(t+\tau)}z(t)e^{-j2\pi f_c t}]$$
$$=E[z(t+\tau)z(t)]e^{-j2\pi f_c(2t+\tau)}=0 \tag{3.4.28}$$

结果均与 t 无关，说明 $x_L(t)$ 平稳。

式(3.4.27)说明 $x(t)$ 复包络的自相关函数 $R_{x_L}(\tau)$ 是 $R_x(\tau)$ 复包络的 2 倍。傅氏变换后得到 $x(t)$ 复包络的功率谱密度是 $x(t)$ 功率谱密度正频率部分左移后的 4 倍：

$$P_{x_L}(f)=\begin{cases}4P_x(f+f_c), & |f|\leqslant f_c\\ 0, & \text{其他 } f\end{cases} \tag{3.4.29}$$

$x_L(t)$ 的均值为零，则其实部 $x_c(t)$、虚部 $x_s(t)$ 均值为零。$x_L(t)$ 平稳，复平稳的定义要求实部与虚部联合平稳，说明 $x_c(t)$ 与 $x_s(t)$ 联合平稳。

在式(3.4.15)至式(3.4.17)中将 $Z(t)$ 代为 $x_L(t)=x_c(t)+\mathrm{j}\cdot x_s(t)$，可得到 $x_c(t)$ 与 $x_s(t)$ 的自相关函数和互相关函数：

$$R_{x_c}(\tau)=R_{x_s}(\tau)=\frac{1}{2}\mathrm{Re}\{R_{x_L}(\tau)\}=\frac{1}{4}[R_{x_L}(\tau)+R_{x_L}^*(\tau)] \tag{3.4.30}$$

$$R_{x_c x_s}(\tau)=\frac{1}{2}\mathrm{Im}\{R_{x_L}(\tau)\}=\frac{1}{4\mathrm{j}}[R_{x_L}(\tau)-R_{x_L}^*(\tau)] \tag{3.4.31}$$

式(3.4.30)说明 $x(t)$ 复包络的自相关函数 $R_{x_L}(\tau)$ 的实部的一半是 $x(t)$ 的同相量/正交分量的自相关函数，虚部的一半是同相分量与正交分量的互相关函数。

式(3.4.30)两边做傅氏变换得到

$$P_{x_c}(f)=P_{x_s}(f)=\frac{1}{4}[P_{x_L}(f)+P_{x_L}(-f)] \tag{3.4.32}$$

代入式(3.4.29)以及 $P_x(-f+f_c)=P_x(f-f_c)$，得到

$$P_{x_c}(f)=P_{x_s}(f)=\begin{cases}P_x(f+f_c)+P_x(f-f_c), & |f|\leqslant f_c\\ 0, & \text{其他 } f\end{cases} \tag{3.4.33}$$

说明平稳带通信号同相/正交分量的功率谱密度等于带通功率谱密度正频率部分左移，负频率部分右移后叠加。

复信号的自相关函数共轭对称，$\tau=0$ 时，$R_{x_L}(0)=R_{x_L}^*(0)$，代入式(3.4.31)得 $R_{x_c x_s}(0)=0$，说明 $x_c(t)$ 与 $x_s(t)$ 在同一时刻不相关。将 $\tau=0$ 代入式(3.4.27)得 $R_{x_L}(0)=R_z(0)=2R_x(0)$，说明解析信号与复包络功率相同，等于带通信号功率的 2 倍。将 $\tau=0$ 代入式(3.4.30)得 $R_{x_c}(0)=R_{x_s}(0)=\frac{1}{2}R_{x_L}(0)=R_x(0)$，说明 $x_c(t)$、$x_s(t)$、$x(t)$ 三者有相同的功率。

3.5 高斯噪声

噪声是制约通信最根本的因素。通信中有很多不同类型的噪声，其中最广泛的是高斯噪声。高斯噪声是一种随机信号，该随机信号上的全体随机变量服从高斯分布。

3.5.1 高斯随机变量

1. 一维高斯分布

高斯分布也叫正态分布。均值为 m，方差为 σ^2 的高斯随机变量 $X\sim N(m,\sigma^2)$ 的概率密度函数是

$$p_X(x)=\frac{1}{\sqrt{2\pi\sigma^2}}\mathrm{e}^{-\frac{(x-m)^2}{2\sigma^2}} \tag{3.5.1}$$

对概率密度按不同的区间积分可以得到不同事件的概率，例如事件 $x_1<X\leqslant x_2$ 的出现概率为

$$P(x_1<X\leqslant x_2)=\int_{x_1}^{x_2}\frac{1}{\sqrt{2\pi\sigma^2}}\mathrm{e}^{-\frac{(u-m)^2}{2\sigma^2}}\mathrm{d}u \tag{3.5.2}$$

这个积分没有闭式解，一般将结果表示为互补误差函数 erfc 或高斯 Q 函数。

高斯 Q 函数表示标准正态随机变量 $X\sim N(0,1)$ 大于 x 的概率，即图 3.5.1(a) 中阴影部分的面积：

$$Q(x)=P(X>x)=\int_x^{\infty}\frac{1}{\sqrt{2\pi}}\mathrm{e}^{-\frac{u^2}{2}}\mathrm{d}u \tag{3.5.3}$$

若 $x>0$，$\mathrm{erfc}(x)$ 表示均值为零，方差为 0.5 的高斯随机变量 $X\sim N\left(0,\frac{1}{2}\right)$ 的绝对值大于 x 的概率，即图 3.5.1(b) 中阴影部分的面积：

$$\mathrm{erfc}(x)=P(|X|>x)=2\int_x^{\infty}\frac{1}{\sqrt{\pi}}\mathrm{e}^{-u^2}\mathrm{d}u \tag{3.5.4}$$

Q 函数与 erfc 函数的关系是

$$Q(x)=\frac{1}{2}\mathrm{erfc}\left(\frac{x}{\sqrt{2}}\right) \tag{3.5.5}$$

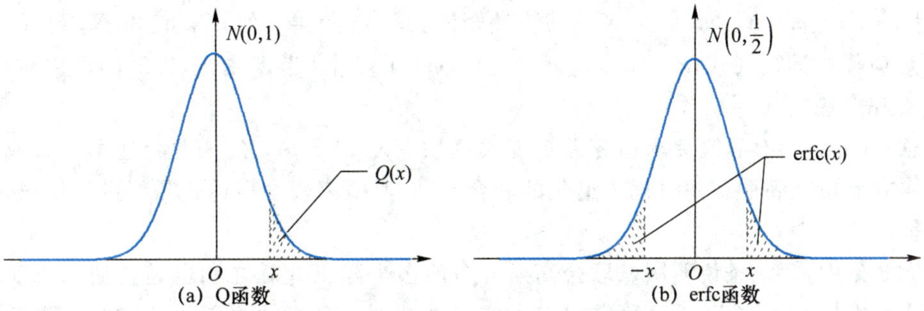

图 3.5.1　Q 函数及 erfc 函数的意义

例 3.5.1　设 $y=-E_b+Z$，其中 Z 是均值为零、方差为 σ^2 的高斯随机变量，$E_b>0$ 是常数。求 $y>0$ 的概率。

解　$y>0$ 的概率就是 $Z>E_b$ 的概率，也就是 $\frac{Z}{\sqrt{2\sigma^2}}>\frac{E_b}{\sqrt{2\sigma^2}}$ 的概率。注意 $\frac{Z}{\sqrt{2\sigma^2}}$ 是均值为 0、方差为 0.5 的高斯随机变量，故 $P(y>0)=\frac{1}{2}\mathrm{erfc}\left(\frac{E_b}{\sqrt{2\sigma^2}}\right)$。

2. 联合高斯

本书涉及高斯随机变量时，一般可以认为两个高斯随机变量之和还是高斯随机变量，两个高斯随机变量不相关则独立。由于数学上可以存在反例，使得我们考虑多个高斯随机变量时需要限定在联合高斯的范围内。

例 3.5.2　设 $X\sim N(0,1)$ 是标准正态随机变量，$Y=WX$，其中 W 等概取值于 $\{\pm1\}$，W 与 X 独立。Y 有一半机会等于 X，一半机会等于 $-X$。$Y=X$ 或 $Y=-X$ 都服从标准正态分

布。可以推出 Y 也服从标准正态分布。

X 与 Y 之和为 $Z=X+WX=(1+W)X$。Z 有一半机会等于 $2X$(对应 $W=1$),一半机会等于零(对应 $W=-1$)。Z 取特定值 0 的概率不是零,说明 Z 不可能是高斯随机变量。本例中,X 和 Y 都是高斯随机变量,但它们的和不是。

本例中的 X 和 Y 不相关:$E[XY]=0$,但不独立。Y 服从高斯分布,但在条件 $X=x$ 下,$Y=xW$ 是离散随机变量。条件影响分布,因此 X 和 Y 不独立。

若 n 个随机变量 $X_1,X_2,\cdots,X_n$ 满足下列中的任何一条,则称其服从 n 维高斯分布或联合高斯分布。

(1) $X_1,X_2,\cdots,X_n$ 的任意线性组合 $Y=\sum_{i=1}^{n}a_iX_i$ 是高斯随机变量①,其中 $a_1,a_2,\cdots,a_n$ 是任意的确定实数。

(2) 随机向量 $\boldsymbol{X}=(X_1,X_2,\cdots,X_n)^{\mathrm{T}}$ 是一组独立同分布标准正态随机变量的线性变换叠加了一个确定向量:

$$\boldsymbol{X}=\boldsymbol{AZ}+\boldsymbol{m} \tag{3.5.6}$$

其中 $\boldsymbol{A}$ 是一个大小为 $n\times k$ 的确定矩阵,$\boldsymbol{Z}=(Z_1,Z_2,\cdots,Z_k)^{\mathrm{T}}$ 的元素是独立同分布的标准正态随机变量,$\boldsymbol{m}$ 是大小为 n 的确定向量,$\boldsymbol{m}=E[\boldsymbol{X}]$。

(3) $X_1,X_2,\cdots,X_n$ 的联合概率密度函数为

$$p_{\boldsymbol{X}}(\boldsymbol{x})=\frac{1}{\sqrt{(2\pi)^n|\boldsymbol{C}|}}\mathrm{e}^{-\frac{1}{2}(\boldsymbol{x}-\boldsymbol{m})^{\mathrm{T}}\boldsymbol{C}^{-1}(\boldsymbol{x}-\boldsymbol{m})} \tag{3.5.7}$$

其中 $\boldsymbol{C}=E[(\boldsymbol{X}-\boldsymbol{m})(\boldsymbol{X}-\boldsymbol{m})^{\mathrm{T}}]$ 是 $\boldsymbol{X}$ 的协方差矩阵,其第 i 行第 j 列元素 $\boldsymbol{c}_{i,j}$ 是 X_i 与 X_j 的协方差,$|\boldsymbol{C}|$ 是矩阵 $\boldsymbol{C}$ 的行列式,$\boldsymbol{x}=(x_1,x_2,\cdots,x_n)^{\mathrm{T}}$,$\boldsymbol{m}=E[\boldsymbol{X}]$。当 $\boldsymbol{X}$ 由式(3.5.6)产生时,协方差矩阵由 $\boldsymbol{A}$ 完全确定:$\boldsymbol{C}=E[\boldsymbol{AA}^{\mathrm{T}}]$。

注意式(3.5.7)有意义要求协方差矩阵 $\boldsymbol{C}$ 满秩。$X_1,X_2,\cdots,X_n$ 满足上述第 1 条或第 2 条不保证协方差矩阵满秩。此时称为退化的联合高斯,其概率密度表达式需要进行修正,详见有关数学教材。

以上 3 条中,第 1 条说明服从联合高斯分布的多个随机变量之和也是高斯随机变量。第 2 条说明可以借助独立同分布的标准正态分布产生出具有任意协方差矩阵的联合高斯随机变量。根据第 3 条可以证明联合高斯不相关则独立。若 $X_1,X_2,\cdots,X_n$ 两两不相关时,$\boldsymbol{C}$ 是对角阵。此时,式(3.5.7)右边等于每个高斯随机变量的边缘概率密度的乘积,即独立。

3. 圆对称复高斯

若复随机变量 $Z=X+\mathrm{j}\cdot Y$ 的实部与虚部服从联合高斯分布,则称 Z 为复高斯随机变量。例 3.4.1 中的式(3.4.7)就是复高斯随机变量的概率密度函数。若 Z 还具有圆对称性,则称为圆对称复高斯(Circularly Symmetric Complex Gaussian)或译为循环对称复高斯,记为 $Z\sim CN(0,2\sigma^2)$,其中 $2\sigma^2=E[|Z|^2]$ 是 Z 的方差。

圆对称复高斯 $Z\sim CN(0,2\sigma^2)$ 的实部与虚部是独立同分布的零均值高斯随机变量 $N(0,\sigma^2)$,其幅度 $|Z|=\sqrt{X^2+Y^2}$ 服从瑞利分布,模平方 $|Z|^2=X^2+Y^2$ 服从指数分布。圆对称复高斯 Z 叠加确定复数 c 后,$Z+c$ 的幅度服从莱斯分布。表 3.2.1 给出了瑞利分布和莱斯分布的概率密度表达式。

---

① 此处允许多个随机变量线性组合的结果为非随机常数。常数可以看成方差为零的高斯随机变量。

3.5.2 加性白高斯噪声

加性白高斯噪声(Additive White Gaussian Noise,AWGN)是通信系统中最基础的噪声模型,它是高斯噪声的一种。也可以说,所有高斯噪声都可以从AWGN变化而来。

1. 高斯过程

设有随机过程 $X(t)$。若对任意正整数 n、任意时刻 $t_1,t_2,\cdots,t_n$,随机变量 $X(t_1),X(t_2),\cdots,X(t_n)$ 服从联合高斯分布,则称 $X(t)$ 为高斯过程。

根据定义可以有如下推论:

(1) 高斯过程与确定信号的乘积是高斯过程,即若 $X(t)$ 是高斯过程,$m(t)$ 是确定信号,则 $Y(t)=X(t)m(t)$ 是高斯过程。

(2) 高斯过程与确定信号的卷积是高斯过程,即若 $X(t)$ 是高斯过程,$h(t)$ 是确定信号,则 $Y(t)=\int_{-\infty}^{\infty}X(u)h(t-u)\mathrm{d}u$ 是高斯过程。这是因为积分本质上是求和。这个性质说明:高斯过程通过滤波器的输出是高斯过程。

(3) 高斯过程与确定信号的内积是高斯随机变量,即 $Y=\int_{-\infty}^{\infty}X(t)g(t)\mathrm{d}t$ 是高斯随机变量。

2. 加性白高斯噪声

加性白高斯噪声 $n_{\mathrm{w}}(t)$ 是高斯过程的一种,它具有加性、白、高斯、噪声这4个特征。其中,噪声是说 $n_{\mathrm{w}}(t)$ 是对信号传输有害的随机过程;高斯是说 $n_{\mathrm{w}}(t)$ 是高斯过程;白是说 $n_{\mathrm{w}}(t)$ 的功率谱密度是常数,“白”这个词类比了白光包含所有颜色(频率)的意思;加性是说噪声叠加在有用信号上且与有用信号独立,有用信号不影响 $n_{\mathrm{w}}(t)$ 的统计特性。此外,默认假设 $n_{\mathrm{w}}(t)$ 是平稳遍历过程。

加性白高斯噪声的功率谱密度是常数:

$$P_{n_{\mathrm{w}}}(f)=\frac{N_0}{2},\quad -\infty<f<\infty \tag{3.5.8}$$

其中,N_0 是每1 Hz带宽内的噪声功率,单位为W/Hz。实际工程中不区分正负频率,所以 N_0 是按单边功率谱密度计算的。按正负频率计算的双边功率谱密度是 $N_0/2$。

式(3.5.8)中的功率谱密度有界,根据3.3.1节中的讨论,$n_{\mathrm{w}}(t)$ 的均值为零。

对式(3.5.8)做傅氏反变换可得到加性白高斯噪声的自相关函数为

$$R_{n_{\mathrm{w}}}(\tau)=E[n_{\mathrm{w}}(t+\tau)n_{\mathrm{w}}(\tau)]=\frac{N_0}{2}\delta(\tau) \tag{3.5.9}$$

3. 限带白高斯噪声

加性白高斯噪声的均值为零,自相关函数是冲激,意味着方差为 $E[n_{\mathrm{w}}^2(t)]=R_{n_{\mathrm{w}}}(0)=\infty$。同时,只要 $t_1\neq t_2$,$n_{\mathrm{w}}(t_1)$ 就与 $n_{\mathrm{w}}(t_2)$ 不相关,也即独立。两个独立高斯随机变量取值相等的概率为零。因此,即便 t_1 与 t_2 无限接近,只要 $t_1\neq t_2$,$n_{\mathrm{w}}(t_1)$ 与 $n_{\mathrm{w}}(t_2)$ 相等的概率为零,说明 $n_{\mathrm{w}}(t)$ 的样本函数处处不连续。这一点不符合物理世界中真实噪声信号的特性。

为此,我们把加性白高斯噪声理解为一种极限。具体来说,令 $n_B(t)$ 为带宽受限于 B 的零均值平稳高斯过程,其功率谱密度为

$$P_{n_B}(f)=\begin{cases}\dfrac{N_0}{2}, & |f|\leqslant B\\ 0, & |f|>B\end{cases} \tag{3.5.10}$$

称 $n_B(t)$为限带白高斯噪声。加性白高斯噪声定义为如下极限:

$$n_w(t)=\lim_{B\to\infty} n_B(t) \tag{3.5.11}$$

对式(3.5.10)做傅氏反变换得到 $n_B(t)$的自相关函数为

$$R_{n_w}(\tau)=E[n_B(t+\tau)n_B(\tau)]=N_0 B\cdot \mathrm{sinc}(2B\tau) \tag{3.5.12}$$

当 $B\to\infty$ 时,$2B\cdot \mathrm{sinc}(2B\tau)\to\delta(\tau)$,上式右边趋于式(3.5.9)。

对于任意两个时刻 t_1,t_2,$n_B(t_1)$与 $n_B(t_2)$是两个均值为零、方差(功率)为 N_0B 的高斯随机变量,其相关系数为

$$\rho=\frac{E[n_B(t_1)n_B(t_2)]}{\sqrt{E[n_B^2(t_1)]E[n_B^2(t_2)]}}=\mathrm{sinc}(2B\tau) \tag{3.5.13}$$

当 $\tau=t_1-t_2\to 0$ 时,$\rho\to 1$,即 $n_B(t_1)$与 $n_B(t_2)$以概率 1 趋向相等。这说明,如上定义的限带白高斯噪声 $n_B(t)$的样本函数以概率 1 处处连续。

在实际应用中,只要平稳高斯噪声的功率谱密度在系统的工作频带内是平的,就可以建模为白高斯噪声。例如在图 3.5.2 中,实际噪声在滤波器的频带范围内是白的,将其替换成 AWGN 后,滤波器输出噪声的特性完全相同。

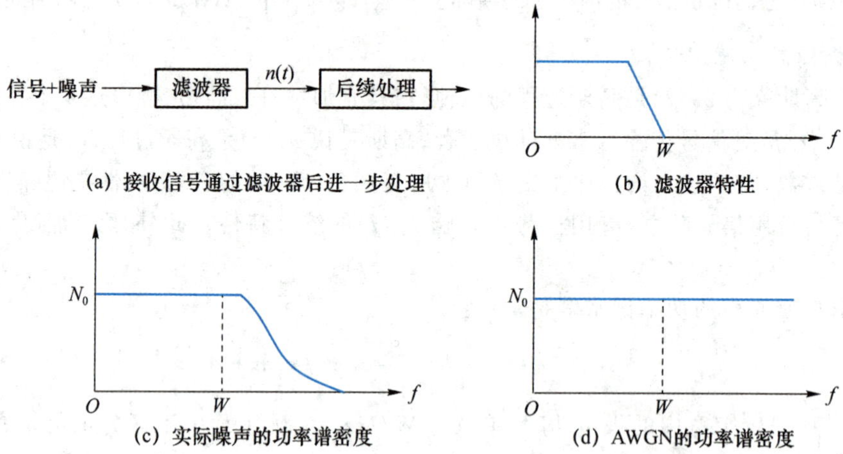

图 3.5.2 用白噪声建模实际噪声的等价性

4. AWGN 通过滤波器

将 $n_w(t)$通过一个冲激响应为 $h(t)$、传递函数为 $H(f)$的滤波器,输出噪声为

$$n(t)=n_w(t)*h(t)=\int_{-\infty}^{\infty} n_w(u)h(t-u)\mathrm{d}u \tag{3.5.14}$$

其功率谱密度为

$$P_n(f)=\frac{N_0}{2}|H(f)|^2 \tag{3.5.15}$$

平稳过程 $n(t)$在任意时刻的功率相同。功率是功率谱密度的积分。上式中$|H(f)|^2$是 $h(t)$的能量谱密度,$|H(f)|^2$的积分是 $h(t)$的能量 E_h。因此

$$E[n^2(t)]=R_n(0)=\frac{N_0}{2}E_h \tag{3.5.16}$$

若 $H(f)$是带宽为 B、增益为 1 的理想低通滤波器,则输出噪声的功率是

$$E[n^2(t)]=\int_0^{\infty} 2P_n(f)\mathrm{d}f=N_0\int_0^{\infty}|H(f)|^2\mathrm{d}f=N_0 B \tag{3.5.17}$$

式中 $2P_n(f)$是单边功率谱密度。直观来说，白高斯噪声在每 1 Hz 带宽上的功率是 N_0，通过滤波器的噪声带宽为 B Hz，故噪声功率为 N_0B。

对比式(3.5.16)和式(3.5.17)可以看出，理想滤波器的冲激响应的能量 $E_h=2B$。

5. AWGN 与确定信号的内积

$n_w(t)$与确定信号 $g(t)$的内积为

$$Z=\int_{-\infty}^{\infty} n_w(t)g(t)\mathrm{d}t \tag{3.5.18}$$

也称 Z 为 $n_w(t)$与 $g(t)$的相关值，或者 $n_w(t)$在 $g(t)$上的投影。

对比式(3.5.18)与式(3.5.14)可知，Z 相当于是 $n(t)$通过一个冲激响应为 $h(t)=g(-t)$ 的滤波器后在 $t=0$ 处的采样值，因此 Z 是零均值高斯随机变量，其方差根据式(3.5.16)应为 $\frac{N_0}{2}E_g$。

设 $g_1(t)$、$g_2(t)$是能量分别为 E_1 和 E_2 的确定实信号，其互能量为 $E_{12}=\int_{-\infty}^{\infty} g_1(t)g_2(t)\mathrm{d}t$。令 Z_1,Z_2 分别是 $n_w(t)$ 与 $g_1(t)$、$g_2(t)$ 的内积，则 $n_w(t)$ 与 $g_1(t)+g_2(t)$ 的内积为

$$Z=\int_{-\infty}^{\infty} n_w(t)[g_1(t)+g_2(t)]\mathrm{d}t=Z_1+Z_2 \tag{3.5.19}$$

其中 Z_1,Z_2,Z 都是零均值高斯随机变量，方差分别为 $\frac{N_0}{2}E_1$、$\frac{N_0}{2}E_2$ 和 $\frac{N_0}{2}(E_1+E_2+2E_{12})$。另外，$Z_1+Z_2$ 的方差是 $E[(Z_1+Z_2)^2]=E[Z_1^2]+E[Z_2^2]+2E[Z_1Z_2]$，说明

$$E[Z_1Z_2]=\frac{N_0}{2}\int_{-\infty}^{\infty} g_1(t)g_2(t)\mathrm{d}t \tag{3.5.20}$$

即 AWGN 在两个确定信号上的投影之间的相关系数完全取决于这两个确定信号的相关系数。若 $g_1(t)$与 $g_2(t)$正交，则 Z_1 与 Z_2 独立。进一步可以推知，若 $\phi_1(t),\phi_2(t),\cdots,\phi_N(t)$是一组 N 个能量为 1，两两正交的确定函数，则 $n_w(t)$在 $\phi_1(t),\phi_2(t),\cdots,\phi_N(t)$上的投影 $Z_1,Z_2,\cdots,Z_N$ 是一组独立同分布的零均值高斯随机变量，方差均为 $N_0/2$。

6. AWGN 信道

AWGN 信道是一种理想化的信道模型，它假设发送信号 $s(t)$经过信道传输后，信号自身完全无失真，只是叠加了白高斯噪声 $n_w(t)$，其接收信号可以表示为

$$r(t)=s(t)+n_w(t) \tag{3.5.21}$$

7. 热噪声

电阻等电子元器件中自由电子的热运动会在负载上形成随机电流，构成对有用信号的干扰，称为热噪声，也叫约翰逊-奈奎斯特噪声。

理想电阻上的热噪声可建模为 AWGN。在匹配负载上，噪声的功率谱密度为

$$N_0=kT \tag{3.5.22}$$

其中 $k=1.38\times10^{-23}$ J/K 是玻尔兹曼常数，T 是绝对温度。在室温(300°K)条件下，按式(3.5.22)可算出噪声的功率谱密度为−174 dBm/Hz。有关热噪声方面的知识，请参考《通信电子电路》等教材。

3.5.3 窄带高斯噪声

无线通信中，接收机前端的射频电路具有一定的通频带范围，使得接收机射频单元输出端

的噪声是带通型随机信号,其带宽一般远小于系统的工作载频,称为窄带噪声。

可将窄带噪声 $n(t)$ 看成加性白高斯噪声 $n_w(t)$ 通过带通滤波器的输出,如图 3.5.3 所示。作为带通信号,窄带噪声可以表示为

$$\begin{aligned} n(t) &= \mathrm{Re}\{n_L(t)e^{j2\pi f_c t}\} \\ &= n_c(t)\cos(2\pi f_c t) - n_s(t)\sin(2\pi f_c t) \\ &= A(t)\cos[2\pi f_c t + \varphi(t)] \end{aligned} \tag{3.5.23}$$

其中 $n_L(t)$、$n_c(t)$、$n_s(t)$、$A(t)$、$\varphi(t)$ 依次是 $n(t)$ 的复包络、同相分量、正交分量、包络和相位。

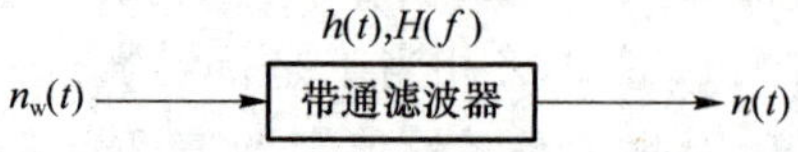

图 3.5.3 窄带噪声是 AWGN 通过带通滤波器的输出

根据 3.4.3 节,$n(t)$、$n_L(t)$、$n_c(t)$、$n_s(t)$ 均为零均值平稳过程。若 $n(t)$ 的功率为 $\sigma^2 = E[n^2(t)]$,则 $n_c(t)$、$n_s(t)$ 的功率也是 σ^2。

1. 概率分布

AWGN 是高斯过程,因此 $n(t)$ 也是高斯过程,在每个时刻,$n(t) \sim N(0,\sigma^2)$。

$n(t)$ 对应的解析信号为

$$z(t) = n(t) + j\hat{n}(t) \tag{3.5.24}$$

其中 $\hat{n}(t)$ 是 $n(t)$ 的希尔伯特变换。希尔伯特变换不改变功率,因此 $\hat{n}(t) \sim N(0,\sigma^2)$。根据 3.3.4 节的例 3.3.5,$E[n(t)\hat{n}(t)]=0$,即不相关,也即独立。解析信号 $z(t)$ 的实部与虚部是两个独立同分布的零均值高斯随机变量,说明 $z(t)$ 是圆对称复高斯随机变量,$z(t) \sim CN(0,2\sigma^2)$。

$n(t)$ 的复包络是 $n_L(t) = z(t)e^{-j2\pi f_c t}$。对于任意时刻 t,$e^{-j2\pi f_c t}$ 是角度为 $-2\pi f_c t$ 的相位旋转。圆对称复随机变量旋转后分布不变,故复包络 $n_L(t)$ 是与 $z(t)$ 同分布的圆对称复高斯,$n_L(t) \sim CN(0,2\sigma^2)$。这也说明 $n_L(t)$ 的实部与虚部是独立同分布的零均值高斯,即 $n_c(t)$,$n_s(t) \sim N(0,\sigma^2)$。

2. 噪声功率及功率谱密度

若图 3.5.3 中的带通滤波器是带宽为 B 的理想滤波器,则 $n(t)$ 的功率是 $\sigma^2 = N_0 B$。若带通滤波器冲激响应 $h(t)$ 的能量是 E_h,则 $n(t)$ 的功率是 $\sigma^2 = \frac{N_0}{2}E_h$。解析信号 $z(t)$ 及复包络 $n_L(t)$ 服从 $CN(0,2\sigma^2)$,它们的功率都是 $2\sigma^2$。同相分量 $n_c(t)$ 与正交分量 $n_s(t)$ 都服从 $N(0,\sigma^2)$,它们的功率都是 σ^2。

窄带噪声 $n(t)$ 是 AWGN 通过滤波器的输出,其功率谱密度为

$$P_n(f) = \frac{N_0}{2}|H(f)|^2 \tag{3.5.25}$$

根据 3.4.3 节,窄带噪声复包络 $n_L(t)$ 的功率谱密度为

$$P_{n_L}(f) = \begin{cases} 4P_n(f+f_c), & |f| \leqslant f_c \\ 0, & \text{其他 } f \end{cases} \tag{3.5.26}$$

同相分量 $n_c(t)$ 与正交分量 $n_s(t)$ 有相同的功率谱密度,均为

$$P_{n_c}(f) = P_{n_s}(f) = \begin{cases} P_n(f-f_c) + P_n(f+f_c), & |f| \leqslant f_c \\ 0, & \text{其他 } f \end{cases} \tag{3.5.27}$$

3. 包络与相位

由于 $n_L(t)$是圆对称复高斯，故其包络服从瑞利分布，相位服从均匀分布，包络与相位独立。

若窄带高斯噪声 $n(t)$叠加一个正弦波成为

$$\begin{aligned} X(t) &= n(t) + A\cos(2\pi f_c t + \phi) \\ &= n_c(t)\cos(2\pi f_c) - n_c(t)\cos(2\pi f_c) + A\cos(2\pi f_c t + \phi) \end{aligned} \tag{3.5.28}$$

则 $X(t)$的复包络是

$$X_L(t) = n_L(t) + Ae^{j\phi} \tag{3.5.29}$$

它是圆对称复高斯随机变量 $n_L(t)$叠加了一个复常数 $Ae^{j\phi}$。根据 3.5.1 节，此时 $X(t)$的包络 $|X_L(t)|$服从莱斯分布，其概率密度函数见表 3.2.1。当 $A=0$ 时，莱斯分布退化为瑞利分布。当 A 充分大时，$|X_L(t)|$近似是均值为 A、方差为 σ^2 的高斯随机变量。

3.6　匹配滤波器

1. 问题

噪声是制约通信的根本因素，滤波器是对抗噪声的基础手段。模拟通信系统主要用低通或带通滤波器来滤除带外噪声。数字通信系统常采用匹配滤波器来提高采样点的信噪比。

图 3.6.1 中，能量为 E_s 的确定实信号 $s(t)$通过 AWGN 信道传输，接收信号为 $r(t)=s(t)+n_w(t)$，其中 $n_w(t)$的功率谱密度为 $N_0/2$。为了抑制噪声，接收端将 $r(t)$通过一个冲激响应为 $h(t)$的滤波器，并在 t_0 时刻对滤波器输出信号进行采样得到样值 $y(t_0)$。

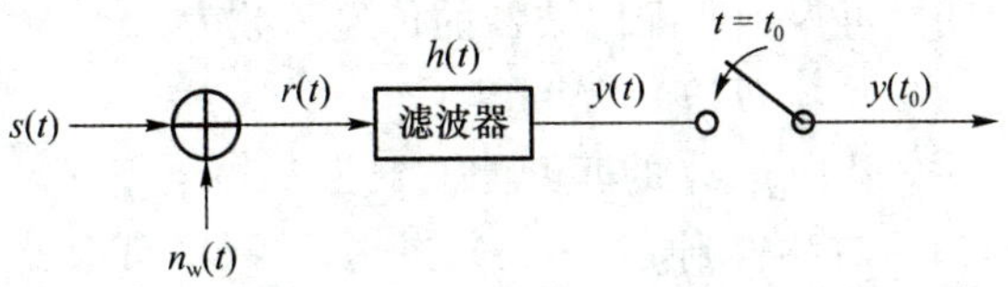

图 3.6.1　匹配滤波器

采样值是 $r(t)$与 $h(t)$的卷积结果在 t_0时刻的值：

$$\begin{aligned} y(t_0) &= \int_{-\infty}^{\infty} [s(\tau) + n_w(\tau)] h(t_0 - \tau) d\tau \\ &= \int_{-\infty}^{\infty} s(\tau) h(t_0 - \tau) d\tau + \int_{-\infty}^{\infty} n_w(\tau) h(t_0 - \tau) d\tau \\ &= s_0 + Z \end{aligned} \tag{3.6.1}$$

其中 s_0 是 $s(t)$形成的输出：

$$s_0 = \int_{-\infty}^{\infty} s(t) h(t_0 - t) dt = \int_{-\infty}^{\infty} h(t) s(t_0 - t) dt \tag{3.6.2}$$

Z 是噪声 $n_w(t)$形成的输出：

$$Z = \int_{-\infty}^{\infty} n_w(t) h(t_0 - t) dt \tag{3.6.3}$$

$s(t)$是确定信号，故 s_0 是确定值，其功率为 s_0^2。Z 是 $n_w(t)$与 $h(t_0-t)$的内积，根据 3.5.2 节，Z 是高斯随机变量，其平均功率是 $E[Z^2]=\frac{N_0}{2}E_h$，其中 E_h 是 $h(t)$的能量。

采样时刻的信噪比可以表示为

$$\gamma=\frac{s_0^2}{E[Z^2]}=\frac{2}{N_0E_h}\left|\int_{-\infty}^{\infty}h(t)s(t_0-t)\mathrm{d}t\right|^2 \tag{3.6.4}$$

不同的 $h(t)$ 设计会有不同的信噪比 γ。我们关注的是,什么样的滤波器设计能使采样点的信噪比 γ 最大?

2. 匹配滤波器

式(3.6.4)可以改写为

$$\gamma=\frac{2E_s}{N_0}\left|\int_{-\infty}^{\infty}\frac{h(t)}{\sqrt{E_h}}\cdot\frac{s(t_0-t)}{\sqrt{E_s}}\mathrm{d}t\right|^2 \tag{3.6.5}$$

右边的积分是 $h(t)$ 与 $s(t_0-t)$ 的归一化相关系数。相关系数最大发生在两个信号波形形状相同时,故能使采样时刻信噪比最大的滤波器设计为

$$h(t)=K\cdot s(t_0-t) \tag{3.6.6}$$

其中 K 是任意非零系数。称这样的滤波器为对 $s(t)$ 匹配的匹配滤波器(Matched Filter, MF)。

相关系数最大为1,代入式(3.6.5)后得到匹配滤波器输出端的最大信噪比为

$$\gamma_{\max}=\frac{2E_s}{N_0} \tag{3.6.7}$$

系数 K 会影响 $h(t)$ 的能量,但不影响式(3.6.5)右边的 $h(t)/\sqrt{E_h}$,所以匹配滤波器在 t_0 时刻的信噪比与 K 的取值无关,简单起见可取 $K=1$ 或其他方便分析的数值。

式(3.6.6)中的 $s(t_0-t)$ 是 $s(-t)$ 延迟 t_0。不同的延迟对应不同的采样时刻,不影响采样时刻的信噪比,因此 t_0 一般也可以任意设计。若考虑因果性,可选择 t_0 使得 $t<0$ 时,$h(t)=0$。由于非因果滤波器可以因果化实现,因此也可以取 $t_0=0$,此时 $h(t)=g(-t)$。

对式(3.6.6)做傅氏变换可得到匹配滤波器的传递函数为

$$H(f)=K\cdot S^*(f)\mathrm{e}^{-\mathrm{j}2\pi ft_0} \tag{3.6.8}$$

例 3.6.1 图 3.6.2 中,脉冲 $g(t)$ 的匹配滤波器为 $h(t)=g(t_0-t)$。它是先将 $g(t)$ 的时间轴镜像反转为 $g(-t)$,然后右移得到 $g(t_0-t)$。考虑因果性,可取 $t_0=T$,此时匹配滤波器冲激响应为 $g(T-t)$。本例中 $g(t)$ 的能量是 $\int_0^T\left(\frac{At}{T}\right)^2\mathrm{d}t=\frac{A^2T}{3}$,最佳采样时刻的信噪比为 $\frac{2A^2T}{3N_0}$。

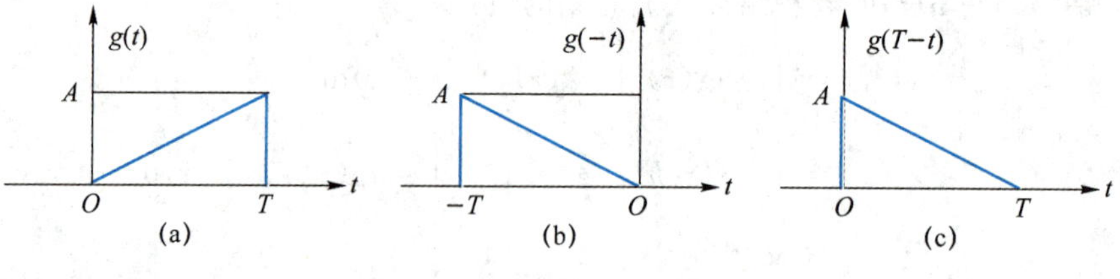

图 3.6.2 匹配滤波器示例

3. 相关器

将匹配滤波器冲激响应 $h(t)=s(t_0-t)$ 代入式(3.6.1)后得到采样值为

$$y(t_0)=\int_{-\infty}^{\infty}r(\tau)s(\tau)\mathrm{d}\tau \tag{3.6.9}$$

说明匹配滤波器在最佳采样点的输出是接收信号 $r(t)=s(t)+n_w(t)$ 与 $s(t)$ 的内积,说明匹配滤波器的功能可以用图 3.6.3 来实现。通信中称内积为相关,图 3.6.3 这种设计称为相关接收机。

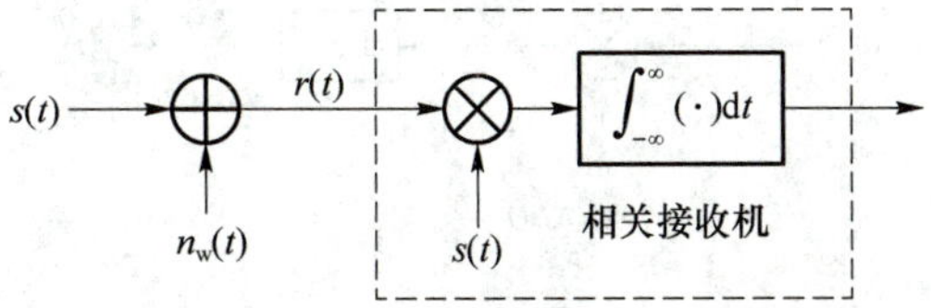

图 3.6.3　相关接收机

4. 复信号的匹配滤波器

对于复信号，式(3.6.4)中的积分是 $h(t)$ 与 $s^*(t_0-t)$ 的内积，内积最大的情形为

$$h(t)=K\cdot s^*(t_0-t) \tag{3.6.10}$$

若取 $K=1$、$t_0=0$，则对复信号 $s(t)$ 匹配的匹配滤波器是 $h(t)=s^*(-t)$，对应的传递函数仍为式(3.6.8)。

习　　题

3.1　设 $Y(t)=X(t)\cos(2\pi f_c t+\theta)$，其中 $X(t)$ 是零均值平稳过程，其自相关函数为 $R_X(\tau)$，功率谱密度为 $P_X(f)$，θ 是与 $X(t)$ 独立的随机变量。求 $Y(t)$ 的均值、平均自相关函数、功率谱密度。

3.2　功率谱密度为 $N_0/2$ 的加性白高斯噪声 $n_w(t)$ 通过滤波器后的输出为 $n(t)$。若已知滤波器的传递函数为

$$H(f)=\begin{cases}\sqrt{\dfrac{T_s}{2}(1+\cos\pi f T_s)}, & |f|\leqslant\dfrac{1}{T_s}\\ 0, & |f|>\dfrac{1}{T_s}\end{cases}$$

求 $n(t)$ 的功率谱密度及平均功率。

3.3　题 3.3 图中，功率谱密度为 $N_0/2$ 的加性白高斯噪声 $n_w(t)$ 先通过一个中心频率为 f_c、带宽为 B 的理想带通滤波器，然后经过一个微分器，最后的输出是 $y(t)$。求 $y(t)$ 及其同相分量 $y_c(t)$ 和正交分量 $y_s(t)$ 的功率谱密度、功率，并画出功率谱密度图。

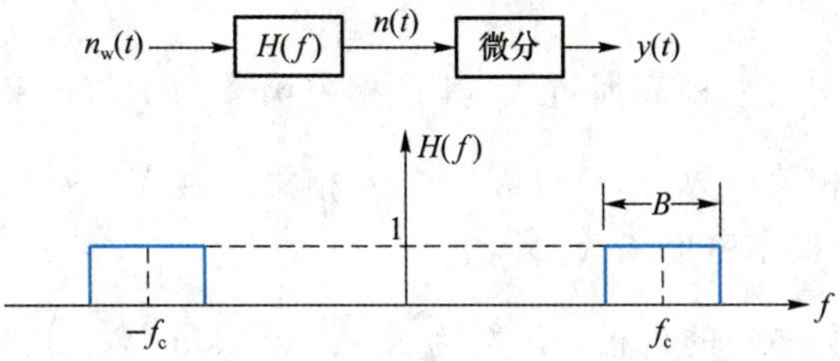

题 3.3 图

3.4　设 $n(t)=n_c(t)\cos(2\pi f_c t)-n_s(t)\sin(2\pi f_c t)$ 是窄带平稳高斯噪声，其方差为 σ^2。$n(t)$ 通过题 3.4 图所示的系统后的输出为 $y(t)$，假设 $n_c(t)$ 与 $n_s(t)$ 的带宽等于理想低通滤波器的带宽。求 $y(t)$ 的一维概率密度函数 $p(y)$。

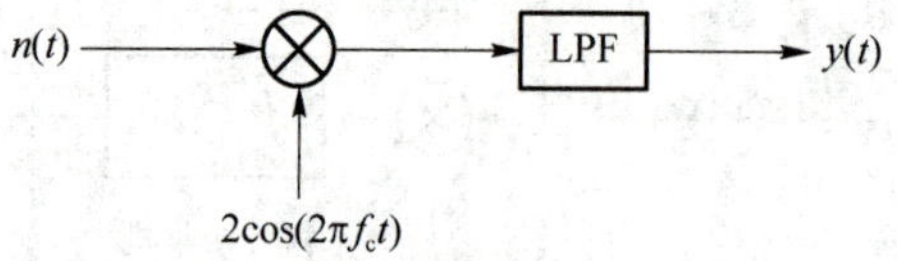

题 3.4 图

3.5 功率谱密度为 $N_0/2$ 的加性白高斯噪声 $n_w(t)$ 通过截止频率为 f_H 的理想低通滤波器得到 $n(t)$。以速率 $2f_H$ 对 $n(t)$ 进行均匀采样得到序列 $\{n_k\}$，其中 $n_k=n\left(\frac{k}{2f_H}\right)$，$k=0,\pm1,\cdots$。求序列 $\{n_k\}$ 的自相关函数 $R_n(m)=E[n_{k+m}n_k]$，并求 $n_1,n_2,\cdots,n_m(m>1)$ 的联合概率密度函数。

3.6 题 3.6 图所示的确定信号 $b(t)$ 叠加功率谱密度为 $N_0/2$ 的白高斯噪声 $n_w(t)$ 后通过对 $b(t)$ 匹配的匹配滤波器。试画出匹配滤波器的冲激响应波形，写出滤波器输出端最大的瞬时信噪比，并求最佳采样时刻滤波器输出端采样值的概率密度。

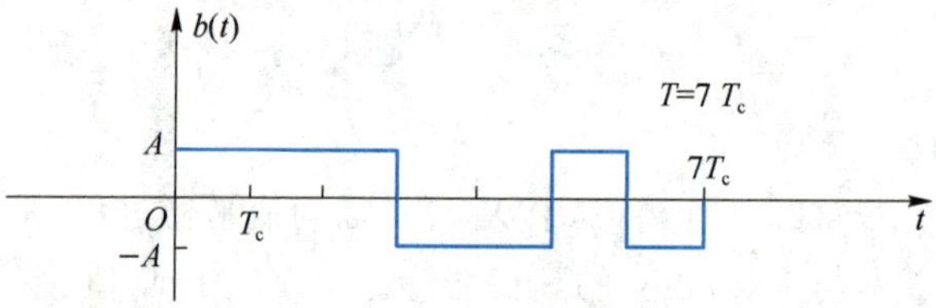

题 3.6 图

3.7 设 X_1，X_2 分别服从瑞利分布和莱斯分布且相互独立，其概率密度函数见表 3.2.1。求概率 $P(X_1>X_2)$。

3.8 题 3.8 图中，加性白高斯噪声 $n_w(t)$ 通过滤波器 $H_1(f)$ 和 $H_2(f)$ 后的输出分别是 $n_1(t)$ 和 $n_2(t)$。问何种 $H_1(f)$ 和 $H_2(f)$ 可保证 $n_1(t)$、$n_2(t)$ 统计独立？

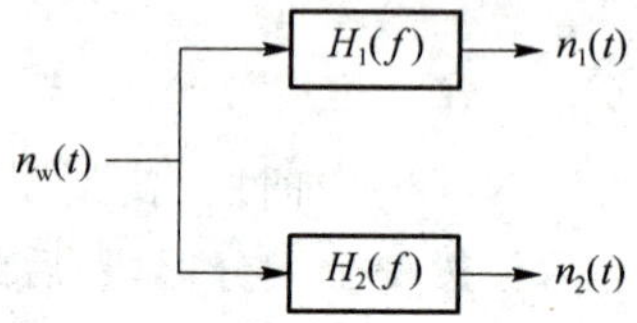

题 3.8 图

3.9 设 $X(t)$ 是零均值平稳高斯过程，其自相关函数为 $R_X(\tau)=\mathrm{sinc}^2\left(\frac{\tau}{T}\right)$。令 $Y(t)=X(t-T)$，求 $Y(t)$ 的自相关函数、$Y(t)$ 与 $X(t)$ 的互相关函数、$Y(0)$ 与 $X(0)$ 的联合概率密度函数、$Y(T)$ 与 $X(0)$ 的联合概率密度函数。

3.10 确定能量信号 $s(t)$ 的自相关函数为 $R_s(\tau)=4\ \mathrm{sinc}^2\left(\frac{\tau}{T}\right)$。$s(t)$ 叠加了功率谱密度为 $N_0/2$ 的白高斯噪声 $n_w(t)$ 后通过一个冲激响应为 $g(t)=s(-t)$ 的滤波器。求滤波器输出端任意时刻 t 的瞬时信噪比。

第 3 章习题答案

第 4 章　模拟通信系统

4.1 引　　言

4.1.1 模拟调制的概念

模拟通信系统的目的是把麦克风、摄像机、传感器等产生的模拟基带信号从一个地点传输到另外一个地点。远距离传输最重要的方法是无线传输，需要把电信号变成电磁波后通过天线发射，但有效辐射电磁波要求天线尺寸与信号波长相当。音频视频等模拟基带信号的频率低、波长长，直接辐射这种信号需要的天线巨大，完全不可实现。为此，需要借助调制技术，把低频基带信号 $m(t)$ 调制到载波 $c(t)$ 上，变换成高频带通信号 $s(t)$，然后通过合适的天线发射，如图 4.1.1 所示，接收端则通过相反的解调过程从其收到的带通信号中复原出基带信号。调制（modulation）是将信息加载于载波（carrier）的过程，调制器的输入 $m(t)$ 称为调制信号（modulating signal），输出 $s(t)$ 称为已调信号（modulated signal）。在本书中，载波主要指正弦波，也叫参考载波。以正弦波为载波的调制称为正弦调制。无线通信系统的发射频率或工作频率就是正弦载波的频率。

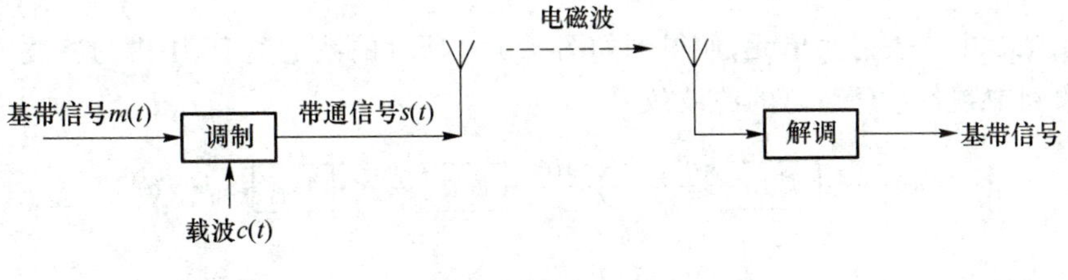

图 4.1.1　将基带信号变换成带通信号后传输

4.1.2 超外差系统

实际的无线通信系统大多不是直接把基带信号调制到空中发射频率上，而是采用如图 4.1.2 所示的超外差结构，其中频单元把基带信号 $m(t)$ 调制到中频（Intermediate Frequency，IF），射频单元将中频单元输出的已调信号 $s(t)$ 变换到射频后通过天线发射。

除了变频外，射频单元一般还包括滤波、放大、双工等功能。发端需要用滤波器来控制发送频谱、抑制杂散辐射，以避免对其他电台形成干扰。收端需要用滤波器从空中选出目标信号，抑制其他电台对自己的干扰。发端需要功率放大器（功放）来产生足够大的输出功率以克服电波在空中传播造成的信号衰减。功放是通信系统中非线性失真的主要来源。收端需要用低噪声放大器(低噪放)把天线感应的微弱电信号放大。低噪放在放大微弱信号的同时,也放大了噪声,这是制约通信质量的主要因素。在实际通信系统的设计及实现中,接收机的噪声系数与等效噪声的概念很重要,尤其要注意接收机前端电路的低噪声设计,请参考有关教材。

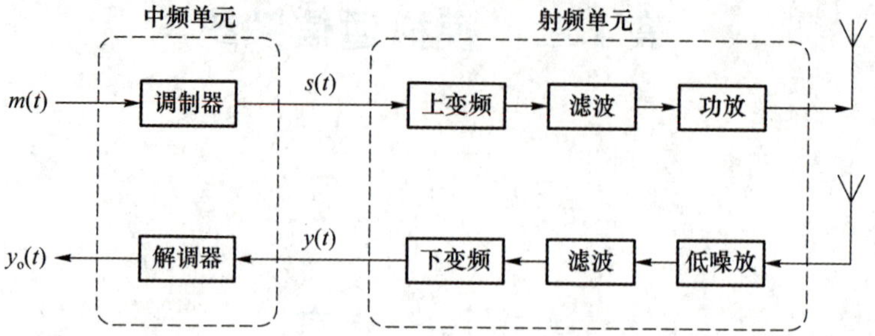

图 4.1.2 超外差结构

通信系统可以是单向通信,例如广播电台只发送,收音机只接收;也可以是双向通信,例如手机同时具有发送和接收的功能。支持双向通信的设备同时具有完整的发送部分和接收部分,整体称为收发信机(transceiver)。如果收发共享天线,还需要双工器。

超外差系统的优点是利于实现。无线电台的工作频率一般比较高,频率越高,实现的难度越大。超外差系统在射频部分只安排了变频、放大、滤波等相对简单的功能,将复杂的调制解调等安排在频率较低的中频部分。超外差系统便于数字化实现,可以将中频以下的部分数字化,通过软件无线电、数字信号处理器、数字集成电路等完成信号处理功能。超外差系统灵活性高,当系统需要改变空中工作频率时,中频部分可以保持不变,通过改变射频单元来改变发射频率。

本章主要聚焦典型模拟调制解调技术的原理,对射频电路部分感兴趣的读者请参考相关教材。

4.1.3 系统模型

在图 4.1.2 中略去射频单元,便得到如图 4.1.3 所示的系统模型,图中的滤波单元代表接收端从射频到中频各个环节总的滤波效果。

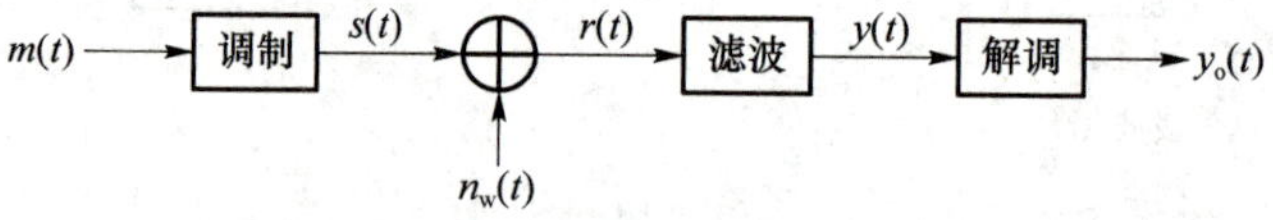

图 4.1.3 模拟调制系统模型

简单起见,假设图 4.1.2 中从发端到收端的所有放大器可以弥补信号在无线传输中经历的各种衰减,忽略信号传输中可能存在的非线性失真及线性失真,只考虑噪声。此时,接收信号可以表示为

$$r(t)=s(t)+n_W(t) \tag{4.1.1}$$

其中 $n_w(t)$是加性白高斯噪声,代表接收端总的等效噪声。假设图 4.1.3 中的滤波器理想,能使 $s(t)$无失真通过,则解调器输入信号可以表示为

$$y(t)=s(t)+n(t) \tag{4.1.2}$$

其中 $n(t)$是 $n_w(t)$通过带通滤波器后形成的窄带噪声,是一个零均值平稳高斯过程。

基带信号 $m(t)$ 一般是随机信号，每次通信中具体传输的是其样本信号。以下默认假设 $m(t)$ 的样本信号是实信号，带宽为 W，不含直流。直流是恒定电压，在时域表现为信号的平均高度 $\overline{m(t)}$，在频域表现为冲激 $\delta(f)$。通过频谱仪观察时，频谱上的冲激呈现为一条很高的细线，因而称为线谱。假设 $m(t)$ 不含直流，就是假设 $\overline{m(t)}=0$，其频谱中没有线谱 $\delta(f)$。

图 4.1.3 中的调制器将信号 $m(t)$ 变换为信号 $s(t)$，构成一个信号系统。按照是否满足叠加原理，信号系统有线性与非线性之分。如果调制器是线性系统，就是线性调制，否则是非线性调制。本章 4.2 节介绍的幅度调制是线性调制，4.3 节介绍的角度调制是非线性调制。

4.1.4　复信号表示

调制器输出的已调信号 $s(t)$ 是带通信号。回顾 2.4 节，每个带通信号 $s(t)$ 对应唯一一个解析信号 $z(t)=s(t)+\mathrm{j}\cdot\hat{s}(t)$，其中 $\hat{s}(t)$ 是 $s(t)$ 的希尔伯特变换。给定参考载波 $\cos(2\pi f_c t+\varphi_c)$ 后，$s(t)$ 对应唯一一个复包络 $s_L(t)=z(t)\mathrm{e}^{-\mathrm{j}(2\pi f_c t+\varphi_c)}$。复包络是复信号，有实部、虚部，模值及角度：

$$s_L(t)=I(t)+\mathrm{j}\cdot Q(t)=A(t)\mathrm{e}^{\mathrm{j}\theta(t)} \tag{4.1.3}$$

基于复包络可将带通信号表示为

$$s(t)=\mathrm{Re}\{s_L(t)\mathrm{e}^{\mathrm{j}(2\pi f_c t+\varphi_c)}\} \tag{4.1.4}$$

$$s(t)=A(t)\cos[2\pi f_c t+\varphi_c+\theta(t)] \tag{4.1.5}$$

$$s(t)=I(t)\cos(2\pi f_c t+\varphi_c)-Q(t)\sin(2\pi f_c t+\varphi_c) \tag{4.1.6}$$

复包络的实部 $I(t)$ 是式(4.1.6)中与参考载波相位一致的 $\cos(2\pi f_c t+\varphi_c)$ 的幅度，是同相分量。复包络的虚部 $Q(t)$ 是与参考载波相位正交的 $-\sin(2\pi f_c t+\varphi_c)$ 的幅度，是正交分量。复包络的模 $A(t)$ 是包络，复包络的角度 $\theta(t)$ 是相位。

基于式(4.1.6)中带通信号的正交表达式，从复包络到带通信号，再从带通信号到复包络的变换可以通过如图 4.1.4 所示的 I/Q 调制及 I/Q 解调实现。

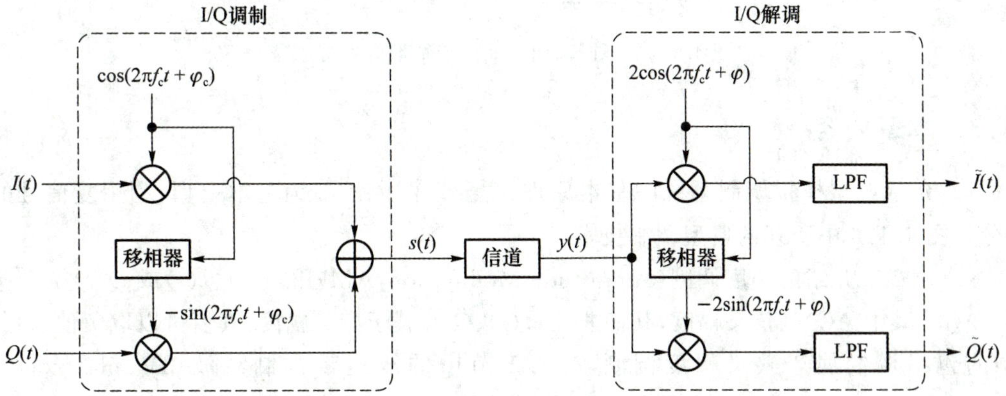

图 4.1.4　I/Q 调制与解调

不考虑噪声时，图 4.1.4 中 $y(t)=s(t)=\mathrm{Re}\{z(t)\}$。带通信号的复包络表达式与参考载波有关。调制器的载波是 $\cos(2\pi f_c t+\varphi_c)$，复包络为 $s_L(t)=z(t)\mathrm{e}^{-\mathrm{j}(2\pi f_c t+\varphi_c)}=I(t)+\mathrm{j}\cdot Q(t)$。解调器的载波是 $\cos(2\pi f_c t+\varphi)$，复包络为 $y_L(t)=z(t)\mathrm{e}^{-\mathrm{j}(2\pi f_c t+\varphi)}=\tilde{I}(t)+\mathrm{j}\cdot\tilde{Q}(t)$。这两个复包络之间是相位旋转关系：

$$y_L(t)=s_L(t)\mathrm{e}^{\mathrm{j}(\varphi_c-\varphi)} \tag{4.1.7}$$

相位旋转会改变同相分量及正交分量，即 $s_L(t)$ 与 $y_L(t)$ 的实部、虚部不同，但相位旋转不影响包络：$|s_L(t)|=|y_L(t)|=|z(t)|$。

基于复包络和解析信号，可将图 4.1.4 按复信号表示为图 4.1.5。发端将复包络 $s_L(t)$ 乘以复载波 $e^{j(2\pi f_c t+\varphi_c)}$，使频谱上移，成为复带通信号 $z(t)$。不考虑噪声，收端的解调过程是将 $z(t)$ 乘以 $e^{-j(2\pi f_c t+\varphi)}$，使频谱下移，得到解调端的复包络 $y_L(t)$。当收发载波的频率相位完全一致时，$y_L(t)=s_L(t)$，否则复包络会发生旋转。

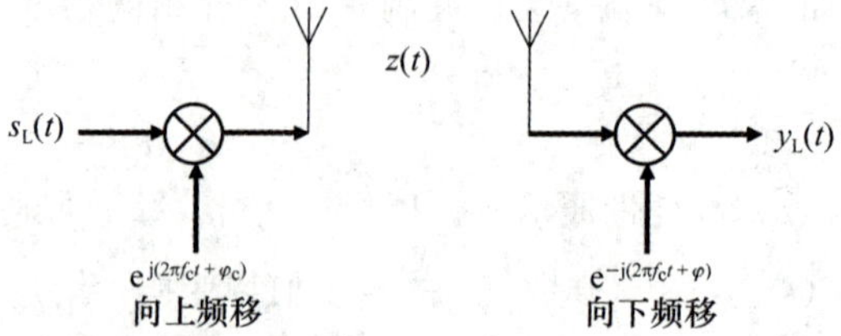

图 4.1.5 复信号表示

模拟调制系统通过带通信号 $s(t)$ 传输基带信号 $m(t)$。带通信号的信息完全携带在复包络中，让带通信号 $s(t)$ 携带 $m(t)$，就是让复包络 $s_L(t)$ 携带 $m(t)$，也就是让式(4.1.3)中的 $I(t)$、$Q(t)$、$A(t)$ 或 $\theta(t)$ 携带 $m(t)$。若把载波比作车，那么 $I(t)$、$Q(t)$、$A(t)$、$\varphi(t)$ 就是车上的座位。调制是让 $m(t)$ 以某种方式坐到某个座位上，解调就是把它卸下来。不同的坐法形成了不同的调制方式。本章所要介绍的几种调制方式携带 $m(t)$ 的位置如图 4.1.6 所示。注意，同相分量或正交分量是相对于载波相位而言的，图中的 $m(t)$ 可以在 I 路，也可以在 Q 路。

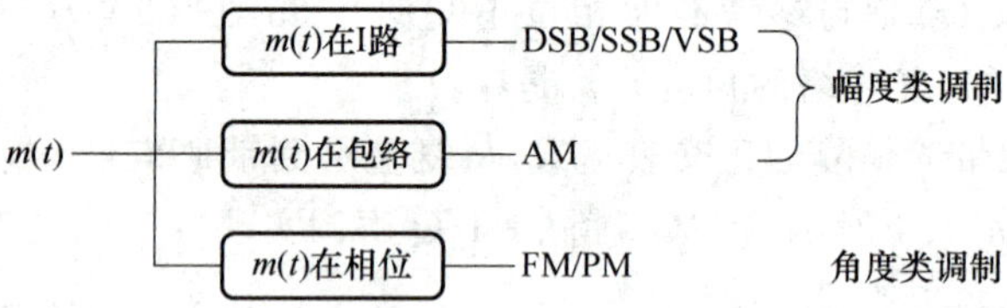

图 4.1.6 不同调制方式携带基带信号的位置

4.1.5 本章内容

本章介绍典型模拟调制系统的基本原理，主要以图 4.1.3 为基本模型，利用复信号的方法，分析图 4.1.6 中所列的典型调制技术。

本章 4.2 节介绍的幅度调制(Amplitude Modulation，AM)用 $A(t)$、$I(t)$ 或 $Q(t)$ 携带基带信号 $m(t)$，其中 $A(t)$ 是狭义幅度，其值非负，$I(t)$、$Q(t)$ 属于广义幅度，其值可以取负值。4.2.2 节中的包络调制属于狭义幅度调制，4.2.1 节中的双边带抑制载波(Double Sideband-Suppressed Carrier，DSB-SC)调制、4.2.3 节中的单边带(Single Sideband，SSB)调制和残留边带(Vestigial Sideband，VSB)调制属于广义幅度调制。后续第 5、6 章中出现的脉冲幅度调制(Pulse Amplitude Modulation，PAM)、正交幅度调制(Quadrature Amplitude Modulation，QAM)也是广义幅度调制。

本章 4.3 节介绍的角度调制用 $\theta(t)$ 携带 $m(t)$，包括调相(Phase Modulation，PM)和调频(Frequency Modulation，FM)。角度调制的包络是常数，属于恒包络调制。

通信系统不仅需要把信息传送过去，还需要保证传输质量。质量评价是通信系统的重要问题之一。模拟通信中最简单、最基本的质量指标是信噪比(Signal to Noise Ratio,SNR)。本章 4.4 节介绍典型调制系统通过 AWGN 信道传输时,解调输出信噪比的分析方法。

模拟调制具有频谱搬移功能,这使其可以支持多路信号以频分复用的方式共享传输信道。本章 4.5 节介绍频分复用的基本原理。

4.2　幅度调制

4.2.1　双边带抑制载波调制

DSB-SC 是一种非常基础的调制方式,本节介绍的另外几种幅度调制(AM、SSB、VSB)可以通过 DSB-SC 变化而成,DSB-SC 也是第 6 章数字调制的基础。

1. DSB-SC 信号

让复包络 $s_L(t)$携带 $m(t)$最简单的方式是让它与 $m(t)$成正比:

$$s_L(t)=A_c m(t) \tag{4.2.1}$$

即让 $m(t)$坐到 $I(t)$这个座位上,让 $Q(t)=0$ 空着。不妨假设参考载波的相位 $\varphi_c=0$。在图 4.1.4 中的 I/Q 调制中略去 Q 路,只保留 I 路,得到调制器原理框图如图 4.2.1 所示。

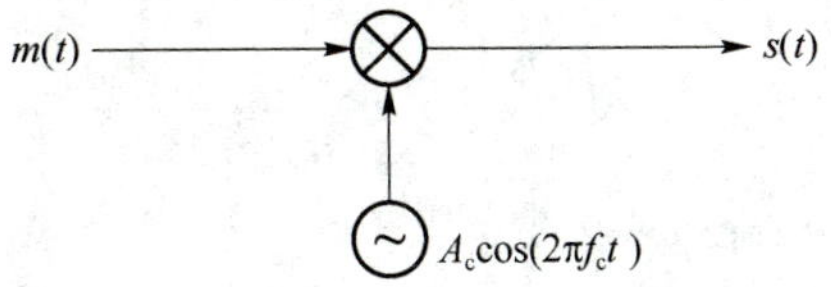

图 4.2.1　双边带调制

调制器输出的已调信号为

$$s(t)=A_c m(t)\cos(2\pi f_c t)=\frac{A_c}{2}m(t)e^{j2\pi f_c t}+\frac{A_c}{2}m(t)e^{-j2\pi f_c t} \tag{4.2.2}$$

若基带信号 $m(t)$的傅氏变换为 $M(f)$,则已调信号的傅氏变换为

$$S(f)=\frac{A_c}{2}[M(f-f_c)+M(f+f_c)] \tag{4.2.3}$$

若 $m(t)$的功率谱密度为 $P_m(f)$,则 $s(t)$的功率谱密度为

$$P_s(f)=\frac{A_c^2}{4}[P_m(f-f_c)+P_m(f+f_c)] \tag{4.2.4}$$

图 4.2.2 是频谱示意图(图中 $A_c=2$)。已调信号的频谱 $S(f)$是基带信号频谱 $M(f)$的左右搬移。$M(f)$关于原点共轭对称,其正频率部分 $M_+(f)$和负频率部分 $M_-(f)$的关系是 $M_-(f)=M_+^*(-f)$。频谱搬移后,$S(f)$在载频 f_c 左右形成两个对称的边带,分别对应 $M_-(f)$和 $M_+(f)$,因此称图 4.2.1 为双边带调制。

基带信号 $m(t)$的带宽是 W,经过双边带调制后,已调信号 $s(t)$的带宽变成 $B=2W$,双边带调制使带宽加倍。

若图 4.2.1 中的基带信号 $m(t)$不包含直流分量,则 $M(f)$不包含线谱 $\delta(f)$。经过频谱搬移后,$S(f)$在$\pm f_c$处没有冲激线谱,这一特性称为抑制载波,此时的已调信号是 DSB-SC 信号。若 $m(t)$包含直流,即$\overline{m(t)}\neq 0$,则 $M(f)$将包含线谱 $\delta(f)$,$S(f)$在$\pm f_c$ 处将有冲激线谱,此时称为双边带传输载波(Double Sideband with Transmitted Carrier, DSB-TC)。

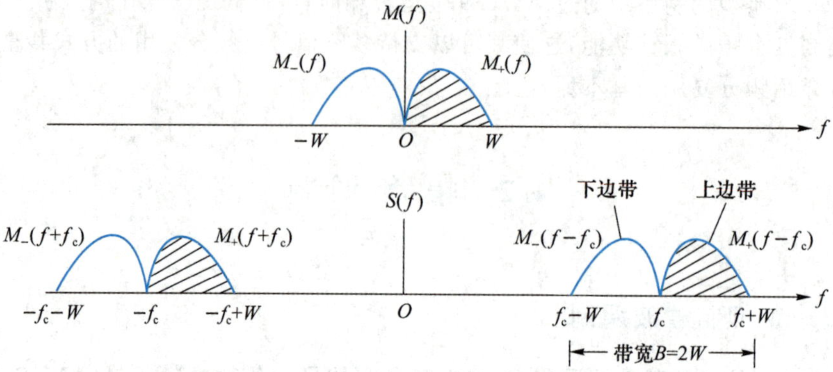

图 4.2.2 DSB-SC 信号的频谱是基带信号频谱的左右搬移

图 4.2.3 是 DSB-SC 信号波形示例。已调信号是载波乘以 $m(t)$,$m(t)>0$ 时,已调信号与载波同相,$m(t)<0$ 时,已调信号与载波反相。

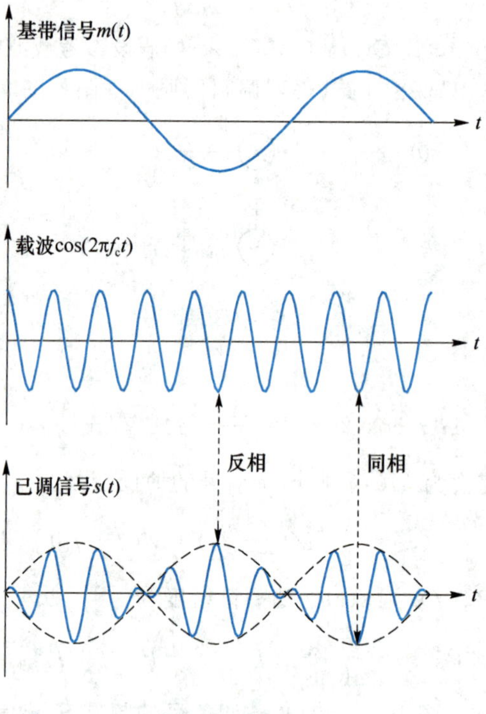

图 4.2.3 基带信号、载波、已调信号波形图

给定载波 $A_c\cos(2\pi f_c t)$时,图 4.2.1 中的调制器是一个线性系统:若输入 $m_1(t)$、$m_2(t)$对应的输出分别为 $s_1(t)=A_c m_1(t)\cos(2\pi f_c t)$和 $s_2(t)=A_c m_2(t)\cos(2\pi f_c t)$,则输入 $m_1(t)+m_2(t)$对应的输出为 $A_c[m_1(t)+m_2(t)]\cos(2\pi f_c t)=s_1(t)+s_2(t)$,满足叠加性。因此,双边带调制是线性调制。

例 4.2.1 用基带信号 $m(t)=2\cos(200\pi t)$对载波 $\cos(1\,200\pi t)$进行双边带调制得到已调信号

$$s(t)=m(t)\cos(1\ 200\pi t)=[e^{j200\pi t}+e^{-j200\pi t}]\cdot\frac{1}{2}[e^{j1\ 200\pi t}+e^{-j1\ 200\pi t}]$$

$$=\frac{1}{2}[e^{j1\ 400\pi t}+e^{j1\ 000\pi t}+e^{-j1\ 000\pi t}+e^{-j1\ 400\pi t}]$$

其傅氏变换为

$$S(f)=\frac{1}{2}[\delta(f-700)+\delta(f-500)+\delta(f+500)+\delta(f+700)]$$

功率谱密度为

$$P_s(f)=\frac{1}{4}[\delta(f-700)+\delta(f-500)+\delta(f+500)+\delta(f+700)]$$

2. 相干解调

DSB-SC 将 $m(t)$ 携带在同相分量上，其解调自然就是取出同相分量，也就是保留图 4.1.4 中 I/Q 解调器的 I 路，形成如图 4.2.4 所示的解调框图。

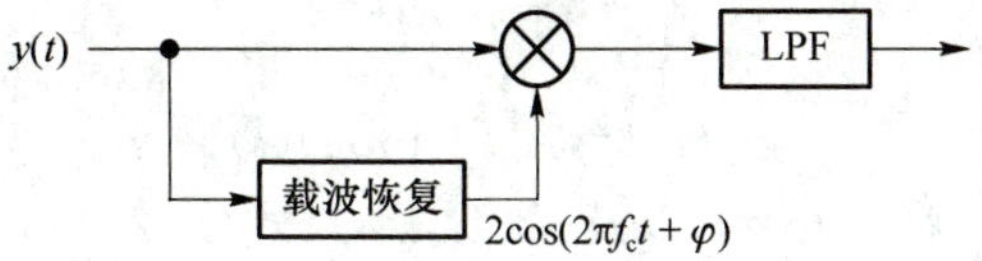

图 4.2.4　DSB 信号的相干解调

不考虑噪声时，解调器输入信号为 $y(t)=s(t)=A_c m(t)\cos(2\pi f_c t+\varphi_c)$，其中 φ_c 是发端载波的初相。如果接收端的载波与发送载波相位一致，$\varphi=\varphi_c$，则解调输出为

$$y_o(t)=A_c m(t) \tag{4.2.5}$$

如果收端和发端的载波相位不一致，存在相位差 $\theta_e=\varphi_c-\varphi$，则根据式(4.1.7)及图 4.1.5，复包络到接收端会发生旋转，使收端解出的同相分量成为

$$y_o(t)=\mathrm{Re}\{A_c m(t)e^{j(\varphi_c-\varphi)}\}=A_c m(t)\cos(\theta_e) \tag{4.2.6}$$

由于 $\cos^2(\theta_e)\leqslant 1$，说明收发相位差将造成解调输出功率降低。单纯的幅度变小并不会造成波形失真，可以通过放大器来补偿。但在 4.3 节中我们将会看到，收发载波相位差不会使噪声的功率减小，只会让有用信号的功率下降，说明收发载波相位不一致将导致解调输出信噪比恶化。

此外，载波相位还可能随时间缓慢变化，使相位差呈现为时变函数 $\theta_e(t)=\varphi_c(t)-\varphi(t)$，相应的解调输出成为

$$y_o(t)=A_c m(t)\cos[\theta_e(t)] \tag{4.2.7}$$

此时，解调输出 $y_o(t)$ 与 $m(t)$ 不是无失真关系，即时变的相位差会造成解调输出信号失真。

总之，使用图 4.2.4 来解调 DSB 信号要求收发载波同步，即接收机本地的载波必须与发端的载波同频同相。任何两个独立的振荡器不可能天然同步，所以图 4.2.4 中设置了一个载波恢复单元，也称为载波同步单元，用来建立同步载波。

如果一种解调方法要求收端建立与发端同步的载波，称该解调为相干解调或同步解调。如果无需建立同步载波就能解出信号，则称为非相干解调。DSB-SC 只能采用相干解调，接收端必须做载波同步。本章 4.2.4 节介绍 DSB-SC 相干解调的几种典型载波同步方法。

4.2.2　包络调制

包络调制也叫常规调幅或标准调幅，主要应用于无线电音频广播。以下用 AM 来简记包

络调制,但注意泛指的AM还包括DSB-SC、SSB、VSB等其他类型的幅度调制,也包括第5章中的PAM,第6章中的QAM等。

1. AM信号

AM让$m(t)$坐在$A(t)=|s_L(t)|$这个座位上,让$\theta(t)=0$空着。具体来说,AM的包络为

$$|s_L(t)|=A_c+A'm(t) \tag{4.2.8}$$

其中A_c,A'均大于0。包络非负,故A_c及A'的设计应使$A_c\geqslant -A'm(t)$对所有t成立。实际的模拟基带信号(如音频)在正负两个方向上取到最大幅度的机会相同,故可要求$A_c\geqslant A'|m(t)|_{max}$。$A'|m(t)|_{max}$与$A_c$的比值称为调幅系数或调制指数:

$$a=\frac{A'|m(t)|_{max}}{A_c}\leqslant 1 \tag{4.2.9}$$

将$m(t)$的最大幅度归一化:

$$m_n(t)=\frac{m(t)}{|m(t)|_{max}} \tag{4.2.10}$$

然后代入式(4.2.8)可得到

$$|s_L(t)|=A_c[1+am_n(t)] \tag{4.2.11}$$

不妨假设载波相位$\varphi_c=0$。将$\theta(t)=0$以及式(4.2.8)、式(4.2.11)代入式(4.1.5),得到AM已调信号表达式为

$$\begin{aligned}s(t)&=A_c[1+am_n(t)]\cos(2\pi f_c t)\\&=[A_c+A'm(t)]\cos(2\pi f_c t)\\&=A_c\cos(2\pi f_c t)+A'm(t)\cos(2\pi f_c t)\end{aligned} \tag{4.2.12}$$

图4.2.5示出了不同调幅系数下,AM信号波形示意图。调幅系数越小,调制越浅。

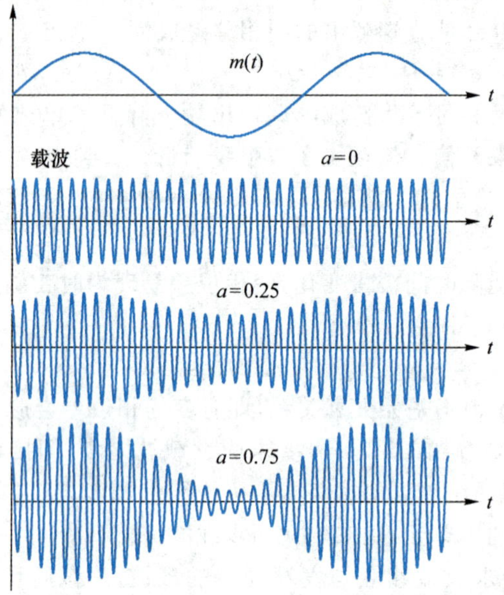

图4.2.5 AM信号波形

按照式(4.2.12)中的后两个表达式,AM信号的产生方法可以是:(1)对默认无直流分量的基带信号$A'm(t)$叠加一个足够大的直流A_c,大到能使$A_c+A'm(t)\geqslant 0$,然后做双边带调制,如图4.2.6(a)所示;(2)先做DSB-SC调制,然后插入一个足够大的载波,如图4.2.6(b)

所示。

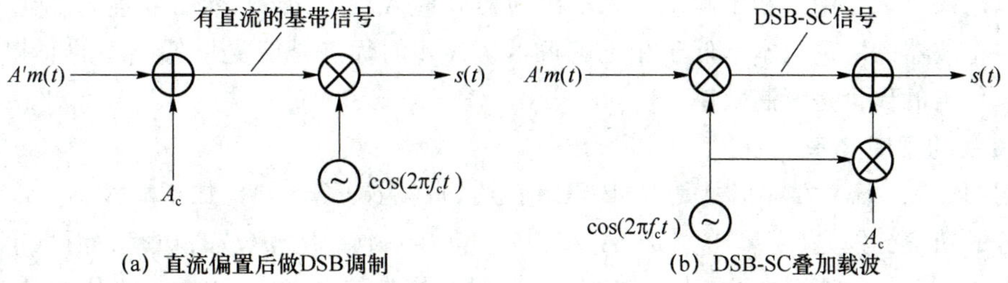

图 4.2.6 AM 信号的产生方法

若 $m(t)$的傅氏变换为 $M(f)$,则图 4.2.6(a)中 $A_c+A'm(t)$的傅氏变换为 $A_c\delta(f)+A'M(f)$,乘以 $\cos(2\pi f_c t)$后的傅氏变换为

$$S(f)=\frac{A'}{2}[M(f-f_c)+M(f+f_c)]+\frac{A_c}{2}[\delta(f-f_c)+\delta(f+f_c)] \tag{4.2.13}$$

若 $m(t)$的功率谱密度为 $P_m(f)$,则 $A_c+A'm(t)$的功率谱密度为 $A_c^2\delta(f)+(A')^2P_m(f)$,已调信号的功率谱密度为

$$P_s(f)=\frac{(A')^2}{4}[P_m(f-f_c)+P_m(f+f_c)]+\frac{A_c^2}{4}[\delta(f-f_c)+\delta(f+f_c)] \tag{4.2.14}$$

图 4.2.7 是 AM 信号的功率谱密度示例。AM 本身是一种 DSB 调制,其带宽是基带信号带宽的两倍:$B=2W$。AM 与 DSB-SC 在频谱上的差别在于,AM 的频谱有载频线谱分量,属于 DSB-TC。

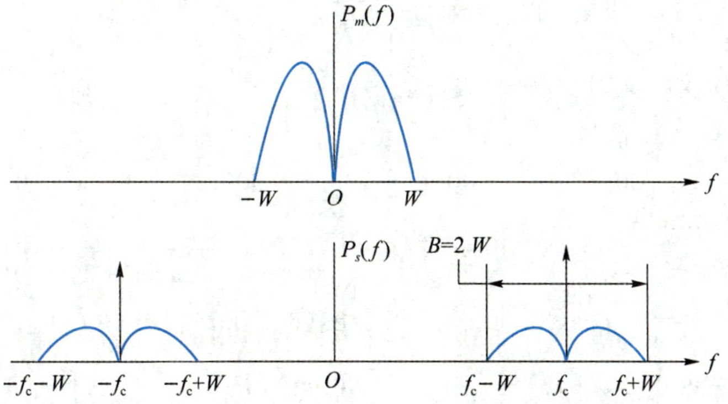

图 4.2.7 AM 信号的功率谱密度

2. AM 解调

AM 将 $m(t)$携带在包络中,包络检波器是其天然的解调器,如图 4.2.8 所示。包络检波器无论其具体实现方法如何,功能是提取出输入信号 $s(t)$的包络,其输出是式(4.2.8)中的 $A_c+A'm(t)$,隔直流电路去除直流 A_c,最后的解调输出是 $A'm(t)$。信号的包络与相位无关,所以图 4.2.8 不需要设置载波同步单元,属于非相干解调。

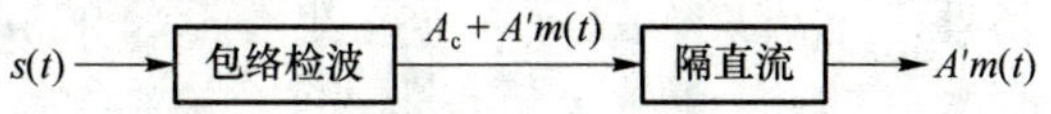

图 4.2.8 AM 信号的非相干解调

从图4.2.6(a)可以看到,AM信号$s(t)$是$A_c+A'm(t)$对载波$\cos(2\pi f_c t)$做DSB调制,故此也可以用图4.2.4中的相干解调器来解出同相分量$A_c+A'm(t)$,然后隔直流得到$A'm(t)$。

包络检波器的实现成本远低于相干解调器。AM的优点是能支持低成本的非相干解调,这一优点付出的代价是调制效率。

3. AM的调制效率

根据图4.2.6(b),AM信号是DSB-SC信号$A'm(t)\cos(2\pi f_c t)$叠加了载波$A_c\cos(2\pi f_c t)$,这两部分的功率分别是$(A')^2P_m/2$和$A_c^2/2$,其中$P_m=\overline{m^2(t)}$是$m(t)$的功率。消息信号$m(t)$只携带在$A'm(t)\cos(2\pi f_c t)$中,$A_c\cos(2\pi f_c t)$并没有携带信息,但它消耗一部分发射功率。携带信息的$A'm(t)\cos(2\pi f_c t)$的功率在$s(t)$总功率中的占比称为AM的调制效率,即

$$\eta=\frac{(A')^2P_m}{A_c^2+(A')^2P_m}=\frac{a^2P_{m_n}}{1+a^2P_{m_n}} \tag{4.2.15}$$

其中$P_{m_n}=\overline{m_n^2(t)}$是幅度归一化信号$m_n(t)$的功率。

信号的瞬时功率是信号的平方,平均功率是瞬时功率沿时间的平均值。瞬时功率围绕平均功率高低变化。瞬时功率的最大值(峰值功率)是$|m(t)|_{\max}^2$,其与平均功率之比称为峰均功率比(Peak to Average Power Ratio, PAPR),简称峰均比。基带信号$m(t)$的峰均比为

$$C_m=\frac{|m(t)|_{\max}^2}{\overline{m^2(t)}}=\frac{1}{P_{m_n}} \tag{4.2.16}$$

即峰均比等于幅度归一化信号$m_n(t)=\dfrac{m(t)}{|m(t)|_{\max}}$的功率的倒数。代入式(4.2.15)后可得到调制效率与调幅系数、基带信号峰均比的关系为

$$\eta=\frac{1}{1+C_m/a^2} \tag{4.2.17}$$

调幅系数越小、峰均比越高则调制效率越低。

例4.2.2 设有AM信号

$$s(t)=[20+2\cos(3\,000\pi t)+10\cos(6\,000\pi t)]\cos(2\pi\times10^5 t)$$

与式(4.2.12)比较可知

$$A_c[1+am_n(t)]=20+2\cos(3\,000\pi t)+10\cos(6\,000\pi t)$$

因此,$A_c=20$,$am_n(t)=0.1\cos(3\,000\pi t)+0.5\cos(6\,000\pi t)$,$|am_n(t)|_{\max}=0.6$,调幅系数为$a=0.6$,$m_n(t)=\frac{1}{6}\cos(3\,000\pi t)+\frac{5}{6}\cos(6\,000\pi t)$,$P_{m_n}=\frac{1}{2\times6^2}+\frac{5^2}{2\times6^2}=\frac{13}{36}$,峰均比为$C_m=36/13$,调制效率为$\eta=\dfrac{1}{1+\frac{36}{13}\times\frac{1}{0.6^2}}=\dfrac{13}{113}$。

4.2.3 单边带调制

DSB-SC及AM信号的频谱有两个对称的边带,其信号带宽是基带信号的2倍,为了提高信道频谱利用率,可以去除其中一个边带,形成单边带(SSB)调制。SSB主要用于短波电台、FDM等重视频谱效率的场景。

1. SSB

根据图4.2.2,DSB频谱在载频左右有两个对称的边带。位于载频外侧的$M_+(f-f_c)$和$M_-(f+f_c)$是上边带(Upper Sideband,USB),位于载频内侧的$M_-(f-f_c)$和$M_+(f+f_c)$是

下边带(Lower Sideband,LSB)。对称意味着冗余:已知其中一个,便能推知另一个。冗余意味着可以去除。如果按图 4.2.9(a),用一个滤波器将 DSB-SC 的两个边带去掉一个,得到的就是 SSB 信号,其频谱如图 4.2.10 所示,其带宽 B 等于模拟基带信号的带宽 W。

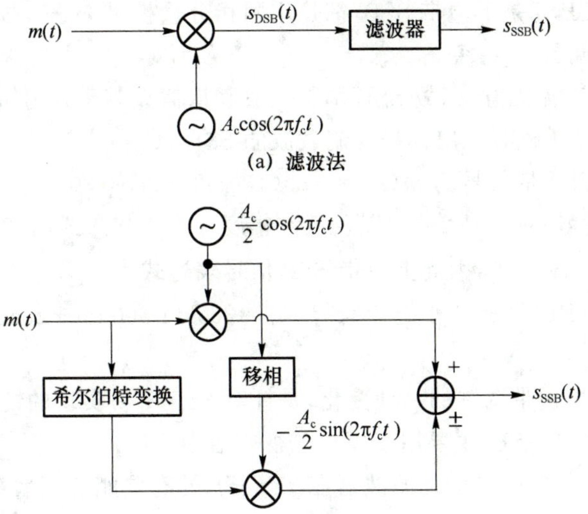

图 4.2.9　单边带信号的产生

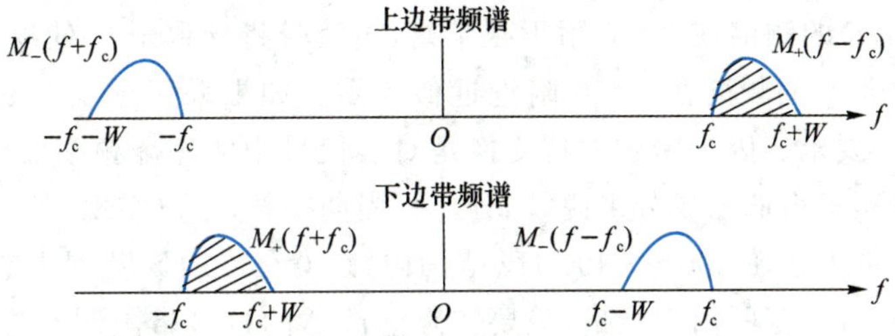

图 4.2.10　单边带信号的频谱($A_c=2$)

根据图 4.2.10,上边带 SSB 信号的频谱为

$$S_{USB}(f)=\frac{A_c}{2}[M_+(f-f_c)+M_-(f+f_c)] \tag{4.2.18}$$

对应的复包络频谱是正频率部分左移 f_c后乘 2:$S_{L,USB}(f)=A_cM_+(f)$。根据第 2 章例 2.3.4,$M_+(f)$对应的时域信号为$\frac{1}{2}[m(t)+\mathrm{j}\cdot\hat{m}(t)]$。因此,上边带 SSB 信号的复包络为

$$s_{L,USB}(t)=\frac{A_c}{2}[m(t)+\mathrm{j}\cdot\hat{m}(t)] \tag{4.2.19}$$

根据复包络表达式可以写出上边带 SSB 信号的表达式为

$$s_{USB}(t)=\frac{A_c}{2}[m(t)\cos(2\pi f_ct)-\hat{m}(t)\sin(2\pi f_ct)] \tag{4.2.20}$$

同理可得到下边带 SSB 信号的表达式为

$$s_{LSB}(t)=\frac{A_c}{2}[m(t)\cos(2\pi f_ct)+\hat{m}(t)\sin(2\pi f_ct)] \tag{4.2.21}$$

式(4.2.20)及式(4.2.21)说明可以用 I/Q 调制器来产生 SSB 信号,如图 4.2.9 (b)所示,

图中加法器下方的±1决定输出是下边带还是上边带。

SSB信号由两个载频正交的DSB构成。I路DSB信号 $m(t)\cos(2\pi f_c t)$ 负责传输 $m(t)$。Q路DSB信号 $\hat{m}(t)\sin(2\pi f_c t)$ 的作用是抵消I路DSB的一个边带。

无论是上边带SSB还是下边带SSB,都是用同相分量携带 $m(t)$,故其解调可以采用如图4.2.4所示的相干解调器。

希尔伯特变换对直流无意义,故SSB调制一般默认假设基带信号 $m(t)$ 无直流,此时SSB的频谱无载频线谱,所以SSB一般都是抑制载波的SSB-SC。

例 4.2.3 设模拟基带信号为 $m(t)=4\cos(100\pi t)+2\cos(200\pi t)$,载波为 $\cos(1\,200\pi t)$。将 $m(t)$ 对应的解析信号 $4e^{j100\pi t}+2e^{j200\pi t}$ 以及载波幅度 $A_c=1$ 代入式(4.2.19),得到上边带SSB信号的复包络为 $2e^{j100\pi t}+e^{j200\pi t}$,因此上边带SSB信号表达式为

$$s_{USB}(t)=\mathrm{Re}\{[2e^{j100\pi t}+e^{j200\pi t}]e^{j1\,200\pi t}\}=2\cos(1\,300\pi t)+\cos(1\,400\pi t)$$

2. VSB

残留边带调制是单边带调制的一种变化,是针对SSB不易实现的情形提出的。VSB的带宽显著小于DSB,略高于SSB,主要用于模拟电视广播中。

实现SSB要求图4.2.9(a)中的滤波器在 $f=\pm f_c$ 处有陡峭的频率截止特性,能够理想去除DSB-SC的一个边带。实际能够实现的滤波器不可能有陡峭的截止特性,总存在一个过渡带,在 $\pm f_c$ 处是逐步上升或下降的。若 $m(t)$ 的频谱在 $f=0$ 附近近似为零,则DSB-SC信号在 $f=\pm f_c$ 附近几乎没有能量,过渡带的影响可以忽略,可以理想去除一个边带,实现SSB预想的效果。但如果 $m(t)$ 的频谱在 $f=0$ 附近很丰富,过渡带将导致 $\pm f_c$ 处出现明显的失真。因此,实现SSB要求 $m(t)$ 的频谱在 $f=0$ 附近近似为零。如果采用图4.2.9(b)中的正交调制法,也不会降低这一要求。因为希尔伯特变换是对实信号中的每个频率成分移相90°,即延迟四分之一周期。对频率很低的成分来说,四分之一周期很长,难以实现。

话音信号的频带大致在300～3 400 Hz范围内,在0～300 Hz范围内空白,使DSB-SC信号的频谱在 $f_c\pm300$ Hz范围内无能量,只要实际滤波器的过渡带限制在这个范围内,就可以实现SSB。模拟电视信号在零频附近有丰富的信号成分,无法实现SSB,为此提出了VSB。

VSB信号的产生方法与图4.2.9类似。不妨考虑滤波法,将DSB-SC信号 $A_c m(t)\cos(2\pi f_c t)$ 通过一个传递函数为 $H(f)$ 的滤波器得到VSB,如图4.2.11所示。以上边带为例,理想SSB会将图中DSB频谱的下边带完全滤除。实际滤波器做不到陡峭的过渡带,所以滤波后,DSB的下边带没有去除干净,有所残留。

为了能够用如图4.2.4所示的相干解调器解调出 $m(t)$,要求VSB信号的同相分量是 $m(t)$。对照单边带复包络表达式(4.2.19),我们期望VSB信号的复包络具有如下形式:

$$s_L(t)=\frac{A_c}{2}[m(t)+j\cdot\tilde{m}(t)] \tag{4.2.22}$$

其同相分量为

$$\mathrm{Re}\{s_L(t)\}=\frac{1}{2}[s_L(t)+s_L^*(t)]=\frac{A_c}{2}m(t) \tag{4.2.23}$$

上式对应到频域为

$$S_L(f)+S_L^*(-f)=A_c M(f) \tag{4.2.24}$$

其中 $S_L^*(-f)$ 是 $s_L^*(t)$ 的傅氏变换。

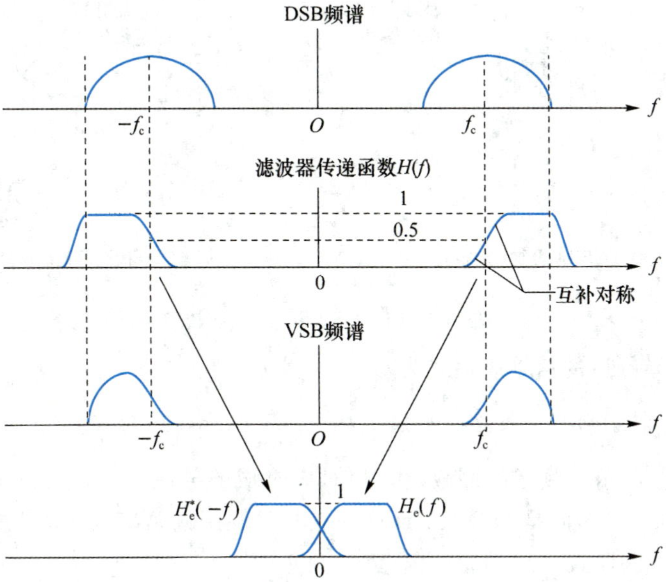

图 4.2.11　残留边带

根据带通信号等效基带分析的原理，可将图 4.2.11 中的带通滤波器 $H(f)$ 等效为一个低通滤波器 $H_e(f)$，使得带通滤波器输出复包络频谱等于输入复包络频谱乘以 $H_e(f)$。DSB-SC 复包络 $A_c m(t)$ 的频谱为 $A_c M(f)$，VSB 复包络的频谱为 $S_L(f)=H_e(f)\cdot A_c M(f)$。代入式(4.2.24)得到

$$H_e(f)\cdot A_c M(f)+H_e^*(-f)\cdot A_c M^*(-f)=A_c M(f) \tag{4.2.25}$$

实信号 $m(t)$ 的频谱满足共轭对称性：$M^*(-f)=M(f)$。代入式(4.2.25)并约去相同项得到

$$H_e(f)+H_e^*(-f)=1 \tag{4.2.26}$$

根据 2.4 节，等效基带传递函数 $H_e(f)$ 是 $H(f)$ 的正频率部分左移，$H_e^*(-f)$ 是 $H(f)$ 的负频率部分右移。代入式(4.2.26)可得到 $H(f)$ 的设计应满足：

$$H(f+f_c)+H(f-f_c)=1,\quad |f|\leqslant f_c \tag{4.2.27}$$

即滤波器设计应使其传递函数在 $f=\pm f_c$ 处具有互补对称性。

4.2.4　载波同步

相干解调要求收端建立与发端同步的本地载波，图 4.2.4 中的载波恢复单元实现这一功能。载波同步的方法有很多，以下针对 DSB-SC 相干解调介绍插入导频法、平方环法以及科斯塔斯环法。这些方法也适用于第 6 章数字调制中的 BPSK 及 MASK。

1. 插入导频法

为了使收端拥有与发端一致的载波，最简明的方法是让发端将其载波直接发给收端，例如图 4.2.12 (a)是在 DSB-SC 信号上直接叠加载波 $A_p\cos(2\pi f_c t+\varphi_c)$，所叠加的这个载波称为

导频。图4.2.12(a)可以等价为图4.2.12(b),即对基带信号叠加直流后做DSB调制。

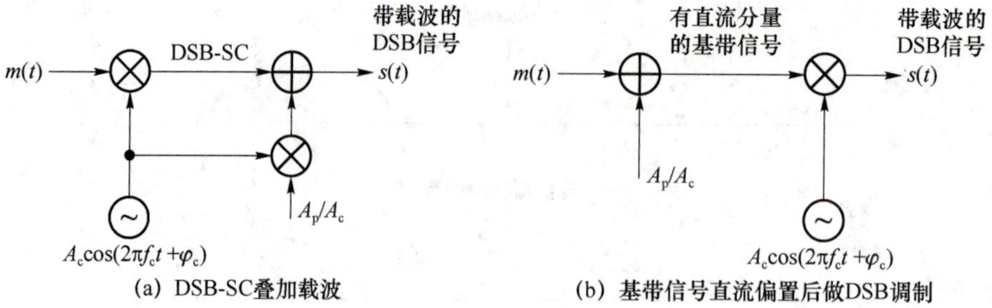

图4.2.12 DSB-SC插入导频

DSB-SC叠加导频后的信号表达式为

$$s(t)=A_c m(t)\cos(2\pi f_c t+\varphi_c)+A_p\cos(2\pi f_c t+\varphi_c) \tag{4.2.28}$$

其频谱如图4.2.13所示。频域的冲激(线谱)对应时域的导频 $A_p\cos(2\pi f_c t+\varphi_c)$。叠加导频后的信号不再是DSB-SC,而是DSB-TC。这一点与常规调幅AM类似,只是AM要求叠加的导频幅度足够大,以保证式(4.2.8)右边非负。

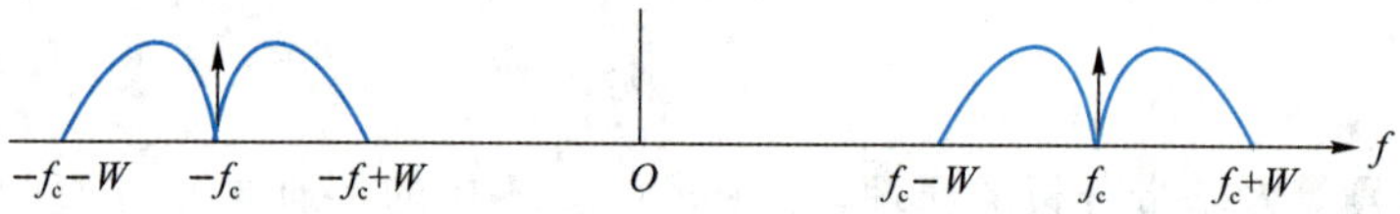

图4.2.13 DSB-SC插入导频后的频谱

接收端收到带载波的DSB信号后,提取导频的方法之一是用带宽非常窄的带通滤波器对准图4.2.13中的冲激线谱,其输出近似为 $KA_p\cos(2\pi f_c t+\varphi_c)$,其中 K 是滤波器的增益系数。

用窄带滤波器提取载波的缺点是难以适应频率变化。实际系统中有很多因素会导致载波频率偏移,如振荡器自身的频率偏移、无线传输中的多普勒频移等。此外,接收端滤波器自身元器件特性的变化也会造成滤波器中心频率偏移。不考虑噪声,当实际载频与预先设计的载频之间存在频差 f_d 时,接收信号可以表示为

$$\begin{aligned} s(t)&=[A_c m(t)+A_p]\cos(2\pi f_c t+2\pi f_d t+\varphi_0)\\ &=\mathrm{Re}\{[A_c m(t)+A_p]\mathrm{e}^{\mathrm{j}(2\pi f_c t+\varphi_c(t))}\} \end{aligned} \tag{4.2.29}$$

其中 $\varphi_c(t)=2\pi f_d t+\varphi_0$。频差的存在使接收信号的中心频率变成 f_c+f_d。如果窄带滤波器的带宽过窄,可能对不准图4.2.13中线谱的位置,无法提取导频。如果滤波器带宽过宽,则会过多漏入其他不需要的信号成分及噪声,影响恢复载波的质量。

除了窄带滤波外,实际中最常用的是锁相环,它能从导频和其他信号的混合中分离出导频,并具有跟踪频率变化的能力。有关锁相环的详细原理可参阅《通信电子电路》等教材,下面给出一个简要的原理说明。

图4.2.14是用锁相环提取载波并进行相干解调的原理框图,其主体是一个I/Q解调器,本地载波 $c(t)=2\cos[2\pi f_c t+\varphi(t)]$ 由压控振荡器(Voltage Controlled Oscillator,VCO)产生。输入为式(4.2.29)中的 $s(t)$ 时,相位差 $\theta_e(t)=\varphi_c(t)-\varphi(t)$ 将使I/Q解调器输出的复包络发生旋转:

$$\tilde{I}(t)+\mathrm{j}\cdot\tilde{Q}(t)=[A_c m(t)+A_p]\mathrm{e}^{\mathrm{j}\theta_e(t)} \tag{4.2.30}$$

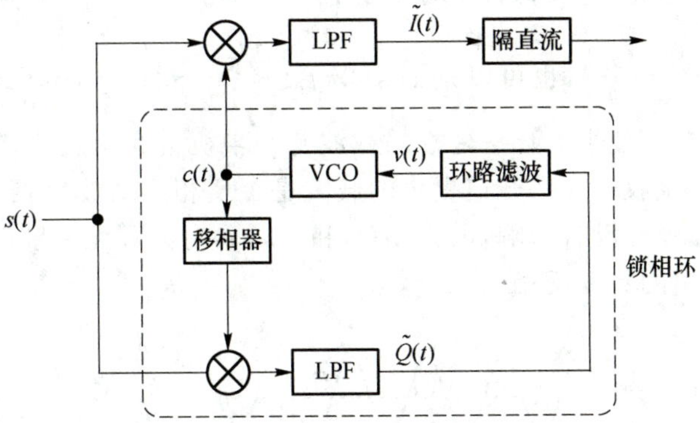

图 4.2.14 用锁相环实现相干解调

若 VCO 输出载波与发送载波恰好同步，则 $\theta_e(t)=0$，此时 Q 路输出 $\tilde{Q}(t)=0$。反之，如果 $\tilde{Q}(t)\neq 0$，则说明 $\theta_e(t)\neq 0$。即 $\tilde{Q}(t)$ 能反映本地载波与发送载波的相位是否一致。当 $\theta_e(t)\neq 0$ 时，$\tilde{Q}(t)$ 通过环路滤波器反馈到 VCO 的控制电压 $v(t)$ 上，进而控制 VCO 输出载波 $c(t)$ 的相位 $\varphi(t)$ 发生变化。由此形成一个负反馈环路，其稳态是 $\theta_e(t)\approx 0$，此时 VCO 输出载波的相位锁定发送载波的相位，I 路输出为 $\tilde{I}(t)\approx A_c m(t)+A_p$，完成相干解调。

DSB-SC 信号插入的导频不携带信息，但要占一部分发送功率，影响功率效率。如果发端不打算插入导频，也有实现载波同步的方法，如接下来要介绍的平方环、科斯塔斯环等方法。

2. 平方环法

DSB-SC 信号不含载频分量，用窄带滤波器或锁相环提不出同步载波。为此，可对 DSB-SC 进行非线性变换，产生出线谱分量，再用锁相环提取。平方环法是此类方法之一，其原理如图 4.2.15 所示。

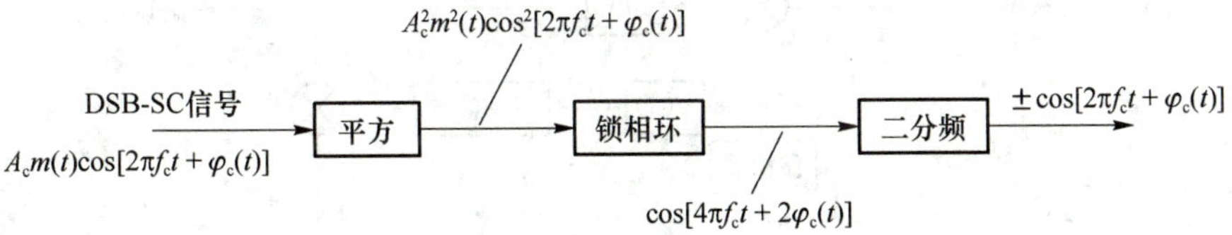

图 4.2.15 平方环法

DSB-SC 信号 $s(t)=A_c m(t)\cos[2\pi f_c t+\varphi_c(t)]$ 平方后成为

$$\begin{aligned} v(t)&=A_c^2 m^2(t)\cos^2[2\pi f_c t+\varphi_c(t)] \\ &=\frac{A_c^2 m^2(t)}{2}+\frac{A_c^2 m^2(t)}{2}\cos[4\pi f_c t+2\varphi_c(t)] \end{aligned} \tag{4.2.31}$$

令 $\tilde{m}(t)=m^2(t)-P_m$，则

$$v(t)=\frac{A_c^2 m^2(t)}{2}+\frac{A_c^2\tilde{m}(t)}{2}\cos[4\pi f_c t+2\varphi_c(t)]+\frac{A_c^2 P_m}{2}\cos[4\pi f_c t+2\varphi_c(t)] \tag{4.2.32}$$

上式最后一项是纯正弦波，可用锁相环提取这一项，适当设置幅度得到 $\cos[4\pi f_c t+2\varphi_c(t)]$。二分频后得到 $\pm\cos[2\pi f_c t+\varphi_c(t)]$。从数学表达式来说，带通信号二分频就是角度部分除以 2，

二倍频就是角度部分乘以2。

注意,二分频的解不唯一。例如,在图4.2.16中,$\cos\left(4\pi f_c t+\frac{\pi}{2}\right)=\cos\left(4\pi f_c t+\frac{\pi}{2}+2\pi\right)$的二分频可以是$\cos\left(2\pi f_c t+\frac{\pi}{4}\right)$,也可以是$\cos\left(2\pi f_c t+\frac{\pi}{4}+\pi\right)=-\cos\left(2\pi f_c t+\frac{\pi}{4}\right)$,这种现象称为相位模糊。相位模糊使平方环法建立的载波有一半机会完全正确,有一半机会反相。如果没有其他辅助信息,接收端无法知道提出的载波是否反相。载波反相将导致解调输出反极性。对于音频传输,反极性没有影响,因为$m(t)$和$-m(t)$对人耳无差别。但如果是数字调制,反极性将导致解调输出的数据反相。

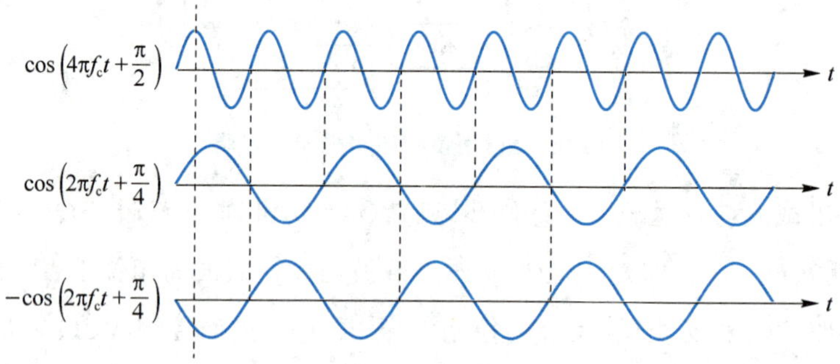

图4.2.16 二分频带来的相位模糊

3. 科斯塔斯环法

科斯塔斯环是DSB-SC以及第6章BPSK等调制应用最多的一种载波同步法,它通过发现本地载波与已调信号载波的相位差来控制振荡器,使本地载波跟踪已调信号中载波的频率及相位变化。

科斯塔斯环法如图4.2.17所示,与图4.2.14相似,只是用同相分量和正交分量的乘积来控制VCO。

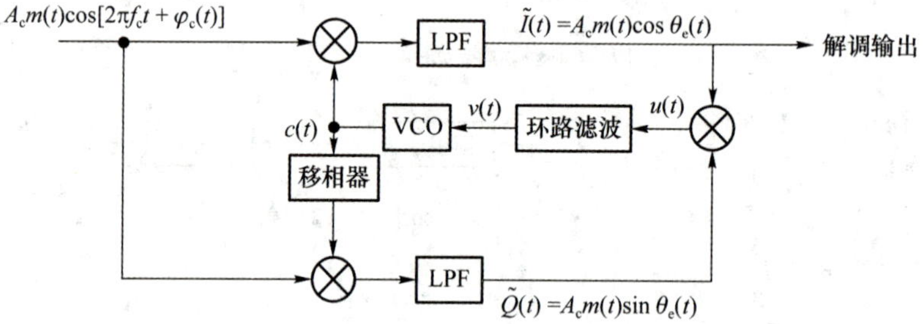

图4.2.17 科斯塔斯环法

DSB-SC信号$s(t)=A_c m(t)\cos[2\pi f_c t+\varphi_c(t)]$送入I/Q解调器,其本地载波$c(t)=2\cos[2\pi f_c t+\varphi(t)]$由VCO产生。由于相位差$\theta_e(t)=\varphi_c(t)-\varphi(t)$的原因,I/Q解调器输出的复包络将发生旋转:

$$\tilde{I}(t)+\mathrm{j}\cdot\tilde{Q}(t)=A_c m(t)\mathrm{e}^{\mathrm{j}\theta_e(t)} \tag{4.2.33}$$

I、Q两路输出的乘积为

$$u(t)=\tilde{I}(t)\tilde{Q}(t)=\frac{A_c^2}{2}m^2(t)\sin[2\theta_e(t)] \tag{4.2.34}$$

若VCO输出载波与发送载波恰好同步,则$\theta_e(t)=0$,此时$u(t)=0$。反之,如果$u(t)\neq 0$,

则说明 $\theta_e(t)\neq0$。乘积 $u(t)$通过环路滤波器反馈到 VCO 的控制电压 $v(t)$上，进而控制 VCO 输出载波 $c(t)$的相位 $\varphi(t)$发生变化。由此形成一个负反馈，其稳态是 $\theta_e(t)\approx0$ 或 $\theta_e(t)\approx\pi$，此时科斯塔斯环产生的载波或者与发端载波一致，或者与发端载波反相。稳态时的解调输出为 $\tilde{I}(t)\approx\pm A_c m(t)$。科斯塔斯环锁定后的输出载波是 $\pm2\cos[2\pi f_c t+\varphi_c(t)]$ 中的某一个，说明科斯塔斯环也存在相位模糊问题。

4.3 角度调制

4.3.1 调频与调相

在角度调制中，包络是常数，$m(t)$携带于相位中，已调信号的复包络为 $s_L(t)=A_c e^{j\theta(t)}$。不妨取 $A_c=1$，可将复包络理解为一个在圆周上运动的点，如图 4.3.1 所示。单位时间内，$s_L(t)$经过的弧长等于扫过的角度，线速度就是角速度。相位的一阶导 $\theta'(t)$是复包络的瞬时角速度（角频率），复包络的瞬时频率为$\frac{1}{2\pi}\theta'(t)$。由于已调信号 $s(t)=\mathrm{Re}\{e^{j[2\pi f_c t+\theta(t)]}\}$的瞬时频率为 $f_c+\frac{1}{2\pi}\theta'(t)$，故也称复包络的瞬时频率为瞬时频偏。

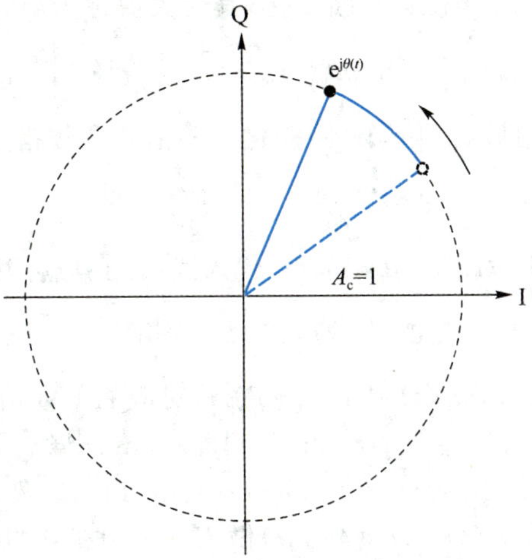

图 4.3.1　单位圆上的运动

角度调制携带基带信号 $m(t)$的一种方式是调相，其相位与 $m(t)$成正比：

$$\theta(t)=K_p m(t) \tag{4.3.1}$$

其中 K_p称为相位偏移常数或调相灵敏度，单位为 rad/V。另一种方式是调频，其瞬时频偏与 $m(t)$成正比：

$$\frac{1}{2\pi}\theta'(t)=K_f m(t) \tag{4.3.2}$$

其中 K_f称为频率偏移常数或调频灵敏度，单位为 Hz/V。

按式(4.3.1)及式(4.3.2)所确定的相位，可写出 PM 及 FM 已调信号表达式分别为

$$s_{PM}(t)=A_c\cos[2\pi f_c t+K_p m(t)] \tag{4.3.3}$$

$$s_{FM}(t)=A_c\cos\left[2\pi f_c t+2\pi K_f\int_{-\infty}^{t}m(\tau)d\tau\right] \tag{4.3.4}$$

角度调制是非线性调制。以 PM 为例，假设 PM 调制器给定，即式(4.3.3)中的 A_c、f_c、K_p 给定。设有两个基带信号 $m_1(t)$、$m_2(t)$，它们通过 PM 调制器后输出分别为 $s_1(t)=A_c\cos[2\pi f_c t+K_p m_1(t)]$ 和 $s_2(t)=A_c\cos[2\pi f_c t+K_p m_2(t)]$。将 $m_1(t)+m_2(t)$ 送入相同的 PM 调制器，已调信号为 $s(t)=A_c\cos[2\pi f_c t+K_p\{m_1(t)+m_2(t)\}]\neq s_1(t)+s_2(t)$，不满足叠加性，所以 PM 不是线性调制。

PM 和 FM 有紧密的联系，二者的差别相当于更换了调制信号。例如，基带信号 $m_1(t)$ 通过调频器，已调信号的瞬时相位为 $\theta(t)=2\pi K_f\int_{-\infty}^{t} m_1(\tau)\mathrm{d}\tau$。若将调频器输入 $m_1(t)$ 换成另一个基带信号 $m(t)$ 的微分，即 $m_1(t)=\frac{\mathrm{d}}{\mathrm{d}t}m(t)$，则 $\theta(t)=2\pi K_f m(t)$，相位与 $m(t)$ 成正比，是 PM。调频与调相之间的关系见图 4.3.2。在模拟调制中，调频与调相实质相同，以下主要考虑调频。

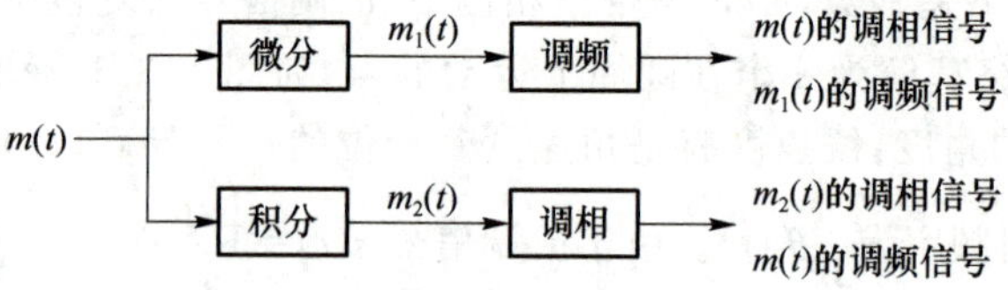

图 4.3.2 调频与调相之间的关系

FM 的瞬时频偏随基带信号 $m(t)$ 不断变化，其最大值称为最大频偏：

$$\Delta f_{\max}=K_f|m(t)|_{\max}=\frac{1}{2\pi}\left|\frac{\mathrm{d}}{\mathrm{d}t}\theta(t)\right|_{\max} \tag{4.3.5}$$

最大频偏按基带信号 $m(t)$ 的最高频率 W 归一化后的值叫调频指数或调制指数：

$$\beta_f=\frac{\Delta f_{\max}}{W}=\frac{K_f|m(t)|_{\max}}{W} \tag{4.3.6}$$

将 $K_f m(t)=\beta_f W/|m(t)|_{\max}\cdot m(t)=\beta_f W m_n(t)$ 代入式(4.3.4)后，FM 信号可以表示为

$$s_{FM}(t)=A_c\cos\left[2\pi f_c t+\beta_f\cdot 2\pi W\int_{-\infty}^{t} m_n(\tau)\mathrm{d}\tau\right] \tag{4.3.7}$$

当基带调制信号为单音信号时，$m_n(t)=\cos(2\pi f_m t)$，对应的 FM 信号为

$$s_{FM}(t)=A_c\cos[2\pi f_c t+\beta_f\cdot\sin(2\pi f_m t)] \tag{4.3.8}$$

例 4.3.1 设载波为 $\cos(2\,000\pi t)$。用 $m_1(t)=\sin(400\pi t)$ 做 $K_P=3$ 的 PM 调制，相位是 $K_p m_1(t)=3\sin(400\pi t)$。用 $m_2(t)=\cos(400\pi t)$ 做 $K_f=600$ 的 FM 调制，相位是

$$\theta(t)=2\pi K_f\int_{-\infty}^{t} m_2(\tau)\mathrm{d}\tau=2\pi\cdot 600\int_{-\infty}^{t}\cos(400\pi\tau)\tau=3\sin(400\pi t)$$

两种情况的相位相同，已调信号表达式均为

$$s(t)=\cos[2\pi f_c t+3\sin(400\pi t)] \tag{4.3.9}$$

该信号的最大频偏为 $\Delta f_{\max}=K_f|m_2(t)|_{\max}=600$ Hz，调频指数为 $\beta_f=600/200=3$。

4.3.2 FM 信号的频谱特性

FM 信号的复包络 $A_c e^{j\varphi(t)}$ 与 $m(t)$ 是非线性关系，导致其频谱分析比较复杂。下面先分析单音调频，然后给出一般情况下带宽计算的近似公式。

1. 单音调频

单音调频下，根据式(4.3.8)可写出复包络表达式为

$$s_L(t)=A_c e^{j\beta_f\sin(2\pi f_m t)} \tag{4.3.10}$$

不妨假设 $A_c=1$。上式给出的 $s_L(t)$ 是周期为 $T_m=1/f_m$ 周期信号，可展开为傅里叶级数：

$$s_L(t)=\sum_{n=-\infty}^{\infty} J_n(\beta_f)e^{j2\pi n f_m t} \tag{4.3.11}$$

其中 $J_n(\beta_f)$ 是第一类 n 阶贝塞尔函数。相应的功率谱密度为

$$P_{s_L}(f)=\sum_{n=-\infty}^{\infty} J_n^2(\beta_f)\delta(f-nf_m) \tag{4.3.12}$$

上式有无穷项，说明 FM 信号的带宽理论上是无穷。图 4.3.3 按 $f_m=200$ Hz，$\beta_f=3$ 画出了复包络的功率谱密度图。虽然式(4.3.12)有无穷项，但从图 4.3.3 来看，$s(t)$ 的功率主要集中在 f_c（复包络的 $f=0$ 对应带通信号的 $f=f_c$）附近 1 600 Hz 频带范围内。

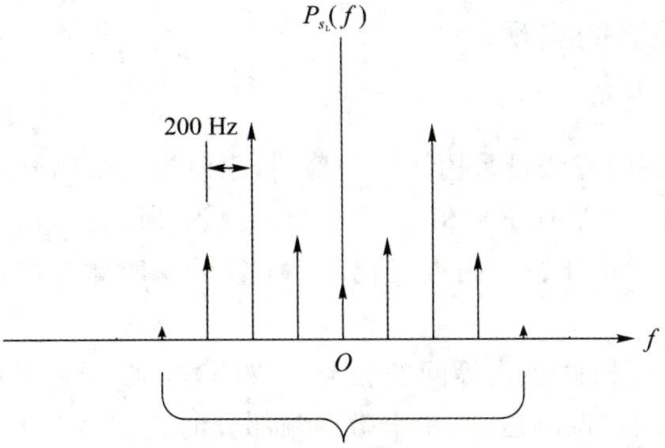

图 4.3.3　单音调频信号复包络的功率谱密度示例

2. 卡松公式

对于任意 $m(t)$，一般很难从 $m(t)$ 的频谱出发，推导出 FM 信号频谱的解析表达式。研究表明，FM 信号的频谱主要集中在载频附近的一定范围内，带宽大致可以由如下的卡松公式来估计：

$$B\approx 2(\beta_f+1)W=2(\Delta f_{\max}+W) \tag{4.3.13}$$

其中 W 是模拟基带信号的最高频率。

例 4.3.2　FM 信号 $s(t)=\cos[2\pi f_c t+4\sin(100\pi t)+2.5\sin(160\pi t)+\sin(200\pi t)]$ 的相位为 $\varphi(t)=4\sin(100\pi t)+2.5\sin(160\pi t)+\sin(200\pi t)$，瞬时频偏为

$$\frac{1}{2\pi}\varphi'(t)=200\cos(100\pi t)+200\cos(160\pi t)+100\cos(200\pi t)$$

最大频偏为 500 Hz，基带信号的最高频率为 100 Hz，调频指数为 5，带宽近似为 $2(5+1)\times 100=$ 1 200 Hz。

3. 窄带调频

根据卡松公式，FM 的带宽 $2(\beta_f+1)W$ 一般要比 DSB 的带宽 $2W$ 大很多，但当调频指数 β_f 很小时，FM 信号带宽接近 $2W$，与 DSB 相同。此时称为窄带调频（Narrow Band Frequency Modulation，NBFM）。

根据式(4.3.7)，FM 信号的复包络为 $s_L(t)=A_c e^{j\beta_f \tilde{m}(t)}$，其中 $\tilde{m}(t)=2\pi W\int_{-\infty}^{t} m_n(\tau)d\tau$。当

$|\theta(t)|=|\beta_f\tilde{m}(t)|$ 非常小时，

$$s_L(t)=A_c e^{j\beta_f\tilde{m}(t)}=A_c[\cos\theta(t)+j\cdot\sin\theta(t)]\approx A_c[1+j\cdot\theta(t)]$$

相应的已调信号为

$$\begin{aligned}s(t)&=A_c\cos[2\pi f_c t+\beta_f\tilde{m}(t)]\\&\approx A_c\cos(2\pi f_c t)-A_c\beta\tilde{m}(t)\sin(2\pi f_c t)\end{aligned}\tag{4.3.14}$$

说明 NBFM 可近似为一个位于 Q 路的 DSB-SC 信号叠加了一个正交载波 $A_c\cos(2\pi f_c t)$。积分不改变绝对带宽，$\tilde{m}(t)$与 $m(t)$的带宽都是 W，所以 NBFM 的带宽近似是 $2W$。

窄带调频主要用于信道带宽较小的电台通信，也用于宽带调频的间接实现。

4.3.3 FM 调制与解调的实现

1. 调制

实现 FM 调制最直接的方法是采用压控振荡器，用模拟基带信号 $m(t)$控制 VCO，使其瞬时频率随 $m(t)$线性变化便可形成 FM 信号，如图 4.3.4(a)所示。当 $m(t)=0$ 时，VCO 的振荡频率为载频 f_c。当 $m(t)$的电压在 0 附近变化时，VCO 的瞬时频率跟随 $m(t)$在 f_c左右变化。这种方法称为直接调频。

在直接调频中，电子元器件老化等问题会导致 VCO 中心频率漂移。解决方法之一是采用如图 4.3.4(b)所示的间接调频法，其中窄带调频部分的载波可以采用高稳定度的晶体振荡器产生，能克服中心频率漂移的问题。图中的窄带调频部分按式(4.3.14)实现，所产生的信号近似是一个 FM 信号：

$$s_1(t)\approx A_c\cos\left[2\pi f_1 t+2\pi\beta_1 W\int_{-\infty}^{t}m_n(\tau)d\tau\right]\tag{4.3.15}$$

上式近似成立要求调频指数 β_1 较小。为了得到较大的调频指数，可将 $s_1(t)$通过倍频器，n 倍频后的信号为

$$s_2(t)=A_c\cos\left[2\pi n f_1 t+2\pi n\beta_1 W\int_{-\infty}^{t}m_n(\tau)d\tau\right]\tag{4.3.16}$$

其载频变成 $f_2=nf_1$，调频指数提升为 $\beta_2=n\beta_1$。最后通过上变频(超外差系统)将载频变换到预定的工作频率。

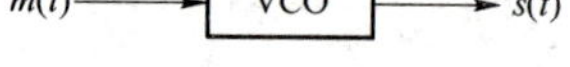

(a) 直接调频

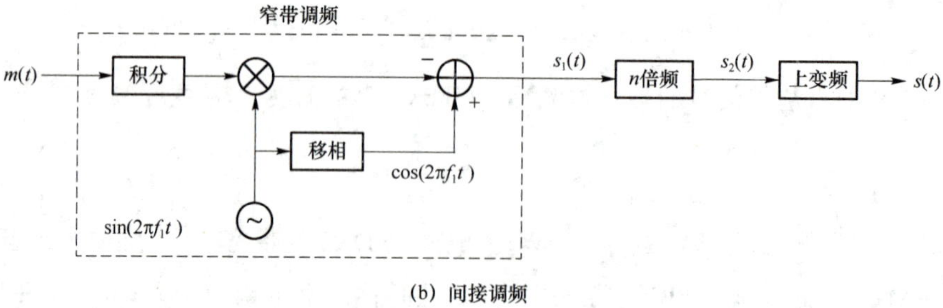

(b) 间接调频

图 4.3.4　FM 调制

2. 解调

FM 解调器也叫鉴频器，典型的实现方法包括微分包络检波法、锁相鉴频法等多种。

微分包络检波法如图 4.3.5(a)所示。将式(4.3.4)中的 FM 信号送入微分器,输出是

$$v(t) = -[f_c + K_f m(t)]\sin\left[2\pi f_c t + 2\pi K_f \int_{-\infty}^{t} m(\tau)\mathrm{d}\tau\right] \tag{4.3.17}$$

其包络为 $|f_c + K_f m(t)|$。载频 f_c 一般很大,此时包络检波器输出为 $f_c + K_f m(t)$,隔直流后的解调输出为 $K_f m(t)$。

锁相鉴频法如图 4.3.5(b)所示,其中环路滤波器的带宽等于基带信号 $m(t)$ 的带宽 W。设发端调频器(VCO)输出信号的相位为 $\varphi_c(t)$,收端 VCO 输出信号的相位为 $\varphi(t)$。当锁相环锁定时,$\varphi_c(t) \approx \varphi(t)$。若图 4.3.5(b)中的两个 VCO 有相同的调频灵敏度,则

$$2\pi K_f \int_{-\infty}^{t} m(\tau)\mathrm{d}\tau \approx 2\pi K_f \int_{-\infty}^{t} v(\tau)\mathrm{d}\tau \tag{4.3.18}$$

此时解调输出为 $y_o(t) = v(t) \approx m(t)$。

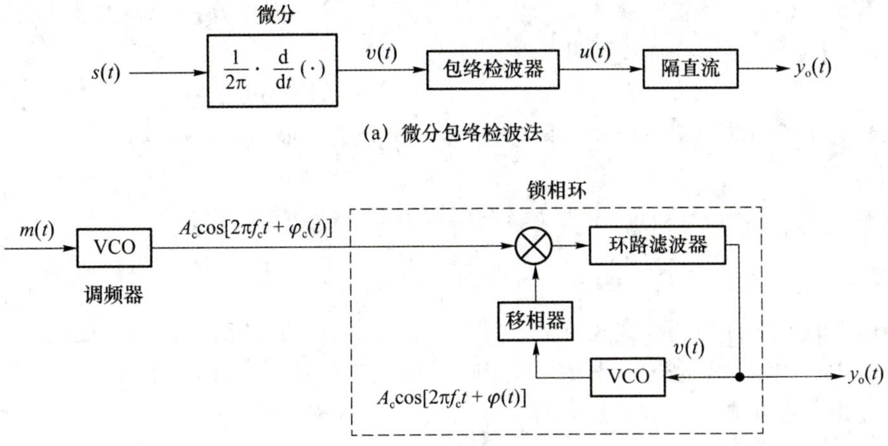

图 4.3.5 FM 解调

3. 数字化实现

以上介绍的调频与鉴频方法主要针对模拟电路实现。数字化实现的方案可以有很多,图 4.3.6 为一例。数字化实现基本就是按数学公式设计算法实现,然后通过数模转换(Digital-to-Analog Converter,DAC)和模数转换(Analog-to-Digital Converter,ADC)转到模拟域。如果 ADC/DAC 的采样率足够高,I/Q 调制解调也可以数字化,甚至射频也可以数字化。

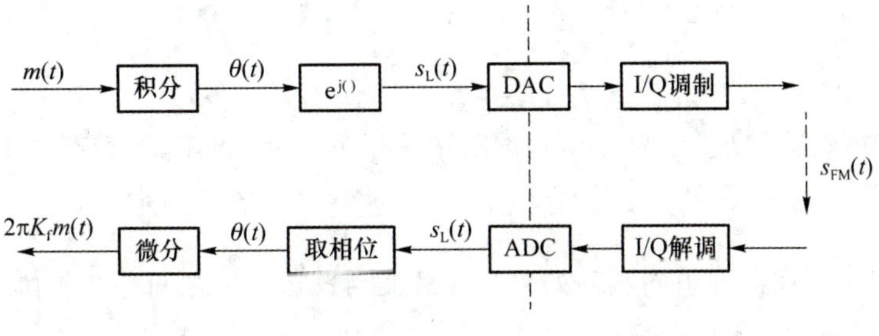

图 4.3.6 FM 调制解调的数字化实现

4.4 模拟调制的抗噪声性能

发送信号到达收端时,信号强度一般非常微弱,接收端用低噪放将微弱信号放大,同时也放大了电子器件以及周边环境中的各种噪声,解调输出是有用信号与噪声的混合。解调器输出端的信噪比是衡量模拟调制系统信号传输质量最基础的量化指标。以下分析典型模拟调制的解调输出信噪比。

4.4.1 系统模型

考虑图4.1.3所示的系统模型。调制器输出的已调信号 $s(t)$ 通过AWGN信道传输,信道中的加性白高斯噪声 $n_w(t)$ 的功率谱密度为 $N_0/2$,接收端的滤波器正好能使带宽为 B 的 $s(t)$ 无失真通过。解调器输入端的信号表达式为式(4.1.2),其中噪声 $n(t)$ 的功率为 N_0B。代入窄带噪声 $n(t)$ 的正交表达式,解调器输入可表示为

$$y(t)=s(t)+n_c(t)\cos(2\pi f_c t)-n_s(t)\sin(2\pi f_c t) \tag{4.4.1}$$

其中 $n_c(t)$,$n_s(t)$ 分别是噪声 $n(t)$ 的同相分量和正交分量。根据第3章,$n_c(t)$,$n_s(t)$,$n(t)$ 三者的功率均为 N_0B。

假设解调器收到的 $s(t)$ 的功率为 P_R,则解调器输入端的信噪比为

$$\mathrm{SNR_i}=\frac{P_R}{N_0B} \tag{4.4.2}$$

其中已调信号的带宽 B 与调制方式有关。设基带信号 $m(t)$ 的带宽为 W,则DSB(含DSB-SC及AM)的带宽 $B=2W$,SSB的带宽是 $B=W$,FM的带宽近似是 $B=2(\beta_f+1)W$。

解调输出信噪比与调制方式及解调方式有关,以下分别进行分析。

4.4.2 线性调制相干解调

DSB-SC、SSB、AM可以采用图4.2.4所示的相干解调,假设接收端的载波理想同步,则解调输出是式(4.4.1)中 $y(t)$ 相对于载波 $\cos(2\pi f_c t)$ 的同相分量:

$$y_o(t)=\mathrm{Re}\{y_L(t)\}=\mathrm{Re}\{s_L(t)\}+n_c(t) \tag{4.4.3}$$

其中 $y_L(t)$,$s_L(t)$ 分别是 $y(t)$ 和 $s(t)$ 的复包络。

1. DSB-SC

DSB-SC已调信号 $s(t)=A_c m(t)\cos(2\pi f_c t)$ 的功率为 $P_R=\frac{1}{2}A_c^2P_m$。按照式(4.4.3),解调器输出为

$$y_o(t)=A_c m(t)+n_c(t) \tag{4.4.4}$$

其中 $A_c m(t)$ 的功率为 $A_c^2P_m=2P_R$,$n_c(t)$ 的功率等于 $N_0B=2N_0W$,解调输出信噪比为

$$\mathrm{SNR_o^{DSB\text{-}SC}}=\frac{P_R}{N_0W} \tag{4.4.5}$$

以上假设相干解调器理想同步。如果接收载波与发送载波之间存在相位差 $\theta_e=\varphi_c-\varphi$,复包络将发生旋转,解调器输出变成

$$\begin{aligned} y_o(t)&=\mathrm{Re}\{[A_c m(t)+n_c(t)+\mathrm{j}\cdot n_s(t)]\mathrm{e}^{\mathrm{j}\theta_e}\}\\ &=A_c m(t)\cos\theta_e+\tilde{n}_c(t) \end{aligned} \tag{4.4.6}$$

其中 $\tilde{n}_c(t)=\mathrm{Re}\{[n_c(t)+\mathrm{j}\cdot n_s(t)]e^{\mathrm{j}\theta_e}\}$。根据 3.5.3 节，窄带噪声 $n(t)$的复包络 $n_c(t)+\mathrm{j}\cdot n_s(t)$服从圆对称高斯分布，相位旋转后分布不变，即旋转后的实部 $\tilde{n}_c(t)$与旋转前的实部 $n_c(t)$统计特性相同，$\tilde{n}_c(t)$的功率仍然是 N_0B，不受载波相位影响。此时，解调输出信噪比为

$$\mathrm{SNR}_o^{\mathrm{DSB\text{-}SC}}=\frac{P_R}{N_0W}\cos^2\theta_e \tag{4.4.7}$$

这一结果说明，载波不同步会使解调输出信噪比恶化。

2. SSB

SSB 已调信号为 $s(t)=\frac{A_c}{2}[m(t)\cos(2\pi f_ct)\mp\hat{m}(t)\sin(2\pi f_ct)]$，其中 $\hat{m}(t)$是 $m(t)$的希尔伯特变换。$s(t)$的功率是 I/Q 两个 DSB 的功率之和：$P_R=\frac{1}{2}\left(\frac{A_c}{2}\right)^2P_m+\frac{1}{2}\left(\frac{A_c}{2}\right)^2P_{\hat{m}}=\left(\frac{A_c}{2}\right)^2P_m$。解调器输出为

$$y_o(t)=\frac{A_c}{2}m(t)+n_c(t) \tag{4.4.8}$$

其中$\frac{A_c}{2}m(t)$的功率是$\left(\frac{A_c}{2}\right)^2P_m=P_R$，噪声 $n_c(t)$的功率为 $N_0B=N_0W$。解调输出信噪比为

$$\mathrm{SNR}_o^{\mathrm{SSB}}=\frac{P_R}{N_0B}=\frac{P_R}{N_0W} \tag{4.4.9}$$

与式(4.4.5)相比，可以看到在理想相干解调下，SSB 的解调输出信噪比与 DSB-SC 相同。

3. AM

包络调制 AM 信号的表达式为 $s(t)=[A_c+A'm(t)]\cos(2\pi f_ct)$，其功率为 $P_R=\frac{1}{2}A_c^2+\frac{1}{2}(A')^2P_m$。若 AM 的调制效率为 η，则$\frac{1}{2}(A')^2P_m=\eta P_R$。相干解调输出为

$$y_o(t)=A_c+A'm(t)+n_c(t) \tag{4.4.10}$$

隔直流后的输出是 $A'm(t)+n_c(t)$，其中 $A'm(t)$的功率是$(A')^2P_m=2\eta P_R$，$n_c(t)$的功率为 $N_0B=2N_0W$，解调输出信噪比为

$$\mathrm{SNR}_o^{\mathrm{AM}}=\frac{2\eta P_R}{N_0B}=\frac{\eta P_R}{N_0W} \tag{4.4.11}$$

与式(4.4.5)相比，由于 AM 接收信号功率 P_R中只有比例为 η 的部分对解调输出有贡献，因此其解调输出信噪比也降至 DSB-SC 的 η 倍。

4.4.3　AM 包络检波

叠加噪声后，图 4.2.8 中包络检波器输入 $s(t)+n(t)$的复包络为

$$y_L(t)=[A_c+A'm(t)+n_c(t)]+\mathrm{j}\cdot n_s(t) \tag{4.4.12}$$

包络为$|y_L(t)|=\sqrt{[A_c+A'm(t)+n_c(t)]^2+n_s^2(t)}$。一般来说，很难进一步推导出输出信噪比的解析式。考虑大信噪比情形，此时 $n_c(t)$，$n_s(t)$与 A_c相比非常小。图 4.4.1 示出了复包络中信号的几何关系，其中斜边(弦)的长度就是包络。当 A_c很大时，直角三角形的弦长近似等于股长，即

$$y_o(t)\approx A_c+A'm(t)+n_c(t) \tag{4.4.13}$$

上式右边与式(4.4.10)完全相同，说明在高信噪比条件下，AM 包络检波的抗噪声性能近似与

相干解调相同。

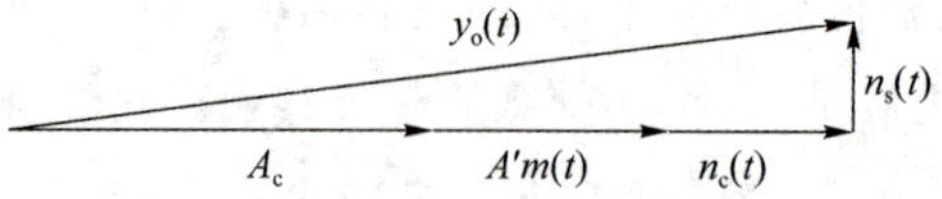

图 4.4.1 复包络中信号的几何关系

4.4.4 FM 解调

1. 分析模型

针对 FM,可将图 4.1.3 的系统模型进一步表示为图 4.4.2。假设基带信号 $m(t)$ 的带宽为 W、峰均比为 C_m,FM 的调频指数为 β_f,带通滤波器带宽按卡松公式设计为 $B=2(\beta_f+1)W$,此时 $s(t)$ 近似无失真通过滤波器,低通滤波器的截止频率为 W。

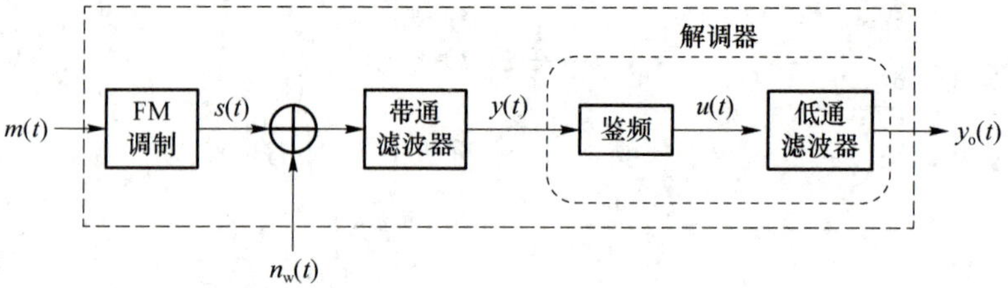

图 4.4.2 FM 系统模型

FM 信号表达式为 $s(t)=A_c\cos\left[2\pi f_c t+\beta_f\cdot 2\pi W\int_{-\infty}^{t} m_n(\tau)\mathrm{d}\tau\right]$,其中 $m_n(t)$ 是 $m(t)$ 幅度归一化,其功率等于峰均比的倒数:$P_{m_n}=1/C_m$。若接收信号功率为 P_R,则 $A_c^2=2P_R$。在解调器输入端,噪声 $n(t)$ 的功率是 $N_0B=2N_0W(\beta_f+1)$。

FM 调制及解调都是非线性系统,导致图 4.4.2 总体是一个二入一出的非线性系统:二入是 $m(t)$、$n_w(t)$,一出是 $y_o(t)$。非线性系统的分析比较复杂。好在大信噪比条件下,图 4.4.2 可近似为线性系统。此时,基于线性系统的叠加性,可将输出 $y_o(t)$ 分解为 $m(t)$ 单独形成的输出和 $n_w(t)$ 单独形成的输出之和。以下分别求解这两个单独形成的输出功率,其比值就是解调输出信噪比。

2. 关闭噪声求信号功率

先求噪声 $n_w(t)=0$ 时,$m(t)$ 在解调输出端形成的功率。此时,鉴频器输入为 FM 已调信号 $s(t)=A_c\cos[2\pi f_c t+\theta(t)]$,其中 $\theta(t)=2\pi\beta_f W\int_{-\infty}^{t} m_n(\tau)\mathrm{d}\tau$。鉴频器输出为

$$u(t)=\frac{1}{2\pi}\cdot\frac{\mathrm{d}}{\mathrm{d}t}\theta(t)=\beta_f W m_n(t) \tag{4.4.14}$$

低通滤波器输出仍为 $u(t)$,其功率为

$$S=\frac{(\beta_f W)^2}{C_m} \tag{4.4.15}$$

3. 关闭信号求噪声功率

再求 $m(t)=0$ 时,$n_w(t)$ 所形成的输出噪声功率。此时,FM 调制器输出是 $s(t)=A_c\cos(2\pi f_c t)$,鉴频器输入为

$$y(t)=A_c\cos(2\pi f_c t)+n_c(t)\cos(2\pi f_c t)-n_s(t)\sin(2\pi f_c t) \tag{4.4.16}$$

鉴频器输出是$\frac{1}{2\pi}\cdot\frac{\mathrm{d}}{\mathrm{d}t}\theta(t)$，此处的$\theta(t)$是$y(t)$复包络的相位，见图 4.4.3。在高信噪比条件下，噪声$n_c(t)$及$n_s(t)$显著小于A_c。此时，图中直角三角形的勾长$n_s(t)$近似等于弧长$\theta(t)[A_c+n_c(t)]\approx A_c\theta(t)$，故$\theta(t)\approx n_s(t)/A_c$。鉴频器输出为

$$u(t)=\frac{1}{2\pi}\cdot\frac{\mathrm{d}}{\mathrm{d}t}\theta(t)\approx\frac{n_s'(t)}{2\pi A_c} \tag{4.4.17}$$

上式中的$n_s'(t)$是$n_s(t)$的微分。微分可视为传递函数为$\mathrm{j}2\pi f$的滤波器，故$n_s'(t)$的功率谱密度是$|\mathrm{j}2\pi f|^2P_{n_s}(f)$。根据第 3 章式(3.5.27)，$n_s(t)$的功率谱密度$P_{n_s}(f)$等于$n(t)$的功率谱密度$P_n(f)$的正频率部分左移、负频率部分右移后叠加，如图 4.4.4 所示。

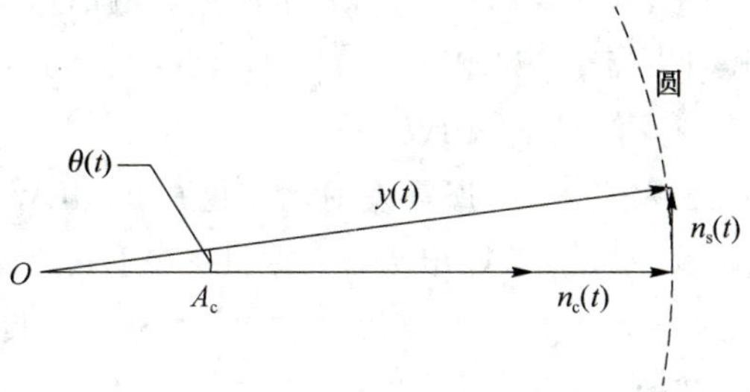

图 4.4.3　鉴频器输入端的复包络示意图

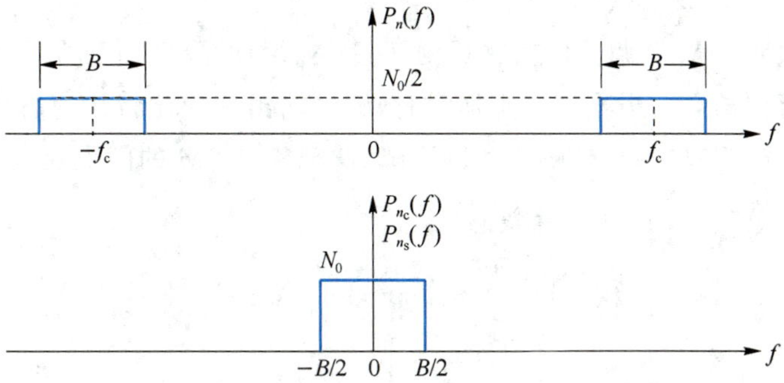

图 4.4.4　解调器输入端的噪声功率谱密度

鉴频器输出噪声$u(t)$的功率谱密度为

$$P_u(f)=\frac{1}{(2\pi A_c)^2}|\mathrm{j}2\pi f|^2\cdot P_{n_s}(f)=\begin{cases}\frac{N_0f^2}{2P_R}, & |f|\leqslant B/2\\ 0, & \text{其他 } f\end{cases} \tag{4.4.18}$$

将$u(t)$通过截止频率为W的低通滤波器，输出噪声功率为

$$N=2\int_0^W\frac{N_0f^2}{2P_R}\mathrm{d}f=\frac{N_0W^3}{3P_R} \tag{4.4.19}$$

4. 解调输出信噪比

根据式(4.4.15)和式(4.4.19)可得到解调输出信噪比为

$$\mathrm{SNR}_o^{\mathrm{FM}}=\frac{S}{N}=\frac{3\beta_f^2}{C_m}\cdot\frac{P_R}{N_0W} \tag{4.4.20}$$

式中的系数$3\beta_f^2/C_m$一般较大，使得与式(4.4.5)相比，FM 的解调输出信噪比显著高于 DSB-SC。FM 最大的优点是其出色的抗噪声能力，在模拟通信中有广泛应用，其代价是需要占用更

多信道带宽。

例 4.4.1 设基带调制信号 $m(t)$ 的自相关函数为 $R_m(\tau)=16\,\text{sinc}^2(10\,000\tau)$，最大幅度为 $|m(t)|_{\max}=6$ V。已调信号经过信道传输时衰减了 60 dB，然后叠加了功率谱密度为 $N_0/2=10^{-12}$ W/Hz 的加性白高斯噪声。若要求解调输出信噪比为 40 dB，求 DSB-SC、SSB、调幅系数为 0.8 的 AM、调频指数为 5 的 FM 这四种调制方式各自所需的发射功率 P_{T}。

解 $m(t)$ 的自相关函数 $[4\text{sinc}(10\,000\tau)]^2$ 的傅氏变换是两个宽度为 10 kHz(带宽为 5 kHz) 的矩形频谱的卷积，卷积后带宽是 $W=10$ kHz。$m(t)$ 的功率是 $P_m=R_m(0)=16$ W，峰值功率是 6^2 W，峰均比是 $C_m=36/16=9/4$。信道衰减 60 dB，到达接收端的功率是 $P_{\text{R}}=P_{\text{T}}\times10^{-6}$。根据噪声功率谱密度可算出 $N_0W=2\times10^{-8}$ W，要求的解调输出信噪比为 10 000。

DSB-SC 解调输出信噪比是 $P_{\text{R}}/(N_0W)=10^{-6}P_{\text{T}}/(2\times10^{-8})=50P_{\text{T}}=10\,000$，所需发射功率为 $P_{\text{T}}=200$ W，折合为分贝值是 23 dBW。

SSB 的抗噪声性能和 DSB-SC 一样，所需发射功率也是 23 dBW。

AM 的调制效率可根据式(4.2.17)算出为 $\eta=1/(1+9/4/0.8^2)=64/289$，所需的发射功率应为 DSB-SC 的 $1/\eta$ 倍，为 $200\times289/64=903.125$ W，折合到分贝是 29.56 dBW。

FM 的信噪比是 DSB-SC 的 $3\beta_{\text{f}}^2/C_m$ 倍，代入数值后算出 $3\beta_{\text{f}}^2/C_m=3\times5^2\times4/9=100/3$，所需发射功率是 DSB-SC 的 3/100，即 6 W，折合到分贝是 7.78 dBW。

5. 门限效应

式(4.4.20)表明，FM 解调输出信噪比随 $P_{\text{R}}/(N_0W)$ 的降低而线性下降。注意该式是高信噪比条件下的近似结果。当噪声逐步加大时，解调输出信噪比将快速恶化。当解调输入信噪比下降到一定门限值时，输出信噪比急剧下降，此现象是 FM 的门限效应，如图 4.4.5 所示。

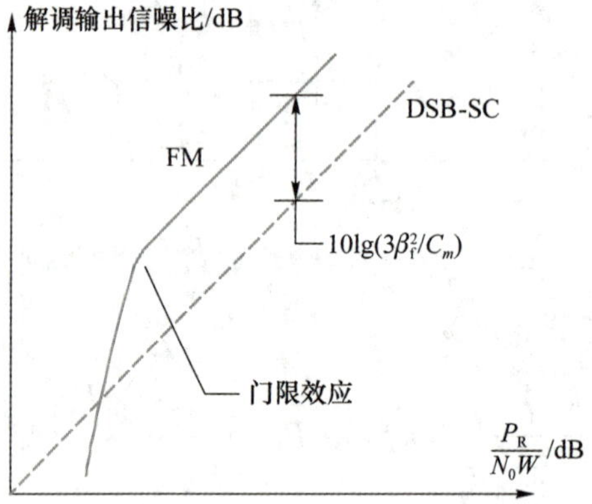

图 4.4.5 FM 输出信噪比的门限效应

6. 预加重与去加重

式(4.4.20)给出的 FM 解调输出信噪比是 $m(t)$ 信号频带内总平均的信噪比。从式(4.4.18)中可以注意到，解调输出噪声的功率谱密度呈现出抛物线特性，信号频带范围内信噪比不均匀，高频处的信噪比差，低频处的信噪比好。为了改善信噪比的均匀性，可在调制器输入端引入一个预加重滤波器，提升有用信号在高频处的功率，同时在接收端引入一个去加重滤波器，以保持最终输出的基带信号频谱不变，如图 4.4.6 所示。

图 4.4.6　预加重与去加重

4.4.5　模拟调制的抗噪声性能比较

表 4.4.1 给出了 DSB-SC、AM、SSB、FM 四种调制方式的解调输出信噪比对照。在给定已调信号接收功率 P_R、噪声单边功率谱密度 N_0、基带信号带宽 W 的条件下，SSB 的抗噪声性能与 DSB-SC 相同。AM 比 DSB-SC 差，因为 AM 信号所包含的 DSB-SC 部分的功率只占总发送功率的一部分。在大信噪比条件下，AM 包络检波的输出信噪比近似与相干解调相同，FM 解调输出信噪比是 DSB-SC 的 $3\beta_f^2/C_m$ 倍。

表 4.4.1　解调输出信噪比

调制方式	带宽	输入信噪比	解调方式	输出信噪比
DSB-SC	$2W$	$\frac{P_R}{2N_0W}$	相干解调	$\frac{P_R}{N_0W}$
AM	$2W$	$\frac{P_R}{2N_0W}$	相干解调	$\eta\frac{P_R}{N_0W}$
			包络检波	大信噪比$\approx\eta\frac{P_R}{N_0W}$
SSB	W	$\frac{P_R}{N_0W}$	相干解调	$\frac{P_R}{N_0W}$
FM	$2(\beta_f+1)W$	$\frac{P_R}{2N_0W(\beta_f+1)}$	鉴频器	大信噪比$\approx\frac{3\beta_f^2}{C_m}\cdot\frac{P_R}{N_0W}$

4.5　频 分 复 用

1. 频分复用

复用就是让多路信号共享传输信道。例如在图 4.5.1 中，电话局 A 和电话局 B 各自连接 N 个电话用户。每个用户到电话局有一条电话线。假设电话局 A 的 N 个用户需要与电话局 B 的 N 个用户通话，那么电话局 A 需要把 N 个用户的话音信号传送到电话局 B。复用的意思就是，不需要在 A 和 B 之间建 N 条线路，而是让 A 通过一个复用器把 N 路话音信号 $m_1(t)$，$m_2(t)$，…，$m_N(t)$合为一个信号 $m(t)$，再通过一条线路将 $m(t)$传输到 B。电话局 B 收到$m(t)$后从中分离出 $m_1(t)$，$m_2(t)$，…，$m_N(t)$，然后分别通过电话线传输到 B 的各个用户。

将 N 个频带相同的模拟基带信号 $m_1(t)$，$m_2(t)$，…，$m_N(t)$复用为一路信号 $m(t)$，不能是简单叠加，即不能是 $m(t)=m_1(t)+m_2(t)+\cdots+m_N(t)$。由于各路信号频带相同，接收端收到如上叠加的信号 $m(t)$后，无法分离。

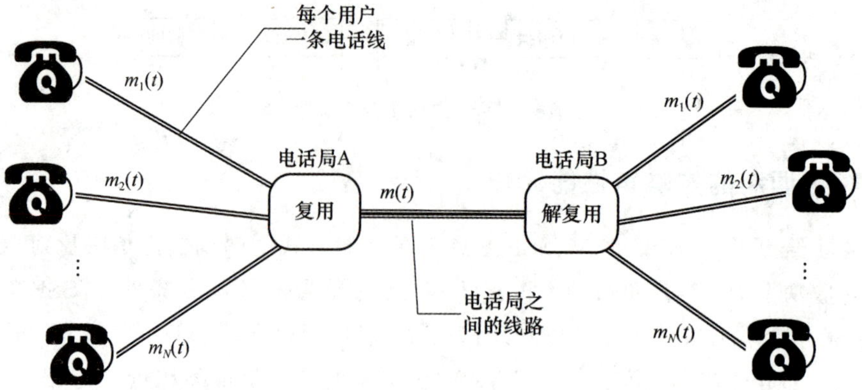

图 4.5.1　复用

频分复用技术将信道带宽划分为 N 个子频带，利用模拟调制的频谱搬移特性，将每一路基带信号的频谱搬移到不同的子频带上，如图 4.5.2 所示，其中的调制一般采用 SSB 或 DSB。N 路已调信号的频带互不交叠，接收端用一组带通滤波器分离出各个已调信号，再解调出各路基带信号。

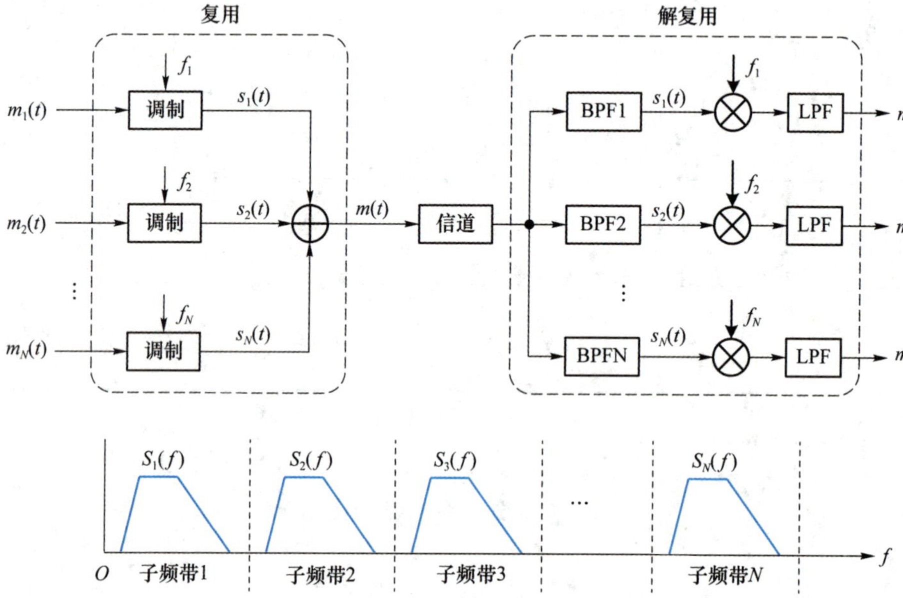

图 4.5.2　频分复用

例 4.5.1　将 6 路带宽为 4 kHz 的模拟基带信号以 SSB 调制频分复用为一路信号 $m(t)$ 后通过基带信道传输，求最小所需的信道带宽。

解　频谱安排如图 4.5.3 所示。第 1 路不调制，直接放到子频带 0～4 kHz。第 2～6 路采用上边带 SSB 调制，调制器的载频依次是 4、8、12、16、20 kHz。复用后的信号 $m(t)$ 是一个带宽为 24 kHz 的基带信号。基带传输时，要求信道带宽至少是 24 kHz。

2. 复合调制

频分复用后的信号 $m(t)$ 一般是一个带宽更宽的基带信号。如果需要通过无线信道或其他带通信道传输，还需要进一步调制，如图 4.5.4 所示。为了保证传输质量，图中从 $m(t)$ 到 $s(t)$ 的调制一般采用 FM。此时，称图 4.5.4 中系统的技术体制为 FDM/FM。

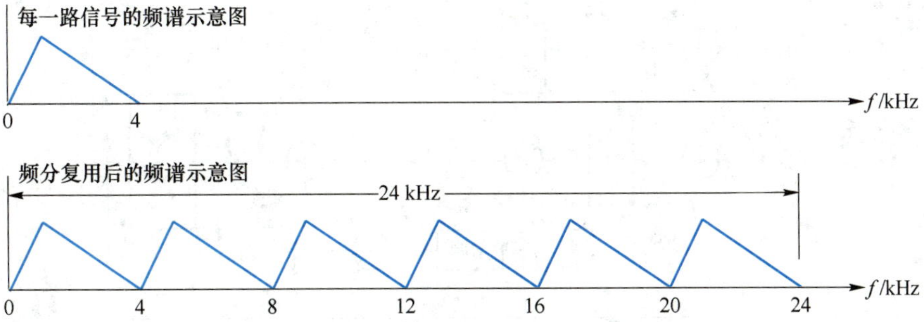

图 4.5.3　6 路基带信号以 SSB 调制进行频分复用

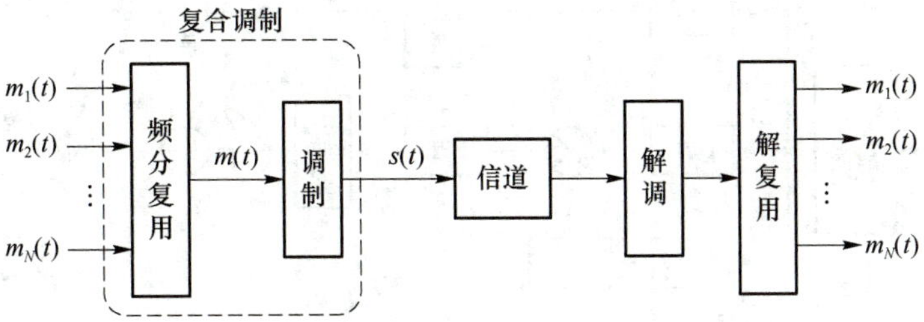

图 4.5.4　复合调制

例 4.5.2　若例 4.5.1 中的 6 路基带信号先经过频分复用，然后经过调频指数为 5 的 FM 调制，再通过无线信道传输，求最小所需的信道带宽。

解　复用后的基带信号 $m(t)$的带宽是 24 kHz，根据卡松公式，FM 调制后的信号带宽近似为 $2\times(5+1)\times 24=288$ kHz，因此要求信道带宽至少是 288 kHz。

3. 立体声调频广播

立体声调频广播是频分复用的一个应用实例，图 4.5.5 是其系统框图。立体声广播需要同时传输左声道 $m_L(t)$和右声道 $m_R(t)$两路音频信号。发端先将两个声道的音频信号进行相加和相减，得到 $m_L(t)+m_R(t)$及 $m_L(t)-m_R(t)$，然后将这两个信号进行频分复用。

频分复用中的频谱安排为：0～15 kHz 传输 $m_L(t)+m_R(t)$，23～53 kHz 传输 $m_L(t)-m_R(t)$。第 2 个子频带上采用载频为 38 kHz 的 DSB-SC 调制，带宽是 30 kHz。为了协助接收端建立同步载波，该系统采用了插入导频的方法。导频设置在 19 kHz，收发载波均为导频的二倍频。将导频设置在 19 kHz 而不是在 38 kHz 的考虑是：38 kHz 附近有 DSB-SC 信号的部分边带成分，而 19 ± 4 kHz 范围是空的。

根据式(4.4.18)，FM 解调输出噪声的功率谱密度呈现抛物线特性，导致高频处的信噪比变差。图 4.5.5 中采用预加重和去加重技术来改善高频处的接收质量。

图 4.5.5 中没有直接传输左右两个声道，而是变成 $m_L(t)+m_R(t)$和 $m_L(t)-m_R(t)$后传输，这是出于兼容性考虑。立体声调频广播发明之前是单声道调频广播。单声道收音机只能解出频率范围为 0～15 kHz 的音频。如果在 0～15 kHz 传左声道，23～53 kHz 传右声道，那么单声道收音机只能听到左声道的声音，听不到右声道的声音。在 0～15 kHz 传 $m_L(t)+m_R(t)$，可以使原有的单声道收音机听到两个声道的混合音，而双声道收音机可以在解出 $m_L(t)+m_R(t)$和 $m_L(t)-m_R(t)$后，再做一次和差，得到左、右两个声道的信号。

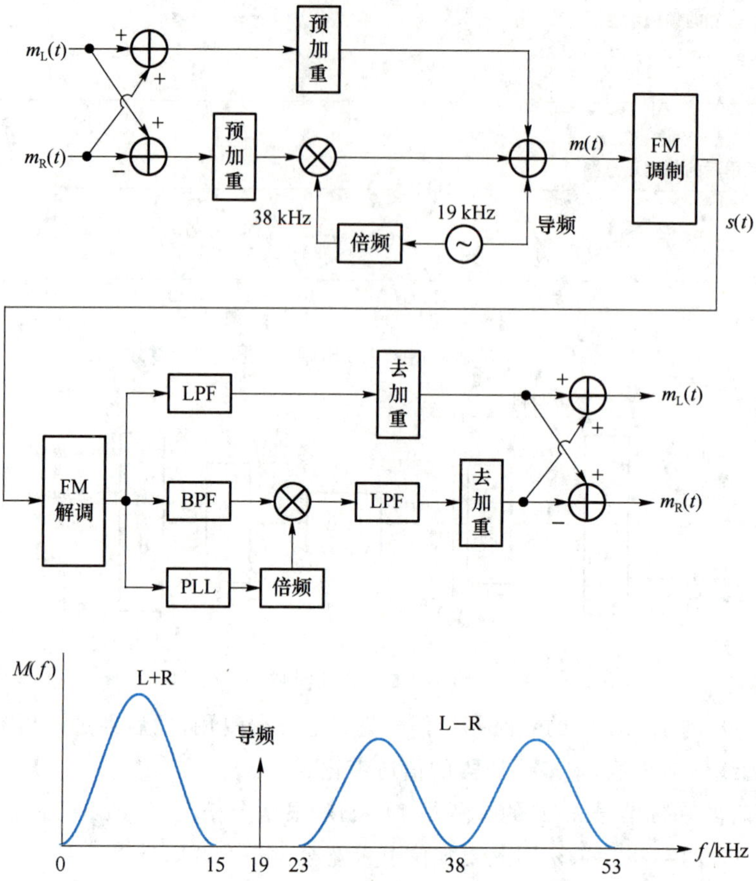

图 4.5.5 立体声调频广播系统

习 题

4.1 将模拟信号 $m(t)=\sin(2\pi f_m t)$ 与载波 $c(t)=2\cos(2\pi f_c t)$ 相乘得到双边带抑制载波(DSB-SC)信号 $s(t)=m(t)c(t)$，已知 $f_c=4f_m$。

(1) 画出 $s(t)$ 的信号波形图；

(2) 写出 $s(t)$ 的傅氏变换，画出其振幅频谱图。

4.2 设有 AM 信号 $s(t)=2\cos(2\,000\pi t)+8\cos(2\,200\pi t)+2\cos(2\,400\pi t)$。试求：

(1) $s(t)$ 的傅氏变换；

(2) $s(t)$ 的复包络 $s_L(t)$；

(3) 该 AM 信号的调幅系数、调制效率。

4.3 设有 AM 信号 $s(t)=\mathrm{Re}\{[A+m(t)]e^{j(2\pi f_c t+\frac{\pi}{2})}\}$，已知基带信号 $m(t)$ 的最大幅度为 $A/2$，功率为 $A^2/8$。求调幅系数、调制效率，并求相干解调器载波为 $2\cos(2\pi f_c t)$ 时的解调输出。

4.4 设有已调信号 $s(t)=2\sin(2\pi f_m t)\cos(2\pi f_c t)+2\cos(2\pi f_m t)\cdot\sin(2\pi f_c t)$，其中基带调制信号为 $m(t)=\sin(2\pi f_m t)$，载频 $f_c\gg f_m$。

(1) 求 $s(t)$的傅氏变换；

(2) 写出该已调信号的调制方式。

4.5 已知某下单边带 SSB 信号 $s(t)$的功率为 5 W，载波频率为 800 kHz，基带调制信号为 $m(t)=\cos(200\pi t)+2\sin(2\,000\pi t)$。

(1) 写出 $m(t)$的希尔伯特变换 $\hat{m}(t)$的表达式；

(2) 写出已调信号的时域表达式；

(3) 画出已调信号的单边功率谱密度图。

4.6 某调制器的输出信号为

$$s(t)=m_1(t)\cos(2\pi f_c t-\varphi)-m_2(t)\sin(2\pi f_c t-\varphi)=\mathrm{Re}\{s_L(t)e^{j2\pi f_c t}\}$$

其中基带信号 $m_1(t)$和 $m_2(t)$的带宽均为 W 且 $W\ll f_c$，$s_L(t)$是 $s(t)$以 $\cos(2\pi f_c t)$为参考载波的复包络。

(1) 求 $s_L(t)$的实部 $\mathrm{Re}\{s_L(t)\}$；

(2) 当 $m_1(t)$和 $m_2(t)$满足何种关系时，$s(t)$的频谱在 $|f|<f_c$ 范围内是 0？

4.7 某调频信号的表达式为 $s(t)=2\cos(400\,000\pi t+2\sin 100\pi t)$，求其平均功率、调制指数、最大频偏以及近似带宽。

4.8 设有角度调制信号 $s(t)=100\cos(2\pi f_c t+4\sin 2\pi f_m t)$，其中 $f_c\gg f_m$，基带调制信号 $m(t)$的频率是 $f_m=1\,000$ Hz。

(1) 求 $s(t)$的近似带宽；

(2) 假设 $s(t)$是 $m(t)$通过调频器输出的调频信号，已知 $m(t)$的最大幅度是 $A_m=1$，求频率偏移常数 K_f。若保持调频器输入的 $m(t)$幅度 A_m 不变，但将其频率 f_m 加倍，求相应的已调信号表达式及近似带宽；

(3) 假设 $s(t)$是 $m(t)$通过调相器输出的调相信号，已知 $m(t)$的最大幅度是 $A_m=1$，求相位偏移常数 K_p。若保持调相器输入的 $m(t)$幅度不变，但将其频率 f_m 加倍，求相应的已调信号表达式及近似带宽。

4.9 通过 AWGN 信道发送 $s(t)=m_1(t)\cos(2\pi f_c t)-m_2(t)\sin(2\pi f_c t)$，其中 $m_1(t)$、$m_2(t)$是频谱分布在 0～3 400 Hz 内的两个话音信号，功率都是 1 W。

(1) 接收端如何解出 $m_1(t)$、$m_2(t)$？

(2) 若信道噪声的功率谱密度为 $N_0/2$，求解调输出信噪比。

4.10 题 4.9 图中，基带信号 $m(t)=\cos(180\pi t)$，载频 $f_c=1$ kHz，白高斯噪声 $n_w(t)$的单边功率谱密度为 $N_0=10^{-5}$ W/Hz，理想带通滤波器 BPF 的通频带是 1～1.1 kHz，理想低通滤波器 LPF 的截止频率是 100 Hz。

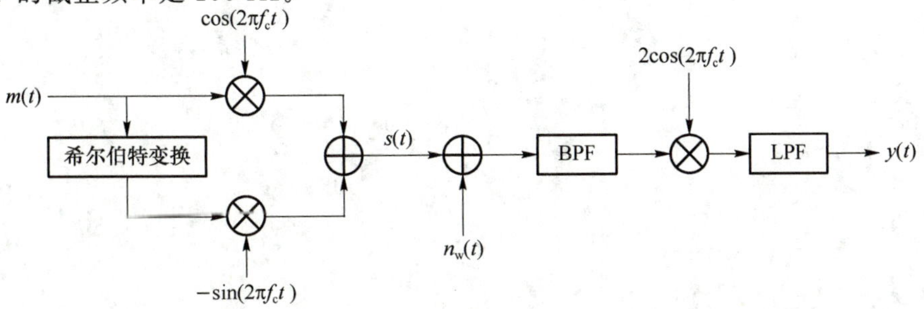

题 4.9 图

(1) 写出希尔伯特变换 $\hat{m}(t)$的表达式,已调信号 $s(t)$的表达式;

(2) $s(t)$的傅氏变换表达式;

(3) BPF 输出端的信噪比、LPF 输出端的信噪比。

4.11 已知某 SSB 系统中模拟基带信号 $m(t)$的带宽是 5 kHz,发端发送的已调信号功率是 P_T,接收端收到的有用信号功率 P_R 比发送功率低 60 dB,接收信号中叠加了白高斯噪声,其单边功率谱密度为 $N_0=10^{-13}$ W/Hz。若要求解调输出信噪比不低于 30 dB,求发送功率 P_T。

4.12 设 DSB-SC 信号 $s(t)=m(t)\cos(2\pi f_c t)$的功率谱密度如题 4.12 图(a)所示。$s(t)$在传输中受到单边功率谱密度为 N_0的加性白高斯噪声干扰,接收端解调框图如题 4.12 图(b)所示,其中 BPF 的中心频率是 f_c,带宽是 $2W$,LPF 的截止频率是 W。求解调输出信噪比。

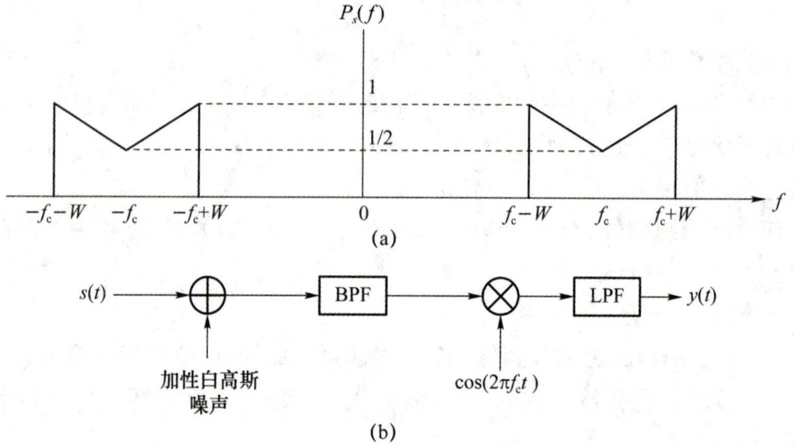

题 4.12 图

4.13 设模拟基带信号 $m(t)$的带宽为 10 kHz,峰均比为 8,发射功率为 100 W,发送端到接收端的路径损耗为 50 dB,接收端热噪声的单边功率谱密度为 $N_0=10^{-9}$ W/Hz。分别求调幅系数为 0.8 的 AM 系统以及调频指数为 8 的 FM 系统的解调输出信噪比。

第 4 章习题答案

第 5 章　数字基带传输

5.1 引　　言

5.1.1 数字基带信号及数字基带传输

模拟通信系统传输的是模拟信源输出的模拟波形，数字通信系统传输的是数字信源输出的数字序列。现代数字通信系统中的信源输出是二进制比特序列，例如手机、电脑中的各种信息都是二进制比特。能够通过信道传输的是信号，为此数字通信系统的发端需要把比特流变成波形，收端再从波形解出比特流，如图 5.1.1 所示。

图 5.1.1　数字通信系统

本章及第 6 章是数字通信的基本理论，二者的区别在于前者是基带调制及基带信道，后者是频带调制及频带信道。

数字调制有二进制及 M 进制($M>2$)之分。二进制数字调制是将二进制符号“0”映射为信号波形 $s_1(t)$，将二进制符号“1”映射为信号波形 $s_2(t)$。M 进制数字调制则是将每 K 个二进制符号映射为 $M=2^K$ 个不同信号波形 $s_i(t)$，$i=1,2,\cdots,M$。

若此数字调制是将数字序列映射为适合于基带信道传输的脉冲波形，则称为数字脉冲调制，也称为基带调制。数字脉冲调制输出信号波形的功率谱密度是低通型的，所占频带是从直流或低频开始，其带宽是有限的。称功率谱密度为低通型的数字信号为数字基带信号。

若通信信道的传递函数是低通型的，则称为基带信道或低通信道，如同轴电缆和双绞线有线信道均属基带信道。基带信道适合于传送脉冲波形。

将数字基带信号通过基带信道传输，则称此传输系统为数字基带传输系统。

若通信信道是带通型的，如在无线通信和光通信中的信道即为带通型的，其频带远离 $f=0$ 的频率。为了在带通信道中传输，必须将数字基带信号经正弦型载波调制，将低通型频谱搬移到载频上，成为带通信号，然后在带通信道中传输。称此正弦型载波调制为频带调制，又称包括频带调制器及解调器的数字通信系统为数字频带传输系统。

在实际数字通信系统中，数字基带传输在应用上虽不如频带传输那么广泛，但仍有相当多的应用范围。此外，重要的是数字基带传输的基本理论不仅适用于基带传输，而且还适用于频带传输。根据 2.4 节，所有带通信号和带通系统均可效至基带。

本章首先介绍常用的数字基带信号波形及其功率谱密度计算;然后依次介绍在加性白高斯噪声信道条件下、在限带和加性白高斯噪声信道条件下的数字基带传输的基本原理、分析方法及其性能计算;简述均衡器、部分响应系统及符号同步的基本原理。

5.1.2 数字通信中的基本速率

现代数字通信系统传输的信息是比特流。比特(bit)即二进制数位(binary digit)。在信息技术领域,1比特表示一个二进制位,即“0”或“1”。比特是信息量的度量单位。信息论意义下信息的意义与度量与二进制比特序列的概率分布有关,第7章将详细讨论,在此之前,比特的含义均指二进制数位。

数字通信系统在单位时间内传输的比特数称为信息速率、数据速率或比特速率,记为 R_b,单位为 bit/s,系统传输比特的间隔(比特周期)为 $T_b=1/R_b$。

数字通信系统通过发送符号来传输比特。符号(symbol)一词的含义很广,包括电脉冲波形、电压等等。数字通信系统可以设计为二进制传输系统或 M 进制传输系统。在二进制传输系统中,一个符号携带一个比特。在 M 进制通信系统中,一个符号可以有 M 种不同的取值或状态,M 一般是2的整幂:$M=2^K$。一个 M 进制符号可携带 $K=\log_2 M$ 个比特。

数字通信系统在单位时间内发送的符号个数称为符号速率、码元速率或波特率,记为 R_s,其单位是符号/秒(symbol/s)或者波特(Baud),后者是用法国通信工程师 Émile Baudot 的名字命名的。比特速率与符号速率的关系为

$$R_s=\frac{R_b}{\log_2 M}=\frac{R_b}{K}\quad \text{Baud} \tag{5.1.1}$$

或

$$R_b=R_s\log_2 M=R_s K\ \text{bit/s} \tag{5.1.2}$$

发端发出的比特到收端后可能会出错,比特出错率称为误比特率或比特错误率(bit error rate, BER),也叫误码率。

比特出错对应着携带比特的符号出错。符号出错率称为误符号率、符号错误率(symbol error rate, SER)或误码率。比特错误率 P_b 与符号错误率 P_s 的关系是

$$\frac{R_s}{\log_2 M}\leqslant P_b\leqslant P_s \tag{5.1.3}$$

数字通信系统发送的电信号会占用一定的信道带宽。比特速率(或符号速率)与带宽之比称为频谱效率(Spectral Efficiency,SE)或频带利用率,其单位为 bit/s/Hz 或 Baud/Hz。

例 5.1.1 某4进制数字通信系统在10s时间内传输了4 000个比特,比特速率为 $R_b=$ 4 kbit/s。每个4进制符号携带2个比特,4 000个比特对应2 000个符号,符号速率为 $R_s=$ 2 kBaud。假设接收端收到的2 000个符号中有2个出错,则符号错误率是2/2 000=0.001。2个符号出错,至少会有2个比特错(每个错误符号中各有1个比特错),最多有4个比特错(每个错误符号所携带的2个比特全错),比特错误率至少是2/4 000=0.000 5,至多是4/4 000=0.001。

5.2 数字基带信号波形及其功率谱密度

把比特流变成波形的方法有很多,其中最基础、最重要的是脉冲幅度调制(PAM)。

5.2.1　数字脉冲幅度调制

数字 PAM 信号是以脉冲载波的幅度携带数字信息。

产生 M 进制 PAM(MPAM)信号的原理框图如图 5.2.1 所示。

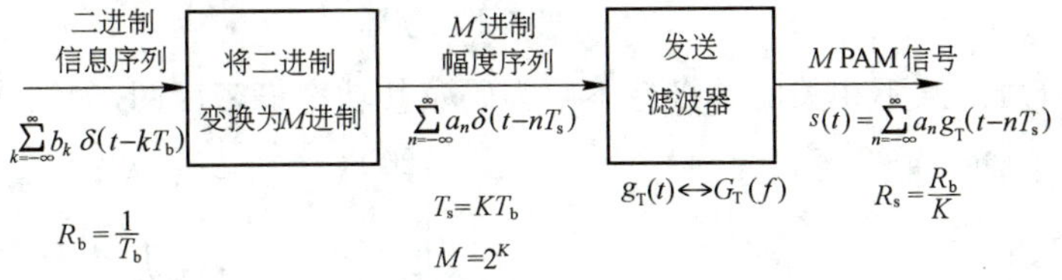

图 5.2.1　产生 MPAM 信号的原理框图

图 5.2.1 中的$\{b_k\}$是二进制序列，二进制符号间隔为 T_b。将每 K 个二进制符号对应于一个 M 进制符号($M=2^K$)，而每个 M 进制符号又对应于 M 个可能的离散幅度之一，$\{a_n\}$就是对应于 M 进制符号的幅度序列，它有 M 个可能的离散幅度值，T_s 为 M 进制符号间隔或称为 M 进制码元周期，$T_s=KT_b$。$g_T(t)$是发送滤波器的冲激响应。

MPAM 信号的一般表示式可写为

$$s(t)=\sum_{n=-\infty}^{\infty} a_n g_T(t-nT_s) \tag{5.2.1}$$

上式中的每一项是同一脉冲的不同延时，每一项对应一个 M 进制符号，体现为幅度 a_n 有 M 种不同。以 $n=0$ 为例，式(5.2.1)中第 0 项对应如下 M 种不同波形：

$$s_i(t)=A_i g_T(t) \quad i=1,2,\cdots,M \tag{5.2.2}$$

式中$\{A_i, i=1,2\cdots M\}$表示与 M 进制符号相对应的 M 个可能的离散幅度值。

对于 MPAM 来说，在 M 进制符号间隔 T_s 内，每输入 K 个二进制符号，可映射为 M 个可能信号波形 $s_i(t)$之一，而其中 MPAM 信号波形的形状由 $g_T(t)$决定。

在本章 5.2.3 节将看到，数字 PAM 信号波形的功率谱密度与随机序列$\{a_n\}$的功率谱特性及发送滤波器的冲激响应 $g_T(t)$的形状有关。

下面，首先介绍几种常用的、$g_T(t)$为矩形的 PAM 信号(又称码型)，并给出其功率谱密度图，然后再推导 PAM 信号的功率谱密度公式。

5.2.2　常用的数字 PAM 信号波形(码型)

1. 单极性不归零码(NRZ)

该 2PAM 信号波形在式(5.2.2)中的幅度值 A_i 为

$$i=1,\quad A_1=+A$$
$$i=2,\quad A_2=0$$

其中 2PAM 的发送滤波器冲激响应 $g_T(t)$为矩形不归零脉冲，如图 5.2.2 所示。

由于在每个二进制符号间隔 T_b 内该 2PAM 信号波形的电平保持不变，或为高电平，或为零电平，所以常称此 2PAM 信号波形为单极性不归零码，记作 NRZ。举例说明如下：

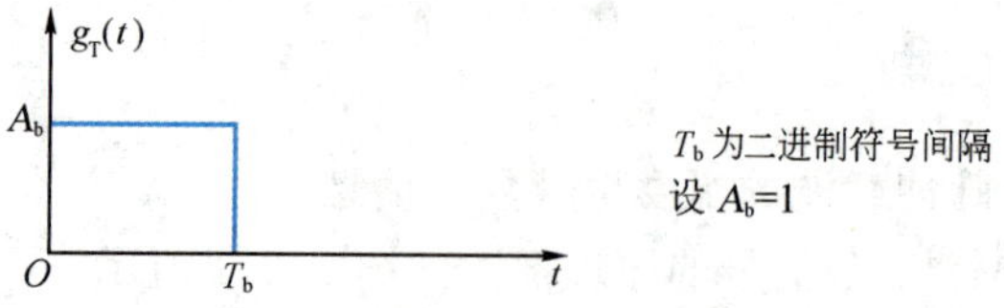

图 5.2.2 矩形不归零脉冲

例 5.2.1 符号间互不相关的单极性不归零码及其功率谱密度图，如图 5.2.3 所示。

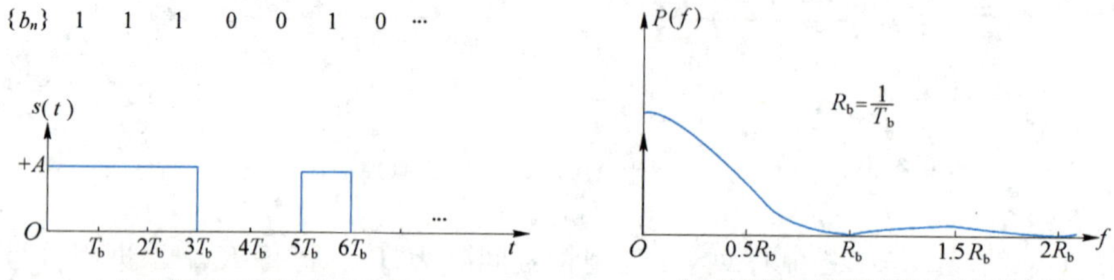

(a) 单极性不归零码信号波形图 (b) 单极性不归零码的单边功率谱密度图

图 5.2.3 单极性不归零码信号波形及单边功率谱密度图

从图中看出，它的功率谱中含有离散的直流分量及连续谱，功率谱主瓣宽度为 R_b。

2. 双极性不归零码

该 2PAM 信号波形的幅度有 $+A$ 和 $-A$ 两个可能值，发送滤波器的冲激响应 $g_T(t)$ 为矩形不归零脉冲，称此 2PAM 信号波形为双极性不归零码。举例说明如下：

例 5.2.2 符号间互不相关的双极性不归零码及其功率谱密度图，如图 5.2.4 所示。

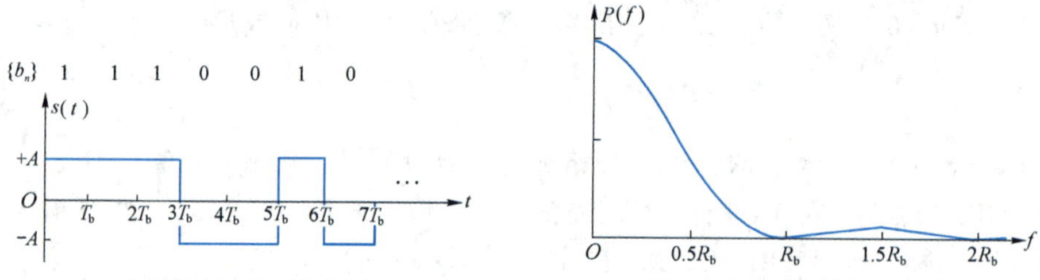

(a) 双极性不归零码的信号波形图 (b) 双极性不归零码的单边功率谱密度图

图 5.2.4 双极性不归零码的信号波形及单边功率谱密度图

双极性不归零码序列在二进制符号“1”和“0”等概率出现且各符号之间统计独立的条件下，其功率谱密度无离散的直流分量，仅有连续谱，功率谱主瓣宽度为 R_b。

3. 单极性归零码(RZ)

此 2PAM 信号波形的幅度值有 $+A$ 和 0 两个可能值，2PAM 发送滤波器的冲激响应 $g_T(t)$ 是归零脉冲，如图 5.2.5 所示。

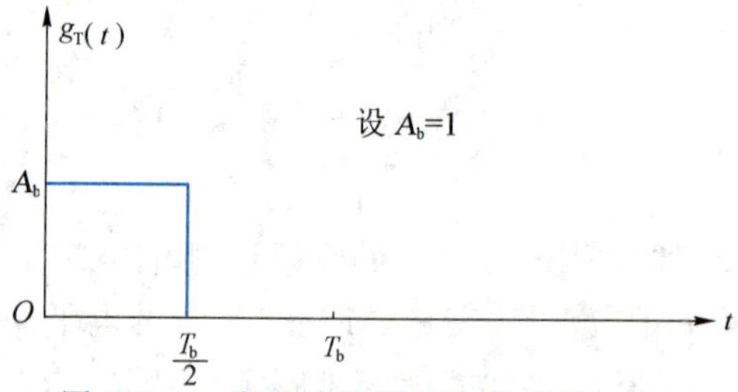

图 5.2.5 发送滤波器的冲激响应 $g_T(t)$

图 5.2.5 中的 $g_T(t)$ 表示在整个二进制符号间隔 T_b 内，脉冲的高电平要回到零电平，称它为归零脉冲，常记作 RZ。图 5.2.5 中的归零脉冲，其占空比为 50%。举例说明如下：

例 5.2.3　符号间互不相关的单极性归零码及其功率谱密度图，如图 5.2.6 所示。

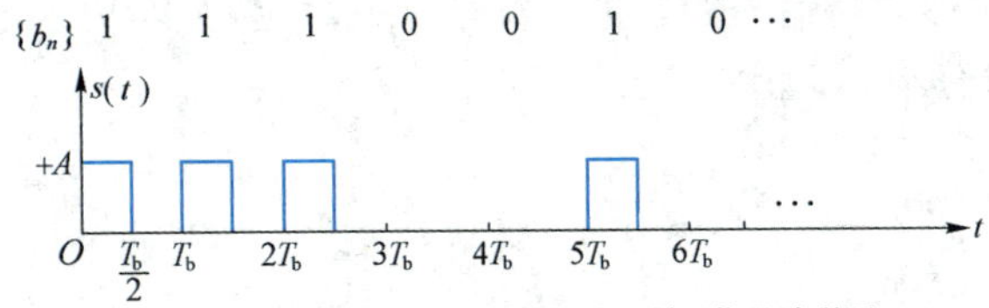

(a) 占空比为50%的单极性归零码信号波形图

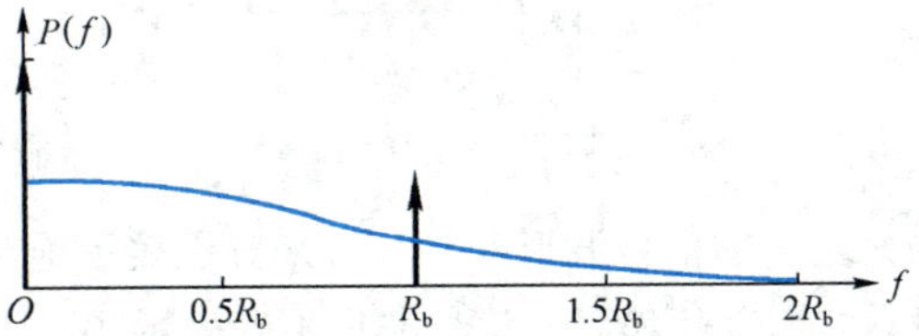

(b) 单极性归零码的单边功率谱密度图

图 5.2.6　单极性归零码信号波形及单边功率谱密度图

从图 5.2.6(b)看出，若二进制符号"1"和"0"等概率出现、符号间互不相关，则单极性归零码的功率谱不仅含有离散的直流分量及连续谱（功率谱主瓣宽度为 $2R_b$），而且还包含离散的时钟分量及其奇次谐波分量。由于其功率谱中含有离散的时钟分量，所以在数字通信系统的接收端可从单极性归零码序列中利用窄带滤波法提取离散的时钟分量。

4. 双极性归零码

该 2PAM 信号波形的两个可能幅度值为 $+A$ 和 $-A$，其 2PAM 发送滤波器的冲激响应 $g_T(t)$ 同单极性归零码的 $g_T(t)$ 一样，称此 2PAM 信号波形为双极性归零码。

例 5.2.4　符号间互不相关的双极性归零码及其功率谱密度图，如图 5.2.7 所示。

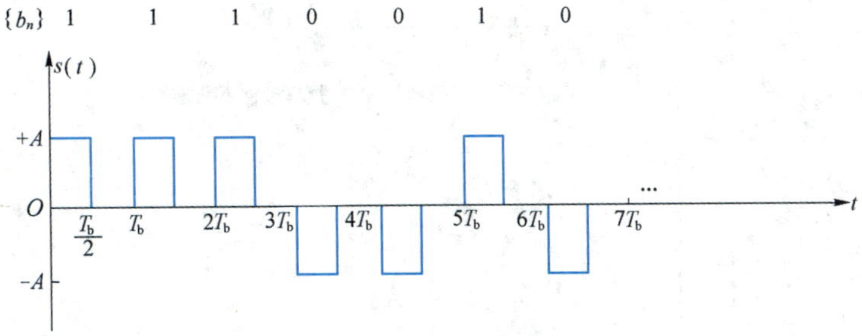

(a) 双极性归零码信号波形图

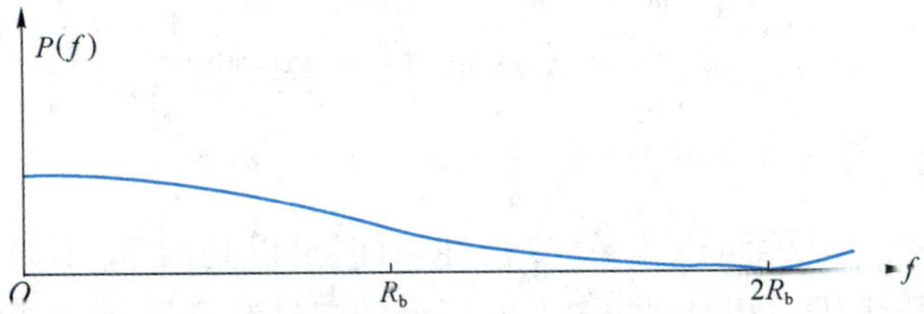

(b) 双极性归零码的单边功率谱密度图(1,0 等概率出现)

图 5.2.7　双极性归零码的信号波形及单边功率谱密度图

从图5.2.7(b)看出,双极性归零码序列在二进制符号“1”和“0”等概率出现、符号间互不相关情况下,其功率谱密度仅含连续谱,功率谱主瓣宽度为 $2R_b$。

5. 差分码(又名相对码)

上述2PAM信号波形均与输入的二进制符号一一对应,所以又称此2PAM信号波形为绝对码。将绝对码进行差分编码,如图5.2.8所示。

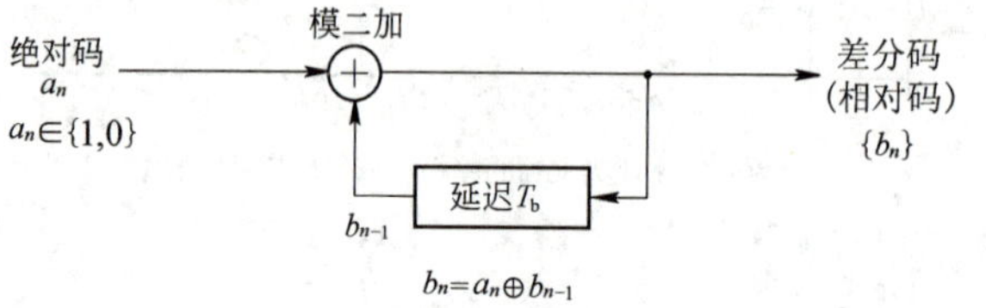

图5.2.8 差分编码

利用差分码的相邻码元之间的信号波形变化与否来分别表示绝对码的“1”或“0”。譬如以相邻码元的信号波形变化表示“1”,以相邻码元信号波形不变表示“0”,所以又称差分码为相对码。

例5.2.5 相对码及其功率谱密度图,如图5.2.9所示。

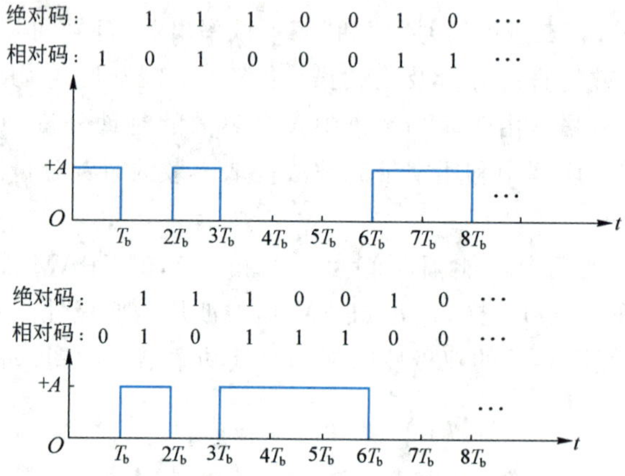

(a) 不同初始值下的相对码信号波形图(单极性不归零码)

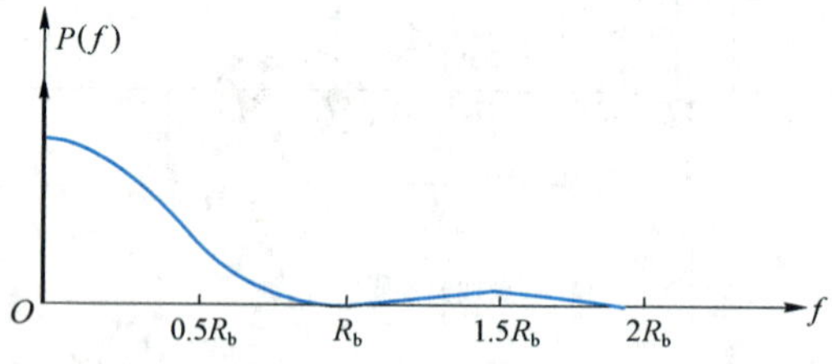

(b) 相对码单边功率谱密度图(单极性不归零码)

图5.2.9 相对码及相对码信号波形和单边功率谱密度图

用差分码形成的PAM信号可以是单、双极性幅度,可以是归零、不归零脉冲。如果二进制数据独立等概,差分码编码后相对码也是独立等概的二进制序列,此时相对码信号的功率谱密度与绝对码的功率谱密度相同。

6. 多电平的PAM信号波形(MPAM)

在输入的二进制序列中每 K 个二进制符号($M=2^K$)映射为 MPAM 中的 M 个可能的离

散幅度值之一的信号波形，其中发送滤波器冲激响应 $g_T(t)$ 为矩形不归零脉冲。举例说明如下：

例 5.2.6　8PAM 信号波形及其功率谱密度图，如图 5.2.10 所示。

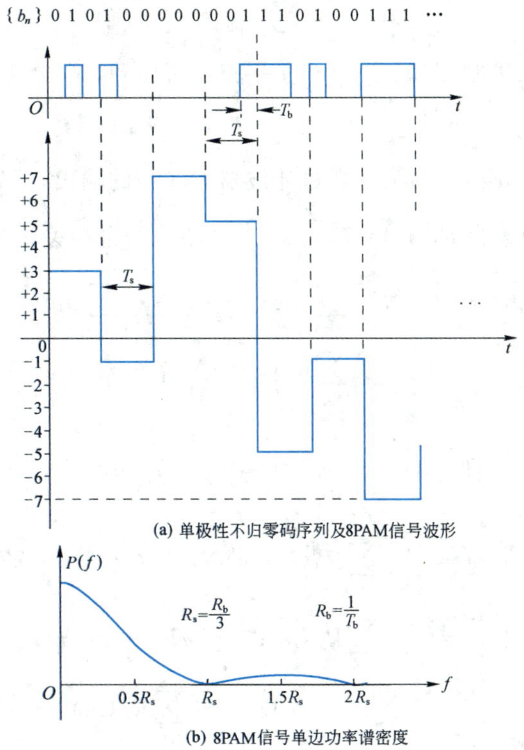

图 5.2.10　2PAM 信号波形、8PAM 信号波形和 8PAM 信号单边功率谱密度

若 $K=3$，$M=2^K=8$，则每 3 bit 与一个八进制符号相对应，而每个八进制符号又与 8PAM 的 8 个可能幅度值之一相对应，如表 5.2.1 所示。其中八进制符号间隔 $T_s=3T_b$。

表 5.2.1　三比特数模变换(DAC)表

3 比特	8PAM 的幅度值	3 比特	8PAM 的幅度值
0　0　0	+7	1　0　0	−1
0　0　1	+5	1　0　1	−3
0　1　0	+3	1　1　0	−5
0　1　1	+1	1　1　1	−7

若 MPAM 信号的均值为零、符号间互不相关，则 MPAM 信号的功率谱密度无离散直流分量，仅含连续谱，其功率谱主瓣宽度取决于 M 进制符号速率 R_s($R_s=R_b/K$)。因而在高速数据传输系统中经常采用 MPAM 的信号形式，以提高传输系统的频带利用率。

以上介绍了几种常用的、$g_T(t)$ 为矩形的 PAM 信号(码型)。除矩形脉冲之外，PAM 信号的脉冲还可以是 sinc 脉冲、根号升余弦(RRC，Root Raised Cosine)频谱滚降脉冲等。不同的 $g_T(t)$ 直接影响 PAM 信号的功率谱密度。下面将推导 PAM 信号的功率谱密度公式。

5.2.3 数字 PAM 信号的功率谱密度计算

根据图 5.2.1 产生 MPAM 信号的模型，得到数字 PAM 信号的数学表示式为

$$s(t)=\sum_{n=-\infty}^{\infty}a_n g_{\mathrm{T}}(t-nT_s) \tag{5.2.3}$$

假设在图 5.2.1 中的二进制序列$\{b_k\}$是广义平稳随机序列，则 M 进制幅度序列$\{a_n\}$也是广义平稳随机序列。

$s(t)$是 $d(t)=\sum\limits_{n=-\infty}^{\infty}a_n\delta(t-nT_s)$ 通过滤波器 $G_{\mathrm{T}}(f)$的输出，可先求 $d(t)$的功率谱密度。

设$\{a_n\}$的自相关函数为 $R_a(m)=E[a_na_{n+m}]$。$d(t)$的自相关函数为

$$\begin{aligned}R_d(t,t+\tau)&=E\Big[\sum_{n=-\infty}^{\infty}a_n\delta(t-nT_s)\cdot\sum_{k=-\infty}^{\infty}a_k\delta(t+\tau-kT_s)\Big]\\&=\sum_n\sum_k R_a(k-n)\delta(t-nT_s)\delta(t+\tau-kT_s)\end{aligned} \tag{5.2.4}$$

根据(2.1.17)可知

$$\delta(t-nT_s)\delta(t+\tau-mT_s)=\delta(t-nT_s)\delta(nT+\tau-mT_s) \tag{5.2.5}$$

因此

$$\begin{aligned}R_d(t,t+\tau)&=\sum_n\sum_k R_a(k-n)\delta(t-nT_s)\delta(\tau+nT_s-kT_s)\\&\overset{m=k-n}{=}\sum_n\sum_m R_a(m)\delta(t-nT_s)\delta(\tau-mT_s)\\&=\Big(\sum_n\delta(t-nT_s)\Big)\cdot\Big(\sum_m R_a(m)\delta(\tau-mT_s)\Big)\end{aligned} \tag{5.2.6}$$

取时间平均，注意

$$\overline{\sum_{n=-\infty}^{\infty}\delta(t-nT_s)}=\frac{1}{T_s} \tag{5.2.7}$$

故 $d(t)$的平均自相关函数为

$$\overline{R}_d(\tau)=\frac{1}{T_s}\sum_m R_a(m)\delta(\tau-mT_s) \tag{5.2.8}$$

求傅氏变换得到 $P_d(f)=\frac{1}{T_s}\sum\limits_{m=-\infty}^{\infty}R_a(m)\mathrm{e}^{-\mathrm{j}2\pi fmT_s}$。乘以$|G_{\mathrm{T}}(f)|^2$，得到 $s(t)$的功率谱密度为

$$P_s(f)=P_d(f)|G_{\mathrm{T}}(f)|^2=\frac{1}{T_s}\sum_{m=-\infty}^{\infty}R_a(m)\mathrm{e}^{-\mathrm{j}2\pi fmT_s}|G_{\mathrm{T}}(f)|^2 \tag{5.2.9}$$

从式(5.2.9)可以看出，PAM 信号的功率谱密度取决于序列$\{a_n\}$的自相关特性以及脉冲 $g_{\mathrm{T}}(t)$的频谱形状。如欲控制 PAM 信号的功率谱密度，可以从这两个方面入手。

若$\{a_n\}$是零均值不相关序列，则 $R_a(m)$简化为

$$R_a(m)=E[a_na_{n+m}]=\begin{cases}\sigma_a^2, & m=0\\0, & m\neq0\end{cases} \tag{5.2.10}$$

代入式(5.2.9)得

$$P_s(f)=\frac{\sigma_a^2}{T_s}|G_{\mathrm{T}}(f)|^2 \tag{5.2.11}$$

通常 $G_{\mathrm{T}}(f)$是连续有界函数，因此当$\{a_n\}$是零均值不相关序列时，PAM 信号的功率谱密

度是连续有界的，称为连续谱。

若 $\{a_n\}$ 是均值不为零的不相关序列，可令

$$a_n = c_n + m_a \tag{5.2.12}$$

其中 $m_a = E[a_n]$ 是 a_n 的均值，$c_n = a_n - m_a$。此时

$$\begin{aligned} d(t) &= \sum_{n=-\infty}^{\infty}(c_n + m_a)\delta(t - nT_s) \\ &= \sum_n c_n\delta(t - nT_s) + m_a\sum_n\delta(t - nT_s) \end{aligned} \tag{5.2.13}$$

由于 c_n 均值为零，方差为 σ_a^2，故 $\sum_n c_n\delta(t-nT_s)$ 的功率谱密度为 $\frac{\sigma_a^2}{T_s}$。$\sum_n\delta(t-nT_s)$ 是周期信号，可展开为

$$\sum_n\delta(t - nT_s) = \frac{1}{T_s}\sum_k e^{j2\pi\frac{k}{T_s}t} \tag{5.2.14}$$

其功率谱密度为 $\frac{1}{T_s^2}\sum_k\delta\left(f - \frac{k}{T_s}\right)$。故此时 $s(t)$ 的功率谱密度为

$$P_s(f) = \frac{\sigma_a^2}{T_s}\mid G_T(f)\mid^2 + \frac{m_a^2}{T_s^2}\sum_k\left|G_T\left(\frac{k}{T_s}\right)\right|^2\delta\left(f - \frac{k}{T_s}\right) \tag{5.2.15}$$

说明当 $\{a_n\}$ 是不相关序列时，如果均值不为零，PAM 信号功率谱密度除了有连续谱之外，还存在频率为 $1/T_s$ 整倍数的冲激分量，称为离散谱。功率谱密度中存在离散谱是因为 $s(t)$ 中包含了一个确定的周期信号 $m_a\sum_n g_T(t-nT_s)$。

例 5.2.7　已知：2PAM 信号是双极性不归零码，其中二进制序列 $\{b_n\}$ 中的各符号之间互不相关，其相应的幅度序列 $\{a_n\}$ 取值为 $+A$ 或 $-A$，两者等概率出现，均值 $m_a=0$，发送滤波器的冲激响应 $g_T(t)$ 是矩形不归零脉冲，见图 5.2.11(a)，求该双极性不归零码的功率谱密度的计算公式(设 $A=1$)。

解　发送滤波器冲激响应 $g_T(t)$ 的傅里叶变换为

$$G_T(f) = A_b T_b\frac{\sin\pi f T_b}{\pi f T_b}e^{-j\pi f T_b}$$

$$|G_T(f)|^2 = (A_b T_b)^2\left(\frac{\sin\pi f T_b}{\pi f T_b}\right)^2 = (A_b T_b)^2\text{sinc}^2(f T_b) \tag{5.2.16}$$

此 $|G(f)|^2$ 的能量谱密度如图 5.2.11(b)所示。

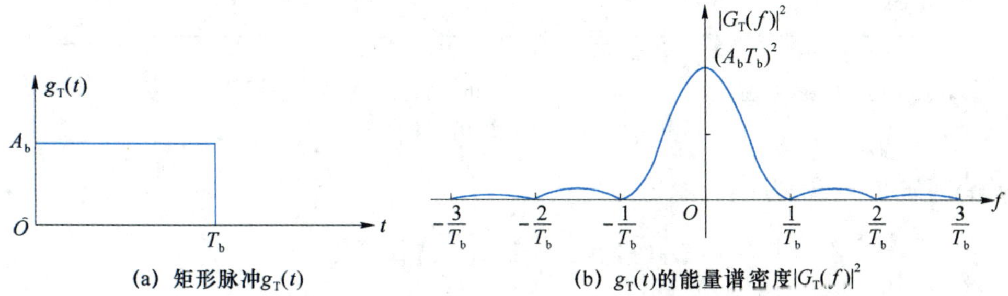

图 5.2.11　矩形脉冲 $g_T(t)$ 及其能量谱密度 $|G_T(f)|^2$

由图 5.2.11(b)看出，此能量谱密度图的零点出现在频率为 $1/T_b$ 的倍频处，且能量谱的模值与频率的平方成反比。将式(5.2.16)代入式(5.2.11)即可得到双极性不归零码的功率谱

表示式

$$P_s(f)=\frac{\sigma_a^2}{T_b}|G_T(f)|^2=\sigma_a^2A_b^2T_b\cdot \mathrm{sinc}^2(fT_b) \tag{5.2.17}$$

由式(5.2.17)看出,在均值 $m_a=0$ 的条件下,双极性不归零码的功率谱中无离散的直流分量,仅有连续谱,此连续谱的形状取决于 $|G_T(f)|^2$,其双边功率谱密度图如图 5.2.12 所示。

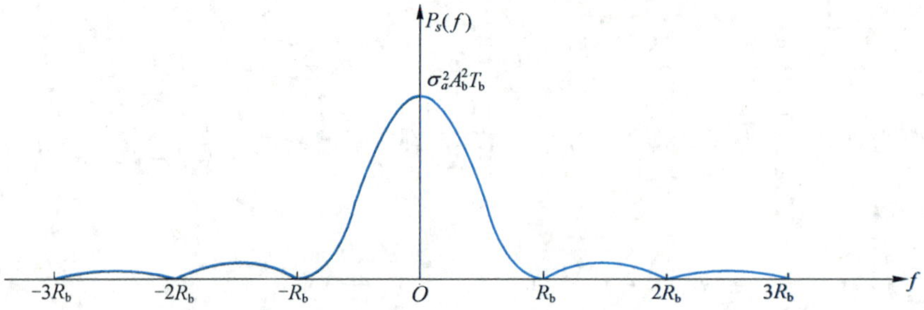

图 5.2.12 双极性不归零码的双边功率谱密度图
(二进制符号"1"或"0"等概率出现,符号间互不相关)

例 5.2.8 设二进制单极性不归零码的幅度取值为 0 和 $+A$,且等概率出现,符号间互不相关,$g_T(t)$为矩形不归零脉冲。求:该码的功率谱密度计算公式(设 $A=1$)。

解 经计算,得到它的双边功率谱密度为

$$P_s(f)=\sigma_a^2A_b^2T_b\mathrm{sinc}^2(fT_b)+A_b^2m_a^2\delta(f) \tag{5.2.18}$$

其中 $\sigma_a^2=m_a^2=\frac{1}{4}$。从式(5.2.18)看出,它有离散的直流分量,且有连续谱,但是无离散的时钟分量。

例 5.2.9 设单极性归零码中$\{a_n\}$取值为 0 和 $+A$,两个电平等概率出现,符号间互不相关,$g_T(t)$为半占空脉冲波形。求:单极性归零码的功率谱密度计算公式。

解 $g_T(t)$及其能量密度谱$|G_T(f)|^2$ 如图 5.2.13 所示。

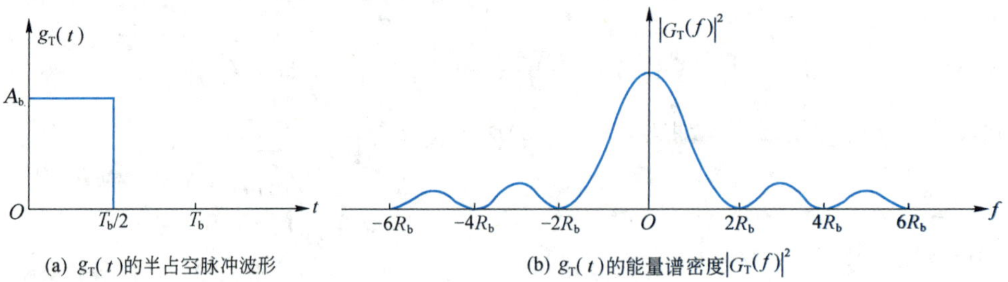

图 5.2.13 $g_T(t)$及其能量谱密度

$g_T(t)$的傅里叶频谱为 $G_T(f)$,即

$$G_T(f)=\frac{A_bT_b}{2}\mathrm{sinc}\left(\frac{fT_b}{2}\right)\mathrm{e}^{-\mathrm{j}\frac{\pi fT_b}{2}}$$

$$|G_T(f)|^2=\frac{(A_bT_b)^2}{4}\mathrm{sinc}^2\left(\frac{fT_b}{2}\right)$$

$$P_s(f)=\frac{\sigma_a^2}{T_b}\cdot\frac{(A_bT_b)^2}{4}\mathrm{sinc}^2\left(\frac{fT_b}{2}\right)+\frac{m_a^2}{T_b^2}\sum_{m=-\infty}^{\infty}\frac{(A_bT_b)^2}{4}\mathrm{sinc}^2\left(\frac{m}{2}\right)\delta\left(f-\frac{m}{T_b}\right) \tag{5.2.19}$$

图 5.2.14 是单极性归零码的双边功率谱图，设 $A=1,\sigma_a^2=1/4$。

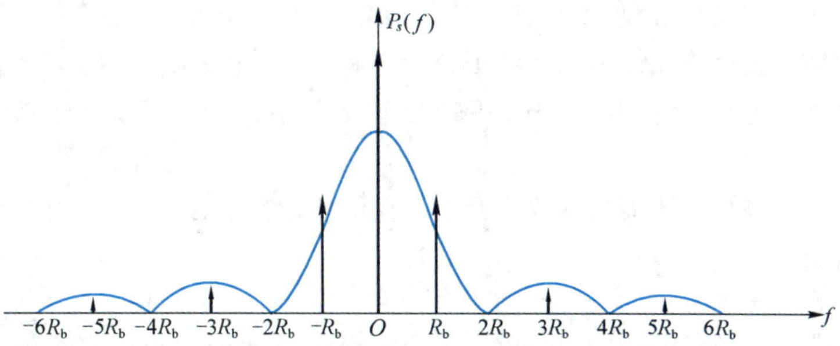

图 5.2.14　单极性归零码的双边功率谱图

从图 5.2.14 看出：在两个电平等概率出现，且符号间互不相关条件下，单极性归零码的功率谱密度中有连续谱、离散的直流分量、离散的时钟分量及其奇次谐波分量。

上述几个例子的功率谱计算是在信息序列的各符号之间互不相关情况下进行的。下面举例说明符号之间相关情况下的功率谱计算。

例 5.2.10　二进制信息序列$\{b_n\}$的取值为+1 或-1，其均值是零，方差为 1，各符号之间互不相关。由二进制不相关序列$\{b_n\}$经前后码元的算术相加得到相关序列$\{a_n\}$。

$$a_n=b_n+b_{n-1}\quad（算术加）\tag{5.2.20}$$

若发送滤波器冲激响应 $g_T(t)$为矩形不归零脉冲，请写出此发送 PAM 信号 $s(t)$的功率谱计算公式。

解　$\{a_n\}$序列的自相关函数为

$$\begin{aligned}R_a(m)&=E(a_na_{n+m})\\&=E[(b_n+b_{n-1})(b_{n+m}+b_{n+m-1})]\\&=\begin{cases}2 & m=0\\1 & m=\pm1\\0 & m\text{ 为其他值}\end{cases}\end{aligned}\tag{5.2.21}$$

将式(5.2.21)代入式(5.2.9)得到

$$P_s(f)=\frac{4}{T_b}\cos^2(\pi fT_b)\cdot|G_T(f)|^2\tag{5.2.22}$$

式(5.2.22)正是本章第 5.8 节提到的第一类部分响应系统的功率谱表示式。

从例 5.2.10 以及式(5.2.9)看出，PAM 信号的功率谱密度不仅与发送滤波器的传递函数 $G_T(f)$有关，也即与发送脉冲 $g_T(t)$有关，还与幅度序列$\{a_n\}$的自相关函数有关。这说明：为了控制 PAM 信号波形的功率谱密度以适应信道传输的要求，一种方法是控制脉冲 $g_T(t)$或其频谱 $G_T(f)$，另一种方法是控制幅度序列$\{a_n\}$的相关性。

5.2.4　常用线路码型

在实际数字通信中，经常需要在数字通信设备之间通过同轴电缆或其他有线传输媒介来传输数字基带信号。例如：某数字微波通信设备输出的 2.048 Mbit/s 单极性不归零码序列需通过同轴电缆传向相隔几千米远的另一数字终端复用设备。由于单极性不归零码序列的功率谱中含有离散的直流分量及很低的频率成分，与同轴电缆的传输要求（由于均衡与屏蔽的困难，不使用低于 60 kHz 的频率）不相符，所以该码型不宜于在电缆中传输。为此，国际上有规定，在数字通信设备之间传输 2.048 Mbit/s 数据的接口线路码型为 HDB_3 码。因而,需将该数字微波通信设备输出的 2.048 Mbit/s 单极性不归零码变换成 HDB_3 码,然后再通过电缆传输至远处的数字终端复用设备,而此数字复用终端设备在收到 HDB_3 码后,立即设法从传来的 HDB_3 码中提取出符号同步信号(即时钟分量),再将 HDB_3 码型变换为单极性不归零码序列,这样就完成了远距离的数字基带传输。

由于在基带信道传输时,不同传输媒介具有不同的传输特性,所以需使用不同的接口线路码型,这在国际上有统一规定。

1. 线路码型的设计原则

为匹配于基带信道传输媒介的传输特性,并考虑到在收端提取时钟方便,希望所设计的线路码型应具有以下的特性:

(1) 线路码的功率谱密度特性匹配于基带信道的频率特性。

(2) 减少线路码频谱中的高频分量。

尽量减少线路码频谱中的高频分量,使得线路码的带宽比基带信道带宽窄得多,这样一方面可节省传输频带,另一方面也可使得在传输时不致引起码间干扰。

综合上述两点,一般要求线路码的功率谱不应含有离散的直流分量,并尽量减小低频分量及高频分量。

(3) 便于从接收端的线路码中提取符号同步信号。

为便于在接收端从收到的线路码中提取符号同步信号(即时钟分量),一方面要求线路码经简单的非线性变换后能产生离散的时钟分量,可从中提取时钟;另一方面希望从线路码提取的离散时钟分量尽量不受信源所产生数字符号的统计特性的影响,即使在信源输出符号中出现长串连"0"或连"1"码时,也能从该线路码中恢复时钟。

(4) 减少误码扩散。

对某些线路码型,由于信道传输产生的单个误码会导致译码输出出现多个错误,称此现象为误码扩散或差错传播,希望误码扩散越少越好。

(5) 便于误码监测。

要求在基带传输中具有内在的检错能力,可检测出基带信号码流中错误的信号状态。

(6) 尽量提高线路码型的编码效率。

下面,将介绍几种常用的线路码型。

2. 常用线路码型

(1) AMI 码

AMI 码是传号交替反转码。将输入于编码器的二进制符号"0"(空号)编为 AMI 码的"0"符号,并映射为相应的零电平波形;将二进制符号"1"(传号)编为交替出现的"+1"和"−1"AMI 码,相应映射的信号波形是幅度为 $+A$ 和 $-A$ 的半占空归零脉冲,故 AMI 编码是将二元码变换为三元码,并引入相关性,用以改变信号波形的功率谱结构。

例 5.2.11 AMI(RZ)码及其信号波形,如图 5.2.15 所示。

由于 AMI(RZ)码的传号交替反转,所以其信号波形的功率谱中无离散的直流分量,它的低频及高频分量亦很小,功率集中于频率为二分之一码速附近。虽然它的功率谱中无离散的时钟分量,在收端,只要将双极性归零码的信号波形经简单的非线性变换(全波整流)变为单极性归零码,即可从中提取定时信息。此外,AMI 码还具有检错能力,如果在传输过程中,因传号极性交替规律受到破坏而出现误码时,在接收端很容易发现这种错误。AMI 码的主要缺点是在接收端从

AMI 码中提取定时信息时，它所产生的离散时钟分量与信源统计特性有密切关系，当信源输出符号中出现长串连“0”码时，由于 AMI 码的信号波形长时间处于零电平，因而时钟提取困难。在实际数字通信中，所采用的方法之一是将输入的二进制信息序列先进行扰码，即进行随机化处理，使信息序列变为伪随机序列，然后再进行 AMI 编码。随机化处理可以缩短连“0”数，使得收端的定时提取不受信源统计特性的影响。

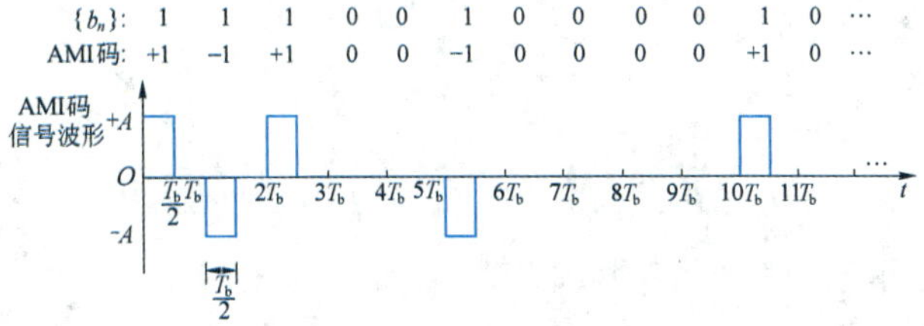

图 5.2.15　AMI(RZ)码信号波形

CCITT 建议 AMI(RZ)码为 PCM 系统北美系列 24 路时分制数字复接一次群1.544 Mbit/s 的线路码型。要求先将数据扰码后，再进行 AMI 编码。

AMI 码的符号间有相关性，序列的自相关函数 $R(0)=1/2$，$R(m)=-1/4(|m|=1)$，$R(m)=0$ $(|m|>1)$。可求出占空比为 50% 的 AMI(RZ)码功率谱计算公式为

$$P(f)=\frac{1}{T_b}\cdot\sin^2(\pi f T_b)\cdot\frac{A_b^2T_b^2}{4}\text{sinc}^2\left(\frac{fT_b}{2}\right) \tag{5.2.23}$$

(2) HDB_3 码

HDB_3 码与 AMI 码类似，它也是将信息符号“1”变换为 +1 或 −1 的线路码，其相应的信号波形分别是幅度为 $+A$ 和 $-A$ 的半占空归零码，但与 AMI 码不同的是：HDB_3 码中的连“0”数被限制为小于或等于 3，当信息符号中出现 4 个连“0”码时，就用特定码组取代，该特定码组称为取代节。为了在接收端识别出取代节，人为地在取代节中设置“破坏点”，在这些“破坏点”处传号极性交替规律受到破坏。

其编码原理是：信息符号中的“1”交替变换为 +1 与 −1，检查它的连“0”串情况，当出现 4 个以上连“0”串时，则将每 4 个连“0”小段的第 4 个“0”变换成与前一非 0 符号(+1 或 −1)同极性的符号，显然，这样会破坏“极性交替反转”的规律。该符号被称为破坏符号，用 V 符号表示(即 +1 记为 +V，−1 记为 −V)。为使附加 V 符号后的序列不破坏“极性交替反转”造成的无直流特性，还必须保证相邻 V 符号也应极性交替。当相邻 V 符号之间有奇数个非 0 符号时，就用取代节“000V”(V 符号取 +1 或 −1)来取代 4 个连“0”；当 V 符号间有偶数个非 0 符号时，则用“B00V”取代节代替 4 个连“0”，而 B 符号的极性与前一非 0 符号的极性相反(以 +1 记为 +B，−1 记为 −B)。

例 5.2.12　HDB_3 编码及其信号波形，如图 5.2.16 所示。

可根据以下两点来检查所编的 HDB_3 码是否正确：

(a) 检查 V 符号：是否每 4 个连“0”串的第 4 个“0”换成 V 符号；V 符号的极性是否与前一非 0 符号同极性；相邻 V 符号的极性应符合交替反转规律。

(b) 将已编 HDB_3 码中的 V 符号暂时取下，然后观察剩下码字(含 B 符号)是否符合正负极性交替规律。

HDB_3 码除了保持 AMI 码的优点外，还增加了使连“0”串减小到至多 3 个的优点，这对于收端定时提取十分有利。

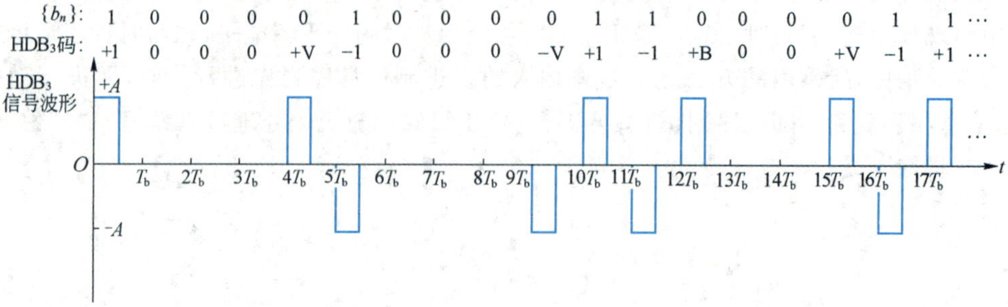

图 5.2.16　HDB$_3$ 码及其信号波形图(半占空归零码型)

HDB$_3$ 码的功率谱示于图 5.2.17 中。

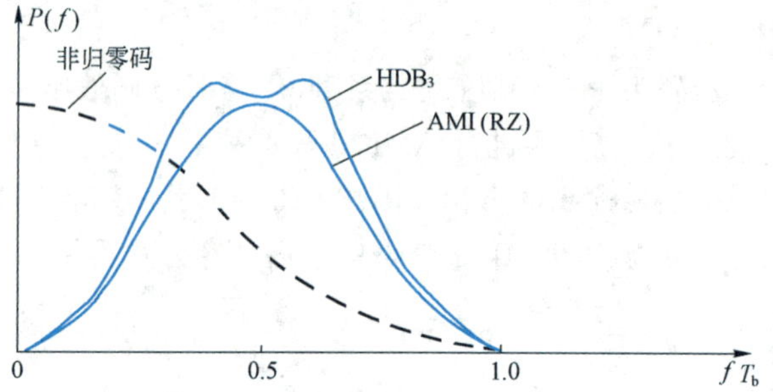

图 5.2.17　HDB$_3$ 码及 AMI 码单边功率谱图(仅画出主瓣)

CCITT 建议,HDB$_3$ 码为 PCM 系统欧洲系列时分多路数字复接一次群 2.048 Mbit/s、二次群 8.448 Mbit/s、三次群 34.368 Mbit/s 的线路接口码型。

(3) CMI 码

CMI 码是将输入的二进制符号"0"编码为的一对比特"0 1",其所映射的信号波形如图 5.2.18(a)所示,将二进制符号"1"交替编码为"1 1"或"0 0",其相应的信号波形是如图 5.2.18(b)所示的幅度分别为 $+A$ 和 $-A$ 的不归零脉冲。

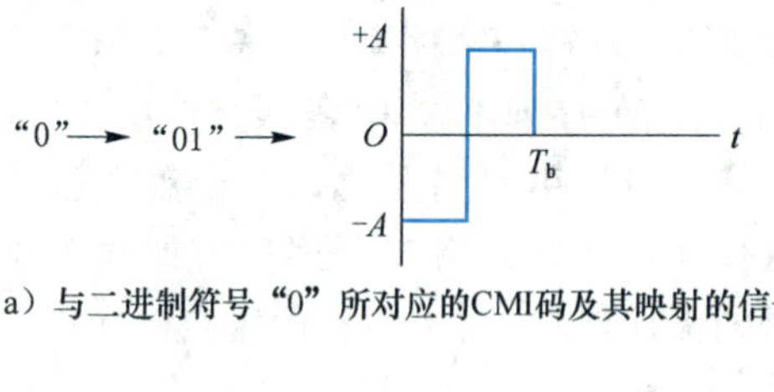

(a) 与二进制符号"0"所对应的CMI码及其映射的信号波形

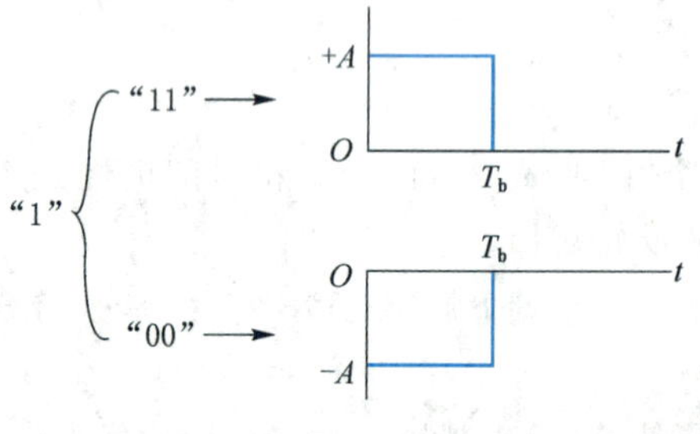

(b) 与二进制符号"1"所对应的CMI码及其映射的信号波形

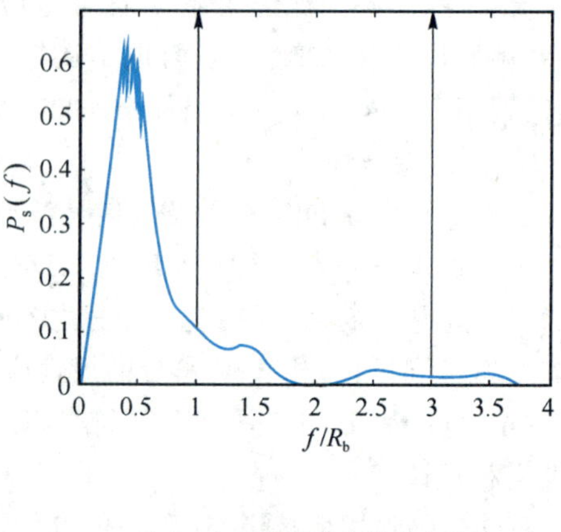

(c) CMI码单边功率谱密度图

图 5.2.18　CMI 码及其映射的信号波形、单边功率谱密度图

例 5.2.13　CMI 码的信号波形如图 5.2.19 所示。

二进制数字序列	1	1	1	0	0	1	0	1	0	0	…
CMI码	11	00	11	01	01	00	01	11	01	01	…

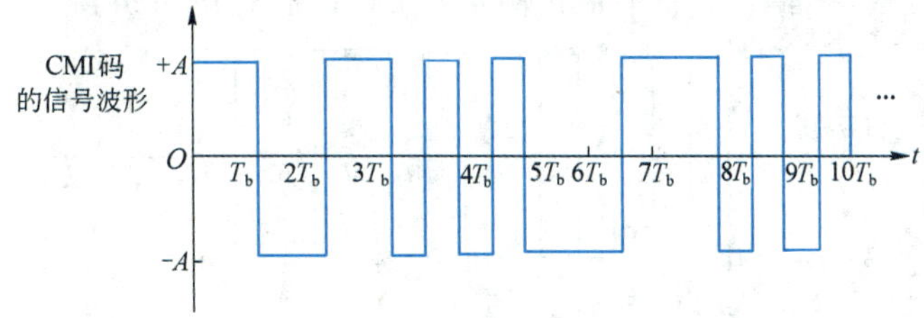

图 5.2.19　CMI 码及其信号波形

CMI 码的功率谱密度如图 5.2.18(c)所示，值得注意的是：其功率谱不仅含连续谱（主瓣宽度是 $2R_b$），还含离散的时钟分量及其奇次谐波分量，无离散的直流分量。

CMI 码是 CCITT 建议 PCM 时分多路四次群 139.264 Mbit/s 数字复接设备的接口线路码型。

(4) 数字双相码（又称分相码或 Manchester 码）

将输入的二进制符号"0"编码为一对比特"0 1"，又将二进制符号"1"编码为一对比特"1 0"，它们所映射的信号波形如图 5.2.20 所示。

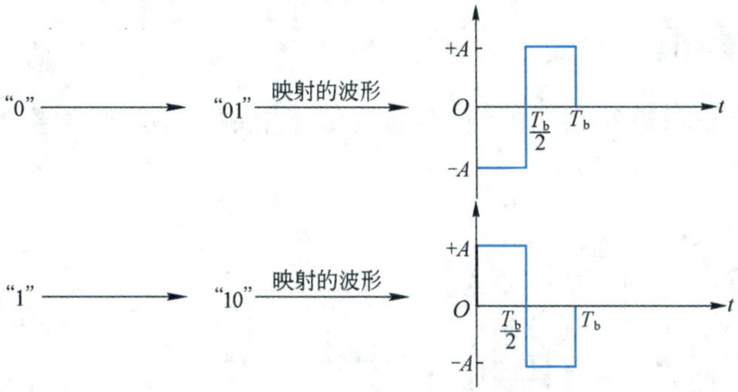

图 5.2.20　数字分相码的编码及其映射的信号波形

该码的功率谱示于图 5.2.21，其主瓣宽度比 AMI、HDB_3 功率谱的主瓣宽 1 倍。

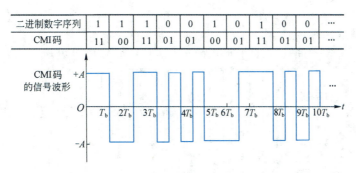

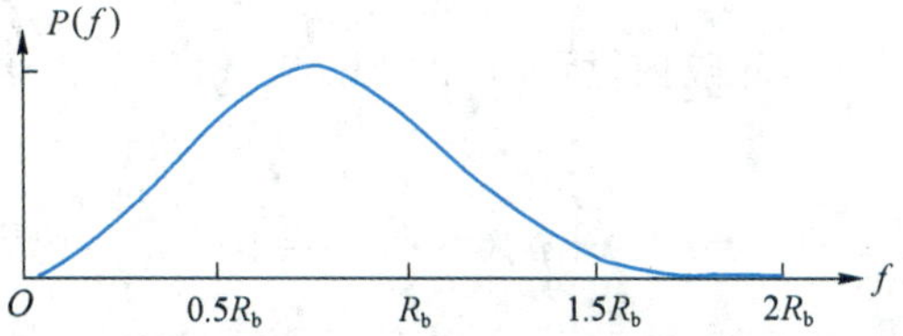

图 5.2.21　数字分相码的单边功率谱密度（仅画出主瓣）

例 5.2.14　数字分相码及其信号波形，如图 5.2.22 所示。

数字分相码的优点是：在收端利用简单的非线性变换后提取时钟方便。如可利用电平的正、负跳变提取定时，但是它所提取的时钟频率是符号速率的 2 倍，再由它分频得到的定时信号，必定存在相位的不确定问题。

国际上规定,在计算机以太网中,在五类双绞线中传输 10 Mbit/s 数据的接口线路码型为数字双相码。

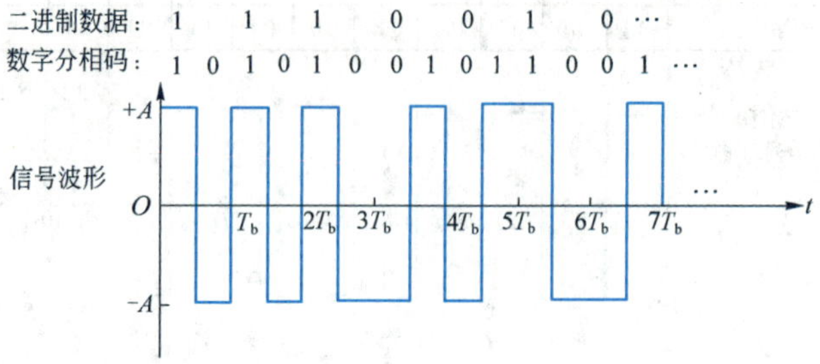

图 5.2.22 数字分相码及其信号波形

以上仅介绍了 4 种常用线路码型及其功率谱图。有关其他线路码型,如:在光纤传输系统中应用的 4B5B、5B6B 等传输码型,请阅读有关光通信参考书。

5.3 在加性白高斯噪声信道条件下数字基带信号的接收

在本节,考虑数字基带信号通过基带信道传输的接收方案及其误码性能的计算。

5.3.1 加性白高斯噪声信道

首先,要给出通信信道的数学模型,在通信信道中最简单的数学模型是加性白高斯噪声(AWGN)信道,如图 5.3.1 所示。

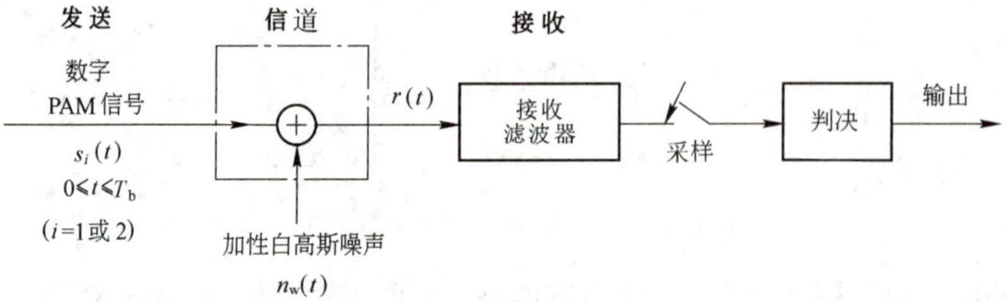

图 5.3.1 在加性白高斯噪声信道条件下数字基带传输的接收系统

在 $0\leqslant t\leqslant T_b$ 的二进制符号间隔内,所发送的 2PAM 信号 $s_i(t)$ 经过加性白高斯噪声信道传输后,得到的接收信号 $r(t)$ 为

$$r(t)=s_i(t)+n_w(t) \qquad i=1 \text{ 或 } 2, \quad 0\leqslant t\leqslant T_b \tag{5.3.1}$$

其中,$n_w(t)$ 是加性白高斯噪声,其均值为零,双边功率谱密度为 $N_0/2$,如图 5.3.2 所示。

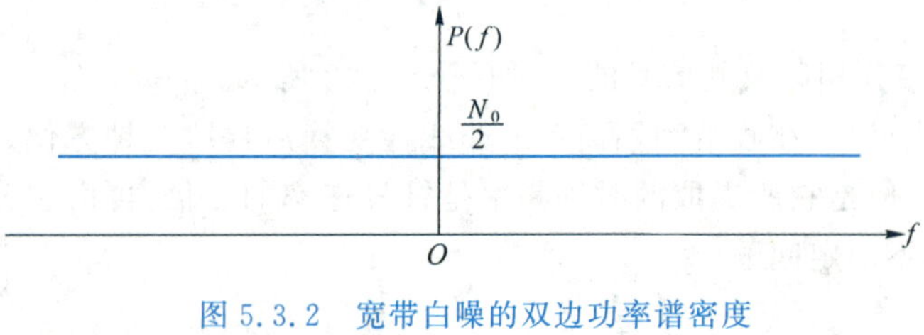

图 5.3.2 宽带白噪的双边功率谱密度

5.3.2　利用匹配滤波器的最佳接收

确定信号在受到加性白高斯噪声干扰下的最佳接收是采用匹配滤波器,它能使最佳采样时刻的信噪比最大,然后再选择合适的判决门限进行判决,可使平均误比特率最小。

若发送的 2PAM 信号是双极性不归零码序列,信息速率为 R_b(单位为 bit/s),二进制符号间隔 $T_b=1/R_b$,则

$$s_i(t)=\begin{cases}s_1(t)=A & 发“1” \\ s_2(t)=-A & 发“0”\end{cases}\quad 0\leqslant t\leqslant T_b \tag{5.3.2}$$

在每个二进制符号间隔内发送的 $s_1(t)$或 $s_2(t)$均为确定信号,该 2PAM 信号在信道传输中受到加性白高斯噪声 $n_w(t)$的干扰,加性噪声的均值为零,双边功率谱密度为$N_0/2$,在二进制符号间隔 T_b 内收到的信号 $r(t)$为

$$r(t)=s_i(t)+n_w(t)=\begin{cases}s_1(t)+n_w(t)\\ s_2(t)+n_w(t)\end{cases}=\begin{cases}A+n_w(t) & 发“1” \\ -A+n_w(t) & 发“0”\end{cases}\quad 0\leqslant t\leqslant T_b \tag{5.3.3}$$

图 5.3.3 为 2PAM 信号在加性白高斯噪声干扰下利用匹配滤波器及采样、判决器进行最佳接收的框图。

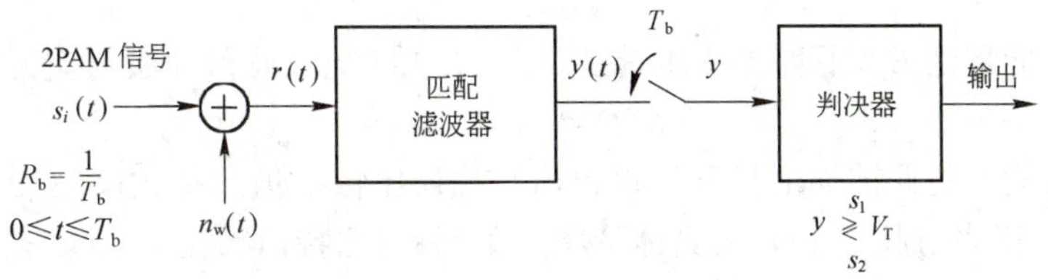

图 5.3.3　2PAM 信号在加性白高斯噪声干扰下,利用匹配滤波器的最佳接收框图

假设:匹配滤波器的冲激响应 $h(t)$与信号 $s_1(t)$相匹配

$$h(t)=s_1(T_b-t)\qquad 0\leqslant t\leqslant T_b \tag{5.3.4}$$

在采样时刻 $t=T_b$,采样值中的有用信号是

$$\int_{-\infty}^{\infty}[\pm s_1(\tau)]h(T_b-\tau)\mathrm{d}\tau=\pm\int_{-\infty}^{\infty}s_1^2(\tau)\mathrm{d}\tau=\pm E_b \tag{5.3.5}$$

其中的 E_b 称为比特能量。

高斯白噪声通过匹配滤波器后的输出是平稳高斯过程,根据 3.5 节,采样时刻的噪声 Z 是零均值高斯随机变量,其方差为

$$\sigma^2=\frac{N_0}{2}E_h=\frac{N_0}{2}E_b \tag{5.3.6}$$

判决器输入的判决量为

$$y=\pm E_b+Z \tag{5.3.7}$$

判决器比较 y 与 V_T 的大小,如果比 V_T 大则认为发送的是 $s_1(t)$,否则认为发送的是 $s_2(t)$。假设发送 $s_1(t)$和 $s_2(t)$的概率相等。根据对称性,最佳门限应取为 $V_T=0$。此时发送 $s_2(t)$条件下判决出错的概率为

$$\begin{aligned}P(e|s_2)&=P(y>0|s_2)=P(-E_b+Z>0)\\ &=P(Z>E_b)=\frac{1}{2}\mathrm{erfc}\left(\frac{E_b}{\sqrt{2\sigma^2}}\right)\\ &=\frac{1}{2}\mathrm{erfc}\left(\sqrt{\frac{E_b}{N_0}}\right)\end{aligned} \tag{5.3.8}$$

根据对称性有 $P(e|s_1)=P(e|s_2)$，平均误比特率为

$$P_b=\frac{1}{2}\mathrm{erfc}\left(\sqrt{\frac{E_b}{N_0}}\right) \tag{5.3.9}$$

对于单极性不归零码来说

$$s_i(t)=\begin{cases}s_1(t)=+A \\ s_2(t)=0\end{cases} \quad 0\leqslant t\leqslant T_b \tag{5.3.10}$$

判决器的判决量将变成

$$y=a+Z \tag{5.3.11}$$

其中 $a\in\{E_1,0\}$分别对应发送 $s_1(t)$或 $s_2(t)$，E_1 是 $s_1(t)$的能量。注意此时 $s_2(t)$的能量是 0，平均比特能量是 $E_b=E_1/2$。

判决门限应取为 E_1 和 0 的中点，即 $V_T=E_1/2=E_b$。此时可推出平均误比特率为

$$P_b=\frac{1}{2}\mathrm{erfc}\left(\sqrt{\frac{E_b}{2N_0}}\right) \tag{5.3.12}$$

对于一般双极性 2PAM 信号，发送单个比特时的两个波形为

$$s_i(t)=\begin{cases}s_1(t)=+g(t) \\ s_2(t)=-g(t)\end{cases} \tag{5.3.13}$$

其中脉冲 $g(t)$的能量是 E_g，平均比特能量是 $E_b=E_g$。匹配滤波器冲激响应为

$$h(t)=g(t_0-t) \tag{5.3.14}$$

其中 t_0 是采样时刻。仿照前面的推导可以得出平均误比特率仍然是式(5.3.9)。注意匹配滤波器接收时，误比特率与脉冲 $g(t)$的具体形状无关，只与比特信噪比 E_b/N_0 有关。

对于一般单极性 2PAM，发送单个比特时的两个波形是

$$s_i(t)=\begin{cases}s_1(t)=+g(t) \\ s_2(t)=0\end{cases} \tag{5.3.15}$$

可推导出平均误比特率仍然是式(5.3.12)，其中 $E_b=E_g/2$。如图 5.3.4 所示，在相同误比特率条件下，双极性信号所需的 E_b/N_0 比单极性信号少 3 dB。

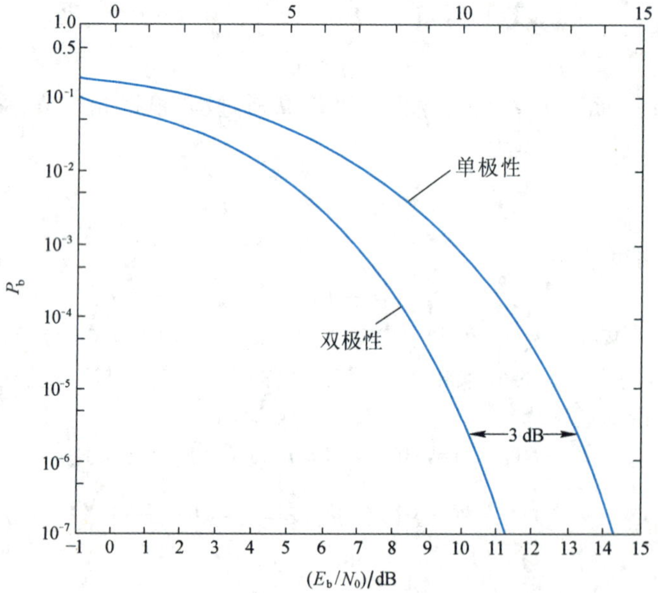

图 5.3.4 利用匹配滤波器作最佳接收的平均误比特率曲线

5.4　PAM 信号通过限带信道传输

上一节讨论了数字 PAM 信号通过加性白高斯噪声信道的传输，并计算了该系统的误码性能，对此系统的信道带宽没有限制，发送的 PAM 信号未受带宽限制。

在实际数字通信中的信道往往是限带的，如常用的电话信道、微波视距无线信道、卫星信道及水下声信道均属限带信道，因而发送信号的带宽受限于信道带宽，为此要进一步考虑适合于限带信道传输的限带信号的设计。

上述基带信道或等效基带信道可建模为限带线性滤波器(分析频带信号及频带信道时，可利用它们的等效基带模型)。数字基带信号通过限带线性滤波传输时，由于限带线性滤波器冲激响应的波形不限时，其有效持续时间将延伸若干码元间隔，因而在收端采样时刻的采样值可能存在码间干扰，导致系统误码率增加。本节首先介绍何谓码间干扰，然后考虑通过限带信道无码间干扰基带传输的信号设计问题。

基带信道或等效基带信道线性滤波器的传递函数为 $C(f)$。它的冲激响应为 $c(t)$，若信道是限带于 W，则当 $|f|>W$ 时，$C(f)=0$。在信道带宽内的信道的传递函数为

$$C(f)=|C(f)|e^{j\theta(f)}\qquad |f|\leqslant W \tag{5.4.1}$$

式中 $|C(f)|$ 是限带信道的幅频特性，$\theta(f)$ 是信道的相频特性。

$$\tau_G(f)=-\frac{1}{2\pi}\frac{d\theta(f)}{df} \tag{5.4.2}$$

$\tau_G(f)$ 是基带信道或等效基带信道的群时延特性，或称为包络时延特性。

若 $|f|\leqslant W$ 内，$|C(f)|$ 是恒定的，$\theta(f)$ 是频率的线性函数，即 $\tau_G(f)$ 是恒定的，则称此信道是理想基带信道。

为了有效利用信道带宽 W，在理想基带信道情况下，可合理设计通过限带传输后的信号脉冲波形，以实现在收端采样时刻的无码间干扰传输。若信道特性非理想，在采样时刻的采样值会存在码间干扰，为此在收端采样之前要加信道均衡器，用来补偿信道特性的不完善，以减小在采样点的码间干扰。有关信道均衡的概念将在本章 5.7 节中讨论。

需说明的是，本节仅涉及限带线性非时变信道模型，虽然信道的参量往往是时变的，但此变化是相对的，当信道的时变性相对于信道所传输的符号速率低得多的情况下，此限带线性非时变滤波的模型仍不失其一般性。

5.4.1　符号间干扰

数字 PAM 基带传输系统的框图如图 5.4.1 所示。

该系统是由发送滤波器、信道、接收滤波器及采样、判决器组成，其中信道是由限带线性非时变滤波器及加性白高斯噪声 $n_w(t)$ 来表征。发送滤波器的传递函数为 $G_T(f)$，冲激响应为 $g_T(t)$；基带信道的传递函数为 $C(f)$，冲激响应为 $c(t)$；接收滤波器的传递函数为$G_R(f)$，冲激响应为 $g_R(t)$。

在 M 进制 PAM 数字通信系统中，系统输入为 M 进制幅度序列 $\{a_n\}$，其表示式为

$$d(t)=\sum_{n=-\infty}^{\infty}a_n\delta(t-nT_s) \tag{5.4.3}$$

式中,T_s 表示 M 进制符号周期,$M=2^K$,$T_s=KT_b$,T_b 是二进制比特宽度,每个 M 进制符号对应于 K 个二进制符号,$\{a_n\}$表示离散的幅度序列,在每个 M 进制符号周期 T_s 内的 a_n 是 M 个可能的离散幅度之一。

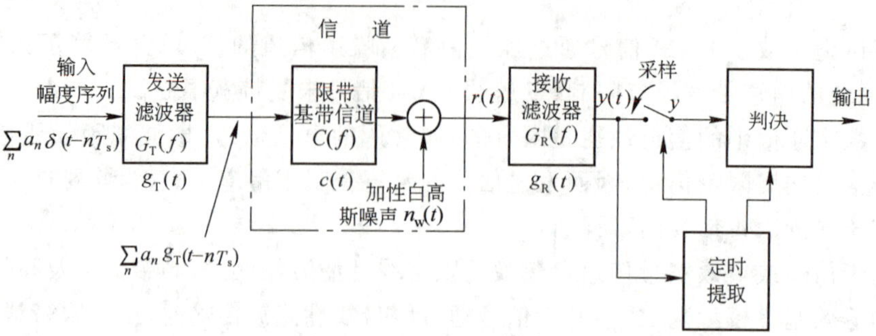

图 5.4.1 数字 PAM 基带传输系统框图

幅度序列$\{a_n\}$经发送滤波后得到 M 进制的 PAM 信号波形,成为限带信号 $s(t)$

$$s(t)=\sum_{n=-\infty}^{\infty}a_n g_T(t-nT_s) \tag{5.4.4}$$

经基带信道传输后的接收信号 $r(t)$为

$$r(t)=\sum_{n=-\infty}^{\infty}a_n g(t-nT_s)+n_w(t) \tag{5.4.5}$$

式中,$n_w(t)$是白高斯噪声,$g(t)$是发送滤波器和基带信道线性滤波相级联的冲激响应,即

$$g(t)=c(t)*g_T(t) \tag{5.4.6}$$

接收信号 $r(t)$通过接收低通滤波后的输出信号 $y(t)$为

$$y(t)=\sum_{n=-\infty}^{\infty}a_n x(t-nT_s)+\gamma(t) \tag{5.4.7}$$

式中

$$x(t)=g(t)*g_R(t)=g_T(t)*c(t)*g_R(t) \tag{5.4.8}$$

$$\gamma(t)=n_w(t)*g_R(t) \tag{5.4.9}$$

对接收滤波的输出信号 $y(t)$进行周期性采样,其周期为 T_s。

设采样时刻 $t=t_0+mT_s$,暂设 $t_0=0$,瞬时采样值为

$$y(mT_s)=\sum_{n=-\infty}^{\infty}a_n x(mT_s-nT_s)+\gamma(mT_s) \tag{5.4.10}$$

简写为

$$y_m=\sum_{n=-\infty}^{\infty}a_n x_{m-n}+\gamma_m=\underset{m=n}{x_0 a_m}+\sum_{n\neq m}a_n x_{m-n}+\gamma_m \tag{5.4.11}$$

式中,$x_m=x(mT_s)$,$\gamma_m=\gamma(mT_s)$,$m=0,\pm1,\pm2,\cdots$。

由式(5.4.11)看出,采样值 y_m 中的第一项 x_0a_m 表示所希望的接收符号 a_m,其中 x_0 是某常量。式中第二项表示除了第 m 个符号以外所有其他符号通过系统传输后在$t=mT_s$采样瞬时的响应值之和,称为码间干扰或符号间干扰(ISI,Inter-Symbol Interference)。我们不希望存在

码间干扰，因为它会影响系统的误码性能。式(5.4.11)中的第三项 γ_m 表示加性噪声。

5.4.2 无 ISI 传输的奈奎斯特准则

在 5.4.1 节已提到，在数字基带传输系统中，对接收滤波输出信号 $y(t)$在 $t=mT_s$ 时刻进行采样的采样值为

$$y_m = x_0 a_m + \sum_{\substack{n=-\infty \\ n\neq m}}^{\infty} a_n x_{m-n} + \gamma_m \tag{5.4.12}$$

式中的 $x(t)=g_T(t)*c(t)*g_R(t)$，$x(t)$的傅里叶变换为 $X(f)$，即

$$X(f)=G_T(f)\cdot C(f)\cdot G_R(f) \tag{5.4.13}$$

假设基带信道是理想情况，即

$$C(f)=\begin{cases} c_0 e^{-j2\pi f t_c} & |f|\leqslant W \\ 0 & |f|>W \end{cases} \tag{5.4.14}$$

式中，W 是信道带宽，t_c 表示某个时延值，为方便起见，暂设 $t_c=0$，$c_0=1$。

为使式(5.4.11)中的第二项码间干扰为零，必须满足以下的条件：

$$\begin{aligned} x(mT_s-nT_s)&=0 \qquad n\neq m \\ x(mT_s-nT_s)&\neq 0 \qquad n=m \end{aligned} \tag{5.4.15}$$

这就意味着，基带传输系统的总体冲激响应必须满足

$$x(nT_s)=\begin{cases} 1 & n=0 \\ 0 & n\neq 0 \end{cases} \tag{5.4.16}$$

公式(5.4.16)就是无码间干扰基带传输时，系统冲激响应必须满足的条件。相应地要推导出满足式(5.4.16)的 $x(t)$的傅里叶变换 $X(f)$应满足的充分必要条件，该充要条件被称为无码间干扰基带传输的奈奎斯特准则。

定理　为使 $x(t)$满足

$$x(nT_s)=\begin{cases} 1 & n=0 \\ 0 & n\neq 0 \end{cases}$$

其充分必要条件是 $x(t)$的傅里叶变换 $X(f)$满足

$$\sum_{m=-\infty}^{\infty} X\left(f+\frac{m}{T_s}\right)= T_s \tag{5.4.17}$$

证　对式(5.4.17)两边做傅氏反变换可知其等价于：

$$\sum_{m=-\infty}^{\infty} x(t)e^{-j2\pi\frac{m}{T_s}t} = T_s\delta(t) \tag{5.4.18}$$

$$x(t)\cdot\frac{1}{T_s}\sum_{m=-\infty}^{\infty} e^{-j2\pi\frac{m}{T_s}t} = \delta(t) \tag{5.4.19}$$

利用如下关系

$$\sum_n \delta(t-nT_s) = \frac{1}{T_s}\sum_k e^{j2\pi\frac{k}{T_s}t} \tag{5.4.20}$$

可知式(5.4.17)等价于

$$x(t)\cdot\sum_{n=-\infty}^{\infty}\delta(t-nT_s) = \delta(t) \tag{5.4.21}$$

$$\sum_{n=-\infty}^{\infty} x(nT_s)\delta(t-nT_s)=\delta(t) \tag{5.4.22}$$

式(5.4.22)成立的充分必要条件是式(5.4.16)。证毕。

下面,按3种情况来分别说明公式(5.4.17)的含义:

(1) $T_s<\frac{1}{2W}$或$1/T_s>2W$,其中T_s为系统的输入数据的符号间隔,W为系统的总体传递函数$X(f)$的截止频率。令

$$Z(f)=\sum_{m=-\infty}^{\infty} X\left(f+\frac{m}{T_s}\right)$$

$Z(f)$是周期为$1/T_s$的频谱函数,见图5.4.2。从图中看出,在$T_s<\frac{1}{2W}$情况下,不满足$Z(f)\equiv T_s$的条件,故该系统在收端采样时刻存在码间干扰。

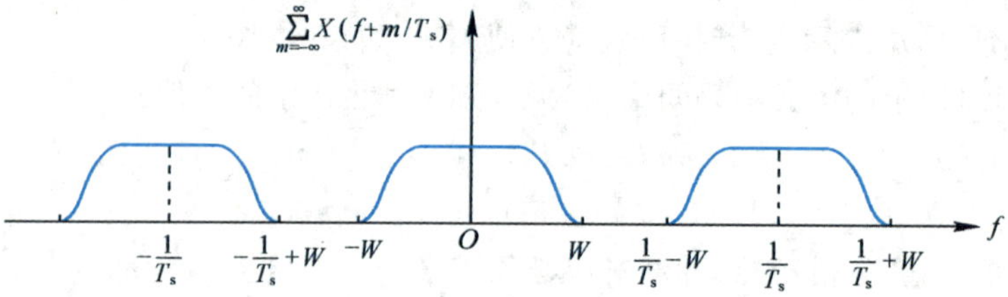

图5.4.2 $T_s<\frac{1}{2W}$情况下的$Z(f)$曲线

(2) 若$T_s=\frac{1}{2W}$或等效地$1/T_s=2W$(奈奎斯特速率)。$Z(f)$是由频率间隔为$1/T_s$的$X(f)$曲线无频谱重叠地周期性复制构成,它仍是周期性频谱,如图5.4.3所示。

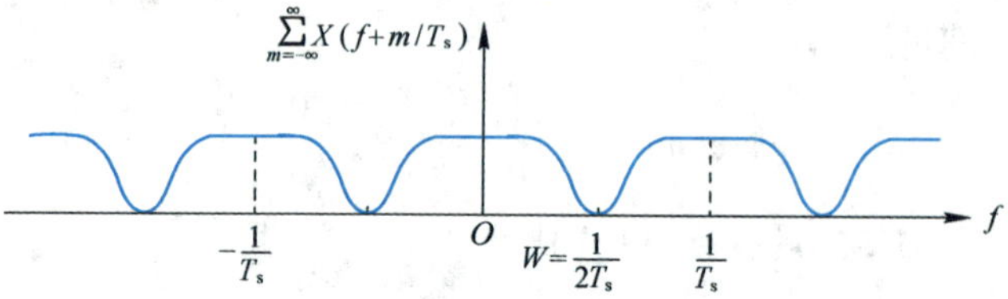

图5.4.3 $T_s=1/2W$情况下的$Z(f)$曲线

在此情况下,仅有一个情况可满足无码间干扰传输的条件,即当

$$X(f)=\begin{cases} T_s & |f|\leqslant W \\ 0 & f\text{ 为其他值} \end{cases} \tag{5.4.23}$$

它所对应的$x(t)$为

$$x(t)=\mathrm{sinc}(2Wt) \tag{5.4.24}$$

从式(5.4.23)及式(5.4.24)看出,若此基带传输系统的传递函数是理想低通,其频带宽度为W,则该系统无码间干扰传输的最小$T_s=\frac{1}{2W}$,即无码间干扰传输的最大符号速率$R_s=\frac{1}{T_s}=2W$,称此传输速率为奈奎斯特速率。此时的系统最高频带利用率为2 Baud/Hz。在此理想情况下,虽然系统的频带利用率达到极限,但是此$x(t)$是sinc函数,它是不可实现的;

并且，此 $x(t)$ 冲激脉冲形状收敛到零的速度缓慢，$x(t)$ 衰减振荡的"尾巴"以 $1/t$ 速率衰减，若在收端低通滤波器输出端的采样时刻存在定时误差（即实际采样时刻偏离最佳采样时刻），则在实际采样时刻的采样值会存在码间干扰。

(3) 对于 $T_s>\frac{1}{2W}$ 情况，$Z(f)$ 是由频率间隔为 $1/T_s$ 的 $X(f)$ 曲线有频谱重叠地周期性复制并相加构成，它还是周期性频谱，如图 5.4.4 所示。

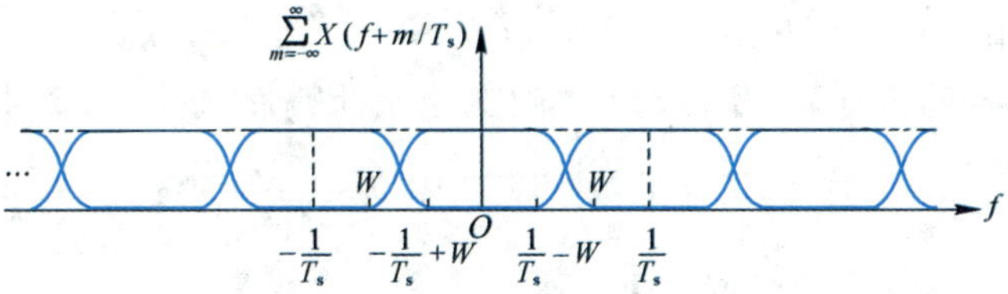

图 5.4.4　$T_s>\frac{1}{2W}$ 时的 $Z(f)$ 曲线

在 $T_s>\frac{1}{2W}$ 情况下，有一特定频谱可满足无码间干扰传输的条件，它就是已获广泛应用的升余弦谱，如图 5.4.5 所示。

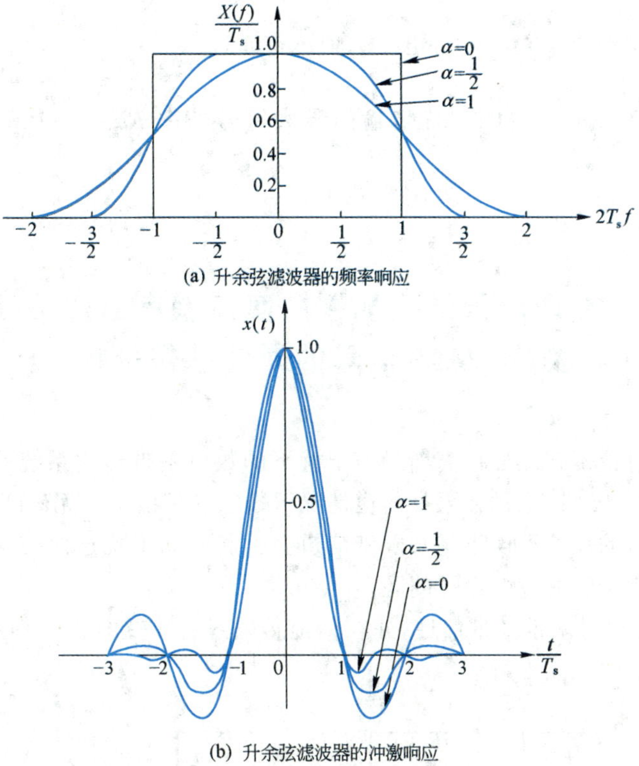

图 5.4.5　升余弦滤波器的特性（α 为滚降因子）

此升余弦滤波器的传递函数表示式为

$$X(f)=\begin{cases} T_s & 0\leqslant|f|\leqslant\dfrac{1-\alpha}{2T_s} \\ \dfrac{T_s}{2}\left\{1+\cos\left[\dfrac{\pi T_s}{\alpha}\left(|f|-\dfrac{1-\alpha}{2T_s}\right)\right]\right\} & \dfrac{1-\alpha}{2T_s}<|f|\leqslant\dfrac{1+\alpha}{2T_s} \\ 0 & |f|>\dfrac{1+\alpha}{2T_s} \end{cases} \tag{5.4.25}$$

称 α 为滚降因子,取值为 $0\leqslant\alpha\leqslant1$。

在 $\alpha=0$ 时,滤波器的带宽 W 为 $1/(2T_s)$,称为奈奎斯特带宽;$\alpha=0.5$ 时,滤波器的截止频率 W 为 $\dfrac{1+\alpha}{2T_s}=0.75R_s$;$\alpha=1$ 时,滤波器的截止频率 W 为 $\dfrac{1+1}{2T_s}=R_s$。

升余弦滚降系统的总体冲激响应表示式为

$$x(t)=\text{sinc}\left(\frac{t}{T_s}\right)\cdot\frac{\cos\left(\dfrac{\pi\alpha t}{T_s}\right)}{1-4\left(\dfrac{\alpha t}{T_s}\right)^2} \tag{5.4.26}$$

① 对于 $\alpha=0$,$x(t)=\text{sinc}(t/T_s)$,它允许的无码间干扰传输的最大符号速率 $R_s=1/T_s=2W$,其频带利用率为 $\dfrac{R_s}{W}=2$ Baud/Hz,但不可实现。

② 对于 $\alpha=1$,允许的无码间干扰传输的最大符号速率 $R_s=\dfrac{1}{T_s}=W$,其频带利用率为 $\dfrac{R_s}{W}=1$ Baud/Hz。

5.5 在理想限带及加性白高斯噪声信道条件下数字 PAM 信号的最佳基带传输

在本章5.3节讨论了在加性白高斯噪声干扰下的数字基带传输系统的误码性能,其信道带宽不受限。本章5.4节讨论了在限带信道情况下数字基带信号的无码间干扰传输问题。在本节则综合考虑信道的加性噪声干扰及限带信道会引起码间干扰这两方面因素,并研究其最佳基带传输的发送及接收滤波的设计问题。

数字PAM信号通过限带基带信道,并在信道传输过程中受到加性白高斯噪声干扰的基带传输系统的框图如图5.5.1所示。

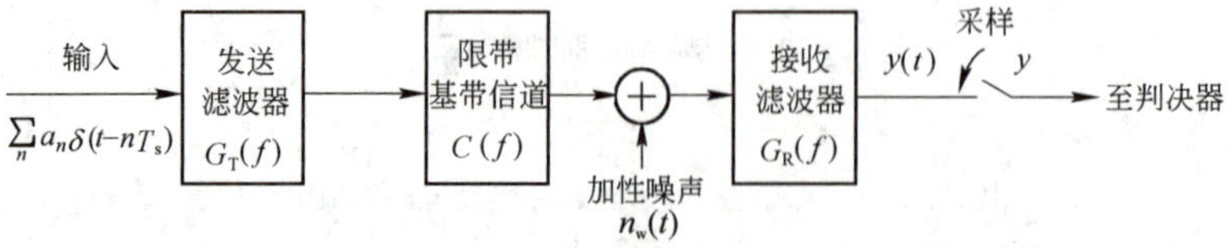

图 5.5.1 数字 PAM 基带传输系统框图

系统设计应满足以下两点要求：

(1) 为了使采样点无符号间干扰，$X(f)=G_T(f)C(f)G_R(f)$应满足奈奎斯特准则。

(2) 为了使误符号率尽量小，接收滤波器 $G_R(f)$应与 $G_T(f)C(f)$匹配。

理想限带基带信道的传递函数为

$$C(f)=\text{rect}\left(\frac{f}{2W}\right)=\begin{cases}1, & |f|\leqslant W\\0, & |f|>W\end{cases}\tag{5.5.1}$$

假设$\{a_n\}$是零均值独立序列，$E[a_n^2]=\sigma_a^2$，则发送滤波器输入信号 $\sum_n a_n\delta(t-nT_s)$ 的功率谱密度是$\frac{\sigma_a^2}{T_s}$。送入信道的发送信号为 $s(t)=\sum_n a_n g_T(t-nT_s)$，其功率谱密度为

$$P_s(f)=\frac{\sigma_a^2}{T_s}|G_T(f)|^2\tag{5.5.2}$$

发送信号的带宽不应超过信道带宽，同时应充分利用信道，故假设 $s(t)$的带宽为 W，即 $G_T(f)$的带宽为 W。

此时系统的总体传递函数是 $X(f)=G_T(f)G_R(f)$，$X(f)$的设计应满足奈奎斯特准则，例如可以设计为式(5.4.25)所示的升余弦滚降特性。

将 $X(f)$设计为满足奈奎斯特准则时，采样点无符号间干扰。对于第 k 个符号，发送信号是 $a_k g_T(t-kT_s)$，接收信号是 $a_k g_T(t-kT_s)+n_w(t)$，接收端滤波后在 kT_s+t_0 时刻采样。能使误符号率最小的最佳接收应使接收滤波器对 $g_T(t-kT_s)$匹配。将 $g_T(t-kT_s)$中的 t 代为 kT_s+t_0-t 得到

$$g_R(t)=Kg_T(t_0-t)\tag{5.5.3}$$

其中 $K>0$ 是任意的系数。简单起见，取 $K=1$，$t_0=0$，则匹配滤波器为

$$g_R(t)=g_T(-t)\tag{5.5.4}$$

频域为

$$G_R(f)=G_T^*(f)\tag{5.5.5}$$

此时系统的总体传递函数为

$$X(f)=G_T(f)G_R(f)=|G_T(f)|^2=|G_R(f)|^2\tag{5.5.6}$$

根据上述可以给出一种既满足无符号间干扰，又能使误符号率最低的设计为

$$G_T(f)=G_R(f)=\sqrt{X_{\text{rcos}}(f)}\tag{5.5.7}$$

其中 $X_{\text{rcos}}(f)$是式(5.4.25)所示的升余弦滚降传递函数。

注意采用如上设计时，发送信号的功率谱密度为

$$P_s(f)=\frac{\sigma_a^2}{T_s}X_{\text{rcos}}(f)\tag{5.5.8}$$

另外根据 5.3 节，若$\{a_n\}$是双极性序列，平均误比特率为

$$P_b=\frac{1}{2}\text{erfc}\left(\sqrt{\frac{E_b}{N_0}}\right)=Q\left(\sqrt{\frac{2E_b}{N_0}}\right)\tag{5.5.9}$$

5.6 眼 图

上面已讨论了基带传输系统的理论性能。对于实际的基带传输系统还可用实验手段以波形观察方式来评价基带传输系统的性能。它是用示波器显示基带传输系统接收滤波器的输出基带信号波形。如果将接收波形输入于示波器垂直放大器,同时调整示波器的水平扫描周期为输入码元周期的整数倍(同步),这时在示波器显示屏可观察到类似于人眼的图案,称为眼图。若用示波器观察二进制码序列,在一个码元周期内只能观察到一只"眼睛",在观看三元码(三电平码)时,可看到两只"眼睛",对于 M 元码(M 电平码),则在一个码元周期内有($M-1$)只"眼睛"。从"眼睛"的张开程度,可用来观察码间干扰和加性噪声对接收基带信号波形的影响,从而估计出系统的性能,如图5.6.1及图5.6.2所示。

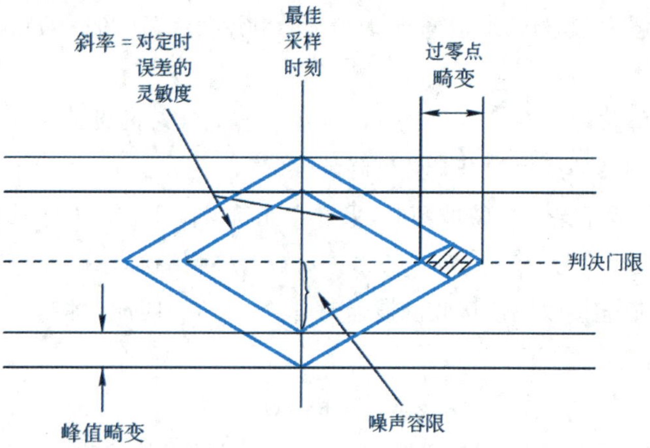

图5.6.1 眼图

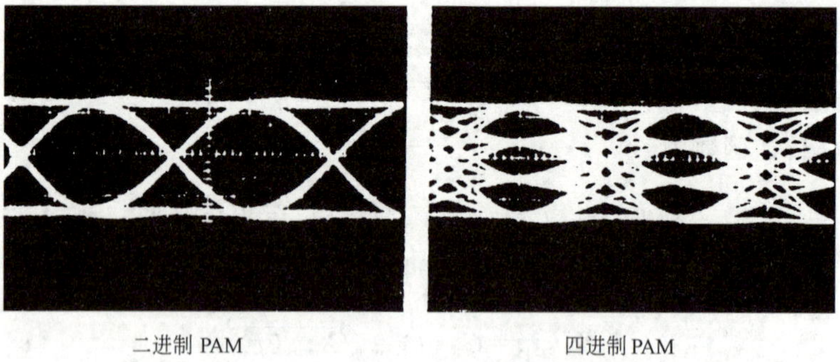

图5.6.2 二进制和四进制脉冲幅度调制(PAM)信号波形的眼图

眼图提供了关于数字通信系统大量有用信息:

- 在"眼睛"张开度最大时刻,是最好的采样时刻;
- 眼图斜边的斜率决定定时误差的灵敏度,斜边越陡,对定时误差越敏感,即要求定时越准;
- "眼睛"在特定采样时刻的张开度决定了系统的噪声容限;
- 眼图中央的横轴位置对应于判决门限;
- 当码间干扰十分严重时,"眼睛"会完全闭合,系统误码严重。

5.7 信道均衡

在本章 5.4 节及 5.5 节已讨论了在限带信道特性是理想的情况下，限带数字通信系统中发送及接收滤波器的设计。由于实际限带信道的传递函数往往是非理想的，且经常是时变的、未知的，因而系统特性不符合奈奎斯特准则，导致在接收端采样时刻存在码间干扰，使得系统误码性能下降。为此，要考虑在信道传递函数是非理想情况，且信号在信道传输中受到加性白高斯噪声干扰条件下的接收机的设计问题。在限带数字通信系统中所采取的技术之一是在收端采样、判决之前加一均衡器，如图 5.7.1 所示。此均衡器是用来补偿信道特性的不完善，从而减小在收端采样时刻的码间干扰。均衡器的位置也可以在采样之后。

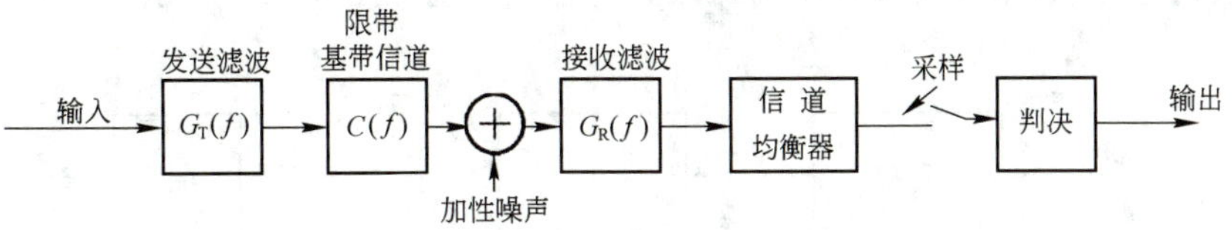

图 5.7.1　具有均衡器的数字基带传输系统

图 5.7.1 中的 $G_T(f)$、$G_R(f)$ 分别表示发送滤波器及接收滤波器的传递函数，$C(f)$ 表示信道的传递函数。发送滤波、限带信道及接收滤波的合成传递函数为 $X(f)$，其相应的冲激响应为 $x(t)$。

$$X(f)=G_T(f)\cdot C(f)\cdot G_R(f) \tag{5.7.1}$$

其中接收滤波器与发送滤波器共轭匹配，并具有升余弦频率响应的平方根特性，即

$$G_T(f)\cdot G_R(f)=X_{升余}(f) \qquad |f|\leqslant W \tag{5.7.2}$$

$$G_T(f)=G_R(f)=\sqrt{X_{升余}(f)} \qquad |f|\leqslant W \tag{5.7.3}$$

当信道特性 $C(f)$ 不理想时，该数字基带传输系统的传递函数 $X(f)$ 不符合奈奎斯特准则，引起收端采样时刻的码间干扰，为此，在收端加一信道均衡器。

信道均衡技术大致分为两大类：线性均衡及非线性均衡。线性均衡一般是横向滤波器。常用的最大似然序列估计器(MLSE)及判决反馈均衡器(DFE)属于非线性均衡器。在无线移动通信中，由于信道的多径传播使得在信号带宽内的信道的幅频特性可能会出现传输零点，引起严重的码间干扰，在此情况下采用以最大似然序列检测准则为依据的信道均衡方法，其误码性能是最佳的，而判决反馈均衡的性能次佳，但由于最大似然序列估计的工作原理较复杂，而本节篇幅有限，故在此不作介绍。

1. 线性均衡器

用线性滤波器作均衡器，称作线性均衡器。此线性滤波器的传递函数为 $G_E(f)$，冲激响应为 $g_E(t)$。线性均衡器可用横向滤波器实现，如图 5.7.2 所示。

图 5.7.2 中的横向滤波器是由 $2N$ 个延迟单元(每单元延迟 T_s 时间)、$2N+1$ 个抽头系数及一个加法器构成。输入信号经延迟单元后，分别与各相应抽头系数 w_n 相乘(即线性加权)，然后相加，送至采样、判决器。

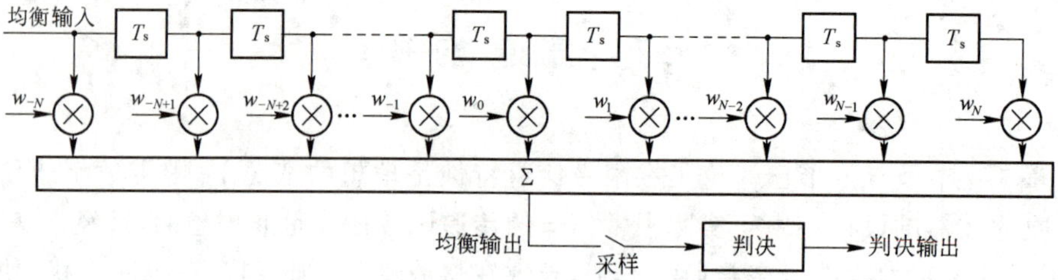

图 5.7.2 用横向滤波器作线性均衡器

上述横向滤波器的冲激响应表示式为

$$g_E(t)=\sum_{n=-N}^{N}w_n\delta(t-nT_s) \tag{5.7.4}$$

原发送、信道、接收系统与线性均衡器级联的合成系统如图 5.7.3 所示。

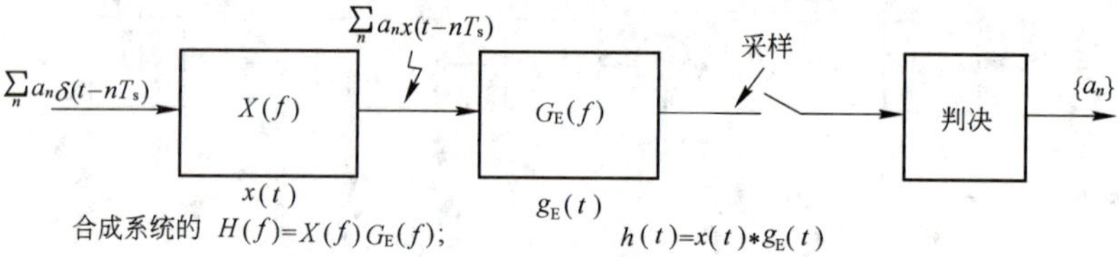

图 5.7.3 原基带传输系统与线性均衡器相级联

原基带传输系统的传递函数为 $X(f)$，其相应的冲激响应为 $x(t)$，它与线性均衡器相级联后的合成冲激响应 $h(t)$的表示式为

$$h(t)=x(t)*g_E(t)=\sum_{n=-N}^{N}w_nx(t-nT_s) \tag{5.7.5}$$

在 $t=t_0+kT_s$ 时刻采样，得到

$$\begin{aligned}h(t_0+kT_s)&=\sum_{n=-N}^{N}w_nx(t_0+kT_s-nT_s)\\&=\sum_{n=-N}^{N}w_nx[(k-n)T_s+t_0]\end{aligned} \tag{5.7.6}$$

设 $t_0=0$，将式(5.7.6)写为

$$h(kT_s)=\sum_{n=-N}^{N}w_nx[(k-n)T_s] \tag{5.7.7}$$

简写为

$$h_k=\sum_{n=-N}^{N}w_nx_{k-n} \tag{5.7.8}$$

要计算横向滤波器的抽头系数，使得合成系统的冲激响应 h_k 所引起的码间干扰尽量小。

常用两种算法来计算横向滤波器的抽头系数 w_n：一是以最小峰值畸变为准则的迫零算法；一是以最小均方误差为准则的均方误差算法。

(1) 迫零算法

迫零算法是由 Lucky 于 1965 年提出的，他在分析中略去了信道的加性噪声，所以在实际存在噪声情况下由该算法得到的解不一定是最佳的，但易于实现。

首先考虑在横向滤波器的延迟单元 N 为无穷多个的理想线性均衡，此时的 h_k 为

$$h_k = \sum_{n=-\infty}^{\infty} w_n x_{k-n} \tag{5.7.9}$$

$\{h_k\}$可看成是$\{w_n\}$与$\{x_n\}$的离散卷积。

为消除收端采样时刻的码间干扰，希望

$$h_k = \sum_{n=-\infty}^{\infty} w_n x_{k-n} = \begin{cases} 1 & k=0 \\ 0 & k\neq 0 \end{cases} \tag{5.7.10}$$

以 $G_E(Z)$表示横向滤波器冲激响应采样序列的 Z 变换，即

$$G_E(Z) = \sum_{n=-\infty}^{\infty} w_n Z^{-n} \tag{5.7.11}$$

以 $X(Z)$表示原系统冲激响应采样序列的 Z 变换，即

$$X(Z) = \sum_{n=-\infty}^{\infty} x_n Z^{-n} \tag{5.7.12}$$

对式(5.7.10)进行 Z 变换，得到合成系统冲激响应采样序列的 Z 变换表示式

$$H(Z)=X(Z)\cdot G_E(Z)=1 \tag{5.7.13}$$

从式(5.7.13)看出，在理想均衡情况下，横向滤波器的 Z 域表示式 $G_E(Z)$与原系统的 Z 域表示式 $X(Z)$相逆，即

$$G_E(Z)=\frac{1}{X(Z)} \tag{5.7.14}$$

从式(5.7.10)及式(5.7.14)看出，在横向滤波器抽头系数为无穷多个的情况下，可以理想地补偿信道特性的不完善，从而完全消除采样点的码间干扰，所以称此算法为迫零算法，称此滤波器为迫零滤波器。

用迫零算法的均衡器可通过峰值畸变准则来描述其均衡效果。

峰值畸变的定义为

$$D = \frac{1}{h_0}\sum_{\substack{k=-\infty \\ k\neq 0}}^{\infty} |\, h_k \,| = \frac{1}{h_0}\sum_{\substack{k=-\infty \\ k\neq 0}}^{\infty} \left|\, \sum_{n=-\infty}^{\infty} w_n x_{k-n} \,\right| \tag{5.7.15}$$

D 表示在 $k\neq 0$ 的所有采样时刻系统冲激响应的绝对值之和与 $k=0$ 采样时刻系统冲激响应值之比值，它也表示系统在某采样时刻受到前后码元干扰的最大可能值，即峰值。适当选择无穷长横向滤波器各抽头系数，可迫使 $D=0$，所以也称迫零算法为最小峰值畸变准则。

在实际应用中，常用截短的横向滤波器，因而不可能完全消除收端采样时刻的码间干扰，只能适当地调整各抽头系数，尽量减小码间干扰。此时

$$h_k = \sum_{n=-N}^{N} w_n x_{k-n} \tag{5.7.16}$$

调整 w_n，可使

$$h_k = \sum_{n=-N}^{N} w_n x_{k-n} = \begin{cases} 1 & k = 0 \\ 0 & k = \pm 1, \pm 2, \cdots, \pm N \end{cases} \tag{5.7.17}$$

在 k 为其他值时，h_k 可能为非零值，构成均衡器输出端的残留码间干扰。举例说明如下：

例 5.7.1　某数字基带传输系统在采样时刻的采样值存在码间干扰，该系统的冲激响应 $x(t)$的离散采样值为 $x_{-1}=-1/4$，$x_0=1$，$x_1=1/4$。若将该系统与三抽头迫零均衡器相级联，

请求出此迫零均衡器的抽头系数 w_{-1}, w_0, w_1 值,并计算出均衡前后的峰值畸变值。

解 (1) 求抽头系数值

$$h_k = \sum_{n=-1}^{1} w_n x_{k-n} = \begin{cases} 1 & k=0 \\ 0 & k=\pm 1 \end{cases}$$

$$\begin{pmatrix} x_0 & x_{-1} & x_{-2} \\ x_1 & x_0 & x_{-1} \\ x_2 & x_1 & x_0 \end{pmatrix} \cdot \begin{pmatrix} w_{-1} \\ w_0 \\ w_1 \end{pmatrix} = \begin{pmatrix} h_{-1} \\ h_0 \\ h_1 \end{pmatrix}$$

$$\begin{bmatrix} 1 & -\frac{1}{4} & 0 \\ \frac{1}{4} & 1 & -\frac{1}{4} \\ 0 & \frac{1}{4} & 1 \end{bmatrix} \cdot \begin{pmatrix} w_{-1} \\ w_0 \\ w_1 \end{pmatrix} = \begin{pmatrix} 0 \\ 1 \\ 0 \end{pmatrix}$$

解联立方程,求得

$$w_{-1} = \frac{2}{9}; w_0 = \frac{8}{9}; w_1 = -\frac{2}{9}$$

(2) 计算均衡前后的峰值畸变

① 均衡前的峰值畸变

$$D = \frac{1}{x_0} \sum_{\substack{k=-1 \\ k\neq 0}}^{1} |x_k| = \frac{1}{4} + \frac{1}{4} = \frac{1}{2}$$

② 均衡后的峰值畸变

$$\begin{bmatrix} x_{-1} & x_{-2} & x_{-3} \\ x_0 & x_{-1} & x_{-2} \\ x_1 & x_0 & x_{-1} \\ x_2 & x_1 & x_0 \\ x_3 & x_2 & x_1 \end{bmatrix} \cdot \begin{pmatrix} w_{-1} \\ w_0 \\ w_1 \end{pmatrix} = \begin{bmatrix} h_{-2} \\ h_{-1} \\ h_0 \\ h_1 \\ h_2 \end{bmatrix}$$

$$\begin{bmatrix} -\frac{1}{4} & 0 & 0 \\ 1 & -\frac{1}{4} & 0 \\ \frac{1}{4} & 1 & -\frac{1}{4} \\ 0 & \frac{1}{4} & 1 \\ 0 & 0 & \frac{1}{4} \end{bmatrix} \cdot \begin{bmatrix} \frac{2}{9} \\ \frac{8}{9} \\ -\frac{2}{9} \end{bmatrix} = \begin{bmatrix} -\frac{1}{18} \\ 0 \\ 1 \\ 0 \\ -\frac{1}{18} \end{bmatrix}$$

说明:在 $k=0$ 时,$h_0=1$;$k=\pm 1$ 时,$h_k=0$;$k=\pm 2$ 时,$h_k=-\frac{1}{18}$(残留码间干扰)。

均衡后的峰值畸变值为

$$D = \frac{1}{h_0} \sum_{\substack{k=-2 \\ k\neq 0}}^{2} |h_k| = \frac{1}{18} + \frac{1}{18} = \frac{1}{9}$$

从本例看出,均衡后的峰值畸变值比均衡前的小,从而减小了均衡后采样值的码间干扰,但仍有残留码间干扰。

迫零算法的关键是先要估计出原系统冲激响应 x_n，然后解联立方程，求出有限长度横向滤波器的各抽头系数。

迫零算法是有缺点的，这是由于在设计迫零均衡器时忽略了加性噪声，而在实际通信中是存在加性噪声的，这就引起了以下问题：在实际通信中，当信道传递函数的幅频特性在某频率有很大衰减（出现传输零点）时，由于均衡器的滤波特性与信道特性相逆，所以迫零均衡器在此频点有很大的幅度增益，在实际信道存在加性噪声时，系统的输出噪声将会增大，导致系统的输出信噪比下降。

为了克服迫零算法的缺点，下面再介绍一种均方误差算法。

(2) 均方误差算法

该算法是在综合考虑信道加性噪声及均衡器输出端存在残留码间干扰的情况下，以最小均方误差准则来计算横向滤波器的抽头系数。

若系统发送的二进制序列 $\{a_m\}$ 通过非理想特性的信道传输，并受到加性噪声的干扰，在接收端均衡器的输入序列为 $\{y(mT_s)\}$，则均衡器输出响应为 $\{\hat{a}(mT_s)\}$。设

$$y_m = y(mT_s)$$

$$\hat{a}_m = \hat{a}(mT_s)$$

此 $\hat{a}_m$ 是均衡器对于输入序列 $\{y_m\}$ 的响应，则

$$\hat{a}_m = \sum_{k=-N}^{N} w_k y_{m-k} \tag{5.7.18}$$

式中 w_k 是横向滤波器第 k 个抽头系数。此横向滤波器共有 $2N+1$ 个抽头系数，假设其输入序列 $\{y_m\}$ 具有有限的能量。

以 a_m 表示在第 m 个符号间隔内所发送的二进制符号，所希望的均衡输出 a_m 与实际均衡输出 $\hat{a}_m$ 之差为

$$e_m = a_m - \hat{a}_m \tag{5.7.19}$$

均方误差为

$$J = E(e_m^2) \tag{5.7.20}$$

该均方误差对第 k 个加权抽头系数 w_k 的梯度为

$$\frac{\partial J}{\partial w_k} = 2E\left(e_m \frac{\partial e_m}{\partial w_k}\right) = -2E\left(e_m \frac{\partial \hat{a}_m}{\partial w_k}\right) = -2E(e_m y_{m-k}) \tag{5.7.21}$$

用 $R_{ey}(k)$ 表示误差信号 e_m 与均衡输入序列 y_{m-k} 之间的互相关函数，写为

$$R_{ey}(k) = E(e_m y_{m-k}) \tag{5.7.22}$$

将式(5.7.22)代入式(5.7.21)，得到

$$\frac{\partial J}{\partial w_k} = -2R_{ey}(k) \tag{5.7.23}$$

根据式(5.7.23)，使均方误差 J 最小，求出最佳抽头系数 w_k。

$$\frac{\partial J}{\partial w_k} = 0 \qquad k = 0, \pm 1, \cdots, \pm N \tag{5.7.24}$$

等效于

$$R_{ey}(k) = 0 \qquad k = 0, \pm 1, \cdots, \pm N \tag{5.7.25}$$

由式(5.7.25)得出一重要的结论：选择 $2N+1$ 个最佳抽头系数，使输出误差 $\{e_m\}$ 与输入序列 $\{y_m\}$ 之间的互相关函数为 0，即误差 e_m 与输入序列 y_m 正交，则此均衡器输出的均方误差

最小,称此重要结果为正交原理。

将式(5.7.25)进一步展开,得到

$$E[(a_m - \hat{a}_m)y_{m-k}] = E\left[\left(a_m - \sum_{n=-N}^{N} w_n y_{m-n}\right)y_{m-k}\right] = 0 \tag{5.7.26}$$

由式(5.7.26),得到

$$E[a_m y_{m-k}] = E\left[\left(\sum_{n=-N}^{N} w_n y_{m-n}\right)y_{m-k}\right]$$

a_m 与 y_m 之间的互相关函数为

$$R_{ay}(k) = \sum_{n=-N}^{N} w_n R_y(n-k), \quad k=0,\pm1,\cdots,\pm N \tag{5.7.27}$$

根据式(5.7.27),利用此 $2N+1$ 个线性方程组可求出横向滤波器的抽头系数。

在实际中,为了求出自相关 $R_y(k)$ 及互相关 $R_{ay}(k)$,在发送端发送一已知的训练序列$\{a_m\}$(它经常是一伪随机序列),从而在收端可以估计出自相关 $\hat{R}_y(k)$ 及互相关$\hat{R}_{ay}(k)$值。

$$\hat{R}_y(k) = \frac{1}{M}\sum_{m=1}^{M} y(m-k)\cdot y(m) \tag{5.7.28}$$

$$\hat{R}_{ay}(k) = \frac{1}{M}\sum_{m=1}^{M} y(m-k)\cdot a(m) \tag{5.7.29}$$

利用上述两时间平均的估计值来代替统计平均,然后根据式(5.7.27),即可求出线性均衡器的抽头系数。

2. 判决反馈均衡器

判决反馈均衡器的原理框图如图5.7.4所示。

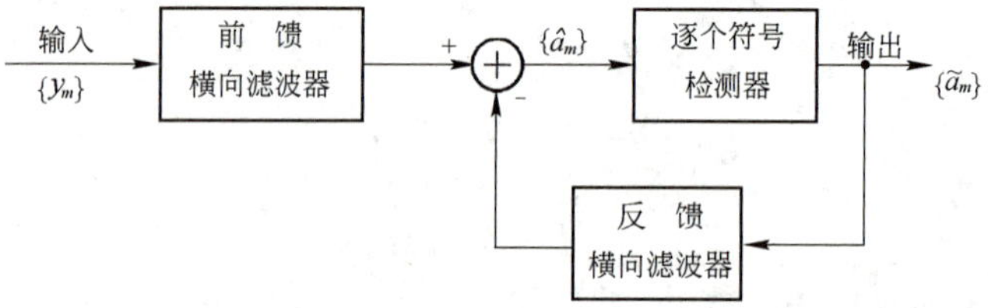

图5.7.4 判决反馈均衡器的结构

该均衡器是由两个滤波器组成,一是前馈滤波器,一是反馈滤波器。前馈滤波器的作用与线性均衡器一样。反馈滤波器是将前面已检测符号的判决输出作为它的输入,该反馈滤波器的作用是从过去已检测符号来估计当前正检测符号的码间干扰,然后将它与前馈滤波器输出相减,从而减小了当前输出符号的码间干扰。

3. 自适应均衡器

由于实际信道特性的时变性,要求信道均衡器必须跟踪信道响应的时变性,不断更新均衡器的抽头系数。在具体实现时,不论是线性均衡器或是判决反馈均衡器,无论是用迫零算法或是最小均方误差算法,都是利用迭代法逐渐收敛于最佳抽头系数值。

以均方误差准则为例加以说明。均方误差是各抽头系数的函数,是一多元函数。若均衡器是用两个抽头系数加权,则其均方误差函数是一球形抛物面,而作图时,此均方误差是绘于坐标系的垂直轴上,而加权抽头系数 w_0、w_1 位于水平面上。若均衡器的抽头系数多于两个,则均方误差函数是一超抛物面，是多维的球形曲面，但在所有情况下，该误差函数曲面均是上凹的，这就意味着它存在着最小点。

自适应均衡过程，也就是通过相继的调整各抽头系数，连续地寻找球面的底部，在此唯一点上，均方误差达到它的最小值 $J_{\min}$。在调整抽头系数时，它是朝着均方误差球面的最陡下降的方向进行逐步的调整（即朝着与梯度矢量 $\frac{\partial J}{\partial w_k}$ 相反的方向，$-N<k<N$），最后达到最小均方误差 $J_{\min}$，这就是最陡下降法的基本思想。

具体调整时，先任意选择一初始抽头系数，然后逐步迭代计算，其迭代公式为

$$w_k(j+1)=w_k(j)-\frac{1}{2}\Delta\frac{\partial J}{\partial w_k} \qquad k=0,\pm 1,\cdots,\pm N \tag{5.7.30}$$

Δ 是小的正的常数，称为步长参量，因子 1/2 是用以抵消由梯度 $\frac{\partial J}{\partial w_k}$ 定义的因子 2。$j+1$ 表示第 $j+1$ 次迭代。将式(5.7.23)代入式(5.7.30)，得到

$$w_k(j+1)=w_k(j)+\Delta\cdot R_{ey}(k) \qquad k=0,\pm 1,\cdots,\pm N \tag{5.7.31}$$

在实际应用中，$R_{ey}(k)$ 值只能利用它的估值 $\hat{R}_{ey}(k)$ 来代替。

$$\hat{R}_{ey}(k)=e_m y_{m-k} \qquad k=0,\pm 1,\cdots,\pm N \tag{5.7.32}$$

将式(5.7.32)代入式(5.7.31)，得到抽头系数的估值 $\hat{w}_k$，即

$$\hat{w}_k(j+1)=\hat{w}_k(j)+\Delta\cdot e_m\cdot y_{m-k} \qquad k=0,\pm 1,\cdots,\pm N \tag{5.7.33}$$

此最陡下降算法也称为最小均方误差算法，式中的 j 表示第 j 次迭代，$\hat{w}_k(j)$ 表示在第 j 次迭代后的第 k 个抽头系数值，增量 $\Delta\cdot e_m\cdot y_{m-k}$ 是用来计算 $\hat{w}_k(j+1)$ 值。

此算法的收敛特性由步长参数控制。要选择合适的步长 Δ，经过足够次数的迭代后可使各抽头系数 w_k 与最佳值甚为接近。自适应均衡器的收敛速度、系统的稳定性及在系统处于稳定时均衡器所达到的均方误差均与步长有关。步长大可以快速跟踪，但是将导致最终稳定时的均方误差大（偏离最佳值），所以要在快速跟踪及均衡的均方误差性能之间折中选择合适的步长。

在数字通信系统中，自适应均衡器的工作模式分为训练模式与跟踪模式。工作在训练模式时，发端发送一已知的训练序列（通常它是一伪随机序列），在收端根据迭代计算调整均衡器抽头系数，使它接近于最佳值，在训练序列之后，立即发送信息数据，均衡器的工作进入跟踪模式，均衡器跟踪信道特性的变化。在实际数字通信中，为了有效地减小码间干扰，要求周期性地对均衡器进行训练，所以自适应均衡器特别适用于时分多址（TDMA）无线通信系统。在 TDMA 系统中，在时间上将数据按固定时间区间分割成组，称每个固定时间区间为时隙，在每时隙中训练序列与数据在时间位置上是分开的，训练序列置于每时隙的开始，或是在每时隙的中间。每次一新时隙的数字符号被接收时，均衡器先利用相同的训练序列进行重新训练，然后再接收该时隙的数据。

5.8　部分响应系统

本章 5.4 节讨论了在采样时刻无码间干扰基带传输系统的限带信号设计。在该系统中，为了使发送及接收滤波可实现采用了 $0<\alpha\leqslant 1$ 升余弦滤波器，由于此滤波器截止频率超过奈

氏带宽,所以该基带传输系统的频带利用率较低。

本节将讨论在采样时刻人为地引入码间干扰的基带传输系统限带信号的设计问题。

它的基本设计思想是:在既定的信息传输速率下,采用相关编码法,在前后符号之间注入相关性,用来改变信号波形的频谱特性,使得传输的信号波形的频谱变窄,以达到提高系统频带利用率的目的。其关键在于:该系统利用相关编码使限带系统的发送、接收滤波器既能实现又可达到奈氏带宽的要求,但是另一方面相关编码会使该基带传输系统在收端采样时刻引入码间干扰,然而此码间干扰是受控的、已知的,所以在收端检测时可解除其相关性,恢复出原始数字序列。因此,利用相关编码引入受控码间干扰的基带传输系统,它的带宽为 W(单位为 Hz)(奈氏带宽),以 $2W$(单位为 Baud)的奈氏速率进行传输,达到理论上最大频带利用率 2 Baud/Hz,且又能用物理可实现滤波器近似实现其频率特性。

该系统所形成的信号波形又称为部分响应信号,利用部分响应信号波形进行传输的基带传输系统称为部分响应系统。下面,着重介绍第一类部分响应系统的基本工作原理。

图 5.8.1 表示第一类部分响应基带传输系统的框图。该系统是由相关编码器、理想低通滤波器及采样判决器组成。图中的理想低通对系统作理论分析时有用。

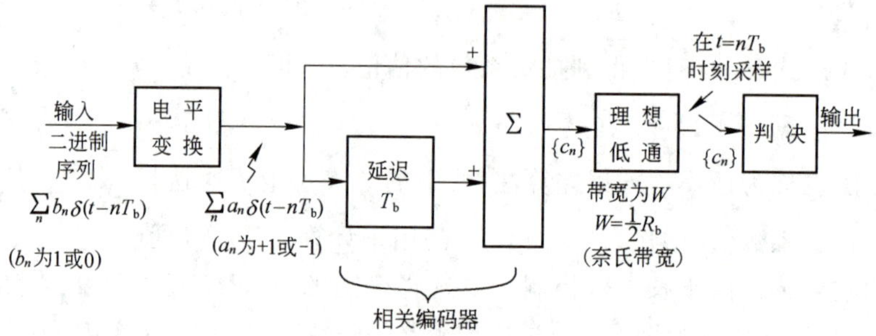

图 5.8.1 第一类部分响应基带传输系统框图

该系统输入二进制序列$\{b_n\}$,此二进制符号为“1”或“0”,符号之间互不相关,其信息速率为 R_b,比特间隔为 T_b($T_b=1/R_b$)。该信息序列输入于电平变换器,输出为二电平序列$\{a_n\}$,$\{a_n\}$的幅度为

$$a_n=\begin{cases}+1 & b_n\text{ 为“1”}\\ -1 & b_n\text{ 为“0”}\end{cases} \tag{5.8.1}$$

将互不相关的二电平序列$\{a_n\}$输入于相关编码器,此相关编码器是将输入的二电平序列$\{a_n\}$与延迟 T_b 时间的$\{a_{n-1}\}$序列相加,得到三电平的序列$\{c_n\}$。

$$c_n=a_n+a_{n-1} \quad \text{(算术加)} \tag{5.8.2}$$

举例说明如下:

例 5.8.1

$\{b_n\}$	1	1	1	0	0	1	0	1	1	1	0	0	1	0
$\{a_n\}$	+1	+1	+1	−1	−1	+1	−1	+1	+1	+1	−1	−1	+1	−1
$\{c_n\}$		+2	+2	0	−2	0	0	0	+2	+2	0	−2	0	0

从例 5.8.1 看出,此相关编码器的输出电平为三个,即−2,0,+2,并且不相关序列经相关编码后在相邻符号之间引入了相关性。

(1) 第一类部分响应系统的传递函数及冲激响应

相关编码器的传递函数为 $H_1(f)$，即

$$\begin{aligned} H_1(f) &= 1+\exp(-\mathrm{j}2\pi f T_b) \\ &= [\exp(\mathrm{j}\pi f T_b)+\exp(-\mathrm{j}\pi f T_b)]\exp(-\mathrm{j}\pi f T_b) \\ &= 2\cos(\pi f T_b)\cdot\exp(-\mathrm{j}\pi f T_b) \end{aligned} \tag{5.8.3}$$

理想低通的传递函数为 $H_2(f)$，即

$$H_2(f)=\begin{cases} T_b & |f|\leqslant\dfrac{1}{2T_b} \\ 0 & f\text{ 为其他值} \end{cases} \tag{5.8.4}$$

第一类部分响应系统的传递函数 $H_{\mathrm{I}}(f)$ 为

$$\begin{aligned} H_{\mathrm{I}}(f) &= H_1(f)\cdot H_2(f) \\ &= \begin{cases} 2\cos(\pi f T_b)\cdot\exp(-\mathrm{j}\pi f T_b)\cdot T_b & |f|\leqslant\dfrac{1}{2T_b} \\ 0 & f\text{ 为其他值} \end{cases} \end{aligned} \tag{5.8.5}$$

图 5.8.2 画出了第一类部分响应系统传递函数的幅频特性及相频特性。

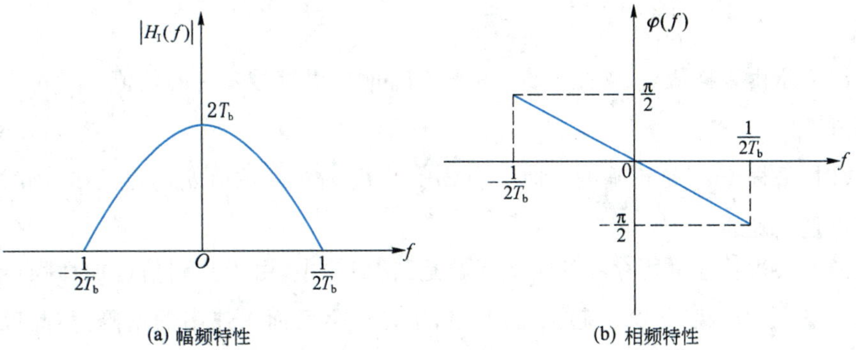

图 5.8.2 第一类部分响应系统传递函数

从图 5.8.2 可看到，$H_{\mathrm{I}}(f)$ 的幅频特性是平滑地降至零，截止频率 $W=\dfrac{1}{2T_b}$，相频特性是线性的，因而在具体实现时有可能用物理可实现的滤波器来近似此频率特性。

该系统的冲激响应表示式为

$$\begin{aligned} h_{\mathrm{I}}(t) &= \frac{\sin\left(\dfrac{\pi t}{T_b}\right)}{\dfrac{\pi t}{T_b}}+\frac{\sin\dfrac{\pi(t-T_b)}{T_b}}{\dfrac{\pi(t-T_b)}{T_b}} \\ &= \frac{\sin\left(\dfrac{\pi t}{T_b}\right)}{\dfrac{\pi t}{T_b}}-\frac{\sin\left(\dfrac{\pi t}{T_b}\right)}{\dfrac{\pi(t-T_b)}{T_b}}=\frac{T_b^2\sin\dfrac{\pi t}{T_b}}{\pi t(T_b-t)} \end{aligned} \tag{5.8.6}$$

由于该系统的冲激响应是两个时间间隔为 T_b 的 sinc 函数之和，因此，又称此响应为双二进信号脉冲，图 5.8.3 表示冲激响应 $h_{\mathrm{I}}(t)$。

在 $t=nT_b$ 时刻

$$h_{\mathrm{I}}(nT_b)=\begin{cases} 1 & n=0,1 \\ 0 & n\text{ 为其他值} \end{cases} \tag{5.8.7}$$

由式(5.8.7)看出，该系统在 $t=nT_b$ 采样时刻引入了受控的码间干扰。

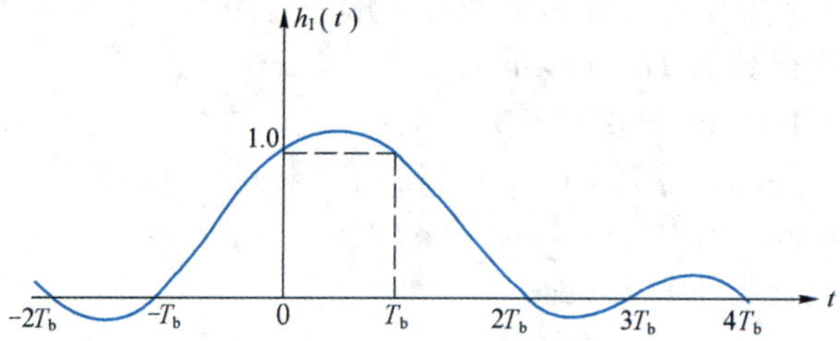

图 5.8.3 第一类部分响应系统的冲激响应

(2) 第一类部分响应系统的接收及数据检测

对于存在符号间干扰的情形,无论干扰是来自信道还是人为引入(部分响应),性能最优的检测方法是最大似然序列检测,其原理类似于第 9 章中的维特比译码。此处针对第一类部分响应系统介绍性能相对较差,但复杂度很低的逐符号检测。

逐个符号检测原理:在收端从 $t=nT_b$ 时刻的采样值 c_n 检测出原发送数据 a_n,只要对式(5.8.2)进行反运算即可:

$$\hat{a}_n=c_n-\hat{a}_{n-1} \tag{5.8.8}$$

式(5.8.8)表示由采样值 c_n 减去在 $t=(n-1)T_b$ 时刻对符号 a_{n-1} 的估值 $\hat{a}_{n-1}$ 可得到当前符号 a_n 的估值 $\hat{a}_n$。

若在接收时,采样值 c_n 是正确的,且在 $t=(n-1)T_b$ 时刻的估值 $\hat{a}_{n-1}$ 也没错,则对当前符号的估值 $\hat{a}_n$ 也是正确的。

利用式(5.8.8)进行检测所存在的主要问题是:在传输中,由于受到信道加性噪声的干扰会引起误码,一旦 $\hat{a}_{n-1}$ 出错,将会引起 $\hat{a}_n$ 的差错,于是产生后面一连串的错码,称此现象为误码传播现象。

为避免"误码传播"现象,可在原相关编码前进行预编码,如图 5.8.4 所示。

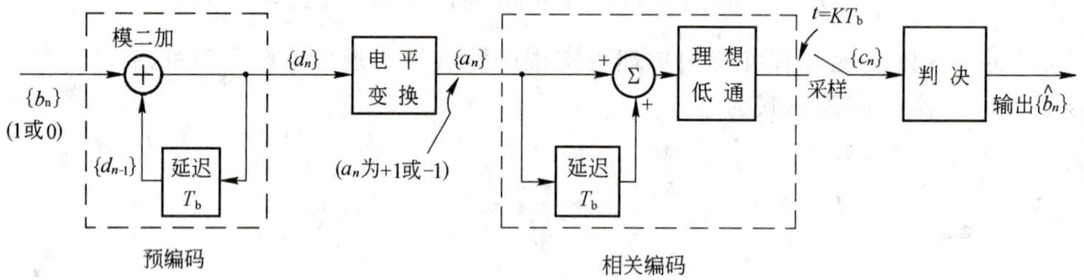

图 5.8.4 加有预编码的第一类部分响应系统

此预编码器的定义为

$$d_n=b_n\oplus d_{n-1} \tag{5.8.9}$$

式(5.8.9)中的⊕表示模二加,$\{b_n\}$表示预编码器的输入二进制序列"1"或"0",$\{d_n\}$表示预编码器输出的二进制序列。将$\{d_n\}$输入于电平变换器,其输出为二电平序列$\{a_n\}$。若 $d_n=0$,其相应的 a_n 的电平为-1,若 $d_n=1$,a_n 电平为$+1$,即

$$a_n=2d_n-1 \tag{5.8.10}$$

二电平序列$\{a_n\}$再经相关编码、理想低通滤波后,在 $t=nT_b$ 时刻的采样值为

$$\begin{aligned} c_n &= a_n + a_{n-1} \qquad \text{（算术加）} \\ &= (2d_n - 1) + (2d_{n-1} - 1) = 2(d_n + d_{n-1} - 1) \end{aligned} \tag{5.8.11}$$

由式(5.8.11)得到

$$d_n + d_{n-1} = \frac{c_n}{2} + 1 \tag{5.8.12}$$

由于 $b_n = d_n \oplus d_{n-1}$，所以

$$b_n = \left[\frac{c_n}{2} + 1\right]_{\text{mod } 2} \qquad \text{（模二运算）} \tag{5.8.13}$$

判决规则为

$$\begin{aligned} &\text{若 } c_n = \pm 2, \quad \text{则判决 } \hat{b}_n = 0 \\ &\text{若 } c_n = 0, \quad \text{则判决 } \hat{b}_n = 1 \end{aligned} \tag{5.8.14}$$

例 5.8.2

输入数据 $\{b_n\}$		1	1	1	0	0	1	0	1	1	1	0	0
预编码输出 $\{d_n\}$	0	1	0	1	1	1	0	0	1	0	1	1	1
二电平序列 $\{a_n\}$	−1	+1	−1	+1	+1	+1	−1	−1	+1	−1	+1	+1	+1
采样序列 $\{c_n\}$		0	0	0	+2	+2	0	−2	0	0	0	+2	+2
判决输出 $\{\hat{b}_n\}$		1	1	1	0	0	1	0	1	1	1	0	0

在加性噪声干扰下，接收端在 $t = nT_b$ 时刻的采样值为

$$y_n = c_n + n_n \tag{5.8.15}$$

n_n 为加性噪声。其判决规则为

$$b_n = \begin{cases} 1 & |y_n| < 1 \\ 0 & |y_n| \geqslant 1 \end{cases} \tag{5.8.16}$$

5.9　符号同步

在数字通信系统中，接收端为了从接收信号中恢复数据信号，要对解调器中的接收滤波器的输出信号以符号速率进行周期性的采样、判决，因而在收端必须要有一个与收到的数字基带信号符号速率相同步的时钟信号，以得到准确的采样瞬时（或称为定时）

$$t_m = mT_s + \tau_0 \tag{5.9.1}$$

式中的 T_s 是符号间隔，它是收到的数字信号符号速率的倒数，τ_0 是标称延时，它与信号从发射机到接收机的传播时间有关。

在实际数字通信系统中，由于接收机本地振荡器所产生的时钟与发送端本地振荡器所产生的时钟是相互独立的，所以，两者在频率及相位上是有差异的，如果直接用收端本地振荡器所产生的周期性的钟脉冲序列对接收信号进行采样，则由于两者是不同步的，将会引起严重误码。为此，要设法从接收信号中提取时钟，使它与发来的数字信号的符号速率同步，这样，就可得到一准确的采样瞬时。通常，从接收信号中提取这样一时钟信号的过程，称为符号同步，或称为定时恢复、时钟恢复。

在同步数字通信系统中，定时恢复是接收机所要完成的关键功能之一，接收机不仅要使恢复时钟的频率与收到数字信号的时钟频率一致，而且还要确定在每个符号间隔内的何处进行

采样,这与恢复时钟的相位有关,把在符号间隔 T_s 内所选择的采样瞬时称为定时相位。由眼图可知,最佳定时相位选择在符号间隔内眼图睁开的最大处。在实际数字通信中,收、发时钟之间存在频率漂移,为此,接收机的恢复时钟必须实时地调整其时钟频率及定时相位来补偿此频率漂移,以确保对解调输出信号采样瞬时的最佳化。

实现符号同步有多种方法。在某些数字通信系统中,收、发时钟是同步于同一主时钟,该主时钟提供一非常精确的定时信号,在此情况下,接收机必须估计和补偿收、发信号之间的相对时延。若采用无线方法传输主时钟,则可通过一工作于甚低频(VLF)频段(在30 kHz以下)的无线电台发射精确的主时钟信号。

符号同步的另一方法是发射机在发送信息符号的同时,发射时钟信号或时钟的倍频信号。接收机可简单地使用一调谐于发射钟频率的窄带滤波器来提取时钟。此方案的优点是实现简单。其缺点是:发射机必须分配某些发射功率来发射时钟信号,其次,还必须分配小部分信道带宽提供钟信号的发射。虽然有这些缺点,但在电话传输系统中经常使用该方法:在传输多用户信号的同时,还发送时钟信号,在接收端许多用户信号的解调共享同一时钟信号。

假设接收滤波输出信号为 $y(t)$,即

$$y(t)=\sum_{n=-\infty}^{\infty}a_n x(t-nT_s-\tau_0)+\gamma(t) \tag{5.9.2}$$

式中的系统冲激响应 $x(t)=g_T(t)*c(t)*g_R(t)$,$\{a_n\}$是信息符号序列(二进制或 M 进制),$\gamma(t)$ 表示接收滤波输出噪声,τ_0 表示定时相位。

假设数据序列$\{a_n\}$的均值为零,$y(t)$中的信号分量为 $s(t)$,则

$$s(t)=\sum_{n=-\infty}^{\infty}a_n x(t-nT_s-\tau_0) \tag{5.9.3}$$

数字 PAM 信号在电路实现中是靠时钟驱动产生的,数字电路中的方波时钟信号一般都是正弦波整形而成的。若正弦波 $\cos\left(2\pi\frac{t}{T_s}+\phi\right)$所形成的数字信号是 $\sum\limits_n a_n x(t-nT_s)$,那么为了与式(5.9.3)同步,接收端需要建立 $\cos\left(2\pi\frac{t-\tau_0}{T_s}+\phi\right)$,然后形成方波时钟。对于任意的 τ_0,接收机的时钟提取电路应能自动产生出正弦波 $\cos\left(2\pi\frac{t-\tau_0}{T_s}+\phi\right)$。

1. 线谱法

$\cos\left(2\pi\frac{t-\tau_0}{T_s}+\phi\right)=\frac{1}{2}\left[e^{j\left(2\pi\frac{t-\tau_0}{T_s}+\phi\right)}+e^{-j\left(2\pi\frac{t-\tau_0}{T_s}+\phi\right)}\right]$在频域体现为位于 $f=\pm\frac{1}{T_s}$的冲激,称为时钟线谱分量。如果接收信号中存在这样的线谱,就意味着接收信号包含 $\cos\left(2\pi\frac{t-\tau_0}{T_s}+\phi\right)$,可以用窄带滤波器或锁相环提取。对于式(5.9.3),若 a_n 均值为零,则$s(t)$的频谱只有连续谱,没有线谱。此时可采用图 5.9.1 所示的线谱法来提取时钟。

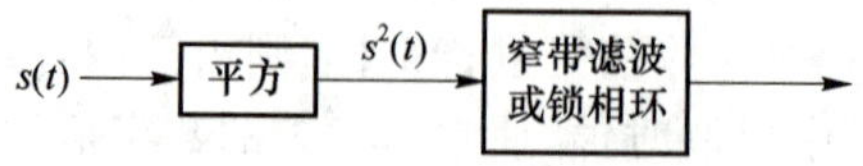

图 5.9.1 线谱法提取时钟

平方后的信号 $s^2(t)$由两部分构成:$s^2(t)=u(t)+v(t)$,其中 $u(t)=E[s^2(t)]$是 $s^2(t)$的均值,是一个确定信号;$v(t)=s^2(t)-u(t)$是扣除均值后的部分,一般是一个零均值的随机信号。

假设$\{a_n\}$是零均值独立同分布序列，$E[a_n^2]=\sigma_a^2$。$u(t)$的表达式为

$$\begin{aligned} u(t) &= E\left[\left(\sum_n a_n x(t-nT_s-\tau_0)\right)^2\right] \\ &= E\left[\sum_m \sum_n a_m a_n x(t-nT_s-\tau_0)\cdot x(t-mT_s-\tau_0)\right] \\ &= \sigma_a^2 \sum_{n=-\infty}^{\infty} g(t-nT_s-\tau_0) \end{aligned} \tag{5.9.4}$$

其中 $g(t)=x^2(t)$，其傅氏变换是 $G(f)$。上式说明 $u(t)$是一个周期信号，可以展开为傅里叶级数

$$u(t)=\frac{\sigma_a^2}{T_s}\sum_{m=-\infty}^{\infty}G\left(\frac{m}{T_s}\right)e^{j2\pi\frac{m}{T_s}(t-\tau_0)} \tag{5.9.5}$$

如果 $G\left(\pm\frac{1}{T_s}\right)\neq 0$，那么式(5.9.5)右边将包含 $\frac{\sigma_a^2}{T_s}\left[G\left(\frac{1}{T_s}\right)e^{j2\pi\frac{t-\tau_0}{T_s}}+G\left(-\frac{1}{T_s}\right)e^{-j2\pi\frac{t-\tau_0}{T_s}}\right]=A_1\cos\left(2\pi\frac{t-\tau_0}{T_s}+\phi\right)$。$\tau_0=0$ 时，为 $A_1\cos\left(2\pi\frac{t}{T_s}+\phi\right)$，此正弦波对应$\sum_n a_n x(t-nT_s)$的时钟。当 τ_0 变化时，$A_1\cos\left(2\pi\frac{t-\tau_0}{T_s}+\phi\right)$对应 $\sum_n a_n x(t-nT_s-\tau_0)$ 的时钟。故可用窄带滤波器或锁相环提取出此正弦波，再整形得到与接收信号同步的时钟。

注意 $g(t)=x^2(t)$的带宽是 $x(t)$带宽的 2 倍。若 $x(t)$的带宽小于$\frac{1}{2T_s}$，则 $g(t)$的频带范围将不超过$\left(-\frac{1}{T_s},\frac{1}{T_s}\right)$，此时 $G\left(\pm\frac{1}{T_s}\right)=0$，$s^2(t)$中没有建立时钟需要的正弦波。因此，应用线谱法的条件是 $s(t)$的带宽大于$\frac{1}{2T_s}$。

2. 超前-滞后门同步器

超前-滞后门同步器框图如图 5.9.2 所示，它属于闭环同步，其性能优于开环同步。

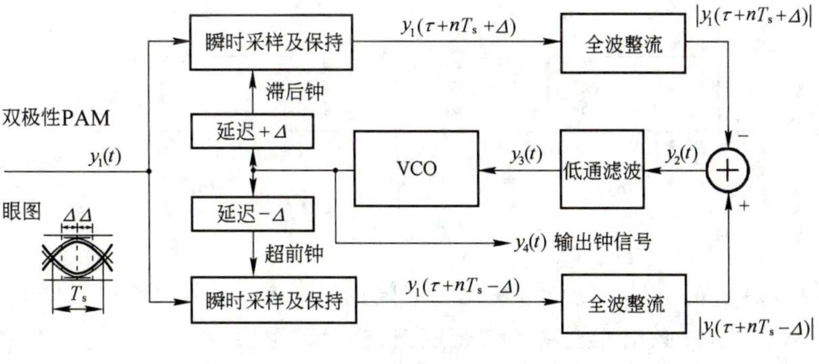

图 5.9.2　双极性不归零码的超前-滞后比特同步

以二进制通信为例，说明如下：

设发送端的数据“1”和“0”等概率出现，其相应的发送信号波形是双极性 PAM 信号。从眼图看出，信号的脉冲波形对称于最佳采样时刻。本方案正是利用此信号脉冲波形对称性的特点来进行符号同步的。

在图 5.9.2 中，用 $y_1(t)$表示接收滤波输出信号波形，在眼图睁开最大处进行周期性采样，即在最佳采样时刻对 $y_1(t)$采样，得到的采样值为 $y_1(\tau_0+nT_s)$，τ_0 是最佳定时相位。

设 Δ 是偏离于最佳采样时刻的偏离值，如图 5.9.2 所示，在偏离值为 Δ 的两个采样值是相等的，一为超前采样，用 $y_1(\tau_0+nT_s-\Delta)$ 表示，另一为滞后采样，用 $y_1(\tau_0+nT_s+\Delta)$ 表示。

$$|y_1(\tau_0+nT_s-\Delta)|\approx|y_1(\tau_0+nT_s+\Delta)| \tag{5.9.6}$$

需说明的是，在未同步时的采样相位 $\tau\neq\tau_0$，此时的超前采样为 $y_1(\tau+nT_s-\Delta)$，滞后采样为 $y_1(\tau+nT_s+\Delta)$，分别将它们全波整流，得到 $|y_1(\tau+nT_s-\Delta)|$ 及 $|y_1(\tau+nT_s+\Delta)|$。再将两者相减，得到在 $t=\tau+nT_s$ 时刻的 $y_2(t)$ 值

$$y_2(\tau+nT_s)=|y_1(\tau+nT_s-\Delta)|-|y_1(\tau+nT_s+\Delta)| \tag{5.9.7}$$

$y_2(t)$ 通过低通滤波，其输出 $y_3(t)$ 送至 VCO，控制 VCO 的频率。若 VCO 产生的时钟是在最佳定时相位，即 $\tau=\tau_0$，则 $y_3(t)$ 将为零。若 τ 是超前于 τ_0，$y_3(t)$ 是负的。若 τ 是滞后于 τ_0，$y_3(t)$ 将是正的。正的控制电压将增加 VCO 的频率，负的压控电压将减小 VCO 的频率。在符号同步时，VCO 将输出一时钟信号，同步于接收信号的符号速率，这样，$y_4(t)$ 将是一钟脉冲序列，其上升沿处于 $t=\tau+nT_s$ 时刻，其中 n 是任意整数，τ 近似等于最佳 τ_0。

习　　题

5.1 设一数字传输系统传送八进制符号的符号速率是 2 400 Baud，则该系统的二进制数据速率为多少？

5.2 已知：绝对码　1　1　1　0　0　1　0　1　…

(1) 写出相对码　1 ________________

(2) 画出相对码的波形图(单极性矩形不归零码)。

5.3 设独立随机二进制序列的 0，1 分别由波形 $s_1(t)$ 及 $s_2(t)$ 表示，1 与 0 等概率出现，比特间隔为 T_b。

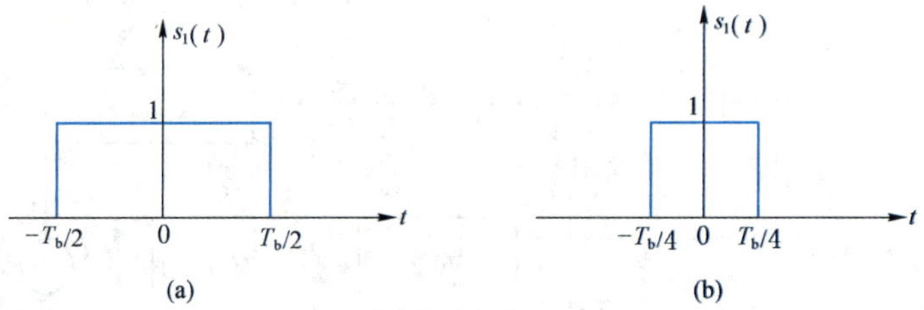

题 5.3 图

(1) 若 $s_1(t)$ 如题 5.3 图(a)所示，在比特间隔内，$s_2(t)=-s_1(t)$，写出该基带信号的双边功率谱密度计算公式，并画出双边功率谱密度图(标上频率值)；

(2) 若 $s_1(t)$ 如题 5.3 图(b)所示，在比特间隔内，$s_2(t)=0$，请按题(1)要求做题。

5.4 假设二进制序列中的“1”和“0”独立等概率出现，请推导出数字分相码的功率谱密度计算公式。

5.5 已知信息代码：1 0 0 0 0 0 0 0 0 1 1 1 0 0 1 0 0 0 0 1 0 …，请完成下列编码。

(1) AMI 码；

(2) 画出 AMI(RZ)码波形图；

(3) HDB_3 码；

(4) 画 HDB_3 码波形图；

(5) Manchester 码(即数字分相码)；

(6) 画出 Manchester 码波形图。

5.6　已知二进制序列的 1 和 0 分别由 $s_1(t)$ 及 $s_2(t)$ 波形表示，1 与 0 等概率出现。

$$s_1(t)=A \quad 发传号 \quad 0\leqslant t\leqslant T_b$$
$$s_2(t)=0 \quad 发空号 \quad 0\leqslant t\leqslant T_b$$

在信道传输中受到加性白高斯噪声 $n_w(t)$ 的干扰，加性噪声的均值为 0、双边功率谱密度为 $\frac{N_0}{2}$，其接收框图如题 5.6 图所示。

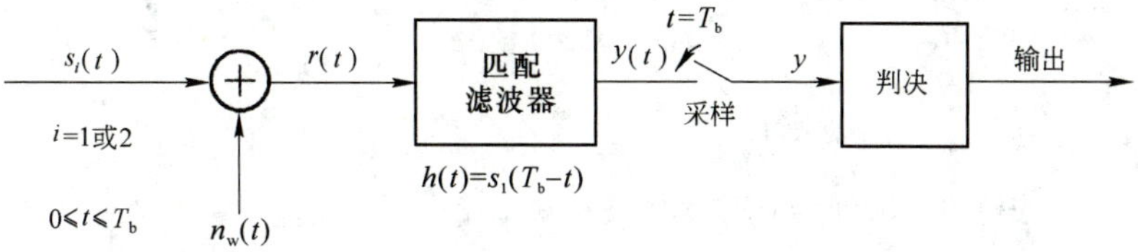

题 5.6 图

$$r(t)=s_i(t)+n_w(t) \qquad i=1 或 2,\quad 0\leqslant t\leqslant T_b$$

(1) 若发送 $s_1(t)$，请

(a) 求出采样值 y 的条件均值 $E(y|s_1)$ 及条件方差 $D(y|s_1)$，

(b) 写出 y 的条件概率密度函数 $p_1(y)$ 表达式；

(2) 若发送 $s_2(t)$，请

(a) 求出 y 的条件均值 $E(y|s_2)$ 及条件方差 $D(y|s_2)$，

(b) 写出 y 的条件概率密度函数 $p_2(y)$ 表达式；

(3) 求最佳判决门限 V_T 值；

(4) 写出平均误比特率计算公式。

5.7　已知匹配滤波器的输入信号 $s_i(t)$ 的波形图如题 5.7 图所示。$s_1(t)$ 与 $s_2(t)$ 等概率出现，请

(1) 画出匹配滤波器冲激响应 $h(t)$ 图；

(2) 若发 $s_1(t)$，求出在 $t=T_b$ 时刻采样的信号幅度值及瞬时信号功率；求出在 $t=T_b$ 时刻采样的噪声平均功率；

(3) 若发 $s_2(t)$，求出在 $t=T_b$ 时刻采样值 y 的条件均值 $E(y|s_2)$ 及条件方差 $D(y|s_2)$，写出 y 的条件概率密度函数 $p_2(y)$ 表达式；

(4) 推导出平均误比特率计算公式。

5.8　设基带传输系统的发送滤波器、信道和接收滤波器的总传递函数 $H(f)$ 如题 5.8 图所示。

其中，$f_1=1$ MHz，$f_2=3$ MHz。试确定该系统无 ISI 传输时的最高符号速率以及按 Baud/Hz 计算的频带利用率。

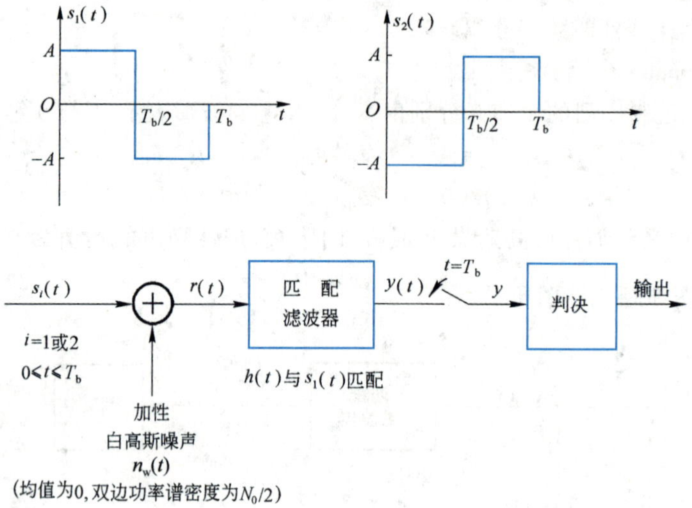

题 5.7 图

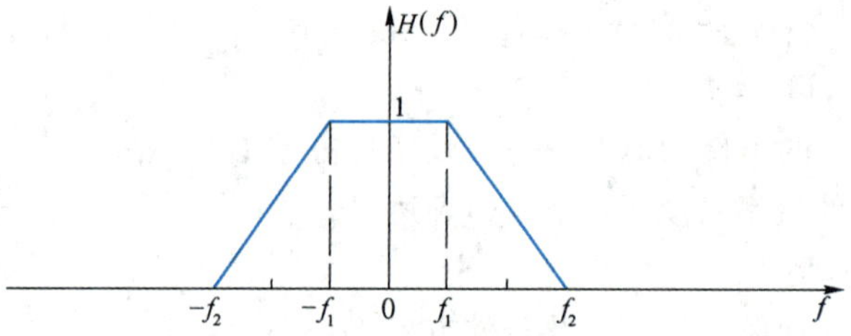

题 5.8 图

5.9　设基带传输系统的发送滤波器、信道及接收滤波器传递函数为 $H(f)$,若要求以 2 000 Baud码元速率传输,则题 5.9 图中的 $H(f)$是否满足采样点无码间干扰条件?说明理由。

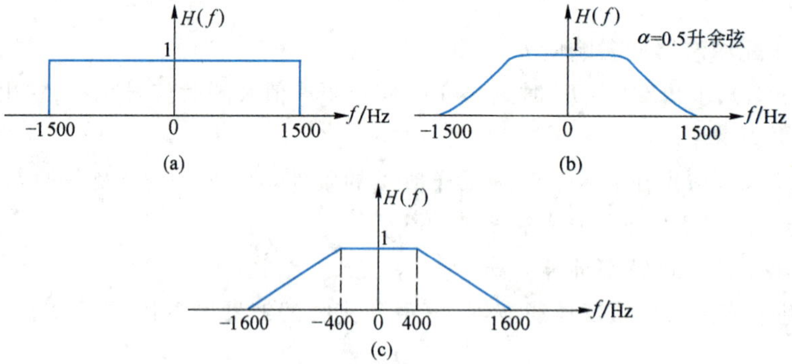

题 5.9 图

5.10　设 $\alpha=1$ 升余弦滚降无码间干扰基带传输系统的输入是十六进制码元,其码元速率是 1 200 Baud,求:

(1) 此基带传输系统的截止频率值;

(2) 该系统的频带利用率(写上单位);

(3) 该系统的数据速率。

5.11　设有 16PAM 信号 $s(t)=\sum_{n}a_{n}g(t-nT_{s})$，已知序列$\{a_n\}$中的元素独立同分布，$E[a_n]=0$，$E[a_n^2]=1$，$g(t)$的傅氏变换 $G(f)$的平方是 $\alpha=0.5$ 的升余弦滚降传递函数，试求 $s(t)$的功率谱密度。

5.12　一基带传输系统，在采样时刻的采样值为 y，$y=a+n+i_{m}$。其中 a 的取值为等概率的$+1$、-1。n 是均值为 0、方差为 σ^2 的高斯随机变量。i_m 是采样点的码间干扰值，i_m 有 3 个可能值：$-\frac{1}{2}$，0，$\frac{1}{2}$，它们的出现概率分别为 1/4，1/2，1/4。求：该系统的平均误比特率计算公式。

5.13　设二进制数据独立等概，输入速率为 9 600 bit/s，经串并变换成 3 路并行的二进制序列，分别形成 3 路双极性不归零信号 $s_i(t)=\sum_{n}a_n^{(i)}g(t-nT_s)$，$i=1,2,3$，其中 $a_n^{(i)}$ 取值于±1，$g(t)$是持续时间为 T_s、能量为 1 的矩形脉冲。令 $s(t)=s_1(t)+2s_2(t)+4s_3(t)$，求$s(t)$的功率谱密度及主瓣带宽。

5.14　二进制信息序列经 MPAM 调制及升余弦滤波后在基带信道进行无码间干扰传输，信道带宽为 0～3 000 Hz，若升余弦滤波器的滚降系数 α 分别为 0、0.5、1。

(1) 请分别求出该系统无码间干扰基带传输的符号速率(Baud)；

(2) 若 MPAM 的 M 进制为 16，请写出其相应的二进制信息速率(bit/s)。

5.15　设计一 M 进制 PAM 系统，在带宽 $W=2\,400$ Hz 的理想基带信道进行无码间干扰传输，若系统的输入比特速率为 14.4 kbit/s，请画出此最佳基带传输系统的框图，并加以说明。

5.16　设基带系统的总体传递函数是 $X(f)$，总体冲激响应是 $x(t)$。已知 $x(t)=\text{sinc}\left(\frac{t}{T_s}\right)\cdot h(t)$，其中 $h(t)$的傅氏变换是

$$H(f)=\begin{cases}\dfrac{\pi T_s}{2\alpha}\cos\dfrac{\pi T_s f}{\alpha}, & |f|\leqslant\dfrac{\alpha}{2T_s}\\[2ex] 0, & |f|>\dfrac{\alpha}{2T_s}\end{cases}$$

其中 $0<\alpha\leqslant1$。求 $x(t)$以及 $X(f)$的表达式。

5.17　双极性 PAM 信号 $s(t)=\sum_{n=-\infty}^{\infty}a_{n}g(t-nT_{b})$ 通过 AWGN 信道传输，已知 a_n 以独立等概方式取值于$\{\pm1\}$，$g(t)=\begin{cases}1, & 0\leqslant t\leqslant T_b\\ 0, & \text{其他}\end{cases}$，信道噪声 $n_w(t)$的单边功率谱密度为 N_0。

(1) 画出用匹配滤波器进行最佳接收的框图；

(2) 求该系统的平均误比特率。

第 5 章习题答案

第 6 章　数字频带传输

6.1　引　　言

第 5 章讨论的是数字基带信号通过基带信道的传输，而在实际通信中的多数信道是带通型的，如：卫星通信、移动通信、光纤通信均是在所规定信道频带内传输频带信号，它们所涉及的数字信号的正弦载波调制的基本理论也是数字通信系统中的重要内容之一。然而，第 5 章有关数字基带传输的基本概念同样适用于频带传输。在此基础上，本章侧重考虑数字基带信号通过正弦载波调制成为频带信号及带通型数字调制信号通过频带信道传输进行解调的基本工作原理，并围绕数字调制系统的频带利用率及误码率两大方面来分析频带传输系统的基本性能。需强调，频带传输系统还可通过对它的等效低通传输系统的理论分析及计算机仿真来研究它的性能。

1. 数字信号的正弦型载波调制及其分类

数字基带信号通过正弦型载波调制成为带通型的频带信号。该数字调制的基本原理是用数字基带信号去控制正弦型载波的某参量，如：控制载波的幅度，称为振幅键控（ASK）；控制载波的频率，称为频率键控（FSK）；控制载波的相位，称为相位键控（PSK）；联合控制载波的幅度及相位两个参量，称为正交幅度调制（QAM）。

带通型数字调制有二进制及 M 进制（$M>2$）之分。二进制数字调制是将每个二进制符号映射为相应的信号波形之一，如：将二进制符号“1”映射为信号波形 $s_1(t)$，将二进制符号“0”映射为信号波形 $s_2(t)$，这两个信号波形或以正弦载波的振幅不同，称为 2ASK；或以载波的频率不同，称为 2FSK；或以载波的相位不同，称为 2PSK（或称 BPSK）。在 M 进制数字调制（$M>2$）中，将二进制数字序列中每 K 个比特构成一组，对应于 M 进制符号之一（$M=2^K$），每个 M 进制数字符号映射为 M 个信号波形 $\{s_i(t), i=1,2,\cdots,M\}$ 之一，称此为 M 进制数字调制。如：在 8PSK 中，每三个二进制比特对应于一个八进制符号，每个八进制符号映射为有 8 个可能的离散相位状态之一的正弦载波信号波形。

数字调制还以线性调制及非线性调制来分类。线性调制器要求从数字序列映射为相继的信号波形符合叠加原理。反之，不符合叠加原理的调制则称为非线性调制。

数字调制还以无记忆调制及有记忆调制来分类。若从数字序列映射为信号波形 $\{s_i(t)\}$ 是有一定的约束条件，即在某码元间隔发送的信号波形取决于一个或多个前面码元间隔发送的波形，则称此调制为有记忆的。若在某码元间隔发送的信号波形与前面码元间隔的发送波形无任何约束关系，则称此调制为无记忆调制。上述的 MASK、MPSK、MQAM 及 MFSK 均属无记忆调制。在本章 6.5 节中将介绍的连续相位 2FSK、MSK 及 GMSK 调制方式属于有记忆的非线性调制。

2. 本章主要内容

本章介绍各二进制数字调制方式的信号表示式及其功率谱密度、在加性噪声干扰下的相干解调及非相干解调原理，及其误比特率计算；介绍 QPSK、DQPSK 的工作原理及其性能，简述 OQPSK 工作原理；将统计判决理论与信号的矢量表示相结合，阐明 M 进制数字调制信号的矢量表示及其在加性白高斯噪声干扰下的最佳接收基本理论；扼要介绍 MASK、MPSK、MQAM、MFSK 信号的产生，最佳接收及其误符率的计算；简述恒包络连续相位调制 MSK 和 GMSK 的工作原理。

6.2 二进制数字信号的正弦型载波调制

本节主要讨论 3 种二进制正弦型载波调制方式的工作原理及其性能分析。

6.2.1 通断键控

通断键控（OOK：On-Off Keying）又名二进制振幅键控（2ASK），它以单极性不归零码序列来控制正弦载波的导通与关闭。该调制方式的出现比模拟调制方式还早，莫尔斯码的无线电传输就是使用该调制方式。由于 OOK 的抗噪声性能不如其他调制方式，所以该调制方式在目前的卫星通信、数字微波通信中没被采用，但是由于该调制方式的实现简单，在光纤通信系统中，振幅键控方式却获得广泛应用。该调制方式的分析方法是基本的，因而可从 OOK 调制方式入门来研究数字调制的基本理论。

1. OOK 信号的产生

OOK 信号的产生框图如图 6.2.1 所示。

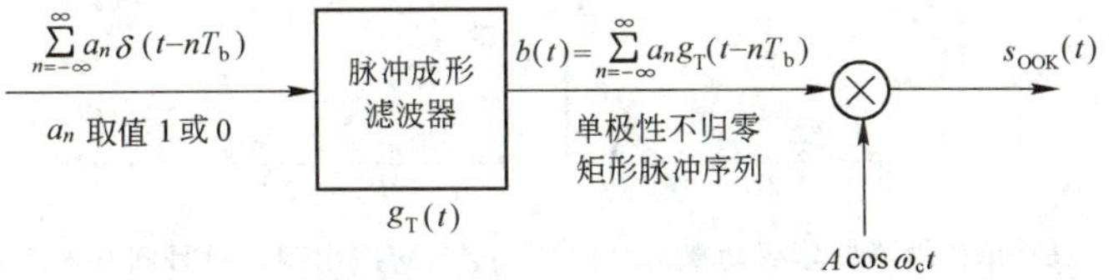

图 6.2.1 OOK 信号的产生框图

图 6.2.1 中的二进制序列$\{a_n\}$的取值为 1 或 0，T_b 为二进制符号间隔，发送脉冲成形低通滤波器的冲激响应为 $g_T(t)$，$g_T(t)$可能是根升余弦滚降滤波器的冲激响应，为分析简单起见，暂设 $g_T(t)$为矩形不归零脉冲。

二进制序列$\{a_n\}$通过脉冲成形低通滤波后的基带信号为

$$b(t)=\sum_{n=-\infty}^{\infty} a_n g_T(t-nT_b) \tag{6.2.1}$$

其中，$b(t)$为单极性不归零矩形脉冲序列。

将此 $b(t)$与载波相乘，得到 OOK 信号（载频 f_c 比二进制符号速率 R_b 大得多）：

$$s_{OOK}(t)=b(t)\cdot A\cos\omega_c t=A\left[\sum_{n=-\infty}^{\infty} a_n g_T(t-nT_b)\right]\cos\omega_c t \tag{6.2.2}$$

若 $g_T(t)$ 是矩形不归零脉冲,在 $0\leqslant t\leqslant T_b$ 期间,OOK信号也可表示为如下形式:

$$s_{OOK}(t)=\begin{cases}s_1(t)=A\cos\omega_c t & \text{“传号”}\\ s_2(t)=0 & \text{“空号”}\end{cases}\quad 0\leqslant t\leqslant T_b \tag{6.2.3}$$

式(6.2.3)中的“传号”及“空号”是引用电报术语,分别表示二进制符号1、0。下面举例说明OOK信号的波形图。

例6.2.1　OOK信号波形图(见图6.2.2)。

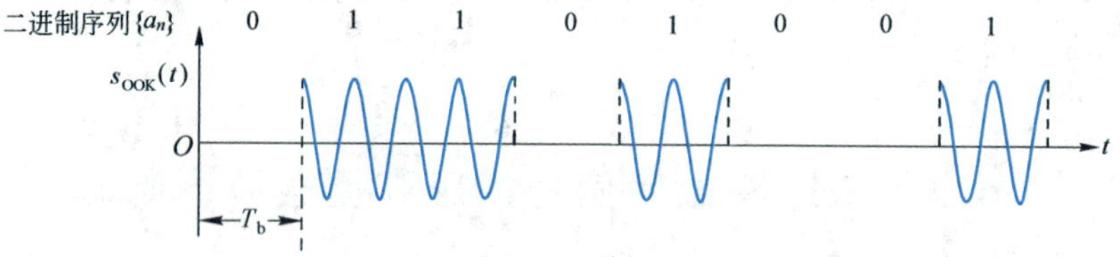

图6.2.2　OOK信号波形图

2. OOK信号的功率谱密度

式(6.2.2)说明OOK信号是以 $b(t)$ 为基带调制信号的DSB调制,因此OOK的功率谱密度是基带信号功率谱密度的频谱搬移:

$$P_s(f)=\frac{A^2}{4}[P_b(f-f_c)+P_b(f+f_c)] \tag{6.2.4}$$

OOK调制的数字基带信号 $b(t)$ 是单极性不归零矩形脉冲序列,其双边平均功率谱密度中含有离散的直流分量及连续谱,如图6.2.3(a)所示,因而OOK信号的双边功率谱密度中含有离散的载频分量及连续谱,其平均功率谱密度的主瓣宽度为 $2R_b$(R_b 是二进制信息速率),如图6.2.3(b)所示。OOK功率谱中的离散载频分量使得在接收端的载波提取电路实现简单,所提取的载波可用于相干解调。

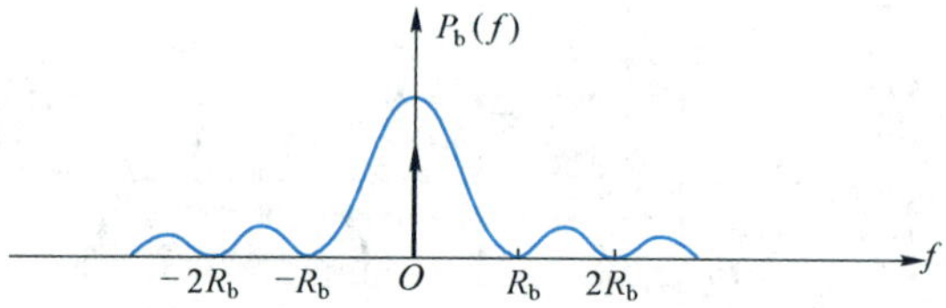

(a) 单极性不归零码功率谱(传号、空号等概出现,符号间互不相关)

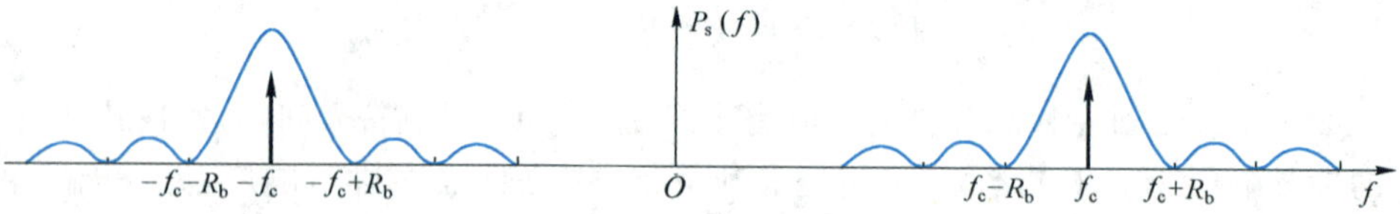

(b) OOK信号功率谱

图6.2.3　单极性不归零码及OOK信号的双边功率谱密度

3. OOK信号的接收及其误比特率

(1) 相干解调

将OOK信号(6.2.3)与5.3节式(5.3.15)比较可知,OOK信号是将一般单极性PAM信号的发送脉冲 $s_1(t)$ 设计为频带脉冲。因此接收机可以采用对 $s_1(t)$ 匹配的匹配滤波器来解

调，如图 6.2.4所示。图中带通匹配滤波器的冲激响应为

$$h(t)=s_1(T_b-t)=\begin{cases}A\cos(2\pi f_c t-2\pi f_c T_b), & 0\leqslant t\leqslant T_b\\ 0, & \text{其他 } t\end{cases} \tag{6.2.5}$$

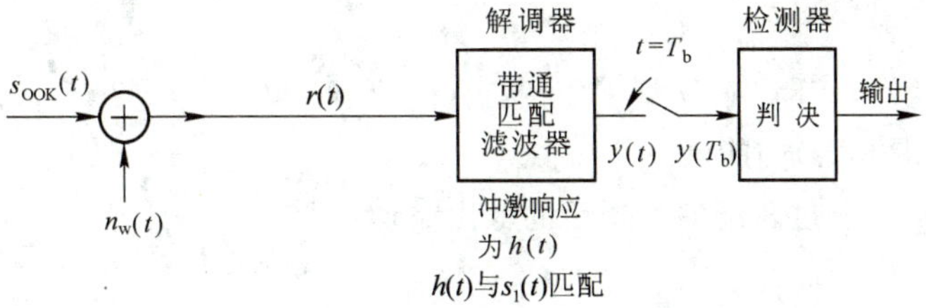

图 6.2.4　利用带通型匹配滤波器进行解调的最佳接收

图 6.2.5 画出了 $s_1(t)$、$h(t)$及$|H(f)|$的图形。

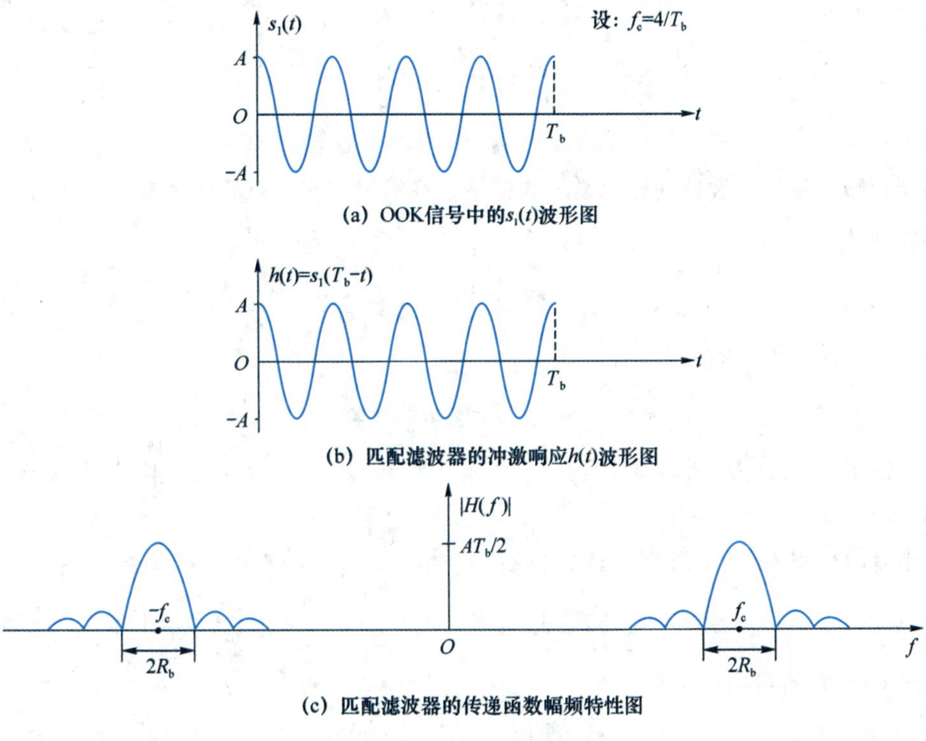

图 6.2.5　带通型匹配滤波器的 $h(t)$及$|H(f)|$图

$s_1(t)$是带通信号，其复包络为

$$s_{1,L}(t)=A\cdot\mathrm{rect}\left(\frac{t}{T_b}-\frac{1}{2}\right) \tag{6.2.6}$$

带通滤波器的等效基带冲激响应为

$$h_e(t)=\frac{1}{2}h_L(t)=\frac{A}{2}e^{-j2\pi f_c T_b}\cdot\mathrm{rect}\left(\frac{t}{T_b}-\frac{1}{2}\right) \tag{6.2.7}$$

不考虑噪声，发送 $s_1(t)$时，滤波器输出的复包络是 $s_{1,L}(t)$与 $h_e(t)$的卷积，结果为

$$y_L(t)=\frac{A^2T_b}{2}e^{-j2\pi f_c T_b}q(t-T_b) \tag{6.2.8}$$

其中

$$q(t)=\begin{cases}1-\dfrac{|t|}{T_b}, & |t|\leqslant T_b\\ 0, & |t|>T_b\end{cases} \tag{6.2.9}$$

输出带通信号为

$$y(t)=\mathrm{Re}\{y_L(t)e^{j2\pi f_c t}\}=E_1 q(t-T_b)\cos(2\pi f_c t-2\pi f_c T_b) \tag{6.2.10}$$

其中 $E_1=A^2T_b/2$ 是 $s_1(t)$的能量。

图 6.2.6 是 $s_1(t)$通过匹配滤波器后的输出波形。

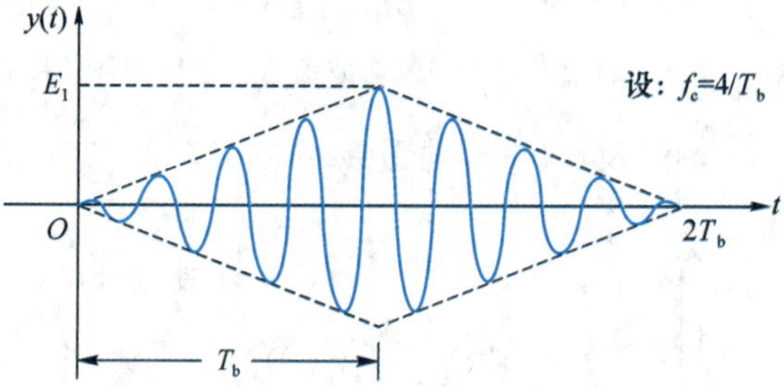

图 6.2.6　发送 $s_1(t)$时带通匹配滤波器的输出波形图

高斯白噪声通过滤波器的输出是零均值平稳高斯过程。$h(t)$的能量是 $E_h=E_1$，故输出噪声的方差为

$$\sigma^2=\frac{N_0}{2}E_h=\frac{N_0}{2}E_1 \tag{6.2.11}$$

判决器的输入可以表示为

$$y=y(T_b)=aE_1+Z \tag{6.2.12}$$

其中 a 取值于 1 或 0，分别对应发送 $s_1(t)$或 $s_2(t)$。Z 是噪声分量，其均值为 0，方差为式(6.2.11)。

取判决门限为 E_1 和 0 的中点：$V_T=E_1/2$。发送 $s_2(t)$时的判决错误率为

$$P(e|s_2)=P(0+Z>V_T)=P\left(Z>\frac{E_1}{2}\right)=\frac{1}{2}\mathrm{erfc}\left(\sqrt{\frac{E_1}{4N_0}}\right) \tag{6.2.13}$$

发送 $s_1(t)$时的判决错误率为

$$P(e|s_1)=P\left(E_1+Z<\frac{E_1}{2}\right)=P\left(Z<-\frac{E_1}{2}\right)=\frac{1}{2}\mathrm{erfc}\left(\sqrt{\frac{E_1}{4N_0}}\right) \tag{6.2.14}$$

假设发送 $s_1(t)$，$s_2(t)$的概率相同，则平均比特能量是 $E_b=E_1/2$，平均误比特率为

$$P_b=\frac{1}{2}\mathrm{erfc}\left(\sqrt{\frac{E_b}{2N_0}}\right) \tag{6.2.15}$$

由于 OOK 是式(5.3.15)的特例，所以误比特率也与式(5.3.12)相同。

注意到在图 6.2.4 中，判决器输入的采样值是

$$y(T_b)=\int_{-\infty}^{\infty}r(\tau)h(T_b-\tau)\mathrm{d}\tau=\int_{-\infty}^{\infty}r(\tau)s_1(\tau)\mathrm{d}\tau=\int_0^{T_b}r(t)s_1(t)\mathrm{d}t \tag{6.2.16}$$

这是 $r(t)$与 $s_1(t)$的内积，因此图 6.2.4 也可以等价为图 6.2.7 的形式，称为相关解调器。

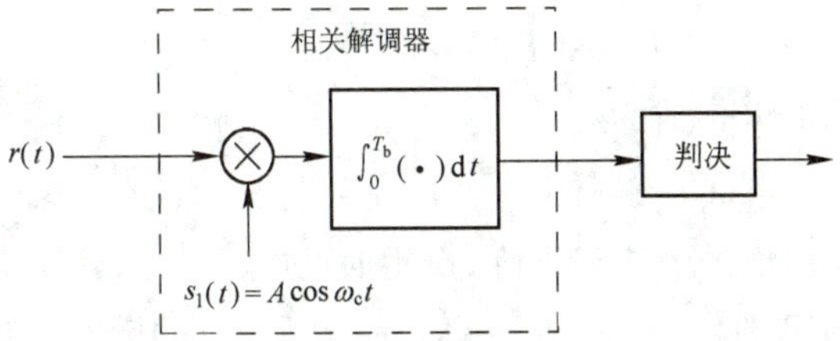

图 6.2.7　利用相关解调器的最佳接收

从式(6.2.1)和式(6.2.2)来看，OOK 信号是以 $b(t)$为基带调制信号的 DSB 调制，因此接收端也可以先解调到基带，然后基带检测，如图 6.2.8 所示。图 6.2.8 与图 6.2.4、图 6.2.7 等价，误比特率仍然是式(6.2.15)计算。

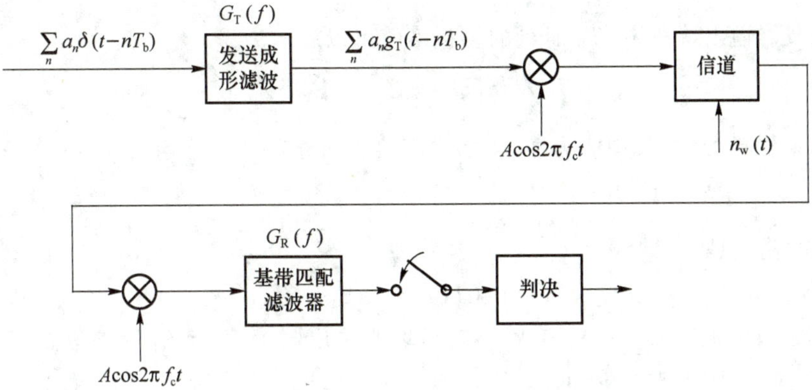

图 6.2.8　解调至基带后进行检测

在前面的讨论中，基带脉冲 $g_T(t)$是不归零矩形脉冲。当信道带宽受限时，发送成形滤波以及基带匹配滤波的设计既要满足无符号间干扰，又要实现最佳接收。此时可将图 6.2.8中的发送成形滤波设计为根号升余弦滚降特性，即 $G_T(f)=G_R(f)=\sqrt{X_{rcos}(f)}$。误比特率公式仍然是式(6.2.15)。

(2) 非相干解调

图 6.2.4 中的带通匹配滤波器必须要和 $s_1(t)$完全匹配，如果 $s_1(t)$的相位发生变化时，匹配滤波器的冲激响应 $h(t)=s_1(T_b-t)$也包含着相应的相位信息。这意味着接收机必须要已知接收信号的载波相位，故此属于相干解调。

假设发送信号成为

$$s_1(t)=\begin{cases}A\cos(2\pi f_c t+\phi), & 0\leqslant t\leqslant T_b\\ 0, & \text{其他 } t\end{cases} \tag{6.2.17}$$

其复包络是

$$s_{1,L}(t)=Ae^{j\phi}\cdot \mathrm{rect}\left(\frac{t}{T_b}-\frac{1}{2}\right) \tag{6.2.18}$$

假设接收机未知 ϕ，匹配滤波器仍然按 $\phi=0$ 来设计为

$$h(t)=\begin{cases}A\cos(2\pi f_c t-2\pi f_c T_b), & 0\leqslant t\leqslant T_b\\ 0, & \text{其他 } t\end{cases} \tag{6.2.19}$$

那么输出复包络将成为

$$y_L(t)=E_1 e^{j\phi} e^{-j2\pi f_c T_b} q(t-T_b) \tag{6.2.20}$$

输出带通信号在 T_b 时刻的采样值为

$$y(T_b)=\mathrm{Re}\{y_L(T_b)e^{j2\pi f_c t}\}=E_1\cos\phi \tag{6.2.21}$$

其中的因子 $\cos\phi$ 将使有用信号的能量下降,严重时(如 $\phi=\pi/2$)甚至无输出。

注意到 $y(t)$ 在 T_b 时刻的包络 $|y_L(t)|=E_1$ 完全不受 ϕ 的影响,故可将滤波器输出先通过一个包络检波器,然后进行采样。这就构成了 OOK 的非相干解调,如图 6.2.9 所示。

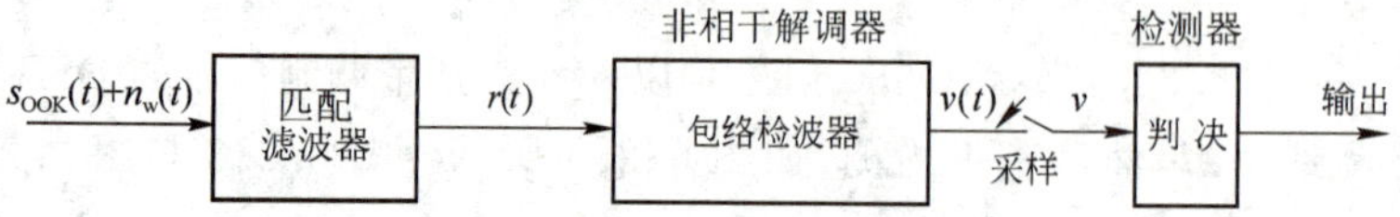

图 6.2.9 OOK 信号的非相干解调

匹配滤波器输出端在 $t=T_b$ 时刻的复包络值可以表示为

$$y(T_b)=aE_1 e^{j\phi}+Z=(aE_1+Z')e^{j\phi} \tag{6.2.22}$$

其中 Z 是高斯噪声分量,其均值为零,实部虚部独立同分布且方差均为 $\sigma^2=\frac{N_0}{2}E_1$。$Z'=Ze^{-j\phi}$ 与 Z 同分布。

判决器的输入是

$$v=|y(T_b)|=|aE_1+Z'| \tag{6.2.23}$$

无噪声时,v 取值于 E_1 或 0。有噪声时可取判决门限为 $V_T=E_1/2$,v 若高于判决门限就判发送的是 $s_1(t)$,否则判发送 $s_2(t)$。

发送 $s_2(t)$ 时,$a=0$,$v=|Z'|$ 是瑞利分布的随机变量,其概率密度函数为

$$p(v|s_2)=\frac{v}{\sigma^2}e^{-\frac{v^2}{2\sigma^2}} \tag{6.2.24}$$

判决错误率为

$$P(e|s_2)=P\left(v>\frac{E_1}{2}\right)=\int_{\frac{E_1}{2}}^{\infty}\frac{v}{\sigma^2}e^{-\frac{v^2}{2\sigma^2}}dv=e^{-\frac{E_1}{4N_0}} \tag{6.2.25}$$

发送 $s_1(t)$ 时,$a=1$,$v=|E_1+Z'|$ 是莱斯分布的随机变量,但当信噪比比较高时,近似有

$$v=|E_1+Z'|\approx E_1+\mathrm{Re}\{Z'\} \tag{6.2.26}$$

判决错误率为

$$P(e|s_1)=P\left(v<\frac{E_1}{2}\right)\approx P\left(\mathrm{Re}\{Z'\}<-\frac{E_1}{2}\right)=\frac{1}{2}\mathrm{erfc}\left(\sqrt{\frac{E_1}{4N_0}}\right) \tag{6.2.27}$$

平均误比特率为

$$P_b=\frac{1}{2}P(e|s_1)+\frac{1}{2}P(e|s_2)\approx\frac{1}{4}\mathrm{erfc}\left(\sqrt{\frac{E_1}{4N_0}}\right)+\frac{1}{2}e^{-\frac{E_1}{4N_0}} \tag{6.2.28}$$

高信噪比条件下最后一项起主要作用,代入 $E_1=2E_b$,平均误比特率为

$$P_b\approx\frac{1}{2}e^{-\frac{E_b}{2N_0}} \tag{6.2.29}$$

误比特率曲线示于图 6.2.10。

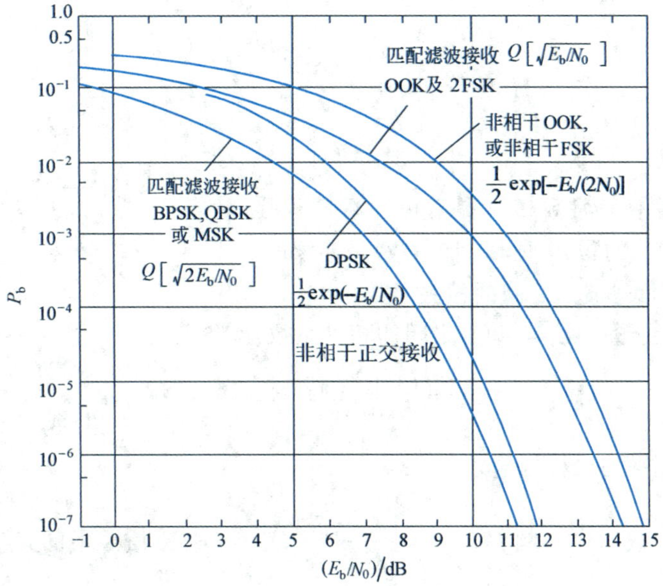

图 6.2.10　不同数字调制方式的平均误比特率 P_b 与 E_b/N_0 的关系曲线[6]

6.2.2　二进制移频键控

用二进制数字基带信号去控制正弦载波的载频称为二进制移频键控(2FSK)。此时,对应于传号与空号的载波频率分别为 f_1 及 f_2。由于 2FSK 信号波形的相位关系,2FSK又可分为相位不连续及相位连续的移频键控。

1. 相位不连续的 2FSK 信号

如图 6.2.11 所示,用二进制数字信号控制电开关,分别接入两载频振荡器之一,可产生相位不连续的 2FSK 信号。

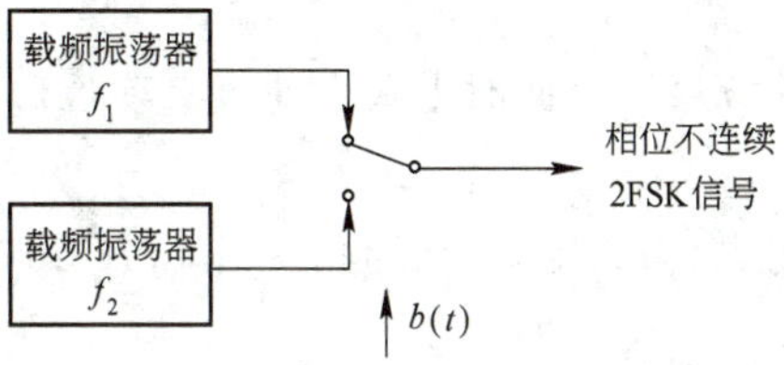

图 6.2.11　相位不连续 2FSK 信号的产生

相位不连续 2FSK 信号的数学表示式为

$$s_{\mathrm{FSK}}(t)=\begin{cases}s_1(t)=A\cos 2\pi f_1 t & \text{“传号”}\\ s_2(t)=A\cos 2\pi f_2 t & \text{“空号”}\end{cases}\quad 0\leqslant t\leqslant T_b \tag{6.2.30}$$

2. 相位连续的 2FSK 信号

将二进制数字信号对单一的载频振荡器进行调频,可得到相位连续的 2FSK 信号,如图 6.2.12 所示。

图 6.2.12　利用 VCO 作调频器产生连续相位 2FSK 信号

相位连续的 2FSK 信号表示式为

$$\begin{aligned}s_{\mathrm{FSK}}(t)&=A\cos\left[\omega_c t+2\pi K_f\int_{-\infty}^{t}b(\tau)\mathrm{d}\tau\right]\\&=\mathrm{Re}\left[v(t)\mathrm{e}^{\mathrm{j}\omega_c t}\right]\end{aligned} \tag{6.2.31}$$

复包络

$$v(t)=A\mathrm{e}^{\mathrm{j}\theta(t)} \tag{6.2.32}$$

其中

$$\theta(t)=2\pi K_{\mathrm{f}}\int_{-\infty}^{t}b(\tau)\mathrm{d}\tau \tag{6.2.33}$$

K_{f} 是调频器的频率偏移常数,$b(t)$是双极性不归零码。

由于$\theta(t)$是$b(t)$的积分,所以相位$\theta(t)$是连续的。

3. 2FSK 两个信号波形之间的相关系数

2FSK 两信号波形 $s_1(t)$与 $s_2(t)$之间的相关系数是

$$\rho_{12}=\frac{1}{E_{\mathrm{b}}}\int_{0}^{T_{\mathrm{b}}}s_1(t)\cdot s_2(t)\mathrm{d}t \tag{6.2.34}$$

其中 $E_{\mathrm{b}}=\frac{A^2}{2}T_{\mathrm{b}}$,是平均比特能量。

令 $f_{\mathrm{c}}=\frac{f_1+f_2}{2}$表示中心频率,$\Delta f=\frac{|f_1-f_2|}{2}$表示 2FSK 信号中的 f_1 或 f_2 相对于中心频率 f_{c} 的频率偏移。将式(6.2.30)代入式(6.2.34),得到

$$\begin{aligned}\rho_{12}&=\frac{2}{T_{\mathrm{b}}}\int_{0}^{T_{\mathrm{b}}}\cos(2\pi f_{\mathrm{c}}t+2\pi\Delta ft)\cos(2\pi f_{\mathrm{c}}t-2\pi\Delta ft)\mathrm{d}t\\&=\frac{1}{T_{\mathrm{b}}}\int_{0}^{T_{\mathrm{b}}}[\cos(4\pi\Delta ft)+\cos(4\pi f_{\mathrm{c}}t)]\mathrm{d}t\\&=\operatorname{sinc}(4\Delta fT_{\mathrm{b}})+\operatorname{sinc}(4f_{\mathrm{c}}T_{\mathrm{b}})\end{aligned} \tag{6.2.35}$$

通常 $f_{\mathrm{c}}\gg\frac{1}{T_{\mathrm{b}}}$,此时上式中的第二项近似为零,所以

$$\rho_{12}\approx\operatorname{sinc}(4\Delta fT_{\mathrm{b}})=\operatorname{sinc}(2\Delta f\cdot 2T_{\mathrm{b}}) \tag{6.2.36}$$

根据式(6.2.36)画出 ρ_{12}与 $2\Delta f$ 之间的关系曲线,如图 6.2.13 所示。

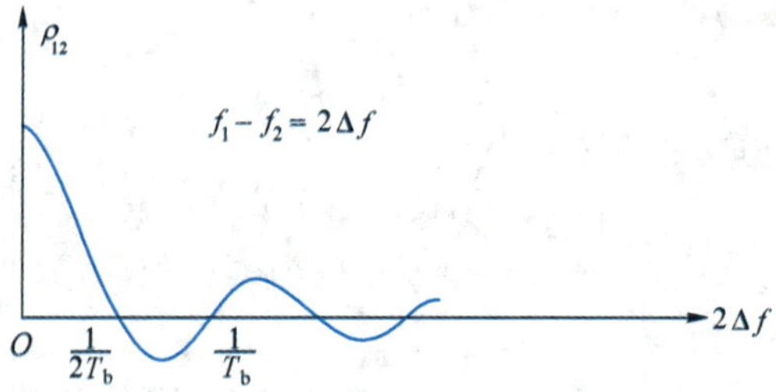

图 6.2.13 2FSK 两信号的相关系数 ρ_{12}与两载频间隔 $2\Delta f$ 之间的关系

2FSK 的两信号之间的相关系数是两载频的频率间隔($f_1-f_2=2\Delta f$)的函数。在$\rho_{12}=0$时,$s_1(t)$与 $s_2(t)$正交,此时两载频的最小频率间隔为

$$f_1-f_2=\frac{1}{2T_{\mathrm{b}}} \tag{6.2.37}$$

本章 6.5 节将要介绍的 MSK 是两个载频的频率间隔为$\frac{1}{2T_{\mathrm{b}}}$的正交 2FSK 调制。

4. 2FSK 信号的功率谱密度及其信号带宽

若要计算 2FSK 信号的平均功率谱密度,首先要解决复包络 $v(t)$的平均功率谱密度的计

算问题。由于 2FSK 信号的复包络是二进制数字基带信号 $b(t)$ 的非线性函数，所以该复包络的平均功率谱密度计算非常复杂，在此不予推导。

据分析，连续相位 2FSK 信号的平均功率谱密度随着频率 f 偏离 f_c，其旁瓣按 $1/f^4$ 衰减，而相位不连续 2FSK 信号的功率谱旁瓣按 $1/f^2$ 衰减，前者的旁瓣衰减速度快，所以常用连续相位的 2FSK 调制方式。

2FSK 信号的近似带宽由卡松公式给出

$$B_{FSK} \approx 2\Delta f + 2B \tag{6.2.38}$$

式中 B 是数字基带信号带宽。假设以数字基带信号功率谱密度的主瓣宽度为带宽 B，则 $B = R_b$。式中的 Δf 是调频器的频偏（$f_1 - f_2 = 2\Delta f$）。于是，2FSK 信号的近似带宽是

$$B_{FSK} \approx 2\Delta f + 2R_b = 2(\Delta f + R_b) \tag{6.2.39}$$

5. 2FSK 信号的接收及其误比特率

（1）相干解调

图 6.2.14 示出了 2FSK 相干解调的框图，其中图 6.2.14(a)和图 6.2.14(b)等价。

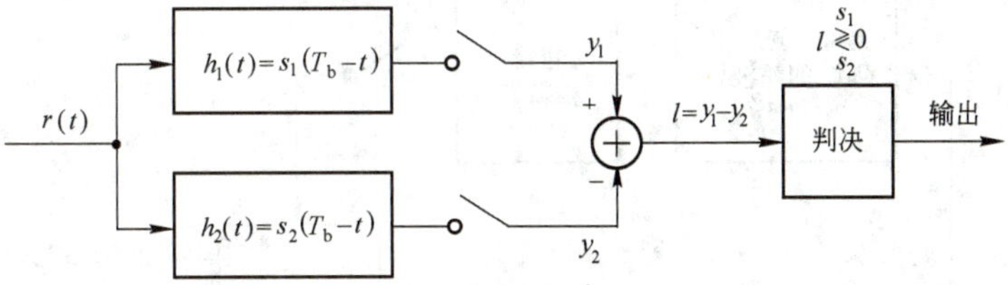

（a）带通匹配滤波器

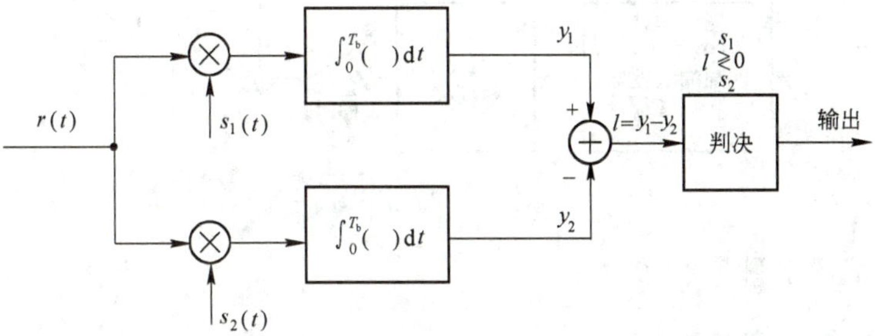

（b）相关解调器

图 6.2.14　相干解调

考虑图 6.2.14(b)，假设 $s_1(t)$ 与 $s_2(t)$ 正交，并等概出现。注意到图中的两个支路与 OOK 相关解调图 6.2.7 类似，故类似于前面的分析，两个采样值可以表示为

$$\begin{cases} y_1 = aE_b + Z_1 \\ y_2 = (1-a)E_b + Z_2 \end{cases} \tag{6.2.40}$$

其中 E_b 是比特能量，$a=1$ 或 0 对应发送 $s_1(t)$ 或 $s_2(t)$。Z_1、Z_2 是高斯白噪声与 $s_1(t)$、$s_2(t)$ 的内积。Z_1、Z_2 是独立同分布的零均值高斯随机变量，方差均为 $N_0E_b/2$。

判决器的输入是

$$l = y_1 - y_2 = dE_b + Z \tag{6.2.41}$$

其中 $d=1$ 对应发送 $s_1(t)$，$d=-1$ 对应发送 $s_2(t)$。$Z = Z_1 - Z_2$ 是均值为零，方差为 $\sigma^2 = N_0E_b$

的高斯随机变量。

发送 $s_2(t)$时判决出错的概率是

$$P(e|s_1)=P(Z>E_b)=\frac{1}{2}\text{erfc}\left(\sqrt{\frac{E_b}{2N_0}}\right) \tag{6.2.42}$$

根据对称性可知 $P(e|s_2)=P(e|s_1)$。平均误比特率为

$$P_b=\frac{1}{2}\text{erfc}\left(\sqrt{\frac{E_b}{2N_0}}\right) \tag{6.2.43}$$

(2) 非相干解调

当 $s_1(t)$、$s_2(t)$中包含接收机未知的相位时,可以采用如图 6.2.15 所示的非相干解调。此图中的两个支路相当于是两个 OOK 的非相干解调。在 $s_1(t)$、$s_2(t)$等概率出现的条件下,非相干解调的平均误比特率为

$$P_b=\frac{1}{2}\exp\left(\frac{-E_b}{2N_0}\right) \tag{6.2.44}$$

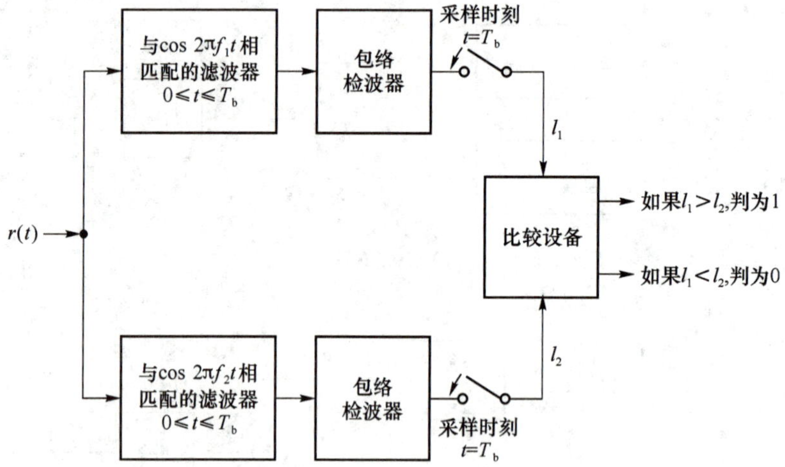

图 6.2.15 非相干解调

误比特率曲线示于图 6.2.10。

6.2.3 二进制移相键控

用二进制数字信号控制正弦载波的相位称为二进制移相键控,可用 2PSK 或 BPSK 表示。

1. 2PSK 信号的产生及其功率谱密度

2PSK 信号的产生框图如图 6.2.16 所示。

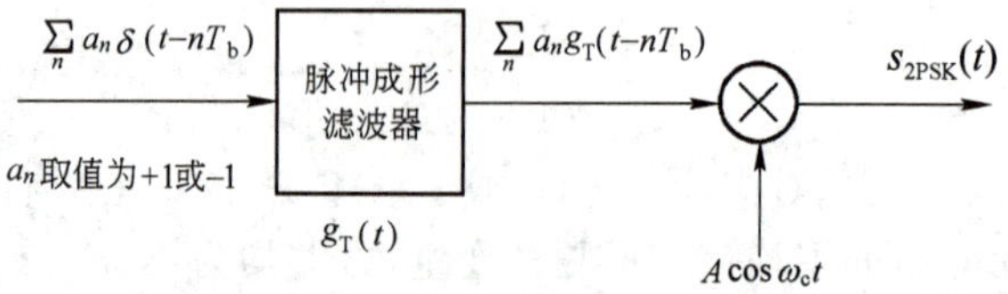

图 6.2.16 2PSK 信号的产生框图

2PSK 信号表示式为

$$s_{2PSK}(t)=A\left[\sum_{n=-\infty}^{\infty}a_n g_T(t-nT_b)\right]\cos\omega_c t \tag{6.2.45}$$

其中$\{a_n\}$为双极性二进制数字序列，a_n 的取值为$+1$或-1，两个电平等概率出现，方差 $\sigma_a^2=1$，符号间互不相关，T_b 为二进制符号间隔，$g_T(t)$为基带发送成形滤波器的冲激响应，为分析方便，暂设它具有不归零矩形脉冲形状，并设 $A_b=1$。

2PSK 信号的平均功率谱密度是将数字基带双极性不归零脉冲序列的平均功率谱密度搬移到载频，如图 6.2.17 所示。

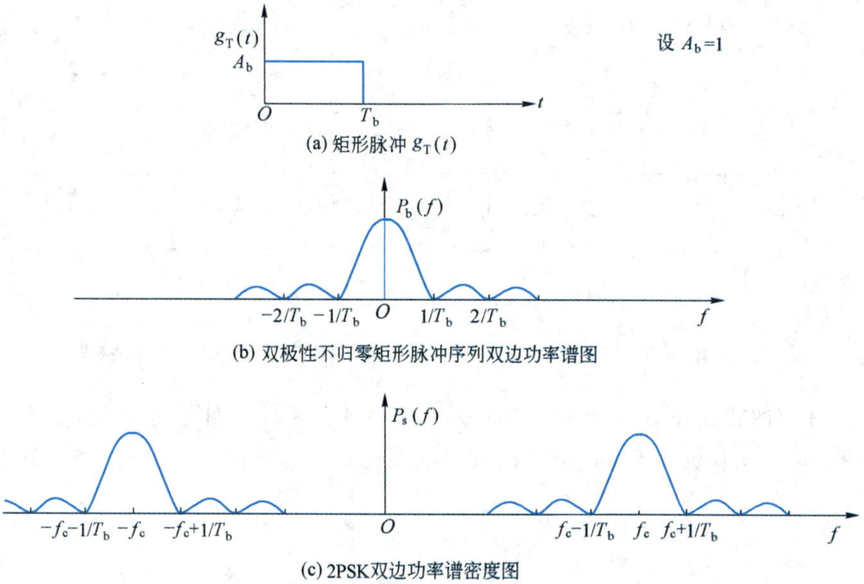

图 6.2.17　2PSK 信号功率谱密度图(传号、空号等概率出现，符号间互不相关)

2PSK 信号的平均功率谱密度计算公式为

$$P_{2PSK}(f)=\frac{A^2}{4}[P_b(f-f_c)+P_b(f+f_c)] \tag{6.2.46}$$

其中

$$P_b(f)=T_b\,\text{sinc}^2(fT_b) \tag{6.2.47}$$

由于在传号与空号等概率出现时，双极性不归零脉冲序列的平均功率谱中无离散的直流分量，所以 2PSK 信号的平均功率谱中无离散的载频分量，仅有连续谱。

2. 2PSK 信号的接收

当图 6.2.16 中的基带脉冲 $g_T(t)$为矩形不归零脉冲时，2PSK 的两个发送波形是

$$\begin{cases}s_1(t)=A\cos 2\pi f_c t\\ s_2(t)=-A\cos 2\pi f_c t\end{cases}\quad 0\leqslant t\leqslant T_b \tag{6.2.48}$$

其解调可以采用图 6.2.18 中的(a)或(b)，这两种方式等价。

对于信道带宽受限的情形，$g_T(t)$一般设计为频谱为根号升余弦滚降特性，此时的系统框图一般如图 6.2.19 所示。

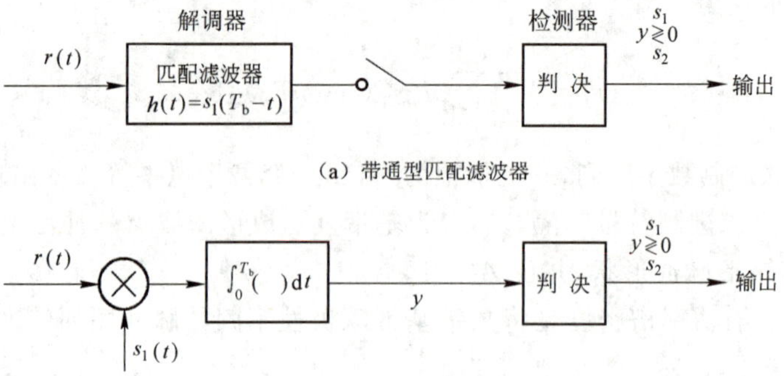

(a) 带通型匹配滤波器

(b) 相关解调器

图 6.2.18　在加性白高斯噪声信道条件下 2PSK 的最佳接收

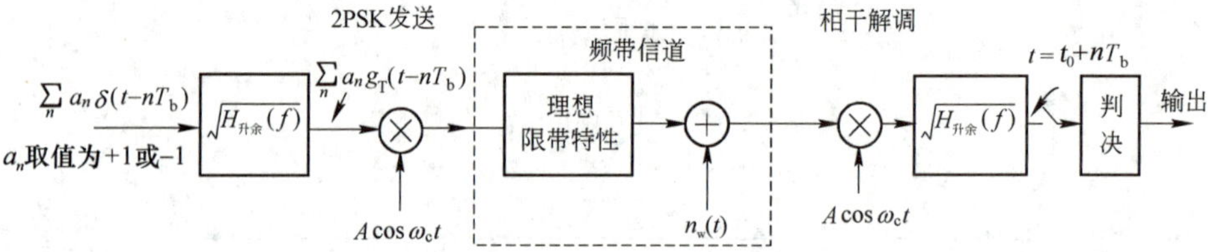

图 6.2.19　在理想限带及加性白高斯噪声信道条件下,2PSK 的最佳频带传输系统

对照 5.3 节的式(5.3.13)可知,2PSK 是双极性 PAM 的一种特殊情况,相当于是采用了频带脉冲的 PAM。双极性 PAM 最佳接收时的误比特率与脉冲形状无关,因此其误比特率仍然是

$$P_b=\frac{1}{2}\mathrm{erfc}\left(\sqrt{\frac{E_b}{N_0}}\right) \tag{6.2.49}$$

6.2.4　差分移相键控

BPSK 是一种 DSB-SC,只能相干解调。如果接收端采用 4.2.4 节中的平方环法或者科斯塔斯环法提取载波,所提取的载波存在相位模糊问题,即有一半机会载波反相,导致解调输出数据反相。差分移相键控(DPSK)可以解决这一问题。

1. DPSK 信号的产生

差分移相键控(DPSK)信号的产生框图如图 6.2.20 所示。

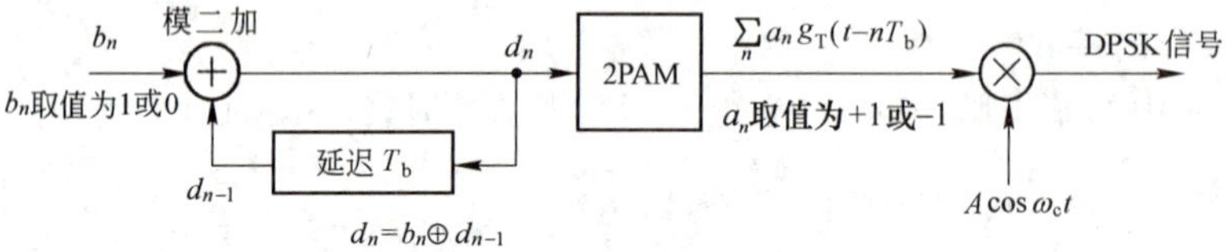

图 6.2.20　DPSK 信号的产生

根据图 6.2.20 来说明 DPSK 调制器的工作原理:先将输入的二进制序列$\{b_n\}$(取值为 1 或 0)进行差分编码,得到二进制相对码序列$\{d_n\}$:

$$d_n=b_n\oplus d_{n-1} \tag{6.2.50}$$

再将相对码序列$\{d_n\}$进行 2PAM，得到双极性不归零脉冲序列$\{a_n\}$，然后再将双极性不归零码序列进行 2PSK 数字调制，即可得到 DPSK 信号，举例说明如下。

例 6.2.2 差分编码及差分移相键控。

绝对码$\{b_n\}$		1	0	0	1	0	0	1	1
相对码$\{d_n\}$	1	0	0	0	1	1	1	0	1
电平变换$\{a_n\}$	+1	−1	−1	−1	+1	+1	+1	−1	+1
载波相位$\{\theta_n\}$	0	π	π	π	0	0	0	π	0
相邻比特的载波相位差$(\theta_n-\theta_{n-1})$		π	0	0	−π	0	0	π	−π

从本例看出，DPSK 的特点是利用在当前比特的载波相位 θ_n 与前一比特的载波相位 θ_{n-1} 的相位差$(\theta_n-\theta_{n-1})$来传递当前的绝对码$\{b_n\}$。在本例中，以相邻比特的载波相位差$\pm\pi$来表示绝对码的二进制符号"1"，以相位差 0 表示绝对码的二进制符号"0"。

2. DPSK 信号的平均功率谱密度

由于在绝对码的传号与空号等概出现且符号间统计独立时，相对码的平均功率谱密度与绝对码的平均功率谱密度是相同的，所以用相对码进行 2PSK 调制所得到的 DPSK 信号平均功率谱密度与 2PSK 信号的平均功率谱密度是相同的。

3. DPSK 信号的解调及其误比特率

DPSK 的解调框图如图 6.2.21 所示。

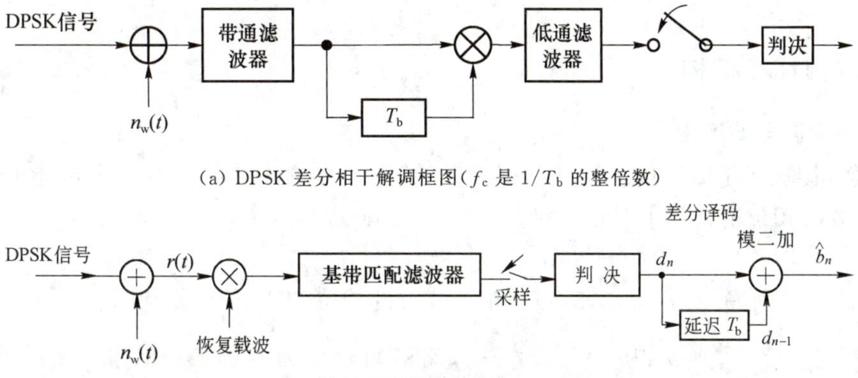

(a) DPSK 差分相干解调框图(f_c 是 $1/T_b$ 的整倍数)

(b) DPSK相干解调框图

图 6.2.21 DPSK 解调的两种方案

(1) 图 6.2.21(a)是差分相干解调方案，它是将接收信号与延时一比特时间的信号相乘、低通滤波、采样、判决，即可得到所要恢复的数据$\{\hat{b}_n\}$。该方案不需载波同步电路，故差分相干解调归类为非相干检测[7]。

(2) 图 6.2.21(b)相干解调的工作原理是：先将 DPSK 进行相干解调，得到相对码，再进行差分译码得到绝对码$\{\hat{b}_n\}$。在该接收系统中，虽然存在恢复载波的相位模糊，在相干解调时得到的相对码可能会发生"1"和"0"完全倒置的现象，但经差分译码后的绝对码不会发生倒置现象。

(3) DPSK 解调的平均误比特率。

关于图 6.2.21(b)方案的平均误比特率推导如下。

设 2PSK 的平均误比特率为 P_b，其平均正确判决概率为 P_c，$P_b+P_c=1$。

DPSK 的平均正确判决概率用 P_{cd} 表示，即

$$P_{cd}=P_c^2+P_b^2=(1-P_b)^2+P_b^2=1-2P_b+2P_b^2 \tag{6.2.51}$$

其中，P_c^2 表示在相干解调后的相对码的当前比特与前一比特均正确时，差分译码结果为正确的概率。P_b^2 表示相对码的当前比特与前一比特均错时，差分译码结果也是正确的概率。于是，求得 DPSK 的平均错判概率 P_{ed} 为

$$P_{ed}=1-P_{cd}=2P_b-2P_b^2=2P_b(1-P_b) \tag{6.2.52}$$

在 P_b 很小时

$$P_{ed}\approx 2P_b \tag{6.2.53}$$

说明：在绝对移相键控系统的 P_b 很小时，DPSK 的平均误比特率近似等于 2 倍的 2PSK 的平均误比特率。

对于图 6.2.21(a)中的 DPSK 差分相干解调，当带通滤波器是对包络匹配的滤波器时，误比特率为[9]

$$P_b=\frac{1}{2}e^{-\frac{E_b}{N_0}} \tag{6.2.54}$$

其误码性能示于图 6.2.10。非相干解调的性能比相干解调略差，但其优点是可以省略载波恢复。

6.3 四相移相键控

6.3.1 四相移相键控

1. QPSK 信号的产生

四相移相键控(QPSK)又名四进制移相键控，该信号的正弦载波有 4 个可能的离散相位状态，每个载波相位携带 2 个二进制符号，其信号表示式为

$$s_i(t)=A\cos(\omega_c t+\theta_i) \qquad i=1,2,3,4 \qquad 0\leqslant t\leqslant T_s \tag{6.3.1}$$

T_s 为四进制符号间隔，$\theta_i(i=1,2,3,4)$为正弦载波的相位，有 4 种可能状态。

若 $\theta_i=(i-1)\frac{\pi}{2}$，则 θ_i 为 0、$\frac{\pi}{2}$、π、$\frac{3}{2}\pi$，此初始相位为 0 的 QPSK 信号的矢量图示于图 6.3.1(a)。

若 $\theta_i=(2i-1)\frac{\pi}{4}$，则 θ_i 为 $\pi/4$、$3\pi/4$、$5\pi/4$、$7\pi/4$，此初始相位为 $\pi/4$ 的 QPSK 信号的矢量图示于图 6.3.1(b)。

下面，着重分析图 6.3.1(b)的 QPSK 信号的产生及其解调。

将式(6.3.1)写成

$$s_i(t)=A\cos(\omega_c t+\theta_i)=A(\cos\theta_i\cos\omega_c t-\sin\theta_i\sin\omega_c t) \quad 0\leqslant t\leqslant T_s \tag{6.3.2}$$

若 θ_i 为 $\pi/4$、$3\pi/4$、$5\pi/4$、$7\pi/4$，则

$$\cos\theta_i=\pm\frac{1}{\sqrt{2}}; \quad \sin\theta_i=\pm\frac{1}{\sqrt{2}}$$

于是，式(6.3.2)可写成

$$s_i(t)=\frac{A}{\sqrt{2}}[I(t)\cos\omega_c t-Q(t)\sin\omega_c t] \tag{6.3.3}$$

$$I(t)=\pm1 \qquad Q(t)=\pm1 \qquad 0\leqslant t\leqslant T_s$$

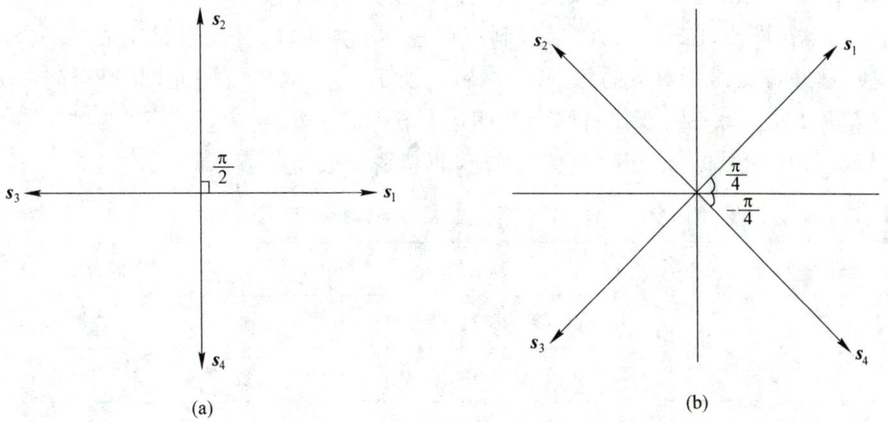

图 6.3.1　QPSK 信号矢量图

根据式(6.3.3)可得到图 6.3.2 所示的正交调制框图。

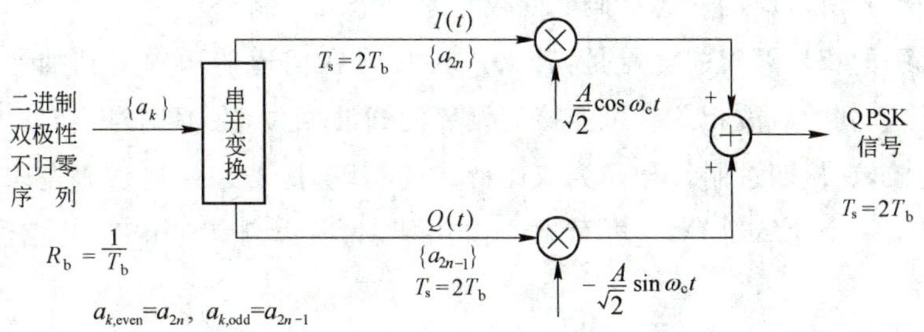

图 6.3.2　产生 QPSK 信号的正交调制原理图

从图 6.3.2 看出，信息速率为 R_b 的二进制序列$\{a_k\}$(取值为＋1 或－1)，串并变换后分成两路速率减半的二进制序列，得到基带信号波形 $I(t)$及 $Q(t)$，这两路码元在时间上是对齐的，称这两支路为同相支路及正交支路，将它们分别对正交载波 $\cos\omega_c t$ 及$-\sin\omega_c t$ 进行 2PSK 调制，再将这两支路的 2PSK 信号相加即可得到 QPSK 信号。例 6.3.1 中的图 6.3.3 画出了其中串并变换的波形。

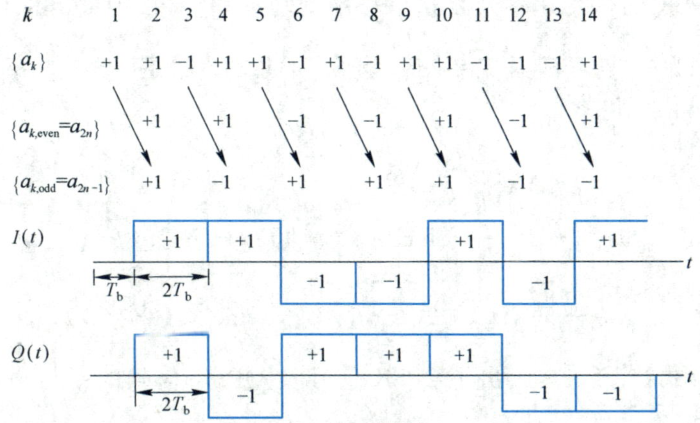

图 6.3.3　QPSK 串并变换及 $I(t)$、$Q(t)$波形图

例 6.3.1 QPSK 中的串并变换及 $I(t)$、$Q(t)$基带波形图。

从图 6.3.2 及图 6.3.3 看出，将二进制序列进行串并变换，其实质是完成二进制与四进制符号的变换，称并行支路所对应的每一对比特 a_{2n}及 a_{2n-1} 为双比特码元，其符号间隔为四进制符号间隔($T_s=2T_b$)，每一组双比特码元与四进制符号之一相对应，而每个四进制符号($i=1,2,3,4$)又与 QPSK 信号的载波相位 θ_i 相对应，相位逻辑关系见表 6.3.1。

表 6.3.1 QPSK 信号载波相位与双比特码元的关系

四进制码	双比特码	载波相位 θ_i
0	0 0(变换为+1,+1 电平)	$\frac{\pi}{4}$
1	1 0 (−1,+1)	$\frac{3}{4}\pi$
2	1 1 (−1,−1)	$\frac{5}{4}\pi$
3	0 1 (+1,−1)	$\frac{7}{4}\pi$

从表 6.3.1 看出，QPSK 的载波相位与双比特码之间的关系正好符合格雷码的相位逻辑，即相邻四进制符号所对应的双比特码之间仅相差一个二进制符号。

采用格雷码的相位逻辑的优点是：若 QPSK 信号在信道传输中受到加性噪声干扰，在噪声不太大时，接收到的载波相位有可能接近相邻的载波相位，在解调时，会发生错判为相邻四进制符号的现象，在从四进制符号译为双比特二进制码时，若采用格雷码逻辑关系，则在两个比特符号中仅错一个比特符号，这样可减小误比特率，所以希望 QPSK 的相位逻辑符合格雷编码的关系。

2. QPSK 信号的平均功率谱密度

由于 QPSK 信号是由两正交载波的 2PSK 线性叠加而成，所以 QPSK 信号的平均功率谱密度是同相支路及正交支路 2PSK 信号平均功率谱密度的线性叠加。

由 6.2.3 节可知，基带采用矩形脉冲成形时 2PSK 信号的功率谱密度为

$$P_{2PSK}(f)=\frac{A^2T_b}{4}\{[\mathrm{sinc}^2(f-f_c)T_b]+\mathrm{sinc}^2[(f+f_c)T_b]\} \tag{6.3.4}$$

假设 QPSK 与 2PSK 的信息速率及发送信号平均功率均一致，则 QPSK 信号每个支路的 2PSK 信号的振幅为$\frac{A}{\sqrt{2}}$，符号间隔 $T_s=2T_b$，QPSK 的总功率谱是两支路功率谱之和，于是，得到 QPSK 功率谱为

$$\begin{aligned}P_{QPSK}(f)&=2\,\frac{\left(\frac{A}{\sqrt{2}}\right)^2T_s}{4}\{\mathrm{sinc}^2[(f-f_c)T_s]+\mathrm{sinc}^2[(f+f_c)T_s]\}\\&=\frac{A^2T_b}{2}\{\mathrm{sinc}^2[2(f-f_c)T_b]+\mathrm{sinc}^2[2(f+f_c)T_b]\}\end{aligned} \tag{6.3.5}$$

根据式(6.3.4)及式(6.3.5)，画出了 2PSK 信号及 QPSK 信号的平均功率谱密度图，如图 6.3.4 所示。

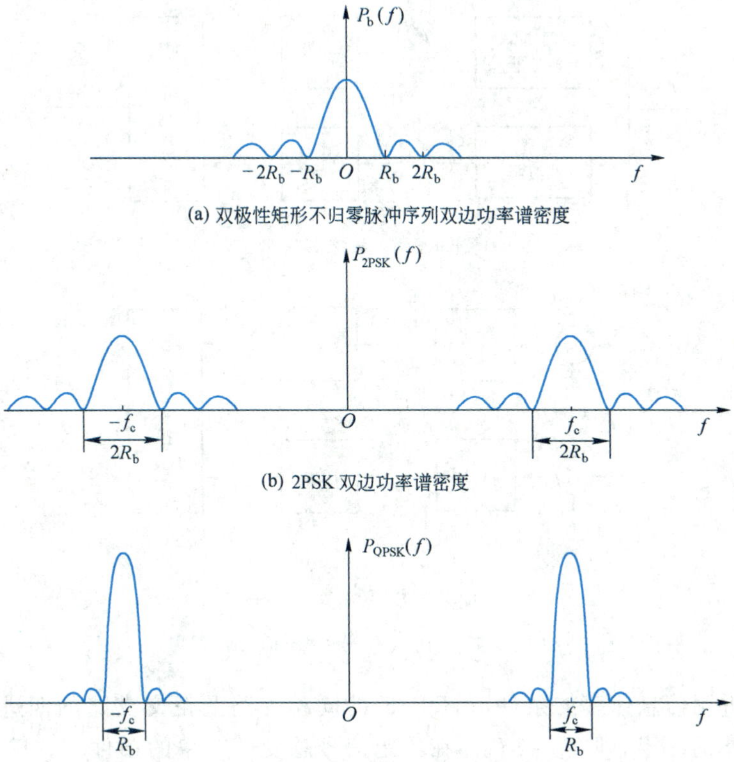

(a) 双极性矩形不归零脉冲序列双边功率谱密度

(b) 2PSK 双边功率谱密度

(c) QPSK 双边功率谱密度

图 6.3.4　在给定信息速率为 R_b 条件下，2PSK 及 QPSK 双边功率谱密度

图 6.3.4 表示在 2PSK 及 QPSK 的二进制信息速率相同时，QPSK 信号的平均功率谱密度的主瓣宽度是 2PSK 平均功率谱主瓣宽度的一半。

3. QPSK 信号的接收及其平均误比特率

(1) 在加性白高斯噪声信道条件下 QPSK 最佳接收

在加性白高斯噪声干扰的信道条件下，利用匹配滤波器或相关解调器进行 QPSK 的解调，图 6.3.5 为 QPSK 最佳接收框图。

由于 QPSK 信号可看为同相及正交支路 2PSK 的叠加，所以在解调时可对两路信号分别进行 2PSK 的解调，然后进行并串变换，得到所传输的数据。

计算 QPSK 解调的误比特率有两种方法：一是，先计算误符率(平均错判四进制符号的概率)，再根据误符率计算从四进制符号译为二进制符号的误比特率；二是，沿用 2PSK 匹配滤波器解调的误比特率计算公式。下面，采用第二种方法来进行计算。

在加性白高斯噪声信道条件下，2PSK 最佳接收的平均误比特率为

$$P_b = \frac{1}{2}\text{erfc}\left(\sqrt{\frac{A^2 T_b}{2N_0}}\right) = \frac{1}{2}\text{erfc}\left(\sqrt{\frac{E_b}{N_0}}\right) \tag{6.3.6}$$

对于 QPSK 而言，在 QPSK 与 2PSK 的输入二进制信息速率相同，二者的发送功率相同，加性噪声的单边功率谱密度 N_0 相同的条件下，QPSK 与 2PSK 的平均误比特率是相同的，说明如下。

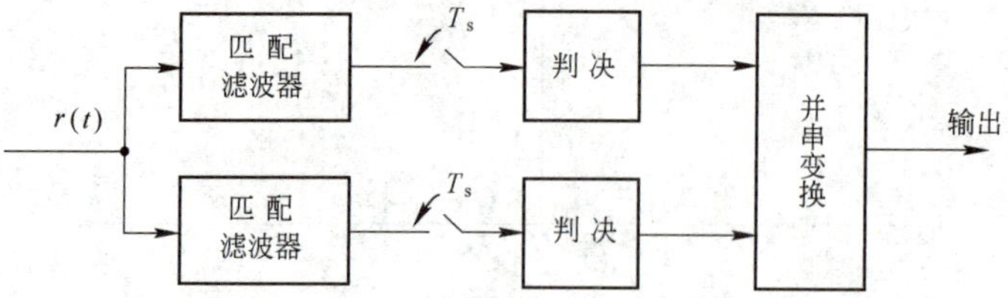

(a) QPSK匹配滤波器最佳接收

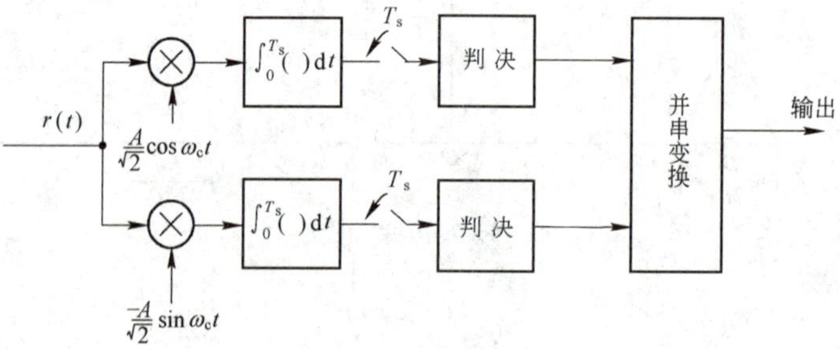

(b) QPSK相关解调器最佳接收

图 6.3.5 QPSK 信号的最佳接收框图

在给定二进制信息速率的条件下，QPSK 的同相支路及正交支路的四进制符号速率是二进制信息速率的一半，即 $T_s=2T_b$。在给定信号总发送功率的条件下，QPSK 同相支路或正交支路的信号功率是总发送功率的一半。于是，得到 I 支路及 Q 支路的平均错判概率为

$$P_{eI}=P_{eQ}=\frac{1}{2}\text{erfc}\left[\sqrt{\frac{\left(\frac{A}{\sqrt{2}}\right)^2(2T_b)}{2N_0}}\right]=\frac{1}{2}\text{erfc}\left(\sqrt{\frac{E_b}{N_0}}\right) \tag{6.3.7}$$

其中 $E_b=\frac{A^2}{2}T_b$，是平均比特能量。

由于 QPSK 发端信源输出的二进制符号"1"和"0"等概出现，二进制码元经串并变换后在同相支路及正交支路也是等概分布的，所以在收端的同相及正交支路解调的输出经并串变换后的数据，其总的平均误比特率与 I 支路或 Q 支路的平均误判概率是相同的，即

$$P_b=P_I P_{eI}+P_Q P_{eQ} \tag{6.3.8}$$

其中，P_I 及 P_Q 分别是总的二进制码元出现在 I 支路或 Q 支路的概率，$P_I=P_Q=\frac{1}{2}$，因而 QPSK 的平均误比特率为

$$P_b=P_{eI}=P_{eQ}=\frac{1}{2}\text{erfc}\left(\sqrt{\frac{E_b}{N_0}}\right)=Q\left(\sqrt{\frac{2E_b}{N_0}}\right) \tag{6.3.9}$$

(2) 在理想限带及加性白高斯噪声信道条件下 QPSK 最佳接收

在理想限带及加性白高斯噪声信道条件下的 QPSK 最佳频带传输系统的框图如图6.3.6所示，它在实际限带通信系统中获广泛应用。

若发端信源的"1"和"0"等概率出现，其最佳接收的平均误比特率为

$$P_b=\frac{1}{2}\text{erfc}\left(\sqrt{\frac{E_b}{N_0}}\right)=Q\left(\sqrt{\frac{2E_b}{N_0}}\right) \tag{6.3.10}$$

综上所述，将 QPSK 与 2PSK 相比较，在两者的信息速率、信号发送功率、噪声功率谱密度相

同的条件下，QPSK 与 2PSK 的平均误比特率是相同的，而 QPSK 的带宽比 2PSK 的窄一半。

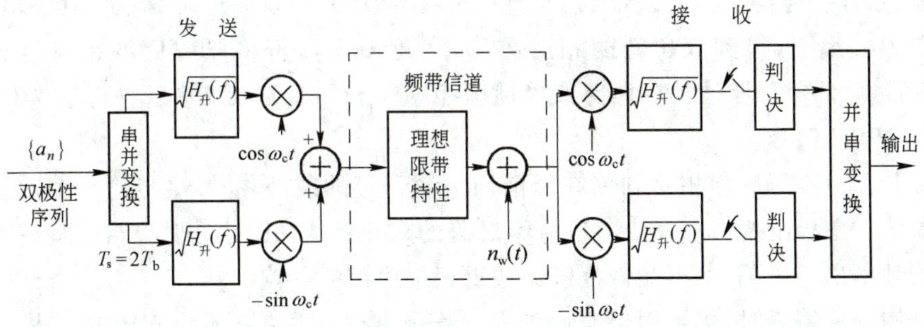

图 6.3.6　在理想限带及加性白高斯噪声信道条件下的 QPSK 系统

6.3.2　差分四相移相键控

QPSK 信号的相干解调，在利用四次方环或四相科斯塔斯环提取载波时，存在恢复载波的四重相位模糊问题，可采用差分四相移相键控（DQPSK）方案来解决。

DQPSK 信号的产生及其相干解调框图示于图 6.3.7。

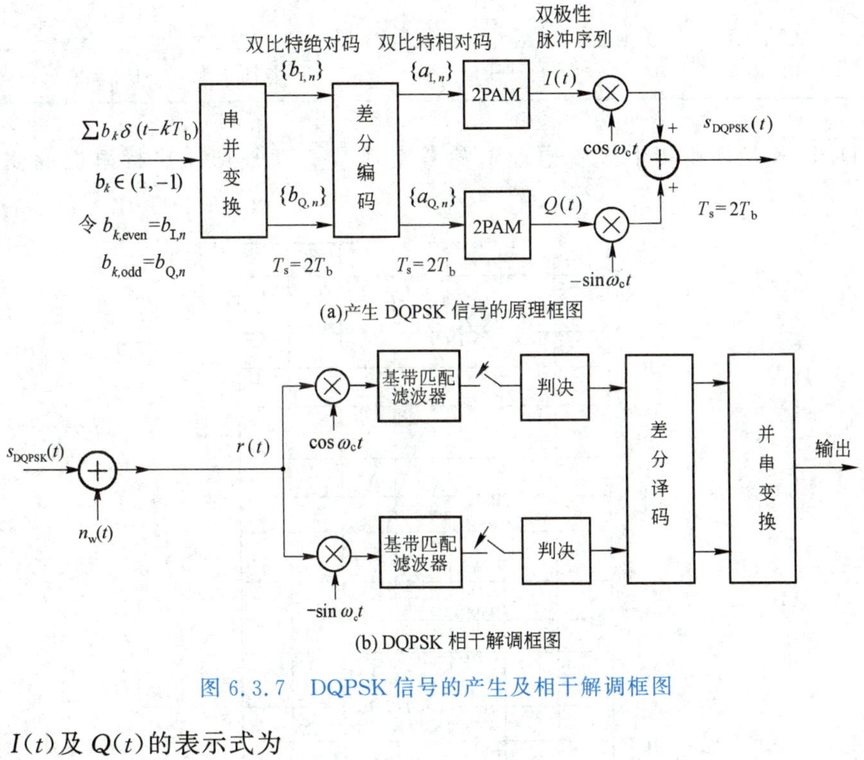

图 6.3.7　DQPSK 信号的产生及相干解调框图

图中 $I(t)$ 及 $Q(t)$ 的表示式为

$$
\begin{aligned}
I(t) &= \sum_{n=-\infty}^{\infty} a_{I,n} g_T(t-nT_s) \\
Q(t) &= \sum_{n=-\infty}^{\infty} a_{Q,n} g_T(t-nT_s)
\end{aligned}
\tag{6.3.11}
$$

$a_{I,n}$ 与 $a_{Q,n}$ 取值为 $+1$ 或 -1，符号间隔 $T_s=2T_b$。

在图 6.3.7(a)中，二进制序列$\{b_k\}$(取值为 1 或 −1)经串并变换后得到一对比特序列$\{b_{I,n}\}$及$\{b_{Q,n}\}$，其符号间隔为 $T_s=2T_b$，称此一对比特为双比特码元，将绝对码的双比特码元进行四进制差分编码，得到双比特的相对码$\{a_{I,n}\}$及$\{a_{Q,n}\}$，再将此双比特相对码分别进行 2PAM，并通过脉冲成形滤波得到两路双极性脉冲序列 $I(t)$及 $Q(t)$，然后进行正交载波调制，即可得到 DQPSK 信号。

此双比特差分编码的作用是利用在当前四进制符号的载波相位 θ_n 与前一个四进制符号的载波相位 θ_{n-1}之相位差 $\Delta\theta_n$ 来传递当前绝对码的双比特码，因而在收端相干解调差分译码后仍能正确地解出绝对码，而不受恢复载波四重相位模糊的影响。

在四进制差分编码时，仍采用格雷码的差分编码逻辑关系，以便与 QPSK 的格雷码相位逻辑相配合。有关双比特码与前后四进制码的载波相位差的映射关系示于表 6.3.2。

表 6.3.2 双比特码与前后四进制码的载波相位差的映射关系

四进制码	$b_{I,n}$ $b_{Q,n}$	$\Delta\theta_n=\theta_n-\theta_{n-1}$
0	+1 +1	0
1	−1 +1	$+\frac{\pi}{2}$ 或 $-\frac{3}{2}\pi$
2	−1 −1	$+\pi$ 或 $-\pi$
3	+1 −1	$+\frac{3}{2}\pi$ 或 $-\frac{\pi}{2}$

有关 DQPSK 最佳非相干接收原理请参考文献[7]，其平均误比特率性能如图 6.3.8 所示。

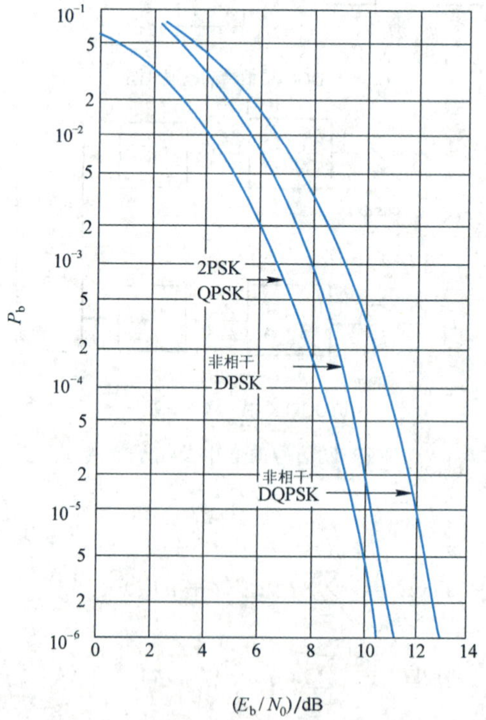

图 6.3.8 2PSK、QPSK 及 DPSK、DQPSK 的误比特率[7]

6.3.3 偏移四相移相键控

在无线数字调制系统中，发送端发出的信号一般要经过功率放大器之后送往信道。信号功率较高时，必须要考虑放大器的非线性失真。非线性失真一方面会使信号波形失真，导致解调输出的误比特率恶化，另一方面会影响发送信号的频谱，表现为频谱旁瓣提升，可能会对相邻信道的通信产生干扰。

不同的信号对非线性失真的敏感程度不同。一般来说，如果放大器输入信号的包络起伏越小，非线性的影响也越小。偏移四相移相键控 OQPSK（或称参差 QPSK）是 QPSK 的一种变型，目的就是为了降低包络起伏。

设 QPSK 信号为

$$s(t)=a_{\mathrm{I}}(t)\cos 2\pi f_c t-a_{\mathrm{Q}}(t)\sin 2\pi f_c t \tag{6.3.12}$$

其中 $a_{\mathrm{I}}(t)$、$a_{\mathrm{Q}}(t)$是分别是 I 路和 Q 路的双极性 PAM 信号。QPSK 信号的包络为

$$A(t)=\sqrt{a_{\mathrm{I}}^2(t)+a_{\mathrm{Q}}^2(t)} \tag{6.3.13}$$

对于信道带宽受限的情形，$a_{\mathrm{I}}(t)$、$a_{\mathrm{Q}}(t)$通常采用根号升余弦滚降频谱成形，此时 QPSK 的包络如图 6.3.9(a)所示。包络随时间起伏，最小可以到 0，最大与最小的比值是无穷。

OQPSK 的目的是降低这种包络起伏。其方法是将 I 路和 Q 路信号在时间上错开 $T_b=T_s/2$，使 I 路和 Q 路的零点错开，如图 6.3.9(b)所示。OQPSK 的系统框图示于图 6.3.10，和标准的 QPSK 相比差别只在 Q 路：发端需要将基带信号延迟 T_b，收端的采样时刻也相应退后了 T_b 时间。

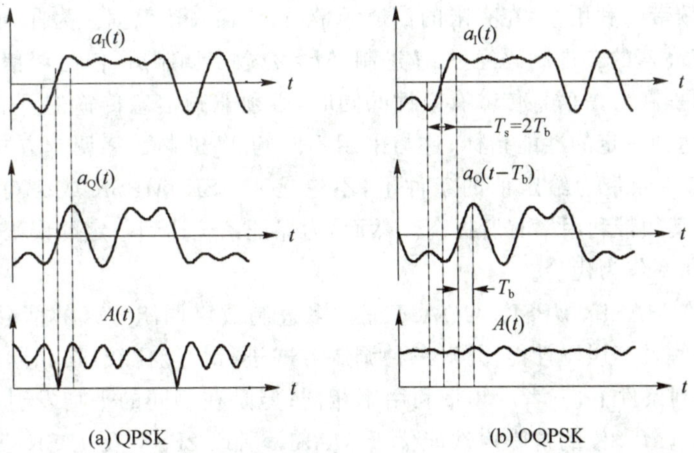

图 6.3.9　QPSK 及 OQPSK 的基带波形以及包络

OQPSK 和 QPSK 一样，是两个载波正交的 2PSK 之和。Q 路信号延迟了 T_b 不改变功率谱密度，也不改变误比特率，因此 OQPSK 的功率谱密度、误比特率都与 QPSK 相同。

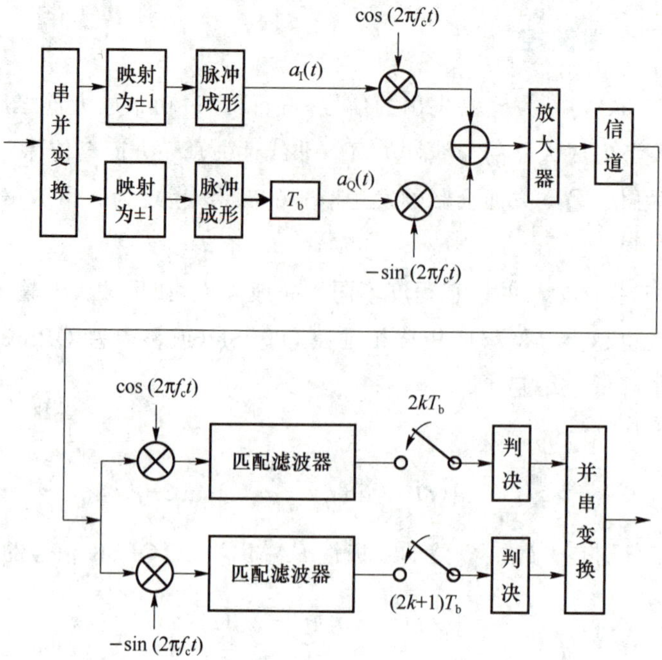

图 6.3.10 OQPSK 系统

6.4 *M* 进制数字调制

在实际的频带传输系统中，由于信道的频率资源有限，因而要求有效地利用信道频带，希望尽量提高信道频带的利用率：在有限的信道频带内，传输高速数据。为此，必须采用 M 进制数字调制方式，将高速的二进制码经过 M 进制($M>2$)数字调制后，使已调信号频带达到给定的限带要求。但是，在考虑信息传输有效性的同时，必须兼顾信息传输的可靠性，也就是要使该系统的误码率达到一定的性能指标，这与采用不同的 M 进制数字调制方式有关。另外，还应强调指出：在信道频带为给定值的条件下，不论是 MASK、MPSK 或 MQAM 数字调制方式，当 M 增加时，其频带利用率有所提高。然而，为保证系统达到一定的误码性能必须以增加信号的平均发射功率作为代价。

本节主要讨论 MASK、MPSK、MQAM 三种多进制数字调制方式的信号表示式、平均功率谱密度、最佳接收及其误码性能，并对三种调制方式进行性能比较：在相同的二进制信息速率及相同的 M 进制条件下，三者的频带利用率相同；但是在相同的平均发射信号功率及噪声功率谱密度条件下，MPSK 的抗噪声性能优于 MASK，所以 2PSK 及 4PSK 获得广泛应用；但在 $M>4$ 的情况下，MQAM 的抗噪声性能优于 MPSK；因此在实际通信中，在信道频带受限的条件下，传输高速数据的数字调制常采用 16QAM、32QAM、64QAM、…，甚至是更多进制 QAM 的调制方式。

本节仅对 MFSK 作扼要介绍。MFSK 是以不同的载频携带数字信息，若不同载频信号之间互相正交，则称此 MFSK 为正交 MFSK。当 M 增加时，正交 MFSK 信号的带宽增加，因而它的频带利用率降低。该调制方式的特点是以增加信号频带来换取误码率的降低。在相同的

比特信噪比 E_b/N_0 条件下，随着 M 的增加，其误码率是下降的。所以在信道频带不受限、信道功率受限条件下，可考虑采用 MFSK 调制方式。

为了阐明 M 进制数字调制系统的基本工作原理及其性能分析，首先要介绍信号波形的矢量(向量)表示及统计判决理论，然后将两者结合起来，很好地解决 M 进制数字调制信号的产生及其最佳接收的设计问题。

该理论分析具有一般意义，它同样适用于 $M=2$ 的二进制数字调制系统，并与本章 6.2 节的最佳接收是一致的。

下面，扼要介绍信号波形的矢量表示的基本概念。

6.4.1　数字调制信号的矢量表示

信号分析的理论表明，信号波形表示式与多维矢量之间存在着许多形式上的相似，借助于信号与矢量之间的类比，可得到信号波形在正交信号空间的矢量表示法。这样，使我们对数字调制信号的分析有直观的认识，并有更深入的理解。将信号的矢量表示的工具与统计判决理论相结合，能很好地解决 M 进制数字调制的最佳设计问题：简化调制信号的产生及最佳接收，且误码性能计算容易。所以，在通信理论中，研究信号波形的矢量表示(或称为几何表示)具有重要意义。

1. 正交矢量空间

若有 N 个互相正交的归一化矢量组($\boldsymbol{e}_1,\boldsymbol{e}_2,\cdots,\boldsymbol{e}_N$)形成一个完备的坐标系统，该系统中的任一矢量 $\mathbf{V}$ 等于它在 N 个坐标轴上的分矢量的几何和，用式(6.4.1)表示

$$\mathbf{V}=\sum_{i=1}^{N} v_i\,\boldsymbol{e}_i \tag{6.4.1}$$

式中，$\boldsymbol{e}_i$ 是单位矢量(模为 1)，该正交矢量组中的任意两单位矢量之间的内积为

$$\langle \boldsymbol{e}_i,\boldsymbol{e}_j\rangle=\begin{cases}0 & i\neq j\\ 1 & i=j\end{cases} \tag{6.4.2}$$

称此矢量组($\boldsymbol{e}_1,\boldsymbol{e}_2,\cdots,\boldsymbol{e}_N$)为归一化正交矢量组，由它构成归一化正交矢量空间。式(6.4.1)中的系数 $v_i(i=1,2,\cdots,N)$ 表示 N 维矢量 $\mathbf{V}$ 在坐标系中的各个坐标轴上的投影，即

$$v_i=\langle \mathbf{V},\boldsymbol{e}_i\rangle \tag{6.4.3}$$

式(6.4.3)表明，投影 v_i 是矢量 $\mathbf{V}$ 与单位矢量 $\boldsymbol{e}_i$ 的内积，它是矢量 $\mathbf{V}$ 沿着分矢量 $\boldsymbol{e}_i$ 上的分量。

将信号与矢量类比，可将矢量空间的一些概念应用于信号分析。下面，用矢量来表示信号波形，并论证信号波形和它的矢量表示之间的对应关系。

2. 正交信号空间

设信号 $s(t)$ 是确定的实信号，具有有限能量 E_s，即

$$E_s=\int_{-\infty}^{\infty} s^2(t)\,\mathrm{d}t \tag{6.4.4}$$

设 $f_1(t),f_2(t),\cdots,f_N(t)$ 是一组归一化正交函数，即

$$\int_{-\infty}^{\infty} f_n(t)f_m(t)\,\mathrm{d}t=\begin{cases}1, & m=n\\ 0, & m\neq n\end{cases} \tag{6.4.5}$$

称 $s(t)$ 与 $f_n(t)$ 的内积为 $s(t)$ 在 $f_n(t)$ 上的投影：

$$s_n = \int_{-\infty}^{\infty} s(t) f_n(t) \mathrm{d}t \tag{6.4.6}$$

令集合 Ω 表示 $f_1(t), f_2(t), \cdots, f_N(t)$ 的所有线性组合，也称 Ω 为 $f_1(t), f_2(t), \cdots, f_N(t)$ 张成的信号空间，记为

$$\Omega = \mathrm{span}\{f_1(t), f_2(t), \cdots, f_N(t)\} \tag{6.4.7}$$

对于任意 $x(t) \in \Omega$ 有

$$x(t) = \sum_{n=1}^{N} x_n f_n(t) \tag{6.4.8}$$

其中

$$x_n = \int_{-\infty}^{\infty} x(t) f_n(t) \mathrm{d}t \tag{6.4.9}$$

$x(t)$ 的能量是 $x(t)$ 与自身的内积：

$$\begin{aligned} E_x &= \int_{-\infty}^{\infty} x^2(t) \mathrm{d}t = \int_{-\infty}^{\infty} \left(\sum_{n=1}^{N} x_n f_n(t) \right)^2 \mathrm{d}t \\ &= \int_{-\infty}^{\infty} \sum_{m=1}^{N} \sum_{n=1}^{N} x_n x_n f_n(t) f_m(t) \mathrm{d}t = \sum_{n=1}^{N} x_n^2 \end{aligned} \tag{6.4.10}$$

任意信号 $s(t)$ 与任意某个 $x(t) \in \Omega$ 的误差是

$$e(t) = s(t) - x(t) \tag{6.4.11}$$

误差的能量为

$$\begin{aligned} E_{\mathrm{e}} &= \int_{-\infty}^{\infty} [s(t) - x(t)]^2 \mathrm{d}t \\ &= E_s - 2\int_{-\infty}^{\infty} s(t) \cdot x(t) \mathrm{d}t + E_x \\ &= E_s - 2\int_{-\infty}^{\infty} s(t) \cdot \sum_{n=1}^{N} x_n f_n(t) \mathrm{d}t + E_x \\ &= E_s - 2\sum_{n=1}^{N} x_n s_n + \sum_{n=1}^{N} x_n^2 \\ &= E_s - \sum_{n=1}^{N} s_n^2 + \sum_{n=1}^{N} (s_n - x_n)^2 \end{aligned} \tag{6.4.12}$$

对于给定的 $s(t)$，上式在 $x_n = s_n, n=1,2,\cdots,N$ 时最小。说明在 Ω 中最接近 $s(t)$ 的信号是

$$\hat{s}(t) = \sum_{n=1}^{N} s_n f_n(t) \tag{6.4.13}$$

若 $s(t)$ 本身就是 Ω 中的一个，则

$$s(t) = \sum_{n=1}^{N} s_n f_n(t) \tag{6.4.14}$$

此时称 $f_1(t), f_2(t), \cdots, f_N(t)$ 是一组对 $s(t)$ 完备的归一化正交基函数。

任意 $s(t) \in \Omega$ 可以一一映射为一个实数向量

$$\boldsymbol{s} = (s_1, s_2, \cdots, s_N) \tag{6.4.15}$$

$\boldsymbol{s}$ 表示信号波形用 N 维矢量来表示，$\{s_n, n=1,\cdots,N\}$ 表示该 N 维矢量的坐标。这就是信号波形的矢量表示，也称为信号波形的几何表示。

(1) 若用完备的归一化正交函数集 $\{f_n(t), n=1,2,\cdots,N\}$ 来描述 M 个能量有限的信号波

形$\{s_i(t), i=1,\cdots,M\}$，可写为

$$s_i(t) = \sum_{n=1}^{N} s_{in} \cdot f_n(t) \qquad i=1,2,\cdots,M \tag{6.4.16}$$

系数由如下内积给定：

$$s_{in} = \int_{-\infty}^{\infty} s_i(t) \cdot f_n(t)\,\mathrm{d}t \qquad i=1,2,\cdots,M; n=1,2,\cdots,N \tag{6.4.17}$$

这样，每个信号波形映射为 N 维信号空间中的一点，其坐标为$\{s_{in}, n=1,2,\cdots,N\}$，每个信号波形的矢量表示为

$$\boldsymbol{s}_i = (s_{i1}, s_{i2}, \cdots, s_{iN}) \qquad i=1,2,\cdots,M \tag{6.4.18}$$

每个信号波形的信号能量 E_i 可表示为矢量长度的平方(即平方范数)，也等于 N 维矢量在坐标轴上的各投影的平方之和。

$$E_i = \int_{-\infty}^{\infty} [s_i(t)]^2 \mathrm{d}t = \sum_{n=1}^{N} s_{in}^2 = |\boldsymbol{s}_i|^2 \tag{6.4.19}$$

(2) 两信号矢量之间的相关系数及欧氏距离

(a) 两信号波形或两信号矢量之间的相关系数

两个实信号的相关系数为

$$\rho_{mk} = \frac{1}{\sqrt{E_m}\sqrt{E_k}} \int_{-\infty}^{\infty} s_m(t) \cdot s_k(t)\,\mathrm{d}t \tag{6.4.20}$$

其中，E_m 是 $s_m(t)$的能量，E_k 为 $s_k(t)$的能量。

代入信号波形的矢量表示后可得到

$$\rho_{mk} = \frac{\langle \boldsymbol{s}_m, \boldsymbol{s}_k \rangle}{\sqrt{E_m \cdot E_k}} \tag{6.4.21}$$

一对信号波形或一对信号矢量之间的相关系数表征两信号之间的相似性。

(b) 两信号波形或两信号矢量之间的距离(称为欧氏距离)为

$$\begin{aligned} d_{mk} &= \left\{ \int_{-\infty}^{\infty} [s_m(t) - s_k(t)]^2 \mathrm{d}t \right\}^{1/2} \\ &= (E_m + E_k - 2\sqrt{E_m \cdot E_k} \cdot \rho_{mk})^{1/2} \end{aligned} \tag{6.4.22}$$

用矢量表示

$$d_{mk} = |\boldsymbol{s}_m - \boldsymbol{s}_k| \tag{6.4.23}$$

在各信号波形等能量，即 $E_m = E_k = E$ 情况下，有

$$d_{mk} = [2E(1-\rho_{mk})]^{1/2} \tag{6.4.24}$$

通过上述分析可看到，M 个能量有限信号波形可相应地映射为 N 维信号空间中的 M 个点(星座点)，在 N 维信号空间中 M 个点的集合称为信号星座，可用几何图形表示，称为信号星座图。星座图中每个星座点到原点的距离平方等于相应信号的能量，两个星座点之间的距离是一对信号波形之间的欧氏距离，两个波形之差的能量等于对应两个星座点之间距离的平方。

3. *M* 进制数字调制信号波形的矢量表示

在一些常用的数字调制方式中，如：MPAM 基带信号、MASK 信号以及 2PSK 信号波形均可用一维矢量来描述。又如：正交的 2FSK、$M>2$ 的 MPSK 及 MQAM 信号波形均可用二维矢量来描述。举例说明如下：

例 6.4.1 OOK 信号波形的矢量表示。

OOK 信号波形表示式为

$$s(t)=\begin{cases}s_1(t)=\sqrt{\dfrac{2E_1}{T_b}}\cos\omega_c t & \text{“传号”}\\ s_2(t)=0 & \text{“空号”}\end{cases}\qquad 0\leqslant t\leqslant T_b \tag{6.4.25}$$

其中 $s_1(t)$ 的信号能量为 E_1，$s_2(t)$ 的信号能量 $E_2=0$。

归一化正交基函数为

$$f_1(t)=\sqrt{\frac{2}{T_b}}\cos\omega_c t\qquad 0\leqslant t\leqslant T_b \tag{6.4.26}$$

OOK 信号波形的正交展开式为

$$s(t)=\begin{cases}s_1(t)=\sqrt{E_1}f_1(t) & 0\leqslant t\leqslant T_b\\ s_2(t)=0 & 0\leqslant t\leqslant T_b\end{cases} \tag{6.4.27}$$

OOK 信号的一维矢量表示式为

$$\boldsymbol{s}_i=[s_{i1}]\qquad i=1\text{ 或 }2 \tag{6.4.28}$$

$$s_{i1}=\int_0^{T_b}s_i(t)f_1(t)\mathrm{d}t \tag{6.4.29}$$

$$s_{11}=\sqrt{E_1} \tag{6.4.30}$$

$$s_{21}=0 \tag{6.4.31}$$

$$\boldsymbol{s}_1=[\sqrt{E_1}] \tag{6.3.32}$$

$$\boldsymbol{s}_2=[0] \tag{6.4.33}$$

OOK 信号的星座图如图 6.4.1 所示。

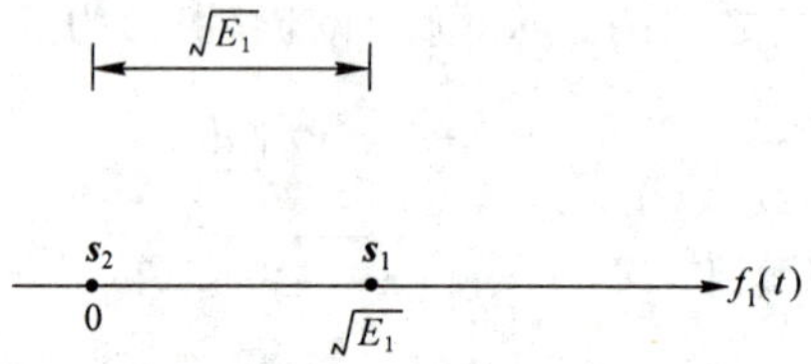

图 6.4.1 OOK 信号的星座图

OOK 信号的两星座点之间的欧氏距离 $d_{12}=\sqrt{E_1}$，相关系数 $\rho_{12}=0$。

例 6.4.2 正交 2FSK 信号波形的矢量表示。

正交 2FSK 信号表示式为

$$s_i(t)=\sqrt{\frac{2E_b}{T_b}}\cos\omega_i t\qquad i=1\text{ 或 }2;\quad 0\leqslant t\leqslant T_b \tag{6.4.34}$$

其中

$$\omega_i=\frac{2\pi(k+i)}{T_b}\qquad (k\text{ 为某固定的正整数}) \tag{6.4.35}$$

相关系数

$$\rho_{12}=\frac{1}{E_b}\int_0^{T_b}s_1(t)s_2(t)\mathrm{d}t=0 \tag{6.4.36}$$

所以，$s_1(t)$与 $s_2(t)$正交。

两个归一化正交基函数为

$$f_1(t)=\sqrt{\frac{2}{T_b}}\cos\omega_1 t \qquad 0\leqslant t\leqslant T_b \tag{6.4.37}$$

$$f_2(t)=\sqrt{\frac{2}{T_b}}\cos\omega_2 t \qquad 0\leqslant t\leqslant T_b \tag{6.4.38}$$

2FSK 信号的正交展开式

$$s_i(t)=\sum_{n=1}^{2}s_{in}f_n(t)=s_{i1}f_1(t)+s_{i2}f_2(t) \qquad i=1\text{ 或 }2 \tag{6.4.39}$$

$$s_{in}=\int_0^{T_b}s_i(t)f_n(t)\mathrm{d}t \qquad n=1\text{ 或 }2$$

$$i=1,n=1,s_{11}=\sqrt{E_b}; \qquad i=2,n=1,s_{21}=0;$$

$$i=1,n=2,s_{12}=0; \qquad i=2,n=2,s_{22}=\sqrt{E_b}$$

正交 2FSK 信号的二维矢量表示为

$$\boldsymbol{s}_1=[s_{11},s_{12}]=[\sqrt{E_b},0] \tag{6.4.40}$$

$$\boldsymbol{s}_2=[s_{21},s_{22}]=[0,\sqrt{E_b}] \tag{6.4.41}$$

正交 2FSK 信号波形的星座图如图6.4.2所示。

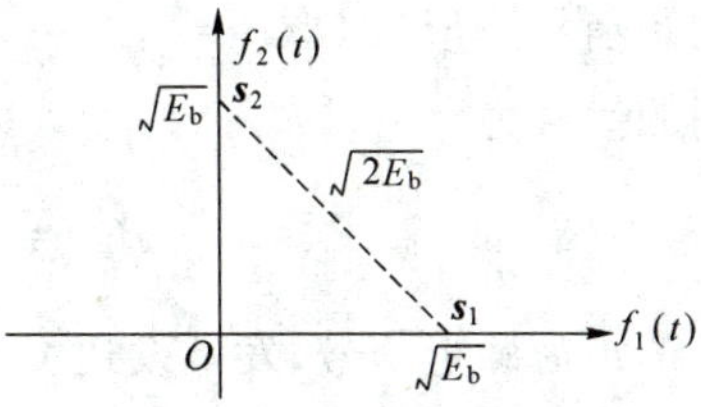

图 6.4.2　正交 2FSK 信号波形的星座图

信号波形 $s_1(t)$的能量为 $E_1=E_b$，信号波形 $s_2(t)$的能量为 $E_2=E_b$。

两星座点之间的欧氏距离为

$$d_{12}=|\boldsymbol{s}_1-\boldsymbol{s}_2|=\sqrt{2E_b} \tag{6.4.42}$$

例 6.4.3　2PSK 信号波形的矢量表示。

2PSK 信号波形表示式为

$$s(t)=\begin{cases}s_1(t)=\sqrt{\dfrac{2E_b}{T_b}}\cos\omega_c t & \text{“传号”}\\ s_2(t)=-\sqrt{\dfrac{2E_b}{T_b}}\cos\omega_c t & \text{“空号”}\end{cases} \qquad 0\leqslant t\leqslant T_b \tag{6.4.43}$$

归一化正交基函数为

$$f_1(t)=\sqrt{\frac{2}{T_b}}\cos\omega_c t \qquad 0\leqslant t\leqslant T_b \tag{6.4.44}$$

2PSK 信号的正交展开式为

$$s(t)=\begin{cases}s_1(t)=\sqrt{E_b}f_1(t)\\ s_2(t)=-\sqrt{E_b}f_1(t)\end{cases} \qquad 0\leqslant t\leqslant T_b \tag{6.4.45}$$

$s_1(t)$的能量为 $E_1=E_b$，$s_2(t)$的能量为 $E_2=E_b$。

2PSK 信号的一维矢量表示式为

$$\boldsymbol{s}_1=[\sqrt{E_b}] \tag{6.4.46}$$

$$\boldsymbol{s}_2=[-\sqrt{E_b}] \tag{6.4.47}$$

2PSK 信号波形的星座图如图 6.4.3 所示。

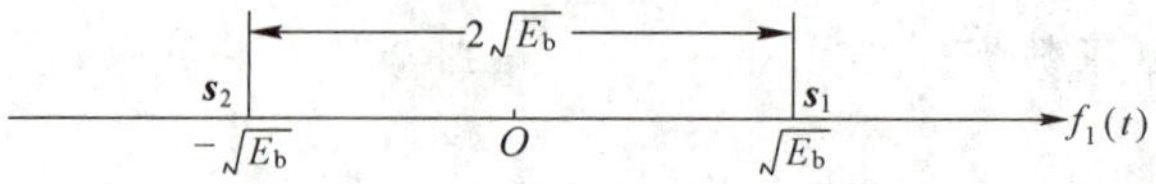

图 6.4.3 2PSK 信号波形的星座图

2PSK 两星座点之间的欧氏距离为

$$d_{12}=2\sqrt{E_b} \tag{6.4.48}$$

相关系数为

$$\rho_{12}=-1 \tag{6.4.49}$$

6.4.2 统计判决理论

1. 问题的提出

在数字通信系统中,若在 $0\leqslant t\leqslant T_s$($T_s$ 为 M 进制符号间隔)时间区间内,发送 M 进制数字调制信号波形$\{s_i(t),i=1,2,\cdots,M\}$之一,在信道传输中受到加性白高斯噪声$n_w(t)$干扰,接收到的信号为

$$r(t)=s_i(t)+n_w(t) \qquad i=1,2,\cdots,M;\quad 0\leqslant t\leqslant T_s \tag{6.4.50}$$

$s_i(t)$为确定信号,发端发送 $s_i(t)$的概率称为先验概率,并用$P(s_i)$表示。

我们要根据接收到的信号 $r(t)$来作出发端究竟发的是 M 个信号波形中的哪个信号的判决。由于加性噪声 $n_w(t)$的干扰,接收信号 $r(t)$是随机的,所以在作判决时易出错。然而,$r(t)$虽是随机过程,但它有一定的统计规律,因而在接收端,对 $r(t)$进行观察,可利用其统计特性来推断究竟在 $0\leqslant t\leqslant T_s$ 期间发的是 M 个信号中的哪个,使得系统的平均错判概率最小。

在数字通信系统中,按照使平均错判概率最小的要求,应用统计的方法来设计最佳接收,这就是统计判决理论应用在数字通信中所要解决的问题。

2. 统计判决理论简述

用统计方法作判决的步骤如下所述。

(1) 作出“假设”

在数字通信系统中,首先对信源输出的 M 个可能的离散符号或其相应的 M 个可能的发送信号波形作出 M 个假设,用$\{s_i,i=1,2,\cdots,M\}$表示,且每个假设出现的概率为先验概率,用 $P(s_i)$表示。

(2) 信道的转移概率

对接收到的信号 $r(t)$进行观察,由于发送信号 $s_i(t)$受到信道加性噪声干扰,所以其观察值可能是一个随机变量或是由多个随机变量构成的随机矢量(或称为观察矢量)。若观察矢量是由 N 个实的随机变量构成的 N 维随机矢量,用 $\boldsymbol{r}=(r_1,\cdots,r_N)$表示,则此观察矢量 $\boldsymbol{r}$ 与发端信源的各假设 s_i 之间的转移概率关系可用条件概率密度函数 $p(\boldsymbol{r}|s_i)$(若 $\boldsymbol{r}$ 中各 r_i 是连续随机变量),或用条件概率 $P(\boldsymbol{r}|s_i)$(若 $\boldsymbol{r}$ 中各 r_i 是离散随机变量)来描述,称为似然函数。此观察矢量的条件概率密度函数或条件概率在不同假设成立的条件下是有区别的,这就为统计判决提供了有用的依据。

(3) 选择合适的判决准则

在数字通信中,要根据观察矢量 $\boldsymbol{r}$ 作出发端发的是哪个 s_i 的估计,其判决输出用 $\hat{s}$ 表示。若判决输出 $\hat{s}$ 不等于发端的 s_i,则判错,为使平均错判概率最小,选择最大后验概率准则(MAP 准则),即最小错判概率准则作为判决准则。关于 MAP 准则将在后面阐述。

(4) 最佳地划分判决域

将已知的先验概率 $P(s_i)$及已知的条件概率密度函数与 MAP 准则相结合,得到一判决公式,从而将观察空间最佳地划分为各判决域 D_i,$i=1,2,\cdots,M$。

(5) 最佳判决

视具体的观察矢量 $\boldsymbol{r}$ 落入哪个判决域 D_i,就作出发的是哪个 s_i 的判决,输出 $\hat{s}$,这样就可使平均错判概率 P_e 最小。

平均错判概率 P_e 的计算公式为

$$P_e = \sum_{i=1}^{M} P(s_i) \cdot P(\hat{s} \neq s_i \mid s_i) = \sum_{i=1}^{M} P(s_i) \cdot P(e \mid s_i) \tag{6.4.51}$$

其中,$P(\hat{s}\neq s_i|s_i)$表示在发 s_i 条件下,收端判决输出 $\hat{s}\neq s_i$ 的错判概率,并用 $P(e|s_i)$表示。

3. 最小平均错判概率及 MAP 准则

平均错判概率是各错判概率的加权平均

$$P_e = \sum_{i=1}^{M} P(s_i) \cdot P(e \mid s_i) = \sum_{i=1}^{M} P(s_i) \cdot \left[1 - \int_{D_i} p(\boldsymbol{r} \mid s_i)\mathrm{d}\boldsymbol{r}\right] \tag{6.4.52}$$

其中,在发 s_i 的条件下,正确判决的概率为

$$P(\hat{s}=s_i|s_i) = \int_{D_i} p(\boldsymbol{r}|s_i)\mathrm{d}\boldsymbol{r} \tag{6.4.53}$$

于是,在发 s_i 条件下,错判的概率为

$$P(\hat{s}\neq s_i|s_i) = P(e|s_i) = 1 - \int_{D_i} p(\boldsymbol{r}|s_i)\mathrm{d}\boldsymbol{r} \tag{6.4.54}$$

对于某观察矢量 $\boldsymbol{r}$ 来说,作出最大正确判决,即最小错误判决。所以,在给定观察矢量 $\boldsymbol{r}$ 的条件下,对于不同 $i(i=1,2,\cdots,M)$的$P(s_i)p(\boldsymbol{r}|s_i)$值进行比较,从中选择最大的 $P(s_i)p(\boldsymbol{r}|s_i)$值所对应的 s_i,作出相应的估计,判决输出为 $\hat{s}$。此判决规则表示如下

$$\hat{s} = \arg\max_{s_i} P(s_i)p(\boldsymbol{r}|s_i) \tag{6.4.55}$$

按式(6.4.55)的判决规则进行判决,其平均错判概率一定最小。也可用后验概率来描述此判决规则。

后验概率

$$P(s_i|\boldsymbol{r}) = \frac{P(s_i) \cdot p(\boldsymbol{r}|s_i)}{p(\boldsymbol{r})} \tag{6.4.56}$$

从式(6.4.56)看出,$P(s_i) \cdot p(\boldsymbol{r}|s_i)$最大即为后验概率 $P(s_i|\boldsymbol{r})$最大,所以,式(6.4.55)等效于式(6.4.56)的后验概率最大,因而,称式(6.4.55)的判决准则为最大后验概率准则,也称为 MAP 准则。

若各先验概率相等,选最大 $p(\boldsymbol{r}|s_i)$等价于 MAP 准则,称此条件概率密度函数$p(\boldsymbol{r}|s_i)$为似然函数,所以在各先验概率相等条件下的 MAP 准则,也就是最大似然准则,用 ML 表示。

判决规则归纳如下：

$$\text{MAP:}\quad \hat{s}=\arg\max_{s_i} P(s_i)p(\boldsymbol{r}|s_i)$$

$$\text{ML:}\quad \hat{s}=\arg_{s_i}\max p(\boldsymbol{r}|s_i) \tag{6.4.57}$$

显然，在各先验概率相等的条件下，用 MAP 准则或用 ML 准则作出的判决结果是相同的。

从上述理论看出，有两个问题需要解决：一是如何将观察到的接收信号波形 $r(t)$ 变换为有限维的观察矢量 $\boldsymbol{r}=(r_1,r_2,r_3,\cdots,r_N)$，且该观察矢量 $\boldsymbol{r}$ 包含了 $r(t)$ 中所有与判决有关的信息，是充分统计量；二是要计算出条件概率密度函数(似然函数) $p(\boldsymbol{r}|s_i)=p(r_1,r_2,\cdots,r_N|s_i)$。

要解决上述两个问题，就要用到信号波形的矢量表示的分析工具。

6.4.3 加性白高斯噪声干扰下 M 进制确定信号的最佳接收

本章 6.4.1 节已论述：在 M 进制数字调制系统中，在 $0\leqslant t\leqslant T_s$($T_s$ 为 M 进制符号间隔)期间，发送的信号波形 $\{s_i(t), i=1,2,\cdots,M\}$ 可利用完备的归一化正交函数集 $\{f_n(t), n=1,2,\cdots,N\}$ 的展开式表示，其中 $N\leqslant M$。

图 6.4.4 表示，由一完备的归一化正交函数集的线性组合可得到信号波形 $s_i(t)$，再由信号波形 $s_i(t)$ 可得到它在各正交基函数上的投影 $\{s_{in}, n=1,2,\cdots,N\}$。

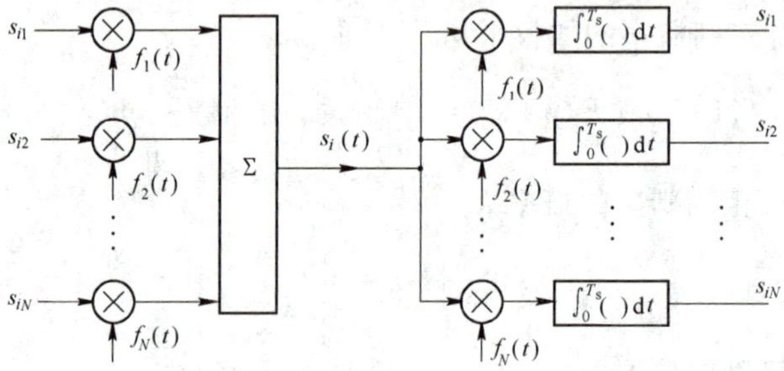

图 6.4.4 信号波形的产生及系数的恢复

下面进一步阐明在加性噪声干扰下，将接收信号波形进行正交展开的原理。

1. 接收信号波形的正交展开

M 进制数字调制信号(确定信号)经信道传输，受到信道加性白高斯噪声干扰，接收到的信号 $r(t)$ 是高斯随机过程

$$r(t)=s_i(t)+n_w(t)\qquad i=1,2,\cdots,M,\quad 0\leqslant t\leqslant T_s \tag{6.4.58}$$

接收信号波形 $r(t)$ 在各正交基函数上的投影为 $r_1,r_2,\cdots,r_N$，如图 6.4.5 所示。各投影值 r_k 为

$$\begin{aligned} r_k &= \int_0^{T_s} r(t)f_k(t)\mathrm{d}t \\ &= \int_0^{T_s}[s_i(t)+n_w(t)]\cdot f_k(t)\mathrm{d}t = s_{ik}+n_k \qquad i=1,\cdots,M;k=1,\cdots,N \end{aligned} \tag{6.4.59}$$

其中

$$s_{ik} = \int_0^{T_s} s_i(t)\cdot f_k(t)\mathrm{d}t \tag{6.4.60}$$

$$n_k = \int_0^{T_s} n_w(t)\cdot f_k(t)\mathrm{d}t \tag{6.4.61}$$

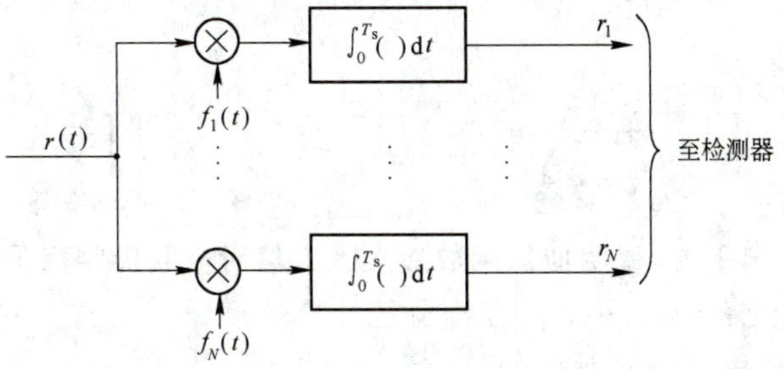

图 6.4.5　接收信号 $r(t)$在各正交基函数上的投影

这样，对接收信号波形 $r(t)$的观察，变换为对矢量 $\boldsymbol{r}=(r_1,\cdots,r_N)$的观察，称 $\boldsymbol{r}$ 为观察矢量，此观察矢量 $\boldsymbol{r}$ 的维数 N 值是由发送信号波形 $s_i(t)$矢量表示的维数决定。

现在要证明在发送 $s_i(t)$条件下观察矢量 $\boldsymbol{r}=(r_1,\cdots,r_N)$中的各 r_k 是相互统计独立的，且观察矢量 $\boldsymbol{r}$ 是充分统计量，它包含了接收信号波形 $r(t)$中所有与判决有关的信息。

证明如下：

在 $0\leqslant t\leqslant T_s$ 期间，接收信号 $r(t)$可表示为

$$\begin{aligned} r(t) &= s_i(t)+n_w(t) \\ &= \sum_{k=1}^{N} s_{ik} f_k(t) + \sum_{k=1}^{N} n_k f_k(t) + n'(t) \\ &= \sum_{k=1}^{N} r_k f_k(t) + n'(t) \end{aligned} \tag{6.4.62}$$

式中

$$n'(t) = n_w(t) - \sum_{k=1}^{N} n_k f_k(t) \tag{6.4.63}$$

$n'(t)$是均值为零的高斯过程，它是 $n_w(t)$落在信号空间以外的噪声项，而 n_k 是 $n_w(t)$在构成信号空间的归一化正交函数集上的投影。

(1) 证明在发送 $s_i(t)$条件下各 r_k 互相统计独立

$$E\{n_k\} = \int_0^{T_s} E[n_w(t)] f_k(t) dt = 0 \tag{6.4.64}$$

$$E\{n_k \cdot n_m\} = \frac{N_0}{2}\delta_{km} \tag{6.4.65}$$

$$\delta_{km} = \begin{cases} 1 & k=m \\ 0 & k\neq m \end{cases} \tag{6.4.66}$$

$$E\{r_k\} = E\{s_{ik}+n_k\} = s_{ik} \tag{6.4.67}$$

协方差

$$\begin{aligned} \text{cov}\{r_k \cdot r_m\} &= E\{[r_k - E(r_k)]\cdot[r_m - E(r_m)]\} = E[n_k \cdot n_m] \\ &= 0 \qquad\qquad k\neq m \end{aligned} \tag{6.4.68}$$

从而证明了各 r_k 之间互不相关。由于各 r_k 是高斯变量，所以各 r_k 之间是互相统计独立的。于是可求得似然函数为

$$p(\boldsymbol{r}|\boldsymbol{s}_i)=p(r_1,r_2,\cdots,r_N|s_{i1},s_{i2},\cdots,s_{iN})=\prod_{k=1}^{N}p(r_k|s_{ik})$$

$$=\prod_{k=1}^{N}\left\{\frac{1}{\sqrt{2\pi\cdot\frac{N_0}{2}}}\mathrm{e}^{-\frac{(r_k-s_{ik})^2}{2\cdot\frac{N_0}{2}}}\right\}=(\pi N_0)^{-\frac{N}{2}}\cdot\prod_{k=1}^{N}\mathrm{e}^{\frac{\|r-s_i\|^2}{N_0}} \tag{6.4.69}$$

上式指数中是欧氏距离平方,说明似然函数最大者必然对应欧氏距离最小者。

(2) 证明观察矢量 $\boldsymbol{r}=(r_1,\cdots,r_N)$是充分统计量

首先证明 $n'(t)$是与 r_k 统计独立的。

$$E[n'(t)\cdot r_k]=E[n'(t)]s_{ik}+E[n'(t)n_k]=E[n'(t)\cdot n_k]$$

$$=E\{[n_{\mathrm{w}}(t)-\sum_{j=1}^{N}n_jf_j(t)]n_k\}$$

$$=\int_0^{T_{\mathrm{s}}}E[n_{\mathrm{w}}(t)n_{\mathrm{w}}(\tau)]f_k(\tau)\mathrm{d}\tau-\sum_{j=1}^{N}E(n_jn_k)f_j(t)$$

$$=\frac{1}{2}N_0f_k(t)-\frac{1}{2}N_0f_k(t)=0 \tag{6.4.70}$$

$$\mathrm{cov}[n'(t)r_k]=E[n'(t)r_k]-E[n'(t)]\cdot E(r_k)=0 \tag{6.4.71}$$

由式(6.4.71)说明 $n'(t)$与$\{r_k\}$是不相关的。由于 $n'(t)$与 r_k 均是高斯分布,因而它们是统计独立的。因为 $n'(t)$仅由噪声 $n_{\mathrm{w}}(t)$引起,且它与相关解调器的输出$\{r_k\}$是统计独立的,所以 $n'(t)$不包含与判决有关的信息,所有与判决有关的信息均包含在相关解调器的输出$\{r_k\}$中,于是 $n'(t)$可忽略。说明落在信号空间以外的噪声 $n'(t)$与信号检测无关,只有在构成信号空间的归一化正交基函数上有投影的噪声$\{n_k\}$才对信号检测有影响。因此,可根据相关解调器的输出

$$r_k=s_{ik}+n_k\qquad k=1,2,\cdots,N \tag{6.4.72}$$

来进行判决,此观察矢量 $\boldsymbol{r}=(r_1,\cdots,r_N)$是充分统计量。

2. 最佳检测器

我们要根据观察矢量 $\boldsymbol{r}=(r_1,\cdots,r_N)$(充分统计量),并利用式(6.4.57)的 MAP 准则或 ML 准则作为判决准则进行最佳检测,作出最佳判决,使得平均错判概率最小。

在加性白高斯噪声干扰下的最佳接收由解调器和检测器两部分组成。第一部分解调器的功能是将接收波形 $r(t)$变换为 N 维观察矢量 $\boldsymbol{r}=(r_1,r_2,\cdots,r_N)$。已证明此观察矢量 $\boldsymbol{r}$ 是充分统计量,且在发送 $s_i(t)$的条件下,观察矢量 $\boldsymbol{r}$ 中的各 r_k 是高斯变量且互相间统计独立。第二部分检测器的功能是根据观察矢量 $\boldsymbol{r}$ 及其统计特性,利用 MAP 准则来判断 M 个可能信号波形中哪个被发送,使得平均错判概率最小。

最佳接收框图如图 6.4.6 所示。

由图 6.4.6 看出,N 个相关解调器的作用就是将接收波形 $r(t)$变换为 N 维观察矢量,求出接收波形 $r(t)$在各归一化正交函数$\{f_k(t),k=1,2,\cdots,N\}$上的投影,得到 N 维矢量的各坐标值,此坐标值的运算即为相关运算

$$r_k=\int_0^{T_{\mathrm{s}}}r(t)f_k(t)\mathrm{d}t\qquad k=1,2,\cdots,N \tag{6.4.73}$$

图 6.4.6 中第一部分的 N 个相关解调器就是完成 N 维矢量的 N 个投影值的运算。

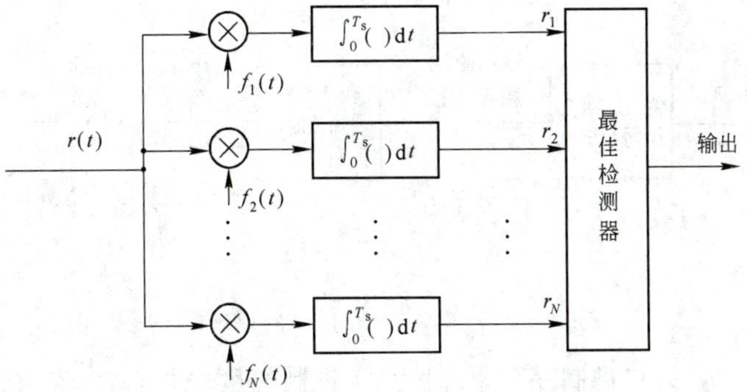

图 6.4.6　加性白高斯噪声干扰下利用相关解调器最佳接收

需说明的是，若用 N 个匹配滤波器代替 N 个相关解调器，则如图 6.4.7 所示。

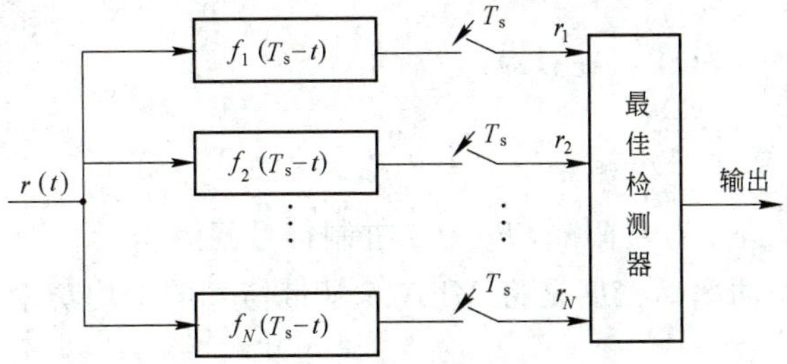

图 6.4.7　利用匹配滤波器解调的最佳接收

各匹配滤波器匹配于各归一化正交基函数，其冲激响应为

$$h_k(t)=f_k(T_s-t)\qquad 0\leqslant t\leqslant T_s\quad k=1,2,\cdots,N \tag{6.4.74}$$

匹配滤波器的输出为

$$\begin{aligned} y_k(t)&=\int_{-\infty}^{\infty}r(\tau)h_k(t-\tau)d\tau \\ &=\int_{t-T_s}^{t}r(\tau)f_k(T_s-t+\tau)d\tau \end{aligned} \tag{6.4.75}$$

在 $t=T_s$ 时刻，对 $y_k(t)$ 采样，得到

$$y_k(T_s)=\int_0^{T_s}r(\tau)f_k(\tau)d\tau=r_k\qquad k=1,2,\cdots,N \tag{6.4.76}$$

由式(6.4.76)看出，在 $t=T_s$ 时刻匹配滤波器的输出样值与由 N 个相关解调器得到的一组$\{r_k\}$值完全相同，因此在 $t=T_s$ 时刻匹配滤波器与相关解调器是等价的。

下面，将对具体的 MASK、MPSK 及 MQAM 调制方式的矢量表示、最佳接收及其误符率的运算进行深入的阐述。

6.4.4　*M* 进制振幅键控

在 M 进制振幅键控(MASK)调制中，在 M 进制符号间隔 T_s 内，M 进制振幅键控信号的载波振幅是 M 个可能的离散电平之一，$M=2^K$，其中每个电平对应于 K 个二进制符号。

1. MASK 信号的产生及其功率谱密度

将 MPAM 数字基带信号与正弦载波相乘，即可得到 MASK 信号，图 6.4.8 表示 MASK

信号的产生框图。

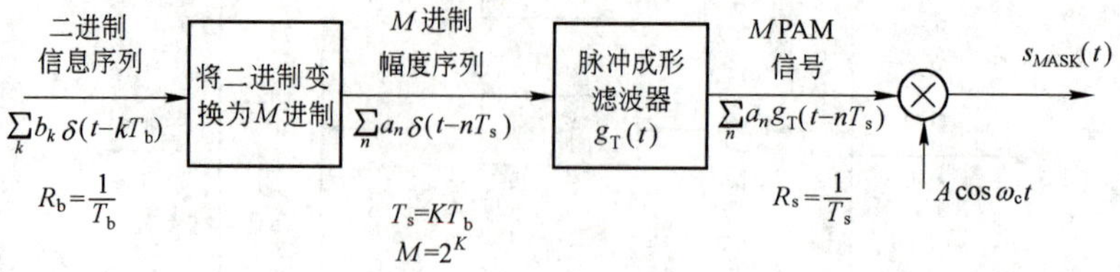

图 6.4.8 产生 MASK 信号的原理框图

在图 6.4.8 中，$\{b_k\}$为二进制序列，$\{a_n\}$为 M 进制幅度序列，$M=2^K$，每 K 个比特构成一组，对应于一个 M 进制符号，每个 M 进制符号与 M 个可能的离散电平相对应。M 进制幅度序列通过发送滤波器〔冲激响应为 $g_T(t)$〕，产生 MPAM 基带信号 $b(t)$。

MASK 信号的表示式为

$$\begin{aligned} s_{MASK}(t) &= b(t)\cdot A\cos\omega_c t \\ &= \left[\sum_{n=-\infty}^{\infty} a_n g_T(t-nT_s)\right]\cdot A\cos\omega_c t \end{aligned} \qquad (6.4.77)$$

式中，$T_s=KT_b$ 表示 M 进制符号间隔，T_b 为二进制符号间隔。

MASK 信号的平均功率谱密度是将 MPAM 基带信号的平均功率谱密度搬移到载频上，则

$$P_s(f)=\frac{A^2}{4}[P_b(f-f_c)+P_b(f+f_c)] \qquad (6.4.78)$$

若 $g_T(t)$是不归零矩形脉冲，$\{a_n\}$幅度序列的各电平等概率出现，符号间互不相关，且具有正负极性，使其均值 $E\{a_n\}=0$，根据式(5.2.17)可知

$$P_b(f)=\sigma_a^2 A_b^2 T_s \operatorname{sinc}^2(fT_s) \qquad (6.4.79)$$

MPAM 及 MASK 信号的平均功率谱密度图如图 6.4.9 所示。

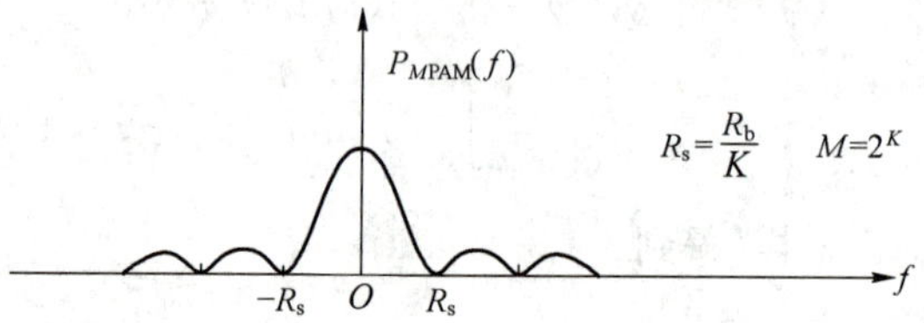

(a) MPAM 双边功率谱密度

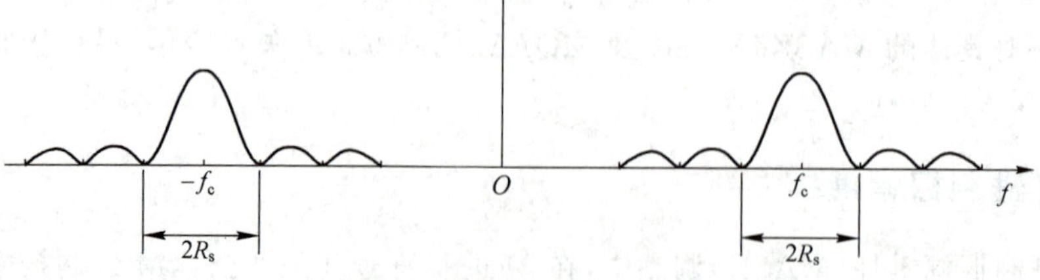

(b) MASK 双边功率谱密度

图 6.4.9 MPAM 及 MASK 双边功率谱密度图

基带采用矩形脉冲时，MASK 信号的主瓣带宽为 $2R_s=2R_b/\log_2 M$。基带采用滚降系数为 α 的根号升余弦频谱成形时，MASK 信号的绝对带宽是 $2\times\frac{R_s}{2}(1+\alpha)=\frac{R_b(1+\alpha)}{\log_2 M}$。

2. MASK 信号的正交展开及其矢量表示

在 $0\leqslant t\leqslant T_s$ 期间，MPAM 信号也可表示为

$$b_i(t)=a_i g_T(t)\qquad i=1,2,\cdots,M \tag{6.4.80}$$

其中

$$a_i=2i-1-M\qquad 0\leqslant t\leqslant T_s \tag{6.4.81}$$

a_i 是信号幅度，有 M 个可能取值：$-(M-1),\cdots,-3,-1,+1,+3,\cdots,+(M-1)$。

于是，在 $0\leqslant t\leqslant T_s$ 期间，MASK 信号（设 $A=1$）表示式也可写为

$$s_i(t)=a_i g_T(t)\cos\omega_c t\qquad i=1,2,\cdots,M\quad 0\leqslant t\leqslant T_s \tag{6.4.82}$$

此 MASK 信号可由一个归一化基函数表示

$$s_i(t)=s_i f_1(t)\qquad i=1,2,\cdots,M\quad 0\leqslant t\leqslant T_s \tag{6.4.83}$$

其中，归一化基函数 $f_1(t)$ 为

$$f_1(t)=\sqrt{\frac{2}{E_g}}g_T(t)\cos 2\pi f_c t\qquad 0\leqslant t\leqslant T_s \tag{6.4.84}$$

s_i 是信号波形 $s_i(t)$ 在基函数 $f_1(t)$ 上的投影。

设 $g_T(t)$ 是矩形脉冲

$$g_T(t)=\begin{cases}\sqrt{\dfrac{E_g}{T_s}} & 0\leqslant t\leqslant T_s\\ 0 & t\text{ 为其他}\end{cases} \tag{6.4.85}$$

E_g 为脉冲 $g_T(t)$ 的能量

$$E_g=\int_0^{T_s} g_T^2(t)\,\mathrm{d}t \tag{6.4.86}$$

MASK 信号波形可用一维矢量来表示

$$\boldsymbol{s}_i=[s_i]\qquad i=1,2,\cdots,M \tag{6.4.87}$$

其中

$$s_i=\int_0^{T_s} s_i(t)\cdot f_1(t)\,\mathrm{d}t=\sqrt{\frac{E_g}{2}}a_i\qquad i=1,2,\cdots,M \tag{6.4.88}$$

MASK 的各信号波形或信号矢量之间的欧氏距离为

$$d_{mn}=\sqrt{(s_m-s_n)^2}=\sqrt{\frac{E_g}{2}}|a_m-a_n|=\sqrt{2E_g}|m-n| \tag{6.4.89}$$

图 6.4.10 为 8ASK 的星座图。

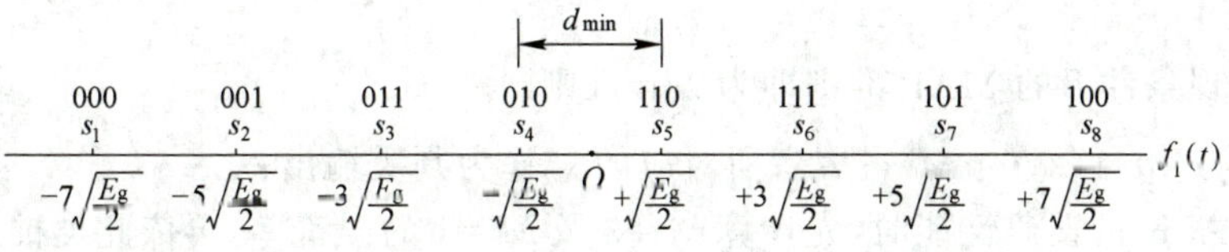

图 6.4.10　8ASK 星座图（$d_{min}=\sqrt{2E_g}$）

3. MASK 的最佳接收及其误码率

设各 $s_i(t)$ 等概率出现,在加性白高斯噪声信道条件下,接收信号 $r(t)$ 为

$$r(t)=s_i(t)+n_w(t) \qquad i=1,2,\cdots,M;\quad 0\leqslant t\leqslant T_s \tag{6.4.90}$$

由于 MASK 信号可用一维矢量表示,所以对于它的最佳接收,只要将接收波形 $r(t)$ 变换为一维观察矢量 $\boldsymbol{r}_1$(它是充分统计量),然后根据此一维观察矢量 $\boldsymbol{r}_1$,并利用 MAP 准则进行统计判决,就可使得平均错判概率最小,说明如下。

在加性白高斯噪声 $n_w(t)$ 的干扰下,MASK 的最佳接收框图如图 6.4.11 所示。

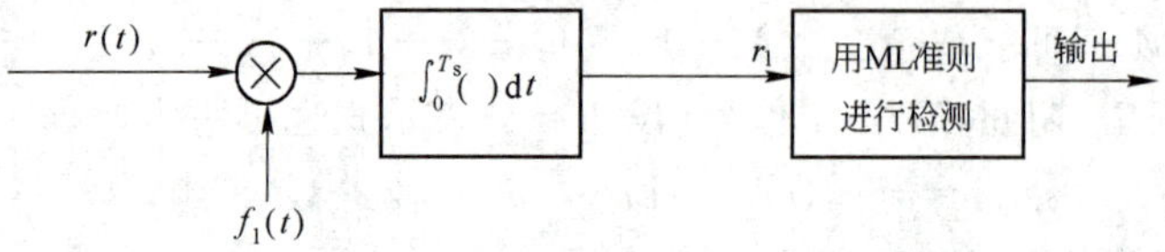

图 6.4.11 在加性白高斯噪声信道条件下,MASK 的最佳接收框图

$$\begin{aligned}r_1 &= \int_0^{T_s} r(t)f_1(t)\mathrm{d}t\\&=\int_0^{T_s}[s_if_1(t)+n_w(t)]f_1(t)\mathrm{d}t\\&=a_i\sqrt{\frac{2}{E_g}}\int_0^{T_s}g_T^2(t)\cos^2(2\pi f_ct)\mathrm{d}t+\int_0^{T_s}n_w(t)f_1(t)\mathrm{d}t\\&=a_i\sqrt{\frac{E_g}{2}}+n=s_i+n \qquad i=1,2,\cdots,M\end{aligned} \tag{6.4.91}$$

高斯随机变量 n 的均值及方差为

$$E(n)=\int_0^{T_s}E[n_w(t)]f_1(t)\mathrm{d}t=0 \tag{6.4.92}$$

$$\begin{aligned}D(n)&=E\left[\int_0^{T_s}\int_0^{T_s}n_w(t)n_w(\tau)f_1(t)f_1(\tau)\mathrm{d}t\mathrm{d}\tau\right]\\&=\int_0^{T_s}\int_0^{T_s}E[n_w(t)n_w(\tau)]f_1(t)f_1(\tau)\mathrm{d}t\mathrm{d}\tau\\&=N_0/2\end{aligned} \tag{6.4.93}$$

在发 s_i 条件下,r_1 的条件数学期望及方差为

$$E[r_1|s_i]=s_i \tag{6.4.94}$$

$$D[r_1|s_i]=\frac{N_0}{2} \tag{6.4.95}$$

似然函数为

$$p(r_1|s_i)=\frac{1}{\sqrt{\pi N_0}}\exp\left[-\frac{(r_1-s_i)^2}{N_0}\right] \tag{6.4.96}$$

在各 s_i 等概出现条件下的 MAP 准则即为 ML 准则:

选 $p(r_1|s_i)(i=1,2,\cdots,M)$ 最大者所对应的 s_i 作为判决输出 $\hat{s}$。

在计算 MASK 的误码性能时,先计算 $M=2$ 及 $M=4$ 的误符率,再依此类推,得到 M 为任意值的误符率。

$M=2$ 的 2ASK 的似然函数及最佳判决域的划分如图 6.4.12 所示。在 2ASK 调制的数字基带信号 2PAM 的数学期望为 0 的条件下,在先验概率 $P(s_1)=P(s_2)=1/2$ 时,2ASK 最佳

判决门限为零(需说明:此处的 2ASK 与 2PSK 相同,但与 6.2 节的 OOK 有所区别)。

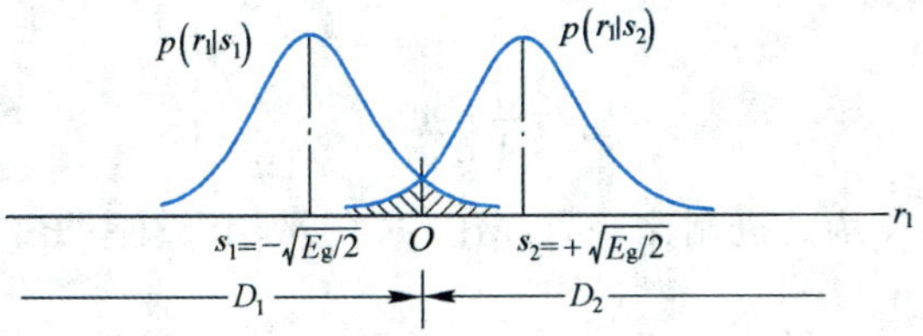

图 6.4.12　2ASK 的两个似然函数及其最佳判决域的划分

对于 2ASK 发 $s_1(t)$ 的错判概率为

$$\begin{aligned} P(e \mid s_1) &= \int_0^{\infty} p(r_1 \mid s_1)\mathrm{d}r_1 \\ &= \int_0^{\infty} \frac{1}{\sqrt{\pi N_0}} \exp\left[-\frac{(r_1 - s_1)^2}{N_0}\right]\mathrm{d}r_1 \\ &= \int_{-s_1/\sqrt{N_0}}^{\infty} \frac{1}{\sqrt{\pi}} \exp\left[-\frac{(r_1 - s_1)^2}{N_0}\right]\mathrm{d}\left(\frac{r_1 - s_1}{\sqrt{N_0}}\right) \end{aligned} \tag{6.4.97}$$

将 2ASK 的 $s_1 = -\sqrt{\frac{E_g}{2}}$ 及 $d_{\min} = \sqrt{2E_g} = -2s_1$ 代入式(6.4.97),得

$$\begin{aligned} P(e \mid s_1) &= \int_{d_{\min}/(2\sqrt{N_0})}^{\infty} \frac{1}{\sqrt{\pi}} \exp(-z^2)\mathrm{d}z \\ &= \frac{1}{2}\mathrm{erfc}\left(\sqrt{\frac{d_{\min}^2}{4N_0}}\right) \\ &= Q\left(\sqrt{\frac{d_{\min}^2}{2N_0}}\right) = Q\left(\sqrt{\frac{E_g}{N_0}}\right) \end{aligned} \tag{6.4.98}$$

在 $M=2$ 时,2ASK 的平均误比特率 P_b 为

$$\begin{aligned} P_b &= P(s_1)P(e \mid s_1) + P(s_2)P(e \mid s_2) \\ &= P(e \mid s_1) = P(e \mid s_2) \\ &= \frac{1}{2}\left[2Q\left(\sqrt{\frac{d_{\min}^2}{2N_0}}\right)\right] \\ &= Q\left(\sqrt{\frac{d_{\min}^2}{2N_0}}\right) \end{aligned} \tag{6.4.99}$$

图 6.4.12 中的一大块阴影面积的二分之一表示式(6.4.99)的 $M=2$ 的平均误比特率。

下面,再求 $M=4$ 的 4ASK 最佳接收的误符率。

图 6.4.13 表示 4ASK 的各似然函数图及在各 s_i 等概出现时最佳判决域的划分。

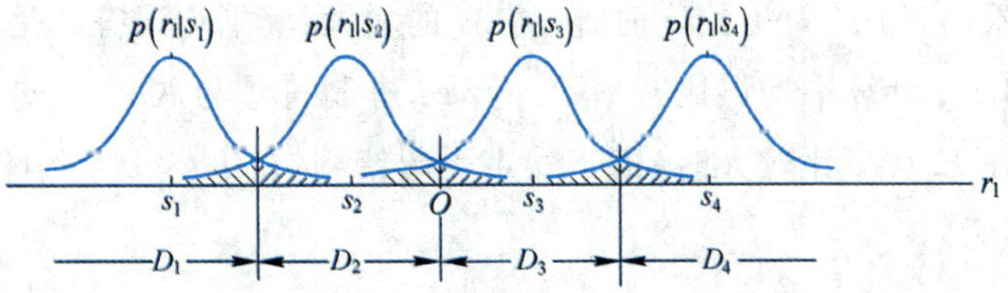

图 6.4.13　4ASK 的各似然函数及其最佳判决域的划分

由图 6.4.13 看出,图中有三大块阴影面积之和的四分之一表示 $M=4$ 的 4ASK 接收的平均误符率为

$$P_M=\frac{3}{4}\left[2Q\left(\sqrt{\frac{d_{\min}^2}{2N_0}}\right)\right] \tag{6.4.100}$$

依此类推,对于 $M=2^K$,K 为二进制比特数,MASK 的平均误符率 P_M 为

$$P_M=\frac{(M-1)}{M}\left[2Q\left(\sqrt{\frac{d_{\min}^2}{2N_0}}\right)\right]=\frac{2(M-1)}{M}\left[Q\left(\sqrt{\frac{E_g}{N_0}}\right)\right] \tag{6.4.101}$$

MASK 的平均误符率 P_M 可用平均比特能量 E_b 表示。

在 $0\leqslant t\leqslant T_s$ 期间,第 i 个 MASK 信号波形能量为

$$E_i=\int_0^{T_s}s_i^2(t)\,dt=\frac{E_g}{2}a_i^2\qquad i=1,2,\cdots,M \tag{6.4.102}$$

在 M 进制符号间隔内的信号平均能量,简称平均符号能量 E_s,即

$$\begin{aligned}E_s&=\frac{1}{M}\sum_{i=1}^{M}E_i\\&=\frac{E_g}{2M}\sum_{i=1}^{M}(2i-1-M)^2\\&=\frac{E_g}{2M}\cdot\frac{(M^2-1)M}{3}=\frac{(M^2-1)}{6}E_g\end{aligned} \tag{6.4.103}$$

P_{av} 为平均功率

$$E_g=\frac{6E_s}{M^2-1}=\frac{6E_b\log_2 M}{M^2-1}=\frac{d_{\min}^2}{2} \tag{6.4.104}$$

将式(6.4.104)代入式(6.4.101),得到

$$\begin{aligned}P_M&=\frac{2(M-1)}{M}Q\left[\sqrt{\frac{6P_{av}T_s}{(M^2-1)N_0}}\right]=\frac{2(M-1)}{M}Q\left[\sqrt{\frac{6(\log_2 M)E_b}{(M^2-1)N_0}}\right]\\&=\frac{2(M-1)}{M}Q\left(\sqrt{\frac{d_{\min}^2}{2N_0}}\right)\end{aligned} \tag{6.4.105}$$

式中,E_b 为平均比特能量,E_{av} 为 M 进制符号的平均能量

$$(\log_2 M)E_b=E_s \tag{6.4.106}$$

MASK 的平均误符率 P_M 与 E_b/N_0 的关系曲线如图 6.4.14 所示。

由图 6.4.14 看出,当 E_b/N_0 给定时,随着 M 的增大,其平均误符率是增加的。

由平均误符率 P_M 计算平均误比特率 P_b:若 M 进制符号与 K 个二进制符号之间符合格雷编码规则,那么在 E_b/N_0 比较大时,由于噪声引起错判,在 K 个比特中仅错 1 个比特,于是平均误比特率近似为

$$P_b\approx\frac{P_M}{\log_2 M} \tag{6.4.107}$$

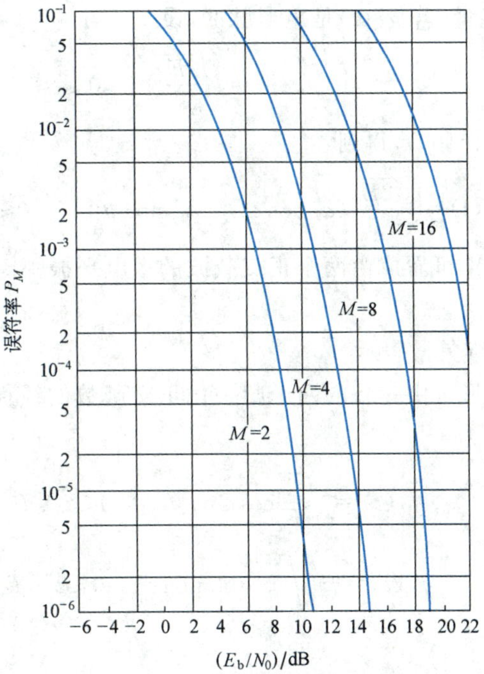

图 6.4.14　MASK 的平均误符率与 E_b/N_0 的关系曲线

6.4.5　M 进制移相键控

在 M 进制移相键控(MPSK)调制中,在 M 进制符号间隔 T_s 内,已调信号的载波相位是 M 个可能的离散相位之一,其中每个载波相位对应于 K 个二进制符号($M=2^K$)。

1. MPSK 信号的矢量表示及其功率谱密度

(1) MPSK 信号表示式

$$s_i(t)=g_T(t)\cos\left[2\pi f_c t+\frac{2\pi(i-1)}{M}\right]\qquad i=1,2,\cdots,M,\quad 0\leqslant t\leqslant T_s \tag{6.4.108}$$

其中,T_s 是 M 进制符号间隔,$T_s=(\log_2 M)T_b=KT_b$;T_b 是二进制符号间隔;$g_T(t)$是基带发送滤波器冲激响应。

将式(6.4.108)进一步展开,得到

$$\begin{aligned}s_i(t)&=g_T(t)\left\{\left[\cos\frac{2\pi}{M}(i-1)\right]\cos\omega_c t-\left[\sin\frac{2\pi}{M}(i-1)\right]\sin\omega_c t\right\}\\&=g_T(t)(a_{i_c}\cos\omega_c t-a_{i_s}\sin\omega_c t)\qquad 0\leqslant t\leqslant T_s\end{aligned} \tag{6.4.109}$$

式中

$$a_{i_c}=\cos\frac{2\pi}{M}(i-1),\quad a_{i_s}=\sin\frac{2\pi}{M}(i-1)\qquad i=1,2,\cdots,M,\qquad 0\leqslant t\leqslant T_s \tag{6.4.110}$$

$\{a_{i_c}\}$与$\{a_{i_s}\}$是一组多电平幅度序列,在每个 M 进制符号间隔 T_s 内,要保证

$$a_{i_c}^2+a_{i_s}^2=1\qquad 0\leqslant t\leqslant T_s \tag{6.4.111}$$

在每个 M 进制符号间隔 T_s 内,MPSK 各信号波形具有等能量

$$E_s=\int_0^{T_s}s_i^2(t)\mathrm{d}t=\frac{1}{2}\int_0^{T_s}g_T^2(t)\mathrm{d}t=\frac{1}{2}E_g\qquad i=1,2,\cdots,M \tag{6.4.112}$$

其中 E_g 是脉冲 $g_T(t)$ 的能量,若 $g_T(t)$ 是矩形脉冲,设

$$g_T(t)=\sqrt{\frac{2E_s}{T_s}} \qquad 0\leqslant t\leqslant T_s \tag{6.4.113}$$

将式(6.4.113)代入式(6.4.109),得到

$$s_i(t)=\sqrt{\frac{2E_s}{T_s}}(a_{i_c}\cos\omega_c t-a_{i_s}\sin\omega_c t) \qquad 0\leqslant t\leqslant T_s \tag{6.4.114}$$

由式(6.4.114)看出,MPSK 可看成由两个正交载波的多电平振幅键控信号相加而成,其 M 进制符号间隔 $T_s=KT_b$。

(2) MPSK 信号的二维矢量表示

MPSK 的每个信号波形可由完备的两个归一化正交函数的线性组合构成,此两个归一化正交基函数 $f_1(t)$ 与 $f_2(t)$ 为

$$f_1(t)=\sqrt{\frac{2}{T_s}}\cos 2\pi f_c t \qquad 0\leqslant t\leqslant T_s \tag{6.4.115}$$

$$f_2(t)=-\sqrt{\frac{2}{T_s}}\sin 2\pi f_c t \qquad 0\leqslant t\leqslant T_s \tag{6.4.116}$$

MPSK 的正交展开式为

$$s_i(t)=s_{i1}f_1(t)+s_{i2}f_2(t) \qquad 0\leqslant t\leqslant T_s \tag{6.4.117}$$

其中

$$\begin{aligned} s_{i1} &= \int_0^{T_s} s_i(t)f_1(t)\mathrm{d}t = \sqrt{E_s}\cos\frac{2\pi}{M}(i-1) \\ &= \sqrt{E_s}a_{i_c} \qquad i=1,2,\cdots,M \end{aligned} \tag{6.4.118}$$

$$\begin{aligned} s_{i2} &= \int_0^{T_s} s_i(t)f_2(t)\mathrm{d}t = \sqrt{E_s}\sin\frac{2\pi}{M}(i-1) \\ &= \sqrt{E_s}a_{i_s} \qquad i=1,2,\cdots,M \end{aligned} \tag{6.4.119}$$

$$s_i(t)=\sqrt{E_s}[a_{i_c}f_1(t)+a_{i_s}f_2(t)] \qquad i=1,2,\cdots,M, \quad 0\leqslant t\leqslant T_s \tag{6.4.120}$$

MPSK 信号的二维矢量表示为

$$\boldsymbol{s}_i=[s_{i1},s_{i2}]=[\sqrt{E_s}a_{i_c},\sqrt{E_s}a_{i_s}] \qquad i=1,2,\cdots,M \tag{6.4.121}$$

由公式(6.4.121)得到的 $M=2,4,8$ 的 MPSK 星座图如图 6.4.15 所示,MPSK 相邻信号矢量的欧氏距离为

$$d_{\min}=2\sqrt{E_s}\sin\frac{\pi}{M}=2\sqrt{E_b\log_2 M}\sin\frac{\pi}{M} \tag{6.4.122}$$

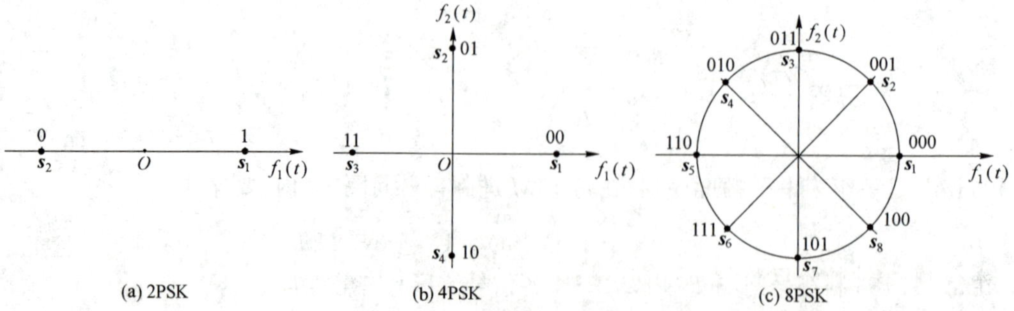

图 6.4.15 $M=2,4,8$ 的 MPSK 星座图

(3) MPSK 信号的产生

以 8PSK 为例,其原理框图如图 6.4.16 所示。

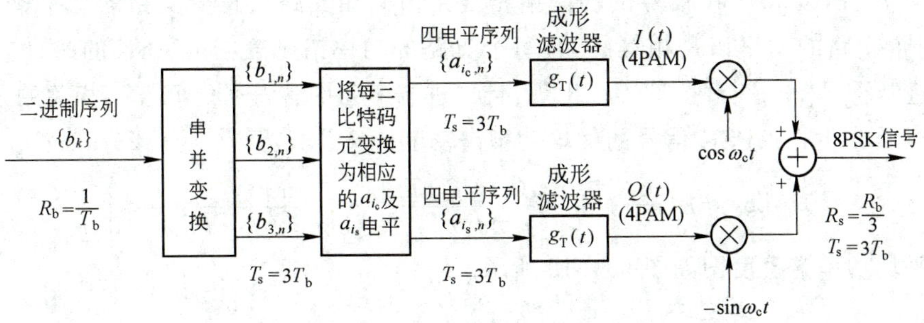

图 6.4.16　产生 8PSK 信号的原理框图

图 6.4.16 中的输入二进制序列$\{b_k\}$经串并变换后成为 3 比特并行码,这相当于将二进制码变换为八进制码,此八进制码与 3 比特码之间符合格雷编码关系,而每 3 比特码又与 a_{i_c}、a_{i_s} 电平之间有一定关系,如表 6.4.1 所示。需说明的是,表 6.4.1 中的 a_{i_c} 及 a_{i_s} 电平是与图 6.4.17 所示 8PSK 的另一信号空间图相一致的。

表 6.4.1　a_{i_c}、a_{i_s} 与 3 比特码之间的关系

八进制码	3 比特码	a_{i_c}	a_{i_s}
0	000	0.924	0.383
1	001	0.383	0.924
2	011	−0.383	0.924
3	010	−0.924	0.383
4	110	−0.924	−0.383
5	111	−0.383	−0.924
6	101	0.383	−0.924
7	100	0.924	−0.383

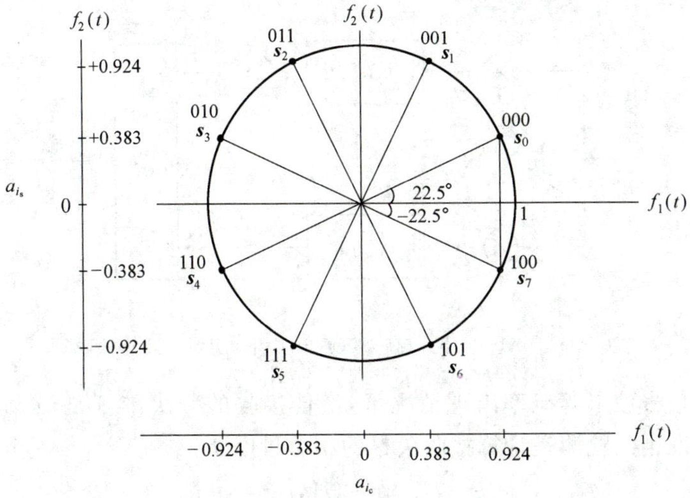

图 6.4.17　8PSK 的另一个信号空间图

(4) *M*PSK 信号的平均功率谱密度

由于 *M*PSK 可看成是由两个正交载波的多电平振幅键控信号相加而成，其 *M* 进制符号间隔 $T_s=KT_b$，所以 *M*PSK 信号的功率谱密度是由同相支路及正交支路的功率谱密度相加得到，而每个支路的功率谱是相等的，且每个支路的功率谱密度与 *M*ASK 的一样。

在二进制符号"+1"与"−1"等概出现，且二进制序列中各符号之间互不相关的条件下，具有不归零矩形脉冲的 *M*PSK 信号的平均功率谱密度计算公式为[10]

$$P_{MPSK}(f)=\frac{E_s}{2}\left\{\left[\frac{\sin\pi(f-f_c)T_s}{\pi(f-f_c)T_s}\right]^2+\left[\frac{\sin\pi(f+f_c)T_s}{\pi(f+f_c)T_s}\right]^2\right\} \tag{6.4.123}$$

*M*PSK 的平均功率谱密度图如图 6.4.18 所示。

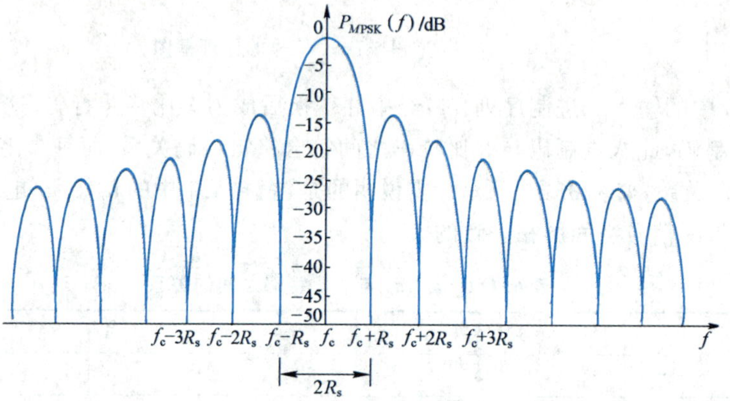

图 6.4.18 *M*PSK 的单边功率谱密度(仅画正频率)

2. *M*PSK 信号的最佳接收及其误符率

接收信号 $r(t)$ 为

$$r(t)=s_i(t)+n_w(t) \qquad i=1,2,\cdots,M, \quad 0\leqslant t\leqslant T_s \tag{6.4.124}$$

接收信号 $r(t)$ 可用二维矢量表示

$$\boldsymbol{r}=\boldsymbol{s}_i+n=[r_1,r_2]=[\sqrt{E_s}a_{i_c}+n_1,\sqrt{E_s}a_{i_s}+n_2] \qquad i=1,2,\cdots,M \tag{6.4.125}$$

在加性白高斯噪声干扰下，*M*PSK 的最佳接收框图如图 6.4.19 所示。

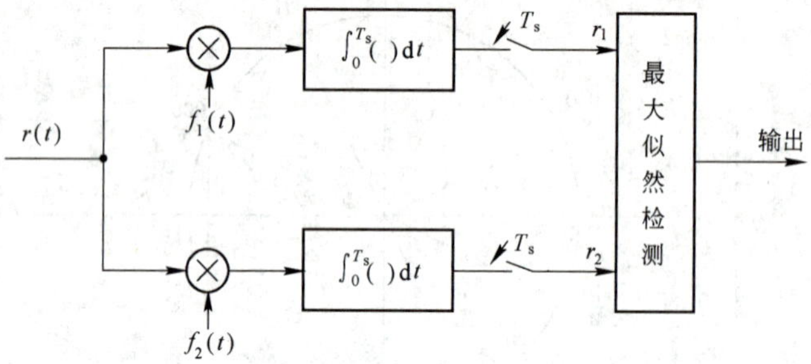

图 6.4.19 在加性白高斯噪声干扰下 *M*PSK 最佳接收

在 *M*PSK 各信号波形等概率出现情况下，最佳接收的判决准则是最大似然(ML)准则。经坐标转换，ML 准则的检测是计算接收矢量的相位量度 θ_r：

$$\boldsymbol{r}=(r_1,r_2) \tag{6.4.126}$$

$$\theta_r = \arctan \frac{r_2}{r_1} \tag{6.4.127}$$

选择$\{s_i, i=1,2,\cdots,M\}$中的信号矢量的相位最接近于接收矢量的相位 θ_r 的信号 s_i 作为判决输出 $\hat{s}$。根据此判决规则可最佳地划分判决域，图 6.4.20 表示 8PSK 星座图及其最佳判决域的划分。

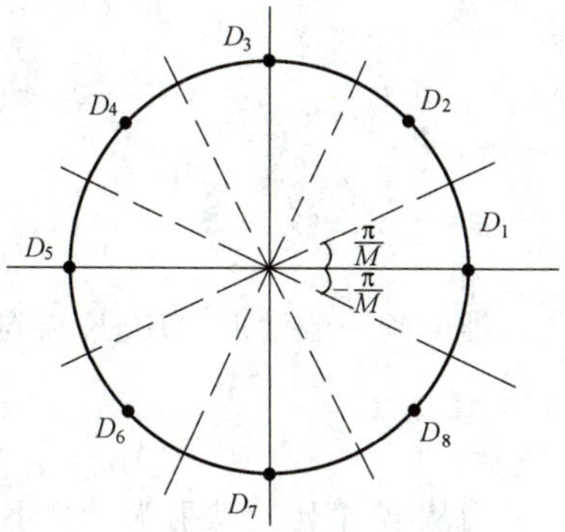

图 6.4.20　8PSK 星座图及其最佳判决域的划分

下面，计算 MPSK 最佳接收的平均误符率。

若发端发送 $s_1(t)$信号，此 $s_1(t)$的信号矢量表示为

$$\boldsymbol{s}_1 = (\sqrt{E_s}, 0) \tag{6.4.128}$$

接收信号矢量为

$$\boldsymbol{r} = (r_1, r_2) \tag{6.4.129}$$

其中

$$r_1 = \sqrt{E_s} + n_1 \tag{6.4.130}$$

$$r_2 = n_2 \tag{6.4.131}$$

由于噪声 n_1 与 n_2 联合高斯，所以 r_1 与 r_2 联合高斯，为得到 r_1 与 r_2 的联合条件概率密度函数，先求出 r_1 与 r_2 的条件均值及方差

$$E(r_1|s_1) = \sqrt{E_s} \tag{6.4.132}$$

$$E(r_2|s_1) = 0 \tag{6.4.133}$$

$$D(r_1|s_1) = D(r_2|s_1) = \frac{N_0}{2} = \sigma_r^2 \tag{6.4.134}$$

由于发 s_1 条件下的 r_1 与 r_2 是统计独立的，r_1 与 r_2 的联合条件概率密度函数为

$$p(r_1 r_2|s_1) = \frac{1}{2\pi\sigma_r^2} \exp\left\{-\frac{\left[(r_1-\sqrt{E_s})^2 + r_2^2\right]}{2\sigma_r^2}\right\} \tag{6.4.135}$$

根据 MPSK 星座图的对称性可知，所有星座点有相同的错误率，因此平均误符号率就是发送某个符号时的错误率。

考虑发送 s_1，如果接收信号 $r=(r_1, r_2)$落在判决域 D_1 之外，则判决出错，错误概率为

$$P_M = P(e|s_1) = \int_{D_1^c} p(r_1 r_2|s_1)\,\mathrm{d}r_1\,\mathrm{d}r_2 \tag{6.4.136}$$

上式的积分不能给出闭式解。下面以 8PSK 为例给出错误率的上界。

令 $A = D_2 \cup D_3 \cup D_4 \cup D_5$ 表示 22.5°线的上方，$B = D_8 \cup D_7 \cup D_6 \cup D_5$ 表示 −22.5°线的下方。

发送 s_1 的条件下，r 落在 A 中的概率就是噪声沿 $s_1 \rightarrow s_2$ 方向的分量超过$\frac{d_{\min}}{2} = \sqrt{E_s}\sin\frac{\pi}{8}$的概率。噪声在任何方向上的投影都是均值为 0，方差为$\frac{N_0}{2}$的高斯随机变量，故

$$P(A|s_1) = \frac{1}{2}\operatorname{erfc}\left(\frac{d_{\min}}{\sqrt{4N_0}}\right) \tag{6.4.137}$$

根据对称性可知 $P(B|s_1) = P(A|s_1)$。

s_1 的判决域 D_1 之外是 $D_1^c = A \cup B$。于是

$$\begin{aligned} P(e|s_1) &= P(A\cup B|s_1) \\ &= P(A|s_1)+P(B|s_1)-P(A\cap B|s_1) \\ &< P(A|s_1)+P(B|s_1) \\ &= \operatorname{erfc}\left(\sqrt{\frac{E_s}{N_0}\sin^2\frac{\pi}{8}}\right) \end{aligned} \tag{6.4.138}$$

推广到一般情形,MPSK 误符号率的上界为

$$P_M < \operatorname{erfc}\left(\sqrt{\frac{E_s}{N_0}\cdot\sin^2\frac{\pi}{M}}\right) \tag{6.4.139}$$

当从 K 个比特映射为 MPSK 相应的信号相位符合格雷码的相位逻辑关系时,MPSK 相邻载波相位所对应的 K 个比特之间仅相差 1 个比特符号。这样,在噪声不太大时,由于噪声引起差错,大多数只是错误选择与正确相位相邻的相位,从而错判为相邻载波相位,在译为 K 个比特时,仅包含单个比特的差错,因此 MPSK 的平均误比特率 P_b 与平均误符率 P_M 之间的关系近似为

$$P_b \approx \frac{1}{\log_2 M}P_M = \frac{1}{K}P_M \tag{6.4.140}$$

MPSK 的误符率与 E_b/N_0 的关系曲线如图 6.4.21 所示。

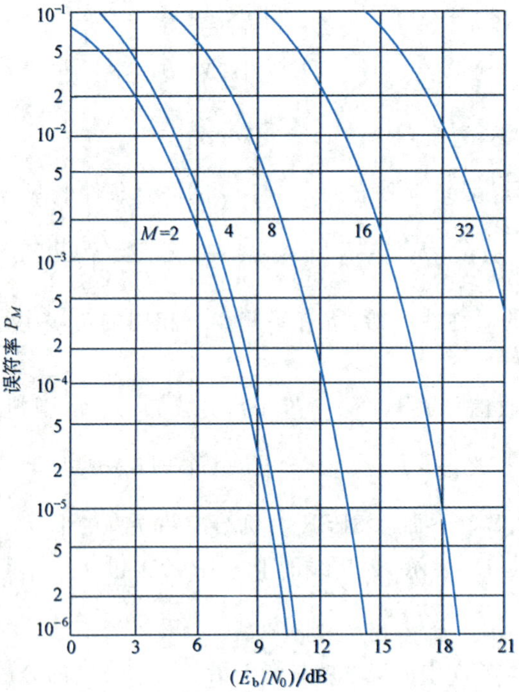

图 6.4.21 加性白噪干扰下,MPSK 最佳接收的平均误符率与 E_b/N_0 的关系曲线

由图 6.4.21 看出,当 E_b/N_0 给定时,随着 M 值的增大,误符率 P_M 增大,这是因为随着 M 的增加,MPSK 的相邻两信号矢量之间的欧氏距离随之减少。

根据图 6.4.21 与图 6.4.14,将 MPSK 与 MASK 相比,在相同的 E_b/N_0 值、相同的 M 值 ($M>2$)条件下,MPSK 的误符率 P_M 小于 MASK 的误符率,这是因为当 E_b 一定时,随着 M

的增加，MASK 信号矢量的最小欧氏距离比 MPSK 的减小得更多。

综上所述，MASK 的信号空间是一维空间，信号矢量的端点分布在一条直线轴上；MPSK 的信号空间是二维空间，各信号矢量的端点分布在一个圆上；在发送信号平均比特能量给定时，随着 M 的增大，信号矢量端点之间的欧氏距离也随之减小。如果充分利用二维信号空间的平面，在不减小相邻信号矢量之间的最小欧氏距离的条件下，可增加信号矢量的端点数目，从而增加信道的频带利用率。基于此概念，引出联合控制正弦载波的幅度及相位的调制方式——正交幅度调制(QAM)。

6.4.6　正交幅度调制

正交幅度调制(QAM)是由两个正交载波的多电平振幅键控信号叠加而成的。

1. MQAM 信号的矢量表示及其功率谱密度

(1) MQAM 信号表示式

$$s_{\mathrm{QAM}}(t)=a_{i_c}g_T(t)\cos\omega_c t-a_{i_s}g_T(t)\sin\omega_c t \quad i=1,2,\cdots,M,\quad 0\leqslant t\leqslant T_s \tag{6.4.141}$$

式中，$\{a_{i_c}\}$及$\{a_{i_s}\}$是一组离散电平的集合，$g_T(t)$是基带成形滤波器的冲激响应。

MQAM 信号也可表示成

$$\begin{aligned}s_{\mathrm{QAM}}(t)&=\mathrm{Re}[(a_{i_c}+\mathrm{j}a_{i_s})g_T(t)\mathrm{e}^{\mathrm{j}\omega_c t}]\\&=\mathrm{Re}[V_i\mathrm{e}^{\mathrm{j}\theta_i}g_T(t)\mathrm{e}^{\mathrm{j}\omega_c t}] \quad i=1,2,\cdots,M,\quad 0\leqslant t\leqslant T_s\end{aligned} \tag{6.4.142}$$

式中

$$V_i=\sqrt{a_{i_c}^2+a_{i_s}^2} \tag{6.4.143}$$

$$\theta_i=\arctan\frac{a_{i_s}}{a_{i_c}} \tag{6.4.144}$$

由式(6.4.142)看出，MQAM 也可看为联合控制正弦载波的幅度及相位的数字调制信号。

(2) MQAM 信号的矢量表示

MQAM 信号波形可表示为两个归一化正交基函数的线性组合，即

$$s_i(t)=s_{i1}f_1(t)+s_{i2}f_2(t) \quad i=1,2,\cdots,M,\quad 0\leqslant t\leqslant T_s \tag{6.4.145}$$

其中，两个归一化正交基函数为

$$f_1(t)=\sqrt{\frac{2}{E_g}}g_T(t)\cos\omega_c t \quad 0\leqslant t\leqslant T_s \tag{6.4.146}$$

$$f_2(t)=-\sqrt{\frac{2}{E_g}}g_T(t)\sin\omega_c t \quad 0\leqslant t\leqslant T_s \tag{6.4.147}$$

系数

$$s_{i1}=\int_0^{T_s}s_i(t)f_1(t)\mathrm{d}t=a_{i_c}\sqrt{\frac{E_g}{2}} \quad i=1,2,\cdots,M \tag{6.4.148}$$

$$s_{i2}=\int_0^{T_s}s_i(t)f_2(t)\mathrm{d}t=a_{i_s}\sqrt{\frac{E_g}{2}} \quad i=1,2,\cdots,M \tag{6.4.149}$$

MQAM 信号波形的二维矢量表示

$$\boldsymbol{s}_i=[s_{i1},s_{i2}]=\left[a_{i_c}\sqrt{\frac{E_g}{2}},a_{i_s}\sqrt{\frac{E_g}{2}}\right] \quad i=1,2,\cdots,M \tag{6.4.150}$$

式中的 E_g 为脉冲 $g_T(t)$的能量，MQAM 信号的星座图如图 6.4.22 所示。

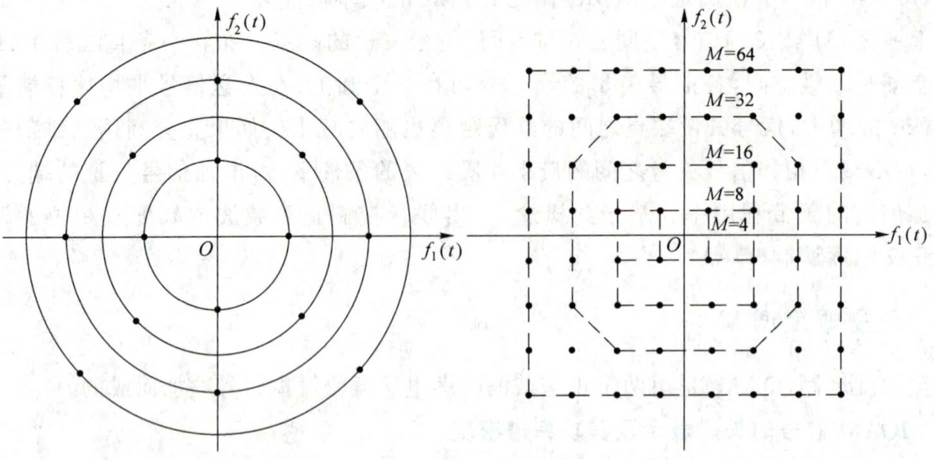

(a) M=16 QAM星座图　　(b) 矩形 QAM星座图

图 6.4.22　*M*QAM 星座图

若 MQAM 信号的星座图是矩形的，则 MQAM 的两相邻星座点的欧氏距离与 MPAM 的一样，其最小欧氏距离为

$$d_{\min}=\sqrt{2E_g}=\sqrt{\frac{6E_b\log_2 M}{M-1}} \tag{6.4.151}$$

对于 $M=2^K$，且 K 为偶数的矩形星座的 MQAM 信号，可等效为同相及正交支路的 $\sqrt{M}$ 进制 ASK 信号之和，每个支路具有 $\sqrt{M}=2^{K/2}$ 个信号电平。

此矩形 MQAM 信号星座虽不是最优的星座结构，但信号的产生及解调在实际实现时比较容易，所以矩形星座 MQAM 信号在实际通信中得到广泛应用。

(3) 矩形星座 MQAM 信号的产生

产生矩形星座 MQAM 信号的原理框图如图 6.4.23 所示。

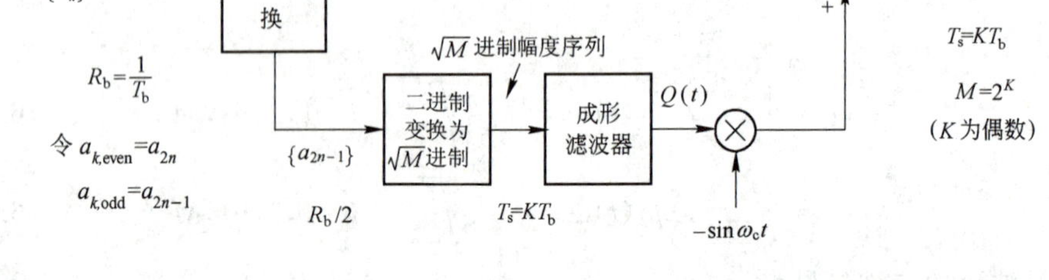

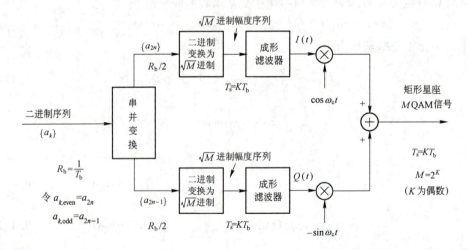

图 6.4.23　矩形星座 *M*QAM 信号的产生框图

在图 6.4.23 中，输入二进制序列$\{a_k\}$，经串并变换后成为速率减半的双比特并行码元，此双比特并行码元在时间上是对齐的。在同相及正交支路又将速率为 $R_b/2$ 的每$K/2$个比特码

元变换为相应的 $\sqrt{M}$ 个可能幅度之一，形成 $\sqrt{M}$ 进制幅度序列，再经成形滤波后，得到 $I(t)$ 及 $Q(t)$ 的 $\sqrt{M}$ 进制 PAM 基带信号(数学期望为 0)，然后将 $I(t)$ 及 $Q(t)$ 分别对正交载波进行 $\sqrt{M}$ 进制 ASK 调制，两者之和即为矩形星座的 QAM 信号。

图 6.4.24 表示矩形星座 16QAM 的星座图。

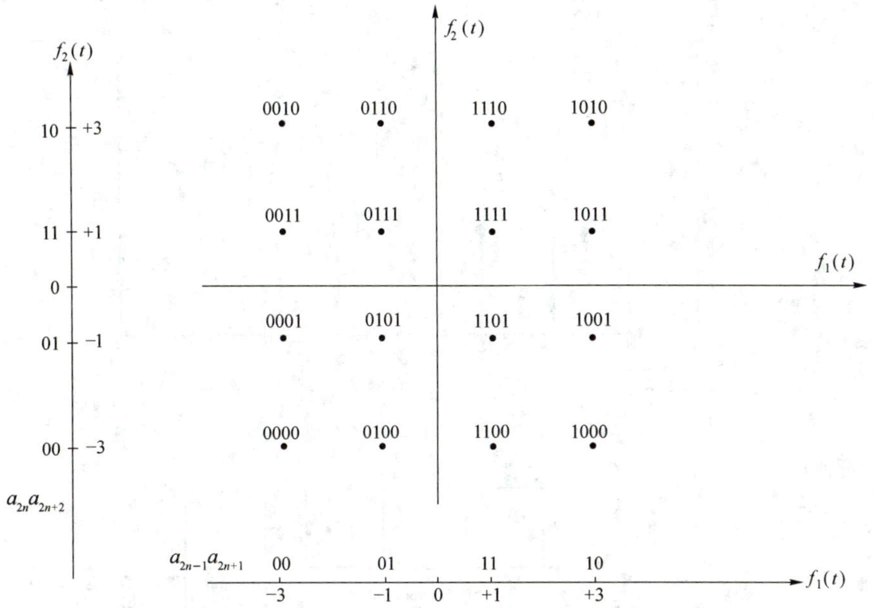

图 6.4.24 矩形星座 16QAM 星座图

(4) MQAM 信号的平均功率谱密度

由图 6.4.23 看出，矩形星座 MQAM 信号是由同相及正交支路的 $\sqrt{M}$ 进制 ASK 信号叠加而成，而同相及正交支路的平均功率谱密度是相同的，其符号间隔 $T_s = KT_b(M=2^K)$，所以 MQAM 的功率谱是同相及正交支路功率谱之和。

在给定信息速率 R_b 及 M 进制的条件下，MQAM 的平均功率谱与 MASK、MPSK 的功率谱是相同的。图 6.4.25 画出了具有不归零矩形脉冲的 MQAM 复包络功率谱。

基带采用矩形脉冲时，MQAM 的主瓣带宽为 $2R_s = 2R_b/\log_2 M$。基带采用滚降系数为 α 的根号升余弦(RRC)发送滤波器时，MQAM 的绝对带宽是 $2\times\dfrac{R_s}{2}(1+\alpha)=\dfrac{R_b(1+\alpha)}{\log_2 M}$。总之，在给定二进制数据速率 R_b 时，随着 M 的增加，MQAM 的带宽变窄，频带利用率提高。以上两种基带脉冲成形下，频带利用率公式为

$$\frac{R_b}{B}=\begin{cases}\dfrac{\log_2 M}{2}, & \text{基带采用 NRZ 矩形脉冲}\\[2ex] \dfrac{\log_2 M}{1+\alpha}, & \text{基带采用 RRC 滤波}\end{cases} \tag{6.4.152}$$

其中 $\alpha=0$ 对应无 ISI 传输的奈奎斯特极限。MQAM 对应的奈奎斯特极限符号速率是 $R_s = B$。

2. 矩形星座 MQAM 信号最佳接收及其误符率

为分析简单，暂设发送成形滤波的 $g_T(t)$ 是矩形不归零脉冲。在加性白高斯噪声信道条件下，其最佳接收框图如图 6.4.26 所示。在图 6.4.26 中，分别按同相及正交支路的 $\sqrt{M}$ 进制

ASK进行解调，在采样、判决后经并串变换恢复数据。

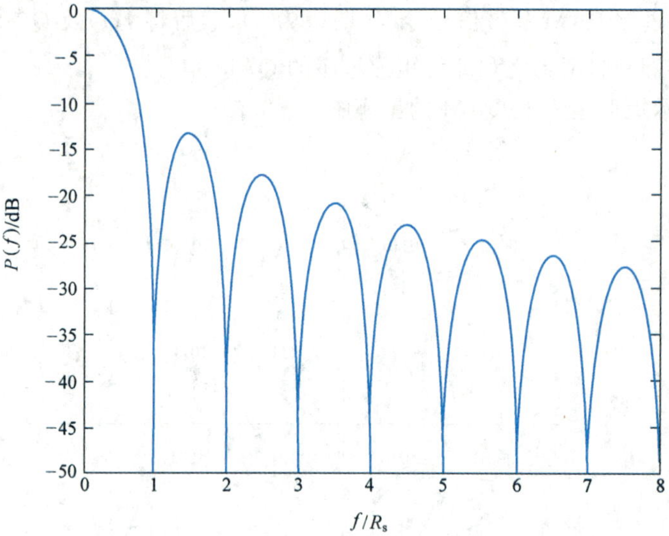

图6.4.25 MQAM信号的复包络的平均功率谱密度(单边功率谱)

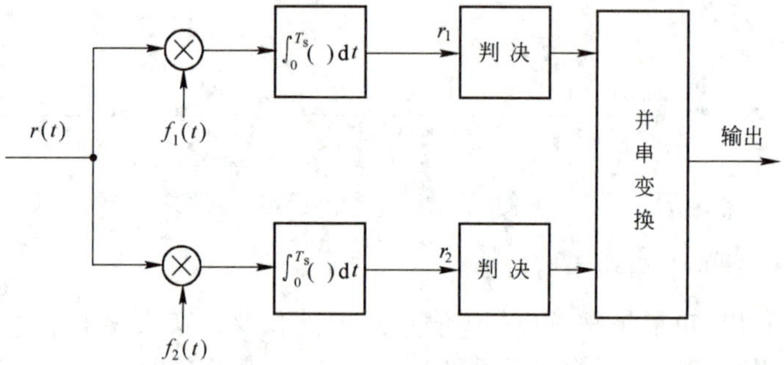

图6.4.26 矩形星座QAM信号的最佳接收

矩形星座QAM的最佳接收误符率与MASK的一样，取决于数字基带MPAM的误符率。MQAM的正确判决符号的概率为

$$P_c=(1-P_{\sqrt{M}})^2 \tag{6.4.153}$$

式中，$P_{\sqrt{M}}$表示同相或正交支路$\sqrt{M}$进制ASK的误符率，该$\sqrt{M}$进制ASK的平均功率是MQAM信号总的平均功率P_s的一半，即

$$\begin{aligned}P_{\sqrt{M}}&=2\left(1-\frac{1}{\sqrt{M}}\right)Q\left[\sqrt{\frac{3P_sT_s}{(M-1)N_0}}\right]\\&=2\left(1-\frac{1}{\sqrt{M}}\right)Q\left[\sqrt{\frac{3E_s}{(M-1)N_0}}\right]\\&=2\left(1-\frac{1}{\sqrt{M}}\right)Q\left[\sqrt{\frac{3\log_2M}{(M-1)}\cdot\frac{E_b}{N_0}}\right]\\&=2\left(1-\frac{1}{\sqrt{M}}\right)Q\left(\sqrt{\frac{d_{\min}^2}{2N_0}}\right)\end{aligned} \tag{6.4.154}$$

MQAM误符率为

$$P_M = 1 - P_c = 1 - (1 - P_{\sqrt{M}})^2 = 2P_{\sqrt{M}} - P_{\sqrt{M}}^2 \tag{6.4.155}$$

MQAM 的误符率曲线如图 6.4.27 所示。

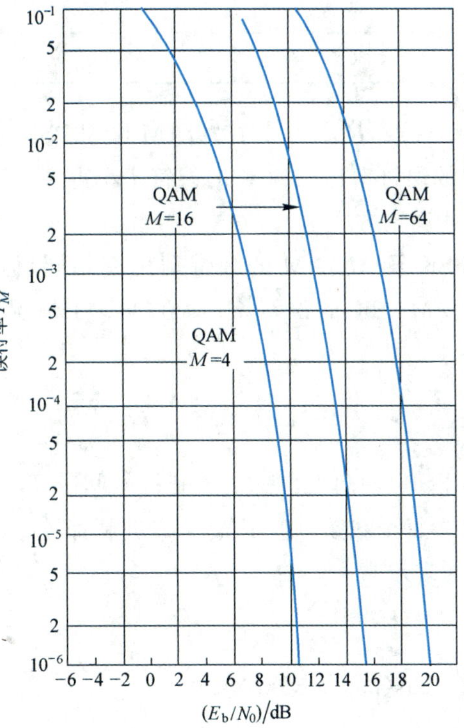

图 6.4.27　MQAM 误符率[7]

由图 6.4.27 看出，在相同的 E_b/N_0 条件下，随着 M 的增大，QAM 的误符率增大。

当采用格雷码，且 E_b/N_0 较大时，MQAM 的误比特率近似等于误符率除以$\log_2 M$，即

$$P_b \approx \frac{P_M}{\log_2 M} \tag{6.4.156}$$

下面，将 MQAM 与 MPSK 的误符率进行比较。

MPSK 的误符率为

$$P_M \approx 2Q\left(\sqrt{2\frac{E_s}{N_0} \cdot \sin^2 \frac{\pi}{M}}\right) \tag{6.4.157}$$

MQAM 的误符率为

$$P_M \approx 4\left(1 - \frac{1}{\sqrt{M}}\right)Q\left(\sqrt{\frac{3}{M-1} \cdot \frac{E_s}{N_0}}\right) \tag{6.4.158}$$

在相同的 M、T_s 及相同的 E_s/N_0 条件下，比较 MQAM 与 MPSK 误符率公式中的两个 Q 函数中的自变量比值，因为误符率主要取决于 Q 函数中的自变量：

$$R_M - \frac{\dfrac{3}{M-1}}{2\sin^2 \dfrac{\pi}{M}} \tag{6.4.159}$$

表 6.4.2 表示 MQAM 与 MPSK 在给定 M 值条件下，两个 Q 函数中的自变量的比值。

表 6.4.2 MQAM 相对于 MPSK 的信噪比改善量

M	$10\lg R_M$	M	$10\lg R_M$
8	1.65	32	7.02
16	4.20	64	9.95

由表 6.4.2 看出,当 $M>4$ 时,$R_M>1$,如:32QAM 比 32PSK 有 7 dB 改善量,说明在相同的 E_b/N_0 条件下,32QAM 的误符率比 32PSK 的误符率小得多。所以在实际通信中,在 $M>8$ 的情况下,往往采用 MQAM 调制方式。

综上所述,MASK、MPSK 及 MQAM 的频带利用率相同,但在相同的 E_b/N_0 条件下,$M>2$ 的 MPSK 误符率小于 MASK 的误符率;而在 $M>4$ 情况下,MQAM 的误符率小于 MPSK 的误符率。

6.4.7 M 进制移频键控

在 M 进制移频键控(MFSK)调制中,在 M 进制符号间隔 T_s 内,已调信号的载波频率是 M 个可能的离散值之一,其中每个载频对应于 K 个二进制符号($M=2^K$)。

1. MFSK 信号及其矢量表示

(1) MFSK 信号表示式

$$
\begin{aligned}
s_i(t) &= \sqrt{\frac{2E_s}{T_s}}\cos(2\pi f_c t + 2\pi i\Delta f t) \\
&= \mathrm{Re}[v_i(t)\mathrm{e}^{\mathrm{j}2\pi f_c t}] \qquad i=1,2,\cdots,M, \quad 0\leqslant t\leqslant T_s
\end{aligned} \tag{6.4.160}
$$

其中复包络 $v_i(t)$ 为

$$
v_i(t) = \sqrt{\frac{2E_s}{T_s}}\mathrm{e}^{\mathrm{j}2\pi i\Delta f t} \qquad i=1,2,\cdots,M, \quad 0\leqslant t\leqslant T_s \tag{6.4.161}
$$

式中的 Δf 表示 MFSK 信号的相邻载频间隔(此处的 Δf 与 6.2.2 节 2FSK 的 Δf 有区别)。

MFSK 信号中的各信号波形是等能量的,其能量为

$$
E_s = \int_0^{T_s} s_i^2(t)\mathrm{d}t \tag{6.4.162}
$$

MFSK 信号中的各信号波形之间的相关系数为

$$
\begin{aligned}
\rho_{km} &= \frac{1}{E_s}\int_0^{T_s} s_k(t)s_m(t)\mathrm{d}t \\
&= \frac{2}{T_s}\int_0^{T_s}\cos(\omega_c t + 2\pi k\Delta f t)\cos(\omega_c t + 2\pi m\Delta f t)\mathrm{d}t
\end{aligned} \tag{6.4.163}
$$

载频充分大时

$$
\rho_{km} = \frac{\sin[2\pi T_s(m-k)\Delta f]}{2\pi T_s(m-k)\Delta f} \tag{6.4.164}
$$

图 6.4.28 表示 ρ_{km} 与 Δf 的关系曲线。

由图 6.4.28 看出,若 $\Delta f=\frac{1}{2T_s}$,则 MFSK 各信号波形之间互相正交,称此 MFSK 为正交 MFSK。

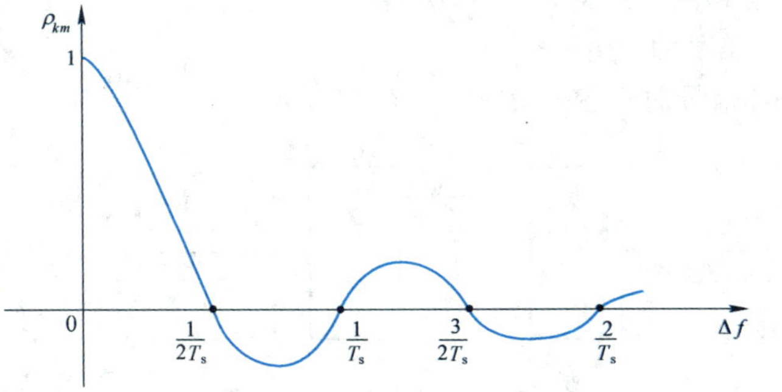

图 6.4.28　ρ_{km} 与 Δf 的关系曲线

(2) 正交 MFSK 信号的矢量表示

正交 MFSK 信号可用 N 维矢量表示，而 $N=M$。正交 MFSK 信号也可表示成

$$s_i(t)=\sqrt{E_s}f_i(t)\qquad i=1,2,\cdots,M,\quad 0\leqslant t\leqslant T_s \tag{6.4.165}$$

M 个归一化正交基函数为〔$\Delta f=1/(2T_s)$〕

$$f_i(t)=\sqrt{\frac{2}{T_s}}\cos(2\pi f_c t+2\pi i\Delta f t)\qquad i=1,2,\cdots,M,\quad 0\leqslant t\leqslant T_s \tag{6.4.166}$$

正交 MFSK 的正交展开式为

$$s_i(t)=\sum_{n=1}^{M}s_{in}f_n(t)\qquad i=1,2,\cdots,M,\quad 0\leqslant t\leqslant T_s \tag{6.4.167}$$

其中

$$s_{in}=\int_0^{T_s}s_i(t)f_n(t)\mathrm{d}t\qquad i=1,2,\cdots,M,\quad n=1,2,\cdots,M \tag{6.4.168}$$

正交 MFSK 的各信号波形的矢量表示为

$$\begin{aligned}\mathbf{s}_1&=(s_{11},s_{12},\cdots,s_{1M})=(\sqrt{E_s},0,\cdots,0)\\ \mathbf{s}_2&=(0,\sqrt{E_s},0,\cdots,0)\\ &\vdots\qquad\quad\vdots\\ \mathbf{s}_M&=(0,0,\cdots,\sqrt{E_s})\end{aligned} \tag{6.4.169}$$

各信号矢量之间的欧氏距离是相等的，即

$$d_{kn}=\sqrt{2E_s}\qquad \text{对于所有的 } k,n \tag{6.4.170}$$

图 6.4.29 表示 $N=M=3$ 及 $N=M=2$ 的正交 MFSK 的星座图。

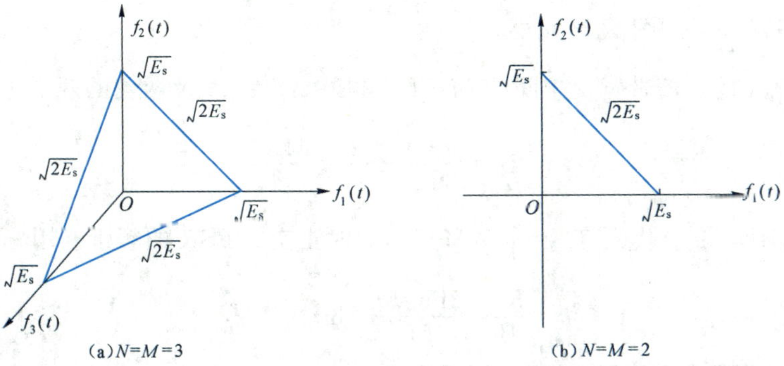

图 6.4.29　$N=M=3$ 及 $N=M=2$ 的 MFSK 星座图

2. 正交 MFSK 信号的产生及其平均功率谱密度

(1) 正交 MFSK 信号的产生

产生正交 MFSK 信号的原理框图如图 6.4.30 所示。

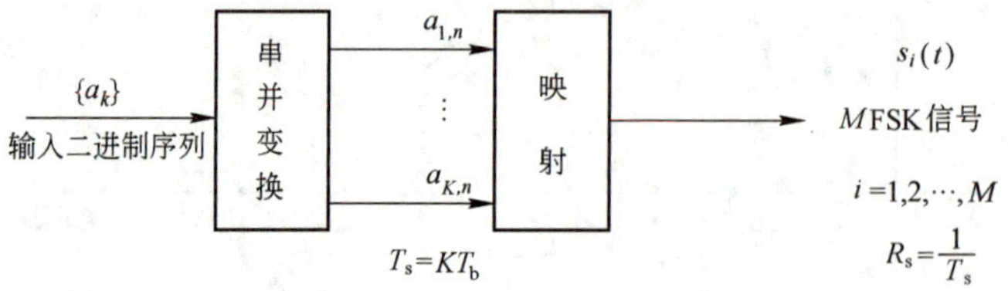

图 6.4.30 产生正交 MFSK 信号的原理框图

在图 6.4.30 中,二进制序列串并变换为 K 个并行比特,相当于变换为 M 进制符号,然后再由每 K 个比特映射为 MFSK 信号波形中的一个。

(2) 正交 MFSK 信号的平均功率谱密度

若 $\Delta f=\frac{1}{2T_s}$ 给定,正交 MFSK 信号在 $M=2,4,8$ 情况下,其复包络的平均功率谱密度如图 6.4.31 所示。

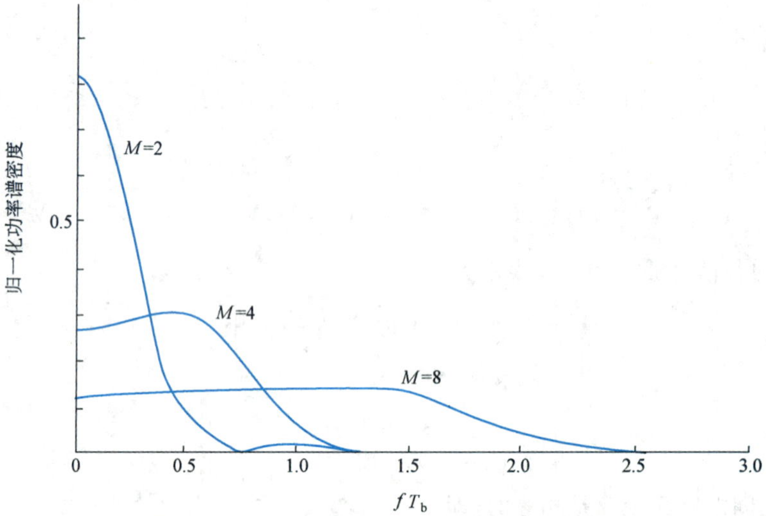

图 6.4.31 $M=2,4,8$ 正交 MFSK 信号的复包络的平均功率谱(主瓣)

由图 6.4.31 看出,当 $\Delta f=1/(2T_s)$ 给定时,随着 M 的增大,MFSK 信号功率谱的主瓣宽度随之增大,其频带利用率随之减小。

正交 MFSK 的主瓣带宽由中间的 $M-1$ 个频差 $\Delta f=\frac{1}{2T_s}$ 及两侧的两个主瓣 $\frac{1}{T_s}$ 构成,即

$$B=\frac{M-1}{2T_s}+\frac{2}{T_s}=\frac{M+3}{2T_s} \tag{6.4.171}$$

当 M 很大时,$B\approx\frac{M}{2T_s}$。代入 $T_s=(\log_2 M)T_b$,此时正交 MFSK 的频带利用率为

$$\frac{R_b}{B}=\frac{2\log_2 M}{M}\quad \text{bit/s/Hz} \tag{6.4.172}$$

可见,MFSK 的频带利用率随 M 增加而减小。

3. 在加性白高斯噪声干扰下的正交 *MFSK* 最佳接收

正交 $MFSK$ 最佳接收框图如图 6.4.32 所示。

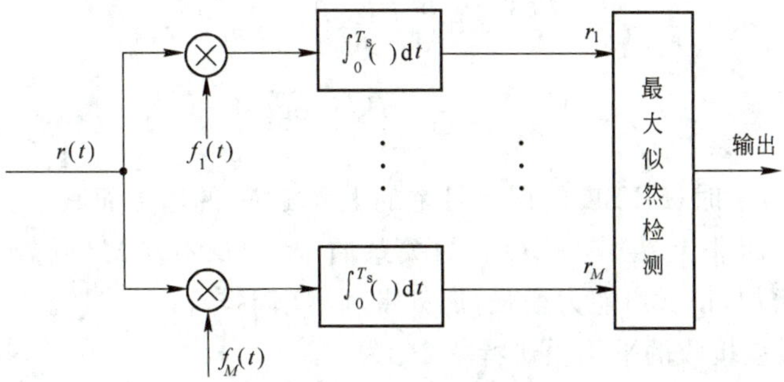

图 6.4.32　在加性白高斯噪声信道条件下正交 $MFSK$ 最佳接收框图

最大似然检测器比较接收信号 $\boldsymbol{r}=(r_1,r_2,\cdots,r_M)$ 与各个星座点 $\boldsymbol{s}_1,\boldsymbol{s}_2,\cdots,\boldsymbol{s}_M$ 之间的距离，输出距离最小者。$\boldsymbol{r}$ 与 $\boldsymbol{s}_i$ 的距离平方为

$$\begin{aligned} d_i^2 &= \|\boldsymbol{r}-\boldsymbol{s}_i\|^2 \\ &= \|\boldsymbol{r}\|^2+\|\boldsymbol{s}_i\|^2-2\boldsymbol{r}\cdot\boldsymbol{s}_i \qquad i=1,2,\cdots,M \\ &= \|\boldsymbol{r}\|^2+E_s-2r_i\sqrt{E_s} \end{aligned} \tag{6.4.173}$$

$d_1,d_2,\cdots,d_M$ 中的最小者一定是 $-2r_1\sqrt{E_s},-2r_2\sqrt{E_s},\cdots,-2r_M\sqrt{E_s}$ 中的最小者，也即 $r_1,r_2,\cdots,r_M$ 中的最大者。因此图 6.4.32 还可以等价为图 6.4.33 的形式。

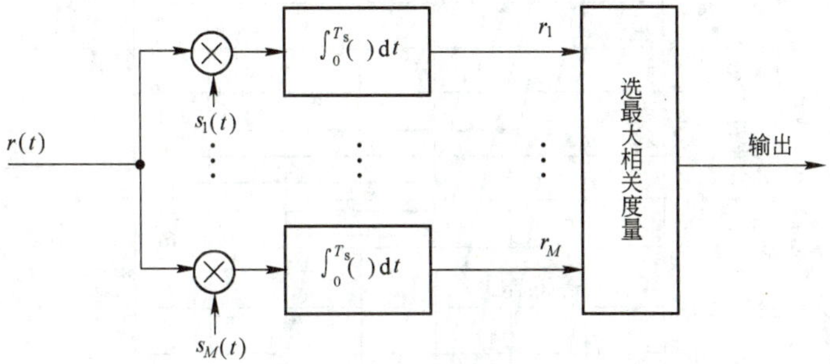

图 6.4.33　正交 $MFSK$ 最佳接收的又一形式

根据对称性可知，$MFSK$ 的平均误符号率等于发送 s_1 条件下的错误率 $P(e|\boldsymbol{s}_1)$。发送 $\boldsymbol{s}_1$ 时，接收信号为 $\boldsymbol{r}=(\sqrt{E_s}+n_1,n_2,\cdots,n_M)$，其中 $n_1,n_2,\cdots,n_M$ 是独立同分布的零均值高斯随机变量，方差均为 $N_0/2$。当 $n_2,n_3,\cdots,n_M$ 中某一个比 $r_1=n_1+\sqrt{E_s}$ 大时，判决出错。

令 A_i 表示事件 $n_i>n_1+\sqrt{E_s}$，$i=2,3,\cdots,M$。由于 n_i-n_1 是均值为 0，方差为 N_0 的高斯随机变量，故

$$P(A_i)=\frac{1}{2}\mathrm{erfc}\left(\sqrt{\frac{E_s}{2N_0}}\right) \tag{6.4.174}$$

发送 s_1 条件下的错误率为

$$P(e|s_1)=P(A_2\cup A_3\cup\cdots\cup A_M) \tag{6.4.175}$$

此式没有闭式解，只能通过数值积分或计算机仿真获得。

从式(6.4.175)可以给出 MFSK 误符号率的上界:

$$P_M = P(e|s_1) \leqslant P(A_2)+P(A_3)\cdots+P(A_M)$$

$$=\frac{M-1}{2}\mathrm{erfc}\left(\sqrt{\frac{E_s}{2N_0}}\right) \tag{6.4.176}$$

$$=\frac{M-1}{2}\mathrm{erfc}\left(\sqrt{\frac{E_b \cdot \log_2 M}{2N_0}}\right)$$

可以看出,给定 E_b/N_0 时,MFSK 的误符号率的上界随 M 的增加而减小。图 6.4.3 进一步示出了 P_M 的真实值(而非上界)与 E_b/N_0 的关系曲线。与 MQAM(或 MASK、MPSK)相反,MFSK 随着 M 的增加,抗噪声能力增强,但频带利用率下降。

正交 MFSK 最佳接收的平均误比特率 P_b 为[7][9]

$$P_b = \frac{M}{2(M-1)}P_M \tag{6.4.177}$$

在 M 很大时

$$P_b \approx \frac{1}{2}P_M \tag{6.4.178}$$

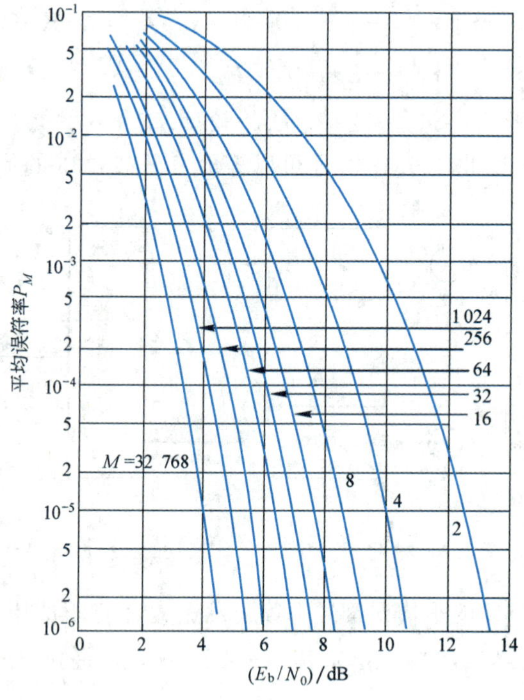

图 6.4.34 正交 MFSK 最佳接收的平均误符率[9]

6.5 恒包络连续相位调制

本节讨论恒包络连续相位调制方式,该方式能在非线性限带信道中使用,因为连续相位调制信号的功率谱旁瓣衰减得快,而恒包络调制信号可用于丙类功率放大,功放效率高。

6.5.1　最小移频键控

在本章 6.2 节已提到连续相位 2FSK 的调制方式，若此 2FSK 信号的两个载频之间的频率间隔为 $1/(2T_b)$，如图 6.5.1 所示，则此 2FSK 的两信号 $s_1(t)$ 与 $s_2(t)$ 正交。

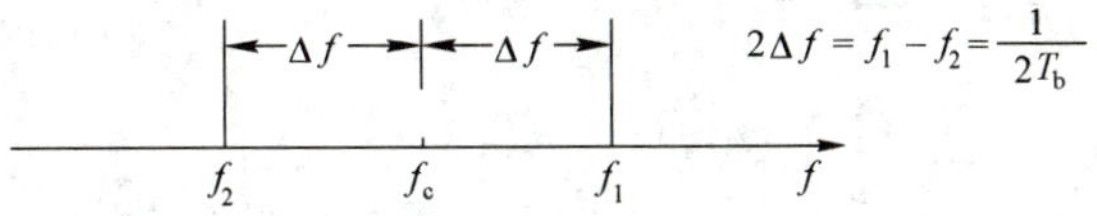

图 6.5.1　2FSK 的两信号载频间隔为 $1/(2T_b)$

由于 2FSK 两信号正交的最小频率间隔为 $1/(2T_b)$，故又称此连续相位 2FSK 为最小移频键控，用 MSK 表示。

此 MSK 信号也是调频信号，其峰值频偏 $\Delta f=1/(4T_b)$，定义其调制指数为

$$h=\frac{2\Delta f}{R_b}=\frac{\frac{1}{2T_b}}{R_b}=\frac{1}{2} \tag{6.5.1}$$

可利用图 6.5.2 的调频器来产生 MSK 信号。

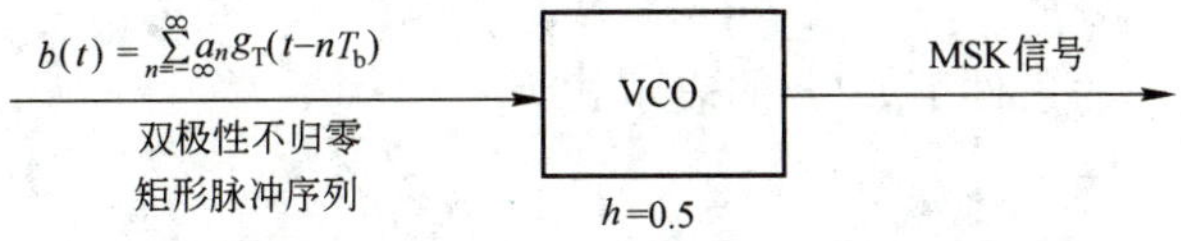

图 6.5.2　利用 $h=0.5$ 的 VCO 产生 MSK 信号

图 6.5.2 中的 $\{a_n\}$ 是二进制序列，取值为 ±1，T_b 是比特间隔，$g_T(t)$ 是不归零矩形脉冲波形，VCO 是压控振荡器，用作调频器，其调制指数 $h=0.5$。

将二进制双极性不归零矩形脉冲序列通过调制指数 $h=0.5$ 的 VCO 就可得到连续相位的 MSK 信号，其包络是恒定的。

1. MSK 信号及其相位路径

输入于调频器的基带信号 $b(t)$ 为双极性不归零矩形脉冲序列，其表示式为

$$b(t)=\sum_{n=-\infty}^{\infty}a_n g_T(t-nT_b) \tag{6.5.2}$$

调频器（VCO）的频率为

$$f=f_c+K_f b(t) \tag{6.5.3}$$

为确保调频器的峰值频偏 $\Delta f=1/(4T_b)$，设比例常数 $K_f=\frac{1}{2}$，则

$$f=f_c+\frac{1}{2}b(t) \tag{6.5.4}$$

VCO 的角频率为

$$\omega=2\pi f_c+\pi b(t) \tag{6.5.5}$$

MSK 的信号表示式为

$$s_{MSK}(t)=A\cos\left[2\pi f_c t+\pi\int_{-\infty}^{t}b(\tau)d\tau\right] \tag{6.5.6}$$

设

$$\theta(t)=\pi\int_{-\infty}^{t}b(\tau)\mathrm{d}\tau=\pi\int_{-\infty}^{t}\sum_{k=-\infty}^{\infty}a_k g_{\mathrm{T}}(\tau-kT_{\mathrm{b}})\mathrm{d}\tau$$

当 $nT_{\mathrm{b}}\leqslant t<(n+1)T_{\mathrm{b}}$ 时

$$\begin{aligned}\theta(t)&=\pi\int_{-\infty}^{nT_{\mathrm{b}}}\sum_{k=-\infty}^{n-1}a_k g_{\mathrm{T}}(\tau-kT_{\mathrm{b}})\mathrm{d}\tau+\pi\int_{nT_{\mathrm{b}}}^{t}a_n g_{\mathrm{T}}(\tau-nT_b)\mathrm{d}\tau\\&=\frac{\pi}{2}\sum_{k=-\infty}^{n-1}a_k+\pi a_n q(t-nT_{\mathrm{b}})\end{aligned}\tag{6.5.7}$$

其中

$$q(t)=\int_{0}^{t}g_{\mathrm{T}}(\tau)\mathrm{d}\tau\tag{6.5.8}$$

$g_{\mathrm{T}}(t)$及$q(t)$如图6.5.3所示。

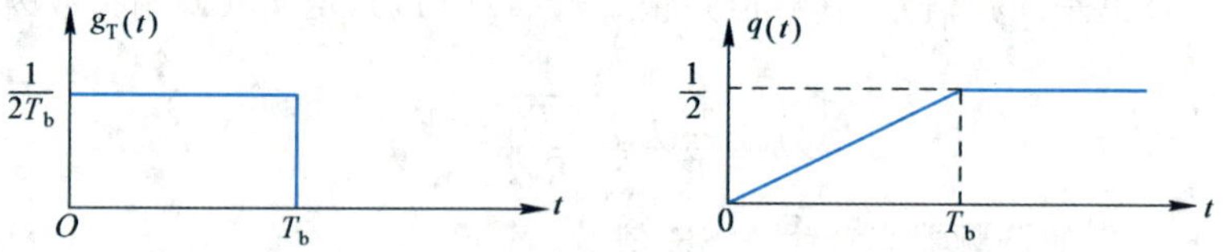

图6.5.3 矩形脉冲 $g_{\mathrm{T}}(t)$及其积分 $q(t)$波形图

在 $g_{\mathrm{T}}(t)$为矩形脉冲的条件下,$q(t)$的表示式为

$$q(t)=\begin{cases}0 & t<0\\ \dfrac{t}{2T_{\mathrm{b}}} & 0\leqslant t\leqslant T_{\mathrm{b}}\\ \dfrac{1}{2} & t>T_{\mathrm{b}}\end{cases}\tag{6.5.9}$$

将式(6.5.9)代入式(6.5.7),再代入式(6.5.6),得到

$$\begin{aligned}s_{\mathrm{MSK}}(t)&=A\cos\left[2\pi f_{\mathrm{c}}t+\frac{\pi(t-nT_{\mathrm{b}})}{2T_{\mathrm{b}}}a_n+\frac{\pi}{2}\sum_{k=-\infty}^{n-1}a_k\right]\\&=A\cos\left[2\pi\left(f_{\mathrm{c}}+\frac{1}{4T_{\mathrm{b}}}a_n\right)t+\frac{\pi}{2}\sum_{k=-\infty}^{n-1}a_k-\frac{n\pi}{2}a_n\right]\end{aligned}\tag{6.5.10}$$

设

$$x_n=\frac{\pi}{2}\sum_{k=-\infty}^{n-1}a_k-\frac{n\pi}{2}a_n\tag{6.5.11}$$

$$s_{\mathrm{MSK}}(t)=A\cos\left[2\pi\left(f_{\mathrm{c}}+\frac{1}{4T_{\mathrm{b}}}a_n\right)t+x_n\right]\tag{6.5.12}$$

若 a_n 取+1,则

$$f_1=f_{\mathrm{c}}+\frac{1}{4T_{\mathrm{b}}}\tag{6.5.13}$$

a_n 取−1,则

$$f_2=f_{\mathrm{c}}-\frac{1}{4T_{\mathrm{b}}}\tag{6.5.14}$$

MSK 可看为是 $h=\frac{1}{2}$ 的 2FSK 信号,其两个信号表示式为

$$s_1(t)=A\cos(2\pi f_1 t+x_n),\quad nT_{\mathrm{b}}\leqslant t\leqslant(n+1)T_{\mathrm{b}}\tag{6.5.15}$$

$$s_2(t)=A\cos(2\pi f_2 t+x_n),\quad nT_{\mathrm{b}}\leqslant t\leqslant(n+1)T_{\mathrm{b}}\tag{6.5.16}$$

相位为

$$\theta(t)=\frac{\pi t}{2T_b}a_n+x_n \qquad nT_b\leqslant t\leqslant(n+1)T_b \tag{6.5.17}$$

此 x_n 值要确保 MSK 信号在 $t=nT_b$ 时刻的载波相位 $\theta(t)$ 连续，即：要保证$\theta_{n-1}(nT_b)=\theta_n(nT_b)$，它表示前一码元 a_{n-1} 在 nT_b 时刻的载波相位与当前码元 a_n 在 nT_b 时刻的载波相位相同，即

$$\theta_{n-1}(nT_b)=\frac{\pi(nT_b)}{2T_b}a_{n-1}+x_{n-1} \tag{6.5.18}$$

$$\theta_n(nT_b)=\frac{\pi(nT_b)}{2T_b}a_n+x_n \tag{6.5.19}$$

使式(6.5.18)与式(6.5.19)相等，得到

$$\begin{aligned}x_n&=x_{n-1}+\frac{\pi n}{2}(a_{n-1}-a_n)\\&=\begin{cases}x_{n-1} & a_{n-1}=a_n\\x_{n-1}\pm n\pi & a_{n-1}\neq a_n\end{cases}\end{aligned} \tag{6.5.20}$$

设 $x_0=0$，则

$$x_n=0 \text{ 或 } \pm\pi \qquad n=0,1,2,3,\cdots \qquad (\text{模 } 2\pi)$$

由式(6.5.17)看出，在 $nT_b\leqslant t\leqslant(n+1)T_b$ 区间内的 $\theta(t)$ 是斜率为$\frac{\pi a_n}{2T_b}$，截距为 x_n 的直线方程，因此 MSK 的相位路径是由间隔为 T_b 的一系列直线段构成的折线，如图6.5.4所示。

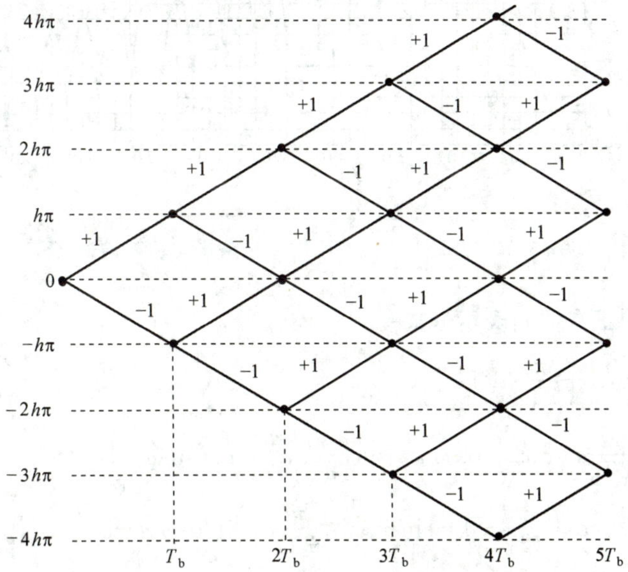

图 6.5.4　MSK 信号的相位路径($h=\frac{1}{2}$)

2. MSK 信号的平均功率谱密度

MSK 信号可用其复信号取实部来表示

$$s_{\text{MSK}}(t)=A\cos[2\pi f_c t+\theta(t)]=\text{Re}[A\text{e}^{\text{j}\theta(t)}\text{e}^{\text{j}\omega_c t}] \tag{6.5.21}$$

其中,复包络为

$$v(t)=A\mathrm{e}^{\mathrm{j}\theta(t)} \tag{6.5.22}$$

$$\theta(t)=\pi\int_{-\infty}^{t}\sum_{n=-\infty}^{\infty}a_n g_{\mathrm{T}}(\tau-nT_{\mathrm{b}})\mathrm{d}\tau$$

为得到 MSK 信号的平均功率谱密度,要设法求出复包络 $v(t)$的平均功率谱密度,然后将复包络 $v(t)$的平均功率谱密度搬到载频上即可。

由于复包络 $v(t)$的平均功率谱推导复杂,在此仅给出其推导结果[7]

$$P_{\mathrm{v}}(f)=\frac{16A^2T_{\mathrm{b}}}{\pi^2}\left(\frac{\cos 2\pi fT_{\mathrm{b}}}{1-16f^2T_{\mathrm{b}}^2}\right)^2 \tag{6.5.23}$$

图 6.5.5 给出 MSK 信号复包络的平均功率谱密度图,由图中的功率谱图看出,由于连续相位调制,其功率谱旁瓣比 OQPSK 的旁瓣衰减得快。

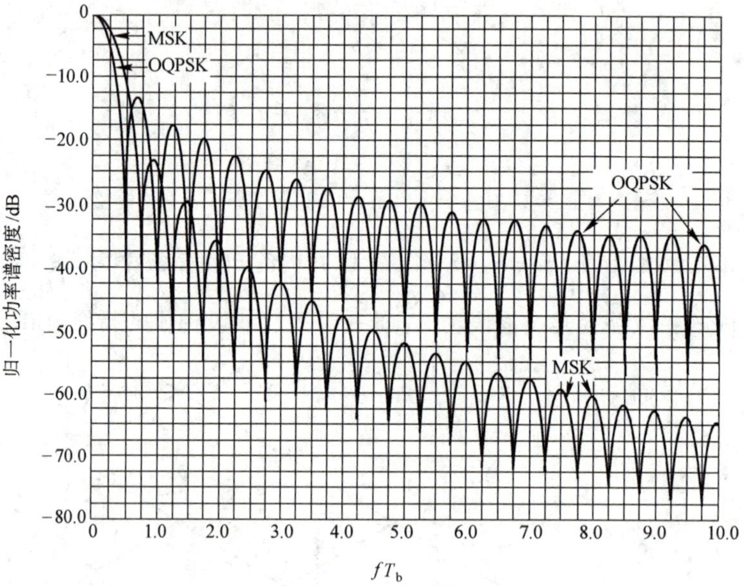

图 6.5.5　MSK 和 OQPSK 的复包络平均功率谱密度[7]

3. MSK 信号的正交调制表示形式

$$\begin{aligned}
s_{\mathrm{MSK}}(t)&=A\cos\left[2\pi f_{\mathrm{c}}t+\frac{\pi t}{2T_{\mathrm{b}}}a_n+x_n\right]\\
&=A\left[\cos\left(\frac{\pi t}{2T_{\mathrm{b}}}a_n+x_n\right)\cos\omega_{\mathrm{c}}t-\sin\left(\frac{\pi t}{2T_{\mathrm{b}}}a_n+x_n\right)\sin\omega_{\mathrm{c}}t\right]\\
&=A\left\{\left[\cos x_n\cos\left(\frac{\pi t}{2T_{\mathrm{b}}}a_n\right)-\sin x_n\sin\left(\frac{\pi t}{2T_b}a_n\right)\right]\cos\omega_{\mathrm{c}}t-\right.\\
&\qquad\left.\left[\sin x_n\cos\left(\frac{\pi t}{2T_{\mathrm{b}}}a_n\right)+\cos x_n\sin\left(\frac{\pi t}{2T_{\mathrm{b}}}a_n\right)\right]\sin\omega_{\mathrm{c}}t\right\}\\
&=A\left[\cos x_n\cos\left(\frac{\pi t}{2T_{\mathrm{b}}}\right)\cos\omega_{\mathrm{c}}t-\cos x_n\sin\left(\frac{\pi t}{2T_{\mathrm{b}}}a_n\right)\sin\omega_{\mathrm{c}}t\right]\\
&=A\left[\cos x_n\cos\left(\frac{\pi t}{2T_{\mathrm{b}}}\right)\cos\omega_{\mathrm{c}}t-a_n\cos x_n\sin\left(\frac{\pi t}{2T_{\mathrm{b}}}\right)\sin\omega_{\mathrm{c}}t\right],\quad nT_{\mathrm{b}}\leqslant t\leqslant(n+1)T_{\mathrm{b}}
\end{aligned} \tag{6.5.24}$$

由于 x_n 取值为 0 或 $\pm\pi$，所以 $\cos x_n$ 取值为 ±1，$a_n\cos x_n$ 取值也为 ±1，可证明：

- 在 $(2k-1)T_b\leqslant t\leqslant(2k+1)T_b$ 期间，$\cos x_{2k-1}=\cos x_{2k}$，或为 +1，或为 −1；
- 在 $2kT_b\leqslant t\leqslant(2k+2)T_b$ 期间，$a_{2k}\cos x_{2k}=a_{2k+1}\cos x_{2k+1}$，或为 +1，或为 −1。

通过图 6.5.4 所示的 MSK 的相位路径图也可直观地得出上述两个重要结论。

设

$$b_I=\cos x_n \tag{6.5.25}$$

$$b_Q=a_n\cos x_n \tag{6.5.26}$$

则

$$b_Q=b_I a_n \tag{6.5.27}$$

$$a_n=b_I b_Q=b_{n-1}b_n \qquad nT_b\leqslant t\leqslant(n+1)T_b \tag{6.5.28}$$

需指出：若 $\{b_n\}$ 是双极性数据序列，在 n 为偶数的比特间隔内的 b_I 是 b_{n-1}，b_Q 是 b_n；在 n 为奇数的比特间隔内的 b_I 是 b_n，b_Q 是 b_{n-1}。请读者阅读例 6.5.1，以加深对式(6.5.25)～式(6.5.28)的理解。

根据式(6.5.24)～式(6.5.28)，MSK 信号可表示为正交调制形式，即

$$\begin{aligned}s_{MSK}(t)&=A\cos\left(\omega_c t+\frac{\pi t}{2T_b}a_n+x_n\right)\\&=A\cos\left(\omega_c t+\frac{\pi t}{2T_b}b_I b_Q+x_n\right)\\&=A\left(b_I\cos\frac{\pi t}{2T_b}\cos\omega_c t-b_Q\sin\frac{\pi t}{2T_b}\sin\omega_c t\right),\quad nT_b\leqslant t\leqslant(n+1)T_b\end{aligned} \tag{6.5.29}$$

下面，对于式(6.5.29)中的 b_I 及 b_Q 作进一步解释。若 $\{b_n\}$ 是双极性数据序列，其中 b_{2k-1} 及 b_{2k} 分别是 $\{b_n\}$ 序列中的奇数及偶数标号的比特数据。在 $(2k-1)T_b\leqslant t\leqslant(2k+1)T_b$ 期间，式(6.5.25)中的 b_I 值保持不变，且 $b_I=b_{2k-1}$；在 $2kT_b\leqslant t\leqslant(2k+2)T_b$ 期间，式(6.5.26)中的 b_Q 值保持不变，且 $b_Q=b_{2k}$。

4. 加预编码的 MSK 调制及其最佳接收

(1) 加预编码的 MSK 调制器

根据式(6.5.29)，应用图 6.5.6(b)所示的正交调制法可产生 MSK 信号，它与利用图 6.5.6(a)所示的加预编码的 MSK 信号是相同的，其中预编码器的功能是

$$a_n=b_{n-1}\cdot b_n \qquad nT_b\leqslant t\leqslant(n+1)T_b \tag{6.5.30}$$

其中，$a_n\in\{+1,-1\}$，$b_n\in\{+1,-1\}$。

在图 6.5.6(b)中，输入的二进制双极性不归零矩形脉冲序列经串并变换得到速率减半的同相及正交支路的二进制序列，且同相支路与正交支路的双极性不归零矩形脉冲序列在时间上偏移 T_b，二者的波形分别被 $\cos\frac{\pi t}{2T_b}$ 及 $\sin\frac{\pi t}{2T_b}$ 加权，得到 $I(t)$ 及 $Q(t)$ 基带波形，再将 $I(t)$ 及 $Q(t)$ 分别与正交载波相乘进行幅度调制，两支路的已调信号相加后即可得到 MSK 信号。

由上述分析看出，用正交调制法产生 MSK 信号的过程与 OQPSK 信号的产生相类似。下面，举例说明 MSK 的正交调制表示式中的基带波形形成过程。

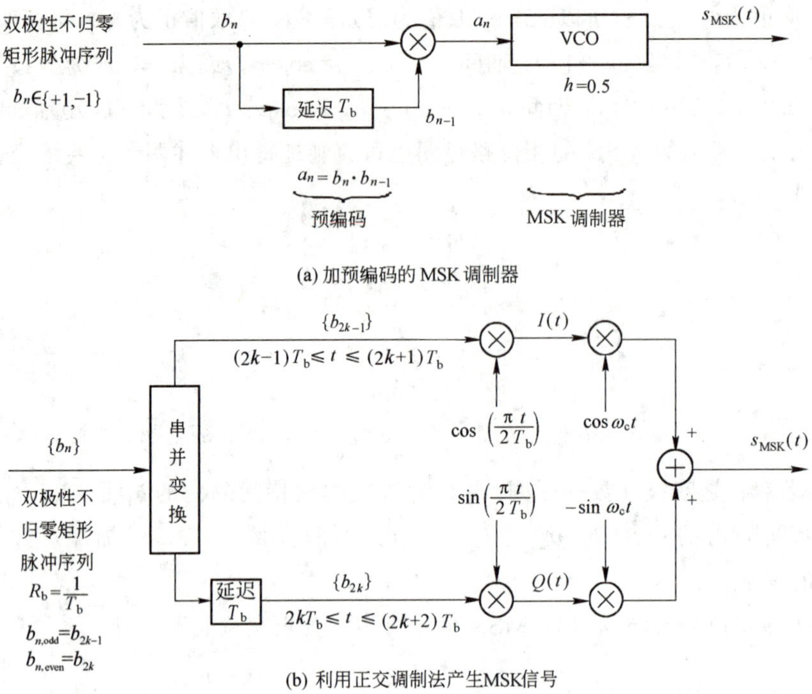

(a) 加预编码的 MSK 调制器

(b) 利用正交调制法产生MSK信号

图 6.5.6 加预编码的 MSK 信号与利用正交调制法产生的 MSK 信号相同

例 6.5.1 MSK 的正交调制表示式中的基带波形形成过程。

n	−2	−1	0	1	2	3	4	5	6	7	8	9	10	…
b_n	+1	+1	+1	+1	+1	−1	−1	+1	−1	+1	+1	−1	−1	
a_n		+1	+1	+1	+1	−1	+1	−1	−1	−1	+1	−1	+1	
x_n		0	0	0	0	$+3\pi$	$-\pi$	$+4\pi$	$+4\pi$	$+4\pi$	-4π	$+5\pi$	-5π	
x_n 模 2π		0	0	0	0	π	$-\pi$	0	0	0	0	π	$-\pi$	
$b_I=\cos x_n$		+1	+1	+1	+1	−1	−1	+1	+1	+1	+1	−1	−1	
$b_Q=a_n\cos x_n$		+1	+1	+1	+1	+1	−1	−1	−1	−1	+1	+1	−1	
$I(t)=\cos x_n \cdot \cos\frac{\pi t}{2T_b}$	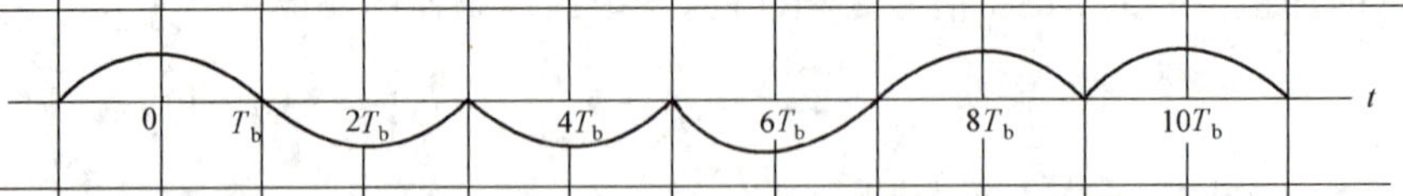													
$Q(t)=a_n\cos x_n \cdot \sin\frac{\pi t}{2T_b}$	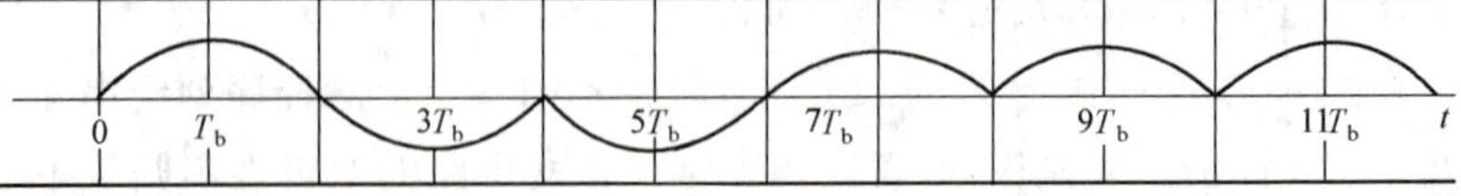													

图 6.5.7 表示 MSK 信号的波形图。

(2) 加预编码 MSK 的最佳接收

在加性白高斯噪声信道条件下,对预编码的 MSK 最佳接收采用图 6.5.8 所示的相乘积分型的相关解调,图中的积分区间是 $2T_b$。对于 I 信道,在 $t=(2k+1)T_b$ 时刻对积分器输出波形进行采样,对于 Q 信道,对积分器输出波形在 $t=(2k+2)T_b$ 时刻进行采样,因而同相及正交支路在时间上是交替进行判决的。

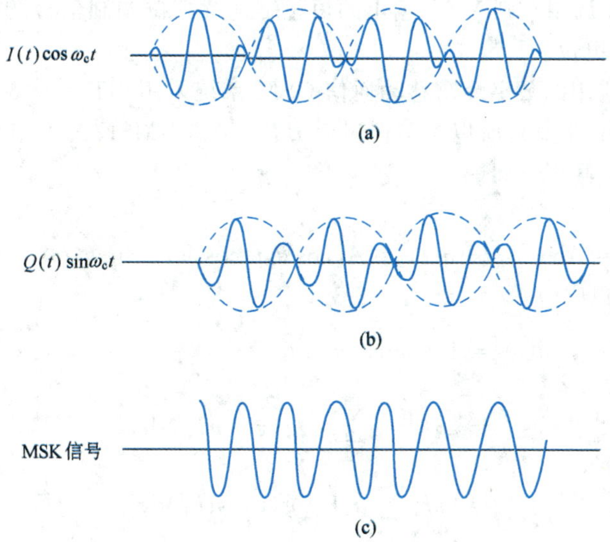

图 6.5.7　MSK 信号的波形图

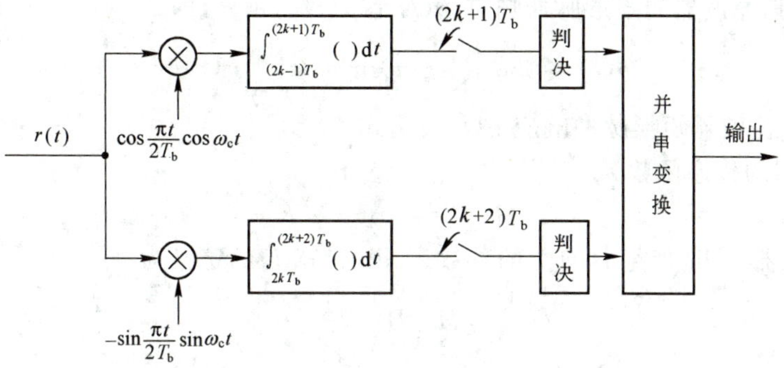

图 6.5.8　MSK 最佳接收框图

MSK 最佳接收的平均误比特率与 2PSK 及 QPSK 的一样，即

$$P_b = \frac{1}{2}\mathrm{erfc}\left(\sqrt{\frac{E_b}{N_0}}\right) \tag{6.5.31}$$

6.5.2　高斯最小移频键控

由于 MSK 的相位路径是折线，其功率谱旁瓣随着频率偏离中心频率，衰减得还不够快。

若在 MSK 调制之前加一高斯滤波器，如图 6.5.9 所示，称此调制器为高斯最小移频键控(GMSK)调制器。

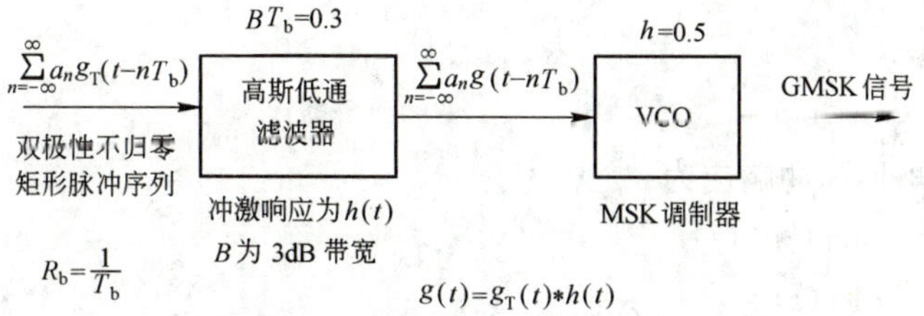

图 6.5.9　GMSK 调制器的原理框图

双极性不归零矩形脉冲序列经过高斯低通滤波器后,其信号波形得到平滑,再将它送至VCO进行调频(MSK调制),则VCO输出的恒包络连续相位调制信号的相位路径更为平滑,其功率谱旁瓣衰减得更快。

目前,获得广泛应用的数字蜂窝移动通信GSM系统采用 $BT_b=0.3$ 的GMSK调制方式(B 为高斯滤波器3 dB带宽),所以本节仅讨论 $BT_b=0.3$ GMSK的工作原理。

1. GMSK信号及其相位路径

GMSK信号

$$s(t)=A\cos[\omega_c t+\theta(t)]=A[\cos\theta(t)\cos\omega_c t-\sin\theta(t)\sin\omega_c t] \tag{6.5.32}$$

其中,GMSK信号的相位为

$$\begin{aligned}\theta(t)&=\int_{-\infty}^{t}\omega\mathrm{d}\tau\\&=2\pi h\int_{-\infty}^{t}\sum_{n=-\infty}^{\infty}a_n g(\tau-nT_b)\mathrm{d}\tau\\&=2\pi h\sum_{n=-\infty}^{\infty}a_n\int_{-\infty}^{t}g(\tau-nT_b)\mathrm{d}\tau\\&=\sum_{n=-\infty}^{\infty}a_n q(t-nT_b)\end{aligned} \tag{6.5.33}$$

其中,$g(t)$ 为高斯滤波器的矩形脉冲响应,$q(t)$ 是 $g(t)$ 的积分,即

$$q(t)=2\pi h\int_{-\infty}^{t}g(\tau)\mathrm{d}\tau=\pi\int_{-\infty}^{t}g(\tau)\mathrm{d}\tau \tag{6.5.34}$$

(1) 求高斯滤波器矩形脉冲响应 $g(t)$ 表达式

高斯滤波器的传递函数为

$$H(f)=\exp(-\alpha^2 f^2) \tag{6.5.35}$$

α 是与高斯滤波器3 dB带宽 B 有关的参数。3dB带宽 B 的定义为

$$H^2(B)=\frac{1}{2} \tag{6.5.36}$$

$$\exp(-2\alpha^2 B^2)=\frac{1}{2}$$

$$\alpha^2 B^2=\frac{1}{2}\ln 2 \tag{6.5.37}$$

高斯滤波器冲激响应为

$$h(t)=\int_{-\infty}^{\infty}H(f)\mathrm{e}^{\mathrm{j}2\pi ft}\mathrm{d}f=\frac{\sqrt{\pi}}{\alpha}\exp\left(-\frac{\pi^2}{\alpha^2}t^2\right) \tag{6.5.38}$$

不归零矩形脉冲为

$$g_T(t)=\frac{1}{2T_b}\left[u\left(t+\frac{T_b}{2}\right)-u\left(t-\frac{T_b}{2}\right)\right] \tag{6.5.39}$$

$u(t)$ 为单位阶跃函数

$$u(t)=\begin{cases}1 & t\geqslant 0\\0 & t<0\end{cases} \tag{6.5.40}$$

高斯滤波器的矩形脉冲响应为

$$\begin{aligned}g(t)&=g_T(t)*h(t)\\&=\frac{\mathrm{d}g_T(t)}{\mathrm{d}t}*\int_{-\infty}^{t}h(\tau)\mathrm{d}\tau\end{aligned}$$

$$= \frac{1}{2T_b}\left[\delta\left(t+\frac{T_b}{2}\right)-\delta\left(t-\frac{T_b}{2}\right)\right] * \frac{\sqrt{\pi}}{\alpha}\int_{-\infty}^{t}\exp\left(-\frac{\pi^2\tau^2}{\alpha^2}\right)d\tau$$

$$= \frac{1}{2T_b}\left[\delta\left(t+\frac{T_b}{2}\right)-\delta\left(t-\frac{T_b}{2}\right)\right] * \frac{1}{\sqrt{2\pi}}\int_{-\infty}^{\frac{\sqrt{2}\pi t}{\alpha}}\exp\left(-\frac{x^2}{2}\right)dx$$

$$= \frac{1}{2T_b}\left[\delta\left(t+\frac{T_b}{2}\right)-\delta\left(t-\frac{T_b}{2}\right)\right] * \Phi\left(\frac{\sqrt{2}\pi}{\alpha}t\right)$$

$$= \frac{1}{2T_b}\left\{Q\left[\frac{\sqrt{2}\pi}{\alpha}\left(t-\frac{T_b}{2}\right)\right]-Q\left[\frac{\sqrt{2}\pi}{\alpha}\left(t+\frac{T_b}{2}\right)\right]\right\} \tag{6.5.41}$$

对于 $BT_b=0.3$ 高斯滤波器的矩形脉冲响应 $g(t)$ 如图6.5.10所示。

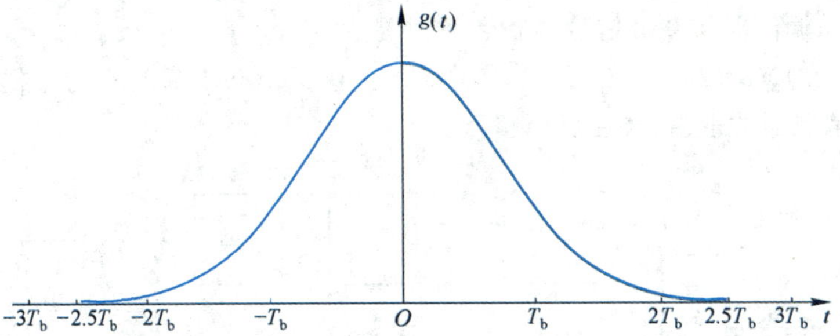

图 6.5.10　$BT_b=0.3$ 高斯滤波器矩形脉冲响应

经计算，$BT_b=0.3$ 的高斯滤波器的 $g(t)$ 的积分面积为 1/2，即

$$\int_{-\infty}^{\infty} g(t)dt = \frac{1}{2} \tag{6.5.42}$$

且满足以下条件

$$\begin{cases}\int_{-2.5T_b}^{2.5T_b} g(\tau)d\tau \approx \dfrac{1}{2} \\ g(t)\approx 0 \qquad\qquad |t| > 2.5T_b\end{cases} \tag{6.5.43}$$

所以，对于 $BT_b=0.3$ 的高斯滤波器，取 $g(t)$ 的截短长度为 $5T_b$ 来计算 GMSK 信号的相位 $\theta(t)$，就可达到足够精度。

(2) $BT_b=0.3$ GMSK 信号的相位路径计算

图 6.5.11 表示不归零矩形脉冲序列通过 $BT_b=0.3$ 的高斯滤波器的响应的示意图。

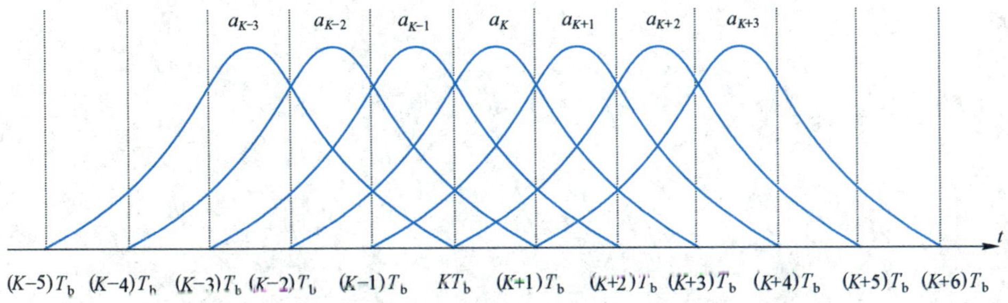

图 6.5.11　不归零矩形脉冲序列通过 $BT_b=0.3$ 的高斯滤波器的响应（若 a_n 为全 1）

由于 $g(t)$ 在 $5T_b$ 时间区间内的积分面积为 1/2，所以 $BT_b=0.3$ 的 GMSK 相位路径计算大为简化，再根据图 6.5.11 的示意图，就很容易理解式(6.5.44)的相位路径计算公式。

在 $KT_b \leqslant t \leqslant (K+1)T_b$ 期间，$BT_b=0.3$ GMSK 的相位为

$$\theta(t)=\pi\sum_{n=K-2}^{K+2}a_n\int_{(n-2)T_b}^{t}g\left(\tau-nT_b-\frac{T_b}{2}\right)\mathrm{d}\tau+L\cdot\frac{\pi}{2} \tag{6.5.44}$$

$$L=\sum_{n=-\infty}^{K-3}a_n \qquad \text{取模 4}$$

2. $BT_b=0.3$ GMSK 调制器的基带数字化实现

在算得 $BT_b=0.3$ GMSK 的 $\theta(t)$ 后，即可算出 $\cos\theta(t)$ 及 $\sin\theta(t)$ 值，设法将基带波形 $I(t)=\cos\theta(t)$ 及 $Q(t)=\sin\theta(t)$ 用数字化方法实现。在工程上，根据式(6.5.44)，首先将 $\cos\theta(t)$ 及 $\sin\theta(t)$ 离散化，制成表，固化在 ROM 中，由随机数据 $\{a_n\}$ 形成 ROM 表的地址，根据地址取出 ROM 中相应的基带信号离散值，然后利用 D/A 将其变换成模拟基带信号 $\cos\theta(t)$ 及 $\sin\theta(t)$，再由正交调制器将基带信号调制到载频上。

根据式(6.5.32)、(6.5.41)、(6.5.44)，实现 $BT_b=0.3$ GMSK 调制器的方框图如图 6.5.12 所示，关于加预编码器的理由，将在后面解释。

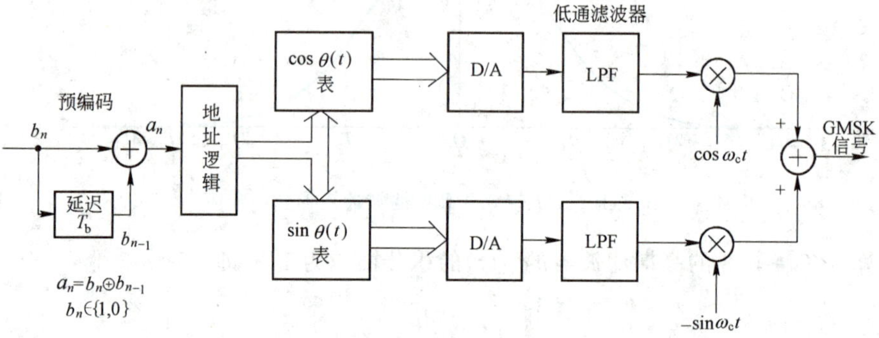

图 6.5.12 $BT_b=0.3$ GMSK 调制器

为得到 $\theta(t)$ 的余弦表及正弦表，必须将基带信号 $\cos\theta(t)$ 及 $\sin\theta(t)$ 采样、量化、编码。根据 GSM 系统对 GMSK 信号的功率谱要求，选择合适的采样速率及量化电平。在 GSM 系统中，选用采样速率 f_s 为每比特抽 8 个样，每个样值量化编码为 10 个比特。

余弦表及正弦表的地址码需要 10 位，其中 5 位是输入的信息码〔因为 $g(t)$ 的截短长度是 $5T_b$〕，还有 3 位码表示每比特 8 个采样值中的哪个样值，另有 2 位码表示象限值〔公式(6.5.44)中的 L 值〕。

图 6.5.13 表示 $BT_b=0.3$ GMSK 的基带信号仿真眼图。

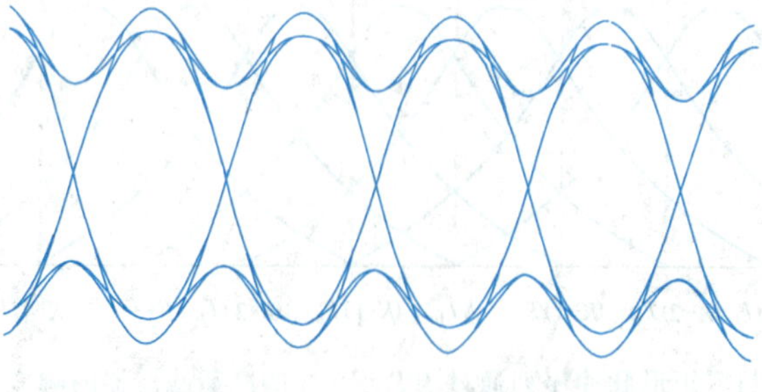

图 6.5.13 $BT_b=0.3$ GMSK 的基带信号仿真眼图

3. GMSK 信号的平均功率谱密度

GMSK 信号复包络的平均功率谱密度图如图 6.5.14 所示。

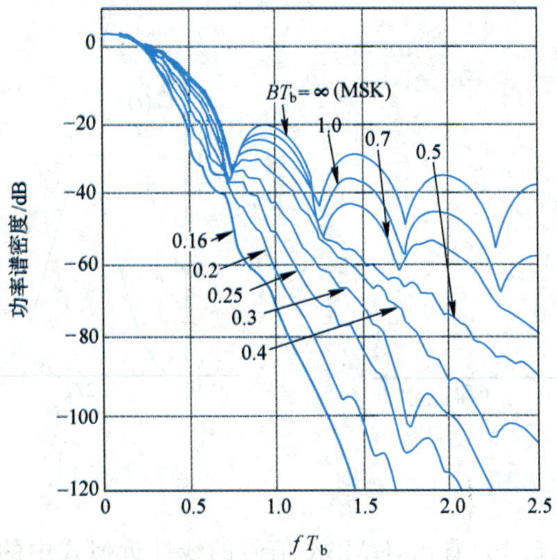

图 6.5.14 GMSK 复包络的功率谱密度

4. $BT_b=0.3$ GMSK 的解调

为了使 GMSK 的解调简单，首先在理论上要解决 $BT_b=0.3$ GMSK 信号的线性近似表示，然后再解释在 GMSK 调制器之前加预编码器的原因。

(1) $BT_b=0.3$ GMSK 信号的线性近似式

GMSK 调制是有记忆的非线性调制，但是 $BT_b=0.3$ GMSK 信号可用线性表达式近似。

GMSK 信号

$$s(t)=\mathrm{Re}[v(t)\mathrm{e}^{\mathrm{j}\omega_c t}]$$

其中复包络 $v(t)$ 为

$$v(t)=\exp\left[\mathrm{j}\sum_{n=-\infty}^{\infty}a_n q(t-nT_b)\right]\approx\sum_{n=-\infty}^{\infty}B_n C_0(t-nT_b) \tag{6.5.45}$$

其中

$$B_n=\mathrm{j}^{\sum_{k=-\infty}^{n}a_k} \tag{6.5.46}$$

$$C_0(t)=\frac{\sin\psi(t)}{s}\cdot\frac{\sin\psi(t+T_b)}{s}\cdot\frac{\sin\psi(t+2T_b)}{s} \tag{6.5.47}$$

$$s=\sin h\pi=\sin 0.5\pi=1 \tag{6.5.48}$$

于是

$$C_0(t)=\sin\psi(t)\cdot\sin\psi(t+T_b)\cdot\sin\psi(t+2T_b) \tag{6.5.49}$$

$$\psi(t)=\begin{cases}q(t) & t<3T_b\\ \dfrac{\pi}{2}-q(t-3T_b) & t\geqslant 3T_b\end{cases} \tag{6.5.50}$$

$$q(t)=\int_{-\infty}^{t}g(\tau)\mathrm{d}\tau \tag{6.5.51}$$

$g(t)$为 $BT_b=0.3$ 高斯滤波器矩形脉冲响应。

由式(6.5.50)计算的 $\psi(t)$如图 6.5.15 所示。

将式(6.5.50)代入式(6.5.49)得到 $C_0(t)$ 波形如图 6.5.16 所示。

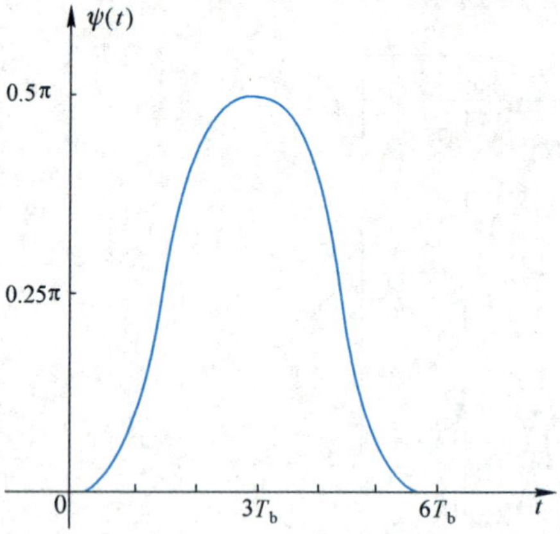

图 6.5.15　$\psi(t)$ 波形图

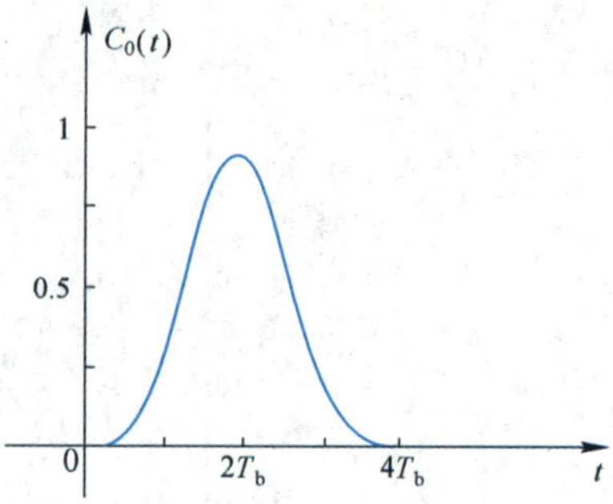

图 6.5.16　$C_0(t)$ 波形图

由式(6.5.45)及式(6.5.46)看出，GMSK 信号的线性近似式中的 B_n 不仅与当前的数据 a_n 有关，还与前面的数据有关。为了使线性近似式中的 B_n 仅与当前的输入数据有关，在 GMSK 调制器前加上预编码器。

(2) 预编码器的作用

图 6.5.17 表示在 GMSK 调制器之前加预编码器的框图。

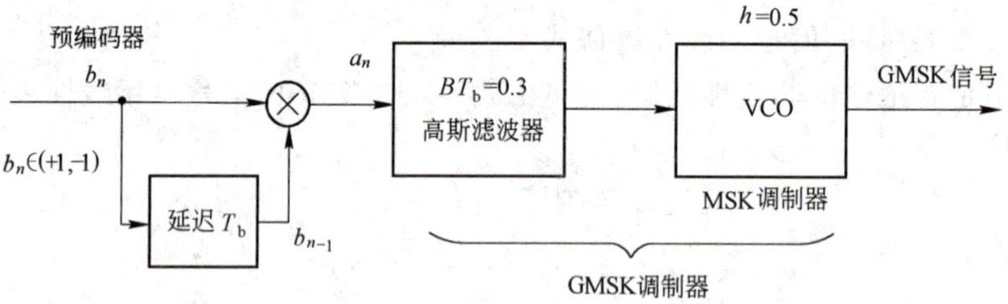

图 6.5.17　加预编码的 GMSK 调制器

加预编码器后的 GMSK 信号线性近似表示式为(推导从略)

$$s(t) = A\mathrm{Re}\left\{\left[\sum_{n=-\infty}^{\infty} B_n C_0(t - nT_b)\right] e^{j\omega_c t}\right\} \tag{6.5.52}$$

其中

$$\begin{aligned} B_n &= j^{\sum_{k=-\infty}^{n} a_k} = j^{a_1} \cdot j^{a_2} \cdot \cdots \cdot j^{a_n} && (\text{设 } k = 1,2,\cdots,n) \\ &= a_1 a_2 a_3 \cdots a_{n-1} a_n j^n && (\text{设 } a_1 = b_0 b_1 = b_1, b_0 = 1) \\ &= [1 \cdot b_1 \cdot b_1 \cdot b_2 \cdot b_2 \cdot b_3 \cdot \cdots \cdot b_{n-2} \cdot b_{n-1} \cdot b_{n-1} \cdot b_n] j^n \\ &= [b_n] j^n \end{aligned} \tag{6.5.53}$$

由式(6.5.53)看出，B_n 仅与当前的输入 b_n 有关，而与前面的输入数据无关，这将使得在解调时可以直接判决。

例 6.5.2　说明加预编码 GMSK 调制器的线性近似式中的 B_n 与预编码的输入数据 b_n 之间的关系。

n	0	1	2	3	4	5	6	7	8	9	10	11	12	13	14	…
b_n	+1	+1	−1	−1	+1	+1	−1	−1	+1	+1	−1	−1	+1	+1	−1	…
a_n		+1	−1	+1	−1	+1	−1	+1	−1	+1	−1	+1	−1	+1	−1	
$B_n = \mathrm{j}^{\sum_{k=-\infty}^{n} a_k}$		+j	+1	+j	+1	+j	+1	+j	+1	+j	+1	+j	+1	+j	+1	
$B_{n,\mathrm{even}}$			+1		+1		+1		+1		+1		+1		+1	
$B_{n,\mathrm{odd}}$		+j		+j		+j		+j		+j		+j		+j		
由 $B_n = [b_n]\mathrm{j}^n$ 解出 $\hat{b}_n$		+1	−1	−1	+1	+1	−1	−1	+1	+1	−1	−1	+1	+1	−1	…

由例 6.5.2 看出，$BT_\mathrm{b}=0.3$ GMSK 的线性近似式也可表示为

$$s(t)=A\mathrm{Re}\{[I(t)+\mathrm{j}Q(t)]\mathrm{e}^{\mathrm{j}\omega_\mathrm{c}t}\} \tag{6.5.54}$$

其中

$$I(t) = \sum_{n=-\infty}^{\infty} B_{2k}C_0(t-2kT_\mathrm{b}) \tag{6.5.55}$$

$$\mathrm{j}Q(t) = \sum_{n=-\infty}^{\infty} B_{2k-1}C_0(t-2kT_\mathrm{b}+T_\mathrm{b}) \tag{6.5.56}$$

其中，$B_{n,\mathrm{even}}=B_{2k}$；$B_{n,\mathrm{odd}}=B_{2k-1}$，$k=\cdots,0,1,2,\cdots$。　(6.5.57)

图 6.5.18 画出了例 6.5.2 的 $I(t)$ 及 $Q(t)$ 波形图。

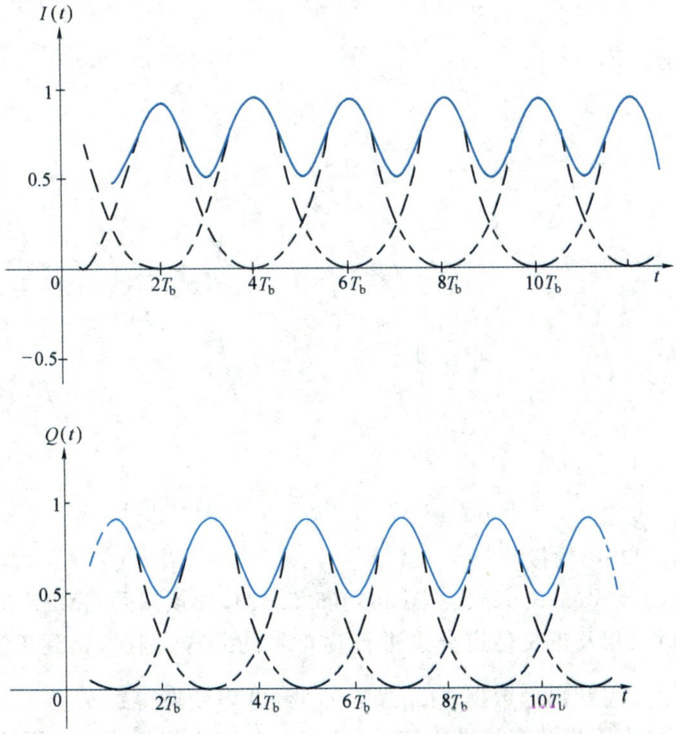

图 6.5.18　例 6.5.2 中的 $I(t)$ 及 $Q(t)$ 波形图

例 6.5.3　当 b_n 为全 1 码时的 $BT_\mathrm{b}=0.3$ GMSK 信号基带信号 $I(t)$ 及 $Q(t)$ 的波形（见图 6.5.19）。

n	0	1	2	3	4	5	6	7	8	9	10	11	12	…
b_n	+1	+1	+1	+1	+1	+1	+1	+1	+1	+1	+1	+1	+1	
a_n		+1	+1	+1	+1	+1	+1	+1	+1	+1	+1	+1	+1	
$B_n=\mathrm{j}^{\sum_{k=-\infty}^{n}a_k}$		+j	−1	−j	+1	+j	−1	−j	+1	+j	−1	−j	+1	
$B_{n,\mathrm{even}}$			−1		+1		−1		+1		−1		+1	
$B_{n,\mathrm{odd}}$		+j		−j		+j		−j		+j		−j		

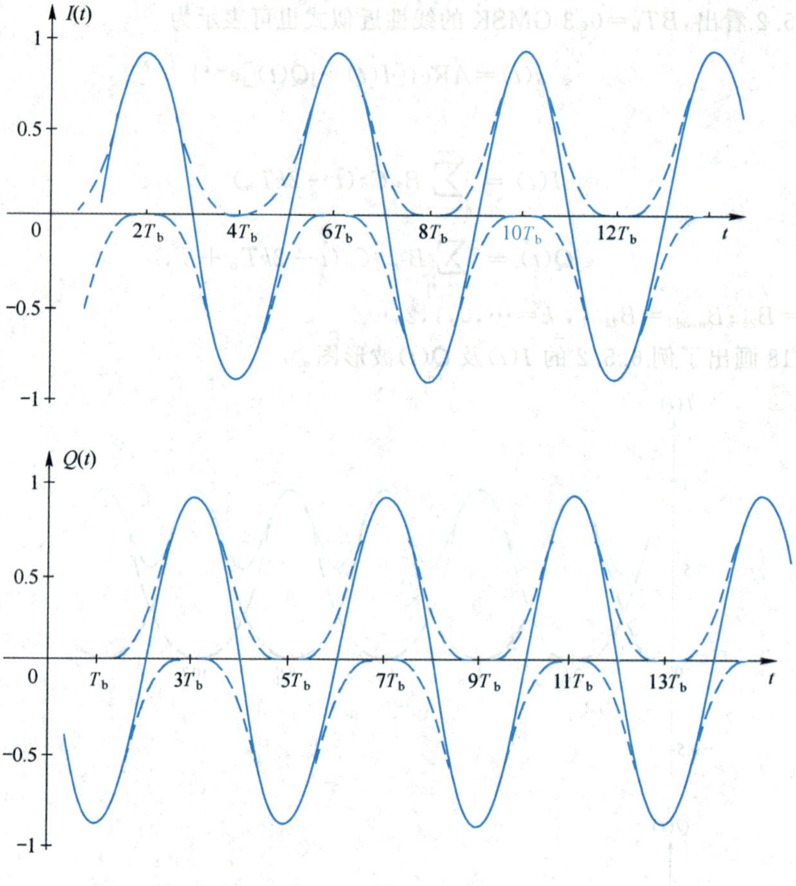

图 6.5.19 例 6.5.3 中的 $I(t)$ 及 $Q(t)$ 波形图

(3) 加预编码 GMSK 的接收

根据式(6.5.54)及式(6.5.55)、(6.5.56)、(6.5.57),加预编码 GMSK 的相干解调框图如图 6.5.20 所示。对同相及正交信道分别进行逐符号的采样、判决,得到 $B_{n,\mathrm{even}}$ 及 $B_{n,\mathrm{odd}}$,再由式(6.5.53)乘以 j^{-n} 即可解出原数据 $b_{n,\mathrm{even}}$ 及 $b_{n,\mathrm{odd}}$,经并串变换得到 $\hat{b}_n$。

在加性白高斯噪声干扰及高信噪比信道条件下,GMSK 相干解调的平均误比特率计算公式近似为

$$P_{\mathrm{b}}=Q\left(\sqrt{\frac{d_{\min}^2}{2N_0}}\right) \tag{6.5.58}$$

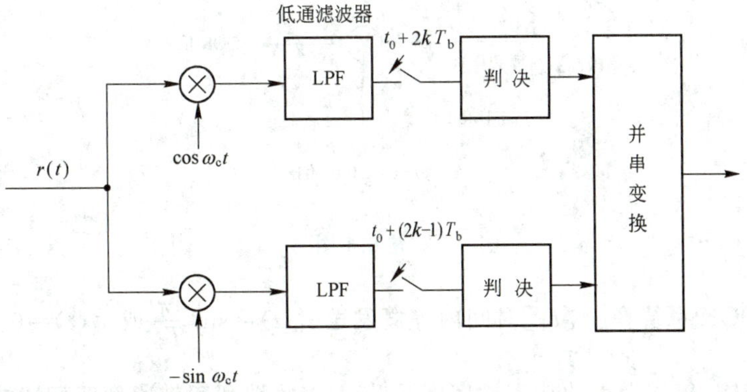

图 6.5.20 加预编码 GMSK 的相干解调

最小欧氏距离为

$$d_{\min}=\begin{cases}1.89\sqrt{E_b} & \text{GMSK}(BT_b=0.3)\\ 2\sqrt{E_b} & \text{MSK}(BT_b=\infty)\end{cases} \tag{6.5.59}$$

需指出，在 GSM 数字蜂窝移动通信系统中，由于移动信道是时变多径传输信道，在信号带宽内的信道特性很不理想，且是时变的，会产生频率选择性衰落（见第 8 章），引起收端 GMSK 解调采样时刻的码间干扰，为此在 GSM 系统中的 GMSK 最佳接收是采用最大似然序列检测，并用维特比（Viterbi）算法简化运算量，通过对 GMSK 信号的相位状态网格图的搜索来寻找欧氏距离最小的路径作为译码输出，亦称此检测器为维特比均衡器，用来对移动信道进行均衡，其接收框图如图 6.5.21 所示，不作具体解释，请读者参考文献[9]。

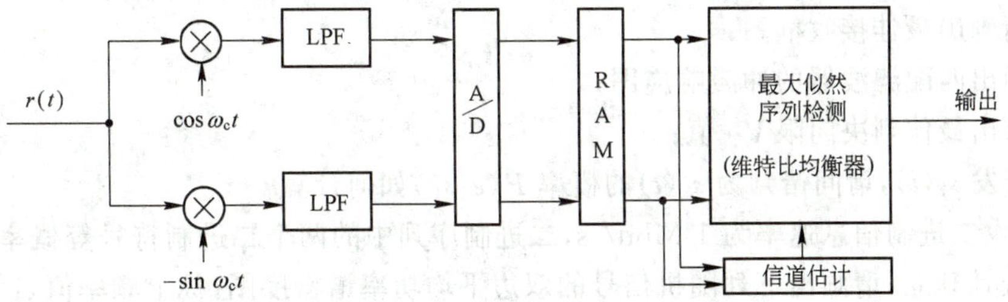

图 6.5.21 GSM 系统 $BT_b=0.3$ GMSK 最佳接收框图

习 题

6.1 设二进制序列中的各符号之间互相统计独立，且两个二进制符号等概率出现，信息速率 $R_b=1$ Mbit/ s，请画出下列随机信号的平均功率谱密度图（标上频率值）：

(1) 单极性矩形不归零码序列；

(2) 单极性矩形不归零码序列通过乘法器后的 OOK 信号。

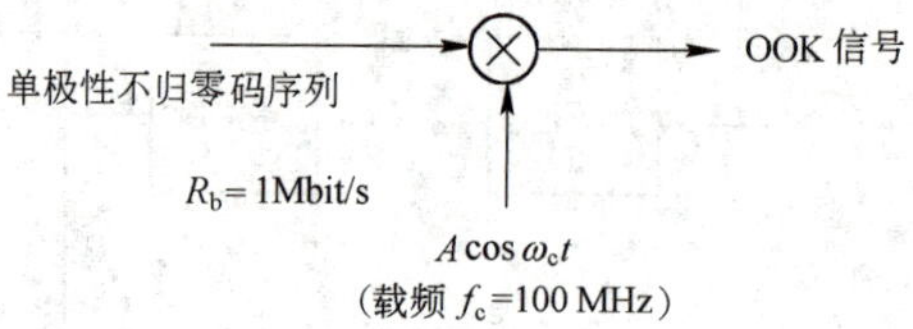

题 6.1 图

6.2 某 OOK 系统在$[0,T_b]$时间内等概发送 $s_1(t)=\sin\frac{4\pi t}{T_b}$或 $s_2(t)=0$。OOK 信号通过 AWGN 信道传输,信道噪声的功率谱密度是$\frac{N_0}{2}$。接收端利用带通型匹配滤波器进行解调。

(1) 画出匹配滤波器的冲激响应;

(2) 画出匹配滤波器输出的有用信号波形;

(3) 确定最佳判决门限,并求该系统的平均误比特率。

6.3 已知二进制 2FSK 通信系统的两个信号波形为

$$s_1(t)=\sin\frac{2\pi}{T_b}t \qquad 0\leqslant t\leqslant T_b$$

$$s_2(t)=\sin\frac{4\pi}{T_b}t \qquad 0\leqslant t\leqslant T_b$$

其中,T_b 是二进制码元间隔,设 $T_b=1$ s,2FSK 信号在信道传输中受到加性白高斯噪声的干扰,加性噪声的均值为 0,双边功率谱密度为$\frac{N_0}{2}$,$s_1(t)$与 $s_2(t)$等概率出现:

(1) 请画出两信号的波形图;

(2) 计算两信号波形的相关系数 ρ 及平均比特能量 E_b;

(3) 请画出最佳接收框图;

(4) 画出匹配滤波器的冲激响应图;

(5) 求出最佳判决门限 V_T 值;

(6) 若发 $s_1(t)$,请问错判为 $s_2(t)$的概率 $P(e|s_1)$如何计算?

6.4 设二进制信息速率为 1 Mbit/ s,二进制序列中的两个二进制符号等概率出现,且各符号之间统计独立,请画出下列随机信号的双边平均功率谱密度图(标上频率值):

(1) 双极性矩形不归零码序列;

(2) 双极性矩形不归零码序列通过乘法器后的 BPSK 信号。

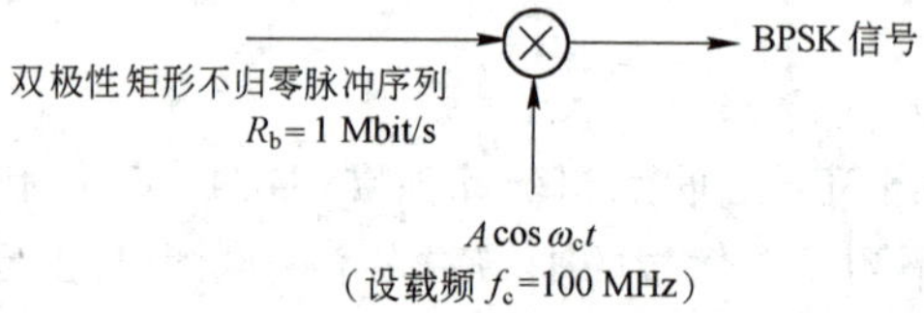

题 6.4 图

6.5　BPSK 信号

$$s_1(t)=A\cos\omega_c t \qquad 发“传号”,0\leqslant t\leqslant T_b$$
$$s_2(t)=-A\cos\omega_c t \qquad 发“空号”,0\leqslant t\leqslant T_b$$

其中,T_b 为二进制比特间隔,信号在信道传输中受到加性白高斯噪声 $n_w(t)$ 的干扰,加性噪声的均值为 0,双边功率谱密度为 $N_0/2$,$s_1(t)$ 及 $s_2(t)$ 等概率出现:

(1) 求 BPSK 两信号之间的相关系数 ρ 值及平均比特能量 E_b;

(2) 画出用相关型解调实现 BPSK 最佳接收的框图;

(3) 发 $s_2(t)$ 时,相关解调器输出 $y(t)$ 在最佳采样时刻的采样值 y 的条件均值及条件方差,并写出 y 的条件概率密度函数 $p_2(y)$ 的表达式;

(4) 求出最佳接收的平均误比特率公式(写出推导过程)。

6.6　在加性白高斯噪声干扰下,对 BPSK 信号进行相干解调,恢复载波和发送载波相位差为固定的 θ,如题 6.6 图所示。设 BPSK 采用矩形脉冲成形,已调信号幅度为 A,$|\theta|<\pi/2$。

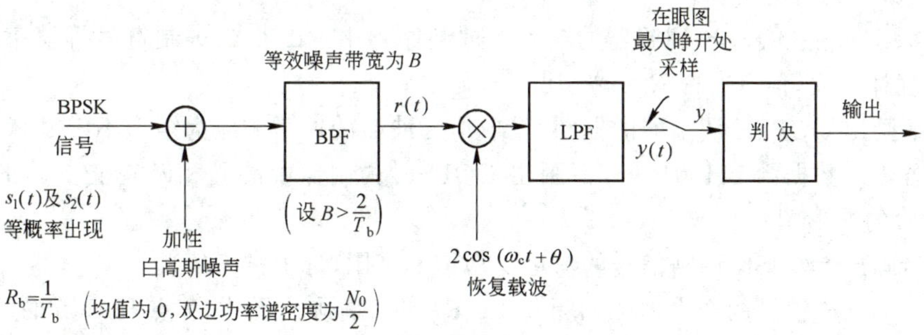

题 6.6 图

(1) 写出宽带白高斯噪声通过窄带带通滤波器(BPF)后的噪声 $n(t)$ 的数学表达式,画出 $n(t)$ 的功率谱密度图,并求出 $n(t)$ 的均值及方差;

(2) 请证明该系统的平均误比特率计算公式为

$$P_b=\frac{1}{2}\mathrm{erfc}\left(\sqrt{\frac{A^2\cos^2\theta}{2N_0B}}\right)$$

6.7　BPSK 信号

$$s_1(t)=A\cos\omega_c t \qquad 0\leqslant t\leqslant T_b$$
$$s_2(t)=-A\cos\omega_c t \qquad 0\leqslant t\leqslant T_b$$

其中,T_b 为二进制符号间隔,二进制序列为不相关序列,$s_1(t)$ 与 $s_2(t)$ 等概率出现:

(1) 请画出该 BPSK 信号的双边平均功率谱密度图(标明频率值);

(2) 请画出 BPSK 接收机提取载波的两种方框图,并简要说明其工作原理。

6.8　假设 BPSK 信号在信道传输中受到加性白高斯噪声的干扰,加性噪声的均值为 0,双边功率谱密度 $\frac{N_0}{2}=10^{-10}$ W/Hz,发送信号比特能量 $E_b=\frac{1}{2}A^2T_b$,其中 T_b 是比特间隔,A 是信号幅度。最佳接收的平均误比特率 $P_b=10^{-3}$,请求出在输入信息速率 R_b 分别为(1) 10 kbit/s;(2) 100 kbit/s;(3) 1 Mbit/s 条件下的 BPSK 信号幅度 A 值(注:$\frac{1}{2}\mathrm{erfc}\left(\sqrt{\frac{E_b}{N_0}}\right)=10^{-3}$,$10\lg\frac{E_b}{N_0}=6.8$ dB)。

6.9 一DPSK数字通信系统，信息速率为R_b，输入数据为110100010110…。

(1) 写出相对码(设相对码的第一个比特为1)；

(2) 画出DPSK发送框图；

(3) 请写出DPSK发送信号的载波相位(设第一个比特的DPSK信号的载波相位为0)；

(4) 画出DPSK信号的平均功率谱密度图(标明频率值)，假设二进制不相关序列中的“1”和“0”等概出现。

6.10 一数字通信系统的收发信机，发送的二进制信息速率为2 Mbit/s，发送载频为800 MHz，要求发射频谱限于(800±1)MHz，请设计最佳频带传输系统：

(1) 画出发送原理框图，并画出该数字调制器各点的双边功率谱密度图(标上频率坐标)；

(2) 写出该最佳频带传输系统的平均误比特率计算公式。

6.11 某三次群(34.368 Mbit/s)数字微波系统，其载波频率为6 GHz，信道频带宽度为25.776 MHz，请设计在加性白高斯噪声干扰下的无符号间干扰的QPSK调制及解调的最佳频带传输系统，画出框图。

6.12 已知一OQPSK调制器的输入二进制序列中的2个二进制符号等概率出现，且各符号之间统计独立，信息速率$R_b=2$ Mbit/s，则

(1) 请画出OQPSK调制器的框图(设成形滤波器的冲激响应为矩形不归零脉冲)；

(2) 若输入数据为1110010…，请画出OQPSK调制器中的同相及正交支路的基带信号$I(t)$及$Q(t)$的波形图；

(3) 请画出OQPSK调制信号的双边功率谱密度图(标上频率值)。

6.13 4ASK信号的产生框图如题6.13图所示，请画出图中A点及B点的双边功率谱密度图，并请标上频率值。设4ASK信号的四电平等概率出现，符号间互不相关。

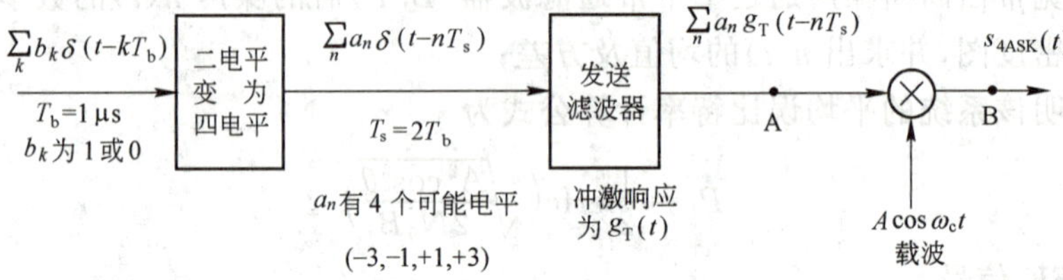

题6.13图

发送滤波器冲激响应$g_T(t)$为矩形不归零脉冲，即

$$g_T(t)=\begin{cases}\sqrt{\dfrac{2}{T_s}} & 0\leqslant t\leqslant T_s\\ 0 & t\ \text{为其他}\end{cases}$$

6.14 某4ASK系统发送的信号$s(t)$以等概方式取自集合$\boldsymbol{\Omega}=\{\pm f_1(t),\pm 3f_1(t)\}$，其中$f_1(t)=\sqrt{\dfrac{2}{T_s}}\cos 2\pi f_c t, 0\leqslant t\leqslant T_s$。$s(t)$经过AWGN信道传输，接收信号是$r(t)=s(t)+n_w(t)$，其中$n_w(t)$是功率谱密度为$\dfrac{N_0}{2}$的高斯白噪声。接收框图如题6.14图所示。

(1) 求判决器输入r_1中噪声的方差；

(2) 分别按发送信号$s(t)$为$-3f_1(t)$、$-f_1(t)$、$f_1(t)$、$3f_1(t)$的条件，写出r_1的均值；

(3) 按最大似然准则将 r_1 的取值范围($-\infty,\infty$)分成 4 个判决域,并用图示;

(4) 求该系统的平均误符号率。

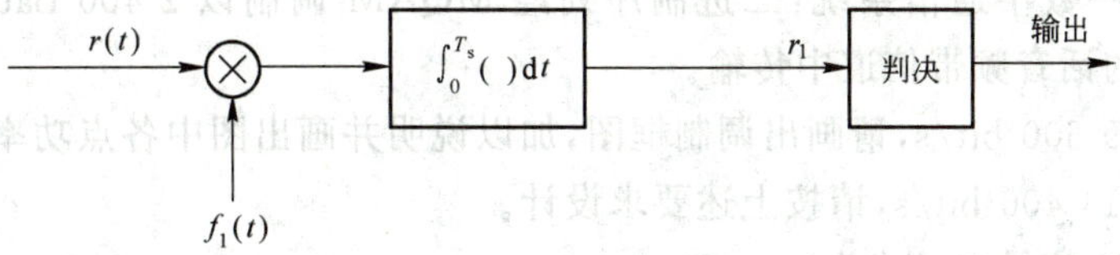

题 6.14 图

6.15 一 QPSK 信号表示成为

$$s_i(t)=\sqrt{\frac{2}{T_s}}\cos\left[2\pi f_c t+\frac{2\pi(i-1)}{4}\right]\quad i=1,2,3,4\quad 0\leqslant t\leqslant T_s$$

两个归一化正交基函数为

$$f_1(t)=\sqrt{\frac{2}{T_s}}\cos 2\pi f_c t\quad 0\leqslant t\leqslant T_s$$

$$f_2(t)=-\sqrt{\frac{2}{T_s}}\sin 2\pi f_c t\quad 0\leqslant t\leqslant T_s$$

(1) 画出星座图,写出各星座点的坐标;

(2) 求平均符号能量 E_s 以及平均比特能量 E_b;

(3) 假设各星座点等概出现,发送信号通过 AWGN 信道传输,信道噪声的单边噪声功率谱密度是 $N_0=0.1$ W/Hz,求该系统的误比特率及误符号率。

6.16 一 8PSK 及 8QAM 星座图如题 6.16 图所示,各星座点等概出现。

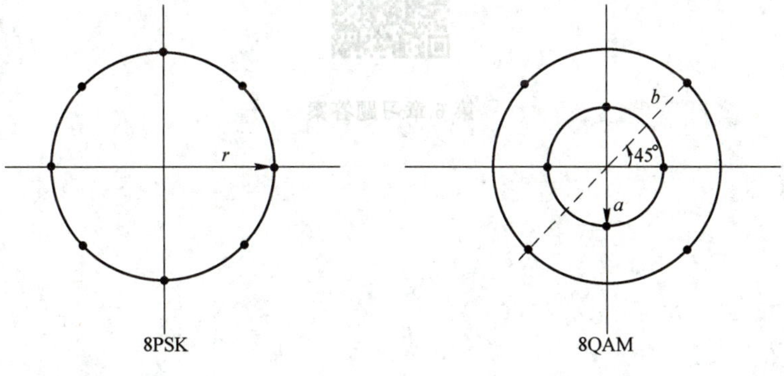

题 6.16 图

(1) 若 8QAM 星座图中星座点之间的最小欧氏距离为 A,求能使平均符号能量最小的内圆及外圆之半径 a 与 b 值;

(2) 若 8PSK 星座图中相邻星座点之间的欧氏距离为 A,求圆的半径 r 值;

(3) 求出这两种星座图的平均符号能量。

6.17 题 6.16 中的信号空间图,其中每个信号矢量携带 3 个比特的二进制符号。

(1) 若调制器输入的信息速率 $R_b=90$ Mbit/s,请求出 8PSK 及 8QAM 信号的符号速率

R_s 值;

(2) 在给定 A 的条件下,比较 8PSK 与 8QAM 所需$\frac{E_b}{N_0}$的比值。

6.18 设计一数字通信系统:二进制序列经 MQAM 调制以 2 400 Baud 的符号速率在 300～3 300 Hz 的话音频带信道中传输。

(1) 若 R_b=9 600 bit/s,请画出调制框图,加以说明并画出图中各点功率谱图;

(2) 若 R_b=14 400 bit/s,请按上述要求设计。

6.19 MPSK 信号表示式为

$$s_i(t)=A\cos\left[2\pi f_c t+\frac{2\pi(i-1)}{M}\right] \qquad i=1,2,\cdots,M;\quad 0\leqslant t\leqslant T_s$$

请分别写出 QPSK 及 8PSK 信号的解析信号及复包络表示式。

6.20 MQAM 信号表示式为

$$s_i(t)=a_{ic}g_T(t)\cos\omega_c t-a_{is}g_T(t)\sin\omega_c t \qquad i=1,2,\cdots,M$$

式中的$\{a_{ic}\}$及$\{a_{is}\}$是一组离散幅度的集合,$g_T(t)$是基带成形滤波器的冲激响应。请写出矩形星座 16QAM 信号的解析信号及复包络表示式。

6.21 为实现 GSM 系统 BT_b=0.3 GMSK 调制器(二进制符号速率 R_b=270.833 kbit/s)的基带数字化,如图 6.5.12 所示。

(1) 请利用数字信号处理工具,根据 GSM 系统对 BT_b=0.3 的 GMSK 信号功率谱的要求(参考图 6.5.14),选择合适的、将基带信号 $\cos\theta(t)$及 $\cos\theta(t)$离散化的采样速率 f_s(每比特抽几个样)及每个样值的量化比特数。

(2) 请计算出 $\theta(t)$的 $\cos\theta(t)$及 $\sin\theta(t)$表。

第 6 章习题答案

第 7 章　信源和信源编码

7.1 引　　言

在现代通信中，信源和信道是组成通信系统的最基本单元。信源是产生信息的源，信道则是传送载荷信息的信号所通过的通道，信源与信宿之间的通信是通过信道来实现的。

度量通信的技术性能主要是从通信的数量与质量两方面来讨论的，一般数量指标用有效性度量，而质量指标用可靠性度量。前者主要与信源统计特性有关，而后者则主要决定于信道的统计特性。

通信研究的重点之一是信道，在考虑通信有效性的同时主要研究通信的质量，即可靠性问题，从通信系统的优化观点来看，通信研究的另一个重点应是信源，它主要研究通信的数量，即有效性问题。只有同时研究通信的数量与质量、有效和可靠，同时研究信源和信道，才能使整个通信系统实现优化，达到既有效又可靠。可见，通信系统是信源与信道相配合的统一体，通信系统的优化应是寻求信源与信道之间最佳的统计匹配。

从信息论观点看，实际的信源若不经过信息处理，即信源编码，信源会存在大量的统计多余的成分，这一部分信息完全没有必要通过信道传送给接收端，因为它完全可以利用信源的统计特性在接收端恢复出来。信源编码的任务是在分析信源统计特性的基础上，设法通过信源的压缩编码去掉这些统计多余成分。这也就是为什么要在通信原理中特别加上信源编码这一章的主要原因。

本章扼要介绍信源统计特性描述及信源的信息度量即信息熵，信源编码定理及信源编码的基本原理。

在信源统计特性描述方面，主要讨论信源的分类、信源统计模型与描述，重点是讨论最简单、最基本的离散单消息与离散无记忆信源。在信源的信息度量方面重点讨论熵、互信息以及信息率失真 $R(D)$ 函数等基本概念。在信源编码方面，主要讨论无失真与限失真编码定理概要；离散无失真单消息信源与无记忆信源的熵编码；连续模拟信源脉冲编码调制（PCM）限失真编码，它包括采样定理、最佳量化、以及 A 律与 μ 律压扩特性等；限失真有记忆信源解除相关性的预测编码与域变换编码。

7.2 信源的分类及其统计特性描述

1. 离散信源与连续信源

信源是产生信息的源头,从物理背景上看实际信源是多种多样的,最常见的有文字、语音、图像以及各类数据信源。为了分析与描述方便,可将各类实际信源抽象概括为两大类型:离散(或数字)信源和连续(或模拟)信源,其中文字、电报以及各类数据属于离散信源,而未经数字化的语音、图像则属于连续信源。

2. 单消息(符号)信源

为了简化分析和突出问题实质,假设信源仅输出一个消息(符号),而这个消息是一个不确定量,比如它可以是二进制数中的"0"或"1",也可以是英文26个字母中的某一个字母,还可以是中文数千个单字中的某一个单字,称它为单消息(符号)信源。

(1) 单消息(符号)离散信源

下面,首先讨论最简单、最基本的单消息(符号)离散信源,它可以是信源仅输出一个符号,也可以是符号序列中的单个符号。单个符号的统计特性由符号的取值集合 $X=\{x_1, x_2, \cdots, x_n\}$ 及对应的出现概率 $P(x_i)$ 来共同描述,即

$$\begin{pmatrix} X \\ P(x_i) \end{pmatrix} = \begin{pmatrix} x_1, & x_2, & \cdots, & x_n \\ P(x_1), & P(x_2), & \cdots, & P(x_n) \end{pmatrix} \tag{7.2.1}$$

其中,$0<P(x_i)\leqslant 1, i=1,\cdots,n$,且 $\sum\limits_{i=1}^{n} P(x_i)=1$。

例如,对于离散、单消息的二进制等概率信源,有

$$\begin{pmatrix} X \\ P(x_i) \end{pmatrix} = \begin{pmatrix} 0, & 1 \\ \frac{1}{2}, & \frac{1}{2} \end{pmatrix} \tag{7.2.2}$$

(2)单消息(符号)连续信源

单消息(符号)连续信源,仅输出一个符号,它是取值连续的随机变量。同理,可给出单个连续变量信源的统计描述

$$\begin{pmatrix} X \\ p(x) \end{pmatrix} = \begin{pmatrix} x\in(a,b) \\ p(x) \end{pmatrix} \tag{7.2.3}$$

其中 $p(x)$ 表示具体取连续值 x 的概率密度。

3. 消息(符号)序列信源

实际信源输出的消息往往不只是一个符号,而是一个序列。它是由上述最基本的单个消息信源扩展构成。对于实际离散信源,它的输出是一个离散消息(符号)序列,例如:某电报系统,发出的是一串"有"、"无"脉冲的信号,把"有"脉冲用"1"表示,"无"脉冲用"0"表示,此电报系统就是二进制信源,其输出的消息是一串"0"和"1"的序列。在数学描述上可写成一随机序列:$\boldsymbol{X}=(X_1\cdots X_l\cdots X_L)$。对于实际连续信源,它的输出是一个模拟消息,在数学描述上可写成一随机过程 $X(t)$,对每个瞬间 $t=t_i$,$X(t_i)$ 是一个连续随机变量。实际上,文字信源、数据信源

以及数字化以后的语音与图像信源均可表达成离散消息序列信源。模拟语音与模拟图像等模拟信源均可表达成连续随机过程 $X(t)$ 信源。

一般,模拟信源可以离散化为离散消息序列信源,然而离散消息序列信源则由一系列单消息构成,为了简化分析,这里着重介绍单消息信源。

在单消息(符号)离散信源的统计描述基础上,对离散消息(符号)序列信源进行统计描述,但对离散序列的描述往往是复杂和困难的,为了便于研究,必须对实际的离散序列信源作一些假设,使问题得到简化。

4. 离散消息(符号)序列信源的统计特性描述

假设离散消息序列信源由 L 个离散符号构成,且消息序列中的每个符号取值集合(范围)是相同的,用 X 表示,则消息序列信源的取值集合可以表示为

$$X^L = X \times X \times \cdots \times X(\text{由 } L \text{ 个符号构成}) \tag{7.2.4}$$

这时,离散信源输出的消息(符号)序列是一个 L 维随机矢量 $\boldsymbol{X}$,即

$$\boldsymbol{X} = (X_1 \cdots X_l \cdots X_L) \tag{7.2.5}$$

随机矢量 $\boldsymbol{X}$ 的具体取值(样值)为

$$\boldsymbol{x} = (x_1 \cdots x_l \cdots x_L) \tag{7.2.6}$$

样值 $\boldsymbol{x}$ 的对应概率为 $P_{\boldsymbol{X}}(\boldsymbol{x})$。在各符号间有关联条件下,$P_{\boldsymbol{X}}(\boldsymbol{x})$〔简写为 $P(\boldsymbol{x})$〕表示为

$$P(\boldsymbol{x}) = P(x_1 \cdots x_l \cdots x_L) = P(x_1)P(x_2 | x_1)P(x_3 | x_2 x_1) \cdots P(x_L | x_{L-1} \cdots x_1) \tag{7.2.7}$$

它是一个 L 维的联合概率。

对于离散消息序列信源的统计描述可以采用信源的消息序列的取值集合 X^L 及其对应的概率 $P(\boldsymbol{x})$ 来共同描述:$(X^L, P(\boldsymbol{x}))$。它也可写成

$$\begin{pmatrix} X^L \\ P(x) \end{pmatrix} = \begin{pmatrix} a_1, & \cdots, & a_m, & \cdots, & a_{n^L} \\ P(a_1), & \cdots, & P(a_m), & \cdots, & P(a_{n^L}) \end{pmatrix} \tag{7.2.8}$$

其中,离散消息序列长度为 L,而序列中的每个符号又有 n 种可能的取值,因此整个消息序列总共有 n^L 种取值。式(7.2.8)中每个符号 a_m 对应于某个由 L 个 x_{m_l} 组成的序列,$a_m = (x_{m_1}, \cdots, x_{m_l}, \cdots, x_{m_L})$,而 a_m 的概率 $P(a_m)$ 是由对应的 L 个 x_{m_l} 构成的 L 维联合概率,$m=1, 2, \cdots, n^L$。

(1) 离散无记忆序列信源

对于离散序列信源还可以进一步划分为无记忆与有记忆两类,当序列中的前后符号相互统计独立时称为无记忆,否则称为有记忆。本节重点讨论简单的无记忆离散序列信源,这时消息序列的 L 维联合概率为

$$P(x_1 x_2 \cdots x_L) = \prod_{l=1}^{L} P(x_l) \tag{7.2.9}$$

考虑 3 bit,即 $L=3$,且设 $P(0)=P(1)=\frac{1}{2}$,则有

$$\begin{pmatrix} X^3 \\ P(\boldsymbol{x}) \end{pmatrix} = \begin{pmatrix} 000, & 001, & \cdots, & 111 \\ P^3(0), & P^2(0)P(1), & \cdots, & P^3(1) \end{pmatrix} = \begin{pmatrix} 000, & 001, & \cdots, & 111 \\ \frac{1}{8}, & \frac{1}{8}, & \cdots, & \frac{1}{8} \end{pmatrix} \tag{7.2.10}$$

(2) 离散有记忆序列信源

有记忆信源是指消息序列中前、后符号间不满足统计独立的条件,实际信源一般均属此类。但是描述这类信源比较困难,特别是序列符号间记忆长度 L 很大时,需要掌握全部记忆区域内 L 维的概率统计特性。在实际处理时,往往可以作进一步简化,特别是当消息序列中任一个符号仅与前面一个符号有直接统计关联,或者推而广之,消息序列中 K 个符号组成的一个消息状态仅与前面 K 个符号组成的前一消息状态有直接统计关联时,称该信源为一阶马尔可夫链信源。进一步,若这类一阶马尔可夫链信源又满足齐次与遍历的条件,这里齐次是指消息的条件转移概率随时间推移不变,即与所在时间位置无关;这里的遍历则是指当转移步数足够大时,序列的联合概率特性基本上与起始状态概率无关。在这种特殊情况下的描述与分析可以进一步大大简化。比如数字图像信源往往是可以采用这一模型作为分析的近似模型。

7.3 信息熵 $H(X)$

信息是一个既广泛而又抽象的哲学概念,至今无确切定义。在这里不打算对广义信息的概念作进一步深入探讨,而将重点放在分析、理解通信领域中狭义信息的概念上。在通信中,信息是指信源的内涵。信源所表达的内容与含义,是信道待传送的内容与含义,它是一个抽象的哲学表达层次上的概念。在通信中至少可以从两个不同的层次(侧面)来进一步描述与刻画它。

通信中描述信息的第一个层次是在工程领域中经常采用的最为具体的物理表达层,该层次的代表是信号。信号是一个物理量,可描述、可测量、可显示。通信中待传送的信息就是以信号参量形式载荷在信号上,这些参量是信号的振幅、频率、相位乃至参量的有与无。所以就物理表达层来看,信息是信号所载荷的内容与含义。

通信中描述信息的第二个层次是在理论领域中常采用较为抽象的数学表达层,该层次的代表是消息(或符号),它将抽象待传送的信息从数学实质上加以分类:一类为离散型,即数字信源,用相应的随机变量 X、随机变量序列 $\boldsymbol{X}=(X_1 X_2 \cdots X_l \cdots X_L)$ 来描述;另一类为连续型,即模拟信源,可以用相应的随机过程 $X(t)$ 来描述。在这个层次上抽象的信息概念可以在数学层次上被描述为随机序列和随机过程,从而为信息定量度量打下坚实的基础。在这一层次中,信息是消息所描述和度量的对象。

信号、消息、信息三个表达层次是一个统一体,它们之间的关系可以看作是哲学上的内涵与外延的关系。这就是说,信息是信号与消息的内涵,即消息所要描述和度量的内容、信号所要载荷的内容;而信号则是信息在物理层上的外延,消息则是信息在数学层次上的外延。这也就是说信号与消息是信息在物理与数学两个不同方面的表达形式。同一内涵的信息可以采用不同消息形式描述,也可以采用不同的信号形式来载荷;相反,不同内涵的信息也可以采用同一消息形式来描述,同一类型信号形式来载荷。可见,信息、消息与信号三个层次之间是一个既统一又辩证的关系。

信源输出的是消息,消息的内涵是信息。信息的最主要特征是具有不确定性。如何定量度量信息的不确定性?上一节已讨论过信源的统计特性可以采用概率及概率密度来描述,那么度量信息的不确定性与信源的概率与概率密度应是什么关系?这正是本节所要讨论的主题。

信息的定量化一直是人们长期追求的目标。早在1928年,信息论的先驱学者之一哈特莱(Hartley)首先研究并给出了一个具有 N^m 种可能取值的等概率信源(从 N 个各不相同的离散值中任取一个,然后放回去,这样共进行 m 次抽取,所得到不同排列的序列共有 N^m 种)的信息度量公式,采用信源输出的可能消息数的对数测度作为消息的信息度量单位,即

$$I=\log N^m=m\log N \tag{7.3.1}$$

由于包含信息的消息或符号最主要的特征是不确定性,而不确定性主要来源于客观信源的概率统计上的不确定性,而 Hartley 信息度量公式可以看成在等概率信源条件下信息度量的一个特例。这一观点完全被后来信息论创始人香农(C. E. Shannon)所吸收。

1. 单消息(符号)离散信源的信息度量

本节将首先从人们容易接受的直观概念出发,推导出信源的信息度量公式——信息熵的基本公式。它与香农从严格的数学上给出的结论是完全一致的,当然也可以引用熵的公理化结构来证明这一点,但由于篇幅所限这里从略。

从直观概念推导信息熵的公式,可以分为两步走:第一步首先求出当某一个具体的单个消息(符号)产生(出现)时,比如 $x=x_i$ 时的信息度量公式记为 $I[P(x_i)]$;第二步求单个消息(符号)信源的信息熵(信息度量),由于单消息(符号)信源有 $i=1,2,\cdots,n$ 种取值可能,因此要取统计平均即 $H(X)=E[I(P_i)]$。

(1) 单消息(符号)离散信源的自信息量

通常,对单个消息信源,比如 $X=x_i$,它出现的概率 $P(x_i)$ 越小,它一出现必然使人越感意外,则由它所产生的信息量就越大,即 $P(x_i)$ 减小,$I[P(x_i)]$ 增加,且当 $P(x_i)\to 0$ 时,$I[P(x_i)]\to\infty$;反之,$P(x_i)$ 增加,$I[P(x_i)]$ 减小,且当 $P(x_i)\to 1$ 时,$I[P(x_i)]\to 0$。

可见,对于单个消息信源,某个消息 $X=x_i$ 所产生的信息 $I[P(x_i)]$ 应是其对应概率 $P(x_i)$ 的递减函数。另外,由两个不同的消息(两者间统计独立)所提供的信息应等于它们分别提供信息量之和,即信息应满足可加性(实际上若两者不满足统计独立,也应满足条件可加性)。显然,同时满足对概率递减性与可加性的函数应是下列对数函数,即

$$I[P(x_i)]=\log\frac{1}{P(x_i)}=-\log P(x_i) \tag{7.3.2}$$

通常称 $I[P(x_i)]$ 为信源输出单个离散消息 $X=x_i$ 时的自信息量。

(2) 两个单消息(符号)离散信源的联合自信息量

若有两个单消息离散信源,用两个离散随机变量 X 及 Y 描述,当两个消息有统计关联时,它们的条件自信息量与两个消息的联合自信息量分别计算如下:

$$I[P(y_j)]=\log\frac{1}{P(y_j)}=-\log P(y_j) \tag{7.3.3}$$

$$I[P(y_j\mid x_i)]=\log\frac{1}{P(y_j\mid x_i)}=-\log P(y_j\mid x_i) \tag{7.3.4}$$

$$I[P(x_i\mid y_j)]=\log\frac{1}{P(x_i\mid y_j)}=-\log P(x_i\mid y_j) \tag{7.3.5}$$

$$I[P(x_iy_j)]=\log\frac{1}{P(x_iy_j)}=-\log P(x_iy_j) \tag{7.3.6}$$

注:log 根据需要可取以 2 为底或以 e、10 为底。

2. 单消息(符号)离散信源的信息熵

上面从直观概念直接推导出当信源某一个单消息、条件单消息以及两个单消息联合同时出现时的自信息量的表达式。然而，一般离散信源，即使是单消息信源，也具有有限种取值的可能，即 $i=1,2,\cdots,n;j=1,2,\cdots,m$。因此，这时信源输出的信息量就应该是上述具体单个消息产生的自信息量的概率统计平均值，显然它与信源本身的概率特性有关。因此，可以定义信源输出的平均信息量，即信息论创始人香农将其定义为单消息(符号)离散信源的信息熵：

$$H(X)=E\{I[P(x_i)]\}=E[-\log P(x_i)]$$
$$=-\sum_{i=1}^{n}P(x_i)\log P(x_i) \tag{7.3.7}$$

其中，"E"表示求概率统计平均值，即求数学期望值。香农称信源输出的一个符号所含的平均信息量 $H(X)$为信源的信息熵，简称为熵。可见，从数学上看，熵是信源消息概率$P(x_i)$的对数函数 $\log P(x_i)$的统计平均值，故又称为是 $P(x_i)$的泛函数。它是定量描述信源的一个重要物理量。它是由香农于1948年首先给出的一个从概率统计角度来描述信源不确定性的一个客观物理量，是从信源整体角度上反映信源的不确定性度量。熵这个名词是香农从统计热力学借用过来的，不过在统计热力学中称为热熵，它是用来表达统计热力学中分子运动混乱程度的一个物理量。香农将它引入通信中，用它描述信源平均不确定性，其含义是类似的。但是在热力学中已知任何孤立系统的演化热熵只会增加不会减少，然而在通信中信息熵只会减少不会增加，所以也有人称信息熵为负热熵。

信息熵的单位与自信息量的单位一样都取决于所取对数的底。在通信中最常用的是以2为底，这时单位称为比特(bit)；有时在理论分析和推导时采用以e为底比较方便，这时单位称为奈特(Nat)；在工程运算时，有时采用以10为底较方便，这时单位称为笛特(Det)。它们之间可以引用对数换底公式进行互换。比如：

$$1\ \text{bit}=0.693\ \text{Nat}=0.301\ \text{Det}$$

对于二进制信源，若 $P(1)=p,P(0)=1-p$，则信源熵为

$$H(X)=-p\log_2 p-(1-p)\log_2(1-p)\triangleq h_2(p)$$

由图7.3.1可见，二元熵函数 $h_2(p)$在 $p=\dfrac{1}{2}$，也即信源等概时熵达到最大。

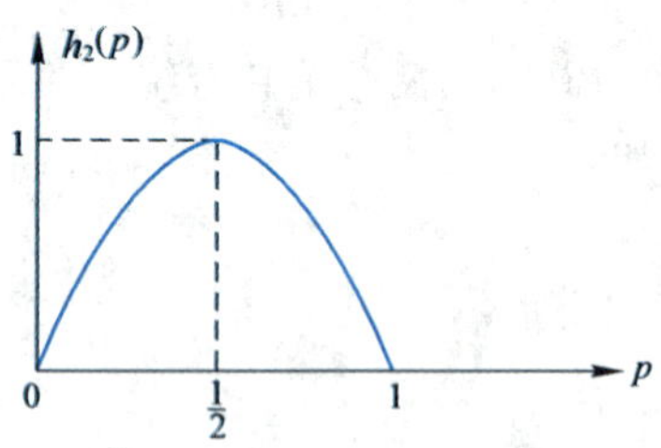

图7.3.1 单消息离散二进制信源熵函数

对于任意的 n 进制信源 $X\in\{x_1,x_2,\cdots,x_n\}$，设其出现概率依次为 $P(X=x_1)=p_1,P(X=x_2)=p_2,\cdots,P(X=x_n)=p_n$。利用Jensen不等式可以证明信源等概，也即 $p_1=p_2=\cdots=p_M=\dfrac{1}{M}$时熵最大，最大熵是 $\log_2 M$ bit/symbol。

这里，有必要讨论一下信息熵与信息量之间的关系。前面已指出信息熵是表征信源本身统计特性的一个物理量，它是信源平均不确定性程度的一度量值，是从信源整体统计特性上刻划信源的一个客观物理量，是一个绝对量。而人们一般所说的信息量是针对接收者而言的，是相对的，它既可以看作是接收者所获得信源不确定性的减少量，也可看作是信源(发送者)给予信宿(接收者)的不确定性减少量。若发与收(源与宿)之间传送的信道无干扰，接收者(信宿)所获得的信息量在数量上就等于发送者(信源)所给出的信息量，即

信源信息熵，但是两者在概念上是有区别的。若信道中存在噪声，则不仅两者概念上有区别而且数量上也不相等。可见，信息熵 $H(X)$ 也可以理解为信源输出的信息量，然而，通常所指的信息量都是指接收者从信宿所获得的关于信源的信息量，这也就是将在后面要进一步介绍的互信息，它是一个相对量。

3. 联合熵及条件熵

考虑两个单消息（符号）离散信源，用两个离散随机变量 X,Y 描述，它们的取值分别是 $x_i(i=1,2,\cdots,n)$ 及 $y_j(j=1,2,\cdots,m)$。

类似于对于一单消息离散信源的信息熵 $H(X)$ 的定义，同理，也可以进一步对另一单消息信源熵 $H(Y)$ 及它们之间的条件熵 $H(Y|X)$、$H(X|Y)$、联合熵 $H(X,Y)$ 作如下类似定义：

$$H(Y)=E\{I[P(y_j)]\}=E[-\log P(y_j)]=-\sum_{j=1}^{m}P(y_j)\log P(y_j) \tag{7.3.8}$$

$$H(Y|X)=E\{I[P(y_j|x_i)]\}=E[-\log P(y_j|x_i)]=-\sum_{i=1}^{n}\sum_{j=1}^{m}P(x_iy_j)\log P(y_j|x_i) \tag{7.3.9}$$

$$H(X|Y)=E\{I[P(x_i|y_j)]\}=E[-\log P(x_i|y_j)]=-\sum_{i=1}^{n}\sum_{j=1}^{m}P(x_iy_j)\log P(x_i|y_j) \tag{7.3.10}$$

条件熵代表已知一个符号的条件下，另一符号的信息熵。

$$H(X,Y)=E\{I[P(x_iy_j)]\}=E[-\log P(x_iy_j)]=-\sum_{i=1}^{n}\sum_{j=1}^{m}P(x_iy_j)\log P(x_iy_j) \tag{7.3.11}$$

它们之间有如下主要性质：

(1)
$$H(X,Y)=H(X)+H(Y|X) \tag{7.3.12}$$
$$=H(Y)+H(X|Y) \tag{7.3.13}$$

(2)
$$H(X)\geqslant H(X|Y) \tag{7.3.14}$$
$$H(Y)\geqslant H(Y|X) \tag{7.3.15}$$

公式(7.3.14)、(7.3.15)又称为香农不等式。

例 7.3.1　有两个同时出现消息的单消息信源，若以 X 表示第一个信源，该信源输出 x_1，x_2，x_3 三个可能符号之一。以 Y 表示第二个信源，信源输出 y_1，y_2，y_3，y_4 四个可能符号之一。已知：第一个信源各可能符号出现的概率为 $P(x_i)$，$i=1,2,3$。第二个信源各符号出现的条件概率为 $P(y_j|x_i)$，$i=1,2,3$；$j=1,2,3,4$，如表 7.3.1 所示。

表 7.3.1　$P(X)$ 及 $P(Y|X)$

X		x_1	x_2	x_3
$P(X)$		1/2	1/3	1/6
$P(y_j\|x_i)$	y_1	1/4	3/10	1/6
	y_2	1/4	1/5	1/2
	y_3	1/4	1/5	1/6
	y_4	1/4	3/10	1/6

请求出：

(1) 信息熵 $H(X)$ 及 $H(Y)$；

(2) 联合熵 $H(X,Y)$;

(3) 条件熵 $H(Y|X)$及 $H(X|Y)$。

解 (1)
$$H(X)=-\sum_{i=1}^{3}P(x_i)\log_2 P(x_i)=1.4592\ 比特/符号$$
$$P(y_1)=-\sum_{i=1}^{3}P(x_i)P(y_1|x_i)=\frac{91}{360}$$
$$P(y_2)=-\sum_{i=1}^{3}P(x_i)P(y_2|x_i)=\frac{99}{360}$$
$$P(y_3)=-\sum_{i=1}^{3}P(x_i)P(y_3|x_i)=\frac{79}{360}$$
$$P(y_4)=-\sum_{i=1}^{3}P(x_i)P(y_4|x_i)=\frac{91}{360}$$
$$H(Y)=-\sum_{j=1}^{4}P(y_j)\log_2 P(y_j)=1.9956\ 比特/符号$$

(2) 每一对符号出现的联合概率 $P(X\,Y)=P(X)P(Y|X)$列于表 7.3.2 中。

表 7.3.2 联合概率 $P(X\,Y)$

X		x_1	x_2	x_3
$P(x_i,y_j)$	y_1	1/8	1/10	1/36
	y_2	1/8	1/15	1/12
	y_3	1/8	1/15	1/36
	y_4	1/8	1/10	1/36

$$H(X,\ Y)=-\sum_{i=1}^{3}\sum_{j=1}^{4}P(x_i,y_j)\log_2 P(x_i,y_j)=3.4151\ 比特/每对符号$$

(3)
$$H(Y|X)=H(X,Y)-H(X)=1.9559\ 比特/符号$$
$$H(X|Y)=H(X,Y)-H(Y)=1.4195\ 比特/符号$$

如果消息序列中的各可能符号不等概出现,且符号之间统计关联,则信源冗余度大,其压缩的潜力大,这就是信源编码与数据压缩的前提。

7.4 互信息 $I(X;Y)$

上一节已指出:信息熵是信源输出符号所包含的平均信息量,经过信道传输后,真正被接收者信宿所获得的信源的信息量则是互信息 $I(X;Y)$,互信息是与发送者 X、接收者 Y 双方都有关系的一个相对量,它既可理解为从接收者信宿 Y 获得关于信源 X 的信息量,也可以理解为发送者信源 X 传送给接收者信宿 Y 的信息量,因此可记为 $I(X;Y)$。

从公式(7.3.14)、(7.3.15),即香农不等式,有
$$H(X)\geqslant H(X|Y)\geqslant 0 \tag{7.4.1}$$
$$H(Y)\geqslant H(Y|X)\geqslant 0 \tag{7.4.2}$$
移项后求得
$$H(X)-H(X|Y)\geqslant 0 \tag{7.4.3}$$
$$H(Y)-H(Y|X)\geqslant 0 \tag{7.4.4}$$

若令 X 为信源，Y 为信宿，则它们之间的互信息可直接定义为

$$\begin{aligned} I(X;Y) &= H(X)-H(X|Y) \\ &= E[-\log P(x_i)]-E[-\log P(x_i|y_j)] \\ &= E\left[-\log\frac{P(x_i)}{P(x_i|y_j)}\right]=E[i(x_i;y_j)] \end{aligned} \tag{7.4.5}$$

还可以等效定义为

$$\begin{aligned} I(X;Y) &= H(Y)-H(Y|X) \\ &= E[-\log P(y_j)]-E[-\log P(y_j|x_i)] \\ &= E\left[-\log\frac{P(y_j)}{P(y_j|x_i)}\right]=E[i(y_j;x_i)] \end{aligned} \tag{7.4.6}$$

其中，$i(x_i;y_j)$和 $i(y_j;x_i)$表示发、收某一对具体 x_i 与 y_j 值时的互信息，称它为信源与信宿之间的互信息密度，而互信息则可定义为互信息密度的统计平均值。这一定义与信息熵与信源的信息量之间的定义完全相似。下面，对互信息的意义作进一步说明。

从式(7.4.5)看出，互信息 $I(X;Y)$是 $H(X)$和$H(X|Y)$之差，其中 $H(X)$是符号 X 的熵和不确定度，$H(X|Y)$是已知 Y 时，X 的不确定度，且有 $H(X|Y)\leqslant H(X)$。这说明在了解 Y 以后，X 的不确定度的减少量为 $H(X)-H(X|Y)$，这个差值也就是已知 Y 的取值后所提供的有关 X 的信息量。同样，在了解 X 以后，Y 的不确定度的减少量也是已知 X 的取值后所提供有关 Y 的信息量[14]。

对于互信息有下列主要基本数学性质：

(1)
$$\begin{aligned} I(X;Y) &= H(X)-H(X|Y) \\ &= H(Y)-H(Y|X) \\ &= H(X)+H(Y)-H(X,Y) \end{aligned} \tag{7.4.7}$$

(2)
$$I(X;Y)\geqslant 0$$

(3)
$$I(X;Y)\leqslant H(X)$$
$$I(Y;X)\leqslant H(Y)$$

在数学上，互信息可表示为信源的概率分布 $P(x_i)$与信道的条件概率(或称为转移概率)$P(y_j|x_i)$的函数。由互信息定义，有

$$\begin{aligned} I(X;Y) &= H(Y)-H(Y\mid X) \\ &= -\sum_{j=1}^{m}P(y_j)\log P(y_j)+\sum_{i=1}^{n}\sum_{j=1}^{m}P(x_i)P(y_j\mid x_i)\log P(y_j\mid x_i) \\ &= \sum_{i=1}^{n}\sum_{j=1}^{m}P(x_i)\log P(y_j\mid x_i)\log\frac{P(y_j\mid x_i)}{\sum_{i=1}^{n}P(x_i)P(y_j\mid x_i)} \end{aligned} \tag{7.4.8}$$

由式(7.4.8)可进一步证明互信息 $I(X;Y)$是概率分布 $P(x_i)$的上凸函数，是转移概率 $P(y_j|x_i)$的下凸函数。这表明，在给定信道转移概率条件下，变更信源 $P(x_i)$，能得到最大互信息(第 8 章讨论信道容量时，要用到此概念)。在给定信源 $P(x_i)$条件下，变更信道的转移概率 $P(y_j|x_i)$可得到最小互信息(第 7 章讨论信息率失真函数时，要用到此概念)。

7.5 无失真离散信源编码定理简介

前面已讨论了离散信源的信息度量:信源熵 $H(X)$,下面要讨论信源的另一个重要问题:如何更有效地表示信源的输出,并希望将信源的输出符号无差错地传送到接收端,即实现有效、无失真地传送(假设信道是理想的,不引入失真)。为此,首先要将信源输出符号序列有效地变换成二(或 M)进制数字序列,即进行信源编码。对信源编码的要求是:不仅要使传送编码序列的信息速率尽量小,还要从该编码序列能无失真地恢复出原信源的输出符号即能正确地进行反变换或译码,称此信源编码为无失真离散信源编码。本节将进一步分析、讨论实现通信系统优化的无失真离散信源编码定理。它是在理论上研究:在无失真编译码条件下,传送信源信息所必须具有的最小信息速率。虽然这是理论上的极限值,此定理是理论上的极限定理,但在实际通信系统中可以指出最佳编码器的设计方向。为了简化分析,这里仅讨论最简单情况的信源无失真编码定理:离散、无记忆、平稳、遍历、二(多)进制等(变)长编码条件下的信源编码定理。

1. 等长编码定理

下面将从直观概念出发,直接推导出这类简化性信源编码。首先研究等长码,见图7.5.1。

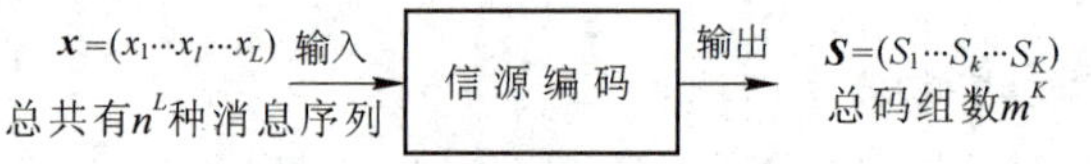

图 7.5.1 信源编码原理图

其中,$\boldsymbol{x}$ 为输入无记忆符号序列,它共有 L 位(长度),每一位有 n 种取值可能。$\boldsymbol{S}$ 为信源编码器输出的无记忆符号序列,它共有 K 位(长度),每一位有 m 种取值可能(等概出现),由于 K 是定值,其相应的编码定理为等长编码定理。

首先考虑在独立等概信源条件下,为了实现无失真并有效地编码,应分别满足:

无失真要求:$n^L \leqslant m^K$(即每个消息序列必须有对应的编码码组)

有效性则要求:$n^L \geqslant m^K$(即编出的码组总数要小于信源消息序列总数)

由无失真条件,有

$$n^L \leqslant m^K \Rightarrow \frac{K}{L} \geqslant \frac{\log n}{\log m} \tag{7.5.1}$$

显然,上述两个条件是相互矛盾的。在式(7.5.1)中,公式的右端,其分子表示等概率信源的熵,而分母表示等概率编码码元的熵。若 $n=m$,则由式(7.5.1)得出 $K \geqslant L$,说明对独立等概信源进行编码,则信源编码器输出的码序列总数 m^K 等于信源输出消息序列的总数 n^L,可以无失真编译码,但其有效性差,不可能进行压缩编码。如何解决这一对矛盾呢?由于实际无记忆离散信源往往不是等概信源,这才有可能进行压缩编码,提高编码的有效性。若要满足有效性,则在引入信源的不等概统计特性后,无须对信源输出的全部 n^L 种消息序列一一编码,而仅对其中大概率典型序列进行编码,对小概率非典型序列则根本不编码。这就意味着会出现译码差错,故所谓无失真等长编码,是指无失真(无差错)或近似无失真(有差错)的信源编码。

假设信源输出一长度为 L 的离散无记忆消息序列,序列中的每个符号有 n 个可能取值,总共有 n^L 种可能的消息序列数。

当 L 足够大时，根据大数定理，其中一些序列的集合会以趋向于 1 的概率出现，且该序列集合中的每一序列具有相同的出现概率，约为 $2^{-LH(X)}$（信息熵的单位为比特），称这些序列为典型序列。而信源输出序列的集合可分为两个互补的集合，一为典型序列集合，另一为非典型序列集合，非典型序列集是典型序列集的补集。在 L 足够大时，典型序列集合的出现概率趋于 1（它是集内各序列的出现概率之和），非典型序列集合的出现概率很小，可以忽略不计。图 7.5.2 是典型序列集及非典型序列集的示意图。

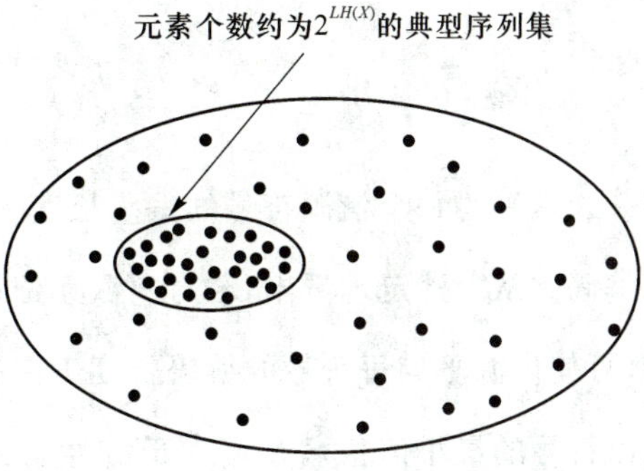

图 7.5.2　典型和非典型序列集

既然典型序列集的出现概率接近于 1，且每个典型序列都具有相同的概率：$2^{-LH(X)}$，因此典型序列的总数接近于 $2^{LH(X)}$，这是一非常重要的结论。它指出在实际应用时，不必对信源的所有输出序列进行编码，只需对典型序列进行编码即可。可证明，只要 L 足够大，$L\geqslant\frac{\sigma^2(x)}{\delta\varepsilon^2}$，其中方差$\sigma^2(x)=E[I(x_i)-H(X)]^2$，$\varepsilon$、$\delta$ 是给定的任意小的正数，则如果只对典型序列进行编码，而忽略非典型序列所引入的译码差错率 P_e 可小于任一正数 δ。这样，可使用比信源实际输出的消息序列数小的编码序列来表示信源的输出，从而提高了编码的有效性，达到压缩编码的目的。

在引入信源不等概统计特性以后对式(7.5.1)作适当的修改。公式(7.5.1)的右端，其分子可修改为不等概率实际信源熵 $H(X)$〔此 $H(X)$是长度为 L 的信源输出消息序列中的每个符号所包含的平均信息量〕，则有

$$\frac{K}{L}\geqslant\frac{H(X)}{\log_2 m} \tag{7.5.2}$$

再将上式稍作变化，即可求得典型香农第一等长编码定理形式：对于任意给定的$\varepsilon>0$，$\delta>0$，只要

$$\frac{K}{L}\log_2 m\geqslant H(X)+\varepsilon \tag{7.5.3}$$

则当 L 足够大时，必可使译码差错小于 δ；反之，当

$$\frac{K}{L}\log_2 m\leqslant H(X)-2\varepsilon$$

时，译码差错一定是个有限值，而当 L 足够大时，译码几乎必定出错。

从上述定理看出，传送一个无记忆离散信源符号，编码器输出的信息量是$\frac{K}{L}\log_2 m$ 比特/符号（称它为编码器输出的信息率 R），只要 $R>H(X)$，这种编码器可做到近似无失真，也就是译码器差错率 P_e 小于任一正数 δ，否则就不行。

2. 变长编码定理

若信源编码器用不同长度的符号（K 是不定值）来表示信源的输出符号，称为变长编码。

下面讨论变长编码定理，这时仅需将公式(7.5.2)修改为

$$\frac{\overline{K}}{L}\geqslant\frac{H(X)}{\log_2 m} \tag{7.5.4}$$

其中将等长码的 K 改成相对应变长码平均码长 $\overline{K}$。

再将公式(7.5.4)稍加修改即可求得典型的香农第一变长编码定理形式

$$\frac{H(X)}{\log_2 m}+\frac{1}{L}>\frac{\overline{K}}{L}\geqslant\frac{H(X)}{\log_2 m} \tag{7.5.5}$$

对于二进制(即 $m=2$),令 $\frac{1}{L}=\varepsilon$,则有

$$\begin{gathered}\frac{H(X)}{\log_2 2}+\varepsilon>\frac{\overline{K}}{L}\geqslant\frac{H(X)}{\log_2 2}\\ \Rightarrow H(X)+\varepsilon>\frac{\overline{K}}{L}\geqslant H(X)\end{gathered} \tag{7.5.6}$$

其中 $\frac{\overline{K}}{L}$ 表示平均每个信源符号的编码长度。可见它要求 $\frac{\overline{K}}{L}$ 与信息熵 $H(X)$ 相匹配,因此又称为熵编码。从上述定理看出,若对离散无记忆信源的输出符号进行变长编码,必存在一种编码方式,可使信源平均每符号的编码长度 $R=\frac{\overline{K}}{L}\log_2 m$ 接近于信源的信息熵 $H(X)$,也就是编码器输出符号的最小信息率 R 略大于信息熵 $H(X)$,可做到几乎无失真译码,条件是 L 必须足够大。

变长编码可以无失真编码,无差错译码。

编码效率 η:

$$\eta=\frac{H(X)}{R} \tag{7.5.7}$$

它表示信源的平均每个符号的信息熵 $H(X)$ 与信源平均每个符号的编码长度 R 之比值。用变长编码可达到相当高的编码效率。一般,变长码所要求的信源消息序列长度 L 比等长编码的小得多。

7.6 无失真离散信源编码

上一节讨论了离散信源编码定理,该定理既是存在性定理也是构造性定理。由于离散无失真信源编码是与信源消息(符号)熵相匹配的编码,因此通常称它为熵编码。具体实现时又可分为等长码与变长码两类。实际上,用等概的编码码组对信源输出的符号序列进行等长编码时,信源输出的符号序列长度 L 必须很大才行,这在实际应用中很难实现。为了解决此难题,采用可变长度的编码码组去适应信源的概率特性。因此本节重点讨论变长编码。

1. 变长编码

变长编码的思路是根据信源输出符号出现概率的不同来选择码字,出现概率大的用短码,出现概率小的用长码,使平均编码长度 $\overline{K}$ 最短,因而可提高编码效率。

例 7.6.1 设有一个简单离散单消息信源如下:

$$\begin{pmatrix}X\\P(x_i)\end{pmatrix}=\begin{pmatrix}x_1 & x_2 & x_3 & x_4\\ \frac{1}{2} & \frac{1}{4} & \frac{1}{8} & \frac{1}{8}\end{pmatrix}$$

变长编码　0　10　110　111

试求其编码效率。

解　可求得

$$H(X)=-\sum_{i=1}^{4}P(x_i)\log P(x_i)=\frac{7}{4}\text{ 比特/符号}$$

进行逐位编码($L=1$),平均码长

$$\overline{K}=\sum_{i=1}^{4}P(x_i)K_i=\frac{1}{2}\times 1+\frac{1}{4}\times 2+2\times\frac{1}{8}\times 3=\frac{7}{4}\text{ 比特/符号}$$

这样,可求得编码效率($L=1,R=\overline{K}$)

$$\eta=\frac{H(X)}{R}=\frac{7/4}{7/4}=1(100\%)$$

可见,若采用变长编码,逐位编码($L=1$)即可达到 100%效率。

2. 哈夫曼编码

哈夫曼(Huffman)编码是无前缀的变长编码,它没有一个码字是其他码字的前缀,以确保唯一可译码。它能够提供逼近信源熵的编码序列,其编码效率高,且能无失真地编译码。

例 7.6.2　设有一个离散单消息(符号)信源如下:

$$\begin{pmatrix}X\\P(x_i)\end{pmatrix}=\begin{pmatrix}x_1 & x_2 & x_3 & x_4 & x_5 & x_6 & x_7\\0.20 & 0.19 & 0.18 & 0.17 & 0.15 & 0.10 & 0.01\end{pmatrix}$$

试对它进行哈夫曼编码。

解　首先根据信源消息(符号)概率的大小排队并按图 7.6.1 图形进行哈夫曼编码。

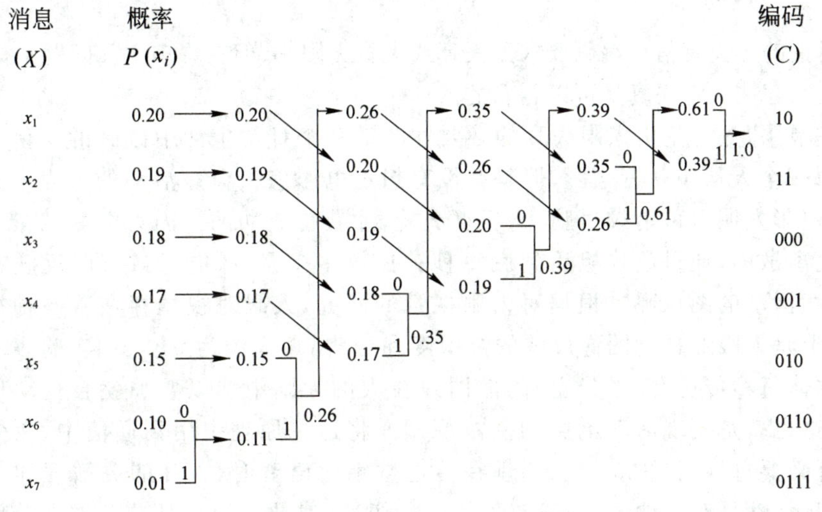

图 7.6.1　哈夫曼编码

总结上述编码,可得下列编码规则:

(1) 将信源消息 X 按概率大小自上而下排序;

(2) 从最小两个概率开始编码,分别编码为“0”或“1”;

(3) 将已编码的两支路概率合并,并重新排序、编码;

(4) 重复步骤(3),直至合并概率归一时为止;

(5) 从概率归一端沿树图路线逆行至对应消息和概率,并将沿线已编的“0”与“1”编为一组,即为该消息(符号)的编码。

哈夫曼编码方法不唯一,因为编码时的0和1是任意给的,另外在两个符号有相同概率时的编码过程不唯一,造成编码结果不同,但平均码长相同。哈夫曼编码现已广泛用于各类图像编码中,然而应用最早、最为有效的则是在传真编码中。在传真编码中应用的是游程编码,它是一类基于哈夫曼码的推广,即将哈夫曼码中对单个消息(符号)的统计匹配编码推广至信源中0序列与1序列的消息序列进行统计匹配,其基本思想完全是一致的。

哈夫曼编码被称为最优的变长信源编码,但是这一最佳性能是建立在稳定、确知的概率统计特性的基础上,一旦统计特性不稳定或发生变化或不完全确知,变长编码将失去统计匹配的前提,其性能必然引起恶化,实际信源往往不可能提供很稳定、确知的概率特性,因此人们开始研究比较稳健、适应性比较强的准最佳信源编码。算术编码就是其中最出色的一个。

在无失真信源的文本压缩中除上述已知信源概率特性和部分已知概率特性的哈夫曼码、算术编码以外,实际还使用一种可以不考虑概率特性,或者仅考虑信息序列间的统计关联的L-Z码。它是Lempe和Ziv等提出的仅考虑单一信息序列,或者说从序列复杂度的意义上去探讨信源编码的方法,他们从序列的分段或者从分段匹配的观点提出了一些编码方法,这种方法可以用于信源概率特性不存在时,或存在但不要求具体概率特性形式时。这些内容由于篇幅所限不再赘述。

7.7 信息率失真 $R(D)$ 函数

以上讨论的无失真信源编码要求无失真或失真无限小,但在许多实际问题中,译码输出与信源输出之间存在一定失真是可以容忍的。

在这一节中,先讨论引入限失真的必要性。举一个日常生活中碰到的实例来说明这一必要性。每一个人从小就看电影,但是有没有想过电影怎么会是活动的?为了实现连续活动的图像,电影发明者可谓绞尽脑汁,反复试验,才获得成功的。因为电影拍摄的胶片是一张一张分立离散的,通过放映机后到底每秒钟播放多少张、才能通过人眼反映在大脑皮层上,形成连续活动的图像呢?根据对人眼视觉的研究,人眼对视觉存在着一种视觉暂留效应,它实际上是人眼对视觉图像反映的灵敏度和分辨力,大约为0.1 s。实验表明对于一般运动速度物体每秒传送25张分立、离散图片在人的大脑中加以叠加就会自动形成连续活动的图像,这也就是实现活动电影的基本原理。将这一原理引用到通信中,在传送电视图像时就没有必要每秒超过25帧。同理在传送数字化语音时,人耳的灵敏度和分辨力也是有限的,而且特性是对数性的,一般超过8位非线性(对数)量化,耳朵基本上分辨不出。因此,由于信宿存在灵敏度和分辨力,就没有必要将超过灵敏度和分辨力的信源信息传送给信宿。

由于在通信系统中,在信宿和信源之间允许有一定的失真,因而没必要将信源输出的全部信息传送到信宿,只要传送信源输出的部分信息即可。为此,信源编码器要进行限失真的编码,与无失真信源编码相比较,限失真信源编码能以小于信源熵的信息率进行编码(对信源输出的每个符号进行编码的平均比特数称为信源编码器的信息率 R,单位为比特/信源符号),从而降低了在信道中传送信息的速率,提高了通信系统传输信息的有效性。

下面,要进一步研究,在通信系统中,在给定信源的概率分布及给定信宿与信源之间的最大允许失真的条件下,从信宿获得关于信源的最小信息量是多少。也就是信宿和信源之间的最小互信息，从而得出相应的限失真信源编码器对信源符号进行编码的平均最小比特数，即最小信息率。

通过图 7.7.1 的数字通信系统模型，加以分析。

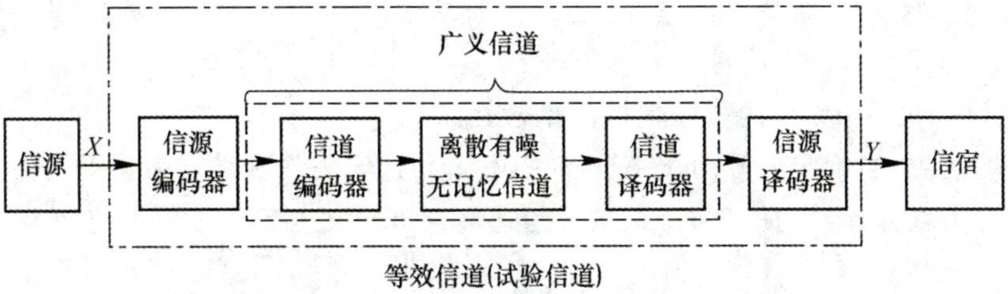

图 7.7.1　数字通信系统模型

在图 7.7.1 中，由信道编码器、离散有噪无记忆信道、信道译码器组成广义信道。由于信道编、译码器的作用，可认为广义信道近似无差错传输。

需指出，在分析通信系统模型中的不同问题时，其信道包含的范围是不同的，由分析方便与否而定。

图 7.7.1 中的信源编码器输出的是二进制信号，信源编码具有唯一的译码。

在图 7.7.1 中，离散无记忆信源的输出 X 经过等效信道传输，信道的输出为 Y。假设信宿 Y 与信源 X 之间存在失真，此失真是由限失真信源编码器产生，其失真的大小可通过该等效信道的输入 x_i 与输出 y_i 之间的转移概率 $P(y_j|x_i)$ 来表示，也就是此信道的特性用转移概率 $P(y_j|x_i)$ 来描述，称此信道为试验信道或编码信道。需指出，改变 $P(y_j|x_i)$ 相当于改变有失真的信源编码方式。

下面，首先定义最大允许失真 D，其次讨论通信系统的最小互信息。

1. 最大允许失真 D

在通信系统的信源与信宿的联合空间(取值集合、取值范围)上定义一个失真测度，即

$$d(x_i,y_j):X\times Y\to R^+([0,\infty)) \tag{7.7.1}$$

其中，$x_i\in X$(单个消息空间)，$y_j\in Y$(单个消息空间)，且 $i=1,2,\cdots,n;j=1,2,\cdots,m$ 分别为信源及信宿消息的取值种类数。对整个信源与信宿，有下列统计平均失真：

$$\overline{d}=\sum_{i=1}^{n}\sum_{j=1}^{m}P(x_i,y_j)d(x_i,y_j) \tag{7.7.2}$$

它可以看成信源与信宿构成的信号空间上的一种"距离"。对于离散信源，有

$$d(x_i,y_j)=d_{ij}\begin{cases}=0, & x_i=y_j(\text{无失真})\\>0, & x_i\neq y_j(\text{有失真})\end{cases} \tag{7.7.3}$$

若取 d_{ij} 为汉明距离，则有

$$d_{ij}=\begin{cases}0, & x_i=y_j(\text{无失真})\\1, & x_i\neq y_j(\text{有失真})\end{cases} \tag{7.7.4}$$

对于连续信源，有

$$d(x,y)=(x-y)^2$$

或者

$$d(x,y)=|x-y| \tag{7.7.5}$$

其中 $d(x,y)$ 为一个二元函数。

进一步,定义允许失真 D 为上述信源客观失真函数 $\overline{d}$ 的上界,对离散信源,有

$$D \geqslant \overline{d} = \sum_{i=1}^{n}\sum_{j=1}^{m} P(x_i, y_j)d(x_i, y_j) = \sum_{i=1}^{n}\sum_{j=1}^{m} P(x_i)P(y_j \mid x_i)d_{ij} \tag{7.7.6}$$

2. 满足平均失真 $\overline{d} \leqslant D$ 的试验信道的集合 P_D

对于离散信源,当给定信源的概率分布 $P(x_i)$,并选定失真函数 d_{ij},当平均失真 $\overline{d}$ 不大于给定最大允许失真(限定失真)D 时,该试验信道集合可定义为

$$P_D = \left\{ P(y_j \mid x_i): D \geqslant \overline{d} = \sum_{i=1}^{n}\sum_{j=1}^{m} P(x_i)P(y_j \mid x_i)d_{ij} \right\} \tag{7.7.7}$$

可见,这里 P_D 表示试验信道转移概率 $P(y_j \mid x_i)$ 的集合,也可看成最大允许失真 D 对 $P(y_j \mid x_i)$ 取值范围的限制。

3. 当给定最大允许失真 D 时,通信系统的信宿与信源之间的最小互信息

在平均失真 $\overline{d} \leqslant D$ 时,试验信道的集合为 P_D。又由本章 7.4 节互信息可知,在给定信源概率分布 $P(x_i)$ 的条件下,信宿与信源之间的互信息 $I(X;Y)$ 是信道转移概率 $P(y_j \mid x_i)$ 的下凸(∪)函数,改变试验信道的转移概率 $P(y_j \mid x_i)$ 值,选择某一 $P(y_i \mid x_i)$,即选择一信源编码方式,使互信息 $I(X;Y)$ 极小,从而求得在给定最大允许失真 D、在给定信源概率分布 $P(x_i)$ 条件下,信宿与信源之间的最小互信息。

$$R(D) = \min_{P(y_j \mid x_i) \in P_D} I(X;Y) \quad \text{比特/符号} \tag{7.7.8}$$

由最小互信息得到限失真信源编码器在理论上给出的最小信息率。由于此最小信息率 R 是最大允许失真 D 的函数,表示为 $R(D)$,称此 $R(D)$ 为信息率失真函数,或简称率失真函数。此 $R(D)$ 值小于信源熵 $H(X)$。

同理,对于连续信源也可以建立类似的 $R(D)$ 函数。而且连续信源实际上要比离散信源更加需要 $R(D)$ 函数,因为连续信源由于取值无限其信源输出的信息量应为无限大,在信道中传送无限大的信息既无必要,也无可能,所以连续模拟通信系统均属于限失真范畴。讨论连续信源,信宿的 $R(D)$ 函数比离散信源、信宿更有必要、更加迫切。

由上面讨论可以清楚看到,$R(D)$ 函数是在信源限定失真为 D 时,限失真信源编码器给出的最小信息率,它比无失真时信源熵 $H(X)$ 小,而且是通过改变试验信道 $P(y_j \mid x_i)$ 值求得的极小值。理论上可以进一步证明 $R(D)$ 是一个连续、单调非增的下凸函数,且对离散信源有 $R(D=0)=H(X)$,其定性的图形表示如图 7.7.2 所示。

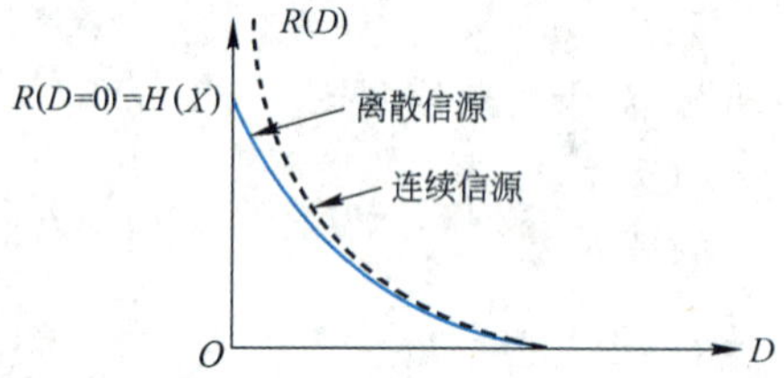

图 7.7.2 离散与连续信源 $R(D)$ 示意图

其中,对离散信源 $R(D=0)=H(X)$,而对连续信源 $R(D=0)\to\infty$,且离散、连续信源 $R(D)$ 函数均是连续、单调非增、下凸性曲线。其下降快慢则决定于具体信源的性质。

由 $R(D)$ 函数的定义以及上述 $R(D)$ 函数曲线示意图可看出:$R(D)$ 函数是在限定失真为最大允许值 D 时信源给出的理论上最小信息率。它是限失真下信源编码应达到的理论极限,所以它是限失真信源编码的理论基础与依据。

例 7.7.1 若有一个离散、等概率单消息(或无记忆)二进制信源：$P(x_0)=P(x_1)=\frac{1}{2}$，且采用汉明距离作为度量失真的标准，即 $d_{ij}=\begin{cases}0, 当\ x_i=x_j\ 时\\1, 当\ x_i\neq x_j\ 时\end{cases}$。现在设计一个具体信源编码的方案如下：每传送 N 个码元中允许错一个码元，传送信道是无失真的，所以具体传送时仅需传送 $N-1$ 个码元，这个不传送的码元在接收端可采用随机方式(类似于掷硬币方式)恢复。试求在这类信源编码时的信息率失真函数 $R'(D)$，并与理论上的 $R(D)$ 进行比较。

解 这时，可求得这类信源编码后的实际信息率 R' 及平均失真 $\bar{d}=D$ 如下：

$$R'=\frac{N-1}{N}=1-\frac{1}{N}\quad 比特/符号 \tag{7.7.9}$$

$$D=\frac{1}{N}\times\frac{1}{2}=\frac{1}{2N} \tag{7.7.10}$$

由于每传送 N 个码元中允许错一个，因而在传送时仅需传 $N-1$ 个码元，这个不传送码元在接收端以随机方式恢复，在二进制通信中，该恢复码元的差错率为 1/2，所以 $D=\frac{1}{2N}$。

$$R'(D)=1-\frac{1}{N}=1-2\times\frac{1}{2N}=1-2D \tag{7.7.11}$$

它就是本例中设计的一种具体信源编码方案所求得的实际的信息率失真函数 $R'(D)$。另外，根据 $R(D)$ 函数可以求得这一类二进制无记忆等概率信源在对称失真函数下的理论表达式为

$$R(D)=H\left(\frac{1}{2}\right)-H(D) \tag{7.7.12}$$

将理论与实际的 $R(D)$ 函数画在一个坐标系上，即如图 7.7.3 所示。

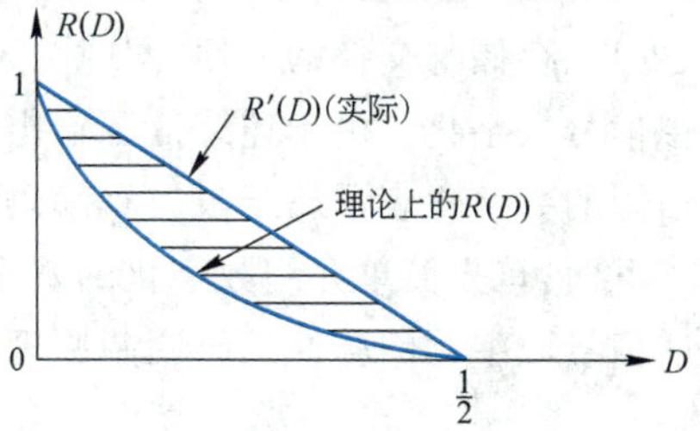

图 7.7.3 离散二进制等概率对称失真条件下理论与实际〔$R(D)$ 与 $R'(D)$〕曲线

由图可见，阴影范围表示实际信源编码方案与理论值间的差距，完全可以采用较复杂的信源编码方案，进一步改进实际曲线与理论曲线间的差距，即找到更靠近理论 $R(D)$ 曲线的实际 $R''(D)$ 或 $R'''(D)$，以缩小阴影范围。这也就是在工程上需要寻找性能好的信源编码的原因和努力的方向。

7.8 限失真信源编码定理与限失真信源编码

7.5 节中已简要介绍了无失真编码定理。本节将扼要介绍限失真编码定理。

离散、无记忆、限失真信源编码定理：若有一个离散、无记忆、平稳信源，其信息率失真函数为 $R(D)$，则当通信系统中实际传送信息率 $R>R(D)$ 时，只要信源序列 L 足够长($L\to\infty$)，一定存在一种编码方式 C' 使其译码以后的失真小于或等于 $D+\varepsilon$，且 ε 为任意小的正整数($\varepsilon\to 0$)。反之，若 $R<R(D)$，则无论用什么编码方式其译码失真必大于 D。

这就是最简单情况下的限失真信源编码定理，其证明比较烦琐，请见参考文献[17]。

这个定理虽然仅是一个存在性定理，但是它也为构造限失真信源编码指出了方向：

(1) 只要信源编码的均方误差不超过最大允许的失真 D，采用什么实现方法都可以；

(2) $R(D)$函数理论指出，不超过最大允许失真 D 的信源最小信息率的理论值是$R(D)$。

由以上两点可见，限失真信源编码的方向是寻找其信息率趋近于 $R(D)$的编码，这一点与无失真信源编码是寻找其信息率趋近于信息熵 $H(X)$的熵编码在实质上是完全一致的。

无失真信源编码定理，是寻求与信源的信息熵相匹配的编码，即

$$R=\frac{K}{L}\left(或\frac{\overline{K}}{L}\right)\rightarrow H(X) \tag{7.8.1}$$

其中，$\frac{K}{L}$为信源每个符号的编码码长，$\frac{\overline{K}}{L}$为信源每个符号的平均编码码长，$H(X)$为信源的信息熵，R 为信源编码器输出的信息率。

限失真信源编码定理则是寻求与信源单个消息的信息率失真 $R(D)$函数相匹配的编码，即

$$R\rightarrow R(D) \tag{7.8.2}$$

其中，R 为信源编码后输出的信息率，$R(D)$为单个消息(符号)的信息率失真函数。

7.9 连续信源的限失真编码

本节将讨论连续信源的模拟信号数字化。数字化是当今信息与通信技术发展的必然趋势，也是信息化社会的基础。常见的电话、传真、电视等信号都是连续的模拟信号，但是为了传输、处理、存储与交换的方便，同时为了提高通信质量以及设备生产、维护的方便，通常需要对模拟信号数字化。由于连续信源输出的模拟信号用数字信号表示时必会引起失真，所以对连续信源的数字化表示属于限失真编码范畴。

下面，首先简单介绍数字化的基本原理，然后阐明采样、量化、编码的基本原理，最后介绍电话信号数字化的脉冲编码调制原理。

7.9.1 模拟信号数字化基本原理

模拟信号数字化从原理上看一般要经过下列 3 个基本步骤：采样、量化与编码，它们分别完成对模拟信号时间轴的离散化、取值域的离散化，以及将已被离散化的数值编成对应 0、1 序列的码组，3 个步骤中的量化是属于限失真。

为了简化，在这里对于量化仅取 $2^3=8$ 电平量化。对以上 3 个基本步骤用下列比较形象的图形表示，如图 7.9.1 所示。

在如图 7.9.1 所示模拟信号数字化过程中，图(a)表示模拟信源输出的原始连续模拟信号 $x(t)$；图(b)表示对原始模拟信号按均匀间隔 T_s 采样后在时间上离散化的连续样值序列 $x(kT_s)$，其取值是 0～7 电平区间内的某一个连续值；图(c)表示对已在时间上离散化的连续样值再经过取值离散化的量化处理后的量化序列值，其量化是按照“四舍五入”在0～7的 8 个整数值中选取某一个值。例如当 $t=0$ 时，取值 0.3，它小于 0.5，量化后应为 0 电平，当$t=1$时，取值 1.9，超过 1.5 小于 2.5，量化后应取值为 2 电平，依次类推；图(d)表示对每个量化序列值进行对应的二进制编码。8 电平可以采用 3 位二进制编码来表示，例如，当 $t=0$ 时，0 量化电平可以编成 3 位二进制码组为 000，$t=1$ 时，2 量化电平可以编成 010，依次类推；图(e)表示图(b)中的采样序列值与对应于图(c)中的量化序列值之间的量化误差值。例如当 $t=0$ 时，量

化值 0 电平与采样值 0.3 之间的量化误差为 −0.3，当 $t=1$ 时，量化误差为 $2-1.9=0.1$，依次类推。由于量化误差在接收端无法消除，因此它是一类不可逆失真，而且其失真与量化电平数直接有关，量化级数越多，量化失真越小，所以量化是属于限失真。

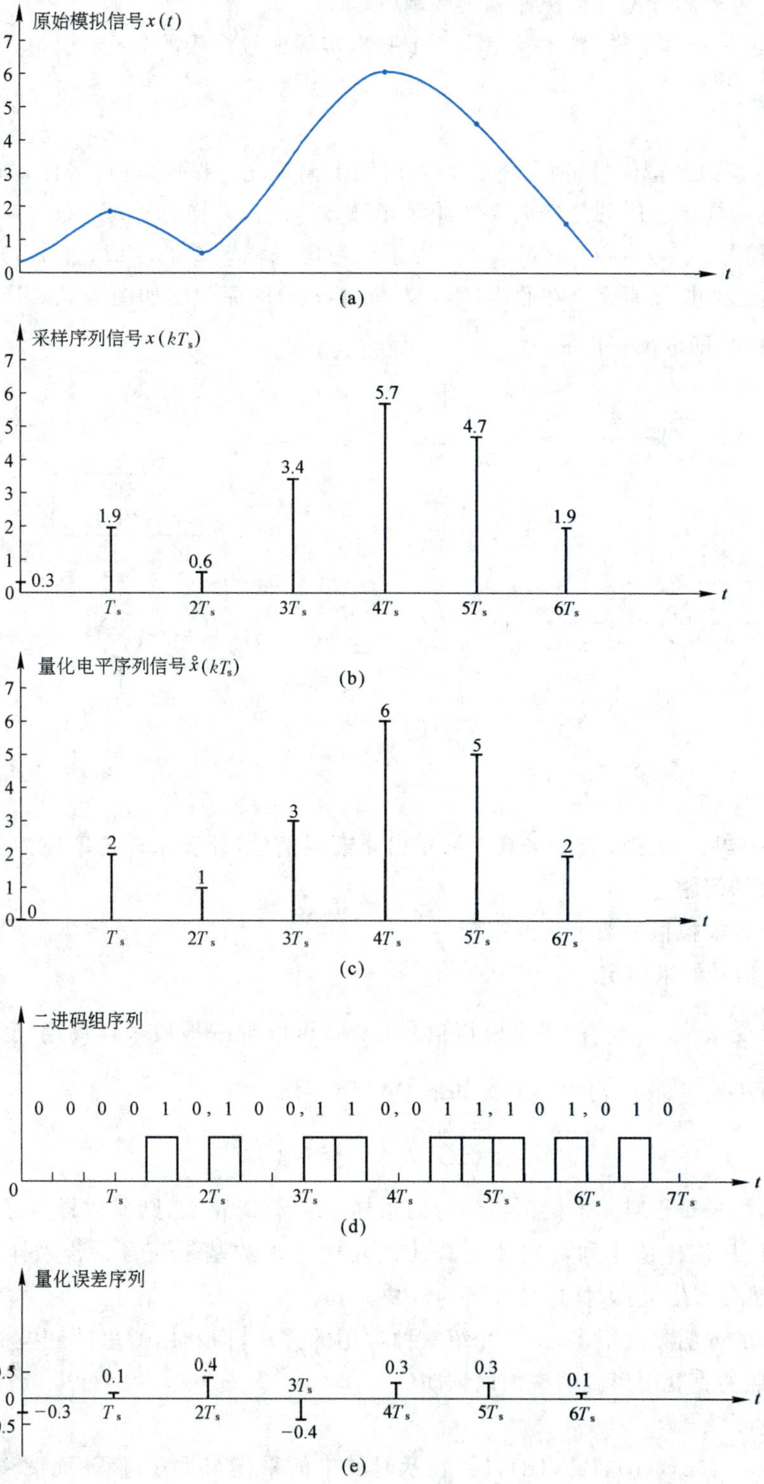

图 7.9.1　模拟信号数字化过程原理示意图

上述模拟信号的数字化过程是按照逐个样点进行采样、量化与编码的。显然它没有考虑模拟信号各个采样点之间的相关性,换句话说它认为样点之间是相互独立的。将这类建立在逐个独立样点上的量化称为一维标量量化,简称为量化。而将这类按逐个样点进行采样、量化与编码的整个过程和方法称为脉冲编码调制(PCM)。

下面,将进一步对采样、量化及编码3个基本步骤作较深入的分析。

7.9.2 采样

设 $x(t)$为模拟基带信号,为了将 $x(t)$在时间上离散化,要对它进行采样,如图7.9.2所示。图7.9.2中的采样脉冲序列是一周期性冲激函数 $\delta_{T_s}(t)$。采样过程是 $x(t)$与$\delta_{T_s}(t)$相乘的过程,采样后的信号 $x_s(t)=x(t)\cdot\delta_{T_s}(t)$。为了要考虑采样速率的取值,将 $x(t)$的采样过程与重建过程结合起来加以研究。在收端,重建与恢复 $x(t)$的原理图如图7.9.3所示,将 $x_s(t)$通过一低通滤波器,即可恢复出 $\hat{x}(t)$。

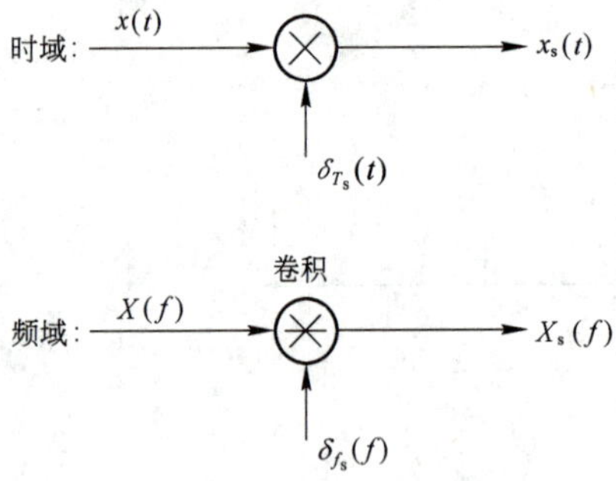

图7.9.2 采样过程原理图

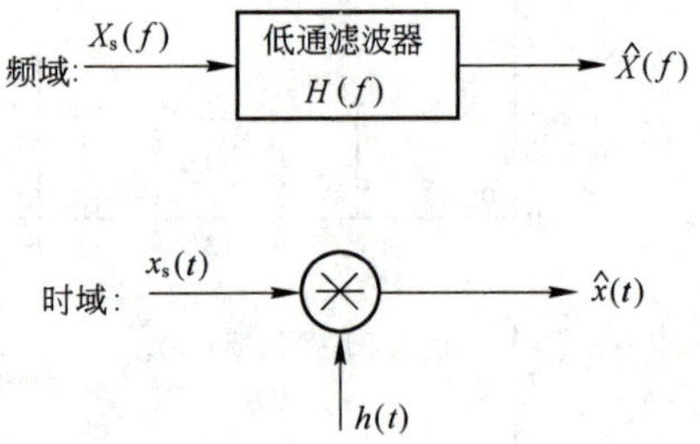

图7.9.3 重建过程原理图

将 $x(t)$采样后,为在收端不失真地恢复出原模拟信号,究竟采样速率应为多少,这就是采样定理要解决的问题。

采样定理是模拟信号数字化的基础。

(1) 低通信号的采样定理

一个频带受限于$[0,f_H]$的基带模拟信号 $x(t)$,可以唯一地被采样周期 T_s 不大于$\frac{1}{2f_H}$的采样序列值所决定。即 $x(t)$可展开为如下PAM信号:

$$x(t)=\sum_{k=-\infty}^{\infty}x(kT_s)\text{sinc}\left(\frac{t}{T_s}-k\right) \tag{7.9.1}$$

上述定理指出如果每秒对基带模拟信号均匀采样不少于 $2f_H$ 次,则所得样值序列含有基带信号的全部信息;从该样值序列可以无失真地恢复成原来的基带信号。若采样速率少于每秒 $2f_H$ 次,则必然要产生失真,称这种失真为混叠失真。

采样定理的证明方法很多,这里介绍一种常用的方法,即利用傅里叶变换的基本性质,以时域、频域对照的直观图形说明来加以证明。

证明 见图7.9.4。

其中图7.9.4(a),(b),(c),(d),(e)表示时域中的采样与重建过程;而图7.9.4(f),(g),(h),(i),(j)则表示相对应的傅里叶变换的频谱。

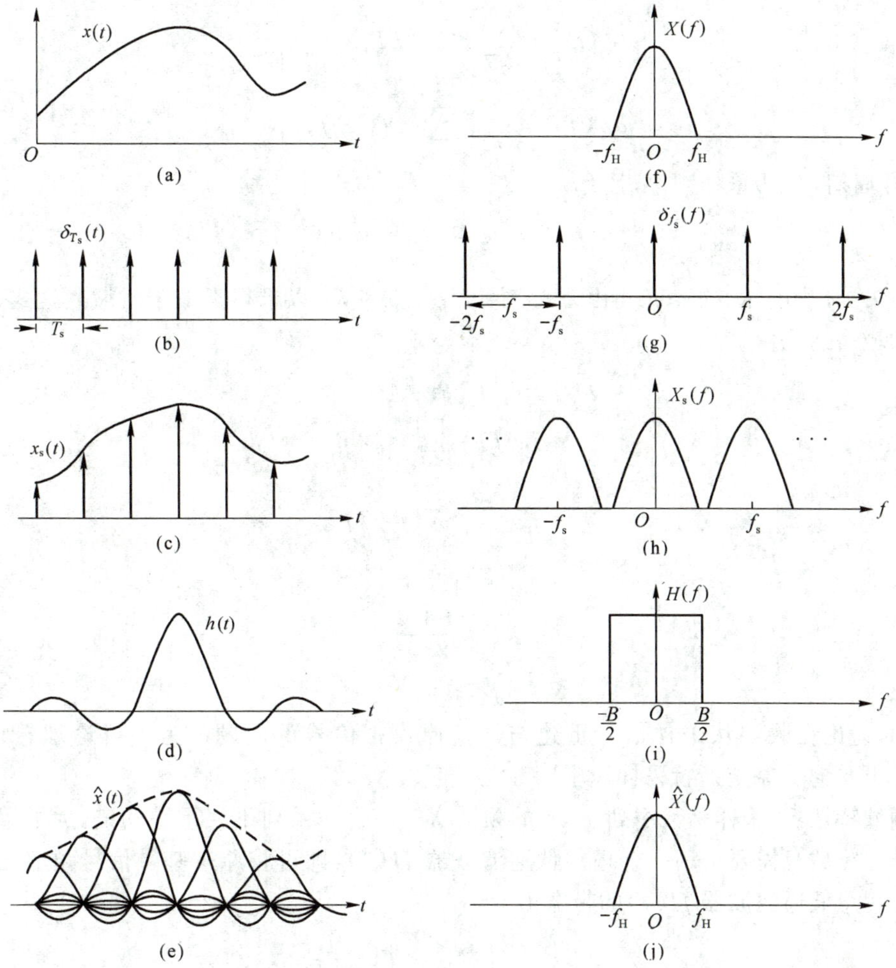

图 7.9.4　采样定理的时、频域图解

采样过程在时域中可以看作是图(a)中的原始模拟信号 $x(t)$ 与理想均匀采样函数即周期为 T_s 的冲激函数 $\delta_{T_s}(t)$ 相乘。

在频域中，由傅里叶变换性质，则可看作是图 7.9.4(f)中 $x(t)$ 的谱 $X(f)$ 与理想时域采样函数的傅里叶变换 $\delta_{f_s}(f)$ 的卷积。

具体分析如下：

$$\begin{aligned} x_s(t) &= x(t) \cdot \delta_{T_s}(t) \\ &= x(t) \cdot \sum_{k=-\infty}^{\infty} \delta(t - kT_s) \\ &= \sum_{k=-\infty}^{\infty} x(kT_s)\delta(t - kT_s) \end{aligned} \tag{7.9.2}$$

由图 7.9.4 可看出基带信号的时域与频域间的傅里叶变换关系，有

$$\left.\begin{aligned} x(t) &\leftrightarrow X(f) \\ \delta_{T_s}(t) &\leftrightarrow \delta_{f_s}(f) \\ h(t) &\leftrightarrow H(f) \end{aligned}\right\} \tag{7.9.3}$$

其中

$$\left.\begin{aligned}\delta_{T_s}(t)&=\sum_{k=-\infty}^{\infty}\delta(t-kT_s)\\ \delta_{f_s}(f)&=\frac{1}{T_s}\sum_{k=-\infty}^{\infty}\delta(f-kf_s)\end{aligned}\right\}\tag{7.9.4}$$

T_s 为采样周期,f_s 为采样频率,且有

$$f_s=\frac{1}{T_s}$$

由图 7.9.4 中的(f)、(g)、(h)再由公式(7.9.2)、(7.9.3),可以求得类似于时域表达式(7.9.1)的相应频域表达式

$$\begin{aligned}X_s(f)&=X(f)*\delta_{f_s}(f)\\&=X(f)*\left[\frac{1}{T_s}\sum_{k=-\infty}^{\infty}\delta(f-kf_s)\right]\\&=\frac{1}{T_s}\sum_{k=-\infty}^{\infty}X(f-kf_s)\end{aligned}\tag{7.9.5}$$

按定理要求,有

$$T_s\leqslant\frac{1}{2f_H}\tag{7.9.6}$$

$$f_s\geqslant 2f_H\tag{7.9.7}$$

下面,讨论在收端从采样信号重建与恢复原模拟信号的问题。为了讨论理想情况,取 $f_s=2f_H$,并称它为奈奎斯特采样速率。

从频域特性看,采样函数序列 $x_s(t)$的频谱 $X_s(f)$为一系列不相重叠的谱,为了重建与恢复,显然,在频域只需要采用一个理想低通滤波器 $H(f)$,即可将原来基带信号频谱无失真地滤出。设理想低通滤波器 $H(f)$的带宽 $B/2=f_H$。

$$H(f)=\begin{cases}\dfrac{1}{B}, & |f|\leqslant\dfrac{B}{2}\\ 0, & |f|>\dfrac{B}{2}\end{cases}\tag{7.9.8}$$

由傅里叶变换性质,即公式(7.9.3),其时域表达式 $h(t)$可表示为一个冲激响应函数 $\mathrm{sinc}(Bt)$。

所以,从时域特性看,重建恢复的信号 $\hat{x}(t)$应表达为

$$\hat{x}(t)=x_s(t)*h(t)\tag{7.9.9}$$

这时,可求得

$$\begin{aligned}x(t)=\hat{x}(t)&=x_s(t)*h(t)\\&=\frac{\sin\pi Bt}{\pi Bt}*\sum_{k=-\infty}^{\infty}x(kT_s)\delta(t-kT_s)\\&=\frac{\sin 2\pi f_H t}{2\pi f_H t}*\sum_{k=-\infty}^{\infty}x(kT_s)\delta(t-kT_s)\\&=\sum_{k=-\infty}^{\infty}x(kT_s)\frac{\sin 2\pi f_H(t-kT_s)}{2\pi f_H(t-kT_s)}\end{aligned}\tag{7.9.10}$$

定理得证。

这一定理告诉我们,被恢复的基带信号 $\hat{x}(t)$在时域内是由一系列采样值与冲激响应$h(t)$

卷积求得，即由一系列不同采样点加权的冲激响应的叠加和完全决定，如图7.9.4(e)所示。若从频域看，采样前后的频谱如图 7.9.4(f)与(h)所示，若 $f_s>2f_H$ 时，其频谱不混叠，不产生混叠现象，于是经过一理想滤波器 $H(f)$即可无失真地将原来信号$x(t)$的频谱 $X(f)$完整恢复出。如果 $f_s<2f_H$，则 $X_s(f)$将产生重叠而产生混叠现象，如图7.9.5中的阴影部分。

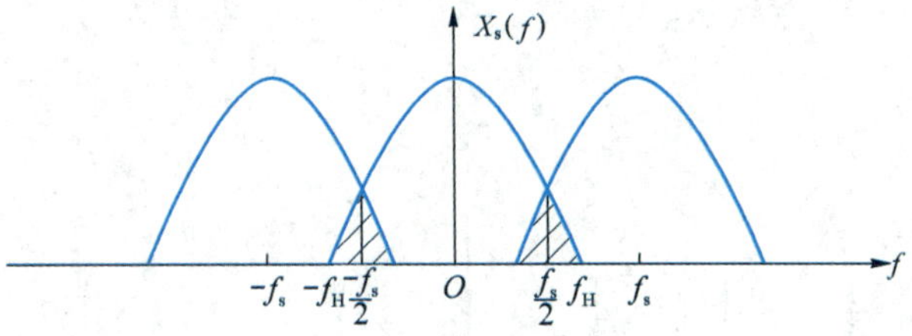

图 7.9.5　$X_s(f)$的重叠

在工程上，除了上述基带信号的采样定理以外，还有一类带通型信号的采样定理。这时连续模拟信号的频带不是受限于$[0,f_H]$，而是受限于$[f_L,f_H]$，其中 f_L 为带通信号最低频率，f_H 为带通信号最高频率。那么，其采样频率应为多少呢？是否仍要求大于 $2f_H$ 呢？下面的定理回答了这些问题。

(2) 带通信号的采样定理

一个连续带通信号受限于$[f_L,f_H]$，其信号带宽为 $B=f_H-f_L$，且有

$$f_H=mB+kB \tag{7.9.11}$$

其中，$m=[f_H/(f_H-f_L)]-k$，k 为不超过 $f_H/(f_H-f_L)$的最大正整数，由此可知，必有$0\leqslant m<1$。

则最低不失真采样频率为

$$f_{s\,\min}=\frac{2f_H}{k}=\frac{2(mB+kB)}{k}=2B\left(1+\frac{m}{k}\right) \tag{7.9.12}$$

证　采样不失真的基本要求是样值序列的频谱各个谱块不重叠，这样就可以采用带通滤波器恢复原来的带通信号。可见从频域分析，证明直观、清晰。

以下分两步来证明。

(1) 先证明当 $m=0$ 时的情况。由式(7.9.11)、(7.9.12)有

$$f_H=kB$$
$$f_{s\,\min}=2B \tag{7.9.13}$$

分析一个带通信号 $x(t)$，其频谱为 $X(f)$，如图 7.9.6 所示。

其中，图 7.9.6(a)表示 $x(t)$的带通信号频谱，其特点是最高频率 f_H 为带宽的整数倍 k，这里 $k=5$，图(b)表示采用 $\delta_{T_s}(t)$对带通信号 $x(t)$采样，而采样频率 $f_s=2B=2(f_H-f_L)$，其中 $\delta_{T_s}(t)$的频谱为 $\delta_{f_s}(f)$。图(c)表示 $X_s(f)=X(f)*\delta_{f_s}(f)$，其中实线表示频谱Ⅰ，虚线部分表示频谱Ⅱ，由图可见，在这种情况下恰好使 $X_s(f)$中的Ⅰ、Ⅱ频谱互不重叠。图(d)表示一个理想带通滤波器特性。图(e)表示经过理想带通滤波器后恢复的原始连续带通信号 $x(t)$的频谱 $\hat{X}(f)-X(f)$。

由图可见，若 $f_s<2B$，则在 $X_s(f)$中的Ⅰ、Ⅱ频谱势必重叠，因而产生混叠现象。这说明带通信号的采样频率 $f_s=2B$ 是最低采样频率。若 $f_s>2B$，在理论上看是不必要的，但在实际上由于理想带通滤波器是不可实现的，因此必须要留有一定的富余频带。

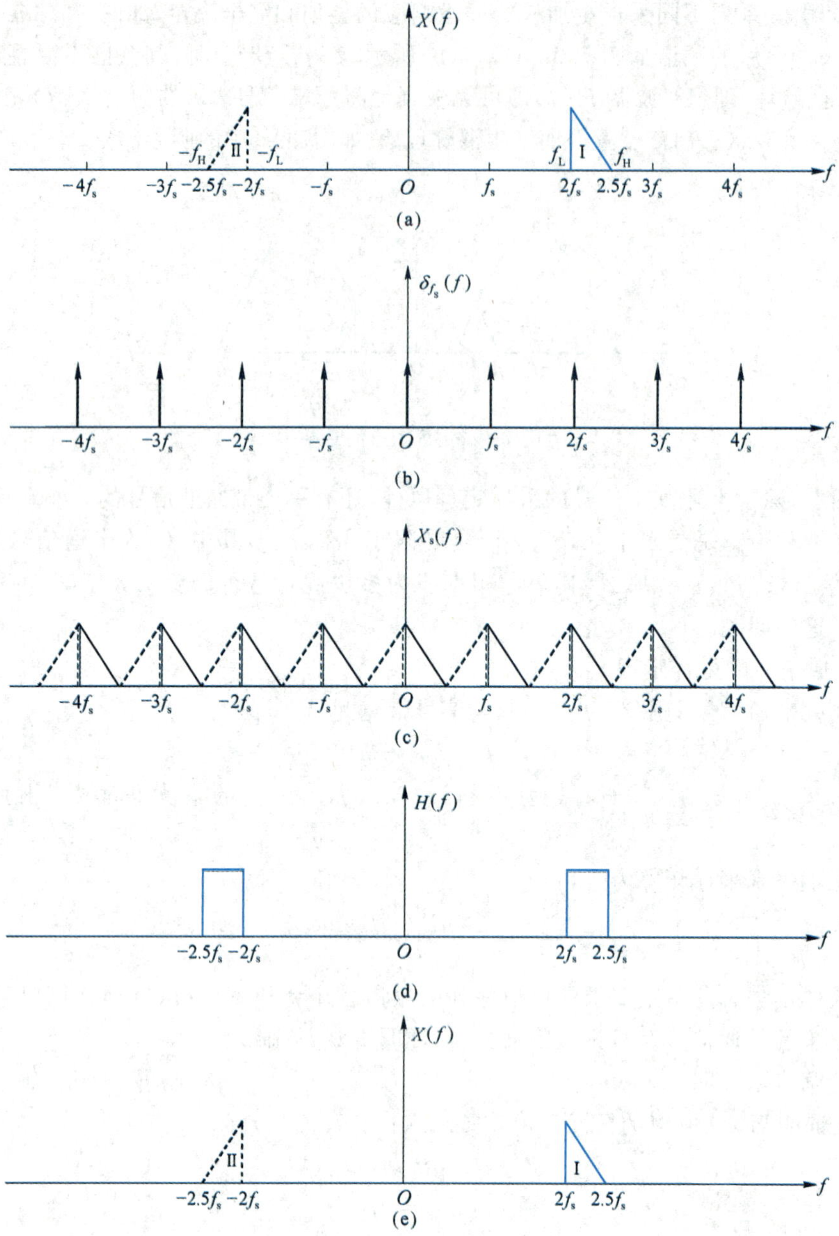

图 7.9.6 带通信号 $f_H=kB$ 时的频谱图

(2) 再分析 $m\neq0$ 的一般情况，这时，可适当降低最低频率 $f'_L<f_L$，显然它使信号带宽相应适当增大，$B'=f_H-f'_L>B=f_H-f_L$，并使它们仍满足式(7.9.13)：$f_H=kB'$。

再由式(7.9.11)

$$kB+mB=f_H=kB'$$

可求得

$$B'=B\left(1+\frac{m}{k}\right) \tag{7.9.14}$$

由于 f_H 与 B'满足整数倍关系，则可利用式(7.9.13)的结论，将式(7.9.14)代入式(7.9.13)，得

$$f_{s\,\min}=2B'=2B\left(1+\frac{m}{k}\right) \tag{7.9.15}$$

定理得证。

现在，进一步解释其含义如下：在公式(7.9.15)中，$B=f_H-f_L$，$k=\lfloor f_H/(f_H-f_L)\rfloor$，它表示不超过 $f_H/(f_H-f_L)$的最大正整数。而 $m=f_H/(f_H-f_L)-k$，显然有$0\leqslant m<1$。这时由公式(7.9.15)可以画出带通采样定理中最小采样频率 $f_{s\,\min}$ 与最高频率 f_H 之间函数图，见图 7.9.7。

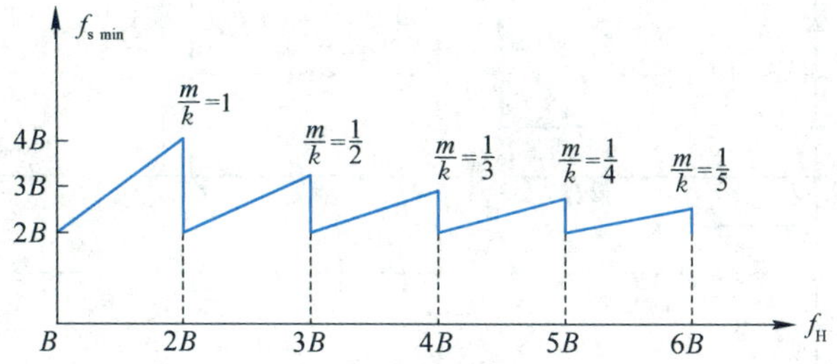

图 7.9.7　带通采样频率 $f_{s\,\min}$与 f_H 间的关系

由图 7.9.7 可知，带通信号的采样频率是在 $2B$ 与 $4B$ 之间变动。且当 f_H 继续增大时，$f_{s\,\min}\to 2B$，所以在实际问题中当 $f_H\gg B$ 时，不论 f_H 是否为 B 的整数值，其采样频率将近似等于 $2B$。

7.9.3　标量量化

在模拟信号的数字化中，模拟信号在时间上的离散化，不致引入失真，因为各样值仍是一个连续变量，此连续变量所包含的信息量是无限大。若将时间上离散的样值进一步在取值域上离散化——量化，则因量化后的量化电平是离散的，此离散随机变量载荷的信息量是有限的，所以量化必然会产生量化误差，引入失真。量化信号在编成二进制代码后，在接收端无法无失真地恢复出原来的连续变量，因为后者的取值有无限个可能值，因而对连续变量的量化编码不可能是无失真编码，只能是在限定失真条件下的编码，称为限失真编码。在限定失真条件下所需的比特数最少的编码是最佳限失真编码。

量化可分为一维标量量化与多个样值联合量化的多维矢量量化两大类型。本节着重讨论标量量化。

1. 标量量化的基本原理

对采样序列的每个样值逐一进行量化称为标量量化，或一维量化。一般而言，标量量化是一个从 $\mathbf{R}$ 到$\{y_1,y_2,\cdots,y_M\}$的映射：

$$y=Q(x)=y_k,\quad x\in[x_{k-1},x_k),\quad k=1,2,\cdots,M \tag{7.9.16}$$

如图 7.9.8 所示，其中 y_k 称为量化电平，x_k 称为分层电平或量化边界，M 为量化级数。图 7.9.9是对 $x(t)$采样后进行标量量化的示意图。

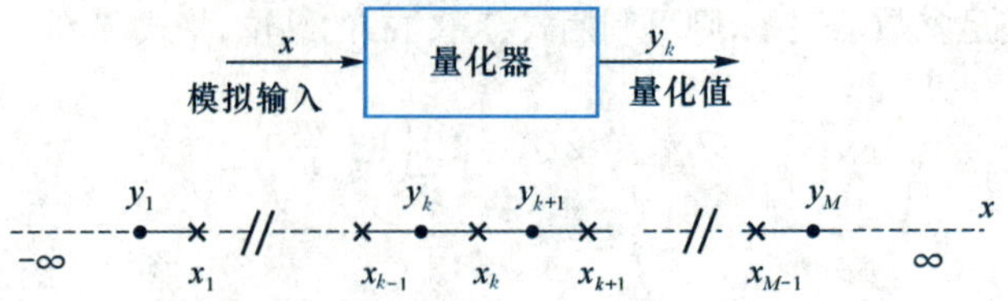

图 7.9.8　标量量化器

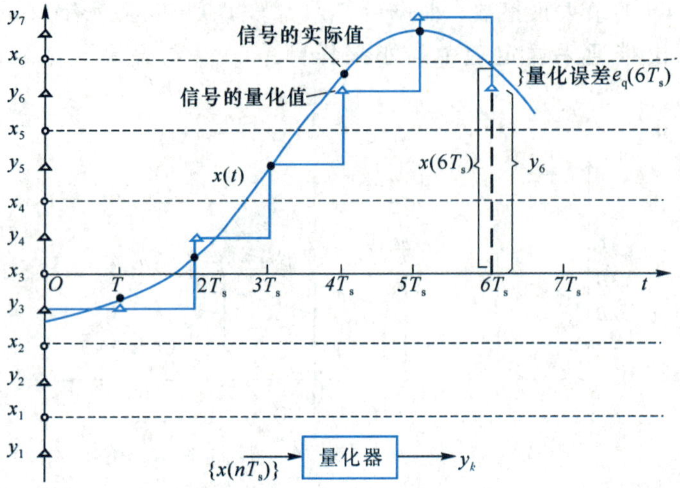

图 7.9.9　均匀量化示意图

假设 $x(t)$ 是平稳过程，其一维概率密度函数为 $p(x)$。量化器输入的信号功率是

$$S = E[x^2] = \int_{-\infty}^{\infty} p(x)x^2 \mathrm{d}x \tag{7.9.17}$$

样值 x 处于量化区间 (x_{k-1}, x_k) 的概率是

$$q_k = \int_{x_{k-1}}^{x_k} p(x)\mathrm{d}x \tag{7.9.18}$$

样值 x 处于量化区间 (x_{k-1}, x_k) 条件下，x 的条件概率密度函数为

$$p_k(x) = \begin{cases} \dfrac{p(x)}{q_k}, & x \in [x_{k-1}, x_k) \\ 0, & x \notin [x_{k-1}, x_k) \end{cases} \tag{7.9.19}$$

量化器输出功率是

$$S_q = \sum_{k=1}^{M} q_k y_k^2 \tag{7.9.20}$$

量化器输出与输入的误差称为量化误差

$$e_q = y - x \tag{7.9.21}$$

可将式(7.9.21)改写成

$$y = x + e_q \tag{7.9.22}$$

相当于 x 通过信道传输，叠加了噪声 e_q，因此也称 e_q 为量化噪声，量化噪声功率是

$$\begin{aligned} N_q &= E[e_q^2] = \int_{-\infty}^{\infty} (x-y)^2 p(x)\mathrm{d}x \\ &= \sum_{k=1}^{M} \int_{x_{k-1}}^{x_k} (y_k - x)^2 p(x)\mathrm{d}x \qquad (7.9.23) \\ &= \sum_{k=1}^{M} q_k N_{q,k} \end{aligned}$$

其中 $N_{q,k}$ 是 x 处于量化区间 (x_{k-1},x_k) 条件下，量化误差 y_k-x 的均方值：

$$N_{q,k}=E[(y-x)^2\mid y=y_k]=\int_{x_{k-1}}^{x_k}p_k(x)(y_k-x)^2\mathrm{d}x \tag{7.9.24}$$

若将量化电平 y_k 设计为量化区间 (x_{k-1},x_k) 的概率质心(数学期望)，即若

$$y_k=E[x\mid y=y_k]=\int_{x_{k-1}}^{x_k}xp_k(x)\mathrm{d}x \tag{7.9.25}$$

则

$$\begin{aligned}N_{q,k}&=E[(y-x)^2\mid y=y_k]=E[(y_k-x)^2\mid x\in[x_{k-1},x_k)]\\&=E[y_k^2-2y_kx+x^2\mid x\in[x_{k-1},x_k)]\\&=y_k^2-2y_kE[x\mid x\in[x_{k-1},x_k)]+E[x^2\mid x\in[x_{k-1},x_k)]\\&=-y_k^2+E[x^2\mid x\in[x_{k-1},x_k)]\end{aligned}$$

代入式(7.9.23)后可得

$$N_q=S-S_q \tag{7.9.26}$$

衡量量化器性能的指标是量化信噪比，定义为

$$\frac{S}{N_q}=\frac{E[x^2]}{E[e_q^2]} \tag{7.9.27}$$

2. 均匀量化器

设量化器的工作范围是 $(-V,+V)$。均匀量化器将 $(-V,+V)$ 均匀分割成 M 个长为 $\Delta=\frac{2V}{M}$ 的量化区间，其量化边界为：$x_0=-V,x_k=x_{k-1}+\Delta,k=1,2,\cdots,M$。本章提到均匀量化时，还默认假设量化电平位于每个量化区间的中点：

$$y_k=\frac{1}{2}(x_k+x_{k-1}) \tag{7.9.28}$$

数字电路中的一对 A/D-D/A 变换器相当于均匀量化器。

若 x 在 $(-V,+V)$ 内均匀分布，则量化输入功率是此均匀分布的方差，为 $S=\frac{(2V)^2}{12}=\frac{V^2}{3}$。在每个量化区间内，量化误差的取值范围都是 $\left[-\frac{\Delta}{2},\frac{\Delta}{2}\right]$，并在此区间内均匀分布，故量化噪声功率是 $N_q=\frac{\Delta^2}{12}=\frac{V^2}{3M^2}$，量化信噪比为

$$\frac{S}{N_q}=M^2 \tag{7.9.29}$$

3. 最佳量化器

若信源的概率密度特性是非均匀分布，采用量化特性与信源的概率密度函数相匹配的非均匀量化器，则可降低量化噪声平均功率。它是在信源概率密度 $p(x)$ 相对较大的区域选择较小的量化间隔，而在 $p(x)$ 相对较小的区域选择较大的量化间隔，以降低总的量化噪声平均功率。

最佳量化器就是在给定输入信号概率密度 $p(x)$ 及量化电平数 M 的条件下，求出一组最佳分层电平 $\{x_k\}$ 与量化电平 $\{y_k\}$，使其量化噪声平均功率 N_q 最小。

若要使 N_q 最小，标量量化器最优化的必要条件(即 Lloyd-Max 条件)是

$$\begin{cases}\dfrac{\partial N_q}{\partial x_k}=0, & k=1,2,\cdots,M \qquad (7.9.30)\\[2ex]\dfrac{\partial N_q}{\partial y_k}=0, & k=1,2,\cdots,M \qquad (7.9.31)\end{cases}$$

现将式(7.9.23)代入(7.9.30),得

$$\frac{\partial}{\partial x_k}\left[\int_{x_{k-1}}^{x_k}(x-y_k)^2 p(x)\mathrm{d}x+\int_{x_k}^{x_{k+1}}(x-y_{k+1})^2 p(x)\mathrm{d}x\right]=0 \tag{7.9.32}$$

$$(x_k-y_k)^2 p(x_k)-(x_k-y_{k+1})^2 p(x_k)=0 \tag{7.9.33}$$

得到

$$x_{k,\mathrm{opt}}=\frac{1}{2}(y_{k+1,\mathrm{opt}}+y_{k,\mathrm{opt}}),\quad k=1,2,\cdots,M-1 \tag{7.9.34}$$

将式(7.9.23)代入式(7.9.31),得到

$$y_{k,\mathrm{opt}}=\frac{\int_{x_{k-1,\mathrm{opt}}}^{x_{k,\mathrm{opt}}} xp(x)\mathrm{d}x}{\int_{x_{k-1,\mathrm{opt}}}^{x_{k,\mathrm{opt}}} p(x)\mathrm{d}x} \tag{7.9.35}$$

由式(7.9.34)求出最佳分层电平,它表明最佳分层电平应为两个相邻量化电平的中点,而由式(7.9.35)求出的是最佳量化电平,它位于对应量化间隔的概率质心上。

显然,若要得到最佳分层电平及量化电平的解,只能利用上述两个条件的反复迭代计算才能得到数值解。其基本步骤如下:

先任设一组$\{y_k\}^{(0)}$,用(7.9.34)式求得一组$\{x_k\}^{(1)}$。再将后者用(7.9.35)式求出一组$\{y_k\}^{(1)}$,如此递推计算,直至前后两组$\{y_k\}^{(r)}$及$\{y_k\}^{(r+1)}$之差小到可忽略不计或小于某预置值,使得最后的量化特性收敛于满足上述两必要条件,则认为已得到最佳解。该方法是由 Lloyd 和 Max 提出的,通常称由该方法得到的量化器为 Lloyd 量化器或 Max 量化器。

4. 对数量化器

在实际通信中,将满足量化器量化信噪比要求的输入信号取值范围定义为量化器的动态范围。在电话通信中,电话语声信号的动态范围约 40 dB,而高质量长途电话通信要求传输线路的信噪比至少应大于28 dB。若在电话语声信号的数字化过程中采用均匀量化,由于语声的小信号出现概率大,大信号出现概率小,则均匀量化器在大信号时的量化信噪比大,在小信号时的量化信噪比难以达到要求,如图7.9.10所示,因而均匀量化器的动态范围受到较大限制。若采用最佳 Max 量化器,则在实时实现上有难度,因而为满足电话通信质量的要求,人们提出了对数压扩的非均匀量化方法,从图 7.9.10 看出,有压扩的量化性能优于无压扩的均匀量化性能,量化器动态范围扩大,虽然其量化性能比理论上的最佳量化性能稍差,但能满足长途电话通信的质量要求(在输入信号的动态范围内,量化信噪比满足要求)。

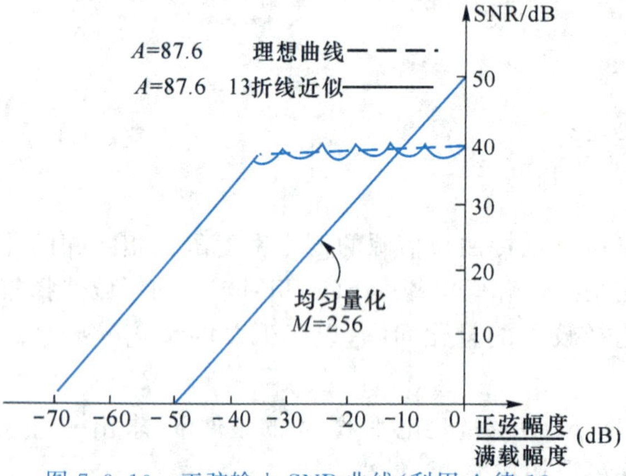

图 7.9.10 正弦输入 SNR 曲线(利用 A 律 13 折线近似的对数量化器)

下面说明对数量化器的基本原理。

对电话信号的量化,希望量化器对于小信号具有小的量化间隔,对于大信号具有大的量化间隔,使得当量化器的输入信号幅度在相当大的动态范围变化时,量化器的输出保持近似相同的量化信噪比,从而扩大了量化器的动态范围。

实现非均匀量化的方法是：在发送端将输入信号通过一对数放大器，对信号幅度非线性压缩，然后进行均匀量化、编码。在接收端进行反变换：译码后，通过反对数放大器，对信号幅度进行非线性扩张，以恢复原信号。称此压缩-扩张器为压扩器。该系统的框图如图 7.9.11所示，通过整个发送及接收系统达到非均匀量化的目的。

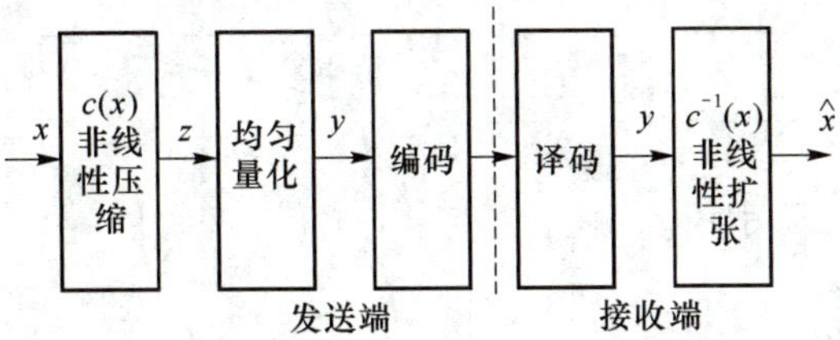

图 7.9.11　非均匀量化(对数量化器)原理框图

CCITT 制定的 G.711 建议给出了国际上电话信号的 64 kbit/s 脉冲编码调制(PCM)中的语音信号的两种对数压扩特性标准，即 A 律和 μ 律，分别由式(7.9.36)及式(7.9.37)表示，如图 7.9.12 所示。

$$c(x)=\begin{cases}\dfrac{Ax}{1+\ln A}, 0\leqslant x\leqslant \dfrac{1}{A}\\[2mm] \dfrac{1+\ln Ax}{1+\ln A}, \dfrac{1}{A}\leqslant x\leqslant 1\end{cases} \tag{7.9.36}$$

$$c(x)=\frac{\ln(1+\mu x)}{\ln(1+\mu)}, 0\leqslant x\leqslant 1 \tag{7.9.37}$$

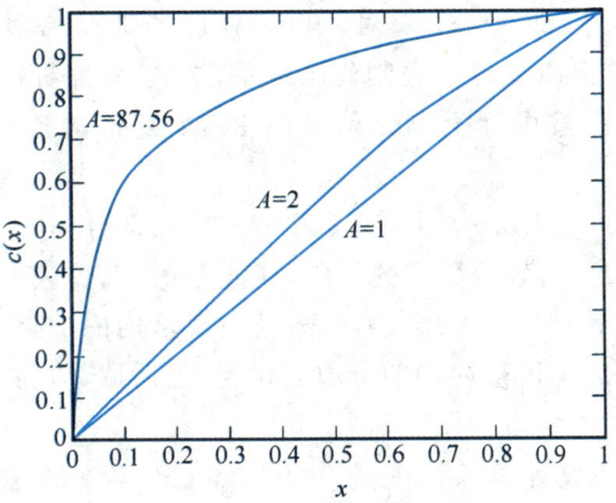

(a) A律压扩特性

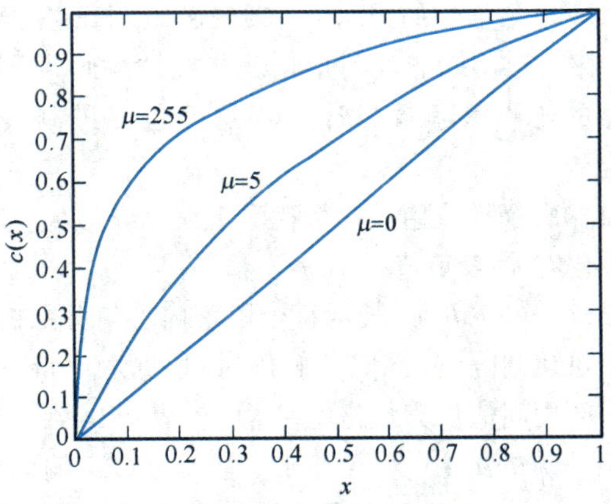

(b) μ 律压扩特性

图 7.9.12　A 律与 μ 律的对数压扩特性曲线

美国与日本采用 μ 律，$\mu=255$。中国和欧洲采用 A 律，A＝87.56。在实际应用中，采用折线来近似表示对数压缩特性，则可利用数字化技术，使得在实现时的一致性及稳定性好。国际上，以 13 折线法逼近 A 律，以 15 折线逼近 μ 律。

A 律 13 折线压扩：为便于描述，假设输入信号在量化之前已经过归一化处理，即动态范围统一为(－1，＋1)。

A 律 13 折线如图 7.9.13 所示，说明如下：

先在 0 至±1 之间分别把 y 轴均匀地分为 8 段；在 x 轴上，采用对折法把 0 至±1 之间的线段分别分为8个不均匀段,各段分界点为±1/128,±1/64,±1/32,±1/16,±1/8,±1/4,±1/2,±1;从原点出发,把各段对应的分界点(x,y)连接成折线。如图7.9.13所示,折线共16段,正负方向各8段。由于正负方向的前两段斜率相同,可视为1条直线段,故称为13折线。

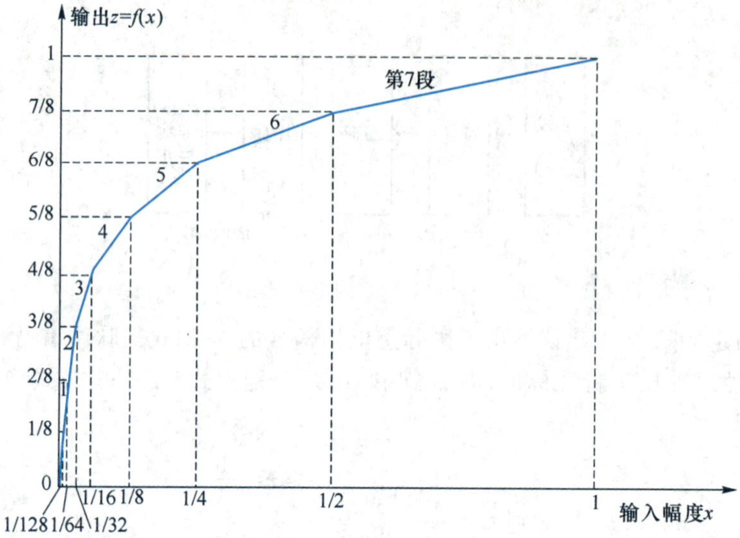

图7.9.13 A律13折线

5. CCITT建议的PCM编码规则

下面介绍CCITT G.711建议的电话信号的PCM编码规则。

电话信号的带宽为300~3 400 Hz,采样速率 f_s=8 kHz,对每个采样脉冲进行A律或μ律对数压缩非均匀量化及非线性编码,每个样值用8位二进制代码表示,这样,每路标准话路的比特率为64 kbit/s,而这8位二进制代码是按国际上电话信号的PCM编码规则来决定的。

每个样值用八比特代码来表示,即[b_1][$b_2b_3b_4$][$b_5b_6b_7b_8$]。这8比特分为三部分:b_1为极性码,0代表负值,1代表正值。[b_2~b_4]称为段落码,表示段落的号码,其值为0~7,代表8个段落。[$b_5b_6b_7b_8$]表示每个段落内均匀分层的位置,其值为0~15,代表任一段落内的16个均匀量化间隔。在PCM解码时,根据八比特码确定某段落内均匀分层的位置,然后取其量化间隔的中间值作为量化电平。

例7.9.1 某A律十三折线PCM编码器的设计输入范围是[−6,+6] V,若采样值为x=−2.4 V,求编码器的输出码组、解码器输出的量化电平。

解 −2.4的极性为负,故极性码为0。

参考图7.9.13,若图中的最大幅度是6 V,那么第7段将是[3,6],第6段将是[1.5,3]。2.4落在第6段,故段落码是110。

第6段中小段的长度是$\Delta=\frac{1.5}{16}=\frac{3}{32}$。$\frac{(2.4-1.5)}{\Delta}$=9.6,即2.4落在第6段中的第9小段中,段内码是1001。

编码器输出码组为01101001。

解码器根据极性码得知x为负,根据段落码110得知$|x|$在[1.5,3]中,根据段内码1001得知$|x|$在[1.5+9Δ,1.5+10Δ]中,量化电平是中点:1.5+9.5Δ=2.390 6 V。

7.9.4　时分复用

1. 时分复用

从上述分析看出，一路话音信号经 PCM 编码后得到 64 kbit/s 的数字信号，其中每路话音信号的采样间隔 $T_s=125\ \mu s$，每样值量化编码为 8 bit。若每路话音信号中的每样值的8 bit脉冲宽度所占时间 T_c 远小于采样间隔 T_s，如图 7.9.14 所示，则 T_s 的其余空闲时间可用来传送第二路、第三路，…等其他各路 PCM 信号。这样，将各路 PCM 信号有序排列，就可实现在时间上将各路独立信号分割开来，并将其合成一复合信号在同一信道传输，这就是信道复用的方式之一——时分复用。

上述 N 路合成信号的信息速率为 $N\cdot 64$ kbit/s。

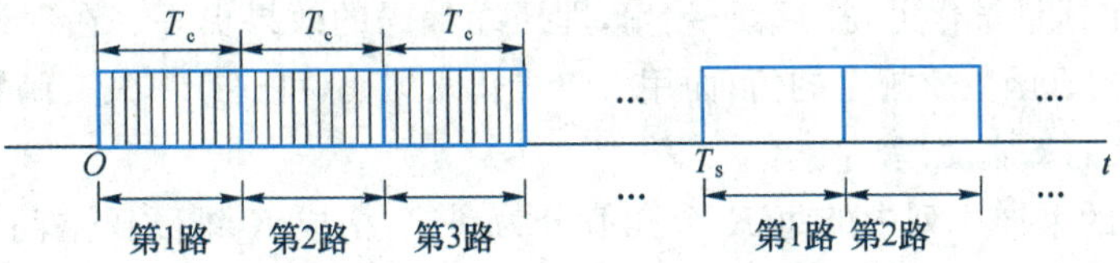

图 7.9.14　时分复用(TDM)原理图

在接收端由适当的同步检测器就可从时分复用信号中分离各路信号。

2. 数字复接

数字复接器可将两路或两路以上的各路数字信号按时分复用方式合并成一合路的数字信号，在信道上传输。在收端的数字分接器可将一合路的数字信号分解为原各路数字信号。

现以 30/32 路 PCM 数字电话时分复用数字复接系统为例说明其工作原理。

一路话音信号的最高频率定为 4 kHz，根据采样定理，采样频率取 8 kHz，采样间隔 $T_s=1/8\ \text{kHz}=125\ \mu s$。每个采样值以 A 律 13 折线编码，编为 8 位码(码字)，即对每个用户每经过 T_s 要传送 8 位码(码字)。PCM 30/32 路系统要传送 32 路数字信号(其中 30 路为数字电话信号，2 路为同步及信令信号)，因此将采样间隔 $T_s=125\ \mu s$ 分为 32 个时隙，每一个时隙中填充一个码字(8 比特)，构成一帧，如图 7.9.15 所示。由基群帧构成的数字序列信号称为数字基群信号，又称数字一次群信号。

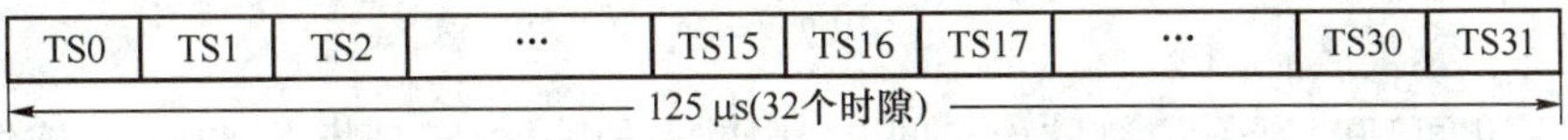

图 7.9.15　PCM 基群帧

图 7.9.15 中，TS0 为帧同步时隙，供传送帧同步信号，TS16 为信令时隙，供传送信令，TS1～TS31 为用户话路时隙，供传送用户数字话音信号(8 比特/码字)。

由 PCM 30/20 数字基群的帧结构形式可知，其系统比特率为

$$R_b=f_s\cdot N\cdot n=8\,000\times 32\times 8=2.048\ \text{Mbit/s}$$

式中，f_s 为采样频率；N 为一帧中所含时隙数；n 为一个时隙中所含码元数。

由若干个一次群帧采用时分方式可构成二次群信号；由若干个二次群帧采用时分方式可构成三次群信号，依次类推可构成更高次群信号。表 7.9.1 中列出了 PCM 数字时分复用数字复接系统各次群信号的路数和比特率。

表 7.9.1 CCITT 建议的准同步数字复接系列(欧洲、中国)

单 位	基 群	二次群	三次群	四次群
kbit/s	2 048	8 448	34 368	139 264
路 数	30	120	480	1 920

7.9.5 矢量量化

本章 7.9.3 节讨论了标量量化,它是对模拟信号采样序列的逐个样值独立地量化,即对单个样值的量化,是一维量化。本节将考虑矢量量化,它是对采样序列的多个样值进行联合量化,是多维量化。由于矢量量化充分利用了信源消息序列各个样值之间的统计关联性,通过联合量化,可获得比标量量化更高的编码效率,即压缩编码的效果更好。在理论上最佳标量量化编码不能达到率失真函数所规定的值,而用矢量量化来编码,可逼近率失真函数$R(D)$界(下界)。

1. 矢量量化的基本原理

将模拟信号的采样序列中的每 K 个样值分为一组,构成 K 维欧氏空间(K 维欧氏空间用 R^K 表示)中的一个随机矢量 $\boldsymbol{X}$,表示如下:

$$\boldsymbol{X}=(x_1,x_2,\cdots,x_K) \tag{7.9.38}$$

其中,每个分量 $x_k(k=1,2,\cdots,K)$均为实的连续随机变量,表示该 K 维随机矢量在 K 维空间各坐标轴上的坐标。它们的联合概率密度函数是 $p(x_1,x_2,\cdots,x_K)$(各样值之间的相关性体现在联合概率密度函数中)。然后,将 K 维空间分割成 L 个子空间(也称子空间为胞腔),即$\{C_i,i=1,2,\cdots,L\}$,$\bigcup\limits_i C_i=R^K$。每个子空间 C_i 中有一个离散的 K 维矢量 $\boldsymbol{Y}_i$,称为重建矢量或量化矢量,则

$$\boldsymbol{Y}_i=(y_{i_1},y_{i_2},\cdots,y_{i_K}) \qquad i=1,2,\cdots,L \tag{7.9.39}$$

其中,各 $y_{i_k}(k=1,2,\cdots,K)$是离散幅度值,是在 K 维空间中的各坐标值。

若输入矢量 $\boldsymbol{X}$ 落在某 C_i 子空间内,即 $\boldsymbol{X}\in C_i$,则可将输入矢量 $\boldsymbol{X}$ 量化为离散矢量 $\boldsymbol{Y}_i$,用符号 $Q(\cdot)$表示量化

$$Q(\boldsymbol{X})=\boldsymbol{Y}_i \tag{7.9.40}$$

所以,矢量量化可理解为在 K 维欧氏空间 R^K 中的一种映射,它是将 R^K 中的一连续矢量 $\boldsymbol{X}$ 映射成一离散的量化矢量 $\boldsymbol{Y}_i$。

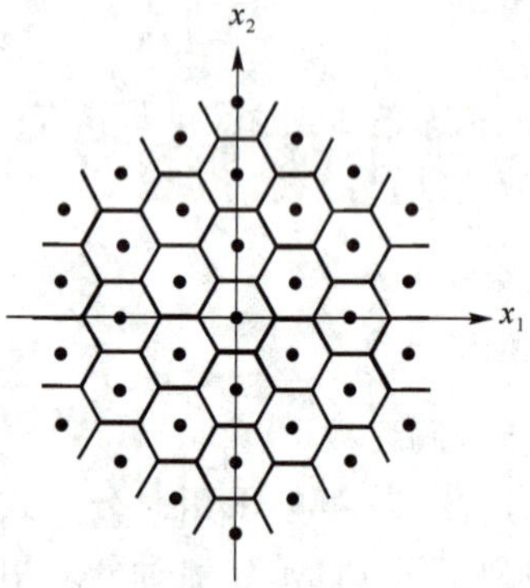

图 7.9.16 在两维空间量化的例子

以二维矢量的量化为例,说明如下:

例 7.9.2 若有一输入矢量 $\boldsymbol{X}=(x_1,x_2)$,其中 $\boldsymbol{X}$ 在二维空间中的坐标值为 x_1 及 x_2,均是连续随机变量,考虑它的矢量量化问题。

如图 7.9.16 所示,把二维空间分割成 L 个子空间($L=37$),每个子空间是六角形的"胞腔"$\{C_i,i=1,2,\cdots,L\}$,每个子空间中有一离散的二维矢量 $\boldsymbol{Y}_i=(y_{i_1},y_{i_2})$,它位于六角形的中央,其所有可能的输出离散矢量表示为$\{\boldsymbol{Y}_i,1\leqslant i\leqslant L\}$。图中共有 37 个可能的量化矢量。所有落于某子空间 C_i 的二维输

入矢量，均被量化为一个二维矢量 $\boldsymbol{Y}_i$。

在矢量量化中，称量化矢量的集合 $\{\boldsymbol{Y}_i, i=1,\cdots,L\}$ 为码本，L 为码本的大小，各量化矢量可称为码字。

2. 失真测度和最佳矢量量化基本算法

一般地，当 K 维输入矢量 $\boldsymbol{X}$ 量化为离散矢量 $\boldsymbol{Y}_i$ 时，会引入量化误差或失真 $d(\boldsymbol{X},\boldsymbol{Y}_i)$。其中，普遍采用的失真量度是均方误差（或称均方失真），表示如下：

$$d(\boldsymbol{X},\boldsymbol{Y}_i)=\sum_{k=1}^{K}(x_k-y_{i_k})^2=|\boldsymbol{X}-\boldsymbol{Y}_i|^2 \tag{7.9.41}$$

总平均失真

$$\begin{aligned}D&=\sum_{i=1}^{L}P(\boldsymbol{X}\in C_i)\cdot E[d(\boldsymbol{X},\boldsymbol{Y}_i)\,|\,\boldsymbol{X}\in C_i]\\&=\sum_{i=1}^{L}P(\boldsymbol{X}\in C_i)\int_{\boldsymbol{X}\in C_i}d(\boldsymbol{X},\boldsymbol{Y}_i)p(\boldsymbol{X})\mathrm{d}(\boldsymbol{X})\end{aligned} \tag{7.9.42}$$

式中，$P(\boldsymbol{X}\in C_i)$ 表示输入矢量 $\boldsymbol{X}$ 落于子空间 C_i 的概率，$p(\boldsymbol{X})$ 是 K 个连续随机变量的联合概率密度函数。

最佳矢量量化设计是在给定码本大小 L 值及给定 $p(\boldsymbol{X})$ 后，设计 K 维空间中的子空间分割及码本，使总平均失真 D 最小。

与最佳标量量化设计一样，为使总平均失真最小，最佳矢量量化要满足以下两个必要条件（推导从略）。

第一个必要条件：假设在给定码本 $\{\boldsymbol{Y}_i, i=1,2,\cdots,L\}$ 条件下，为使总平均失真 D 最小，按如下方法分割子空间：

$$\begin{aligned}C_i&=\{\boldsymbol{X}:d(\boldsymbol{X},\boldsymbol{Y}_i)\leqslant d(\boldsymbol{X},\boldsymbol{Y}_j),j\neq i\}\\&=\{\boldsymbol{X}:|\boldsymbol{X}-\boldsymbol{Y}_i|^2\leqslant|\boldsymbol{X}-\boldsymbol{Y}_j|^2,j\neq i\}\end{aligned} \tag{7.9.43}$$

上式表示：当输入矢量 $\boldsymbol{X}$ 与量化矢量 $\boldsymbol{Y}_i$ 之间的失真 $d(\boldsymbol{X},\boldsymbol{Y}_i)$ 小于与其他任何量化矢量 $\boldsymbol{Y}_j(j\neq i)$ 之间的失真 $d(\boldsymbol{X},\boldsymbol{Y}_j)$，则该输入矢量 $\boldsymbol{X}$ 属于某子空间 C_i，判为 $\boldsymbol{Y}_i$，故子空间 C_i 是符合上述条件的所有输入矢量的集合。

公式(7.9.43)也可等效为

$$C_i=\{\boldsymbol{X}:|\boldsymbol{X}-\boldsymbol{Y}_i|\leqslant|\boldsymbol{X}-\boldsymbol{Y}_j|,j\neq i\} \tag{7.9.44}$$

从式(7.9.44)看出，子空间 C_i 是输入矢量 $\boldsymbol{X}$ 到量化矢量 $\boldsymbol{Y}_i$ 的距离 $|\boldsymbol{X}-\boldsymbol{Y}_i|$ 比到其他任何 $\boldsymbol{Y}_j(j\neq i)$ 的距离 $|\boldsymbol{X}-\boldsymbol{Y}_j|$ 更近的 K 维空间中所有点的集合。

称上述条件为最邻近准则。

第二个必要条件：假设在给定各子空间 C_i 条件下，使总平均失真 D 最小的码本设计是以各子空间的概率质心作为各码字。

$$\boldsymbol{Y}_i=\frac{\int_{\boldsymbol{X}\in C_i}\boldsymbol{X}p(\boldsymbol{X})\mathrm{d}\boldsymbol{X}}{\int_{\boldsymbol{X}\in C_i}p(\boldsymbol{X})\mathrm{d}\boldsymbol{X}}\qquad i=1,2,\cdots,L \tag{7.9.45}$$

综上所述，为使矢量量化总平均失真 D 最小的必要条件有两个：一是以最邻近准则分割子空间;另一是以每子空间的质心作为码字。

显然,在给定码本大小及 $p(\boldsymbol{X})$条件下,若要求出最佳码本及子空间分割的解,尚无解析方法,只能求助于数值计算。利用上述两个条件的反复迭代计算,直至总平均失真足够小,才能求得数值解,称这一迭代法为群聚法。

上述最佳矢量量化的基本算法是由 T. Linde,R. M. Gray,A. Buzo 三人在 1980 年首先提出的,常称为 LGB 算法。

下面,对迭代计算的求解过程说明如下:首先选定起始码本$\{\boldsymbol{Y}_i^0,i=1,2,\cdots,L\}$(右上角用"0"表示起始),用式(7.9.43)分割子空间,求得各子空间$\{C_i,i=1,2,\cdots,L\}$,然后由$\{C_i^0,i=1,\cdots,L\}$及式(7.9.45)求下一个码本$\{\boldsymbol{Y}_i^1,i=1,\cdots,L\}$,再用该码本$\{\boldsymbol{Y}_i^1,i=1,\cdots,L\}$求下一总平均失真 D^1 和子空间集$\{C_i^1,i=1,\cdots,L\}$,进而计算相对误差 ε^1,即

$$\varepsilon^1=\frac{|D^0-D^1|}{D^0} \tag{7.9.46}$$

如此递推计算,直至误差小于某预置值 ε,就认为已得所需解而停止迭代运算。

3. 矢量量化的码本建立及快速搜索

在实际应用中,采用 LGB 算法尚有不少问题需解决。首先是高维的概率密度函数$p(\boldsymbol{X})$一般是未知的,而且也很难事先测定,通常需先从信源序列中取较长一段作为训练序列,而后根据它来选定码本和子空间(胞腔)。其次是起始码本的选择也很重要,因为递推的收敛速度和最后的均方失真大小都与此有关。

在建立码本之后,就可以进行矢量量化或编码,编码过程就是搜索最近的码字,当信源输入一矢量 $\boldsymbol{X}$,先在码本中找一个与矢量 $\boldsymbol{X}$ 最近的码字,设这一码字是 $\boldsymbol{Y}_i$,就把编号 i 用二进制码传出去,若码本中有 $L=2^n$ 个码字,量化级数为 L,用 n 位二进数来编码,在接收端可根据这二进码译出,并在收端所存储的同样码本中恢复出量化矢量 $\boldsymbol{Y}_i$。

矢量量化的原理框图如图 7.9.17 所示。

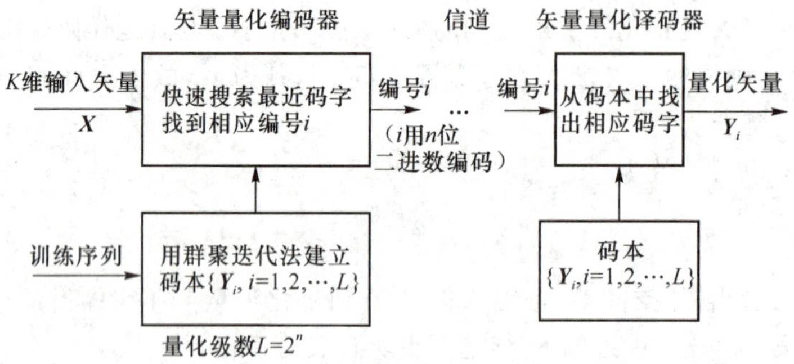

图 7.9.17 矢量量化原理框图

图 7.9.17 中的码本是按照一定失真测度,通过事先进行大量的训练而建立起来的。在上述的矢量量化编译码中,计算量最大的是搜索最近的码字(即量化矢量),此时必须计算输入矢量 $\boldsymbol{X}$ 与码本中所有的码字(即所有可能的量化矢量)之间的距离,比较这些距离才能找到最近的码字,以保证平均失真达到预定的最小值。故矢量量化的计算量主要在于搜索最近的码字,尤其是维数较大时,计算量很大,因此加速搜索已成为矢量量化实用化的主要问题之一。

从图 7.9.17 的矢量量化器看出,量化器的输入是 K 维矢量(K 个样值),量化器的输出是

码字的编号，用 n 个二进码编码，称 $n=\log_2 L$ 为码本信息量，这时 $(\log_2 L)/K<1$，即表示平均每个样值所含信息量小于 1 bit，这在一维标量量化中是不可能达到的，其主要原因在于矢量量化充分利用了信源样值之间的统计相关性。

总之，对于有记忆信源，充分利用信源相关性进行矢量量化是一种很好的限失真编码方法。目前，矢量量化技术已成功地应用于很低比特率语音压缩编码中。

7.10　有记忆信源解除相关性的限失真信源编码

大部分实际信源都属于有记忆的信源，上节的矢量量化是从适应信源统计特性，利用信源相关性进行多维矢量量化编码。本节从改造信源角度，首先解除信源相关性，再进行信源编码。而解除信源相关性主要方式分为两类：一类是从时域上解除相关性，称它为预测编码；另一类是从变换域上解除相关性，称它为变换编码。

7.10.1　预测编码

对于有记忆信源，由于信源输出的各个样值分量之间存在统计关联，这些统计关联是可以加以充分利用的，预测编码就是基于这一思想。目前预测编码已成为语音压缩编码的主要基础，同时在图像编码中预测编码也必不可少。在预测编码中，它不直接对信源输出信号进行编码，而是将信源输出信号通过预测变换后的信号与信源输出信号的差值信号进行编码，其原理如图 7.10.1 所示。

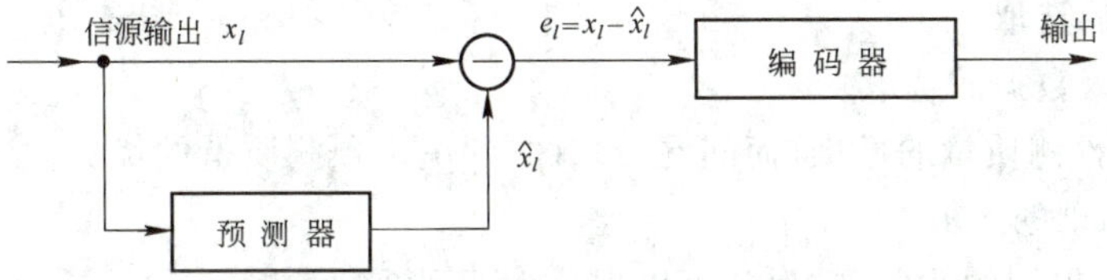

图 7.10.1　预测编码器原理图

若预测器是线性预测器，则可以表示为图 7.10.2。

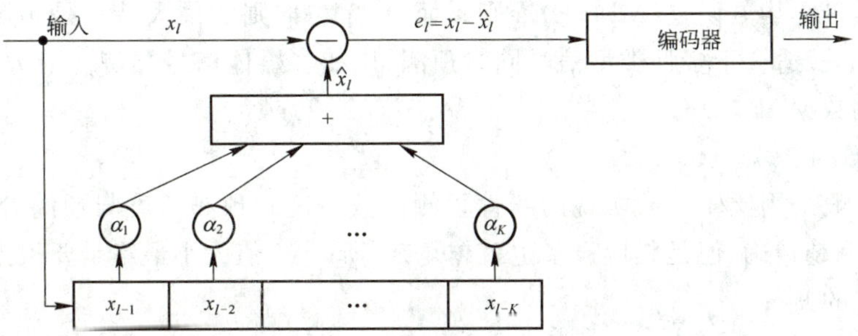

图 7.10.2　线性预测编码器原理图

设信源第 l 瞬间的输出值为 x_l，根据信源 x_l 的前 K 个样值，可给出下列预测值

$$\hat{x}_l=f(x_{l-1},x_{l-2},\cdots,x_{l-K}) \tag{7.10.1}$$

其中 f 为预测函数,它可以是线性函数,也可以是非线性函数。其中线性预测函数实现比较简单,如图 7.10.2 所示,这时预测值为

$$\hat{x}_l=\sum_{k=1}^{K}\alpha_k x_{l-k} \tag{7.10.2}$$

则第 l 个样值 x_l 与预测值 $\hat{x}_l$ 之间的误差值为

$$e_l=x_l-\hat{x}_l=x_l-\sum_{k=1}^{K}\alpha_k x_{l-k} \tag{7.10.3}$$

根据信源编码定理,若直接对信源输出即线性预测器输入 x_i 进行编码,则其平均码长 $\overline{K}_x$ 应趋于信源熵 $H(X)$,即

$$H(X)=-\sum_{i=1}^{n}P(x_i)\log P(x_i) \tag{7.10.4}$$

若对预测变换后的误差值 e 进行编码,其平均码长 $\overline{K}_e$ 应趋于误差熵,即

$$H(E)=-\sum_{i=1}^{n}P(e_i)\log P(e_i) \tag{7.10.5}$$

显然,从信息论观点预测编码压缩信源数码率的必要条件为

$$\overline{K}_e<\overline{K}_x\Rightarrow H(E)<H(X) \tag{7.10.6}$$

即信源预测越精确,误差越趋于 δ 分布,则误差熵也就越小。

从上述预测编码的基本原理可以看出,实现预测编码要进一步考虑以下 3 方面问题:

(1) 预测误差准则的选取;

(2) 预测函数的选取;

(3) 预测器输入数据的选取。

其中,问题(1)决定预测质量的标准,而问题(2)、(3)则决定预测质量的优劣。

1. 预测误差准则的选取

首先,讨论误差准则的选取,它大致可以划分为下列 3 种类型:

- 最小均方误差(MMSE)准则;
- 预测系数不变性(PCIV)准则;
- 最大误差(ME)准则。

其中最常用的是最小均方误差(MMSE)准则。而(PCIV)准则的最大特点是预测系数与输入信号统计特性无关,适合于多种类型信号同时预测,比如多媒体信号预测。最大误差(ME)准则主要用于遥测数据。

2. 预测函数的选取

在工程上一般采用比较容易实现的线性预测函数。这时预测精度与预测阶次 K 有直接关系,K 越大预测越精确,但是相应设备也就越复杂,所以 K 值大小最终是要根据设计要求和实际效果来决定的。

3. 预测器输入数据的选取

它是指从何处选取原始数据作为预测的依据。一般可分为三类:一类是直接从信源输出处选取第 l 位的前 K 位,即 $l-1,l-2,\cdots,l-K$,作为预测的原始数据;另一类则是从输出端的误差函数反馈至预测器中,即将输出的第 l 位的前 K 位 $l-1,l-2,\cdots,l-K$ 作为预测的原

始数据反馈至预测器中；第三类则是将前两类结合起来。采用第一类输入方式实现的称为 ΔPCM，采用第二类输入方式实现的称为 DPCM，而采用第三类输入方式实现的则称为噪声反馈型。

下面进一步分析最佳线性预测器在某些特殊情况下就是最佳预测器。

设输入信源序列 $\boldsymbol{x}=(x_1\cdots x_l\cdots x_L)$，若采用第 l 位之前 K 个输入来预测第 l 位值，即

$$\hat{x}_l=f(x_{l-1}\cdots x_{l-K})$$

若采用最常用的均方误差准则，则其最佳预测应使均方误差 D

$$D=E[(x_l-\hat{x}_l)^2\mid x_{l-1}\cdots x_{l-K}]$$

达到极小。引用变分法，可求得

$$\hat{x}_l=f(x_{l-1}\cdots x_{l-K})=E[x_l\mid x_{l-1}\cdots x_{l-K}] \tag{7.10.7}$$

可见，在均方误差准则下，按照条件期望值进行预测是最佳预测，然而它必须已知 x_l 的联合概率密度函数，这一般是很难办到的。但是对于广义平稳的正态过程，只要已知二阶矩相关函数 $R(\tau)$就等效于已知 X_l 的联合概率密度函数(这时假设一阶矩数学期望值为 0)。在这种情况下，线性最佳预测与一般意义上的最佳预测是等效的。因为，对于广义平稳正态信源，线性统计无关与统计独立是等效的。所以能完全解除序列相关性的信源即为符合统计独立的无记忆信源。由于线性预测便于分析，易于实现，因此本节将重点介绍线性预测。

下面将讨论线性预测的两种基本类型。

(1) DPCM

DPCM，即差分脉冲编码调制，其工作原理如图 7.10.3 所示。

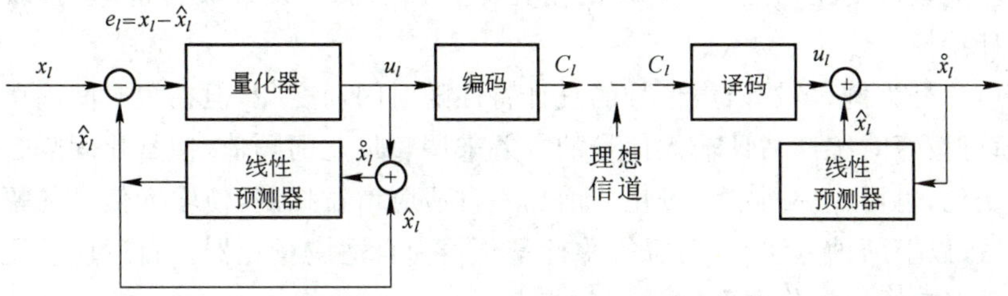

图 7.10.3　DPCM 系统原理图

图中，信源输出信号 x_l 即为 DPCM 的输入信号，当 x_l 与预测值 $\hat{x}_l$ 相减得差值信号 e_l，再将差值信号 e_l 经量化处理后变成量化的差值信号 u_l，再将 u_l 分两路：一路直接将 u_l 经编码后变成 C_l 并送入理想传输信道，另一路将 u_l 与预测后的信号 $\hat{x}_l$ 相加构成下一轮线性预测器的输入 $\mathring{x}_l$。在接收端，通过理想无失真信道传送来的码元 C_l 经译码后还原为 u_l 再与预测值 $\hat{x}_l$ 相加最后恢复出原来的 DPCM 的输入信号 $\mathring{x}_l$。

对于 DPCM 的线性预测器，可分为极点预测器及零点预测器。现以极点预测器为例，简述线性预测器的工作原理。

从前面的分析可知，K 阶线性预测器的输出 $\hat{x}_l$ 是前 K 个 $x_{l-k}(k=1,\cdots,K)$值的线性组合。

$$\hat{x}_l=\sum_{k=1}^{K}\alpha_k x_{l-k} \tag{7.10.8}$$

式中，$\{\alpha_k\}$是线性预测器的一组预测系数。

预测误差的均方值为

$$\begin{aligned}E[e_l^2]&=E[(x_l-\hat{x}_l)^2]\\&=E[(x_l-\sum_{k=1}^{K}\alpha_k x_{l-k})^2]\end{aligned} \tag{7.10.9}$$

最佳线性预测需满足

$$\frac{\partial E[e_l^2]}{\partial \alpha_k}=0,\qquad k=1,2,\cdots,K \tag{7.10.10}$$

由此得到一组线性方程,其矩阵形式为

$$\begin{bmatrix}R(1)\\R(2)\\\vdots\\R(K)\end{bmatrix}=\begin{bmatrix}R(0) & R(1) & \cdots & R(K-1)\\R(1) & R(0) & \cdots & R(K-2)\\\vdots & \vdots & & \vdots\\R(K-1) & R(K-2) & \cdots & R(0)\end{bmatrix}\begin{bmatrix}\alpha_{1\text{opt}}\\\alpha_{2\text{opt}}\\\vdots\\\alpha_{K\text{opt}}\end{bmatrix} \tag{7.10.11}$$

式中 $R(k)=E[x_l\cdot x_{l-k}]$ 为相关函数,其中 $k=1,2,\cdots,K$。最佳线性预测系数 $\{\alpha_k\}$ 可根据式(7.10.11)求解。

从上述分析看出,利用预测均方误差最小准则、根据前 K 位样值之间的相关函数可得出最佳线性预测系数,从而预测当前的样值 $\hat{x}_l$ 值。对于相关性很强的信源可较精确地预测,使实际值与预测值之差的方差远小于原来的值,于是在同样失真要求下,对差值量化的量化级数可明显减小,从而较显著地压缩码率。

另外,需指出,当信源输出过程是非平稳过程,如语声信号即为非平稳过程,它的方差及自相关函数随时间缓慢变化,为此 DPCM 的量化器及预测器可设计成自适应的,以适应信源缓慢的时变统计特性。

仍以语声信号为例,虽然语声信号的统计特性随时间而变化,但在短时间内可近似看成平稳过程,因而可按短时统计估计输入信号的方差来调整量化间隔值,使量化间隔自适应于输入方差估值的变化,也可在一固定的量化器前加一自适应增益控制,使输入信号的幅度方差保持为固定的常数,以上两种方法是等效的,称此量化器为自适应量化器。自适应量化器方案又可分为前馈和反馈自适应量化器两种。

若在短时统计估计输入信号的自相关特性,则可求出短时预测系数,自适应调整预测器的预测系数,以达到最佳预测状态,称此预测器为自适应预测器。自适应预测器亦可分为前馈和反馈自适应预测。

CCITT 在 1984 年提出的 32 kbit/s ADPCM 的 G.721 建议,就是采用自适应 DPCM 结构作为长途电话通信的一种国际通用语音编码方法,其编解码框图请参考 CCITT G.721建议,它包括非均匀量化器、反馈自适应量化器及反馈自适应预测器(采用零点预测器及极点预测器相结合的自适应预测)。

此 32 kbit/s ADPCM 编译码系统的指标符合 64 kbit/s PCM 系统的指标要求(CCITT G.711,G.712 建议)。

(2) 增量调制 ΔM

最简单的 DPCM 是增量调制,又称为 ΔM。这时差值的量化级最简单,定为两级,也就是当差值为正时,输出"1",差值为负时,输出"0",且每个差值只需 1 bit。显然,为了减少量化失真必须增加采样率,使它远大于奈奎斯特采样率,即远大于 $2f_{\mathrm{H}}$,其中 f_{H} 为信源信号的上限频。译码时作相反变换,即规定一个增量值 Δ,当收到"1"时,在前一瞬间信号值上加上一个 Δ

值;收到"0"时,在前一瞬间信号值减去一个Δ值。其框图如图 7.10.4 所示。

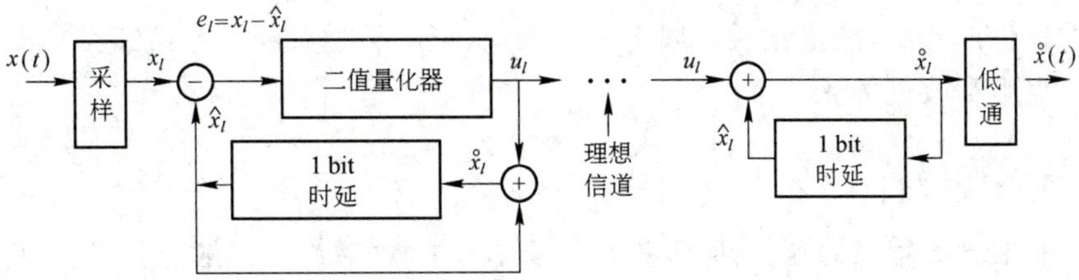

图 7.10.4 简单 ΔM 原理框图

将 ΔM 与 DPCM 原理方框图相比较,在 ΔM 中线性预测器采用最简单的 1 bit 时延电路而量化器则采用双向限幅的二值量化器,即 1 bit 量化器,并省去发、收端的编、译码器。

在发送端,输入的样值为 x_l,则有

$$e_l=x_l-\hat{x}_l$$

经量化后,得

$$u_l=\Delta\cdot\mathrm{sgn}(e_l) \tag{7.10.12}$$

且

$$e_{ql}=e_l-u_l \tag{7.10.13}$$

$$\mathring{x}_l=u_l+\hat{x}_l \tag{7.10.14}$$

预测器输出为

$$\hat{x}_l=\mathring{x}_{l-1} \tag{7.10.15}$$

其中,$\mathring{x}_{l-1}$表示 $\mathring{x}_l$ 延时 1 bit 的值。

由公式(7.10.14),有

$$\mathring{x}_l=u_l+\hat{x}_l=e_l-e_{ql}+x_l-e_l=x_l-e_{ql} \tag{7.10.16}$$

可见,在 ΔM 中,恢复重建信号 $\mathring{x}_l$ 就等于原发送端样值信号 x_l 叠加上由于 ΔM 调制引入的量化误差 e_{ql},如图 7.10.5 所示。

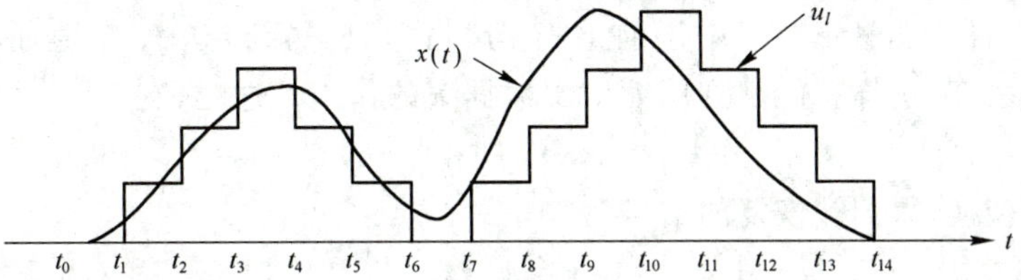

图 7.10.5 简单 ΔM 的波形图

由图 7.10.5 可见,ΔM 的量化误差 e_{ql} 主要分为三类:一类是 $t_0\sim t_6$,当 $f_s\Delta$ 大于等于输入信号 $x(t)$的斜率时,称它为纯量化误差;另一类是当输入信号$x(t)$的斜率大于 $f_s\Delta$ 时,则出现增量量化跟不上 $x(t)$变化的过载噪声,如图 7.10.5 中 $t_7\sim t_{14}$ 所示。这类噪声是增量调制中的主要失真。克服这一失真的办法有两种:一是增加 ΔM 采样速率,但是采样速率过大将会降低增量调制的有效性,即降低压缩数码率的能力;另一种方法是根据$x(t)$的斜率改变 ΔM 的

量化间距值,自适应增量调制就属于这一类。第三类称为空载噪声,它是当输入信号 $x(t)$ 变化很慢,甚至为0时,输出码流为一个0与1交替序列而产生的空载量化噪声。

在三类量化误差中,纯量化误差属于正常误差,第二类过载噪声与第三类空载噪声是需要进一步加以克服和改进的。

7.10.2 变换编码

信源一般都具有很强的相关性,要提高信源编码的效率首先要解除信源的相关性。解除信源的相关性可以在时域内进行,这就是前面介绍的预测编码;也可以在变换域(可能是频域,广义频域或空域)内进行,这就是下面将要介绍的变换编码。

变换编码主要用于图像信源的压缩编码中。例如:在静止图像信源压缩编码中,首先将实际的二维图像分解为若干个8个像素×8个像素的子块,并将它数字化,再分别对每个子块进行变换编码。在分析中,应用矩阵正交变换的数学工具,将图像信源中的每个子块的空间域8×8矩阵正交变换为频域的8×8矩阵,再对频域矩阵中的各元素(即为变换系数)进行编码。由于具有高度相关性的图像子块经过正交变换后,频域的各变换系数之间的相关性很小,且从空间域转换至频域的能量保持不变,其能量集中于少数几个系数内,因而可丢弃一些能量较小的系数,只需对变换系数中能量较集中的几个系数加以编码,这样就能使数字图像传输时所需的码率得到压缩,说明如下:

1. 正交变换

设信源矢量为列矢量 $\boldsymbol{x}$

$$\boldsymbol{x}^{\mathrm{T}}=(x_1\cdots x_l\cdots x_L) \tag{7.10.17}$$

将它通过正交变换,其变换的正交矩阵 $\boldsymbol{A}$ 为一个 $L\times L$ 的方阵,则变换后的输出为另一域(称为变换域)的矢量 $\boldsymbol{s}$

$$\boldsymbol{s}=\boldsymbol{A}\boldsymbol{x} \tag{7.10.18}$$

由于正交矩阵的正交性

$$\boldsymbol{A}^{\mathrm{T}}\boldsymbol{A}=\boldsymbol{A}^{-1}\boldsymbol{A}=I \tag{7.10.19}$$

有

$$\boldsymbol{x}=\boldsymbol{A}^{-1}\boldsymbol{s}=\boldsymbol{A}^{\mathrm{T}}\boldsymbol{s} \tag{7.10.20}$$

信源矢量 $\boldsymbol{x}$ 的各分量 $\boldsymbol{x}_l$ 之间具有相关性,如果经正交变换后,在变换域内的各分量 s_k 之间的相关性很小,且其能量主要集中于前 K 个分量内,则只需传送 K 个值而将余下的 $L-K$ 个能量较小的值丢弃,这样就能起到压缩信源数据率的作用。这时,有

$$\tilde{\boldsymbol{s}}^{\mathrm{T}}=(s_1\cdots s_k\cdots s_K 0\cdots 0) \tag{7.10.21}$$

在接收端进行反变换,得到被恢复的信号为

$$\tilde{\boldsymbol{x}}=\boldsymbol{A}^{\mathrm{T}}\tilde{\boldsymbol{s}} \tag{7.10.22}$$

显然,这时 $\boldsymbol{x}\neq\tilde{\boldsymbol{x}}$,所以问题可归结为如何选择正交矩阵 $\boldsymbol{A}$,在解除信源相关性的同时使 K 值尽可能小,以使其得到最大的信源压缩率,同时又使丢弃 $L-K$ 个值以后所产生的误差不超过允许的失真范围。因此,正交变换的主要问题可以归结为在一定的误差准则下,寻找最佳正交变换矩阵,以达到最大限度地解除信源相关性的目的。

2. 最佳正交变换矩阵

实际二维图像信源的子块可用方阵 $\boldsymbol{X}$ 来描述,但是为了说明如何求正交变换矩阵的基本原理,在这里,仍设信源矢量为一列矢量 $\boldsymbol{x}$,且

$$\boldsymbol{x}^{\mathrm{T}}=(x_1,x_2,\cdots,x_L)$$

这样可使分析简单。

下面根据图像信源 $\boldsymbol{X}$ 的相关性来确定最佳正交变换矩阵。

由于信源输出信号是随机的，图像信源的相关性，可用 L 行 L 列的协方差矩阵 $\boldsymbol{\Phi}_x$ 描述，即

$$\boldsymbol{\Phi}_x=E\{(\boldsymbol{x}-\overline{\boldsymbol{x}})(\boldsymbol{x}-\overline{\boldsymbol{x}})^{\mathrm{T}}\}$$

$$=\begin{bmatrix} \sigma_1^2\rho_{11} & \sigma_1\sigma_2\rho_{12} & \cdots & \sigma_1\sigma_j\rho_{1j} & \cdots & \sigma_1\sigma_L\rho_{1L} \\ \sigma_2\sigma_1\rho_{21} & \sigma_2^2\rho_{22} & \cdots & \sigma_2\sigma_j\sigma_{2j} & \cdots & \sigma_2\sigma_L\rho_{2L} \\ \vdots & \vdots & & \vdots & & \vdots \\ \sigma_i\sigma_1\rho_{i1} & \sigma_i\sigma_2\rho_{i2} & \cdots & \sigma_i\sigma_j\rho_{ij} & \cdots & \sigma_i\sigma_L\rho_{iL} \\ \vdots & \vdots & & \vdots & & \vdots \\ \sigma_L\sigma_1\rho_{L1} & \sigma_L\sigma_2\sigma_{L2} & \cdots & \sigma_L\sigma_j\sigma_{Lj} & \cdots & \sigma_L^2\rho_{LL} \end{bmatrix}_{L\times L} \tag{7.10.23}$$

其中，ρ_{ij} 表示信源矢量中的第 i 分量与第 j 分量之间的相关系数；$\sigma_i^2(\sigma_j^2)$ 表示第 $i(j)$ 分量的方差。可见，协方差矩阵是定量描述随机分量之间相关性的一个二阶统计量。显然，协方差矩阵 $\boldsymbol{\Phi}_x$ 的对角线上的元素表示各分量的自相关，而非对角线上的元素表示各分量间的互相关。

对于空间域图像信源给出的协方差矩阵为 $\boldsymbol{\Phi}_x$，经过正交变换后得到变换域信号协方差矩阵为 $\boldsymbol{\Phi}_s$。

$$\begin{aligned}\boldsymbol{\Phi}_s&=E\{(\boldsymbol{s}-\overline{\boldsymbol{s}})(\boldsymbol{s}-\overline{\boldsymbol{s}})^{\mathrm{T}}\}\\&=E\{\boldsymbol{A}(\boldsymbol{x}-\overline{\boldsymbol{x}})(\boldsymbol{x}-\overline{\boldsymbol{x}})^{\mathrm{T}}\boldsymbol{A}^{\mathrm{T}}\}\\&=\boldsymbol{A}E\{(\boldsymbol{x}-\overline{\boldsymbol{x}})(\boldsymbol{x}-\overline{\boldsymbol{x}})^{\mathrm{T}}\}\boldsymbol{A}^{\mathrm{T}}\\&=\boldsymbol{A}\boldsymbol{\Phi}_x\boldsymbol{A}^{\mathrm{T}}\end{aligned} \tag{7.10.24}$$

其中，$E\{\cdot\}$表示取数学期望，即取统计平均值；$\overline{\boldsymbol{x}}$与 $\overline{\boldsymbol{s}}$ 分别表示 $\boldsymbol{x}$ 与 $\boldsymbol{s}$ 的数学期望值。而

$$\boldsymbol{\Phi}_s=E\{(\boldsymbol{s}-\overline{\boldsymbol{s}})(\boldsymbol{s}-\overline{\boldsymbol{s}})^{\mathrm{T}}\}=[\operatorname{cov}(s_k,s_l)]_{L\times L} \tag{7.10.25}$$

其中 $\operatorname{cov}(s_k,s_l)$为 $\boldsymbol{s}$ 第 k 个分量与第 l 个分量之间的协方差值。

为了达到信源压缩的目的，希望通过正交变换后的 $\boldsymbol{\Phi}_s$ 只保留主对角线上部分自相关函数值，而对角线以外的互相关分量均应为零，且希望自相关值随着 k 与 l 值的增大而迅速减小，当 $K<L$ 时，其主对角线上余下的 $L-K$ 个自相关值也可以忽略不计。这就是最大限度地解除信源的相关性，也正是所要求寻找的最佳正交变换。

一般根据信源的协方差矩阵采用最小均方误差(MMSE)准则来计算最佳正交变换矩阵，所谓最佳是指在一定的条件即准则下的最佳。

设

$$\Delta\boldsymbol{x}=\boldsymbol{x}-\tilde{\boldsymbol{x}} \tag{7.10.26}$$

则均方误差值为

$$\varepsilon=E(\Delta\boldsymbol{x}^2) \tag{7.10.27}$$

因此，问题归结为当要求 ε 最小时，正交变换矩阵 $\boldsymbol{A}^{\mathrm{T}}=(\boldsymbol{a}_1\cdots\boldsymbol{a}_l\cdots\boldsymbol{a}_L)$选取何种形式。

利用拉格朗日乘数法则，在满足 $\boldsymbol{a}^{\mathrm{T}}\boldsymbol{a}=1$ 正交条件下，要找出 $\boldsymbol{a}_l$，使得均方误差 ε 最小。其最佳 $\boldsymbol{a}_l$ 值由下式求出，即

$$\boldsymbol{\Phi}_x\boldsymbol{a}_l=\lambda_l\boldsymbol{a}_l \tag{7.10.28}$$

其中，λ_l 是 $\boldsymbol{\Phi}_x$ 的特征值，$\boldsymbol{a}_l$ 是与特征值 λ_l 相对应的特征矢量，由各 $\boldsymbol{a}_l$ 构成正交矩阵 $\boldsymbol{A}$。

由(7.10.28)得到

$$\lambda_l = \boldsymbol{a}_l^{\mathrm{T}} \boldsymbol{\Phi}_x \boldsymbol{a}_l \tag{7.10.29}$$

或写成

$$\boldsymbol{A}^{\mathrm{T}} \boldsymbol{\Phi}_x \boldsymbol{A} = \begin{pmatrix} \lambda_1 & & 0 \\ & \ddots & \\ 0 & & \lambda_L \end{pmatrix} \tag{7.10.30}$$

将公式(7.10.30)代入公式(7.10.24)得

$$\begin{aligned} \boldsymbol{\Phi}_s &= \boldsymbol{A} \boldsymbol{\Phi}_x \boldsymbol{A}^{\mathrm{T}} \\ &= \begin{pmatrix} \lambda_1 & & 0 \\ & \ddots & \\ 0 & & \lambda_L \end{pmatrix} = \mathrm{diag}(\lambda_1 \cdots \lambda_L) \end{aligned} \tag{7.10.31}$$

可见,这时 $\boldsymbol{\Phi}_s$ 为理想对角线矩阵,即经过正交变换后完全消除了信源相关性。式中 $\boldsymbol{a}_l$ 为矩阵 $\boldsymbol{\Phi}_x$ 的特征矢量,由最佳 $\boldsymbol{a}_l$ 特征矢量构成的正交变换矩阵 $\boldsymbol{A}$,即为最佳正交变换矩阵,再由求得的 $\boldsymbol{A}$,对图像子块 $\boldsymbol{X}$ 进行正交变换。一般称此变换为 K(Karhunan)-L(Loeve)变换。

这时的最小均方误差值为

$$\varepsilon_{\min} = \sum_{l=K+1}^{L} \lambda_l \tag{7.10.32}$$

而且可以通过改变 $\boldsymbol{a}_l$ 在 $\boldsymbol{A}^{\mathrm{T}}$ 中次序求得

$$\lambda_1 \geqslant \lambda_2 \geqslant \cdots \geqslant \lambda_K \geqslant \lambda_{K+1} \geqslant \cdots \lambda_L \tag{7.10.33}$$

被丢弃的 $\lambda_{K+1} \sim \lambda_L$ 是一些最小的项,故可实现误差最小。

例 7.10.1 已知某信源的协方差矩阵为 $\boldsymbol{\Phi}_x$,求最佳正交变换矩阵。

$$\boldsymbol{\Phi}_x = \begin{pmatrix} 1 & 1 & 0 \\ 1 & 1 & 0 \\ 0 & 0 & 1 \end{pmatrix}$$

解 写出方阵 $\boldsymbol{\Phi}_x$ 的特征方程(其中 $\boldsymbol{I}$ 为单位方阵):

$$|\boldsymbol{\Phi}_x - \lambda \boldsymbol{I}| = 0$$

即

$$\begin{vmatrix} 1-\lambda & 1 & 0 \\ 1 & 1-\lambda & 0 \\ 0 & 0 & 1-\lambda \end{vmatrix} = 0$$

得到

$$(1-\lambda)^3 - (1-\lambda) = 0$$

求得 $\boldsymbol{\Phi}_x$ 的特征值为 $\lambda_1 = 2, \lambda_2 = 1, \lambda_3 = 0$。要分别求出与各特征值相对应的特征矢量。

当 $\lambda_1 = 2$ 时

$$(\boldsymbol{\Phi}_x - \lambda_1 \boldsymbol{I}) \boldsymbol{a}_1^{\mathrm{T}} = 0 \quad (\text{这里的 } \boldsymbol{a}_1 \text{ 是行矢量})$$

$$\begin{pmatrix} -1 & 1 & 0 \\ 1 & -1 & 0 \\ 0 & 0 & -1 \end{pmatrix} \begin{pmatrix} \boldsymbol{a}_{11} \\ \boldsymbol{a}_{12} \\ \boldsymbol{a}_{13} \end{pmatrix} = 0$$

$$\begin{cases} -\boldsymbol{a}_{11} + \boldsymbol{a}_{12} = 0 \\ \boldsymbol{a}_{11} - \boldsymbol{a}_{12} = 0 \\ \boldsymbol{a}_{13} = 0 \end{cases}$$

当 $\lambda_1=2$ 时，对应的特征矢量 $\boldsymbol{a}_1=(\boldsymbol{a}_{11},\boldsymbol{a}_{12},\boldsymbol{a}_{13})=(1,1,0)$，归一化后为 $(\frac{1}{\sqrt{2}},\frac{1}{\sqrt{2}},0)$；同理，可求得与 $\lambda_2=1$ 对应的特征矢量 $\boldsymbol{a}_2=(\boldsymbol{a}_{21},\boldsymbol{a}_{22},\boldsymbol{a}_{23})=(0,0,1)$；与 $\lambda_3=0$ 对应的特征矢量 $\boldsymbol{a}_3=(\boldsymbol{a}_{31},\boldsymbol{a}_{32},\boldsymbol{a}_{33})=(\frac{1}{\sqrt{2}},-\frac{1}{\sqrt{2}},0)$。

由上述特征矢量构成 K-L 变换的最佳正交变换矩阵 $\boldsymbol{A}$ 为

$$\boldsymbol{A}=\begin{pmatrix}\boldsymbol{a}_{11} & \boldsymbol{a}_{12} & \boldsymbol{a}_{13}\\ \boldsymbol{a}_{21} & \boldsymbol{a}_{22} & \boldsymbol{a}_{23}\\ \boldsymbol{a}_{31} & \boldsymbol{a}_{32} & \boldsymbol{a}_{33}\end{pmatrix}=\begin{pmatrix}\frac{1}{\sqrt{2}} & \frac{1}{\sqrt{2}} & 0\\ 0 & 0 & 1\\ \frac{1}{\sqrt{2}} & -\frac{1}{\sqrt{2}} & 0\end{pmatrix}$$

K-L 变换虽然在均方误差准则下是最佳的正交变换。但是，由于以下两个原因，在实际中很少采用。首先，在 K-L 变换中，特征矢量与信源统计特性密切相关，即对不同的信源统计特性 $\boldsymbol{\Phi}_x$ 应有不同的正交矩阵 $\boldsymbol{A}$，才能实现最佳化。由于每幅图像信源的 $\boldsymbol{\Phi}_x$ 是在不断变化的，因而每送一幅图像，都要重复进行上述计算，由 $\boldsymbol{\Phi}_x$ 找出相应的正交矩阵 $\boldsymbol{A}$，再对图像子块 $\boldsymbol{X}$ 进行正交变换操作。由此可见，K-L 变换中的正交变换矩阵 $\boldsymbol{A}$ 不是一个固定的矩阵，它必须由信源统计特性来确定，因而运算烦琐。其次 K-L 变换目前尚无快速算法，所以很少在实际问题中采用，因而通常仅将它作为一个理论上的参考标准。

正是由于理论上最佳的 K-L 变换实用意义不大，于是人们就将眼光逐步转向寻找理论上准最佳，但有实用价值的正交变换上。目前人们已寻找到不少类型的准最佳变换，它们大致可划分为两类：一类是它们的变换矢量的元素都在单位圆上，比如傅里叶变换以及沃尔什-哈达玛(Walsh-Hadamard)变换；另一类则不一定在单位圆上，它又可分为正弦与非正弦两类，离散余弦 DCT 属于前者，而斜(Slant)变换、Haar 变换则属于后者。

3. 准最佳正交变换

所谓准最佳正交变换，是指经变换后的协方差矩阵是近似对角线矩阵。由线性代数的相似变换理论可知，任何矩阵都可以相似于约旦(Jordan)标准型所构成的矩阵。所谓约旦标准型就是准对角线矩阵，即

$$\begin{pmatrix}\lambda_1 & & & \\ & \lambda_2 & & 0\\ & 1 & \ddots & \\ 0 & & 1 & \lambda_L\end{pmatrix} \tag{7.10.34}$$

即在主对角线上均为信源协方差矩阵的特征值 $\lambda_l(l=1,2,\cdots,L)$，而在主对角线的上或下存在着若干个不为 0 的 1 值。而所谓的相似变换是指总能找到一个非奇异正交矩阵 $\boldsymbol{A}$，使得 $\boldsymbol{A}^{-1}\boldsymbol{\Phi}_x\boldsymbol{A}=\boldsymbol{\Phi}_s$，使 $\boldsymbol{\Phi}_s$ 为约旦型矩阵，称 $\boldsymbol{\Phi}_x$ 与 $\boldsymbol{\Phi}_s$ 相似。

这时

$$\boldsymbol{A}^{-1}\boldsymbol{\Phi}_x\boldsymbol{A}=\boldsymbol{A}^{\mathrm{T}}\boldsymbol{\Phi}_x\boldsymbol{A}=\boldsymbol{\Phi}_s \tag{7.10.35}$$

可见，通过矩阵的相似变换，总能找到一些正交矩阵，实现准最佳变换。由于准最佳标准的不确切与不唯一性，从而找到的正交矩阵也不是唯一的，所以就产生了前面所指出的多种准最佳变换。尽管它们的性能比 K-L 变换差，但由于它们的变换矩阵 $\boldsymbol{A}$ 是固定的，这给工程实现带来了方便，所以在实践中更重视的是准最佳正交变换。

选用不同类型的正交矩阵 $\boldsymbol{A}$ 可产生不同类型的准正交变换，下面仅介绍离散余弦变换。

(1) 离散余弦变换(DCT)

$$\left.\begin{aligned}\boldsymbol{S}&=\boldsymbol{A}_{\mathrm{DCT}}\boldsymbol{X}\\ \boldsymbol{X}&=\boldsymbol{A}_{\mathrm{DCT}}^{\mathrm{T}}\boldsymbol{S}\end{aligned}\right\} \tag{7.10.36}$$

$$\boldsymbol{A}_{\mathrm{DCT}}(L=2^m)=\sqrt{\frac{2}{L}}\begin{pmatrix}\frac{1}{\sqrt{2}} & \frac{1}{\sqrt{2}} & \cdots & \frac{1}{\sqrt{2}}\\ \cos\frac{\pi}{2L} & \cos\frac{3\pi}{2L} & \cdots & \cos\frac{(2L-1)\pi}{2L}\\ \vdots & \vdots & & \vdots\\ \cos\frac{(L-1)\pi}{2L} & \cos\frac{3(L-1)\pi}{2L} & \cdots & \cos\frac{(2L-1)(L-1)\pi}{2L}\end{pmatrix} \tag{7.10.37}$$

式(7.10.37)是一维DCT的正交矩阵。当信号统计特性符合一阶马尔可夫链模型，且其相关系数接近于1(许多图像信号可足够精确地用此模型描述)，则DCT性能十分接近于K-L性能，且变换后的能量集中度高，即使信号统计特性偏离这一模型，DCT性能下降不显著。由于DCT的这一特性，再加上它的正交变换矩阵是固定的，并具有快速算法等，所以它在图像压缩编码中得到广泛应用，举例说明如下。

(2) 离散余弦变换在静止图像信源压缩编码中的应用

在实际系统中，比如新闻图片、医疗图片、卫星图片以及图像文献资料等均属于静止图像，对这类静止图像进行压缩编码对图像传输和存储都具有重要的应用价值。

对于静止图像的压缩编码，国际上组织了联合图像专家组(Joint Photographic Expert Group)共同研究并制定了一个标准，称为JPEG标准，它是为单帧彩色图像的压缩编码而制定的。采用这一标准，可达到将每像素24 bit的彩色图像压缩至每像素1～2 bit仍具有很好的图像质量。

对JPEG标准中基于DCT的限失真编码系统感兴趣的读者请参考文献[27,28]。

习　题

7.1 设一信源由6个不同的独立符号组成：

X_i	x_1	x_2	x_3	x_4	x_5	x_6
P_i	$\frac{1}{2}$	$\frac{1}{4}$	$\frac{1}{32}$	$\frac{1}{8}$	$\frac{1}{32}$	$\frac{1}{16}$

试求：

(1) 信源符号熵 $H(X)$；

(2) 若信源每秒发送1 000个符号，求信源每秒传送的信息量；

(3) 若信源各符号等概出现，求信源最大熵 $H_{\max}(X)$。

7.2 已知两个二进制随机变量 X 和 Y 服从下列联合分布：

$$P(X=Y=0)=P(X=0,Y=1)=P(X=Y=1)=\frac{1}{3}$$

试求：$H(X)$、$H(Y)$、$H(X|Y)$、$H(Y|X)$ 和 $H(X,Y)$。

7.3　已知下列联合事件的概率表如下：

$P(A_iB_j)$ A_i \ B_j	B_1	B_2	B_3
A_1	0.10	0.08	0.13
A_2	0.05	0.03	0.09
A_3	0.05	0.12	0.14
A_4	0.11	0.04	0.06

试求：

(1) $P(A_i)$、$P(B_j)$；

(2) 信源熵 $H(A)$、$H(B)$，联合熵 $H(A,B)$；

(3) 求互信息 $I(A;B)$。

7.4　试证明：

$$I(X;Y)=H(X)+H(Y)-H(X,Y)$$

7.5　已知一信源

X_i	x_1	x_2	x_3
P_i	0.45	0.35	0.2

试求：

(1) 信源熵 $H(X)$；

(2) 进行哈夫曼编码，并求编码效率 η。

7.6　设有一离散无记忆信源

X_i	x_1	x_2	x_3	x_4	x_5	x_6	x_7
P_i	0.2	0.19	0.18	0.17	0.15	0.10	0.01

试求：

(1) 信源符号熵 $H(X)$；

(2) 进行哈夫曼编码，并求编码效率 η。

7.7　试确定能重构信号 $x(t)=\dfrac{\sin 6\,280t}{6\,280t}$ 所需的最低采样频率 f_s 值。

7.8　已知信号 $s(t)=10m(t)\cos(2\,000\pi t)$，其中 $m(t)$ 是带宽为 100 Hz 的基带信号，对 $s(t)$ 进行理想采样，求能使采样后频谱不发生交叠的最低采样率。

7.9　已知一个 12 路载波电话占有频率范围为 60～108 kHz，求出其最低采样频率 $f_{s\min}$。

7.10　已知正弦信号幅度为 3.25 V，将它输入到一个如题 7.10 图所示 8 电平均匀量化器，假设 $f_s=8$ kHz，正弦信号频率 $f=800$ Hz，试画出输出波形。

7.11　已知一模拟信号采样值 X 的概率密度 $p(x)$ 如题 7.11 图所示。X 通过一个四电平均匀量化器后成为 Y。试求：

(1) 量化器输入信号 X 的功率 $S=E[X^2]$，量化器输出信号的功率 $S_q=E[Y^2]$；

(2) 量化噪声平均功率 $N_q=E[(Y-X)^2]$；

(3) 量化信噪比 $\dfrac{S}{N_q}$（单位：dB）。

7.12 若输入于 A 律 13 折线 PCM 编码器的正弦信号 $x(t)=\sin(1\,600\pi t)$，以 $f_s=8$ kHz 的速率采样，得到的采样序列为 $x(n)=\sin(0.2\pi n)$，其中 $n=0,1,2,\cdots,10$。试求该 PCM 编码器输出码组序列。

7.13 某 A 律 13 折线 PCM 编码器的设计输入范围是[-5，$+5$] V，若采样值为 $x=+1.2$ V，求编码器的输出码组、解码器输出的量化电平。

7.14 在 CD 播放机中，假设音乐是均匀分布，采样速率为 44.1 kHz，采用每采样 16 比特的均匀量化线性编码器进行量化、编码。试确定 50 分钟时间段的音乐所需要的比特数，并求出量化信噪比的分贝值。

7.15 一个离散无记忆信源的字符集为$\{-5,-3,-1,0,1,2,3\}$，相应的概率为$\{0.08,0.2,0.15,0.03,0.12,0.02,0.4\}$。

(1) 计算信源熵 $H(x)$；

(2) 设计该信源的哈夫曼编码；

(3) 求出此哈夫曼编码的平均每符号的编码长度 R 及编码效率 $\eta=\dfrac{H(x)}{R}$；

(4) 又假设对该离散信源根据下面的量化准则进行量化：

$$\hat{x}=\begin{cases}-2, & x=-5,-3\\ 0, & x=-1,0,1\\ 2, & x=2,3\end{cases}$$

为实现 $\hat{x}$ 的完全重构，求所需的最小传输速率(单位:比特/符号)。

7.16 分别对 10 路话音信号(每路信号的最高频率分量为 4 kHz)以奈奎斯特速率采样，采样后均匀量化、线性编码，然后将此 10 路 PCM 信号与两路 180 kbit/s 的数据以时分多路方式复用，时分复用的输出送至 BPSK 调制器。若要求 BPSK 信号的功率谱主瓣宽度为(100±1)MHz，其中 100 MHz 是载波频率，请求出每路 PCM 信号的最大量化电平数 M 值。

7.17 对 10 路模拟信号分别进行 A 律 13 折线 PCM，然后进行时分复用，再以二进制方式经滚降因子为 0.5 的升余弦频谱滚降系统无 ISI 传输，该升余弦基带系统的截止频率为 480 kHz。

(1) 求该系统的最大信息传输速率；

(2) 求允许每路模拟信号的最高频率分量 f_H 值。

第 7 章习题答案

第 8 章　信　　道

8.1　引　　言

信道是通信系统的重要组成部分，其特性对于通信系统的性能有很大影响。本章研究信道分类、信道模型以及信道特性对信号传输的影响，并介绍信道容量、信道编码定理等重要概念。

8.2　信道的定义和分类

信道按照其不同特征有不同的分类方法。按信道的组成可将其分为狭义信道与广义信道。

图 8.2.1 是通信系统的框图。

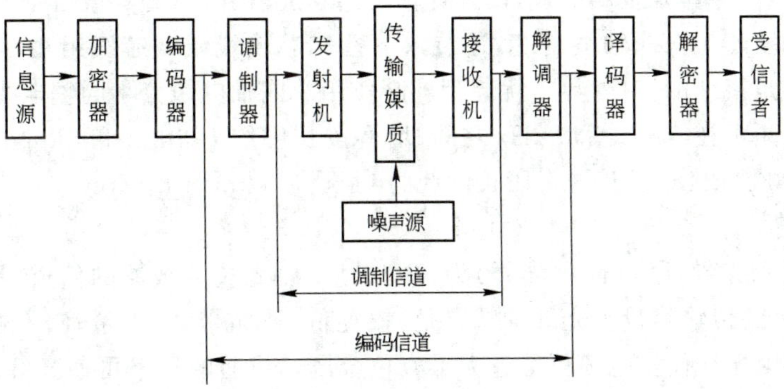

图 8.2.1　通信系统框图

信号的传输媒质称为狭义信道。

由图 8.2.1 可见，除传输媒质外，还包括通信系统的某些设备，例如：收发信机、编译码器、调制解调器，由它们所构成的系统称为广义信道。由调制器、传输媒质、解调器组成的广义信道称为编码信道；由发射机、传输媒质、接收机组成的广义信道称为调制信道，如图 8.2.1 所示。

按照信道输入输出端信号的类型可将其分为连续信道（模拟信道）和离散信道（数字信道）。连续信道的输入输出信号为连续信号（又称模拟信号），例如广义信道中的调制信道即属于连续信道。离散信道的输入输出信号为离散信号（又称数字信号），广义信道中的编码信道即属于离散信道。如果输入为连续信号,输出为离散信号或反之,则称为半连续和半离散信道。

按照信道的物理性质可将其分为无线信道、有线信道、光信道等等。

从建立信道的数学模型和对其性能分析的角度考虑,按输入输出信号类型分类比较合理。本章采用此种分类法。

连续信道又可分为恒参信道和随参信道。恒参信道的性质(参数)不随时间变化。如果实际信道的性质(参数)不随时间变化,或者基本不随时间变化,或者变化极慢,则可以认为是恒参信道。

随参信道的性质(参数)随时间随机变化。

一般有线信道可看作是恒参信道;部分无线信道可看作是恒参信道,另一部分是随参信道。

8.3 通信信道实例

8.3.1 恒参信道

1. 有线信道

一般的有线信道均可看作是恒参信道。常见的有线信道有:明线、对称电缆和同轴电缆等。明线是平行而相互绝缘的架空线路,其传输损耗较小,通频带在0.3～27 kHz之间;对称电缆是在同一保护套内有许多对相互绝缘的双导线的电缆,其传输损耗比明线大得多,通频带在12～250 kHz之间;同轴电缆由同轴的两个导体组成,外导体是一个圆柱形的空管,通常由金属丝编织而成,内导体是金属芯线,内外导体之间填充着介质(塑料或者空气)。通常在一个大的保护套内安装若干根同轴线管芯,还装入一些二芯绞线或四芯线组用作传输控制信号。同轴线的外导体是接地的,对外界干扰起到屏蔽作用。同轴电缆分小同轴电缆和中同轴电缆。小同轴电缆的通频带在60～4 100 kHz之间,增音段长度约为8 km和4 km,中同轴电缆的通频带在300～60 000 kHz之间,增音段长度约为6 km、4.5 km和1.5 km。

2. 光纤信道

光纤信道是以光导纤维(简称光纤)为传输媒质、以光波为载波的信道,具有极宽的通频带,能够提供极大的传输容量。光纤的特点是:损耗低、通频带宽、重量轻、不怕腐蚀以及不受电磁干扰等。利用光纤代替电缆可节省大量有色金属。目前的技术可使光纤的损耗低于0.1 dB/km,随着科学技术的发展这个数字还会下降。

由于光纤的物理性质非常稳定而且不受电磁干扰,因此光纤信道的性质非常稳定,可以看作是典型的恒参信道。

3. 无线电视距中继信道

无线电视距中继通信工作在超短波和微波波段,利用定向天线实现视距直线传播。由于直线视距一般为40～50 km,因此需要中继方式实现长距离通信。相邻中继站间距离为直线视距40～50 km。由于中继站之间采用定向天线实现点对点的传输,并且距离较短,因此传播条件比较稳定,可以看作是恒参信道。这种系统具有传输容量大、发射功率小、通信可靠稳定等特点。

4. 卫星中继信道

卫星通信是利用人造地球卫星作为中继转发站实现的通信。当人造地球卫星的运行轨道在赤道平面上、距离地面 35 860 km 时，其绕地球一周的时间为 24 h，在地球上看到的该卫星是相对静止的，因此称其为地球同步卫星。利用它作为中继站，一颗同步卫星能以零仰角覆盖全球表面的 42%。采用三颗经度相差 120°的同步卫星作中继站就可以几乎覆盖全球范围（除南、北两极盲区外）。由于同步卫星通信的电磁波直线传播，因此其信道传播性能稳定可靠、传输距离远、容量大、覆盖地域广，广泛用于传输多路电话、数据和电视节目，还支持 Internet 业务。同步卫星中继信道可以看作是恒参信道。

8.3.2 随参信道

无线通信中的移动信道及由短波电离层反射、超短波流星余迹散射、超短波及微波对流层散射、超短波电离层散射以及超短波视距绕射等传输媒质分别构成的调制信道（模拟信道），其传输媒质的性质随机变化，且电磁波信号的多径传输使得信道特性随时间随机变化，因此这些信道的模型应该属于随参信道模型。下面介绍两种较典型的随参信道。

1. 短波电离层反射信道

波长为 10～100 m 的无线电波称为短波（其相应频率为 30～3 MHz）。短波可以沿着地面传播，简称为地波传播；也可以由电离层反射传播，简称为天波传播。由于地面的吸收作用，地波传播的距离较短，约为几十千米。而天波传播由于经电离层一次反射或多次反射，传输距离可达几千千米甚至上万千米。电离层为距离地面高 60～600 km 的大气层。在太阳辐射的紫外线和 X 射线的作用下大气分子产生电离而形成电离层。电离层能够反射短波电磁波。由发送天线发出的短波信号经由电离层一次或多次反射传播到接收端，如同经过一次或多次无源中继。很显然，这种中继既不同于卫星通信中的通过通信卫星的中继方式，也不同于微波中继通信的中继方式。它有以下特点：

(1) 由于电离层不是一个平面而是有一定厚度的，并且有不同高度的两到四层（D、E、F_1、F_2），所以发送天线发出的信号经由不同高度的电离层反射和从不同高度的电离层反射到达接收端的信号是由许多来自不同方向、不同路径长度和损耗的信号之和，这种信号称为多径信号，这种现象称为多径传播。

(2) 电离层的性质（例如电离层的电子密度、高度、厚度等）受太阳辐射和其他许多因素的影响，不断地随机变化。例如，四层中的 D 层和 F_1 层白天存在，夜晚消失，电离层的电子密度随昼夜、季节以至年份而变化等。

由此可见，短波反射信道是典型的随参信道。

2. 对流层散射信道

对流层是离地面 10～12 km 的大气层。在对流层中由于大气湍流运动等因素将引起大气层的不均匀性。当电磁波射入对流层时，这种不均匀性就会引起电磁波的散射，也就是漫反射，部分电磁波向接收方向散射，起到中继作用。通常一跳的通信距离约为 100～500 km，对流层的性质受许多因素的影响随机变化；另外，对流层不是一个平面而是一个散体，电波信号经过对流层散射也会产生多径传播，故对流层散射信道也是随参信道。

移动通信的信道也属于时变多径传播的随参信道，请见参考文献[31]。

8.4 信道的数学模型

为了分析信道的性质及其对信号传输的影响,需要建立信道的数学模型。信道的数学模型反映信道的输出和输入之间的关系。

8.4.1 连续信道模型

经过对连续信道大量观察和分析,可得出它具有以下主要性质:

(1) 具有一对(或多对)输入和输出端;

(2) 大多数信道是线性的,即满足叠加原理;

(3) 信号经过信道会有延时,并还会受到固定的或时变的损耗;

(4) 无输入信号时,在信道的输出端仍有噪声输出。

根据上述性质,我们可以用一个两端(或多端)时变线性网络来表示连续信道,如图8.4.1所示。

$$s_0(t)=f_t[s_i(t)]+n(t)$$

其中,$f_t[\ \ ]$为时变线性算子,$n(t)$为加性干扰。

一般情况下,连续信道可能有不止一个输入端(假设为 m 个)和不止一个输出端(假设为 n 个),这种连续信道的数学模型是一个多输入端和多输出端的时变线性网络,如图8.4.2所示。式(8.4.1)是这种信道模型的数学表达式。

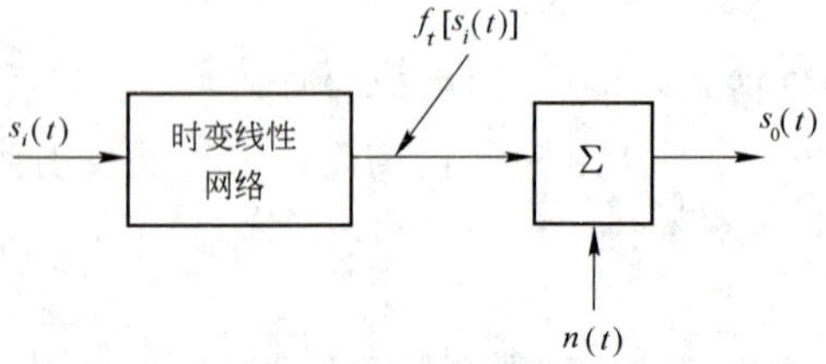

图 8.4.1 连续信道模型

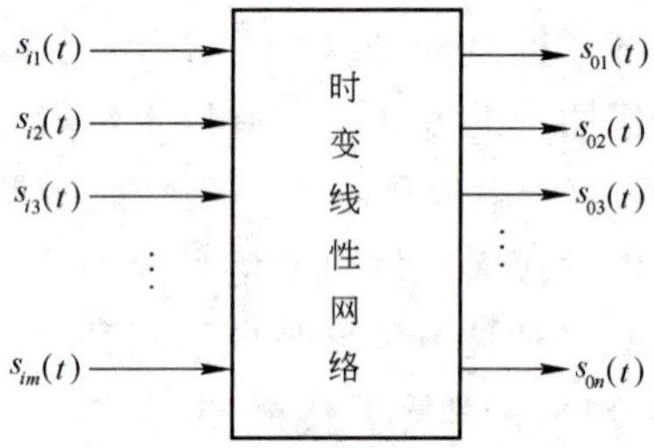

图 8.4.2 多输入、多输出端连续信道模型

$$s_{0j}(t)=f_{jt}[s_{i1}(t),s_{i2}(t),\cdots,s_{im}(t)]+n_j(t)\quad j=1,2,\cdots,n \tag{8.4.1}$$

单输入单输出连续信道是最简单也是最基本的。连续信道的输入和输出信号都是连续信号。连续信号也称模拟信号,所以也称连续信道为模拟信道。

如果信道模型的线性算子与时间无关(即为非时变线性算子),则信道称为恒参信道;如果线性算子与时间有关(即为时变线性算子),则信道称为时变信道;如果线性算子随时间随机变化,则称信道为随参信道。从物理角度讲,恒参信道的特性不随时间变化,称为时不变信道;随参信道的特性随时间随机变化,是时变信道。

连续信道的输出中叠加在信号上的干扰称为加性干扰。加性干扰的产生源可分为三大类:人为干扰、自然干扰和内部干扰(常称作内部噪声)。人为干扰是人们的活动行为造成的,例如,邻台信号、开关干扰、工业电器设备产生的干扰等;自然干扰是由于自然现象引起的,例如,闪电、大气中的电磁暴、宇宙噪声等;内部噪声是电子设备系统中产生的各种噪声,例如,电阻内自由电子热运动产生的热噪声、半导体中载流子数的起伏变化形成的散弹噪声、电源干扰等。

从对通信影响的角度看，可将加性干扰按其性质分为三大类：窄带干扰、脉冲干扰和起伏噪声。窄带干扰也称单频干扰，通常是幅度和相位随机变化的一种正弦波，例如，邻台信号等。窄带干扰时间上是连续变化的，频率集中在某一载波附近的一个较窄的频带内。脉冲干扰是幅度随机变化、占空比很小且随机变化的脉冲序列，时间上具有突发性，即脉冲幅度可能很大而脉宽比脉冲间隔时间小得多，具有较宽的频带。起伏噪声时间上连续随机变化，频域具有非常宽的带宽，例如热噪声就是一种典型的起伏噪声，其功率谱密度从 0 到 10^{12} Hz，为常数，即其带宽达 10^3 GHz，这意味着热噪声存在于通信所使用的所有频段和所有时刻。另外，由半导体器件中电子发射的不均匀性引起的散弹噪声和由天体辐射所形成的宇宙噪声等都属于起伏噪声。起伏噪声的概率分布一般是高斯分布，其均值为零，具有非常宽的平坦的功率谱密度。因此通常用白高斯噪声作为其数学模型。

8.4.2 离散信道模型

离散信道的输入和输出都是离散信号，广义信道的编码信道就是一种离散信道。离散信道的数学模型反映其输出离散信号与其输入离散信号之间的关系，通常是一种概率关系，常用输入输出离散信号的转移概率描述。图 8.4.3 是二进制离散信道模型，其中：

$$P(0|0)=P[\text{输出为 }0|\text{输入为 }0]$$
$$P(1|0)=P[\text{输出为 }1|\text{输入为 }0]$$
$$P(0|1)=P[\text{输出为 }0|\text{输入为 }1]$$
$$P(1|1)=P[\text{输出为 }1|\text{输入为 }1]$$

二进制离散信道模型可用转移概率矩阵表示

$$\boldsymbol{T}=\begin{pmatrix} P_{00} & P_{01} \\ P_{10} & P_{11} \end{pmatrix}$$

其中：$P_{00}=P(0|0)$；$P_{01}=P(0|1)$；$P_{10}=P(1|0)$；$P_{11}=P(1|1)$。

如果离散信道的输入和输出为四进制码序列，则称为四进制编码信道，见图 8.4.4。

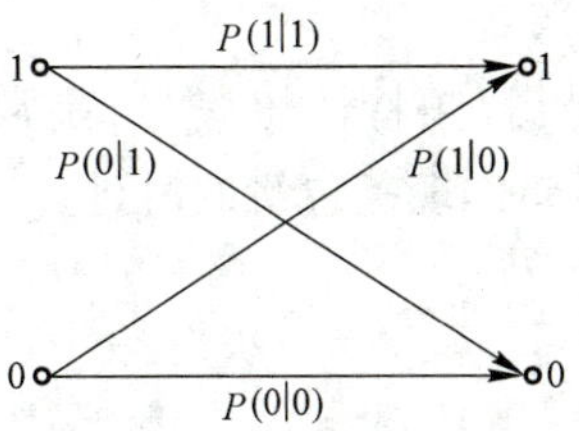

图 8.4.3 二进制离散信道模型

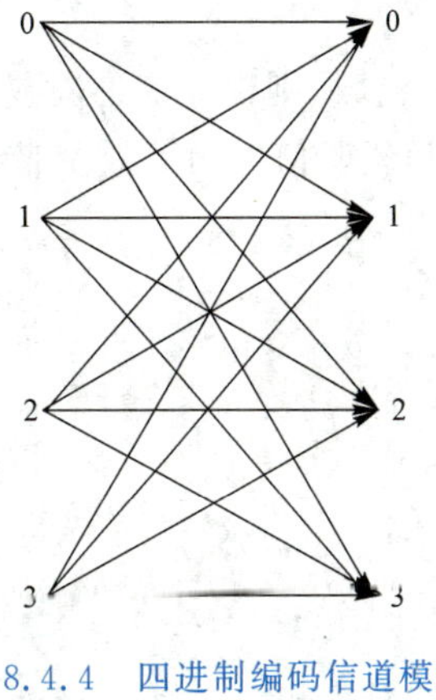

图 8.4.4 四进制编码信道模型

如果编码信道码元的转移概率与其前后码元的取值无关，则称这种信道为无记忆编码信道；否则称为有记忆编码信道。如果二进制编码信道的转移概率 $P(0|1)=P(1|0)$，则称其为

二元对称信道。二元无记忆对称信道是最简单的一种编码信道。

由图8.2.1可见,数字通信系统中的编码信道包括了调制信道和数字调制解调器,因此其性质主要决定于调制信道和数字调制解调器的性质。因为编码信道的输入及输出信号均是离散信号,且由于调制信道中包含了加性噪声,所以此离散信道的输入输出之间的关系不是确定的。若该编码信道又是无记忆的,则该信道的特性用转移概率来描述,又称此无记忆编码信道是离散有噪无记忆信道。

8.5 无失真信道

1. 波形无失真

若信号 $s(t)$ 通过信道后只有幅度变化和延迟,即

$$y(t)=a\cdot s(t-t_0) \tag{8.5.1}$$

其中 $a,t_0>0$,则称此信道为理想无失真,或波形无失真。

式(8.5.1)两边同时做傅氏变换可得信道的传递函数为

$$H(f)=\frac{Y(f)}{S(f)}=a\mathrm{e}^{-\mathrm{j}2\pi ft_0} \tag{8.5.2}$$

因此,理想无失真信道传递函数的特征是:幅频特性 $|H(f)|$ 是常数,相频特性 $\varphi(f)=\angle H(f)=-2\pi ft_0$ 是一条过原点的直线。

定义

$$\tau(f)=-\frac{\varphi(f)}{2\pi f} \tag{8.5.3}$$

为信道的时延特性,它表示信号中的不同频率分量通过信道后的时延。波形无失真要求当所有频率分量经历相同的时延。

2. 复包络无失真

设带通信号 $s(t)=\mathrm{Re}\{s_\mathrm{L}(t)\mathrm{e}^{\mathrm{j}2\pi f_c t}\}$ 通过带通信道 $H(f)$ 后成为带通信号 $y(t)=\mathrm{Re}\{y_\mathrm{L}(t)\mathrm{e}^{\mathrm{j}2\pi f_c t}\}$,其中 $s_\mathrm{L}(t),y_\mathrm{L}(t)$ 是复包络。若复包络满足

$$y_\mathrm{L}(t)=z\cdot s_\mathrm{L}(t-t_0) \tag{8.5.4}$$

其中 $z=a\mathrm{e}^{\mathrm{j}\theta}$ 是复数,则称此信道对复包络无失真。

式(8.5.4)说明信道的等效基带传递函数为 $z\cdot\mathrm{e}^{-\mathrm{j}2\pi ft_0}=a\mathrm{e}^{-\mathrm{j}(2\pi ft_0-\theta)}$。因此

$$H(f)=a\cdot\mathrm{e}^{-\mathrm{j}(2\pi ft_0+\phi)}\quad f>0 \tag{8.5.5}$$

其中 $\phi=2\pi f_c t_0-\theta$。复包络无失真的信道传递函数的特征是:幅频特性 $|H(f)|$ 是常数,相频特性 $\varphi(f)=\angle H(f)=-(2\pi ft_0+\phi)$ 是一条直线。直线的斜率体现复包络的时延。

一般称

$$\tau_\mathrm{G}(f)=-\frac{1}{2\pi}\cdot\frac{\mathrm{d}\varphi(f)}{\mathrm{d}f} \tag{8.5.6}$$

为信道的群时延特性。因此,复包络无失真的条件也可以表述为:幅频特性为常数,群时延特性为常数。

注意,若信道输出波形无失真,则复包络也无失真。但复包络无失真不一定波形无失真。

例如，若 DSB 信号 $s(t)=m(t)\cos 2\pi f_c t$ 通过信道后的输出是 $y(t)=m(t)\sin 2\pi f_c t$，则复包络从 $m(t)$ 变成 $-\mathrm{j}m(t)$，因此复包络无失真。但 $y(t)$ 与 $s(t)$ 不满足式(8.5.1)。

8.6 衰落信道

无线移动通信信道是随参信道。

发端发出的电信号通过天线向自由空间辐射电磁波，能量扩散，接收信号强度(平均功率)随收发距离增大而减小，路径越长，路径损耗越大；另外，无线电波在传播路径中遇到起伏地形、建筑物和树木等障碍物的阻挡，在障碍物的后面会形成电波的阴影区，阴影区的信号场强较弱，当移动台在运动中穿过阴影区时，会造成接收信号场强中值的缓慢变化，称此现象为阴影效应。

由路径损耗和阴影效应引起的接收信号强度的随机变化，产生衰落现象，称此为大尺度衰落。它将导致接收端信噪比差，影响通信质量。

大尺度衰落是描述发射机和接收机之间长距离(数百或数千米，包含很多波长)或长时间范围内的信号场强的平均值的缓慢变化情况。

分析大尺度衰落主要用来预测某区域的无线信号的平均场强，为移动通信系统的规划和建设提供参考，通过合理的设计，可以消除或减小此大尺度衰落的不利影响。有关大尺度衰落将在移动通信专业课中详述。

本节分析小尺度衰落，它是由电波传播的多径效应及移动台运动产生的多普勒效应引起，在小范围(数十个波长)或短时间内接收信号功率瞬时值快速变化。此小尺度衰落严重影响移动通信的传输质量，需要采用抗衰落措施来减小其影响。

8.6.1 多径信道的时变冲激响应与时变传递函数

移动通信信道的特点之一是移动：收端、发端或电波传播路径上的物体可能在运动；二是多径传播：发射的无线电波可能通过直射的视距(Line of Sight, LoS)路径到达，也可能是非视距(Non Line of Sight, NLoS)的，经过大量的反射、散射、绕射、折射、透射等路径达到接收端。即使是视距传播，一般也同时存在大量路径，以下统称为散射径。

假设发端发送的信号为 $s(t)$，不考虑噪声时，通过多径信道传播后的接收信号为[7]

$$r(t)=\sum_{n}\alpha_n(t)s[t-\tau_n(t)] \tag{8.6.1}$$

求和中的每一项代表一条路径，$\alpha_n(t)$ 和 $\tau_n(t)$ 分别代表第 n 条路径的增益和延迟。不同的路径长度不同，使得电波传播的延迟、信号强度也不同。由于收端、发端或周边环境中影响电磁波的物体的运动，各个路径的强度和时延在随时间随机变化。

发端发射的 $s(t)$ 是带通信号，设其复包络为 $s_{\mathrm{L}}(t)$，则 $s(t)=\mathrm{Re}\{s_{\mathrm{L}}(t)\mathrm{e}^{\mathrm{j}2\pi f_c t}\}$。代入式(8.6.1)后得到

$$r(t)=\mathrm{Re}\left(\left\{\sum_{n}\alpha_n(t)\mathrm{e}^{-\mathrm{j}2\pi f_c\tau_n(t)}s_{\mathrm{L}}[t-\tau_n(t)]\right\}\mathrm{e}^{\mathrm{j}2\pi f_c t}\right) \tag{8.6.2}$$

其复包络为

$$r_{\mathrm{L}}(t)=\sum_{n}\alpha_n(t)\mathrm{e}^{-\mathrm{j}2\pi f_c\tau_n(t)}s_{\mathrm{L}}[t-\tau_n(t)]$$

$$= \int_{-\infty}^{\infty} h_e(\tau,t) s_L(t-\tau) d\tau \tag{8.6.3}$$

其中 $h_e(\tau,t)$的是等效基带信道的时变冲激响应:

$$h_e(\tau,t) = \sum_n \alpha_n(t) e^{-j2\pi f_c \tau_n(t)} \delta[\tau - \tau_n(t)] \tag{8.6.4}$$

$h_e(\tau,t)$关于 τ 的傅氏变换是等效基带信道的时变传递函数,也叫时频域响应:

$$H_e(f,t) = \int_{-\infty}^{\infty} h_e(\tau,t) e^{-j2\pi f\tau} d\tau \tag{8.6.5}$$

由此可见,产生小尺度衰落的信道可以建模为线性时变系统,其特性由时变冲激响应 $h_e(\tau,t)$ 和时变传递函数 $H_e(f,t)$决定。由于终端位置、传播环境的随机性,$h_e(\tau,t)$、$H_e(f,t)$均为随机量,以下介绍其统计特性。

阅读本节时,请注意有些记号与先前的含义不同。首先,在第 2 章中,线性时不变系统的冲激响应为 $h(t)$,但在本节中,如果信道时不变,冲激响应为 $h_e(\tau)$,不是 $h_e(t)$。如果传递函数 $H_e(f,t)$与 f 无关,$H_e(t)$所对应的时变冲激响应是 $h(t)\delta(t)$,其中 $h(t)=H_e(t)$不是冲激响应,而是时变增益。另外,第 3 章中的自相关函数用 τ 表示时间差。本节中表示时间差的记号是 Δt,τ 表示路径延迟。最后,本章出现的 τ、t 是时域变量,其傅氏变换对应的频域变量分别是 f 和 λ。

除了时变冲激响应、时变传递函数外,有些系统(如 OTFS)也需要用到时延多普勒域响应,定义为 $h_e(\tau,t)$关于 t 的傅氏变换:

$$h_{DD}(\tau,\lambda) = \int_{-\infty}^{\infty} h_e(\tau,t) e^{-j2\pi\lambda t} dt \tag{8.6.6}$$

8.6.2 衰落幅度的分布特性

考虑发送幅度为 1 的正弦载波,其复包络为 $s_L(t)=1$,代入式(8.6.3),接收信号的复包络为

$$r_L(t) = \sum_n \alpha_n(t) e^{-j\theta_n(t)} \tag{8.6.7}$$

其中 $\theta_n(t)=2\pi f_c \tau_n(t)$。

接收信号是大量复数矢量之和,各个矢量的相位彼此不同。若某瞬时各径同相,则接收各径分矢量叠加的合成矢量幅度增强;若各径反相,则叠加后幅度减弱。这种叠加使接收信号强度呈现出随机变化,形成衰落现象。

当式(8.6.7)中的路径数量很多时,基于中心极限定理可将 r_L 近似为复高斯随机变量。若各个路径大体相当,没有某个径明显起主导作用,可近似认为 r_L 服从圆对称复高斯分布,其模$|r_L|$服从瑞利分布,其相位在$(0,2\pi)$区间内均匀分布,这样的信道称为瑞利衰落信道。如果式(8.6.7)中除了有大量大致相同的散射径外,还有视距路径,此时 r_L 是大量散射径形成的圆对称复高斯叠加了一个代表 LoS 径的复常数,相应的$|r_L|$服从莱斯分布,称这样的信道为莱斯衰落信道,称 LoS 径与散射径的功率比为莱斯因子。无线信道的衰落分布还存在其他许多模型,如 Nakagami-m 衰落等,详见参考文献[35]。

8.6.3 信道的相关函数

等效基带冲激响应 $h_e(\tau,t)$一般可建模为对时间 t 平稳的零均值随机过程,其自相关函数只与时间差 Δt 有关[7]:

$$R_h(\tau_1,\tau_2,\Delta t) = E[h_e(\tau_1,t+\Delta t) h_e^*(\tau_2,t)] \tag{8.6.8}$$

多径传播一般满足不相关散射特性，即经由不同路径到达接收端所产生的响应不相关。两个不同路径对应不同时延 $\tau_1 \neq \tau_2$，即发送的冲激达到接收端的时间不同，对应的响应分别是 $h_e(\tau_1,t)$ 与 $h_e(\tau_2,t)$。不相关散射就是说，对于 $\tau_1 \neq \tau_2$，$h_e(\tau_1,t)$ 与 $h_e(\tau_2,t)$ 不相关。此时可将自相关函数写成

$$R_h(\tau_1,\tau_2,\Delta t) \triangleq R_h(\tau_1,\Delta t)\delta(\tau_1-\tau_2) \tag{8.6.9}$$

其中的 $R_h(\tau_1,\Delta t)$ 也可以记为 $R_h(\tau,\Delta t)$。

等效基带传递函数 $H_e(f,t)$ 也是对 t 平稳的零均值随机过程，其自相关函数为

$$R_H(f_1,f_2,\Delta t) = E[H_e(f_1,t+\Delta t)H_e^*(f_2,t)] \tag{8.6.10}$$

代入式(8.6.5)后可得到

$$R_H(f_1,f_2,\Delta t) = \int_{-\infty}^{\infty} R_h(\tau,\Delta t)\mathrm{e}^{-\mathrm{j}2\pi\Delta f\tau}\mathrm{d}\tau \triangleq R_H(\Delta f,\Delta t) \tag{8.6.11}$$

上式说明，相关函数 $R_H(\Delta f,\Delta t)$ 和相关函数 $R_h(\tau,\Delta t)$ 是傅氏变换关系。

8.6.4 多径时延扩展与相干带宽

首先不考虑多普勒效应，仅考虑多径信道的时延扩展对信道传输的影响。

若发送一脉冲宽度很窄的基带信号，则根据式(8.6.3)，经等效基带多径信道传输后，在接收端收到各径衰减及时延不同的脉冲信号，致使多径合成信号 $r_L(t)$ 沿时间展宽，称此现象为多径时延扩展。

然后考虑多径时延扩展在频域上对信道特性的影响。

在信道频域传递函数 $H_e(f,t)$ 的自相关函数 $R_H(\Delta f,\Delta t)$ 中取时间间隔 $\Delta t=0$，记 $R_H(\Delta f) \triangleq R_H(\Delta f,0)$，$R_h(\tau) \triangleq R_h(\tau,0)$，则根据式(8.6.11)可得到

$$R_h(\tau) = \int_{-\infty}^{\infty} R_H(\Delta f)\mathrm{e}^{\mathrm{j}2\pi\Delta f\tau}\mathrm{d}\Delta f \tag{8.6.12}$$

注意平稳过程的自相关函数在时间差 $\Delta t=0$ 处的值是功率。故 $R_h(\tau)$ 代表的是时延为 τ 的路径上的功率，称为功率时延谱(Power Delay Profile，PDP)。而 $R_H(\Delta f)=E[H_e(f+\Delta f,t)\cdot H_e^*(f,t)]$ 是信道传递函数以 f 为参量的自相关函数，称为信道的频差相关函数。式(8.6.11)说明多径信道的频域相关性与多径时延结构密切相关。

图 8.6.1 给出了功率时延谱与频域相关函数的示意图。

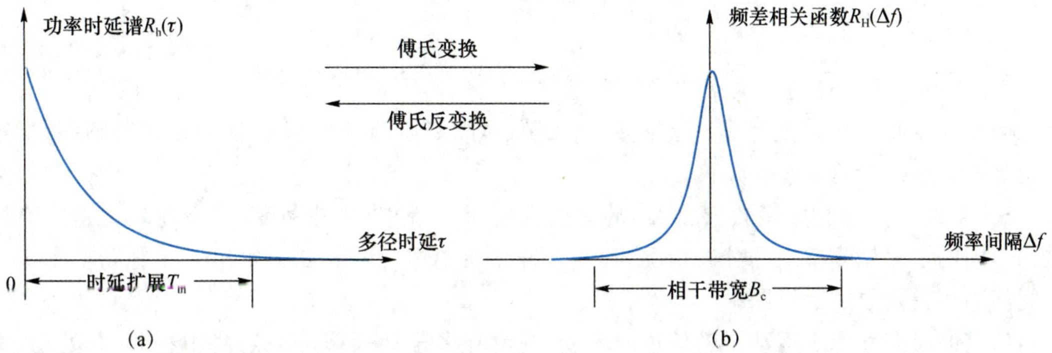

图 8.6.1　功率时延谱及频差相关函数示意图

功率时延谱的宽度 T_m 称为多径时延扩展。如果信道只有一个路径,或者所有路径的时延近似相同,整体如同一个路径(称为单个可分辨径),则 $R_h(\tau)$ 只在某一个 τ 值处不为零,其时延扩展是零;如果时延扩展不是零,则表明存在多个到达时间有明显区别的路径,不同时间到达的信号叠加后,信号波形的持续时间变宽。时延扩展的倒数反映信道的相干带宽:

$$B_c \approx \frac{1}{T_m} \tag{8.6.13}$$

设数字通信系统的符号间隔为 T_s,符号速率为 R_s。若 R_s 小于多径信道的相干带宽 B_c,$R_s \ll B_c$,即$\frac{1}{T_s} \ll \frac{1}{T_m}$,$T_s \gg T_m$,则此信道在信号带宽内的频率响应近似是满足幅频特性为常数、群时延特性为常数,各频率分量经信道传输所经历的衰落也是一致,与频率无关。在时域上,接收信号波形不失真,不产生符号间干扰,此信道无频率选择性衰落,称为平坦性衰落信道。

若发送信号的符号速率 R_s 大于信道的相干带宽 B_c,即符号周期 T_s 小于多径时延扩展 T_m,则发送信号的不同频率分量经信道传输后,经历不同的衰落,产生频率选择性衰落,致使在时间域,接收信号的一个码元波形会扩展到其他码元间隔,产生符号间干扰,导致数字通信系统高误码率。

8.6.5 多普勒扩展与相干时间

首先说明何谓多普勒扩展。在移动通信中,若处于运动状态的移动台发出一载波为 f_c 的正弦波,经无线电波传播后,在基站接收到的信号将发生多普勒频移。若移动台运动速度为 v,入射波与移动方向的夹角为 θ,则多普勒频移为

$$f_d = \frac{v}{c} f_c \cdot \cos\theta \tag{8.6.14}$$

其中 c 是光速。

电波从多个方向到达基站,不同方向的多普勒频移不同,叠加的效果是频谱扩展,称为多普勒扩展。扩展的程度记为 B_d,其值一般等于最大多普勒频移 $f_D = vf_c/c$。

再来考虑多普勒扩展对信道时变性的影响。

由于移动台运动、接收载波多普勒扩展随时间变化,导致信道的冲激响应 $h_e(\tau,t)$、传递函数 $H_e(f,t)$均随时间 t 变化。

在自相关函数 $R_H(\Delta f,\Delta t)$中取 $\Delta f=0$,记 $R_H(\Delta t)=R_H(0,\Delta t)$,其傅氏变换为

$$\begin{aligned} S_H(\lambda) &= \int_{-\infty}^{\infty} R_H(\Delta t) \mathrm{e}^{-\mathrm{j}2\pi\lambda\Delta t} \mathrm{d}\Delta t \\ &= \int_{-\infty}^{\infty} E[H_e(f,t+\Delta t) H_e^*(f,t)] \mathrm{e}^{-\mathrm{j}2\pi\lambda\Delta t} \mathrm{d}\Delta t \end{aligned} \tag{8.6.15}$$

注意频率 f 对应的时域变量是 τ,上式关于 Δt 的傅氏变换的频率是 λ,称为多普勒频率,反映时延为 τ 的路径上的多普勒频移。

$S_H(\lambda)$是时差自相关函数 $R_H(\Delta t)$的傅氏变换,是一种功率谱密度,其物理意义是信道增益在不同的多普勒频率上的分布情况,称为多普勒功率谱。图 8.6.2 给出了多普勒功率谱与时间间隔相关函数的示意图。

信道的时变性源于运动。若信道时不变,则没有多普勒频移,$S_H(\lambda)$集中在 $\lambda=0$ 处,其宽度为零。时变信道有多普勒频移,$S_H(\lambda)$有一定宽度,其宽度即为多普勒扩展 B_d。运动速度越高,时变性越强,$S_H(\lambda)$越宽。多普勒扩展 B_d 的倒数反映信道的相干时间:

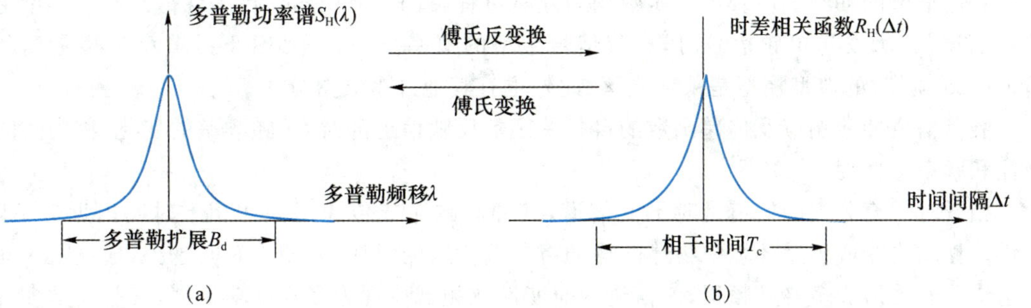

图 8.6.2 多普勒功率谱及时差相关函数示意图

$$T_c \approx \frac{1}{B_d} \tag{8.6.16}$$

若通信中的符号周期或时隙长度大于相干时间,则会出现时间选择性衰落(不同时间的衰落不一致)。若符号周期或时隙长度显著小于相干时间,则在该时间范围内,可近似认为信道时不变。

图 8.6.1 和图 8.6.2 是对偶关系,功率时延谱(多普勒功率谱)反映功率在时延域(多普勒域)的功率分布,时差(频差)相关函数反映信道的时间(频率)选择性。

例 8.6.1 Jakes 模型是时变衰落信道的经典模型之一[34],其时变传递函数 $H_e(f,t)$的自相关函数为

$$R_H(\Delta t) = J_0(2\pi f_D \Delta t) \tag{8.6.17}$$

其中 $J_0(\cdot)$是零阶贝塞尔函数。自相关函数的傅氏变换是多普勒功率谱:

$$S(\lambda) = \begin{cases} \dfrac{1}{\pi f_D} \cdot \dfrac{1}{\sqrt{1-(\lambda/f_D)^2}}, & |\lambda| \leqslant f_D \\ 0, & 其他\ \lambda \end{cases} \tag{8.6.18}$$

图 8.6.3 示出了 Jakes 模型的自相关函数与多普勒功率谱。当时间差为 $\Delta t \approx 0.383/f_D$ 时,$R_H(\Delta t)=0$,信道变得不相关。信道变化越快时,最大多普勒频移 f_D 越大,相干时间越短,多普勒扩展越大。

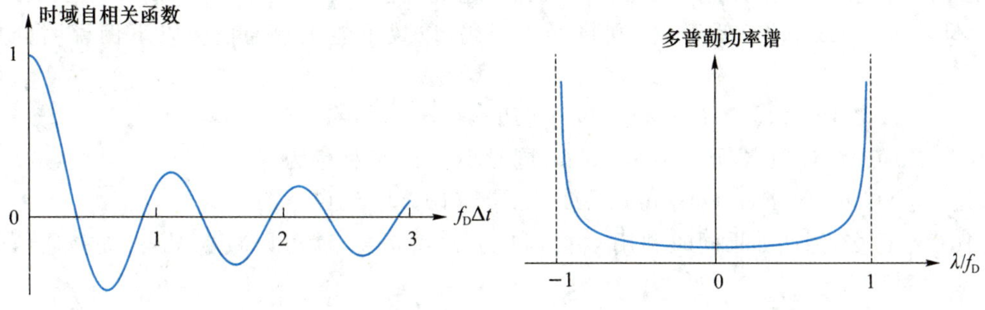

图 8.6.3 Jakes 模型的自相关函数及多普勒功率谱

8.6.6 信道衰落小结

衰落是多径移动无线信道最重要的特征。多径移动无线信道中的小尺度衰落可通过时变冲激响应 $h_e(\tau,t)$及时变传递函数 $H_e(f,t)$描述。

衰落信道的冲激响应及传递函数均为随机过程,按其一维分布,代表性信道有瑞利信道和莱斯信道,表示发送单频信号时,接收信号包络的概率分布。NLoS下的典型模型是瑞利衰落,有LoS径时的典型模型是莱斯衰落,此外也有其他许多衰落分布。

衰落信道冲激响应及传递函数的自相关函数反映信道随时间、随频率的变化,称为时间选择性和频率选择性。

相干时间充分大的信道是时不变信道,其冲激响应或传递函数在相干时间内近似不随 t 变化。移动终端或传播环境中物体的运动将导致信道的时变性,相干时间越小,信道随时间变化越快。运动形成多普勒频移,使信道的时变性在频域体现为多普勒功率谱,其宽度是多普勒扩展。多普勒扩展与相干时间成反比。移动信道的时变性可能会产生时间选择性衰落。

相干带宽充分大的信道是平衰落信道,其传递函数在信号带宽范围内是常数。移动通信环境中的多径传播使信号按先后不同的时间到达,造成传递函数与 f 有关,形成频率选择性衰落信道。信道的相干带宽越小,传递函数随 f 的变化越剧烈。多径传播在时域表现为信号波形展宽,展宽程度是多径时延扩展。信道的相干带宽与多径时延扩展成反比。

多径移动无线信道随时间或频率的选择性衰落直接影响移动通信系统的技术设计。为了提高通信质量,必须采取相应的抗衰落措施。第三代(3G)移动通信系统采用了本书第10章介绍的直接序列扩频技术及Rake接收技术;第四代/第五代(4G/5G)移动通信系统采用了本书第11章介绍的OFDM技术。OFDM将宽带信道分割成许多窄带信道,每个子信道的带宽显著小于信道的相干带宽,是平衰落信道,从根本上避免了符号间干扰;如果信道的传递函数随时间和频率都有显著的选择性,称为时频双选择性信道。针对此类信道,第六代(6G)移动通信候选技术OTFS通过辛有限傅氏变换将信道从时频域变换到时延-多普勒域。

8.7 分　　集

分集是一种有效的抗衰落措施。其原理是利用两个以上信号传送同一信息,并且这些不同信号的衰落相互独立。接收端以适当的方式将这些信号合并起来加以利用,解出信息。假设传送同一信息的信号为两个(称为两个支路),它们的包络分别为 $v_1(t)$ 和 $v_2(t)$,而门限电平为 u_0,即若 $v_1(t)$ 或 $v_2(t)$ 低于 u_0,则将严重误码,以致不能正常通信。以下例说明分集原理,令

$$P[v_1(t)<u_0]=P[v_2(t)<u_0]=10^{-3}$$

若 $v_1(t)$ 与 $v_2(t)$ 统计独立,则 $v_1(t)$ 与 $v_2(t)$ 同时小于 u_0 的概率为

$$P[v_1(t)<u_0,v_2(t)<u_0]=(10^{-3})^2=10^{-6}\ll 10^{-3}$$

即比 10^{-3} 小得多,因此如果同时利用 $v_1(t)$ 和 $v_2(t)$ 解信息,就可以减少误码,提高通信的可靠性。

这里特别指出,若 $v_1(t)$ 和 $v_2(t)$ 完全相关,则

$$P[v_1(t)<u_0,v_2(t)<u_0]=10^{-3}$$

与 $P[v_1(t)<u_0]=10^{-3}$,$P[v_2(t)<u_0]=10^{-3}$ 一样,不会减小。因此为达到抗衰落的效果,必须要求 $v_1(t)$ 和 $v_2(t)$ 统计独立或者至少不相关或弱相关。

获得不相关支路信号的主要方法有:

(1) 用两个天线接收同一信号,如果两天线的距离大于载波波长的10倍以上,则两接收

天线的输出信号的衰落将几乎不相关，这种分集方式称为空间分集。用两个天线接收称作二重空间分集，若用 3 个天线接收，则称为三重空间分集，依次类推。

(2) 利用两个以上不同载波频率的信号传送同一信息，如果不同载波频率的差大于信道的相干带宽，则在接收端不同载波频率信号的衰落将不相关，这种分集方式称作频率分集。采用两个载波频率称作二重频率分集，采用 3 个载波频率称作三重频率分集。

(3) 由不同指向的天线波束得到互不相关的衰落信号。这种分集方式称作角度分集。

(4) 接收水平极化的信号与垂直极化的信号的衰落也有可能不相关。这种分集方式称作极化分集。

(5) 如果采用扩频信号传送消息，则可以在接收端将不同时延的多径信号分离开，得到的不同时延信号的衰落也互不相关。这种分集方式称作多径分集接收，也称为 Rake 接收，其原理将在第 10 章中介绍。

(6) 在不同时刻发送相同信息，其时间间隔必须大于移动信道的相干时间，使得在接收端得到互不相关的衰落信号，称此分集方式为时间分集。

不同支路信号合并的主要方式有：

- 最佳选择式：比较各支路的信噪比，选择信噪比最大的一路为接收信号；
- 等增益合并：将各支路信号同相相加作为接收信号；
- 最大比合并：以各支路的信噪比为加权系数将各支路信号相加作为接收信号。

不同合并方式的分集效果不同。最佳选择式效果最差，但最简单。最大比合并效果最好，但最复杂。分集接收的主要作用是使合并信号的衰落相对各支路信号的衰落平滑了，其实质是对随参信道特性的一种改善，使其趋近于恒参信道。

8.8 信道容量

1. 信道容量的定义

设信道的输入为 X，输出为 Y，信道转移概率为 $P(Y|X)$。

信道输入输出的互信息是

$$I(X;Y)=H(X)-H(X|Y)=H(Y)-H(Y|X) \tag{8.8.1}$$

给定联合分布 $P(X,Y)$ 将给定互信息 $I(X;Y)$。由于 $P(X,Y)=P(Y|X)P(X)$，故给定信道转移概率为 $P(Y|X)$ 时，互信息还与 X 的分布有关。不同的 $P(X)$ 会有不同的互信息，其中最大者称为信道容量：

$$C=\max_{P(X)} I(X,Y) \tag{8.8.2}$$

信道容量的单位是 bit/symbol 或 bit/channel use。

互信息 $I(X;Y)$ 表示通过观察 Y，可以获得多少关于 X 的信息。信道容量表示借助 $X\to Y$ 的传输信道可以传输多少信息。根据香农信道编码定理，对任意给定的信道，设其容量为 C，则一定存在一种信道编码，当其传输速率低于 C 时，收端译码后的差错率可以做到无穷小；反之，若传输速率大于 C，任何编码都不可能做到差错率很小。

2. BSC 信道的容量

二元对称信道(BSC)的输入 $X\in\{0,1\}$，输出 $Y\in\{0,1\}$，输出输入关系是

$$Y=X+Z \tag{8.8.3}$$

其中的+是模二加，$Z\in\{0,1\}$是与x独立的随机变量。已知$P(Z=1)=\mu$。BSC信道表示二进制比特X通过了一个误比特率为μ的信道后成为Y。

为了求信道容量，先求条件熵$H(Y|X)$。当$X=0$时，$Y=Z$，$H(Y|X=0)=H(Z)$。当$X=1$时，Y是Z取反，Z取反后熵不变，故$H(Y|X=1)=H(Z)$。因此

$$H(Y|X)=H(Z)=-\mu\log_2\mu-(1-\mu)\log_2(1-\mu) \tag{8.8.4}$$

互信息为

$$\begin{aligned}I(X;Y)&=H(Y)-H(Y|X)\\&=H(Y)+\mu\log_2\mu+(1-\mu)\log_2(1-\mu)\\&\leqslant 1+\mu\log_2\mu+(1-\mu)\log_2(1-\mu)\end{aligned} \tag{8.8.5}$$

其中等式在$P(Y=0)=P(Y=1)=\dfrac{1}{2}$时成立。因此BSC的信道容量为

$$C=1+\mu\log_2\mu+(1-\mu)\log_2(1-\mu) \tag{8.8.6}$$

达到容量时，X等概取值于$\{0,1\}$。

3. 时间离散的AWGN信道

AWGN信道的输入X是实数，输入信号功率为$E[X^2]=S$。信道输出是

$$Y=X+Z \tag{8.8.7}$$

其中$Z\sim N(0,\sigma^2)$是加性白高斯噪声。

通过引入微分熵可以证明，AWGN信道的容量是

$$C=\frac{1}{2}\log_2\left(1+\frac{S}{\sigma^2}\right)\quad \text{bit/symbol} \tag{8.8.8}$$

达到容量时，X必须是均值为0，方差为S的高斯分布。

4. 带宽为B的AWGN信道的容量

对于带宽为B的理想无失真信道，考虑限带加性白高斯噪声后，信道的输入输出关系是

$$Y(t)=X(t)+n(t) \tag{8.8.9}$$

其中$X(t)$是功率为S的发送信号，其带宽为B。$n(t)$是带宽为B的限带白噪声，其功率为$\sigma^2=N_0B$。

根据奈奎斯特准则，单位时间(1 s)内最多可以传输$2B$个符号。结合式(8.8.8)可知每秒时间内可以传输的信息量是

$$C=B\log_2\left(1+\frac{S}{\sigma^2}\right)\quad \text{bit/s} \tag{8.8.10}$$

上式常称为香农公式。注意达到此容量时，发送信号$X(t)$必须是零均值平稳高斯过程。

将$\sigma^2=N_0B$代入式(8.8.10)：

$$C=B\log_2\left(1+\frac{S}{N_0B}\right)\quad \text{bit/s} \tag{8.8.11}$$

上式右边是B的单调增函数，说明在给定信号功率S以及噪声功率谱密度的情况下，增加带宽可以提高容量。但容量随带宽的增加存在上界。取极限$B\to\infty$，利用

$$\lim_{x\to 0}\ln(1+x)=x \tag{8.8.12}$$

可得

$$\lim_{B\to\infty}C=\frac{S}{N_0\ln 2}\quad \text{bit/s} \tag{8.8.13}$$

因此，如欲实现传输速率为R_b bit/s，信号功率至少应为

$$S \geqslant (\ln 2) N_0 R_b \tag{8.8.14}$$

将 $S/R_b = E_b$ 代入后得到

$$E_b \geqslant (\ln 2) N_0 \tag{8.8.15}$$

上式说明，在任何通信系统中，成功传输每一比特信息所需的能量至少是 $(\ln 2) N_0$。

习　　题

8.1　已知信道的结构如题 8.1 图所示，求信道的传递函数和冲激响应，并说明是时变信道还是时不变信道。何种信号经过信道有明显失真？何种信号经过信道的失真可以忽略？

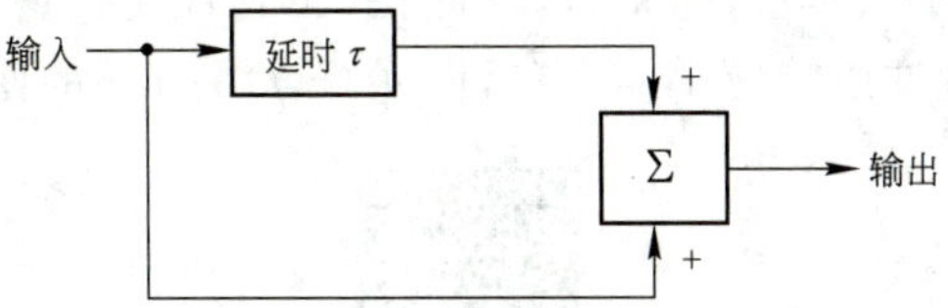

题 8.1 图

8.2　已知信道的传输特性如题 8.2 图(a)所示，其输入为 DSB 已调信号 $s(t)=m(t)\cos 2\pi f_c t$，$s(t)$ 的频谱密度如题 8.2 图(b)所示，且 $W<\Delta f$，求信道的输出信号，并说明有无失真。

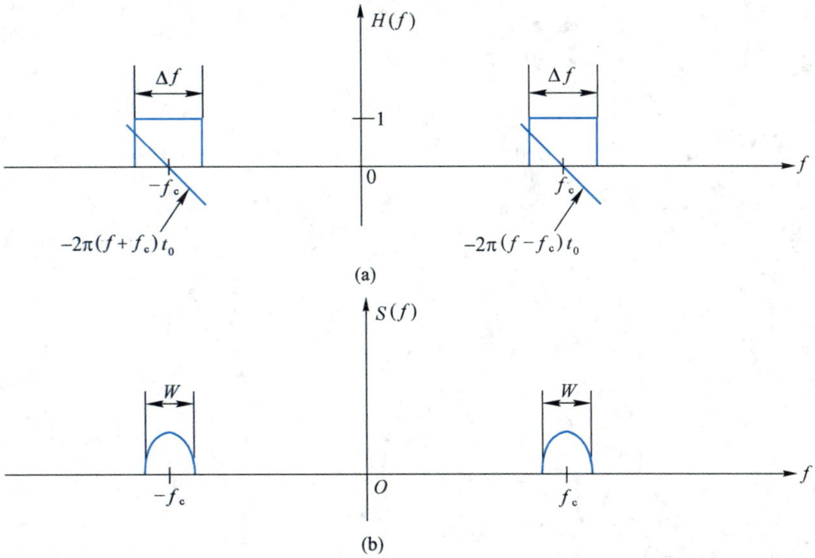

题 8.2 图

8.3　某移动通信信道的多普勒扩展为 100 Hz，求相干时间。

8.4　设随参信道的多径时延扩展为 25 μs，欲传输 100 kbit/s 的信息速率，问：下列调制方式下，哪个有显著的 ISI？

(1) BPSK；

(2) 将数据经过串并变换为 100 个并行支路后用 100 个不同的载频按 BPSK 调制方式传输（假设各载频间互相正交）。

8.5　已知在高斯信道理想通信系统传送某一信息所需带宽为 10^6 Hz，信噪比为 20 dB；

若将所需信噪比降为 10 dB,求所需信道带宽。

8.6 某计算机终端的输出是独立等概的 128 进制符号,符号速率是 R_s。该终端的输出经过理想信道编码后通过电话信道传输。假设电话信道可建模为 AWGN 信道,其带宽为 3.4 kHz,信道输出端的信噪比是 20 dB。计算该信道的容量,并求 R_s 的最大值。

8.7 某一待传输的图片约含 2.5×10^6 个像素,为了很好地重现图片,需要将每像素量化为 16 个亮度电平之一,假若所有这些亮度电平等概出现且互不相关,并设加性高斯噪声信道中的信噪比为 30 dB,试计算用 3 分钟传送一张这样的图片所需的最小信道带宽。

8.8 某信道的等效基带时变冲激响应为 $h_e(\tau,t)=h_1\delta(\tau)+h_2e^{j30\pi t}\delta(\tau-10^{-7})$,其中 h_1,h_2 相互独立,均服从 $CN(0,1)$分布。

(1) 求该信道的时延扩展、多普勒扩展、相干时间、相干带宽;

(2) 求时变传递函数 $H_e(f,t)$,即 $h_e(\tau,t)$关于 τ 的傅氏变换;

(3) 求时延-多普勒域冲激响应 $h_{DD}(\tau,\lambda)$,即 $h_e(\tau,t)$关于 t 的傅氏变换。

第 8 章习题答案

第9章　信道编码

9.1　信道编码的基本概念

信道编码的目的是改善数字通信系统的传输质量。由于实际信道存在噪声和干扰的影响,使得经信道传输后所接收的码元与发送码元之间存在差错。一般,信道噪声、干扰越大,码元产生差错的概率也就越大。

1. 信道传输引起的随机差错与突发差错

在无记忆信道中,噪声独立随机地影响着每个传输码元,因此在接收到的码元序列中的错误是独立随机出现的。以白高斯噪声为主体的信道属于这类信道。比如太空信道、卫星信道、同轴电缆、光缆信道以及大多数视距微波接力信道,均属于这一类型信道。

在有记忆信道中,噪声、干扰的影响往往是前后相关的,错误是成串出现的,一般在编码中称这类信道为突发差错信道。实际的衰落信道、码间干扰信道均属于这类信道。典型的有短波信道、移动通信信道、散射信道以及受大的脉冲干扰和串话影响的明线和电缆信道,甚至还包括在磁记录中,由于痕迹、涂层缺损等造成的成串的差错。

有些实际信道既有独立随机差错也有突发性成串差错,称它为混合信道。

对不同类型的信道,要"对症下药",设计不同类型的信道编码,才能收到良好效果。所以按照信道特性和设计的码字类型划分,信道编码可分为纠独立随机差错码、纠突发差错码和纠混合差错码三类。

2. 信道编码的基本概念

从信道编码的构造方法看,其基本思路是根据一定的规律在待发送的信息码中加入一些人为多余的码元,以保证传输过程可靠性。信道编码的任务就是构造出以最小多余度代价换取最大抗干扰性能的"好码"。

(1) 重复码

下面,首先从简单、直观的重复码例子入手。在离散信道的数字通信(或数据传输)中,往往可以采用一组码元代表一个待发送的信息,若要发送的是 A_i 或 B_i,用下列三类不同的发送方式:

① 不重复发送

这种方法最简单,但没有任何抗干扰能力,一旦 $0\to1$ 或 $1\to0$,既不能发现更不能纠正错误。

② 重复一次发送

采用重复一次发送的方式,效率降低一半。若在传输过程中允许错一位,它能发现差错,但仍不能纠正。

③ 重复两次发送

采用重复两次发送的方式,比不重复效率低两倍,但它能发现两个错误或者纠正一个错误。下面给出3种情况的图形表示,如图9.1.1所示。

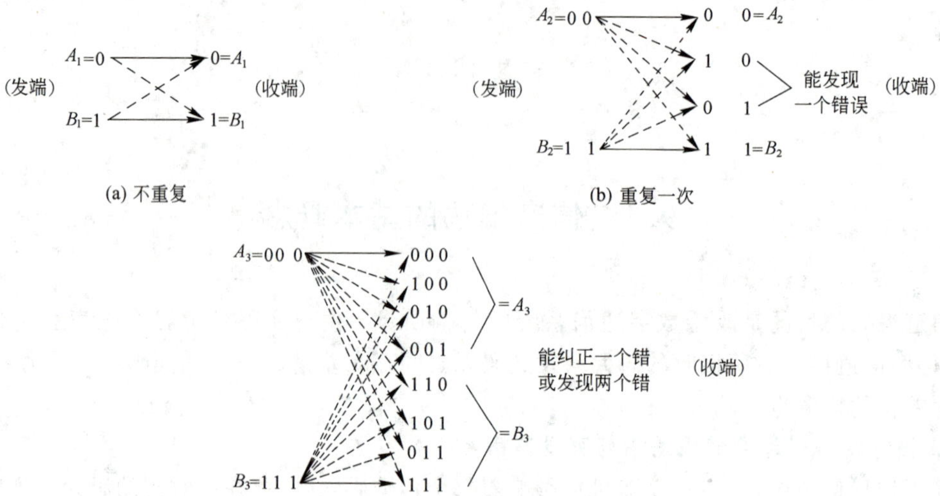

(a) 不重复　　(b) 重复一次

(c) 重复两次

图9.1.1　重复编码

例9.1.1　重复码

把每个信息比特 u 重复 n 遍形成一个码字 $\boldsymbol{c}=(u,u,\cdots,u)$,就叫重复码。发送信息 $u=1$ 时,进入信道的码字是 $\boldsymbol{c}_1=(1,1,\cdots,1)$;发送信息 $u=0$ 时,码字是 $\boldsymbol{c}_2=(0,0,\cdots,0)$。对应发送的 $\boldsymbol{c}$(它是 $\boldsymbol{c}_1$ 或 $\boldsymbol{c}_2$ 之一),译码器收到 n 个比特 $\boldsymbol{y}=(y_{n-1},y_{n-2},\cdots,y_0)$,称 $\boldsymbol{y}$ 为一个码组或者一个 n 比特组。由于信道的原因,$\boldsymbol{y}$ 中的某些比特可能是错的。译码器的译码规则是:如果 $\boldsymbol{y}$ 中多数比特是"1",则判定发送的是"1",否则判发"0"。进一步以 $n=3$ 为例,发送信息"1"时,编码器输出(111)。假如经过信道时错了一位,使得接收到的是(101),则译码器判断发送的是"1";如果信道中错了两位,成为(100),译码器将误以为发送的是"0"。当码字经过信道传输错两位或者错3位时译码器译错,因此,采用这种信道编码以后仍然出错的概率是

$$P_e=C_3^2p^2(1-p)+C_3^3p^3=p^2(3-2p)$$

若信道的错误率为 $p=0.01$,则采用信道编码可使错误率降低到 $P_e=2.98\times10^{-4}$。可以验证,重复次数 n 越大,改善的效果也越明显。其编码效率是 $1/n$。

可见,采用简单重复方式增加人为多余度,可以提高抗干扰性,但是它的编码效率太低,不是好方法。从原理上看,增加人为多余度的规则和方法是多种多样的,它大致可划分为两大类型:如果规则是线性的,即码元之间的关系是线性关系,则称这类信道编码为线性码;否则称为非线性码。非线性码虽说可能有比线性码更好的性能,但由于缺少理论上和实用上深入研究,这里不予讨论。

(2) 线性分组码

线性分组码在构造时,将输入信息分成 k 位一组进行编码,并按照一定线性规律加上人为多余的码元,构成 $n(n>k)$ 位一组的输出,故一般可采用符号 (n,k) 表示,其中 n 表示输出的码组(字)长度,k 表示输入信息分组,即输出码组中信息码位数,显然,余下的 $r=n-k$ 位码元则

表示在编码过程中按照一定线性规律人为加入的多余码元。这些人为多余的码元是供接收端检查、纠正在传输中产生错误的码元用，故称它为监督码元，又称为校验码元。

下面介绍线性分组码的两个重要定义(汉明重量和汉明距离)及偶(奇)监督码。

① 线性分组码的码重(汉明重量)

在线性分组码中，通常把码组(字)中所含"1"的数目定义为码组(字)重量，称为汉明重量，简称码重，记为 W_c。比如在重复码中

$$W(A_1=0)=W(A_2=00)=W(A_3=000)=0$$

$$\left.\begin{aligned} W(B_1=1)=1 \\ W(B_2=11)=2 \\ W(B_3=111)=3 \end{aligned}\right\} \tag{9.1.1}$$

② 线性分组码的码距(汉明距离)

把两个码组中对应位置上具有不同二进制码元的位数定义为码组距离，称为汉明距离，简称码距，记为 $d(\boldsymbol{c}_i,\boldsymbol{c}_j)$。显然，码组间的最小距离 $d_{\min}$ 的大小直接决定线性分组码的纠检错能力。比如对(1,1)重复码

$$d(A_1,B_1)=d\begin{pmatrix}0\\1\end{pmatrix}=1 \tag{9.1.2}$$

它既不能发现更不能纠正错误。

对(2,1)重复码，有

$$d(A_2,B_2)=d\begin{pmatrix}0 & 0\\1 & 1\end{pmatrix}=2 \tag{9.1.3}$$

它能发现一个独立随机错误，但不能纠正它。

对(3,1)重复码，有

$$d(A_3,B_3)=d\begin{pmatrix}0 & 0 & 0\\1 & 1 & 1\end{pmatrix}=3 \tag{9.1.4}$$

它能发现两个独立随机错误，或者纠正一个独立随机错误。

③ 码距与纠错能力的关系

(n,k)分组码编码器的输入是 k 个信息比特，输出是 n 比特长的码字。编码器输入有 $M=2^k$ 种不同，所以全部可能的合法码字个数是 M 个，记为 $\boldsymbol{c}_0,\boldsymbol{c}_1,\cdots,\boldsymbol{c}_{M-1}$。令 $C=\{\boldsymbol{c}_0,\boldsymbol{c}_1,\cdots,\boldsymbol{c}_{M-1}\}$ 表示全体合法码字的集合，C 的元素是长为 n 比特的向量。

发送某个 $\boldsymbol{c}_i\in C$，经过信道后成为 n 比特长的码组 $\boldsymbol{y}$。$\boldsymbol{y}$ 与 $\boldsymbol{c}_i$ 相比可能有差错，$\boldsymbol{y}$ 中的错误比特数是 $\boldsymbol{y}$ 与 $\boldsymbol{c}_i$ 之间的汉明距离：$d(\boldsymbol{c}_i,\boldsymbol{y})$。

译码器的输入是 $\boldsymbol{y}$，输出是 C 中的某个元素。$\boldsymbol{y}$ 有 n 个比特，因此译码器理论上可以有 2^n 种不同的输入，而输出只有 2^k 种。一般 $k<n$，所以可以有多个不同的输入产生相同的输出。所有译码结果为 $\boldsymbol{c}_i$ 的输入构成的集合是 $\boldsymbol{c}_i$ 的判决域，即

$$D_i=\{\boldsymbol{y}:\boldsymbol{y}\text{ 作为译码器输入时，译码器输出是 }\boldsymbol{c}_i\} \tag{9.1.5}$$

对于某个编码，若发送任意 $\boldsymbol{c}_i\in C$ 时收到的 $\boldsymbol{y}$ 中包含的错误比特数 $d(\boldsymbol{y},\boldsymbol{c}_i)\leqslant t$ 时，译码器的输出一定是 $\boldsymbol{c}_i$，则称该码能纠正 t 个错。因此，能纠正 t 个错意味着

$$\{\boldsymbol{y}:d(\boldsymbol{y},\boldsymbol{c}_i)\leqslant t\}\subset D_i,\ \forall\,\boldsymbol{c}_i\in C \tag{9.1.6}$$

就是说,以 $\boldsymbol{c}_i$ 为中心,半径 t 范围内的所有 $\boldsymbol{y}$ 都属于 $\boldsymbol{c}_i$ 的判决域。这一点对所有码字都成立。各个码字的判决域不相交,因此若某个码有纠正 t 个错的能力,则任意两个码字之间的汉明距离至少是 $2t+1$,如图 9.1.2 所示。

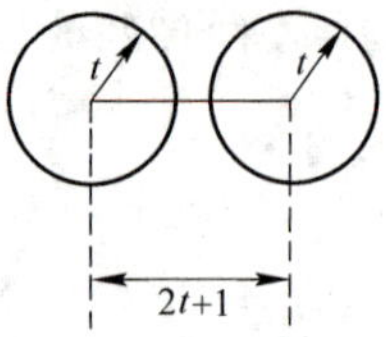

图 9.1.2 码纠错能力的几何解释

考虑最近的两个码字,可得到最小码距和纠错能力的关系是

$$d_{\min} \geqslant 2t+1 \tag{9.1.7}$$

④ 编码效率

平均每个编码器输出符号所携带的信息比特数称为编码效率,简称码率。

在前面的例子中,(3.1)重复码的码率是 1/3。

下面再介绍另一类简便的分组码,叫偶(奇)监督码。

⑤ 偶(奇)监督码

偶监督码的编码规则为(要满足方程 $c_{n-1}+c_{n-2}+\cdots+c_1+c_0=0, \bmod 2$)

$$\boldsymbol{c}=\left(c_{n-1}, c_{n-2}, \cdots, c_1, c_0=\sum_{i=1}^{n-1} c_i\right) \tag{9.1.8}$$

其中,$\sum$ 表示模 2 相加和,它表示一个码组(字)有 n 个码元,其中$(n-1)$个码为信息码元,另一码元 c_0 为偶监督码元。

现举一偶监督的简例进一步说明:

$$\begin{array}{ccccc} c_2 & c_1 \rightarrow & c_2 & c_1 & c_0 \\ 0 & 0 \rightarrow & 0 & 0 & 0 \\ 0 & 1 \rightarrow & 0 & 1 & 1 \\ 1 & 0 \rightarrow & 1 & 0 & 1 \\ 1 & 1 \rightarrow & 1 & 1 & 0 \end{array} \tag{9.1.9}$$

其中 $c_0=c_2 \oplus c_1$。

这种偶数监督码,要保证码组中"1"的个数是偶数,即满足在码组中信息位和监督位模 2 和为"0"。在上例中即为:$c_0 \oplus c_1 \oplus c_2=0$。这种码能发现奇数个在传输中的差错,即在接收端,按照上述模 2 相加方程,将码组中各码元模 2 相加,若结果为"0"就认为无差错,若结果为"1"则认为有差错。同理,类似于偶数监督码也可以设计奇数监督码,只不过这时码组中"1"的个数为奇数(要满足方程 $c_{n-1}+c_{n-2}+\cdots+c_1+c_0=1, \bmod 2$)。对这类偶(奇)监督码,可记为$(n, n-1)$码。需指出,奇监督码不是线性码。

例 9.1.2 偶校验码(即偶监督码)

构建一个(4,3)偶校验码,校验比特出现在码的最右端。请问可以检测到怎样的错误图样?假设每个码元发生错误都是独立的,且信道码元错误概率为 $p=10^{-3}$,请计算无法检测到错误的概率。

解

信息	校验比特	码字
000	0	000 0
100	1	100 1
010	1	010 1
110	0	110 0
001	1	001 1
101	0	101 0
011	0	011 0
111	1	111 1

信息比特　校验比特

这个码可以检测到所有单个或 3 个错误的图样，无法检测到的错误的概率等于码字中发生两个错误或者 4 个错误的概率。

$$\begin{aligned}P_e &= C_4^2 p^2(1-p)^2 + C_4^4 p^4 \\ &= 6p^2(1-p)^2 + p^4 = 6p^2 - 12p^3 + 7p^4 \\ &= 6\times(10^{-3})^2 - 12\times(10^{-3})^3 + 7\times(10^{-3})^4 \approx 6\times 10^{-6}\end{aligned}$$

3. 前向纠错、反馈重传与混合差错控制

前向纠错也称为自动纠错。发端发送具有一定纠错能力的码，收端译码时，若传输中产生差错的数目在码的纠错能力之内译码器可以对差错进行定位并自动加以纠正。反之若差错数目大于纠错能力则无能为力。前向纠错(FEC)方式的主要优点是不需要反馈信道并能自动纠正差错，所以它比较适合于实时传输系统。

反馈重传又称为检错重传和自动请求重发。发端发送具有一定检错能力的码，收端译码时如发现传输中有差错，则立即通知发端重发收端认为有错误的消息直到接收端认可为止，从而达到纠正错误的目的。检错重传方式有 3 种基本类型：等待式 ARQ、退 N 步 ARQ、选择重传 ARQ。其中最简单的是等待式 ARQ，它发送一个码字给收端并等待从收端发回应答信号，若应答信号是肯定的则发送下一个码字，若应答信号是否定的则发端重发该码字，一直到收到肯定的应答信号为止。ARQ 的主要优点是只需要少量多余码元(一般为总码元的 5%～20%)就能获得极低的输出误码率，所以实现简单且成本低。但是主要缺点是必须有反馈信道，因而不能用于实时通信系统与单向传输系统，且效率低。

混合差错控制也叫混合自动重传(HARQ)，是 FEC 与 ARQ 的结合。发端先将数据进行检错编码(例如 CRC)，然后进行纠错编码。收端先进行纠错译码，然后检查译码结果是否正确，如果不正确则请求发端重传。

4. 本章重点

本章主要介绍应用最广的前向纠错，又称纠错编码。将重点讨论两类最典型信道编码，它们是分组码中的线性分组码及线性分组码中最主要、最有用的一类——循环码，非分组的卷积码。

5. 简要介绍有限域的知识

在信道编码中要涉及一些近世代数(比如有限域)以及线性代数(比如有限域上的矢量空间、矩阵)等知识。这里简要介绍有限域的知识。

有限域是指有限个元素的集合,可以进行按规定的代数四则运算,其运算结果仍属于该集合中有限的元素,也称此有限域为迦罗华域(Galois 域)。

最简单的有限域,是编码理论中最基本的{0,1}二元集合构成的有限域。

设{0,1}为一个二元集合,在其中规定如下的加法"⊕"和乘法"·"运算:

⊕	0	1
0	0	1
1	1	0

·	0	1
0	0	0
1	0	1

显然,集合{0,1}对所规定的加法⊕和乘法·是自封闭的,且容易验证这两种运算满足域所要求的全部运算规则(包括我们熟知的交换律、结合律、分配律等)。因此集合{0,1}所规定的加法和乘法构成一个域,称它为二元域,记为 GF(2)或 F_2。

下面,再将码元间的模二运算推广至码组(字)之间,亦即由二元域 GF(2)拓广至二元扩展域 GF(2^n)。

又设 GF(2^n)为由 GF(2)元素的一切长度为 n 的序列组成的集合,表示为$\{c_{n-1},c_{n-2},\cdots,c_i,\cdots,c_1,c_0;c_i\in \mathrm{GF}(2)\}$。

GF(2^n)是扩展的二元域,它是 GF(2)上的长为 n 的二进制数组的集合,并在其中定义了如下的加法及与 GF(2)元素的乘法规则:

(1) 加法 $$\boldsymbol{x}\oplus\boldsymbol{x}'=(x_{n-1}\oplus x'_{n-1},x_{n-2}\oplus x'_{n-2},\cdots,x_0\oplus x'_0) \tag{9.1.10}$$

(2) 乘法 $$\alpha\cdot\boldsymbol{x}=(\alpha\cdot x_{n-1},\alpha\cdot x_{n-2},\cdots,\alpha\cdot x_0) \tag{9.1.11}$$

其中,$\boldsymbol{x}=(x_{n-1},x_{n-2},\cdots,x_0)\in \mathrm{GF}(2^n)$;$\boldsymbol{x}'=(x'_{n-1},x'_{n-2},\cdots,x'_0)\in \mathrm{GF}(2^n)$;$\alpha\in \mathrm{GF}(2)$。

显然,GF(2^n)对所规定的加法及与 GF(2)元素的乘法是自封闭的,且容易验证这两种运算满足矢量空间所要求的全部运算规则。因此 GF(2^n)对所规定的加法及与GF(2)元素的乘法构成 GF(2)上的一个矢量空间,仍记作 GF(2^n),并称 GF(2^n)为 n 维矢量空间。

在信道编码中,一个有序的数组(码字)既可用矢量表示,也可用多项式来描述,以码字的多项式表示来代替矢量表示。

9.2 线性分组码

9.2.1 基本概念

线性分组码中的线性是指码组中码元间的约束关系是线性的,而分组则是对编码方法而言,即编码时将每 k 个信息位分为一组进行独立处理,变换成长度为 $n(n>k)$的二进制码组。

1. 线性分组码的定义

线性分组码也可以用下列更加确切、更为一般化的数学定义表达。

定义 9.2.1 信道编码可表示为由编码前的信息码元空间 U^k 到编码后的码字空间 C^n 的一个映射 f,即

$$f:U^k\rightarrow C^n \tag{9.2.1}$$

其中,$n>k$。

若 f 进一步满足下列线性关系：

$$f(\alpha\boldsymbol{u}\oplus\beta\boldsymbol{u}')=\alpha f(\boldsymbol{u})\oplus\beta f(\boldsymbol{u}') \tag{9.2.2}$$

其中，α 与 $\beta\in\mathrm{GF}(2)=\{0,1\}$，$\boldsymbol{u}$ 与 $\boldsymbol{u}'\in U^k$，则称 f 为线性编码映射，进一步若 f 为一一对应映射，则称 f 为唯一可译线性编码，而由 f 编写的码 $\boldsymbol{c}=(c_{n-1},c_{n-2},\cdots,c_0)$ 称为线性分组码，$\boldsymbol{u}=(u_{k-1},u_{k-2},\cdots,u_0)$ 为编码前的信息分组，其中 k 为信息位数，n 为码长，而 $R=\frac{k}{n}$ 为编码效率。

由上述定义可知，一个线性分组编码 f 是一个从矢量空间 $\mathrm{GF}(2^k)$ 到另一个矢量空间 $\mathrm{GF}(2^n)$ 上的一组线性变换。它也可应用线性代数理论中有限维的矩阵来描述。

线性分组码是分组码中最重要、最具实用价值的一个子类，是代数编码的最基础部分。下面，阐明线性分组码的一些基本概念。

2. 线性分组码的一些基本概念

(1) 线性分组码的码字的集合 C 对加法封闭，即若 $\boldsymbol{c}_1,\boldsymbol{c}_2\in C$，则 $\boldsymbol{c}_1\oplus\boldsymbol{c}_2\in C$。它表示线性分组码中任意两个码字的线性组合仍是分组码中的一个码字。反之，对于二进制分组码，若任意两码字 $\boldsymbol{c}_i$ 和 $\boldsymbol{c}_j$ 之和（即 $\boldsymbol{c}_i\oplus\boldsymbol{c}_j$，其中的 $\oplus$ 表示逐位模二加）也是分组码中的一个码字，则该二进制分组码是线性分组码。

(2) 全零序列是线性分组码中的一个码字。

因为对于任意两非全零码字 $\boldsymbol{c}_i$、$\boldsymbol{c}_j$ 及两者之和 $\boldsymbol{c}(\boldsymbol{c}=\boldsymbol{c}_i\oplus\boldsymbol{c}_j)$，此三者的和必为全零序列。

例 9.2.1　有一(5,2)分组码定义为

$$C=(00000,10100,01111,11011)$$

假如信息码与码字的映射关系如下：

信息分组		码字
0 0	→	0 0 0 0 0
0 1	→	0 1 1 1 1
1 0	→	1 0 1 0 0
1 1	→	1 1 0 1 1

试问该分组码是线性码吗？

解　此分组码为线性码，全零序列也是该线性分组码中的一码字。

(3) 线性分组码中任意两个不同码字间汉明距离的最小值称为码组的最小距离，表示为

$$d_{\min}=\min_{\substack{\boldsymbol{c}_i,\boldsymbol{c}_j\\ i\neq j}} d(\boldsymbol{c}_i,\boldsymbol{c}_j) \tag{9.2.3}$$

(4) 除全零码外，码字的最小重量称为码组(字)的最小重量：

$$W_{\min}=\min_{\boldsymbol{c}_i\neq 0} W(\boldsymbol{c}_i) \tag{9.2.4}$$

(5) 线性分组码各码字之间的最小距离等于某非零码字的最小汉明重量：

$$d_{\min}=W_{\min} \tag{9.2.5}$$

证　对于任一码字 $\boldsymbol{c}$，有 $W(\boldsymbol{c})=d(\boldsymbol{c},0)$。如果 $\boldsymbol{c}_i,\boldsymbol{c}_j$ 是两码字，则 $\boldsymbol{c}=\boldsymbol{c}_i\oplus\boldsymbol{c}_j$ 也是一码字，且 $d(\boldsymbol{c}_i,\boldsymbol{c}_j)=W(\boldsymbol{c})$。说明在线性分组码中，对应于任一码字的重量，一定存在某两个码字之间的汉明距离与之相等。同样，对任意两个码字间的汉明距离，总能找到某码字的重量与之相等。在特定条件下，就有 $d_{\min}=W_{\min}$。

9.2.2 生成矩阵和监督矩阵

1. 生成矩阵

下面要讨论(n,k)线性分组码的编码问题，就是在给定条件(码的最小距离d及码率R)下，如何从已给定的k个信息码元求得$n-k$个监督码元，这相当于建立一线性方程组，已知k个系数，要求$n-k$个未知数，使得到的最小码距恰好是所要求的d。

从具体例子入手。

例9.2.2 若给出一个二元(7,3)线性分组码，即$n=7,k=3,r=n-k=7-3=4$，$R=\frac{k}{n}=\frac{3}{7}$。请说明如何将$k=3$的信息分组编为$n=7$的线性分组码。

这时，输入编码器的信息位分为3个一组，即$\boldsymbol{u}=(u_2u_1u_0)$，可按下列线性方程编码：

$$\text{信息位}\begin{cases}\boldsymbol{c}_6=u_2\\ \boldsymbol{c}_5=u_1\\ \boldsymbol{c}_4=u_0\end{cases} \tag{9.2.6}$$

$$\text{监督位}\begin{cases}\boldsymbol{c}_3=u_2\oplus u_0\\ \boldsymbol{c}_2=u_2\oplus u_1\oplus u_0\\ \boldsymbol{c}_1=u_2\oplus u_1\\ \boldsymbol{c}_0=u_1\oplus u_0\end{cases}$$

写成矩阵形式：

$$\begin{aligned}\boldsymbol{c}&=(u_2u_1u_0)\cdot\left(\begin{array}{ccc:cccc}1&0&0&1&1&1&0\\0&1&0&0&1&1&1\\0&0&1&1&1&0&1\end{array}\right)\\&=\boldsymbol{u}\cdot\boldsymbol{G}\\&=\boldsymbol{u}\cdot(\boldsymbol{I}\,\vdots\,\boldsymbol{Q})\end{aligned} \tag{9.2.7}$$

其中：$\boldsymbol{c}$矩阵为$\boldsymbol{c}=(c_6c_5c_4c_3c_2c_1c_0)$；$\boldsymbol{u}$矩阵为$\boldsymbol{u}=(u_2u_1u_0)$；$\boldsymbol{G}$是$3\times7$阶矩阵；$\boldsymbol{G}$的子块$\boldsymbol{I}$为3阶单位方阵；$\boldsymbol{G}$的子块$\boldsymbol{Q}$为$3\times4$阶矩阵。

若$\boldsymbol{u}=(1\quad1\quad0)$，即$u_2=1,u_1=1,u_0=0$，则

$$\begin{aligned}\boldsymbol{c}&=(1\quad1\quad0)\begin{pmatrix}1&0&0&1&1&1&0\\0&1&0&0&1&1&1\\0&0&1&1&1&0&1\end{pmatrix}\\&=(1\quad1\quad0\quad1\quad0\quad0\quad1)\end{aligned}$$

一个$k=3$的信息分组u，通过矩阵$\boldsymbol{G}$的线性变换，产生$n=7$的码组。该输出码组的前三位与原信息码元相同，后四位是监督码元。

推广到n维情况，有

$$\boldsymbol{c}=\boldsymbol{u}\cdot\boldsymbol{G} \tag{9.2.8}$$

即在一般情况下，一个n位的码组，它可以由k个信息位的输入消息$\boldsymbol{u}$通过一个线性变换矩阵$\boldsymbol{G}$来产生，称$\boldsymbol{G}$为码的生成矩阵。且

$$\boldsymbol{G}=\begin{pmatrix}\boldsymbol{g}_1\\ \boldsymbol{g}_2\\ \vdots\\ \boldsymbol{g}_k\end{pmatrix}=\begin{pmatrix}g_{11}&\cdots&g_{1n}\\ \vdots&&\vdots\\ g_{k1}&\cdots&g_{kn}\end{pmatrix} \tag{9.2.9}$$

进一步，若生成矩阵 $\boldsymbol{G}$ 能分解为下列两个子块的分块矩阵时，即

$$\boldsymbol{G}=(\boldsymbol{I} \mid \boldsymbol{Q}) \tag{9.2.10}$$

其中 $\boldsymbol{I}$ 为 k 阶单位方阵，$\boldsymbol{Q}$ 是 $k\times(n-k)$ 阶矩阵，则称 $\boldsymbol{c}$ 为系统码，又称为组织码，$\boldsymbol{G}$ 为系统码的生成矩阵，也称为典型生成矩阵。

定义 9.2.2　若信息分组以不变的形式出现在线性分组码的任意 k 位（通常在码组的前面：$c_{n-1},c_{n-2},\cdots,c_{n-k}$）中，则称此码组为系统码，否则为非系统码。

下面，介绍生成矩阵的重要特性：

（1）生成矩阵 $\boldsymbol{G}$ 一定是 k 行 n 列的 $k\times n$ 阶矩阵，该生成矩阵 $\boldsymbol{G}$ 的每行构成一行矢量，共有 k 个行矢量 $\boldsymbol{g}_1,\boldsymbol{g}_2,\cdots,\boldsymbol{g}_k$。

（2）线性分组码的每个码组（字）是生成矩阵 $\boldsymbol{G}$ 各行矢量的线性组合。

$$\begin{aligned}\boldsymbol{C}&=\boldsymbol{u}\cdot\boldsymbol{G}\\&=(u_{k-1},\cdots,u_1,u_0)\begin{pmatrix}\boldsymbol{g}_1\\\boldsymbol{g}_2\\\vdots\\\boldsymbol{g}_k\end{pmatrix}\\&=u_{k-1}\boldsymbol{g}_1+u_{k-2}\boldsymbol{g}_2+\cdots+u_1\boldsymbol{g}_{k-1}+u_0\boldsymbol{g}_k\end{aligned}$$

显然，当 $\boldsymbol{u}$ 为全零信息分组时，$\boldsymbol{C}$ 为全零序列。

（3）$\boldsymbol{G}$ 的每一行是一个码字。

因为若信息分组 $u=(u_{k-1},\cdots,u_1,u_0)=(1,0,\cdots,0)$（即 $u_{k-1}=1$，其他为 0），则 $\boldsymbol{C}=\boldsymbol{g}_1$；若 $\boldsymbol{u}=(0,1,0,\cdots,0)$（即 $u_{k-2}=1$，其他为 0），则 $\boldsymbol{C}=\boldsymbol{g}_2$；依次类推，若 $\boldsymbol{u}=(0,0,\cdots,1)$（$u_0=1$，其他为 0），则 $\boldsymbol{C}=\boldsymbol{g}_k$。

（4）生成矩阵 $\boldsymbol{G}$ 的各行线性无关。

证　对于不同的输入应有不同的输出，即若 $\boldsymbol{u}\neq\boldsymbol{u}'$，则 $\boldsymbol{uG}\neq\boldsymbol{u}'\boldsymbol{G}$，$\boldsymbol{uG}+\boldsymbol{u}'\boldsymbol{G}\neq0$，$(\boldsymbol{u}+\boldsymbol{u}')\boldsymbol{G}\neq0$。

令

$$\boldsymbol{v}=\{v_{k-1},v_{k-2},\cdots,v_1,v_0\}=\boldsymbol{u}+\boldsymbol{u}'$$

则

$$\boldsymbol{vG}\neq0$$

$$v_{k-1}\boldsymbol{g}_1+v_{k-2}\boldsymbol{g}_2+\cdots+v_1\boldsymbol{g}_{k-1}+v_0\boldsymbol{g}_k\neq0$$

因而，$\boldsymbol{g}_1,\cdots,\boldsymbol{g}_k$ 线性无关（$v_{k-1},v_{k-2},\cdots,v_1,v_0$ 不全为零）。

（5）如果生成矩阵 $\boldsymbol{G}$ 不具备式（9.2.10）的形式，则由该生成矩阵产生的 (n,k) 线性分组码为非系统码。然而，对于任意的 (n,k) 线性分组码，总可通过初等行变换及列交换将它的非系统码生成矩阵变换为另一等价的系统码的生成矩阵。此两等价生成矩阵生成的两个 (n,k) 线性分组码的检、纠错性能是相同的。

例 9.2.3　求出下列非系统的线性分组(7,4)码的等价系统码生成矩阵。

$$\boldsymbol{G}=\begin{pmatrix}0&1&0&1&0&1&0\\0&1&1&1&0&0&1\\1&1&1&0&0&1&0\\1&0&1&0&1&0&1\end{pmatrix}$$

解　交换 $\boldsymbol{G}$ 中的第 1 列与第 4 列，再用第 1 行加第 2 行构成第 2 行，得

$$\boldsymbol{G}_1=\begin{pmatrix}1&1&0&0&0&1&0\\0&0&1&0&0&1&1\\0&1&1&1&0&1&0\\0&0&1&1&1&0&1\end{pmatrix}$$

交换 $\boldsymbol{G}_1$ 的第2列和第7列，再用第2行加第4行构成第4行，得

$$\boldsymbol{G}_2=\begin{pmatrix}1&0&0&0&0&1&1\\0&1&1&0&0&1&0\\0&0&1&1&0&1&1\\0&0&0&1&1&1&0\end{pmatrix}$$

用 $\boldsymbol{G}_2$ 的第3行加第2行构成第2行，再交换第4列和第5列，得

$$\boldsymbol{G}''=\begin{pmatrix}1&0&0&0&0&1&1\\0&1&0&0&1&0&1\\0&0&1&0&1&1&1\\0&0&0&1&1&1&0\end{pmatrix}$$

可见 $\boldsymbol{G}$ 与 $\boldsymbol{G}''$ 等价，而 $\boldsymbol{G}''$ 为系统码的生成矩阵表达形式。

由上面的列子可看出，非系统码的生成矩阵 $\boldsymbol{G}$ 可以通过线性代数中的任何一种初等行变换和列的交换得到系统码的生成矩阵 $\boldsymbol{G}''$。所谓矩阵的初等行变换是指：矩阵的两行交换位置，或者是用GF(2)的非零元素乘矩阵的一行，或者是用矩阵的一行加到矩阵的另一行。因列的交换和初等行变换不改变矩阵的秩，所以变换后矩阵的各行矢量仍线性无关。由上面的分析，可以得到如下的结论：任何一个线性分组(n,k)码可等价于一个系统码。

2. 监督矩阵

若将上述例9.2.2中的监督位线性方程组写为

$$\begin{cases}c_3=u_2\oplus u_0=c_6\oplus c_4\\c_2=u_2\oplus u_1\oplus u_0=c_6\oplus c_5\oplus c_4\\c_1=u_2\oplus u_1=c_6\oplus c_5\\c_0=u_1\oplus u_0=c_5\oplus c_4\end{cases}$$

即

$$\begin{cases}c_6\oplus c_4\oplus c_3=0\\c_6\oplus c_5\oplus c_4\oplus c_2=0\\c_6\oplus c_5\oplus c_1=0\\c_5\oplus c_4\oplus c_0=0\end{cases}\tag{9.2.11}$$

写成矩阵形式

$$\begin{pmatrix}1&0&1&1&0&0&0\\1&1&1&0&1&0&0\\1&1&0&0&0&1&0\\0&1&1&0&0&0&1\end{pmatrix}\cdot\begin{pmatrix}c_6\\c_5\\\vdots\\c_0\end{pmatrix}=\begin{pmatrix}0\\0\\0\\0\end{pmatrix}\tag{9.2.12}$$

即

$$\boldsymbol{H}\cdot\boldsymbol{C}^{\mathrm{T}}=\boldsymbol{0}^{\mathrm{T}},(\boldsymbol{P}\;\vdots\;\boldsymbol{I})\cdot\boldsymbol{C}^{\mathrm{T}}=\boldsymbol{0}^{\mathrm{T}}$$

推广到 n 维一般情况

$$\boldsymbol{H}\cdot\boldsymbol{C}^{\mathrm{T}}=\boldsymbol{0}^{\mathrm{T}}\tag{9.2.13}$$

可见，上述监督关系的线性方程组，完全由 **H** 矩阵所决定。一般情况下，一个(n,k)线性分组码的 **H** 矩阵中的$(n-k)$行对应于$(n-k)$个线性监督方程组，以确定$(n-k)$个监督码元，故称 **H** 矩阵为线性分组码的监督矩阵，且它是一个$(n-k)\times n$阶矩阵：

$$\boldsymbol{H}=\begin{pmatrix} h_{11} & \cdots & h_{1n} \\ \vdots & & \vdots \\ h_{n-k,1} & \cdots & h_{n-k,n} \end{pmatrix} \tag{9.2.14}$$

进一步，若$\boldsymbol{H}=(\boldsymbol{P}\ \vdots\ \boldsymbol{I})$，其中 $\boldsymbol{I}$ 为$(n-k)$阶单位方阵，称此 **H** 为典型监督矩阵。

下面，分析生成矩阵 **G** 与监督矩阵 **H** 之间的关系。由上述例子可见，线性分组码完全可以由生成矩阵 **G** 和监督矩阵 **H** 所决定，一般在讨论编码问题时，常采用生成矩阵 **G**，而在讨论译码问题时，常采用监督矩阵 **H**。

由于生成矩阵 **G** 中的每一行及其线性组合都是(n,k)码的码组(字)，所以由式(9.2.13)，有

$$\boldsymbol{H}\cdot\boldsymbol{G}^{\mathrm{T}}=\boldsymbol{0}^{\mathrm{T}}$$

或

$$\boldsymbol{G}\cdot\boldsymbol{H}^{\mathrm{T}}=\boldsymbol{0} \tag{9.2.15}$$

或由式(9.2.15)、(9.2.10)，有

$$\boldsymbol{G}\cdot\boldsymbol{H}^{\mathrm{T}}=(\boldsymbol{I}\ \vdots\ \boldsymbol{Q})\begin{pmatrix}\boldsymbol{P}^{\mathrm{T}}\\ \cdots \\ \boldsymbol{I}\end{pmatrix}=\boldsymbol{P}^{\mathrm{T}}+\boldsymbol{Q}=\boldsymbol{0} \tag{9.2.16}$$

所以只有当 $\boldsymbol{P}=\boldsymbol{Q}^{\mathrm{T}}$ 或 $\boldsymbol{P}^{\mathrm{T}}=\boldsymbol{Q}$ 时上式才成立。这时的生成矩阵 **G** 与监督矩阵 **H** 可以互相转换。

式中 **0** 是一个 $k\times(n-k)$阶的 **0** 矩阵，$\boldsymbol{0}^{\mathrm{T}}$ 是 **0** 矩阵的转置。

下面，介绍监督矩阵的重要特性。

(1) 由 **H** 矩阵可以建立线性分组码的线性方程组。**H** 矩阵共有 $n-k$ 行，其中每行代表一个线性方程的系数，它表示求一个监督位的线性方程。

(2) **H** 矩阵的每行与它的分组码中的每一码字的内积为 **0**。

(3) 任何一个(n,k)线性分组码的 **H** 矩阵有$(n-k)$行，且每行线性无关。

(4) 一个(n,k,d)线性分组码，若要纠正小于等于 t 个错误，则其充要条件是 **H** 矩阵中任何 $2t$ 列线性无关，由于最小距离 $d=2t+1$，所以也相当于要求 **H** 矩阵中任意$(d-1)$列线性无关。

证 必要性证明：

记监督矩阵 **H** 为 n 个列矢量的矩阵$(\boldsymbol{h}_1,\boldsymbol{h}_2,\cdots,\boldsymbol{h}_n)$，若 **H** 矩阵中某$(d-1)$列线性相关，即

$$a_{i1}\boldsymbol{h}_{i1}+a_{i2}\boldsymbol{h}_{i2}+\cdots+a_{i(d-1)}\boldsymbol{h}_{i(d-1)}=\boldsymbol{0}^{\mathrm{T}}$$

那么可构成码字 $\boldsymbol{c}$ 的各分量，并将 $\boldsymbol{c}$ 表示为

$$\boldsymbol{c}=(0,\cdots,0,a_{i1},0,\cdots,0,a_{i2},0,\cdots,0,a_{i(d-1)},0,\cdots,0)$$

显然，a_{ij} 不全为 0 的码字重量 $W(c)\leqslant d-1$。这与 d 是该码的最小码重矛盾。

充分性证明：

若任意$(d-1)$列线性无关，某 d 列$(\boldsymbol{h}_{i1},\cdots,\boldsymbol{h}_{id})$线性相关，那么必存在全非零的 $a_{i1},\cdots,u_{id}$，使得

$$a_{i1}\boldsymbol{h}_{i1}+\cdots+a_{id}\boldsymbol{h}_{id}=\boldsymbol{0}^{\mathrm{T}}$$

因此码字

$$\boldsymbol{c}=(0,\cdots,0,a_{i1},0,\cdots,0,a_{id},0,\cdots,0)$$

的重量$W(c)$恰好为d且是最小重量的码字。

证毕。

由上述分析可得到以下重要结论：

(n,k)线性分组码有最小距离等于d的充要条件是：$\boldsymbol{H}$矩阵中任意$d-1$列线性无关，且一定有d列线性相关。

(5) 由系统码的典型生成矩阵$\boldsymbol{G}$可以方便地得到典型监督矩阵$\boldsymbol{H}$。

9.2.3 对偶码

式(9.2.16)说明$\boldsymbol{G}$与$\boldsymbol{H}$生成的空间互为零空间。由线性空间理论，它分别是n维线性空间$\boldsymbol{V}_n$的k维和$(n-k)$维的线性子空间$\boldsymbol{V}_k$和$\boldsymbol{V}_{n-k}$，它们是互相正交的。若把(n,k)码的监督矩阵$\boldsymbol{H}$看成$(n,n-k)$码的生成矩阵$\boldsymbol{G}'$，而把(n,k)码的生成矩阵$\boldsymbol{G}$看成$(n,n-k)$码的监督矩阵$\boldsymbol{H}'$，则由$\boldsymbol{G}$生成的(n,k)码与由$\boldsymbol{G}'$生成的$(n,n-k)$码互为对偶码，相应的线性子空间$\boldsymbol{V}_k$与$\boldsymbol{V}_{n-k}$互为对偶空间。

从线性空间及其物理含义看，线性分组码实质上是利用线性空间的扩展，即由k维(或$n-k$维)扩展成n维，利用被扩展的$n-k$维(或k维)来发现、纠正信道传输中的差错。这也就是说，对于一个n维码字(组)线性空间，既可以选用其中的k维为许用码组，用它传送信息，而选用被扩展的$n-k$维为保护空间，供检、纠错用，并称为禁用码组；也可以选用其中的$n-k$维为许用码组，用它传送信息，而选用被扩展的k维为保护空间，供检、纠错用，并称为禁用码组。显然，在一个n维码字空间中，子空间k维与$n-k$维为一对对偶的子空间。

按照上述理论，例9.2.2中的(7,3)线性分组码，可以找到它的对偶码(7,4)线性分组码，且$\boldsymbol{V}_3\boldsymbol{V}_4$均为$\boldsymbol{V}_7$中互相正交的线性子空间，它们互为对偶空间。可见，在线性分组码中，利用线性空间理论，总是可以找到成对出现的(n,k)与$(n,n-k)$对偶码。

显然，(7,3)码的对偶码(7,4)码的生成矩阵$\boldsymbol{G}'$就是(7,3)码的监督矩阵$\boldsymbol{H}$，即由式(9.2.12)有

$$\boldsymbol{G}'=\boldsymbol{H}=\begin{pmatrix}1&0&1&1&0&0&0\\1&1&1&0&1&0&0\\1&1&0&0&0&1&0\\0&1&1&0&0&0&1\end{pmatrix} \tag{9.2.17}$$

同理，(7,3)码的对偶码(7,4)码的监督矩阵$\boldsymbol{H}'$就是(7,3)码的生成矩阵$\boldsymbol{G}$，即由式(9.2.7)有

$$\boldsymbol{H}'=\boldsymbol{G}=\begin{pmatrix}1&0&0&1&1&1&0\\0&1&0&0&1&1&1\\0&0&1&1&1&0&1\end{pmatrix} \tag{9.2.18}$$

若一个码的对偶码是它本身，则称该码为自对偶码，显然，自对偶码必是一个$(2k,k)$形式的线性分组码。前面介绍的(2,1)重复码就是一种自对偶码。

比较式(9.2.17)与式(9.2.18)不难发现，(7,3)码生成矩阵$\boldsymbol{G}=(\boldsymbol{I}\,\vdots\,\boldsymbol{Q})$，而其对偶码(7,4)码的生成矩阵$\boldsymbol{G}'=\boldsymbol{H}=(\boldsymbol{P}\,\vdots\,\boldsymbol{I})$，两者的单位矩阵(即信息位)的位置一个是排在前面而另一个是排在后面，这是目前最流行的两种形式的系统码表达式。实际上系统码还可以有其他形式的表达形式，只要信息分组以不变形式在码组中的任意k位中出现，都可以称为系统码，否则，称为非系统码。由于系统码表达和构造简单，且$\boldsymbol{G}$与$\boldsymbol{H}$之间关系也很简

单，同时，在检纠错的抗干扰性能方面，系统码与非系统码完全是一样的，因此仅讨论系统码。

9.2.4　系统码的编码与译码

下面将讨论在二进制对称信道上，系统码的编码及其最优译码的实现。

1. 线性分组码的编码器

系统码的编码结构非常简单，比如对(7,3)码，根据式(9.2.6)，只要在输入编码器的每组 k 个数字的后面，附加上 $(n-k)$ 个监督码元就可得到所编出的 n 个码字，如图 9.2.1 所示。再以(7,3)码的对偶码(7,4)系统码为例，由式(9.2.17)可得图 9.2.2 所示编码器。

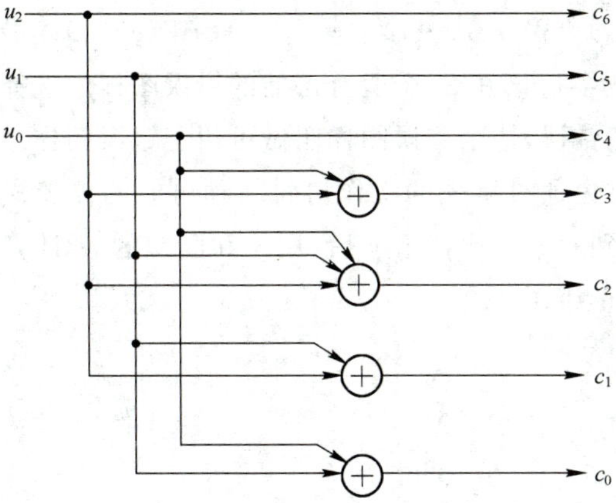

图 9.2.1　线性分组(7,3)系统码编码器

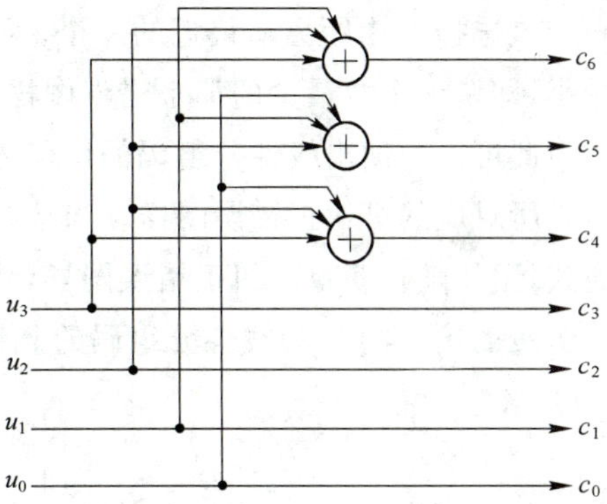

图 9.2.2　线性分组(7,4)系统码编码器

2. 线性分组码的译码

编码器发送的所有编码都满足监督方程，这一特点使监督矩阵在译码中起到了重要的作用。为了便于分析，先把二元信道模型化为图 9.2.3 的形式。这个模型将二元信道的作用理解成给发送的码字 $\boldsymbol{c}$ 叠加了一个向量 $\boldsymbol{e}$，使其变成了接收到的 $\boldsymbol{y}$

$$\boldsymbol{y}=\boldsymbol{c}+\boldsymbol{e} \tag{9.2.19}$$

向量 $\boldsymbol{e}=(e_{n-1},e_{n-2},\cdots,e_i,\cdots,e_0)$ 叫错误图样，它的第 $i(i=0,1,\cdots,n-1)$ 比特表示发送的编码 $\boldsymbol{c}$ 中的第 i 位是否发生了错误，$e_i=1$ 表示第 i 比特出错，$e_i=0$ 表示无错。

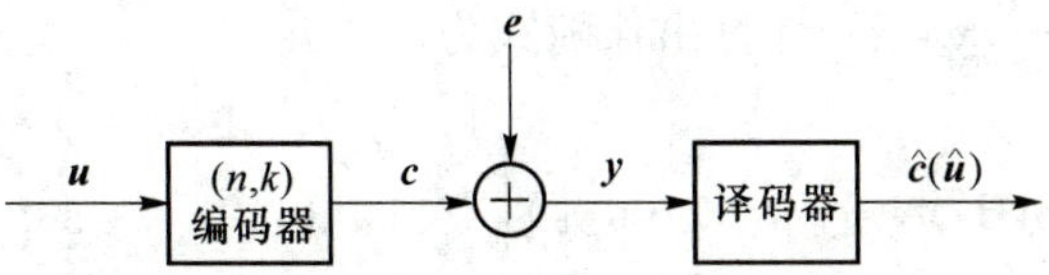

图 9.2.3　二元信道的模型

译码器已知 $\boldsymbol{y}$，未知 $\boldsymbol{c}$ 和 $\boldsymbol{e}$。但如果译码器能推测出错误图样是 $\hat{\boldsymbol{e}}$，那就可以给出译码结果为

$$\hat{\boldsymbol{c}}=\boldsymbol{y}+\hat{\boldsymbol{e}} \tag{9.2.20}$$

为此目的，译码器在收到 $\boldsymbol{y}$ 后，计算出一个向量

$$s=(s_{n-k-1},s_{n-k-2},\cdots,s_0)=\boldsymbol{y}\boldsymbol{H}^{\mathrm{T}} \tag{9.2.21}$$

称此向量 $\boldsymbol{s}$ 为接收到 $\boldsymbol{y}$ 后的伴随式或称为校验子、校正子。由于 $\boldsymbol{y}=\boldsymbol{c}+\boldsymbol{e}$，故 $\boldsymbol{s}=(\boldsymbol{c}+\boldsymbol{e})\boldsymbol{H}^{\mathrm{T}}=\boldsymbol{c}\boldsymbol{H}^{\mathrm{T}}+\boldsymbol{e}\boldsymbol{H}^{\mathrm{T}}=\boldsymbol{e}\boldsymbol{H}^{\mathrm{T}}$，表明伴随式的取值只取决于错误图样，和发送的码字无关，因而若要推测错误图样，可以从伴随式入手。

给定 $\boldsymbol{s}$ 时，可能的错误图样一定是方程

$$\boldsymbol{e}\boldsymbol{H}^{\mathrm{T}}=\boldsymbol{s} \tag{9.2.22}$$

的解，然而方程(9.2.22)的解不是唯一的。假设 $\boldsymbol{e}_0$ 是一个解，对于任意 $\boldsymbol{c}\in\boldsymbol{C}$，$\boldsymbol{e}_0+\boldsymbol{c}$ 都是解。式(9.2.22)的解共有 2^k 个，记其为 $\boldsymbol{e}_0,\boldsymbol{e}_1,\cdots,\boldsymbol{e}_{2^k-1}$，则译码器收到 $\boldsymbol{y}$ 后可能的译码结果也将有 2^k 个，它们是 $\hat{\boldsymbol{c}}_1=\boldsymbol{y}+\boldsymbol{e}_1,\hat{\boldsymbol{c}}_2=\boldsymbol{y}+\boldsymbol{e}_2,\cdots,\hat{\boldsymbol{c}}_{2^k-1}=\boldsymbol{y}+\boldsymbol{e}_{2^k-1}$。这些译码结果和 $\boldsymbol{y}$ 之间的汉明距离分别为 $d_{\mathrm{H}}(\boldsymbol{y},\hat{\boldsymbol{c}}_1)=W(\boldsymbol{y}+\hat{\boldsymbol{c}}_1)=W(\boldsymbol{e}_1)$，$d_{\mathrm{H}}(\boldsymbol{y},\hat{\boldsymbol{c}}_2)=W(\boldsymbol{e}_2)$，$\cdots$，$d_{\mathrm{H}}(\boldsymbol{y},\hat{\boldsymbol{c}}_{2^k-1})=W(\boldsymbol{e}_{2^k-1})$。最佳译码应该选择 $\boldsymbol{C}$ 中距离 $\boldsymbol{y}$ 最近的一个，因此译码器应该在 2^k 个所有可能的错误图样中选择码重最小，即错误个数最少的那个错误图样来纠正错误，这个错误图样叫做可纠正错误图样。

由此可以归纳出线性分组码的译码方法：首先通过事先的工作对每一种可能的伴随式确定出它所对应的可纠正错误图样。当接收端收到一个 n 比特组 $\boldsymbol{y}$ 后，用 $\boldsymbol{y}$ 和已知的 $\boldsymbol{H}$ 计算出伴随式，用伴随式获得可纠正错误图样，然后纠正错误。

例 9.2.4 某(7,3)线性分组码的监督矩阵为

$$\boldsymbol{H}=\begin{pmatrix}1&0&1&1&0&0&0\\1&1&1&0&1&0&0\\1&1&0&0&0&1&0\\0&1&1&0&0&0&1\end{pmatrix}$$

若译码器接收到的码组是 $\boldsymbol{y}=(1001001)$，则伴随式为 $\boldsymbol{s}=\boldsymbol{y}\boldsymbol{H}^{\mathrm{T}}=(0111)$。方程 $(0111)=\boldsymbol{e}\boldsymbol{H}^{\mathrm{T}}$ 的所有可能解是：(1001001)、(1010100)、(1101110)、(1110011)、(0000111)、(0011010)、(0100000)、(0111101)。其中码重最小，也即可能性最大的错误图样是 $\hat{\boldsymbol{e}}=(0100000)$。这个错误图样就是伴随式 $\boldsymbol{s}=(0111)$ 的可纠正错误图样。用这个错误图样进行译码，得到译码结果是 $\hat{\boldsymbol{c}}=\boldsymbol{y}+\hat{\boldsymbol{e}}=(1101001)$。

例 9.2.5 线性分组码的译码电路。

图 9.2.4 是(7,4)汉明码的译码电路。此(7,4)码的监督矩阵是式(9.2.23)中的 $\boldsymbol{H}$。收到的 7 比特组 $\boldsymbol{y}=(y_6,y_5,\cdots,y_0)$ 后，计算出伴随式为

$$\begin{aligned}\boldsymbol{s}=\boldsymbol{y}\boldsymbol{H}^{\mathrm{T}}&=(y_6,y_5,\cdots,y_0)\begin{pmatrix}1&1&0&1&1&0&0\\1&1&1&0&0&1&0\\0&1&1&1&0&0&1\end{pmatrix}^{\mathrm{T}}\\&=\begin{pmatrix}y_6+y_5+y_3+y_2\\y_6+y_5+y_4+y_1\\y_5+y_4+y_3+y_0\end{pmatrix}=\begin{pmatrix}s_2\\s_1\\s_0\end{pmatrix}\end{aligned} \tag{9.2.23}$$

伴随式共有 8 种不同的结果，每种结果所对应的可纠正错误图样示于表 9.2.1 中。

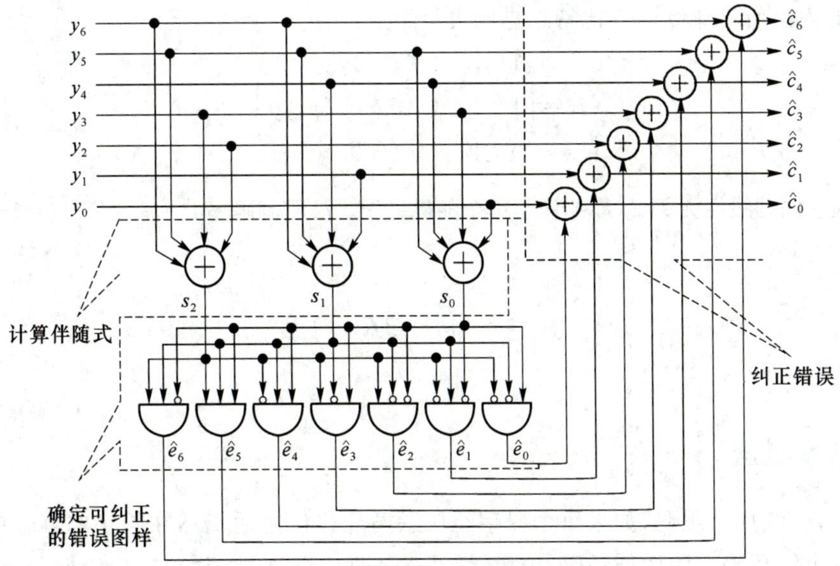

图 9.2.4 (7,4)线性分组码译码电路

图 9.2.4 中部的 3 个加法器实现式(9.2.22)中的矩阵运算,下方的 7 个逻辑门实现表 9.2.1 的查表运算,右上方的 7 个加法器实现纠正错误的运算 $\hat{\boldsymbol{c}}=\boldsymbol{y}+\hat{\boldsymbol{e}}$。

图 9.2.4 中的编码是系统码。从该图看出系统码的方便之处是译得 $\hat{\boldsymbol{c}}$ 后可以直接输出信息比特。如果是非系统码,译得 $\hat{\boldsymbol{c}}$ 后还需要一些电路把 $\hat{\boldsymbol{c}}$ 翻译成信息比特。由于非系统码总存在一个等价的系统码,所以线性分组码在实用中一般都采用系统码的形式。

表 9.2.1 (7,4)码的伴随式和可纠正错误图样

伴随式($s_2s_1s_0$)	可纠正的错误图样
(000)	(0000000)
(001)	(0000001)
(010)	(0000010)
(100)	(0000100)
(101)	(0001000)
(011)	(0010000)
(111)	(0100000)
(110)	(1000000)

9.2.5 汉明码

最后,介绍一下汉明(Hamming)码,它是汉明于 1949 年提出的一个能纠正单个随机错误的线性分组码,其主要参数如下:

码长:$n=2^m-1$

信息位:$k=2^m-1-m$

监督位:$n-k=m$,且 $m\geqslant 3$

最小距离:$d_{\min}=d_0=3$

由伴随式定义:$\boldsymbol{s}=\boldsymbol{e}\boldsymbol{H}^{\mathrm{T}}$,如果错误图样不相同,则 $\boldsymbol{s}$ 也不同,即 $\boldsymbol{s}$ 必须与能纠正的错误图样一一对应。汉明码能纠正每一种单个错误,而由表 9.2.1 可知,n 个单个错误的伴随式就是 $\boldsymbol{H}$ 矩阵的每一列,因此要求 $\boldsymbol{H}$ 矩阵每列均不相同且不为 0,而一个有 m 行的 $\boldsymbol{H}$ 矩阵,互不相同且不为 0 的列最多为 2^m-1,这就是汉明码的码长。即汉明码的 $\boldsymbol{H}$ 矩阵可以用任意次序的 2^m-1 列非 0 的 m 比特二进制矢量组成。比如 $m=3$,可得到一个 $n=2^3-1=7$ 的(7,4)汉明码,其

$\boldsymbol{H}$ 矩阵中的列由所有非 0 的 3 比特二进制矢量组成：

$$\boldsymbol{H}=\begin{pmatrix}1&0&1&1&1&0&0\\1&1&1&0&0&1&0\\0&1&1&1&0&0&1\end{pmatrix}$$

由于任意两列线性无关，故能纠任意单个随机错误。汉明码码率 $R=\frac{k}{n}=\frac{n-m}{n}=1-\frac{m}{n}$。

9.3 循 环 码

9.3.1 基本概念

一个(n,k)线性分组码，如果每个码字经任意循环移位之后仍然在码字的集合中，那么就称此码是一个循环码。因而循环码具有线性及循环性。前面举例的(7,4)线性分组码是汉明码也是循环码，这是由于它的 $2^4=16$ 个码字在循环移位之下是封闭的，而且对任意$(2^m-1,2^m-m-1)$汉明码都成立，都是循环码。

定义 9.3.1 设 $\boldsymbol{C}$ 是某(n,k)线性分组码的码字集合，如果对任何 $\boldsymbol{c}=(c_{n-1},c_{n-2},\cdots,c_0)\in\boldsymbol{C}$，它的循环移位 $\boldsymbol{c}^{(1)}=(c_{n-2},c_{n-3},\cdots,c_0,c_{n-1})$也属于 $\boldsymbol{C}$，则称该(n,k)码为循环码。

这种循环性可以推广到任意 i 次循环移位。记 $\boldsymbol{c}^i$，$0\leqslant i\leqslant n-1$ 为某个循环码码字$\boldsymbol{c}$ 的i 次循环移位，即 $\boldsymbol{c}^{(i)}=(c_{n-i-1},c_{n-i-2},\cdots,c_1,c_0,c_{n-1},c_{n-2},\cdots,c_{n-i})$，利用 $\boldsymbol{c}^{(i)}=(\boldsymbol{c}^{(i-1)})^{(1)}$可以证明 $\boldsymbol{c}^i$也是这个循环码的一个码字 。

举例说明如下：

例 9.3.1 表 9.3.1 给出(7,3)循环码，表 9.3.2 给出(7,4)循环码。图 9.3.1 示出了(7,3)及(7,4)循环码的码字循环关系。

表 9.3.1 (7,3)循环码〔生成多项式 $g(x)=x^4+x^2+x+1$〕

码字编号	信息分组	编码码字
c_1	0 0 0	0 0 0 0 0 0 0
c_2	0 0 1	0 0 1 0 1 1 1
c_3	0 1 0	0 1 0 1 1 1 0
c_4	0 1 1	0 1 1 1 0 0 1
c_5	1 0 0	1 0 0 1 0 1 1
c_6	1 0 1	1 0 1 1 1 0 0
c_7	1 1 0	1 1 0 0 1 0 1
c_8	1 1 1	1 1 1 0 0 1 0

表 9.3.2 (7,4)循环码〔生成多项式 $g(x)=x^3+x+1$〕

码字编号	信息分组	编码码字
c_1	0 0 0 0	0 0 0 0 0 0 0
c_2	0 0 0 1	0 0 0 1 0 1 1
c_3	0 0 1 0	0 0 1 0 1 1 0
c_4	0 0 1 1	0 0 1 1 1 0 1
c_5	0 1 0 0	0 1 0 0 1 1 1
c_6	0 1 0 1	0 1 0 1 1 0 0
c_7	0 1 1 0	0 1 1 0 0 0 1
c_8	0 1 1 1	0 1 1 1 0 1 0
c_9	1 0 0 0	1 0 0 0 1 0 1
c_{10}	1 0 0 1	1 0 0 1 1 1 0
c_{11}	1 0 1 0	1 0 1 0 0 1 1
c_{12}	1 0 1 1	1 0 1 1 0 0 0
c_{13}	1 1 0 0	1 1 0 0 0 1 0
c_{14}	1 1 0 1	1 1 0 1 0 0 1
c_{15}	1 1 1 0	1 1 1 0 1 0 0
c_{16}	1 1 1 1	1 1 1 1 1 1 1

从图 9.3.1 可直观看到(7,3)循环码和(7,4)循环码的码字循环关系。图 9.3.1(a)中有两个循环圈，c_1 自己在一个循环圈内，其余 7 个码字处在另一个循环圈内，图(b)共有 4 个循环圈。从图中看出，如果码字 c'可通过对码字 c 进行若干次循环移位得到，则 c 和 c'处在同一循环圈内。

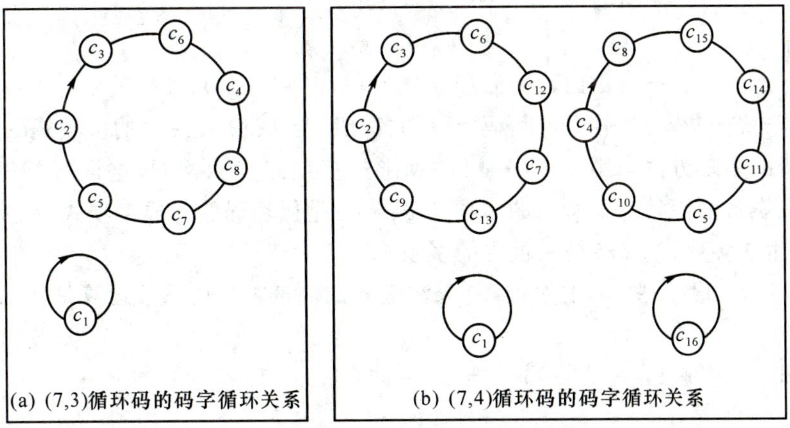

图 9.3.1 (7,3)循环码及(7,4)循环码的码字循环关系

例 9.3.2 码组{000,110,101,011}是循环码，因为满足线性和任意码字的循环移位仍是码字的条件。

码组{000,010,101,111}不是循环码，因为它虽是线性码，但码字(101)的循环移位不在码字的集合中。

9.3.2 多项式描述

循环码的描述方式有很多种,其中最为主要的是多项式描述法。

1. 码的多项式描述及其加法与乘法运算

对于任意一长为 n 的码字

$$\boldsymbol{c}=(c_{n-1},c_{n-2},\cdots,c_1,c_0)\in\boldsymbol{C} \tag{9.3.1}$$

可用一多项式来表示,称其为码多项式,

$$c(x)=c_{n-1}x^{n-1}+c_{n-2}x^{n-2}+\cdots+c_1x+c_0 \tag{9.3.2}$$

其中码字的各分量 $c_{n-1},c_{n-2},\cdots,c_1,c_0$ 是多项式的系数,需指出:此多项式是系数在GF(2)上的多项式,一切系数的运算均是在 GF(2)上的运算。

称系数不为零的 x 的最高次数为多项式 $c(x)$的次数,或称为多项式的阶数,记为 $\deg c(x)$。

下面,简述多项式的加法与乘法运算。

举例说明如下:

例 9.3.3 设两多项式 $u(x)$及 $g(x)$如下:

$$u(x)=u_2x^2+u_1x+u_0 \qquad u_i\in \mathrm{GF}(2)$$
$$g(x)=g_1x+g_0 \qquad g_i\in \mathrm{GF}(2)$$

两多项式相加,即

$$u(x)+g(x)=(u_2+0)x^2+(u_1+g_1)x+(u_0+g_0)$$

两多项式相乘,即

$$u(x)\cdot g(x)=u_2g_1x^3+(u_2g_0+u_1g_1)x^2+(u_1g_0+u_0g_1)x+u_0g_0 \tag{9.3.3}$$

将上面的两多项式相乘与下面的由矩阵方法定义的码字进行比较。

$$\boldsymbol{c}=(u_2,u_1,u_0)\begin{pmatrix} g_1 & g_0 & 0 & 0 \\ 0 & g_1 & g_0 & 0 \\ 0 & 0 & g_1 & g_0 \end{pmatrix}$$
$$=[u_2g_1,(u_2g_0+u_1g_1),(u_1g_0+u_0g_1),u_0g_0] \tag{9.3.4}$$

将式(9.3.3)与式(9.3.4)比较,看出:码字 $\boldsymbol{c}$ 的各分量与 $u(x)\cdot g(x)$的多项式的系数相同,说明生成码矢量的矩阵方法与用 $u(x)\cdot g(x)$相乘的多项式表示相同,这样就可将码字的矩阵描述用多项式表示来代替。本例中的多项式 $g(x)$正是循环码的生成多项式,在将要介绍的循环码理论中,生成多项式 $g(x)$是一重要的多项式。

例 9.3.4 下面是一些多项式加法与乘法运算的例子〔注意:系数运算是在 GF(2)上的运算〕。

$$(x^6+x^2+1)+(x^3+x^2)=x^6+x^3+(1+1)x^2+1=x^6+x^3+1$$
$$(x+1)^2=x^2+1$$
$$(x+1)(x^3+x+1)(x^3+x^2+1)=x^7+1$$
$$(x+1)(x^{n-1}+x^{n-2}+\cdots+x+1)=x^n+1$$

2. 多项式的模运算

多项式的模运算与整数的模运算类似。

(1) 整数的模运算

在整数运算中有模 N 运算,例如模二运算:

$$1+1=2\equiv 0, \qquad (\text{模二})$$

$$3+2=5\equiv 1, \qquad \text{（模二）}$$
$$5\times 4=20\equiv 0, \qquad \text{（模二）}$$

若一正整数 M 除以正整数 N，所得到的商为 Q，余数为 R，可表示为

$$\frac{M}{N}=Q+\frac{R}{N} \qquad 0\leqslant R<N \tag{9.3.5}$$

其中 Q 为整数，则在模 N 运算下，有

$$M\equiv R \qquad (\text{模 } N\text{，记为 mod } N)$$

例 9.3.5　将 14 除以 12，求余数(mod 12)。

解

$$\frac{14}{12}=1+\frac{2}{12} \qquad 0<2<12$$
$$14\equiv 2 \qquad (\text{mod } 12)$$

(2) 多项式的模运算

在多项式运算中，它的模运算与整数的相同，只是其中的 M、N 都是多项式而已，可利用长除法计算商式及余式。

若给定任意两个系数在 GF(2)上的多项式 $a(x)$及 $p(x)$，一定存在有唯一的多项式$Q(x)$及 $r(x)$，使

$$a(x)=Q(x)p(x)+r(x) \qquad 0\leqslant \deg r(x)<\deg p(x) \ \text{ 或 } \ r(x)=0 \tag{9.3.6}$$

称 $Q(x)$是 $a(x)$除以 $p(x)$的商式，$r(x)$是 $a(x)$除以 $p(x)$的余式，在模 $p(x)$运算下，有

$$a(x)\equiv r(x) \qquad [\text{mod } p(x)] \tag{9.3.7}$$

记 $a(x)$除以 $p(x)$的余式为$[a(x)]_{\text{mod } p(x)}$。

例 9.3.6　x^6 被 x^3+x+1 除，求余式。

解　用长除法

$$\begin{array}{r|l}
 & x^3+x+1 \quad \text{（商 式）} \\ \hline
x^3+x+1 & x^6 \\
 & x^6+x^4+x^3 \\ \hline
 & x^4+x^3 \\
 & x^4 \quad +x^2+x \\ \hline
 & x^3+x^2+x \\
 & x^3 \quad +x+1 \\ \hline
 & x^2 \quad +1 \quad \text{（余 式）}
\end{array}$$

$$\frac{x^6}{x^3+x+1}=(x^3+x+1)+\frac{x^2+1}{x^3+x+1}$$
$$x^6\equiv x^2+1 \qquad (\text{mod } x^3+x+1)$$

需注意，在模二运算中，用加法代替减法。

对于任意的多项式 $a(x)$、$b(x)$及 $p(x)$，利用式(9.3.6)很容易证明

$$\{b(x)[a(x)]_{\text{mod } p(x)}\}_{\text{mod } p(x)}=[b(x)\cdot a(x)]_{\text{mod } p(x)} \tag{9.3.8}$$

3. 循环码多项式的模运算

利用多项式的模运算来表示循环码的循环特性，说明如下：

对于(n,k)循环码，若 $c(x)$对应码字 $\boldsymbol{c}=(c_{n-1},c_{n-2},\cdots,c_0)$，$c^{(1)}(x)$对应 $\boldsymbol{c}$ 的一次循环移位 $\boldsymbol{c}^{(1)}=(c_{n-2},\cdots,c_1,c_0,c_{n-1})$，$c^{(i)}(x)$对应 $\boldsymbol{c}$ 的 i 次循环移位 $\boldsymbol{c}^{(i)}$，则有

$$c^{(1)}(x)=[xc(x)]_{\text{mod }(x^n+1)} \tag{9.3.9}$$

$$c^{(i)}(x)=[x^i c(x)]_{\bmod (x^n+1)} \tag{9.3.10}$$

证 由于

$$c(x)=c_{n-1}x^{n-1}+c_{n-2}x^{n-2}+\cdots+c_1x+c_0$$

$$\begin{aligned} xc(x) &= c_{n-1}x^n+c_{n-2}x^{n-1}+\cdots+c_1x^2+c_0x \\ &= c_{n-1}x^n+c_{n-2}x^{n-1}+\cdots+c_1x^2+c_0x+c_{n-1}+c_{n-1} \\ &= c_{n-1}(x^n+1)+c^{(1)}(x) \end{aligned}$$

故 $[xc(x)]_{\bmod (x^n+1)}=[c_{n-1}(x^n+1)+c^{(1)}(x)]_{\bmod (x^n+1)}=c^{(1)}(x)$。利用式(9.3.8)以及 $c^{(i)}(x)=[xc^{(i-1)}(x)]_{\bmod (x^n+1)}$ 可以证明式(9.3.10)。

式(9.3.10)揭示了(n,k)线性码中码字多项式与码字循环移位之间的关系,其含义是 $c^{(i)}(x)$ 等于 $x^i c(x)$ 被 (x^n+1) 除后的余式。式中的 $c^{(i)}(x)$ 表示 $c(x)$ 左循环移 i 位,它对循环码的研究起着重要的作用。

由上述分析看出,在循环码理论中,x^n+1 多项式非常重要。

例 9.3.7 在表 9.3.2 中(7,4)循环码的第 12 个码字 c_{12} 的码多项式为

$$c(x)=x^6+x^4+x^3$$

请写出 c_{12} 左循环移位 3 次的码字。

解 $i=3$, $x^3c(x)=x^9+x^7+x^6$

用长除法求余式,即

$$\begin{array}{r l} & x^2+1 \qquad \text{(商式)} \\ x^7+1 \,\big) & x^9+x^7+x^6 \\ & \underline{x^9 \qquad\quad +x^2} \\ & \quad x^7+x^6+x^2 \\ & \quad \underline{x^7 \qquad\quad +1} \\ & \qquad x^6+x^2+1 \quad \text{(余式)} \end{array}$$

$$[x^3c(x)]_{\bmod (x^7+1)}=x^6+x^2+1$$

对应码字为:1000101,它是表 9.3.2 中的第 9 个码字 c_9。

9.3.3 生成多项式与生成矩阵

下面,研究循环码的生成矩阵表达式,仍以(7,3)循环码为例,由公式(9.2.7)有

$$\boldsymbol{G}'=\begin{pmatrix} 1 & 0 & 0 & 1 & 1 & 1 & 0 \\ 0 & 1 & 0 & 0 & 1 & 1 & 1 \\ 0 & 0 & 1 & 1 & 1 & 0 & 1 \end{pmatrix}$$

经初等变换后,可得到与 $\boldsymbol{G}'$ 等价的生成矩阵 $\boldsymbol{G}$

$$\begin{aligned} \boldsymbol{G} &= \begin{pmatrix} 1 & 1 & 1 & 0 & 1 & 0 & 0 \\ 0 & 1 & 1 & 1 & 0 & 1 & 0 \\ 0 & 0 & 1 & 1 & 1 & 0 & 1 \end{pmatrix} = \begin{pmatrix} x^6+x^5+x^4+x^2 \\ x^5+x^4+x^3+x \\ x^4+x^3+x^2+1 \end{pmatrix} \\ &= \begin{pmatrix} x^2(x^4+x^3+x^2+1) \\ x(x^4+x^3+x^2+1) \\ x^4+x^3+x^2+1 \end{pmatrix} = \begin{pmatrix} x^2\cdot g(x) \\ x\cdot g(x) \\ 1\cdot g(x) \end{pmatrix} \end{aligned} \tag{9.3.11}$$

可见,在循环码中,生成矩阵结构更加简化,即生成矩阵 $\boldsymbol{G}$ 是由码的生成多项式 $g(x)$ 及其循环移位构成。换句话说求生成矩阵 $\boldsymbol{G}$ 可进一步简化为求码的生成多项式即可。

推广至一般,对 k 个信息码元分组进行编码可表示为

$$c(x)=\boldsymbol{uG}=(u_{k-1}u_{k-2}\cdots u_0)\begin{pmatrix}x^{k-1}\cdot g(x)\\x^{k-2}\cdot g(x)\\\vdots\\1\cdot g(x)\end{pmatrix}$$

$$=u_{k-1}x^{k-1}g(x)+u_{k-2}x^{k-2}g(x)+\cdots+u_0g(x) \tag{9.3.12}$$

可见,根据$(u_{k-1}u_{k-2}\cdots u_1u_0)$的不同取值,由上式可求得$(n,k)$线性分组循环码的所有 2^k 个码字。

1. 循环码的生成多项式

下面,对循环码的生成多项式进行深入讨论。

定义 9.3.2 记 $C(x)$为(n,k)循环码的所有码字对应的多项式的集合,若 $g(x)$是 $C(x)$中除 0 多项式以外次数最低的多项式,则称 $g(x)$为这个循环码的生成多项式。

例 9.3.8 有一(7,4)循环码

0	0	0	0	0	0	0
0	0	0	1	1	0	1
0	0	1	0	1	1	1
0	0	1	1	0	1	0
0	1	0	0	0	1	1
0	1	0	1	1	1	0
0	1	1	0	1	0	0
0	1	1	1	0	0	1
1	0	0	0	1	1	0
1	0	0	1	0	1	1
1	0	1	0	0	0	1
1	0	1	1	1	0	0
1	1	0	0	1	0	1
1	1	0	1	0	0	0
1	1	1	0	0	1	0
1	1	1	1	1	1	1

请写出该循环码的生成多项式。

解 此循环码的生成多项式为

$$g(x)=x^3+x^2+1$$

它所对应的码字是(0001101)。

下面讨论循环码生成多项式的特性。

(n,k)循环码的生成多项式为

$$g(x)=x^r+g_{r-1}x^{r-1}+\cdots+g_1x+1$$

其中 r 是 $g(x)$的次数。

$g(x)$具有以下特性:

(1) $g(x)$的 0 次项是 1;

(2) $g(x)$是唯一的,即 $C(x)$中除 0 多项式以外次数最低的多项式只有一个;

(3) 循环码的每一码多项式 $C(x)$都是 $g(x)$的倍式,且每一个小于等于$(n-1)$次的$g(x)$

倍式一定是码多项式；

(4) $g(x)$的次数是$(n-k)$；

(5) $g(x)$是(x^n+1)的一个因子。

证 (1) $g_0=1$ 的证明。

若 $g_0=0$，将 $g(x)$循环右移一次(即循环左移 $n-1$ 位)，即

$$g(x)=x(x^{r-1}+g_{r-1}x^{r-2}+\cdots+g_1)=xg'(x)$$

$g(x)$可看成另一个次数更低的码多项式 $g'(x)$的循环移位，这与 $g(x)$是最低次码多项式的假设是矛盾的。

(2) $g(x)$是唯一的证明。

假设 $C(x)$中另有一非零多项式 $g'(x)$，它和 $g(x)$不相同，但次数也是 r，记

$$g(x)=x^r+g_{r-1}x^{r-1}+\cdots+g_1x+1$$
$$g'(x)=x^r+g'_{r-1}x^{r-1}+\cdots+g'_1x+1$$

则这两多项式之和 $v(x)=g(x)+g'(x)$是属于 $C(x)$的非零多项式，其次数至多是$r-1$，与 $g(x)$的定义矛盾，因此 $g(x)$是唯一的。

(3) 码多项式是 $g(x)$的倍式证明。

$g(x)$是(n,k)循环码中次数最低的码多项式，由于码的循环特性，$xg(x)$，$x^2g(x)$，…，$x^{n-1-r}g(x)$也必是码多项式。因循环码是线性码，所以 $g(x)$，$xg(x)$，…，$x^{n-1-r}g(x)$的线性组合

$$\begin{aligned}&u_{n-1-r}g(x)x^{n-1-r}+u_{n-2-r}g(x)x^{n-2-r}+\cdots+u_1g(x)x+u_0g(x)\\&=g(x)(u_{n-1-r}x^{n-1-r}+u_{n-2-r}x^{n-2-r}+\cdots+u_1x+u_0)\\&=g(x)u(x)\end{aligned}$$

$$u_i\in \mathrm{GF}(2),\quad i=0,1,2,\cdots,n-1-r$$

也必在循环码的集合中，是一码多项式，所以每一次数小于等于$(n-1)$次的 $g(x)$的倍式必是码多项式。

反之，若 $c(x)$是一码多项式，用 $g(x)$除 $c(x)$，得到

$$c(x)=Q(x)g(x)+r(x)\quad 0\leqslant \deg r(x)<\deg g(x)\text{或 }r(x)=0$$

$$r(x)=c(x)-Q(x)g(x)$$

由于是线性码，所以 $c(x)-Q(x)g(x)=r(x)$也必是码多项式，但 $\deg r(x)<\deg g(x)$，这与 $g(x)$是码多项式集合中的次数最低的假设相矛盾，故 $r(x)=0$，所以 $c(x)=Q(x)g(x)$。

(4) $r=n-k$ 的证明。

所有次数不超过 n，能被 $g(x)$整除的码多项式都可表示为 $u(x)g(x)$的形式。$u(x)$的次数至多是 $n-r-1$，这样的码多项式总共有 2^{n-r}个。而循环码作为(n,k)分组码有 2^k个码字，所以 $n-r=k$，$r=n-k$。

(5) $g(x)$是(x^n+1)的一个因子的证明。

由 $g(x)$是 $n-k$ 次多项式知 $x^kg(x)$是 n 次多项式。用 x^n+1 去除 $x^kg(x)$，其商为 1，记其余式为 $b(x)$，则 $x^kg(x)=1\cdot(x^n+1)+b(x)$，$b(x)=[x^kg(x)]_{\mathrm{mod}\,(x^n+1)}$。而$b(x)=[x^kg(x)]_{\mathrm{mod}\,(x^n+1)}$表示 $g(x)$的循环左移 k 次，$b(x)\in C(x)$，$b(x)=u(x)g(x)$，故 $x^n+1=g(x)[x^k+u(x)]=g(x)h(x)$，即 $g(x)$是(x^n+1)的一个因子。

可证明系数在 GF(2)上的(n,k)循环码的生成多项式 $g(x)$一定是 x^n+1 的因子：$x^n+1=$

$g(x)h(x)$。反之,若 $g(x)$ 为 r 次,且 $g(x)$ 是 x^n+1 的 r 次因子,则该 $g(x)$ 一定生成一个 $(n,n-r)$ 循环码〔即 (n,k) 循环码〕。

需指出,对于任意 n,x^n+1 至少可分解成

$$x^n+1=(x+1)(x^{n-1}+x^{n-2}+\cdots+x+1) \tag{9.3.13}$$

用 $(x+1)$ 构成的循环码是 $(n,n-1)$ 偶校验码,用 $x^{n-1}+x^{n-2}+\cdots+x+1$ 构成的循环码是 $(n,1)$ 重复码。

2. 系统循环码的构成及其生成矩阵

(1) 系统码的构成

若给定了循环码的生成多项式 $g(x)$,将它与输入的信息码多项式 $u(x)$ 相乘,即可得到循环码,但它是非系统的。为了得到系统形式的循环码,首先必须将输入的信息码多项式 $u(x)$ 乘以 x^{n-k},使得码组的最左 k 位是信息码元,随后是 $(n-k)$ 位监督码元,这时的码多项式为

$$\begin{aligned} c(x) &= u_{k-1}x^{n-1}+\cdots+u_0x^{n-k}+r_{n-k-1}x^{n-k-1}+\cdots+r_0 \\ &= (u_{k-1}x^{k-1}+\cdots+u_0)x^{n-k}+r(x) \\ &= u(x)\cdot x^{n-k}+r(x) \end{aligned} \tag{9.3.14}$$

这里 $r(x)=r_{n-k-1}x^{n-k-1}+\cdots+r_0$ 是监督码多项式。作为循环码,$c(x)$ 必须是 $g(x)$ 的倍式,即

$$\begin{aligned} O &= [c(x)]_{\bmod g(x)} = [u(x)x^{n-k}+r(x)]_{\bmod g(x)} \\ &= [u(x)x^{n-k}]_{\bmod g(x)}+r(x) \end{aligned}$$

所以

$$r(x)=[u(x)x^{n-k}]_{\bmod g(x)} \tag{9.3.15}$$

因而,为得到系统码,首先将信息组 $u(x)$ 乘以 x^{n-k},然后用 $g(x)$ 除 $u(x)x^{n-k}$,将所得余式的系数后缀在信息比特后面,就完成了系统码的编码。

例 9.3.9 有一(15,11)汉明循环码,其生成多项式 $g(x)=x^4+x+1$,若输入信息分组为

$$u=(1\ 0\ 0\ 1\ 0\ 0\ 1\ 0\ 0\ 1\ 0)$$

请求出(15,11)系统循环码组。

解

$$u(x)=x^{10}+x^7+x^4+x$$

$$u(x)x^{n-k}=u(x)\cdot x^4=x^{14}+x^{11}+x^8+x^5$$

$$r(x)=[u(x)x^4]_{\bmod g(x)}=x^2$$

(15,11)系统码多项式为

$$c(x)=x^{14}+x^{11}+x^8+x^5+x^2$$

相应的码组为

$$c=(\underbrace{10010010010}_{\text{信息位}}\ \underbrace{0100}_{\text{监督位}})$$

(2) 系统码的循环码生成矩阵

(n,k) 循环码的生成多项式 $g(x)=x^{n-k}+g_{n-k-1}x^{n-k-1}+\cdots+g_1x+1$,由于 $x^ig(x)$,$i=0,1,\cdots,k-1$,对应 k 个码字,且它们线性不相关,可构成生成矩阵,即

$$\boldsymbol{G}=\begin{pmatrix} g_{n-k} & g_{n-k-1} & \cdots & g_1 & g_0 & 0 & \cdots & 0 \\ 0 & g_{n-k} & \cdots & g_2 & g_1 & g_0 & \cdots & 0 \\ \vdots & \vdots & & \vdots & \vdots & \vdots & & \vdots \\ 0 & 0 & \cdots & g_{n-k} & g_{n-k-1} & g_{n-k-2} & \cdots & g_0 \end{pmatrix} \tag{9.3.16}$$

也可以把式(9.3.16)写成多项式形式：

$$\boldsymbol{G}(x)=\begin{bmatrix} x^{k-1}g(x) \\ x^{k-2}g(x) \\ \vdots \\ xg(x) \\ g(x) \end{bmatrix} \tag{9.3.17}$$

对于系统码的循环码，其生成矩阵必然具有下面的形式：

$$\boldsymbol{G}=\begin{bmatrix} 1 & 0 & \cdots & 0 & r_{1,1} & r_{1,2} & \cdots & r_{1,n-k} \\ 0 & 1 & \cdots & 0 & r_{2,1} & r_{2,1} & \cdots & r_{2,n-k} \\ \vdots & \vdots & & \vdots & \vdots & \vdots & & \vdots \\ 0 & 0 & \cdots & 1 & r_{k,1} & r_{k,2} & \cdots & r_{k,n-k} \end{bmatrix} \tag{9.3.18}$$

其第 $i(i=1,2,\cdots,k)$ 行对应的多项式是 $g_i(x)=x^{n-i}+r_i(x)$，其中 $r_i(x)=r_{i,1}x^{n-k-1}+r_{i,2}x^{n-k-2}+\cdots+r_{i,n-k-1}x+r_{i,n-k}$ 是次数小于 $n-k$ 的多项式。作为循环码，$g_i(x)$ 必然能被生成多项式 $g(x)$ 整除。因此 $[x^{n-i}+r_i(x)]_{\text{mod}\ g(x)}=0$，$r_i(x)=(x^{n-i})_{\text{mod}\ g(x)}$。这样，写成多项式形式的系统码的生成矩阵为

$$\boldsymbol{G}(x)=\begin{bmatrix} x^{n-1}+(x^{n-1})_{\text{mod}\ g(x)} \\ x^{n-2}+(x^{n-2})_{\text{mod}\ g(x)} \\ \vdots \\ x^{n-i}+(x^{n-i})_{\text{mod}\ g(x)} \\ \vdots \\ g(x) \end{bmatrix} \tag{9.3.19}$$

注意其中最后一行是 $x^{n-k}+(x^{n-k})_{\text{mod}\ g(x)}=g(x)$。实际上，式(9.3.19)的每一行都是对单1的信息比特组作系统码编码的结果。

例 9.3.10 某(7,4)循环码的生成多项式是 $g(x)=x^3+x+1$，求系统码的生成矩阵。

解 已知信息分组(1000)、(0100)、(0010)、(0001)，编码结果分别是(1000101)、(0100111)、(0010110)、(0001011)。此(7,4)系统码的生成矩阵是

$$\boldsymbol{G}=\begin{bmatrix} 1 & 0 & 0 & 0 & 1 & 0 & 1 \\ 0 & 1 & 0 & 0 & 1 & 1 & 1 \\ 0 & 0 & 1 & 0 & 1 & 1 & 0 \\ 0 & 0 & 0 & 1 & 0 & 1 & 1 \end{bmatrix}$$

9.3.4 编码电路

循环码编码器有两种：一是 $g(x)$ 的乘法电路，一是 $g(x)$ 的除法电路。前者所编出的码是非系统码，后者是系统码，这里仅介绍后者。

(7,4)循环汉明码系统码编码电路如图 9.3.2 所示。这种电路的工作过程如下：

① 3 级移存器的初始状态全清为 0，门 1 开、门 2 关，然后进行移位，送入信息组 $u(x)$ 的系数，高次位系数首先进入电路，它一方面经或门输出，一方面自动乘以 $x^{n-k}=x^3$ 次后进入 $g(x)$ 除法电路，从而完成了 $x^{n-k}u(x)=x^3u(x)$ 的作用〔$g(x)=x^3+x+1$〕。

② 4 次移位后 $u(x)$ 全部送入电路，完成了除法作用，此时在移存器内保留了余式 $r(x)$ 的系数，在二进制情况下就是校验元。

③ 此时门 1 关、门 2 开，再经过 3 次移位后，把移存器的校验元全部输出，与原先的 4 位信息元组成了一个长为 7 的码字 $c(x)$。

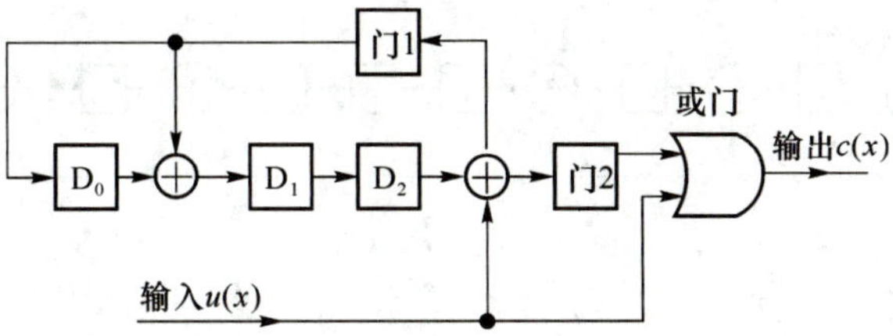

图 9.3.2　(7,4)循环系统汉明码编码电路[20]

④ 门 1 开、门 2 关，送入第二组信息组重复上述过程。

表 9.3.3 列出了图 9.3.2 的编码工作过程。输入的信息组为 1001，7 次移位后输出端得到已编好的码组 1001110。

表 9.3.3　图 9.3.2 电路的编码过程[20]

节　拍	信息组输　入	移存器内容			输出码字
		$D_0(x^0)$	$D_1(x^1)$	$D_2(x^2)$	
0		0	0	0	
1	1	1	1	0	1
2	0	0	1	1	0
3	0	1	1	1	0
4	1	0	1	1	1
5		0	0	1	1　校
6		0	0	0	1　验
7		0	0	0	0　元

9.3.5　循环冗余校验

循环冗余校验(CRC，Cyclic Redundancy Check)，它是应用非常广泛的一种检错编码。由于循环码的码字多项式 $c(x)$能够被生成多项式 $g(x)$整除，如果接收到的 $y(x)$不能被$g(x)$整除，则可以料定 $y(x)$中存在错误的比特。作为检错码，实际上只需要发送的码字多项式 $c(x)$是 $g(x)$倍数这个性质，不一定要求 $c(x)$具有循环封闭性。这意味着可以不需要 $g(x)$是 x^n+1 的因子这一性质。对于某个次数为 r 的生成多项式 $g(x)$，以及任意的分组长度 k，总可以构造出一个$(k+r,k)$线性分组码，其输出码字多项式都是 $g(x)$的倍数，这样的码不一定都是循环码，因为对任意的 k，$g(x)$不一定都是 $x^{k+r}+1$ 的因子。

CRC 的编码一般采用系统码的形式，其编码电路和循环码完全一样。图 9.3.3 是 CRC 编码器的一个例子。此例中的生成多项式是 $x^8+x^7+x^4+x^3+x+1$。编码器为 32 个信息比特后缀了 8 个校验比特，因此这是一个(40,32)线性分组码。不过这个(40,32)码不是循环码，因为 $x^{40}+1=(x^5+1)^8$，它不包含 $x^8+x^7+x^4+x^3+x+1$ 这样一个因子。图 9.3.4 是对应的译码器,它在第 41 个比特周期指示刚接收到的 40 比特帧中是否发生了错误。

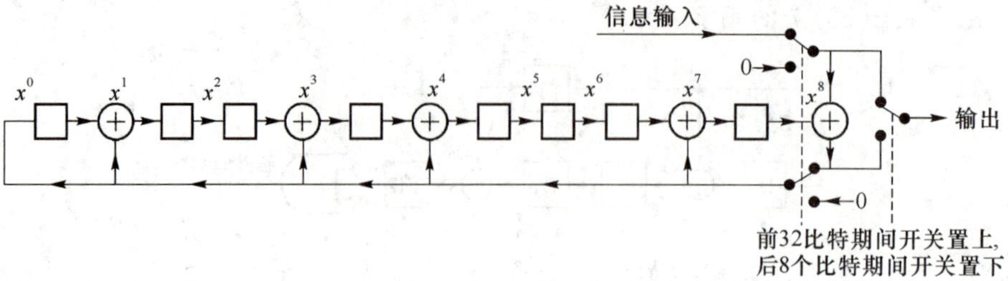

图 9.3.3 生成多项式为 $x^8+x^7+x^4+x^3+x+1$ 的 CRC 编码器

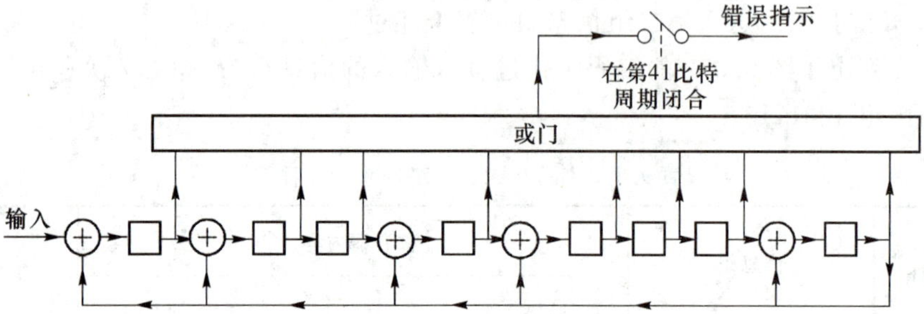

图 9.3.4 生成多项式为 $x^8+x^7+x^4+x^3+x+1$ 的 CRC 译码器

表 9.3.4 列出了一些常见的 CRC 的生成多项式。CRC 生成多项式的次数 r 就是校验位的个数,信息分组的比特数 k 并无特别限制。CRC 的编码效率是$\frac{k}{k+r}$,一般也用$\frac{r}{k+r}$来描述 CRC 的效率,称作 CRC 的开销。通常,较长的信息分组使用较长 CRC 生成多项式。

表 9.3.4 一些常见的 CRC 的生成多项式

类 型	生成多项式	校验位个数
CRC-64	$x^{64}+x^4+x^3+x+1$	64
CRC-32	$x^{32}+x^{26}+x^{23}+x^{22}+x^{16}+x^{12}+x^{11}+x^{10}+x^8+x^7+x^5+x^4+x^2+x+1$	32
CRC-24	$x^{24}+x^{23}+x^{14}+x^{12}+x^8+1$	24
CRC-16	$x^{16}+x^{15}+x^2+1$ $x^{16}+x^{15}+x^{14}+x^{11}+x^6+x^5+x^2+x+1$ $x^{16}+x^{14}+x+1$ $x^{16}+x^{12}+x^5+1$	16
CRC-12	$x^{12}+x^{11}+x^{10}+x^9+x^8+x^4+x+1$ $x^{12}+x^{11}+x^3+x^2+x+1$	12
CRC-10	$x^{10}+x^9+x^8+x^7+x^6+x^4+x^3+1$	10
CRC-8	$x^8+x^7+x^6+x^4+x^2+1$ $x^8+x^7+x^4+x^3+x+1$	8
CRC-6	$x^6+x^5+x^2+x+1$	6
CRC-4	$x^4+x^3+x^2+x+1$	4

CRC 的编码结果有 2^k 种,它们都是 $g(x)$的倍数。信道中可能发生的非全 0 错误图样共

有 $2^n-1=2^{k+r}-1$ 种。当错误图样能被 $g(x)$ 整除，即错误图样自身是一个码字时，这样的错误将骗过接收端，使译码器报告无错，称此情形为发生漏检。不同的错误图样的个数有 $2^n=2^{k+r}$ 个，其中能被 $g(x)$ 整除的错误图样个数是 2^k 个，除去一个全0错误图样表示无错外，其余的错误图样都能导致漏检，这些错误图样的个数是 2^k-1 个，占总错误图样的比例为 $\frac{2^k-1}{2^{k+r}}\approx 2^{-r}$。例如，CRC-16不能检出的错误图样只占总可能错误图样的 $\frac{1}{2^{16}}$。在许多应用中，出错本身是小概率事件，出错时错误图样恰好是 $g(x)$ 的倍数的概率更小。因而一般来说CRC是一个强有力的检错码。CRC位数越长，则检错能力也越强，不过编码效率也越低。

9.4 BCH码与RS码

1. BCH码

BCH码是一类最重要的循环码，能纠正多个随机错误，它是1959年由Hocquenghem、Bose和Chaudhuri各自独立发现的二元线性循环码，人们用他们三人名字的字头BCH命名为BCH码。由于它具有纠错能力强，构造方便，编码简单，译码也较易实现等一系列优点而被广泛采用。

进一步从理论上分析BCH码需要一定的近世代数知识，本书主要从工程应用观点，即只需要会查表使用BCH码即可。所以重点介绍查表法，而不深究其理论。

若循环码的生成多项式具有如下形式：

$$g(x)=\text{LCM}[m_1(x),m_3(x),\cdots,m_{2t-1}(x)] \tag{9.4.1}$$

这里 t 为纠错个数，$m_i(x)$ 为素多项式，LCM表示取最小公倍数，则由此生成的循环码称为BCH码，其最小码距 $d\geqslant d_0=2t+1$（d_0 称为设计码距），在每个分组内它能纠正 t 个随机独立差错。BCH码的码长 $n=2^m-1$ 或是 $n=2^m-1$ 的因子，称码长 $n=2^m-1$ 的BCH码为本原BCH码，或称狭义BCH码，而将码长为 $n=2^m-1$ 因子的BCH码称为非本原BCH码。

这里，需补充说明有关本原多项式及既约多项式的概念。

(1) 既约多项式(或不可约多项式，或素多项式)

若一个 m 次多项式 $f(x)$，它不能被任何次数小于 m 但大于零的多项式除尽，则称它为不可约多项式、既约多项式或素多项式。

(2) 本原多项式

若一个 m 次多项式 $f(x)$ 满足下列条件：

① $f(x)$ 是既约的；

② $f(x)$ 可整除 (x^n+1)，$n=2^m-1$；

③ $f(x)$ 除不尽 (x^q+1)，$q<n$。

则称 $f(x)$ 为本原多项式。

若要进一步将BCH码的概念和性质讲清楚，需要深入一步探讨有限域的相关知识，这里限于篇幅，不打算进一步讨论它。不过在工程上人们更感兴趣的是如何使用BCH码，在工程上学会查阅下列表格是很有用的。

表9.4.1，给出 $n\leqslant 127$ 的本原BCH码生成多项式。表9.4.2给出部分非本原BCH码生

成多项式。

下面,给出一个特殊的非本原BCH码的例子。

例9.4.1 (23,12)码是一个非本原BCH码,一般又称它为格雷码。该码的码距为7,能纠正3个随机独立错误,其生成多项式由表9.4.2查得

$$(5343)_8=101011100011$$

即

$$g_1(x)=x^{11}+x^9+x^7+x^6+x^5+x+1 \tag{9.4.2}$$

它的互反多项式

$$g_2(x)=x^{11}+x^{10}+x^6+x^5+x^4+x^2+1 \tag{9.4.3}$$

也是生成多项式。它们都是$x^{23}+1$的因式,即$x^{23}+1=(x+1)g_1(x)g_2(x)$。其最小距离为7,可纠正不大于3个的随机错误。

表9.4.1 $n\leqslant 127$的本原BCH码生成多项式

n	k	t	$g(x)$(八进制形式)
7	4	1	13
15	11	1	23
15	7	2	721
15	5	3	2467
31	26	1	45
31	21	2	3551
31	16	3	107657
31	11	5	5423325
31	6	7	313365047
63	57	1	103
63	51	2	12471
63	45	3	1701317
63	39	4	166623567
63	36	5	1033500423
63	30	6	157464165547
63	24	7	17323260404441
63	18	10	1363026512351725
63	7	15	5231045543503271737
127	120	1	211
127	113	2	41567
127	106	3	11554743
127	99	4	3447023271
127	92	5	624730022327
127	85	6	130704476322273
127	78	7	26230002166130115
127	71	9	6255010713253127753

续 表

n	k	t	$g(x)$(八进制形式)
127	64	10	1206534025570773100045
127	57	11	335265252505705053517721
127	50	13	54446512523314012421501421
127	43	14	17721772213651227521220574343
127	36	15	3146074666522075044764574721735
127	29	21	403114461367670603667530141176155
127	22	23	123376070404722522435445626637647043
127	15	27	22057042445604554770523013762217604353
127	8	31	7047264052751030651476224271567733130217

表 9.4.2 部分非本原 BCH 码生成多项式

n	k	d	$g(x)$(八进制形式)
17	9	5	727
21	16	3	43
21	12	5	1663
21	6	7	126357
21	4	9	643215
23	12	7	5343
25	5	5	4102041
27	9	3	1001001
27	7	6	7007007
33	23	3	3043
35	28	3	331
35	20	6	147271
35	16	7	2173567
39	27	3	13617
41	21	9	6647133
41	20	10	13351355
43	29	6	52225
43	15	13	2607043415
45	35	4	2113
45	29	5	230213
45	28	6	650635
45	23	7	21113023
45	22	8	63335065
45	16	10	6356335635

续 表

n	k	d	$g(x)$(八进制形式)
47	24	11	43073357
47	23	12	145115461
47	28	3	10040001
49	27	4	30140003
49	7	7	100402010040201
51	43	3	763
51	35	5	266251
51	34	6	732773
51	27	9	134531443
51	26	10	345752545
51	19	14	50112257553
51	16	16	551030722063
51	11	17	35631331715073
51	9	19	121316015543241
55	41	4	53765
55	34	8	11235667
55	30	10	340342315
57	39	3	134035
57	21	14	1501751137013
57	19	16	4305637635061
65	53	5	10761

(23,12)戈莱码是一个完备码，而且是唯一已知的GF(2)上的纠多个随机独立差错的完备码。它的监督位得到了最充分的利用。

BCH码的码长为奇数，在实际使用中，为了得到偶数码长，并增加其检错性能，可以在BCH码的生成多项式中乘上一个$(x+1)$因式，从而得到$(n+1,k+1)$扩展BCH码，其码长为偶数。扩展BCH码相当于在BCH码上加了一个全校验位，扩展后码距增加1，然而扩展BCH码已不再具有循环性。例如，(23,12)格雷码在使用中常采用它的扩展形式，变成(24,12)扩展格雷码，它能纠正3个错误，同时发现4个错误。

如果实际要用的BCH码的码长不是2^m-1或它的因式，则可利用前面介绍的缩短码的办法，构造$(n-r,k-r)$缩短r位的BCH码。

至于BCH译码，一般相对于编码要复杂些，大体上说可分为频域译码和时域译码两大类。频域译码是把每个码组看成一个数字信号，把接收的信号进行离散傅里叶变换(DFT)，然后利用数字信号处理技术在“频域”内译码，最后再进行傅里叶反变换得到译码后的码组。时域则是在时域上直接利用代数结构进行译码，它又可划分很多方法，有彼得森直接解法、伯利坎普迭代算法、嵩忠雄算法，等等。这里简要介绍彼得森译码的基本思路如下：

(1) 用生成多项式$g(x)$的各因式作为除式，对接收到的码多项式求余，得到t个余式，称为部分伴随式；

(2) 用 t 个部分伴随式构造一个特定的译码多项式，它以错误位置数为根；

(3) 求译码多项式的根，得到错误位置；

(4) 纠正错误位置。

至于详细具体的译码过程，由于篇幅所限，这里不再赘述。

2. RS码

实际中还常采用一类纠错能力很强的 RS(Reed-Solomon)码，它是一种特殊的非二进制 BCH 码。对于任意选取的正整数 S，可构造一个相应的码长为 $n=q^S-1$ 的 q 进制 BCH 码，其中码元符号取自有限域 GF(q)，而 q 为某个素数的幂。当 $s=1, q>2$ 时所建立的码长为 $n=q-1$ 的 q 进制 BCH 码，称它为 RS 码。当 $q=2^m(m>1)$，码元符号取自域 GF(2^m)的 RS 码可用来纠正突发错误。

这时，2^m 进制 RS 码可用二进制的部件实现，将输入信息可分为 $k\cdot m$ 比特一组，其中每组 k 个符号，每个符号由 m 比特组成，而不是二进制 BCH 码中的 1 比特。

一个可以纠正 t 个符号错误的 RS 码，有如下参数：

码长：$n=2^m-1$ 符号或 $m(2^m-1)$ 比特

信息段：k 符号或 km 比特

监督段：$n-k=2t$ 符号或 $m(n-k)=2mt$ 比特

最小码距：$d=2t+1$ 符号或 $md=m(2t+1)$ 比特 (9.4.4)

RS 码具有同时纠正随机错误和突发错误的能力，且纠突发错误能力更强。它可纠正的错误图样如下：

总长度为 $b_1=(t-1)m+1$ 比特的单个突发

总长度为 $b_2=(t-3)m+3$ 比特的两个突发

⋮

总长度为 $b_i=(t-2i+1)m+2i-1$ 比特的 i 个突发 (9.4.5)

下面，通过一个简单的例子介绍 RS 码。

例 9.4.2 试构造一个能纠正 3 个错误符号，码长 $n=15, m=4$ 的 RS 码。

解 已知 $t=3, n=15, m=4$，由上面 RS 码参数性质有

该码码距为 $d=2t+1=2\times3+1=7$ 个符号 $=7\times4=28$ bit；

监督段为 $n-k=2t=2\times3=6$ 个符号 $=6\times4=24$ bit；

信息段为 $k=n-6=15-6=9$ 个符号 $=9\times4=36$ bit；

码长为 $n=15$ 个符号 $=15\times4=60$ bit。

因此该码 $(n,k)=(15,9)$RS 码，亦可看作为 $(n,k)=(60,36)$ 二进制码。

下面求它的生成多项式 $g(x)$。对于一个长度为 2^m-1 符号的 RS 码，每个符号都可以看作是有限域 GF(2^m)中的一个元素，则最小距离为 d 的 RS 码生成多项式应具有如下形式：

$$g(x)=(x+\alpha)(x+\alpha^2)\cdots(x+\alpha^{d-1}) \tag{9.4.6}$$

将 $d=7$ 代入得

$$\begin{aligned} g(x) &= (x+\alpha)(x+\alpha^2)\cdots(x+\alpha^6) \\ &= x^6+\alpha^{10}x^5+\alpha^{14}x^4+\alpha^4x^3+\alpha^6x^2+\alpha^9x+\alpha^6 \end{aligned} \tag{9.4.7}$$

其中 α^i 是 GF(α^m)中的一个元素。

RS 码的编码过程与 BCH 码一样(循环码编码器)也是除以 $g(x)$，同样可以用带反馈的移位寄存器来实现，所不同的是所有数据通道都是 m 比特宽，即移位寄存器为 m 级并联工作。

而每个反馈连接必须乘以多项式中相应的系数 α^i。编码器示意图如图 9.4.1 所示。其中与 α^i 的相乘可以用 $2^m \times m$ ROM 查表法实现。

RS 码的译码过程也大体上与纠 t 个错误 BCH 码的彼得森译码法相似。所不同的是，需要在找到错误位置后，求出错误值。因为在 BCH 译码时只有一个错误值"1"，现在 RS 译码则有 2^m-1 种可能值。具体地说，要在 BCH 译码的彼得森解法 4 个步骤中，第 3 与第 4 之间加上一个步骤 4 求出错误值，而将原来第 4 步改为第 5 步为纠正错误。详细论证，请参见纠错编码的专著[23]，这里不再赘述。

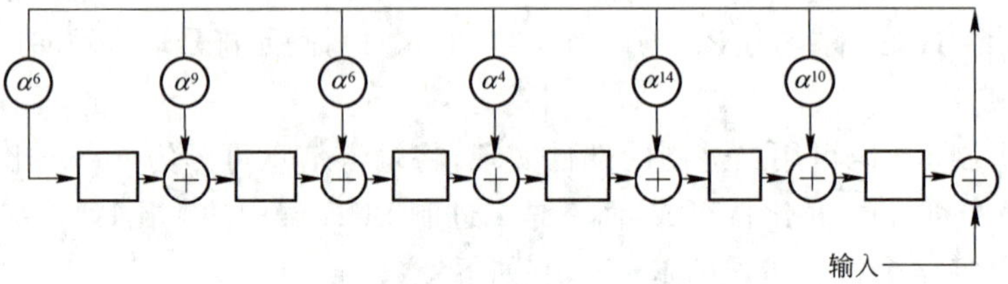

图 9.4.1 (15,9)RS 码编码器示意图

9.5 卷 积 码

前面讨论了线性分组码，编码器在规定的时间内产生 n 个码元，构成一个码组，该码组的监督码元仅监督本码组中的 k 个信息位。

非分组的卷积码的编码器也是在任一段规定时间内产生 n 个码元，但它不仅取决于这段时间中的 k 个信息位，还取决于前 $(K-1)$ 段规定时间内的信息位，这 K 段时间内的码元数目为 Kk，称参数 K 为卷积码的约束长度，如图 9.5.1 所示。每 k 个比特输入，得到 n 比特输出，编码效率为 k/n，约束长度为 K。在 $k=1$ 的条件下，移位寄存器级数 $m=K-1$。

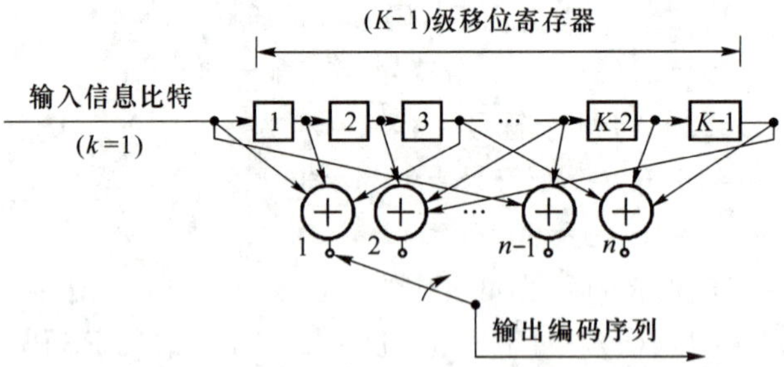

图 9.5.1 $k=1$，编码效率为 $1/n$，约束长度为 K 的卷积编码器

卷积码一般可用 (n,k,K) 来表示，其中 k 为输入码元数，n 为输出码元数，而 K 则为编码器的约束长度。典型的卷积码一般选 n 和 $k(<n)$ 值较小，但约束长度 K 可取较大值 $(K<10)$，以获得既简单又高性能的信道编码。

卷积码是 1955 年 Elias 最早提出，稍后，1957 年 Wozencraft 提出了一种有效译码方法，即序列译码。1963 年 Massey 提出了一种性能稍差，但比较实用的门限译码方法，由于这一实用性进展使卷积码从理论走向实用化。而后 1967 年维特比(Viterbi)提出了最大似然译码法。

它对存储器级数较小的卷积码的译码很容易实现，人们后来称它为维特比算法或维特比译码，并被广泛地应用于现代通信中。

9.5.1 卷积码的编码

卷积码的编码器是由一个有 k 个输入位(端)、n 个输出位(端)，且具有 m 级移位寄存器所构成的有限状态的有记忆系统，通常称它为时序网络。

描述这类时序网络的方法很多，它大致可分为两大类型：解析表示法与图形表示法。在解析法中又可分为离散卷积法、生成矩阵法、码多项式法等；在图形表示法中也可分为状态图法、树图法、网格图法等。

1. 卷积码的解析表示法

下面，引用具体实例对三种解析方法加以说明。图 9.5.2 给出一个二元(2,1,4)卷积码的编码器结构。

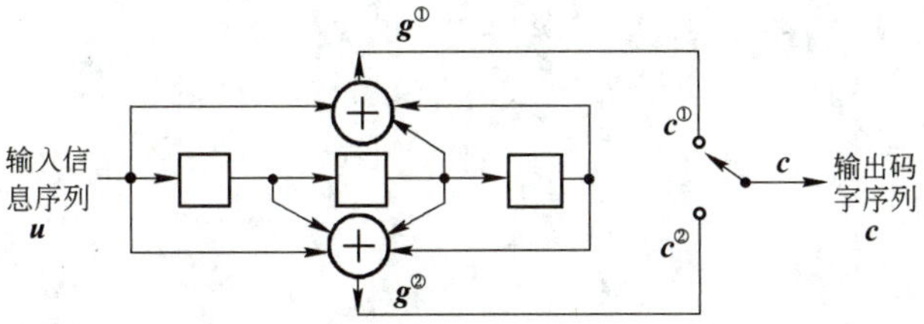

图 9.5.2 编码效率为 1/2，约束长度 $K=4$ 的(2,1,4)卷积码编码器

由图可见，它是由 $k=1$ 即一个输入位(端)，$n=2$ 即两个输出位(端)，$K=4$，$m=3$ 即三级移位寄存器所组成的有限状态的有记忆系统。

(1) 离散卷积

若输入信息序列为(这里的卷积码是 u_0 首先输入，与前面的线性分组码有所不同)

$$\boldsymbol{u}=(u_0 u_1 u_2 \cdots) \tag{9.5.1}$$

则对应输出为两个码字序列

$$\begin{aligned}\boldsymbol{c}^{①}&=(c_0^{①} c_1^{①} c_2^{①} \cdots)\\ \boldsymbol{c}^{②}&=(c_0^{②} c_1^{②} c_2^{②} \cdots)\end{aligned} \tag{9.5.2}$$

其相应编码方程可写为

$$\begin{aligned}\boldsymbol{c}^{①}&=\boldsymbol{u} * \boldsymbol{g}^{①}\\ \boldsymbol{c}^{②}&=\boldsymbol{u} * \boldsymbol{g}^{②}\\ \boldsymbol{c}&=(\boldsymbol{c}^{①},\boldsymbol{c}^{②})\end{aligned} \tag{9.5.3}$$

其中“$*$”表示卷积运算，$\boldsymbol{g}^{①}$、$\boldsymbol{g}^{②}$ 表示编码器的两个脉冲冲激响应，即编码可由输入信息序列 $\boldsymbol{u}$ 和编码器的两个冲激响应的卷积得到，故称为卷积码。这里的脉冲冲激响应是指，当输入信息为 $\boldsymbol{u}=(100\cdots)$ 时，所观察到的两个输出序列值。由于编码器有 $m=3$ 级寄存器，故冲激响应至多可持续到 $K=m+1=3+1=4$ 位，且可写成

$$\begin{aligned}\boldsymbol{g}^{①}&=(1011)\\ \boldsymbol{g}^{②}&=(1111)\end{aligned} \tag{9.5.4}$$

在一般情况下，有

$$\begin{aligned}\boldsymbol{g}^{①}&=(g_0^{①} g_1^{①} \cdots g_m^{①})\\ \boldsymbol{g}^{②}&=(g_0^{②} g_1^{②} \cdots g_m^{②})\end{aligned} \tag{9.5.5}$$

经编码器后,两个输出序列合并为一个输出码字序列为

$$c^{②}=(c_0^{①}c_0^{②}c_1^{①}c_1^{②}\cdots) \tag{9.5.6}$$

若输入信息序列为

$$\boldsymbol{u}=(10111) \tag{9.5.7}$$

则有

$$\boldsymbol{c}^{①}=(10111)*(1011)=(10000001) \tag{9.5.8}$$

$$\boldsymbol{c}^{②}=(10111)*(1111)=(11011101) \tag{9.5.9}$$

最后输出的码字为

$$\boldsymbol{c}=(1101000101010011) \tag{9.5.10}$$

(2) 生成矩阵

上述冲激响应 $\boldsymbol{g}^{①}$、$\boldsymbol{g}^{②}$ 又称为生成序列,若将该生成序列 $\boldsymbol{g}^{①}$ 和 $\boldsymbol{g}^{②}$ 按如下方法排列,构成如下生成矩阵(当 $K=4,m=3$ 时):

$$\boldsymbol{G}=\begin{pmatrix} g_0^{①}g_0^{②} & g_1^{①}g_1^{②} & g_2^{①}g_2^{②} & g_3^{①}g_3^{②} & & \\ & g_0^{①}g_0^{②} & g_1^{①}g_1^{②} & g_2^{①}g_2^{②} & g_3^{①}g_3^{②} & \\ & & g_0^{①}g_0^{②} & g_1^{①}g_1^{②} & g_2^{①}g_2^{②} & g_3^{①}g_3^{②} \\ & & & \cdots & \cdots & \cdots \\ & & & & \cdots & \cdots \end{pmatrix} \tag{9.5.11}$$

上述矩阵中,其中空白部分均为0,则上述编码方程可改写为矩阵形式

$$\boldsymbol{c}=\boldsymbol{u}\cdot\boldsymbol{G} \tag{9.5.12}$$

称矩阵 $\boldsymbol{G}$ 为卷积码的生成矩阵。显然,若输入信息序列为一无限序列时,即$\boldsymbol{u}=(10111\cdots)$,生成矩阵则为一个半无限的矩阵,即有起点无终点,因此称它为半无限。

若 $\boldsymbol{u}=(10111)$,$\boldsymbol{g}^{①}=(1011)$,$\boldsymbol{g}^{②}=(1111)$,代入式(9.5.11)、式(9.5.12),得

$$\begin{aligned}\boldsymbol{c}=\boldsymbol{u}\cdot\boldsymbol{G}=(10111)&\begin{pmatrix} 11 & 01 & 11 & 11 & & & & \\ & 11 & 01 & 11 & 11 & & & \\ & & 11 & 01 & 11 & 11 & & \\ & & & 11 & 01 & 11 & 11 & \\ & & & & 11 & 01 & 11 & 11 \end{pmatrix}\\ &=(11\ 01\ 00\ 01\ 01\ 01\ 00\ 11)\end{aligned} \tag{9.5.13}$$

(3) 码多项式

若将生成序列表达成多项式形式,由公式(9.5.4)有

$$\begin{aligned}\boldsymbol{g}^{①}&=(1011)=1+x^2+x^3\\ \boldsymbol{g}^{②}&=(1111)=1+x+x^2+x^3\end{aligned} \tag{9.5.14}$$

输入信息序列也可表达为多项式形式(在这里,最左边的比特对应于多项式的最低次项)

$$\boldsymbol{u}=(10111)=1+x^2+x^3+x^4 \tag{9.5.15}$$

则卷积码可以用下列码多项式形式表达

$$\begin{aligned}\boldsymbol{c}^{①}&=(1+x^2+x^3+x^4)(1+x^2+x^3)\\ &=1+x^2+x^3+x^4+x^2+x^4+x^5+x^6+x^3+x^5+x^6+x^7\\ &=1+2x^2+2x^3+2x^4+2x^5+2x^6+x^7\\ &=1+x^7=(10000001)\end{aligned} \tag{9.5.16}$$

$$\boldsymbol{c}^{②}=(1+x^2+x^3+x^4)(1+x+x^2+x^3)$$

$$=1+x^2+x^3+x^4+x+x^3+x^4+x^5+x^2+x^4+x^5+x^6+x^3+x^5+x^6+x^7$$
$$=1+x+x^3+x^4+x^5+x^7$$
$$=(11011101) \tag{9.5.17}$$

以上3种类型解析表达式：离散卷积、生成矩阵和码多项式，均可用来描述卷积码的编码。其中离散卷积主要用于卷积码的定义，生成矩阵则多用于理论分析，而码多项式用于工程最方便。

这里再给出一个(2,1,3)卷积码的例子，如图9.5.3所示。

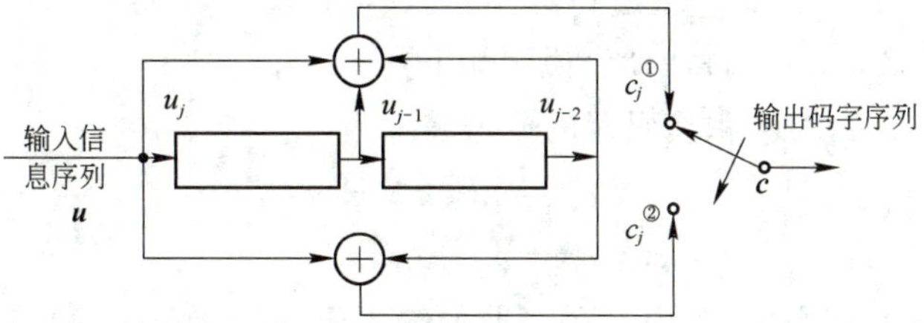

图9.5.3 编码效率为1/2，约束长度$K=3$的(2,1,3)卷积码编码器

它是由$k=1$即一个信息输入位(端)，$n=2$即两个码字输出位(端)和$K=3$，$m=2$即两节移位寄存器构成的一个有限状态有记忆的时序网络。

若输入信息序列为

$$\boldsymbol{u}=(1011100)$$

由图9.5.3可求出码生成多项式为

$$\boldsymbol{g}^{①}=1+x+x^2 \tag{9.5.18}$$
$$\boldsymbol{g}^{②}=1+x^2$$

现将输入信息序列也写成多项式形式如下：

$$\boldsymbol{u}=1+x^2+x^3+x^4 \tag{9.5.19}$$

则输出的码序列可写成如下形式

$$\boldsymbol{c}^{①}=(1+x^2+x^3+x^4)(1+x+x^2)$$
$$=1+x^2+x^3+x^4+x+x^3+x^4+x^5+x^2+x^4+x^5+x^6$$
$$=1+x+2x^2+2x^3+3x^4+2x^5+x^6$$
$$=1+x+x^4+x^6$$
$$=(1100101) \tag{9.5.20}$$

$$\boldsymbol{c}^{②}=(1+x^2+x^3+x^4)(1+x^2)$$
$$=1+x^2+x^3+x^4+x^2+x^4+x^5+x^6$$
$$=1+2x^2+x^3+2x^4+x^5+x^6$$
$$=1+x^3+x^5+x^6$$
$$=(1001011) \tag{9.5.21}$$

所以

$$\boldsymbol{c}=(11100001100111) \tag{9.5.22}$$

2. 卷积码的图形表示法

除了上述3种解析表达式描述方式以外，还可以用比较形象的状态图、树图和网格图来描述卷积码。下面，以最简单的二元(2,1,3)卷积码为例讨论卷积码的图形表示法，从状态图入手。

(1) 状态图

首先,说明卷积编码器的状态。

由于卷积编码器在下一时刻的输出取决于编码器当前的状态及下一时刻的输入。而编码器当前状态取决于编码器在当时各移位寄存器所存储的内容,称编码器的各移位寄存器在任一时刻的存数(0 或 1)为编码器在该时刻的一个状态(此状态表示记忆着以前的输入信息)。随着信息序列的不断输入,编码器不断从一个状态转移到另一个状态,并输出相应的码序列。编码器的总可能状态数是 2^{mk} 个。

对于图 9.5.3 中的(2.1.3)卷积编码器,$n=2$,$k=1$,$K=3$,$m=2$,则其总的可能状态数是 4 个。设以 s_i 表示某状态,$i=0,1,2,3$。说明如下:

在某 t_j 时刻,此(2,1,3)卷积编码器的输出表示为

$$c_j^{①}=u_j\oplus u_{j-1}\oplus u_{j-2}$$
$$c_j^{②}=u_j\oplus u_{j-2}$$

它取决于 u_j,u_{j-1} 及 u_{j-2} 三个值,其中 u_j 是当前的输入值,u_{j-1} 及 u_{j-2} 是以前输入的两个值。若要求出下一个 t_{j+1} 时刻的输出值,则要知道当前的 u_j 及 u_{j-1} 值。当输入下一时刻的 u_{j+1} 值时,就可求出下一个 t_{j+1} 时刻的 $c_{j+1}^{①}$ 及 $c_{j+1}^{②}$ 值。所以,为决定下一个 t_{j+1} 时刻编码器的输出,此(2,1,3)卷积编码器在当前 t_j 时刻的状态用 $s_i=(u_j,u_{j-1})$($i=0,1,2,3$)表示即可。

u_j	u_{j-1}	s_i
0	0	$s_0=a$
1	0	$s_1=b$
0	1	$s_2=c$
1	1	$s_3=d$

下面,进一步研究图 9.5.3 中的二元(2,1,3)卷积码的状态图。

设输入信息序列为 $\boldsymbol{u}=(u_0u_1u_2\cdots u_i\cdots)=(1011100\cdots)$。

① 首先,对移位寄存器清洗、复 0,移存器状态为 00;

② 输入 $u_0=1$,输出 $c_0^{①}=1\oplus0\oplus0=1$,$c_0^{②}=1\oplus0=1$,故 $c_0=(c_0^{①}c_0^{②})=(11)$,移位寄存器状态改为 10;

③ 输入 $u_1=0$,根据(010)可算出:$c_1^{①}=1$,$c_1^{②}=0$,故 $c_1=(10)$,状态改为 01;

④ 输入 $u_2=1$,根据(101)可算出:$c_2^{①}=0$,$c_2^{②}=0$,故 $c_2=(00)$,状态改为 10;

⑤ 输入 $u_3=1$,根据(110)可算出:$c_3^{①}=0$,$c_3^{②}=1$,故 $c_3=(01)$,状态改为 11;

⑥ 输入 $u_4=1$,根据(111)可算出:$c_4^{①}=1$,$c_4^{②}=0$,故 $c_4=(10)$,状态仍为 11;

⑦ 输入 $u_5=0$,根据(011)可算出:$c_5^{①}=0$,$c_5^{②}=1$,故 $c_5=(01)$,状态改为 01;

⑧ 输入 $u_6=0$,根据(001)可算出:$c_6^{①}=1$,$c_6^{②}=1$,故 $c_6=(11)$,状态改为 00;

⑨ 输入 $u_7=0$,根据(000)可算出:$c_7^{①}=0$,$c_7^{②}=0$,故 $c_7=(00)$,状态改为 00。

按照以上步骤,可画出图 9.5.4 状态图。

图中 4 个圆圈中的数字表示状态,状态之间的连线与箭头表示转移方向,称作分支,分支上的数字表示由一个状态到另一个状态转移时的输出码字,而括号中数字表示相应的输入信息数字。例如,若当前状态为 11,即 $s_3=11$,则当下一时刻的输入信息位为$u_1=0$时,输出码字 $c_1=01$,下一时刻的状态为 $s_2=01$。若输入信息位 $u_1=1$,则输出码字为 $c_1=10$,下一时刻的状态仍为 $s_3=11$。

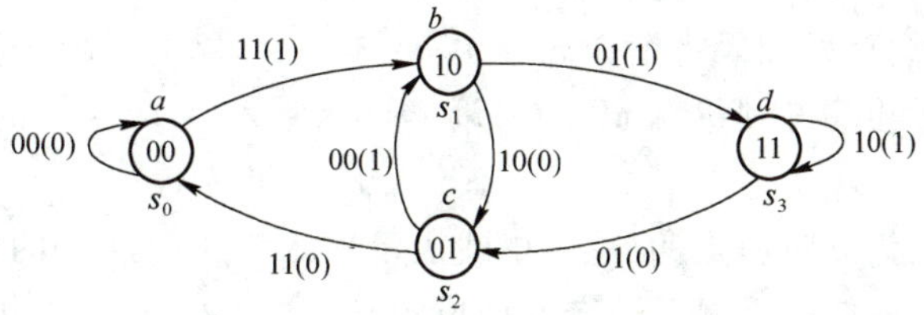

图 9.5.4 (2,1,3)卷积码状态图

(2) 树图

如果要展示出编码器的输入、输出所有可能情况,则可采用树图来描述,它是将上述编码器的状态图按时间展开而成的,如图 9.5.5 所示。

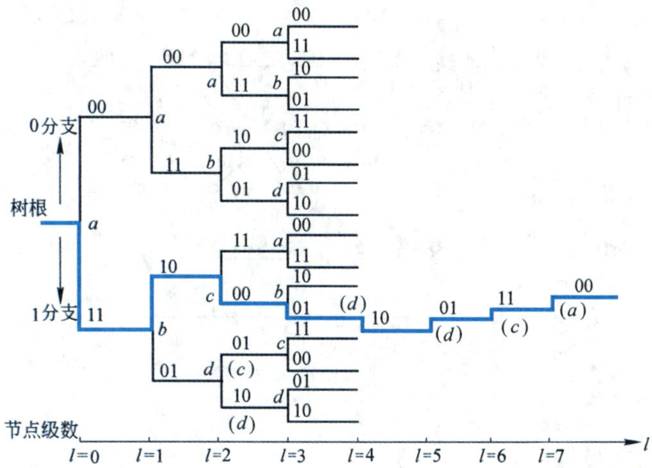

图 9.5.5 (2,1,3)卷积码树图表示

由图可见,若设初始状态 $s_0=00$ 作为树根,对每个时刻可能的输入进行分支,若分支的节点级数用 l 表示,则当 $l=0$ 时,有两个可能分支。若 $u_0=0$,则向上,即 0 分支向上,若 $u_0=1$,则向下,即 1 分支向下,它们都达到下一个一级节点($l=1$)。当 $l=1$ 时,对每个一级节点根据 u_1 的取值也将产生上、下两个分支,并推进到相应的二级节点($l=2$)。依次类推,就可以得到一个无限延伸的树状结构图。图中各分支上的数字表示相应输出的码字。字段 a、b、c、d 表示编码器所处的状态。

对于特定输入信息序列 $\boldsymbol{u}=(10111000)$时,相应的输出 $\boldsymbol{c}=(11\ 10\ 00\ 01\ 10\ 01\ 11\ 00\ \cdots)$,在树图中的路径如图中粗黑线所示,它表示状态图走完一个完整的周期。

状态图从状态上看最为简洁,但缺点是时序关系不大清晰。树图的最大特点是时序关系清晰,且对于每一个信息输入序列都有一个唯一的不重复的树枝结构相对应,它的主要缺点是进行到一定时序后,状态将产生重复且树图越来越复杂。

(3) 网格图

我们还可以用网格图(又称篱笆图)来描述卷积码的状态随着时间推移而转移的状况。该图的纵坐标表示所有状态,横坐标表示时间。这类网格图描述法在卷积码的概率译码中,特别在维特比译码中特别有用,它综合了状态图与树图的优点,即网格图既具有状态图结构简单,又具有树图的时序关系清晰特点。下面讨论这种描述方式。实现时将上述树图转化为网格图是很方便的。仍以上述(2,1,3)码为例,当节点级数大于 $l=m+1=2+1=3$ 时,状态 a、b、c、d 呈现重复。利用这种重复,即如果将图 9.5.5 中 $l=3$ 以后,码树上处于同一状态的同一节点折叠起来加以合并,就可以得到纵深宽度(或称高度)为 $2^{km}=2^2=4$ 的网格图,如图 9.5.6 所示。

图中实线表示输入为 0 时所走的分支,虚线表示输入为 1 时所走的分支。由图可见这个图实质上是将图 9.5.5 的树图重复部分合并而成的。它自 $l=2$ 即第二级节点开始,从同一状态出发所延伸的树结构完全一样。因此网格图能更为简洁地表示卷积码。

任意给定一个信息序列,在网格图中就存在一条特定的路径,比如 $\boldsymbol{u}=(1011100)$,其输出编码为 $\boldsymbol{c}=(11\ 10\ 00\ 01\ 10\ 01\ 11)$,即为上述网格图中粗黑线所表示的路径。网格图是研究卷积码最大似然译码维特比算法的重要工具。

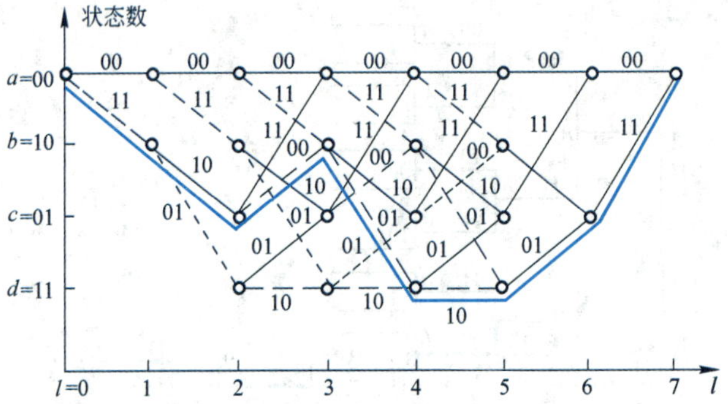

图 9.5.6 (2,1,3)卷积码网格图表示法

9.5.2 卷积码的译码

前面讨论了卷积码的编码器和结构,下面讨论卷积码的译码。卷积码的译码基本上可划分为两大类型:代数译码和概率译码。在分组码中我们已介绍过代数译码的概念,这里则重点介绍概率译码,而且概率译码也是实际中最常采用的卷积码译码方法。

1967 年,维特比(Viterbi)引入了一种卷积码的译码算法,这就是著名的维特比算法。后来 Omura 证明维特比算法等价于求通过一个加权图的最短路径问题的动态规划解。最后,Forney 指出它事实上就是卷积码的最大似然译码算法,即译码器所选择的输出总是能给出对数似然函数值为最大的码字。

1. 最大似然译码

首先,讨论最大似然译码。众所周知,信道编码是为了提高可靠性的编码,而在数字通信中,通信可靠性的指标一般是采用平均误码率 P_e 来表示的。平均误码率 P_e 是错判概率的数学期望

$$P_e = \sum P(\boldsymbol{c})P(\boldsymbol{e}|\boldsymbol{c}) \tag{9.5.23}$$

其中错判概率

$$P(\boldsymbol{e}|\boldsymbol{c}) = P(\hat{\boldsymbol{c}} \neq c|c) \tag{9.5.24}$$

式中 $\boldsymbol{c}$ 为发送码字,$\hat{\boldsymbol{c}}$ 为接收端恢复的码字。

对照第 6 章最佳接收理论,平均错判概率最小的最佳译码应符合最大后验概率准则(即 MAP 准则)。接收端收到 $\boldsymbol{y}$ 后,最佳译码器的输出应该是

$$\hat{\boldsymbol{c}}=\arg\max_{\boldsymbol{c}\in\boldsymbol{C}}\{P(\boldsymbol{c}|\boldsymbol{y})\} \tag{9.5.25}$$

式中的 $P(\boldsymbol{c}|\boldsymbol{y})$是后验概率。

上式的含义是：在码字集合 C 的所有可能码字中寻找出后验概率最大的一个码字作为译码结果，也就是在该编码器的网格图中所有可能的路径集合中寻找出后验概率最大的一条路径作为译码结果。

假设各可能码字是先验等概的，即

$$P(c_1)=P(c_2)=\cdots=\frac{1}{2^k}$$

由贝叶斯(Bayes)公式，有

$$P(\boldsymbol{c}|\boldsymbol{y})=\frac{P(\boldsymbol{y}|\boldsymbol{c})P(\boldsymbol{c})}{P(\boldsymbol{y})} \tag{9.5.26}$$

式中的 $P(\boldsymbol{y}|\boldsymbol{c})$是似然函数。

在各码字先验等概条件下，后验概率最大者必然似然函数最大，故最佳 MAP 译码即最大似然(ML)译码。

对于离散无记忆信道，设发送码序列长度为 L 个符号，则

$$P(\boldsymbol{y}|\boldsymbol{c}) = \prod_{l=0}^{L-1}P(y_l|c_l) \tag{9.5.27}$$

$$\log P(\boldsymbol{y}|\boldsymbol{c})= \log \prod_{l=0}^{L-1}P(y_l|c_l) = \sum_{l=0}^{L-1}\log P(y_l|c_l) \tag{9.5.28}$$

于是最大似然(ML)译码可看作是对于给定接收序列 $\boldsymbol{y}$，求其对数似然函数的累加值为最大的路径。称对数似然函数累加值为路径度量。

若该离散无记忆信道又是二进制对称信道(BSC)，则

差错概率 $P(1|0)=P(0|1)=P$；

正确概率 $P(1|1)=P(0|0)=1-P$。

发送码序列(长度为 L 个符号)经信道传输，发生 d 个符号错误，则似然函数可写为

$$\begin{aligned}P(\boldsymbol{y}|\boldsymbol{c})&= \prod_{l=0}^{L-1}P(y_l|c_l) = P^{d(\boldsymbol{y},\boldsymbol{c})}(1-P)^{L-d(\boldsymbol{y},\boldsymbol{c})}\\&=\left(\frac{P}{1-P}\right)^{d(\boldsymbol{y},\boldsymbol{c})}(1-P)^L\end{aligned} \tag{9.5.29}$$

对数似然函数

$$\begin{aligned}\log P(\boldsymbol{y}|\boldsymbol{c})&= \log \prod_{l=0}^{L-1}P(y_l|c_l) = \sum_{l=0}^{L-1}\log P(y_l|c_l)\\&=d(\boldsymbol{y},\boldsymbol{c})\log\frac{P}{1-P}+L\log(1-P)\end{aligned} \tag{9.5.30}$$

由于 $P<\frac{1}{2}$，$\log\frac{P}{1-P}<0$，因此 ML 译码演化为

$$\hat{\boldsymbol{c}} = \arg\max_{\boldsymbol{c}\in\boldsymbol{C}}\log P(\boldsymbol{y}|\boldsymbol{c}) = \arg\min_{\boldsymbol{c}\in\boldsymbol{C}}\{d(\boldsymbol{y},\boldsymbol{c})\} \tag{9.5.31}$$

其中

$$d(\boldsymbol{y},\boldsymbol{c}) = \sum_{l=0}^{L-1}d(y_l,c_l) \tag{9.5.32}$$

上式表明，计算最大对数似然函数即为计算最小汉明距离。

这样，最大似然译码可解释为：收到 **y** 后，将 **y** 与所有可能码序列分别比较它们之间的汉明距离，选择出与 **y** 的汉明距离最小的那个序列作为最佳译码结果。

在用网格图描述时，最大似然译码即是在网格图中所有可能路径集合中选择其中一条与接收到的 **y** 序列之间的汉明距离最小(即对数似然累加值最大，亦称为最大路径度量)的路径作为译码结果。

2. 维特比译码

对于长度为 L 的二进制码序列的最佳译码，需要对可能发送的 2^L 个不同序列(即 2^L 条可能路径)的对数似然函数累加值(即路径度量)进行比较，选择其中最大路径度量即最小汉明距离的一条作译码结果。显然，译码过程的计算量随 L 增加而指数增长，这在实际中难以实现，而著名的维特比算法使得最大似然译码实用化。下面，对于利用维特比算法实现最大似然译码说明如下。

在用网格图描述时，译码过程中只需考虑整个路径集合中那些能使似然函数最大的路径。如果在某一节点上发现某条路径已不可能获得最大对数似然函数，那么就放弃这条路径，然后在剩下的“幸存”路径中重新选择译码路径，这样一直进行到最后一级。由于这种方法较早地丢弃了那些不可能的路径，从而减轻了译码的工作量，因此称此译码方法为维特比译码。

下面，介绍维特比算法，为了便于形象化说明，仍以(2,1,3)卷积码为例，它可引用图9.5.8所示的网格图来分析。网格图中共有 $L+m+1$ 个时间段(即节点级数)，其中 L 表示输入信息组长度，m 为编码器中寄存器节数，由于系统是有记忆的，它的影响可扩展到 $L+m+1$ 位。在图中我们分别以 $l=0,1,\cdots,L+m$ 来表示，由于(2,1,3)码中 $m=2$，若设 $u=(10111)$，即 $L=5$，则有 $L+m+1=5+2+1=8$，在图中用 $l=0,1,\cdots,7$ 来表示。若假定编码器总是起始于状态 $s_0=(00)$，并最终仍回到状态 $s_0=(00)$，则前 $l=m=2$ 个时间段对应于编码器从状态 s_0 出发(即起始状态)，而最后的 2 个时间段则相当于编码器返回到 s_0 状态。因此，在前 2 个与后 2 个时间段内不可能达到所有可能的状态，但在网格图中心部分所有状态都可达到。每一个状态都有 $2^k=2^1=2$ 个分支的离去和进入。在时间段 l 离开每一状态的上分支表示输入的 $u_l=0$，而下分支则表示 $u_l=1$。而维特比算法则是建立在这一格图上的一种算法。它的基本思想是依次在不同时刻 $l=m+1,m+2,\cdots,m+L$，对网格图中相应列的每个点(它对应于编码器中该时刻的一个状态 s_l)。按照最大似然准则比较所有以它为终点的路径(在本例中各个节点只有两条路径)，只保留一条具有最大似然值(或等效于最大似然值)的路径，称它为幸存路径，而将其他路径堵死，弃之不用。故到下一个时刻只要对幸存路径延伸出来的路径继续比较即可。即接收一段，计算一段，比较一段，保留下幸存路径，如此反复，一直进行到最后，在时刻 $l=L+m=5+2=7$ 所留下的一条路径就是所要求的最大似然译码的解。这一算法的有效性是充分利用了卷积码的格子结构。

可见，维特比算法的优越性主要体现在：首先，由于路径度量的可加性，以及网格图的构造的格子结构，使得每次局部判决都等效于全局整体最优化的一部分，它满足于贝尔蒙(Bellman)的最优化原理。其次，局部判决及时去掉了大量非最优路径，不让它延伸，且当比较二条路径值大小时，如果有重复部分，则可去掉重复部分不计算，只要比较它们开始分离的不同路径值即可，从而大大地节省了运算量，而且算法具有良好的规则，容易实现。

维特比算法，即是找出通过网格图中具有最大度量值的最大似然路径。这个算法在实际应用中是采用迭代方式来处理的。在每一步中，它将进入每一状态的所有路径的度量值进行比较，并存储具有最大度量值的路径，即幸存路径。其具体步骤可归纳如下：

① 从时刻 $l=m$ 开始，计算进入每一状态的单个路径的部分度量值，并存储每一状态下的幸存路径及其度量值；

② l 增加 1，$l=m+1$，将进入某一状态的分支度量值与前一时间段的幸存度量值相加，然后计算进入该状态的所有最大度量的路径，决定且存储新幸存路径及其度量，并删去所有其他路径；

③ 若 $l<L+m=5+2=7$，重复步骤②，否则停止。

上述 3 个步骤中，第①步是第②步的初始化，第③步是第②步的继续，所以关键在第②步。它主要包括两部分：一个是对每个状态进行关于度量的计算和比较，从而决定幸存路径；另一个是对每一状态记录幸存路径及其度量值。其中两部分的第一部分，实质上是对网格图中间节点作局部优化判决，由于路径具有可分离性，即每条路径的度量值可写成组成它的各条分支的度量和，因此它满足动态规划的最优化原理，即这些局部优化运算等效于整体最优化。而第③步则是重复计算第②步，直至达到预定处理深度。

为了使上述维特比算法便于实际操作实施，仍以上述(2.1.3)卷积码为例，可以进一步将上述三步细化描述如下：

(1) 从 $l=m=2$ 时刻开始，使网格图充满状态，将路径存储器(PM)和路径度量存储器(MM)从 $l=0$ 到 $l=m=2$，进行初始化；

(2) $l=m+1=2+1=3$，正式开始计算。

当接收到新的一组数据，它代表在前一 l 增加 1 的时间段内的接收码组。

(3) 对每一状态：

- 进行分支度量计算；
- 从路径度量存储器(MM)中取出第 l 个时刻幸存路径度量值；
- 进行累加—比较—选择(ACS)基本运算，产生新的幸存路径；
- 将新的幸存路径及其度量值分别存入 PM 和 MM。

(4) 如果 $l\leqslant L+m=5+2=7$，回到步骤②，否则往下做。

(5) 求 MM 中最大元素对应的路径，从 PM 中输出判决结果。

下面，按照上述维特比算法步骤，仍以(2,1,3)卷积码网格图(图 9.5.6)为例，若发送信息序列为 $\boldsymbol{u}=(10111)$，即 $L=5$，经编码后的输出码字为 $\boldsymbol{c}=(11\ 10\ 00\ 01\ 10\ 01\ 11)$，接收到的信号序列为 $\boldsymbol{y}=(10\ 10\ 01\ 01\ 10\ 01\ 11)$。在二进制对称信道(BSC)下，最大似然译码就可以进一步简化为最小距离译码，其路径度量值可按照式(9.5.31)、(9.5.32)计算，其结果如图 9.5.7、图 9.5.8 所示。

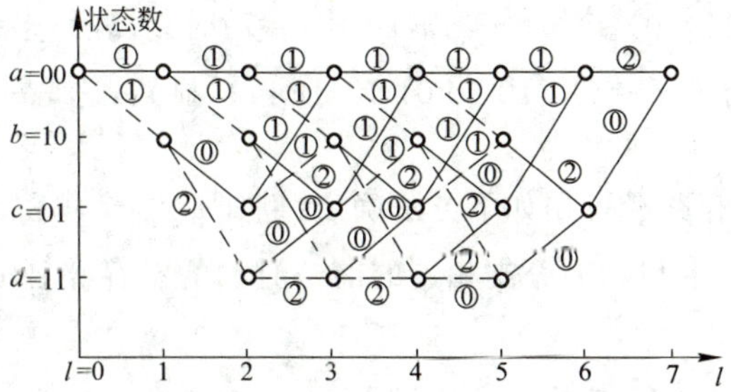

图 9.5.7　$L=5$，(2,1,3)卷积码距离图

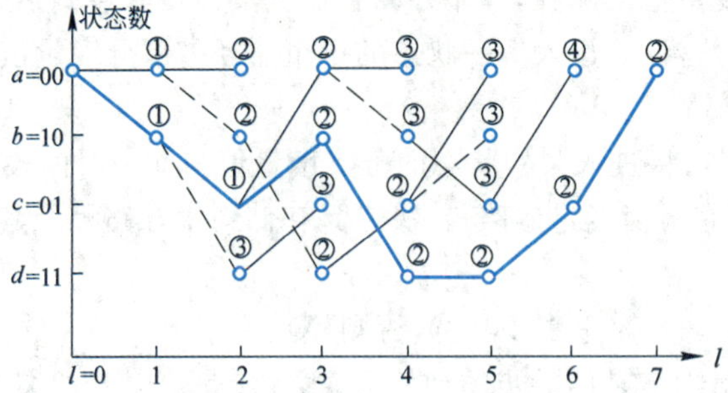

图 9.5.8 $L=5$,(2,1,3)卷积码幸存路径图

由上述网格图可见,若输入信息序列为

$$\boldsymbol{u}=(10111)$$

即 $L=5$ 时,编码器的编码为

$$\boldsymbol{c}=(11\ 10\ 00\ 01\ 10\ 01\ 11)$$

若接收到的码字为

$$\boldsymbol{y}=(10\ 10\ 01\ 01\ 10\ 01\ 11)$$

则

$$d(\boldsymbol{y},\boldsymbol{c})=1+0+1+0+0+0+0=2 \tag{9.5.33}$$

即最后得出的最小汉明距离的路径如图 9.5.8 中粗黑线所示。它可表示为 $a_0b_1c_2b_3d_4d_5c_6a_7$ 其 $d(\boldsymbol{y},\boldsymbol{c})$为 2。这时译码器的输出为

$$\hat{\boldsymbol{u}}=(10111)=\boldsymbol{u} \tag{9.5.34}$$

前面已阐明维特比译码是按最大似然准则进行译码的,它的性能则由信道质量所决定。由上面讨论,这种译码方法主要存在两个主要缺点:

- 要等全部接收的数据进入译码器以后才能最后算出译码的结果,所以译码时间延长;
- 需要存储 2^{km} 条幸存路径的全部历史数据,所以存储量很大。

例 9.5.1 仍以(2,1,3)卷积码为例,若输入信息序列为 $\boldsymbol{u}=(1011100)$,输出编码序列为 $\boldsymbol{c}=(c_0c_1c_2c_3c_4c_5c_6)=(11,10,00,01,10,01,11)$,通过 BSC 信道送入译码器的接收信号序列为 $\boldsymbol{y}=(y_0y_1y_2y_3y_4y_5y_6)=(10,10,00,01,11,01,10)$,试求具体译码过程。

解 图 9.5.9 为维特比算法译码过程。图中 d 表示幸存路径汉明距离,d'表示丢弃路径汉明距离,$\hat{\boldsymbol{u}}$ 表示接收端的估值(注意,本例中的 $\boldsymbol{y}$ 与图 9.5.7 中的不一样)。

它画出了每时刻进入每一状态的幸存路径和它对应的汉明距离 d 的值,并给出了一条信息序列的估计值 $\hat{\boldsymbol{u}}=(1011100)$。当 $L+m+1=8(l=7)$时刻以后,多条路径仅剩一条,它就是译码器输出的 $\boldsymbol{y}$ 的估值序列 $\hat{\boldsymbol{c}}=(11\ 10\ 00\ 01\ 10\ 01\ 11)$,显然,这是一条最大似然路径,$\boldsymbol{y}$ 发生的 3 个错误得以纠正。

由图 9.5.9 可知,幸存路径可用如下方法确定:例如 $l=3$ 个单位时间,进入 s_0 状态有两条路径,一条是(00),分支加上与(00)分支相连的前一时刻的幸存路径 $\hat{\boldsymbol{c}}=(00,00)$,组成新路径为(00 00 00),于是有

$$\mathbf{d}\begin{pmatrix}\hat{\mathbf{c}}\\ \mathbf{y}\end{pmatrix}=d\begin{pmatrix}\hat{c}_0 & \hat{c}_1 & \hat{c}_2\\ \hat{y}_0 & \hat{y}_1 & \hat{y}_2\end{pmatrix}=d\begin{pmatrix}00 & 00 & 00\\ 10 & 10 & 00\end{pmatrix}=2$$

所以该路径汉明距离为 2。另一条是(11)分支加上与(11)分支相连的前一时刻的幸存路径 $\hat{\boldsymbol{c}}=(11\ 10)$组成。新路径为(11 10 11)，于是有

$$d\begin{pmatrix}\hat{\boldsymbol{c}}\\ \boldsymbol{y}\end{pmatrix}=d\begin{pmatrix}\hat{c}_0 & \hat{c}_1 & \hat{c}_2\\ \hat{y}_0 & \hat{y}_1 & \hat{y}_2\end{pmatrix}=d\begin{pmatrix}11 & 10 & 11\\ 10 & 10 & 00\end{pmatrix}=3$$

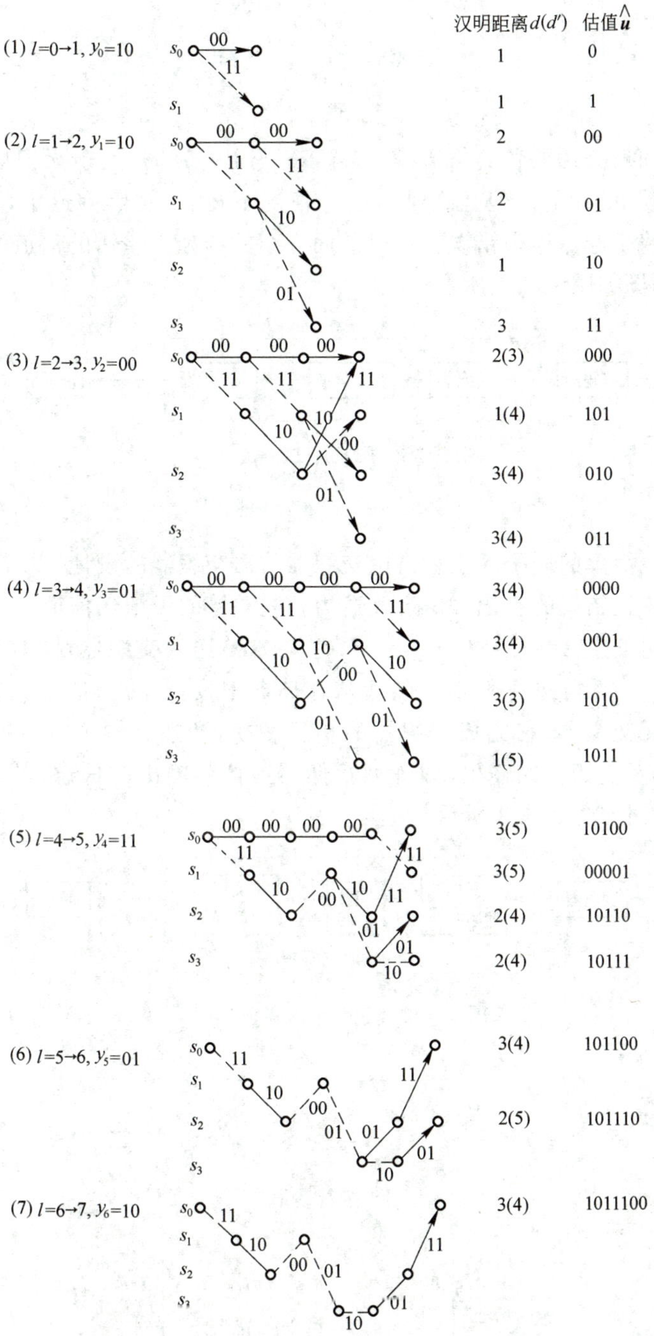

图 9.5.9　维特比算法译码过程

即该路径与 $\mathbf{y}$ 的汉明距离为 3。根据最小汉明距离译码，$l=3$ 时刻 s_0 状态的幸存路径应是 $\hat{c}=(00\ 00\ 00)$，其度量值 $d=2$。其他时刻以及进入其余状态的幸存路径的选择与上述方法相同。如果在某一时刻进入某状态的两条路径有相同的汉明距离，可以任选一条路径作为幸存路径。

9.6 交 织

迄今为止，前面所介绍的各类信道编码(除 RS 码以外)都是用于无记忆信道的，即是针对独立差错(随机错误)设计的。但是在某些实际情况下，比如衰落信道中，差错主要是突发性的，一个突发差错将引起一连串错误。这时前面介绍的纠独立差错的信道编码将无能为力。

交织原理方框图如图 9.6.1 所示。

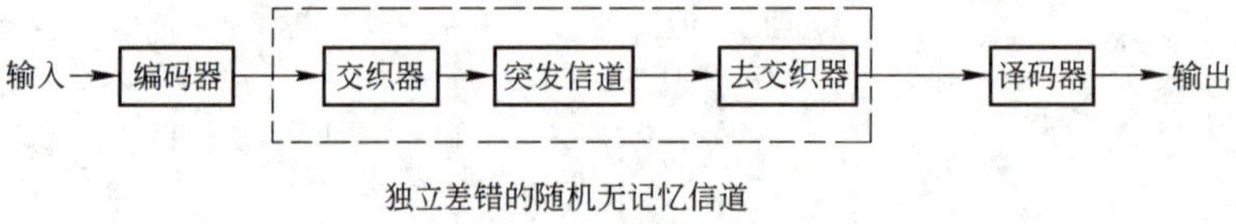

图 9.6.1 交织原理框图

下面，以一个最简单的例子入手来讨论交织器与去交织器的设计，以及如何通过交织与反交织变换，将一个突发错误的有记忆信道改造为独立差错的无记忆信道。

假若，发送一组信息 $\mathbf{X}=(x_1x_2\cdots x_{24}x_{25})$，首先将 $\mathbf{X}$ 送入交织器，同时将交织器设计成按列写入按行取出的 5×5 阵列存储器。然后从存储器中按行输出，送入突发差错的有记忆信道，信道输出送入反交织器，它完成交织器的相反变换，即按行写入，按列取出，它仍是一个 5×5 阵列存储器。反交织器的输出，即阵列存储器中按列输出的信息，其差错规律就变成了独立差错。其示意图如图 9.6.2 所示。

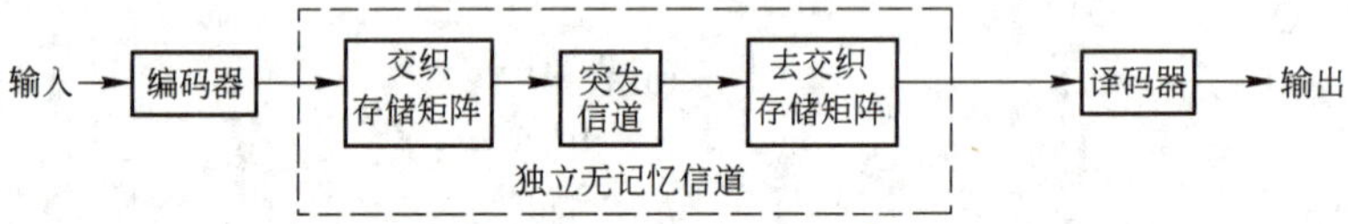

图 9.6.2 分组交织实现方框图

这里

$$\mathbf{X}=(x_1x_2x_3x_4\cdots x_{23}x_{24}x_{25}) \tag{9.6.1}$$

交织矩阵为

→按行读出

$$\mathbf{X}_{\mathrm{I}}=\begin{pmatrix} x_1 & x_6 & x_{11} & x_{16} & x_{21} \\ x_2 & x_7 & x_{12} & x_{17} & x_{22} \\ x_3 & x_8 & x_{13} & x_{18} & x_{23} \\ x_4 & x_9 & x_{14} & x_{19} & x_{24} \\ x_5 & x_{10} & x_{15} & x_{20} & x_{25} \end{pmatrix}$$

↓按列写入

交织器输出并送入信道的信息序列为

$$\boldsymbol{X}'=(x_1x_6x_{11}x_{16}x_{21}x_2x_7\cdots x_{22}x_3\cdots x_{23}x_4\cdots x_{24}x_5\cdots x_{25})\tag{9.6.2}$$

假设突发信道产生两个突发：第一个突发产生于 x_1 至 x_{21} 连错 5 个，第二个突发产生于 x_{13} 至 x_4 连错 4 个，故

$$\boldsymbol{X}''=(\underset{\cdot}{X_1}\underset{\cdot}{X_6}\underset{\cdot}{X_{11}}\underset{\cdot}{X_{16}}\underset{\cdot}{X_{21}}x_2x_7x_{12}x_{17}x_{22}x_3x_8\underset{\cdot}{X_{13}}\underset{\cdot}{X_{18}}\underset{\cdot}{X_{23}}\underset{\cdot}{X_4}x_9x_{14}x_{19}x_{24}x_5x_{10}x_{15}x_{20}x_{25})\tag{9.6.3}$$

去交织矩阵为

→按行写入

$$\boldsymbol{X}_{\mathrm{II}}=\begin{bmatrix}\underset{\cdot}{X_1} & \underset{\cdot}{X_6} & \underset{\cdot}{X_{11}} & \underset{\cdot}{X_{16}} & \underset{\cdot}{X_{21}}\\ x_2 & x_7 & x_{12} & x_{17} & x_{22}\\ x_3 & x_8 & \underset{\cdot}{X_{13}} & \underset{\cdot}{X_{18}} & \underset{\cdot}{X_{23}}\\ \underset{\cdot}{X_4} & x_9 & x_{14} & x_{19} & x_{24}\\ x_5 & x_{10} & x_{15} & x_{20} & x_{25}\end{bmatrix}$$

↓按列读出

经去交织器输出的信息序列为

$$X'''=(\underset{\cdot}{X_1}x_2x_3\underset{\cdot}{X_4}x_5\underset{\cdot}{X_6}x_7x_8x_9x_{10}\underset{\cdot}{X_{11}}x_{12}\underset{\cdot}{X_{13}}x_{14}x_{15}\underset{\cdot}{X_{16}}x_{17}\underset{\cdot}{X_{18}}x_{19}x_{20}\underset{\cdot}{X_{21}}x_{22}\underset{\cdot}{X_{23}}x_{24}x_{25})\tag{9.6.4}$$

由上述分析可见，经过交织矩阵与反交织矩阵的信号设计变换后，原来信道中产生的突发错误，即 5 个连错和 4 个连错变成了无记忆随机性的独立差错。

9.7　级　联　码

级联码是一种由短码构造长码的一类特殊的、有效的方法。它首先是由 Forney 提出的。用这种方法构造出的长码不需要长码所需的那样复杂的译码设备。

1984 年美国 NASA 给出一种用于空间飞行数据网的级联码编码方案，以后被人们称为标准级联码系统，它采用(2,1,7)卷积码作为内码，(255,223)RS 码作为外码，并加上交织器与去交织器。该级联码在 AWGN 信道的深空通信中，当 $E_b/N_0=2.53\ \mathrm{dB}$ 时，$P_b\leqslant 10^{-6}$，其方框图如图 9.7.1 所示。

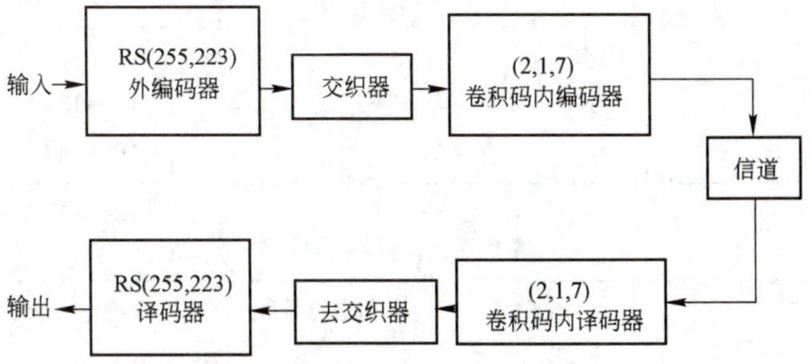

图 9.7.1　标准级联码系统

后来，人们以上述的标准级联码系统作为基准，给出一些性能优良的$(n,1,K)$卷积码(见表 9.7.1)和在 $P_b=10^{-6}$ 条件下的一些级联码性能(见表 9.7.2)以及其分类型标准码(见表 9.7.3 及表 9.7.4)。级联码性能曲线如图 9.7.2 所示。

表 9.7.1 $(n,1,K)$卷积码表

n	K	生成多项式(八进制表示)	d_f
4	15	46321 51271 6366 70535	35
5	13	10661 11145 12477 15573 16727	41
	14	21113 23175 27621 35557 36527	44
	15	46321 51271 63667 70565 73277	47
6	14	21113 23175 27621 33465 35557 36527	53
	15	46321 51271 70535 63667 73277 76513	56

表 9.7.2 在10^{-6}条件下，一些级联码性能

内码	外码	$P_b=10^{-6}$时的 E_b/N_0(dB)
(4,1,5)	(255,223)	0.91
(5,1,14)	(1023,927)	0.57
(5,1,15)	(1023,959)	0.50
(6,1,14)	(1023,959)	0.47
(6,1,15)	(1023,959)	0.42
(5,1,13)	(255,229)	0.91
(5,1,14)	(255,231)	0.79
(6,1,14)	(255,233)	0.63

表 9.7.3 卷积码内编码标准

约束长度 K	编码率	生成多项式(利用维特比译码)
7	1/2	$G_1=171$ $G_2=133$
7	1/3	$G_1=171$ $G_2=133$ $G_3=165$

表 9.7.4 外编码标准

m	生成多项式	码长 N	信息符号数	码率	最小距离	纠错个数
5	$x^5+x^3+x^2+1$	31(符号) 155 bit	15 75 bit	0.484	17	8(符号)
8	$x^8+x^4+x^3+x^2+1$	255(符号) 2 040 bit	239 1 912 bit	0.937	17	8(符号)

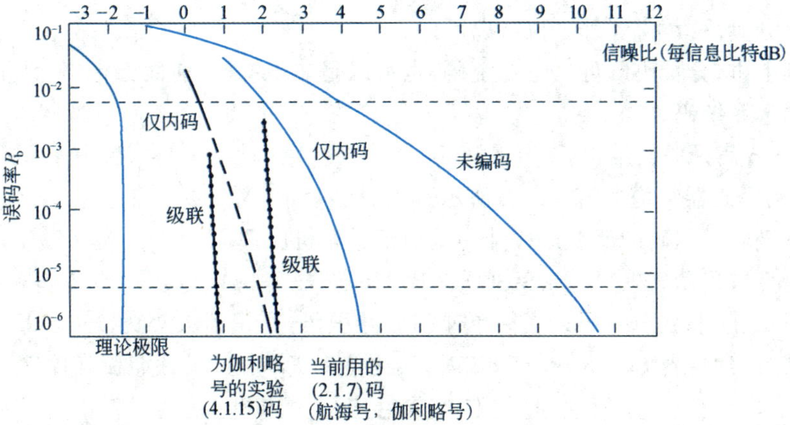

图 9.7.2 级联码性能曲线

9.8 Turbo 码

1993 年法国人 Berrou 等在 ICC 国际会议上提出了一种采用重复迭代(Turbo)译码方式的并行级联码,并采用软输入/输出译码器,可以获得接近香农极限的性能,至少在大的交织器和 BER≈10^{-5}条件下,可以达到这种性能。

Turbo 码编、译码结构如下:

(1) Turbo 码的提出

Turbo 码是 1993 年在 ICC 国际会议上两位法国教授(C. Berrou,A. Glavieux)与一位缅甸籍博士生(P. Thitimajshlwa)共同提出。英文中前缀 Turbo 带有涡轮驱动,即反复迭代的含义。

(2) Turbo 码编码原理

Turbo 码编码原理如图 9.8.1 所示。

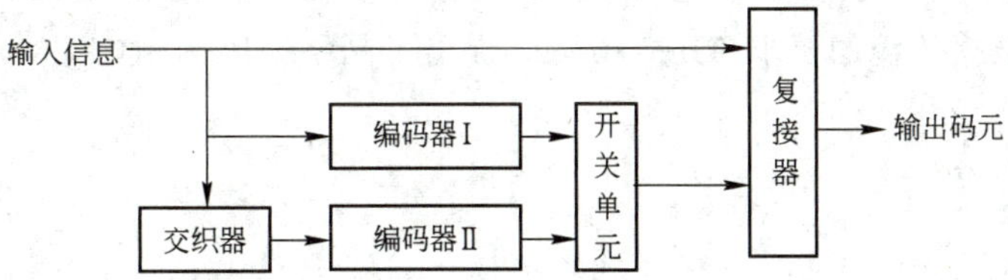

图 9.8.1 Turbo 码编码器框图

① 图中编码器由下列 3 部分组成:

- 直接输入部分;
- 经过编码器Ⅰ,再经过开关单元后送入复接器;
- 先经过交织器、编码器Ⅱ,再经开关单元送入复接器。

② 两个编码器分别称为 Turbo 码二维分量码,它可以很自然地推广到多维分量码:

- 分量码既可以是卷积码,也可以是分组码,还可以是级联码;
- 两个分量码既可以相同,也可以不同;
- 原则上讲,分量码既可以是系统码,也可以是非系统码,前面已指出,为了有效地迭代,必须选系统码。

(3) Turbo 码译码器结构

Turbo 码译码器结构如图 9.8.2 所示。

- 并行级联卷积码的反馈迭代结构类似于涡轮机原理(Turbo),故称为 Turbo 码;
- 译码算法采用软入/软出(SISO)的 BCJR 迭代算法;
- Berrou 指出,当分量码采用简单递归型卷积码,交织器大小为 256×256 时,计算机仿真结果表明:当 $E_b/N_0 \geqslant 0.7$ dB 时,误比特率 $P_b \leqslant 10^{-5}$,性能极其优良。

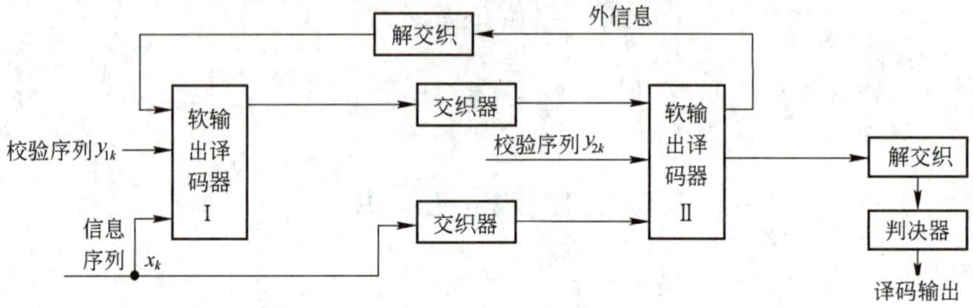

图 9.8.2 Turbo 码译码器框图

9.9 高效率信道编码 TCM

前面所研究的信道编码是在低频谱效率 $\eta<1$ 条件下的高可靠性信道编码。1982 年,Ungerboeck 提出网格编码调制(TCM,Trellis Coded Modulation),开创了高频谱效率 $\eta>1$ 条件下信道编码的研究。

1. TCM 提出的背景

为了适应电信工程上在模拟电话线上高速拨号上网传送数据的需求,即研究限带(0~4 kHz)高速数据传输的要求,Ungerboeck 提出了网络编码调制(TCM)的新概念。下面,首先分析其原理。

根据著名的香农公式

$$C=W\log_2\left(1+\frac{P_s}{WN_0}\right) \quad \text{bit/s} \tag{9.9.1}$$

假若取$\frac{P_s}{N}=\frac{P_s}{WN_0}=28$ dB,在模拟电话 0~4 kHz 的传输线上可供使用的振幅-相位平坦段大约为 2.4 kHz。现将这两个参数代入公式(9.9.1)中可求得$C\approx 22$ kbit/s(理论值),实际上若采用二进制,传输速率只能达到 2.4 kbit/s。若要进一步提高传输速率,只能依靠多进制调制以及它与编码的结合。下面,先介绍 $MASK$、$MPSK$、$MQAM$ 的信号星座图,如图 9.9.1 所示。

由图 9.9.1 可得如下结论:

(1) 信号抗干扰性能主要决定于调制后信号在欧氏空间的距离大小。

（2）一维调制 MASK 抗干扰性不如二维调制的 MPSK 和 MQAM，因为在二维欧氏空间中的信号矢量的距离比在一维欧氏空间中的大。

（3）在不增加总信号平均功率的条件下，信号矢量间的欧氏距离越来越密，这时若要进一步增加抗干扰性能，必须利用信道纠错码增大信号空间的维数以进一步扩大信号矢量间的欧氏距离。在多维调制下的信道编码又会遇到两类距离的问题。

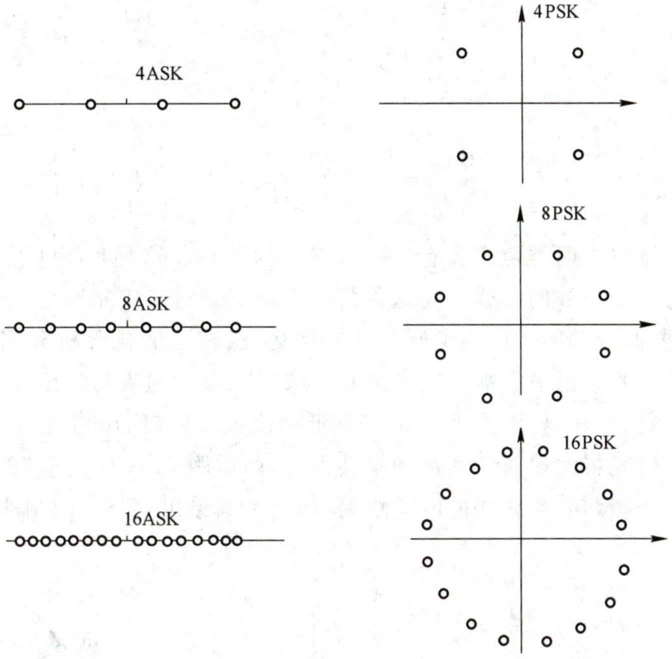

(a) M进制振幅键控MASK　(b) M进制移相键控MPSK

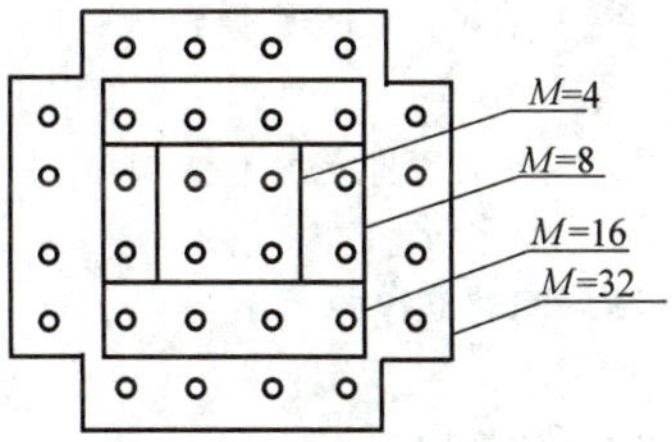

(c) MQAM星座图

图 9.9.1　MASK、MPSK、MQAM 信号星座图

2. 两类距离的概念

根据上面的分析，调制信号的抗干扰性主要取决于已调信号矢量在欧氏空间中距离的大小，即已调信号在欧氏空间中的距离越大，其抗干扰性也就越强。然而在信道编码中，其抗干扰性则主要取决于码组（字）间的汉明距离的大小。汉明距离是有限域中的距离，它与欧氏距离是两个不同的概念，两类距离指导了两类抗干扰的理论与技术的发展。那么在什么情况下，两类距离具有等效性，即是有“一一对应”的关系，又在什么情况下，它们不存在“一一对应”的关系呢？

经分析人们发现，当信号的进制数小于四时，即二进制与四进制时，存在“一一对应”的关系，八进制以上“一一对应”关系就不再成立。下面进行简要分析，见图 9.9.2。

信道编码中的汉明距离 调制信号的欧氏距离

$$\text{二进制：}d_1' = \begin{pmatrix}0\\1\end{pmatrix} = 1 \quad \Leftrightarrow \quad d_1 = 1$$

$$\text{四进制：}\left.\begin{aligned} d_1' &= \begin{pmatrix}0\ 0\\0\ 1\end{pmatrix} \\ &= \begin{pmatrix}0\ 0\\1\ 0\end{pmatrix}\end{aligned}\right\rangle = 1 \Leftrightarrow \quad d_1 = 1$$

$$d_2' = \begin{pmatrix}0\ 0\\1\ 1\end{pmatrix} = 2 \quad \Leftrightarrow \quad d_2 = \sqrt{2}$$

可见，在四进制以下两类距离具有“一一对应”的关系。这种情况下度量抗干扰的两类距离不存在矛盾，它们是一致的。因此在这种情况下特别是对二进制通信，香农曾建议将通信系统优化的两个主要部分调制与信道编码分开来优化，这样可简化分析和实现。根据这一建议在低频谱效率 $\eta<1$ 的编码中已被广泛采用并已取得了很大的成功。比如，目前已找到了一系列的分组码、卷积码、级联码，以及 Turbo 码和低密度校验码(LDPC)等。

但是，进一步研究将发现对于八进制及其以上，两类距离“一一对应”的关系将不再成立。下面，分析八进制调制与编码的两类距离，图 9.9.3 给出 8PSK 调制的信号星座图。

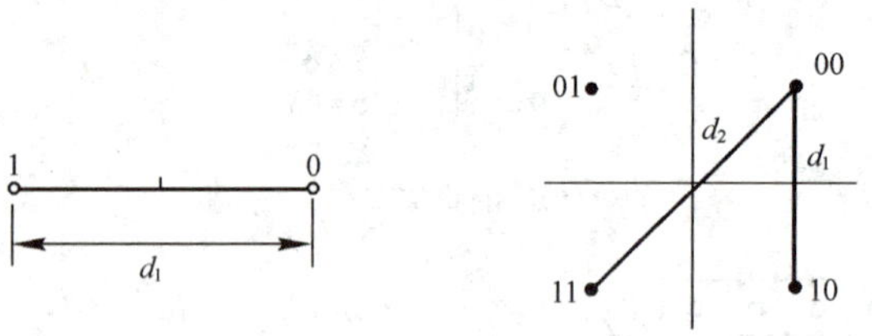

(a) 二进制BPSK (b) 四进制QPSK(格雷码映射)

图 9.9.2 二/四进制调制的欧氏距离图

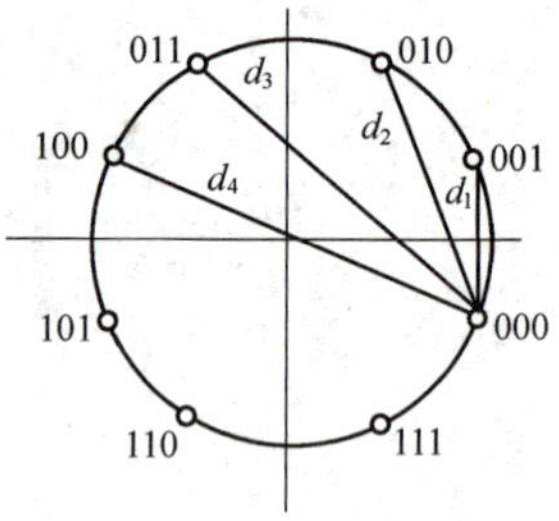

图 9.9.3 8PSK 信号星座图

八进制信道编码的三类汉明距离：

$$(1)\ \left.\begin{aligned} d_1' &= \begin{pmatrix}0\ 0\ 0\\0\ 0\ 1\end{pmatrix} \\ &= \begin{pmatrix}0\ 0\ 0\\0\ 1\ 0\end{pmatrix} \\ &= \begin{pmatrix}0\ 0\ 0\\1\ 0\ 0\end{pmatrix}\end{aligned}\right\} = 1 \qquad (2)\ \left.\begin{aligned} d'_2 &= \begin{pmatrix}0\ 0\ 0\\0\ 1\ 1\end{pmatrix} \\ &= \begin{pmatrix}0\ 0\ 0\\1\ 0\ 1\end{pmatrix} \\ &= \begin{pmatrix}0\ 0\ 0\\1\ 1\ 0\end{pmatrix}\end{aligned}\right\} = 2 \qquad (3)\ d'_3 = \begin{pmatrix}0\ 0\ 0\\1\ 1\ 1\end{pmatrix} = 3$$

八进制调制的四类欧氏距离：

(1) $d_1=\sqrt{2-\sqrt{2}}$ (2) $d_2=\sqrt{2}$ (3) $d_3=\sqrt{2+\sqrt{2}}$ (4) $d_4=2$

显然，三类汉明距离与四类欧氏距离是无法直接建立“一一对应”的。所以在多进制(大于等于八进制)情况下，编码的汉明距离与调制的欧氏距离不能建立直接、简单的“一一对应”关系。然而在信道传输中信号的抗干扰性主要取决于调制后信号在欧氏空间中的距离大小，因此如何协调两类距离的对应关系即如何寻求具有最大欧氏距离的信道编码就成为多进制下高效信道编码中如何提高抗干扰性的一个核心问题。

3. Ungerboeck 子集划分理论

1982 年，Ungerboeck 对多进制情况下的两类距离的不一致性进行了深入的研究，并在此基础上提出了“子集划分”理论。利用这一理论将待传送的信源消息变成为待发送的调制信号，并用计算机搜索了一批符合子集划分且具有最大欧氏距离的信道纠错码，称它为 UB 码。

UB 码是一类调制联合优化的编码，它一般是利用$(n+1,n,K)$卷积码，其中 n 表示输入消息，$n+1$ 表示输出码元，K 表示编码器的约束长度。即将 n 位消息送入编码器，输出$n+1$位码元，它不仅与输入的 n 位消息有关，还与编码器中寄存的 m 位消息$(m=K-1)$有关，且将每一个码组（字）与调制信号的星座图中的一个信号点相对应。星座中共有 2^{n+1} 个信号点，为了使发送信号间欧氏距离最大，可将 2^{n+1} 信号点划分为若干个子集，子集中信号的欧氏距离随划分次数而不断增大，即 $d_1<d_2<d_3<\cdots$，从而解决了两类距离的一致性问题。

以 8PSK 信号为例，见图 9.9.4。

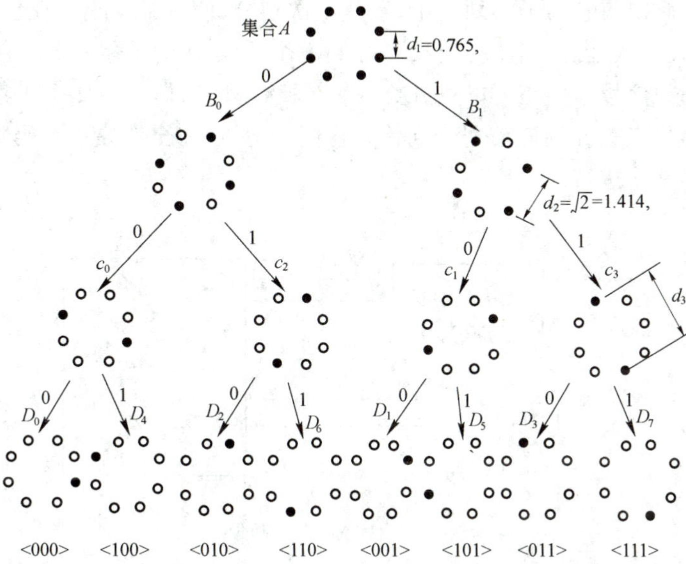

图 9.9.4　8PSK 信号子集划分图

由图 9.9.4 可见，将一个 8PSK 的信号集合 A（含有 8 个黑色信号点的集合 A）逐次按照“一分为二”方式进行子集划分。若设 8PSK 的信号点位于半径 $r=1$ 的单位圆上，则集合 A 中各信号点（黑点）的欧氏距离为

$$d_1=2\sqrt{r}\sin\frac{1}{8}\pi=\sqrt{(2-\sqrt{2})}=0.765 \tag{9.9.2}$$

第一次子集划分

$$A=B_0\cup B_1 \tag{9.9.3}$$

其中子集 B_0 与 B_1 中各占有 4 个黑色信号点，且位置相间隔，这时 $B_i(i=0,1)$各黑色信号点之间的欧氏距离扩大为

$$d_2=\sqrt{2}=1.414 \tag{9.9.4}$$

第二次子集划分

$$\left.\begin{aligned}B_0=C_0\cup C_2\\B_1=C_1\cup C_3\end{aligned}\right\}\tag{9.9.5}$$

其中各子集 $C_i(i=0,1,2,3)$各点有两个黑色信号点，且位置相间隔，这时各黑色信号点间的欧氏距离进一步扩大为

$$d_3=2\tag{9.9.6}$$

第三次也是最后一次子集划分

$$\left.\begin{aligned}C_0=D_0\cup D_4\\C_1=D_1\cup D_5\\C_2=D_2\cup D_6\\C_3=D_3\cup D_7\end{aligned}\right\}\tag{9.9.7}$$

其中各子集 $D_i(i=0\sim7)$各含一个黑色信号点。可见，每次子集划分都能使信号点间的欧氏距离不断扩大，即

$$d_1<d_2<d_3<\cdots\tag{9.9.8}$$

在上述 8PSK 调制信号的子集划分中，经过三次划分，使每个子集中仅包含一个黑色信号点为止。实际上，在一般情况下，不一定要划分到每个子集中仅含有一个黑色信号点才为止，比如上述 8PSK 调制信号的星座可以只进行两级(两次)划分，即产生 4 个子集，而每个子集中包含有两个黑色信号点。究竟应该划分到什么程度合适，这完全取决于编码特性，一般情况下编码过程可按图 9.9.5 进行。

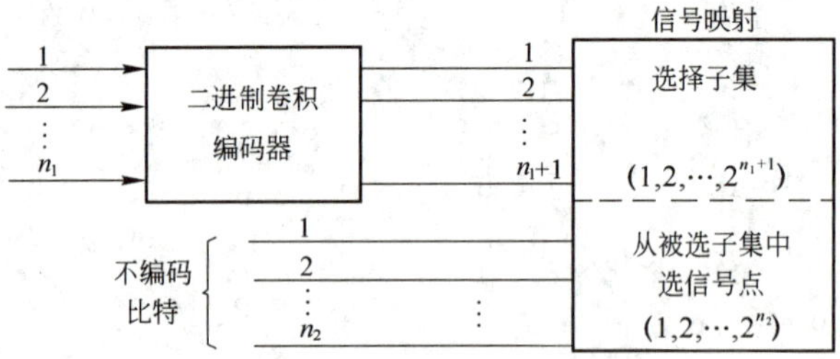

图 9.9.5 TCM 的一般结构

由图 9.9.5 可知，一个 n 比特的信息组可分解为 n_1 及 n_2 两个分组，其中 n_1 比特组被送入二进制卷积编码器并编成 n_1+1 比特组输出，而另一组 n_2 比特不参与编码。这样，从编码器得出的 n_1+1 比特可以在经过子集划分后的信号星座的 2^{n_1+1} 个子集中选取其中之一，而未编码的 n_2 比特则被送至在已划分的 2^{n_1+1} 的各子集中的 2^{n_2} 个信号点中选取其中之一。即一个未编码的 n 比特信息可以分解为两部分：$2^n=2^{n_1}\cdot2^{n_2}$。其中：

- 前一部分 2^{n_1} 可利用 UB 码选择调制信号星座中 2^{n_1+1} 个子集中的某一个；
- 后一部分 2^{n_2} 则是用来选择 2^{n_1+1} 个调制子集中每个子集含有 2^{n_2} 个信号点中的某一个。

具体说来，这 n_2 比特与子集中的信号如何映射，在 TCM 设计中并不重要，因为它不影响 TCM 的自由距离，故对码的性能影响不大。在网格图中子集内的 2^{n_2} 个信号点对应着 2^{n_2} 条并行转移支路。若当 $n_2=0$，则 $n=n_1$，即所有的信息比特都参与编码。

4. TCM 的实现

从上面的讨论可以看出 TCM 是利用“子集划分”理论，而不是利用传统的扩展频带来获

取编码增益的，故其频谱效率高，并称为高效编码调制。它的最佳性能是通过将编码器和调制器作为一个统一的整体来加以考虑的，使得编码器与调制器级联后具有最大的欧氏自由距离。从信号空间角度看这种最佳编码调制的设计实际上是一种对信号空间的最佳分割。这类最佳分割具有以下两个特点：

(1) 星座中的所有信号点数大于未编码同类调制所需的信号点数，通常是信号点扩大 1 倍，扩大后多余的信号点为纠错编码提供了冗余度；

(2) 采用卷积码在信号点之间引入某种依赖性，只有某些信号点序列是允许出现的，这些允许信号点序列可以模型化为网格结构，故称为网格编码调制。

下面，根据图 9.9.5 所示的 TCM 一般结构图给出四状态网格编码与 8PSK 调制相结合的最优码编码器结构的原理图，如图 9.9.6 所示。

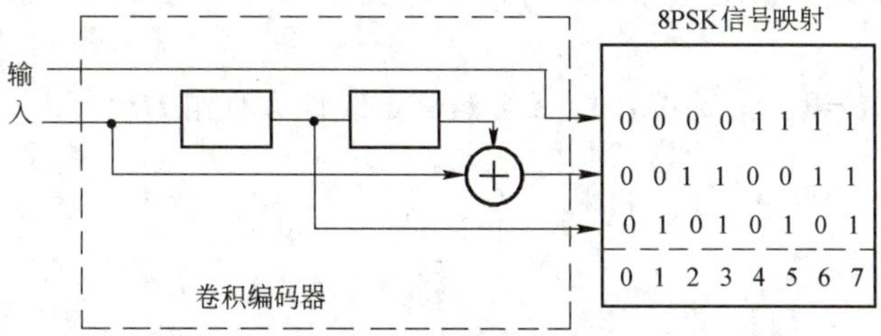

图 9.9.6　四状态网格编码最优码与 8PSK 信号映射图

在四状态网格码中，$d_f = d_3 = 2$，因受并行转移距离的限制，编码增益也受限于 3 dB，但是若能采用更多状态数，则可取得更大的编码增益。有人通过计算机搜索找到 8 状态与 16 状态最优网格码，其编码增益可提高到 3.6 dB 与 4.1 dB。

9.10　低密度校验码

本书的表 9.4.1 给出了许多 BCH 码的设计。对于表中所给定的码长 n 来说，这些码的设计都是很好的，但它们的性能和香农所预言的那种好码相比，还有不小的差距。也就是说，为了达到某个要求的误码率，表 9.4.1 中的码需要的 E_b/N_0 比香农极限的所预言的 E_b/N_0 大得多。究其原因，是因为这些码太短了。根据 8.9 节所述的信道编码定理，逼近香农极限的一个必要条件是码长充分长。

因此，要想进一步提高性能，就必须增加码长 n。不过增大码长必然会提高译码的复杂度。按照前面所讲的译码方法，译码的基本思路是先求伴随式，再根据伴随式求可纠正错误图样。假如码长 n=1 000，信息长 k=500，不同的伴随式的个数将有 $2^{n-k}=2^{500}$ 之多，是一个天文数字，以现有的技术，根本不可能实现。可以说，这样的码实际是"不可译"的。所以，问题的焦点就是寻找对长码有效的译码方法，其性能可接近最大似然(ML)译码，其复杂度又是目前技术可以接受的。

低密度校验码(LDPC 码)是一种码长 n 非常大的线性分组码，码长一般是成百上千，甚至更长。其校验矩阵 $\boldsymbol{H}$ 于是也很大，并且有一个重要特征是，H 中的非零元素很少，即"1"的个数很少，故称为低密度。这样的矩阵也称为稀疏矩阵。LDPC 的 PC 表示线性分组码(线性分组码也可称为线性校验码或校验码，parity check 便是英文"校验"的意思)，LD 表示低密度(low density)。LDPC码的译码方法特殊,它解决了长码"不可译"的问题。而这种译码方法要求 $\boldsymbol{H}$ 有低密度的特性,否则无法保证译码有较低的复杂度和良好的性能。

下面先介绍LDPC码的译码方法,再讨论LDPC的编码和 $\boldsymbol{H}$ 矩阵的构造。

9.10.1 LDPC码的译码

LDPC码的译码方法较为复杂,下面通过一个简单的例子来说明LDPC译码的思路。考虑(7,4)汉明码,假设其监督矩阵为

$$\boldsymbol{H}=\begin{pmatrix}1&1&1&1&0&0&0\\0&0&1&1&1&1&0\\0&1&0&1&1&0&1\end{pmatrix}$$

注意,此汉明码不是低密度校验码(矩阵 $\boldsymbol{H}$ 不够稀疏),在这里只是借用它来说明LDPC码的译码思路。

假设发送码字是 $\boldsymbol{c}=(c_6,c_5,\cdots,c_0)$。$\boldsymbol{c}$ 必然满足线性方程组 $\boldsymbol{Hc}^{\mathrm{T}}=\boldsymbol{0}$,即

$$\begin{cases}c_6+c_5+c_4+c_3=0\\c_4+c_3+c_2+c_1=0\\c_5+c_3+c_2+c_0=0\end{cases}\tag{9.10.1}$$

通过信道后的接收码字 $\boldsymbol{y}=(y_6,y_5,\cdots,y_0)$ 可能包含错误,因此伴随式 $\mathbf{s}=\boldsymbol{H}\mathbf{y}^{\mathrm{T}}\neq 0$。

可以将这个线性方程组用图9.10.1来表示,该图称为Tanner图。图中的黑色圆点V6,V5,…,V0称为变量节点,代表7个比特 $c_6,c_5,\cdots,c_0$,它们是译码器待求解的未知变量。图中的符号"田"称为校验节点,代表式(9.10.1)中的每一个校验方程。换句话说,$\boldsymbol{H}$ 的每一行就是一个校验节点,每一列就是一个变量节点,$\boldsymbol{H}$ 中的每一个"1"就是图中的一条连线(边)。例如,校验节点C1代表第一个方程 $c_6+c_5+c_4+c_3=0$。它包含 c_6,c_5,c_4,c_3 这4个待求解的变量,所以C1与V6、V5、V4、V3相连。另一方面,变量 c_3 同时出现在3个方程中,所以V3与C1、C2、C3相连,其余类似。

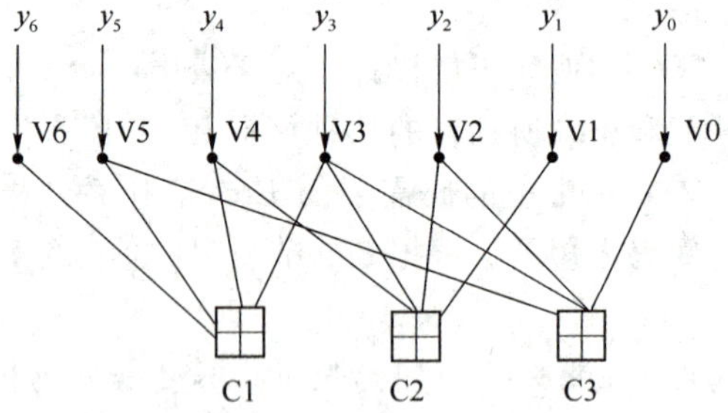

图9.10.1 Tanner图

译码过程是在变量节点和校验节点之间传递信息。每个变量节点告诉它所连接的校验节点"我认为该变量是什么",而校验节点告诉它所连接的变量节点"我认为该变量应该是什么"。经过反复的消息传递后,变量节点和校验节点不断改变自己对各个变量是什么的看法,最终能形成一个满足校验方程的码字,这就是译码结果。如果经过充分的迭代后仍然不能形成一个满足校验方程的码字,则译码器宣布它无法译出这个码字,即译码失败。

例如,收到的是 $\boldsymbol{y}=(1110000)$,变量节点V6、V5、V4、V3将告诉校验节点C1,它们认为 $c_6=1,c_5=1,c_4=1,c_3=0$。而校验节点C1根据校验方程 $c_6+c_5+c_4+c_3=0$,认为 $c_3=c_6+c_5+$

$c_4=1$,于是告诉 V3 说“我认为 c_3 不是 0,是 1”。同样的,C2 也将告诉 V3 它认为 $c_3=1$,C3 告诉 V3 它也认为 $c_3=1$。V3 得到这些消息后,看到 C1、C2、C3 都认为 $c_3=1$,只有信道来的 y_3 认为 $c_3=0$。按照少数服从多数的原则,V3 现在认为 $c_3=1$。其他变量节点也是这样,根据校验节点传来的信息重新调整其看法。当所有变量节点都有了新的看法后,译码器检查这些新的看法所形成的码字是否满足校验方程,如果满足,则认为已经译出。否则,所有变量节点再把它们现在所认为的变量值传给校验节点,校验节点再按校验方程更新自己的判断。

需要注意的是,变量节点向校验节点传送消息时,是用信道信息和其他校验节点的信息来给出新的判断,不能包括来自拟向其传送消息的校验节点的信息。也就是说,变量节点向校验节点发送的消息是“别人认为某个变量是什么”。例如,V3 告诉 C1 的消息将是“根据 y_3、C2 和 C3 的看法,c_3 是什么”,不能是“根据 y_3、C1、C2 和 C3 的看法,c_3 是什么”。这个道理很容易理解:C1 需要独立的输入才能改进它的判断,否则会使自己原本错误的看法被固化。

这个过程反复迭代进行,直至各个变量节点达成一个满足校验方程的码字,或者达到了预定的迭代次数仍不能达到满足校验方程,此时译码器报告译码失败。

上述只是 LDPC 译码最为简单的形式。实际应用的译码算法要复杂一些,当然性能也更好。容易想到的一点是,让节点之间传递的信息不仅仅是变量的值是“0”还是“1”,还可以传递它以多大的把握认为这些值是“0”还是“1”。比如传递的消息可能是“我认为 c_3 有 80%的把握是 0”。这样的可靠性信息显然有助于各个节点更好地判断变量,但所涉及的概率估算会引来很多的复杂性,使相应的硬件成本升高。具体到硬件设计时,还会采用更为合适的实现方法。目前主流的 LDPC 译码都是采用这种传递概率信息的方法或其变化形式。这种思想来自于神经元网络,套用那里的术语,此类 LDPC 译码算法也被称为置信度传播算法:节点之间散布的消息是它们对某个事情的认知,这种认知不是确定的,而是有一定的置信度(即概率)。

LDPC 迭代译码的运算量与消息传递的次数成正比,一次迭代中消息传递的次数等于图 9.10.1 中边的个数,而图中边的个数正是 $\boldsymbol{H}$ 中 1 的个数。由此可见,要使 LDPC 译码的计算量达到实际应用可以承受的程度,$\boldsymbol{H}$ 的密度应该在保证译码性能的前提下尽量低。

9.10.2 LDPC 码的编码

相比于译码而言,LDPC 码的编码很容易理解:它就是线性分组码,和我们先前所学相比,除了 $\boldsymbol{H}$ 更大外,新的地方主要在译码器这边。给定校验矩阵 $\boldsymbol{H}$ 后,可相应求出系统码的生成矩阵 $\boldsymbol{G}$,再用信息码组 $\boldsymbol{u}$ 乘以 $\boldsymbol{G}$ 便得到系统码的 LDPC 编码结果 $\boldsymbol{c}=\boldsymbol{uG}$。不过,$\boldsymbol{H}$ 很大时,$\boldsymbol{G}$ 自然也很大,矩阵乘法 $\boldsymbol{uG}$ 的运算复杂度也将相当大。甚至有可能比译码的复杂度还大:保持码率 k/n 不变,乘法 $\boldsymbol{uG}$ 中的运算量与 n^2 成正比,而译码的运算量一般与 n 成正比。通过巧妙设计 $\boldsymbol{H}$ 可以避免用 $\boldsymbol{uG}$ 这种方法来进行编码,从而降低复杂度。

9.10.3 LDPC 码 $\boldsymbol{H}$ 矩阵的构造

在硬件(或软件)实现之前,先要进行的工作是设计出 $\boldsymbol{H}$,而后才能根据这个 $\boldsymbol{H}$ 设计出具体的编码电路和译码电路。这个工作类似于循环码中生成多项式的设计,或者卷积码中格图的设计。如何设计出一个好的 $\boldsymbol{H}$,使其有好的译码性能是一个关键问题。在前面的章节中我们认为,好的编码设计应能使最小码距(或自由距)最大。这种设计准则实际上只对短码和高信噪比成立。Turbo 码和 LDPC 码属于长码,并且主要工作在低信噪比范围,在这个信噪比范围内,最小码距对译码性能起的作用不是太大。所以,LDPC码的设计有另外的原则。最简单的设计方法是随机产生一个低密度的矩阵作为LDPC码的 $\boldsymbol{H}$,然后通过仿真检验其性能。由于长码几乎都是好码,所以容易通过随机选取得到一个性能可以满意的 $\boldsymbol{H}$。但实际应用中,出于编码复杂度及其他一些考虑(如存储量、译码速度等),很少这样做。一般都是采用一些精巧的,有一定结构和规则的设计。

习　　题

9.1　求下列二元码字之间的汉明距离:

(1) 0 0 0 0,0 1 0 1

(2) 0 1 1 1 0,1 1 1 0 0

(3) 0 1 0 1 0 1,1 0 1 0 0 1

(4) 1 1 1 0 1 1 1,1 1 0 1 0 1 1

9.2　某码字的集合为

0000000　1000111　0101011　0011101

1101100　1011010　0110110　1110001

试求:(1) 该码字集合的最小汉明距离;

(2) 确定其纠错能力。

9.3　假设二进制对称信道的差错率 $P=10^{-2}$。

(1) (5,1)重复码通过此信道传输,不可纠正的错误出现的概率是多少?

(2) (4,3)偶校验码通过此信道传输,不可检出错误的出现概率是多少?

9.4　有一组等重码(每个码字具有相同的汉明重量),每个码字有5个码元,其中有3个"1"。试问该等重码是线性码吗?请说明理由。

9.5　若已知一个(7,4)码生成矩阵为

$$\boldsymbol{G}=\begin{pmatrix}1&0&0&0&1&1&1\\0&1&0&0&1&0&1\\0&0&1&0&0&1&1\\0&0&0&1&1&1&0\end{pmatrix}$$

请生成下列信息组的码字:

(1) (0100);(2) (0101);(3) (1110);(4) (1001)。

9.6　已知一个系统(7,4)汉明码监督矩阵如下:

$$\boldsymbol{H}=\begin{pmatrix}1&1&1&0&1&0&0\\0&1&1&1&0&1&0\\1&1&0&1&0&0&1\end{pmatrix}$$

试求:(1) 生成矩阵 $\boldsymbol{G}$;

(2) 当输入信息序列 $\boldsymbol{m}=(110101101010)$ 时求输出码序列 $\boldsymbol{c}$。

9.7　已知非系统码的生成矩阵为

$$G'=\begin{pmatrix}0&0&0&1&0&1&1\\0&0&1&0&1&1&0\\0&1&0&1&1&0&0\\1&0&1&1&0&0&0\end{pmatrix}$$

(1) 写出等价系统码生成矩阵；

(2) 写出典型监督矩阵。

9.8 已知某线性分组码生成矩阵为

$$G'=\begin{pmatrix}0&0&1&1&1&0&1\\0&1&0&0&1&1&1\\1&0&0&1&1&1&0\end{pmatrix}$$

试求：(1) 系统码生成矩阵表达形式；

(2) 写出典型监督(校验)矩阵 $\boldsymbol{H}$；

(3) 若译码器输入 $\boldsymbol{y}=(0011111)$，请计算其伴随式；

(4) 若译码器输入 $\boldsymbol{y}=(1000101)$，请计算其伴随式。

9.9 已知某(7,3)码生成矩阵为

$$G=\begin{pmatrix}1&0&0&1&0&1&1\\0&1&0&1&1&1&0\\0&0&1&0&1&1&1\end{pmatrix}$$

试求：可纠正错误图样和对应伴随式。

9.10 在题 9.10 表中列出了 4 种(3,2)码，这 4 个码组是线性码吗？是循环码吗？请分别说明理由。

题 9.10 表

信息组	c_1	c_2	c_3	c_4
00	000	000	001	011
01	011	011	010	110
10	110	111	100	001
11	101	100	000	111

9.11 请在 GF(2)域上计算下列各式：

(1) $(x^4+x^3+x^2+1)+(x^3+x^2)$

(2) $(x^3+x^2+1)(x+1)$

(3) $x^4+x \quad \mathrm{mod}\ (x^2+1)$

(4) $x^4+1 \quad \mathrm{mod}\ (x+1)$

(5) $x^3+x^2+x+1 \quad \mathrm{mod}\ (x+1)$

9.12 请在 GF(2)域上计算 x^7 除以 $g(x)=x^3+x+1$ 的余式[mod $g(x)$]。

9.13 若已知一个(7,3)循环码生成多项式为

$$g(x)=x^4+x^3+x^2+1$$

试求：生成矩阵。

9.14 已知：

$$x^7+1=(x^3+x^2+1)(x^3+x+1)(x+1)$$

(1) 写出(7,3)循环码的生成多项式；

(2) 写出(7,4)循环码的生成多项式；

(3) 写出(7,6)偶校验码的生成多项式；

(4) 写出(7,1)重复码的生成多项式。

9.15 (1) 证明 $g(x)=x^{10}+x^8+x^5+x^4+x^2+x+1$ 是(15,5)循环码的生成多项式；

(2) 若信息码多项式 $u(x)=x^4+x+1$，请写出系统码多项式。

9.16 已知(15,11)循环码的生成多项式为

$$g(x)=x^4+x+1$$

试写出该码系统码生成矩阵 $\boldsymbol{G}=(\boldsymbol{I} \vdots \boldsymbol{Q})$ 形式。

9.17 已知(15,7)循环码的生成多项式为

$$g(x)=x^8+x^7+x^6+x^4+1$$

若信息码组 $\boldsymbol{u}=(0011001)$，请写出系统码的码组。

9.18 若(7,3)循环码的生成多项式为 $g(x)=x^4+x^2+x+1$。

(1) 若编码器输入是110，写出系统码编码的码字；

(2) 若译码器输入是1011011，求其码多项式模 $g(x)$ 所得的伴随式，并给出译码结果。

9.19 用八进制形式表示下列多项式：

(1) x^4+x^3+1；

(2) x^5+x^2+1；

(3) $x^6+x^4+x^3+x+1$；

(4) $x^9+x^5+x^3+x^2+1$。

9.20 将下列八进制数写成多项式。

(1) 23；(2) 45；(3) 105；(4) 721

9.21 某(3,1,3)卷积码 $g_1=100, g_2=101, g_3=111$，画出该码编码器。

9.22 已知一个(2,1,5)卷积码 $g^{①}=(11101), g^{②}=(10011)$，则请

(1) 画出编码器框图；

(2) 写出该码生成多项式 $g(x)$；

(3) 若输入信息序列为11010001，求输出码序列 $\boldsymbol{c}$。

9.23 已知一个(3,1,3)卷积码

$$g_1(x)=1+x+x^2,\quad g_2(x)=1+x+x^2,\quad g_3(x)=1+x^2$$

试：(1) 画出该码编码器框图；

(2) 画出状态图、树图。

9.24 已知一个(2,1,3)卷积码编码器结构如题9.24图所示，试：

(1) 写出 $g^{①}$、$g^{②}$；

(2) 画出状态图、树图、网格图。

9.25 已知一卷积编码器结构如题9.25图所示，试求：

(1) (n,k,K)；

(2) $g^{①}$，$g^{②}$；

(3) 若 $\boldsymbol{x}$=(10111)，求输出 $\boldsymbol{c}$。

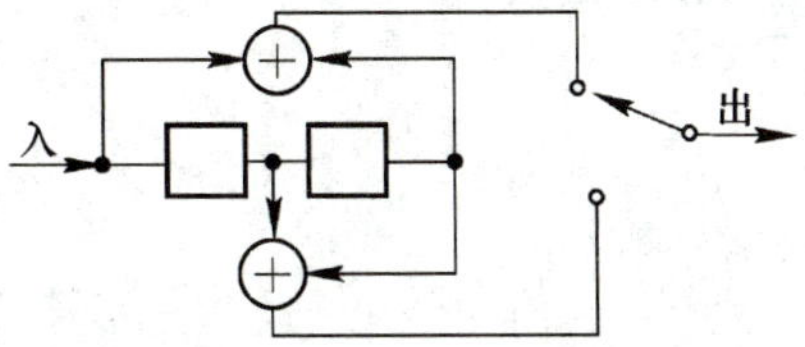

题 9.24 图

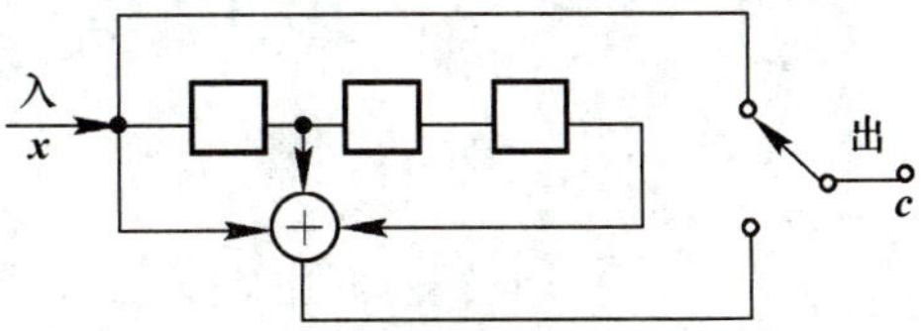

题 9.25 图

9.26　某信源的信息速率为 9.6 kbit/s，信源输出通过一个 1/2 码率的卷积编码器后用 4PSK调制信号传输(设载波频率为 1 MHz)，4PSK 采用了滚降系数为 1 的频谱成形。

(1) 4 PSK 的符号速率是多少？

(2) 画出在信道中传送的 4 PSK 信号功率谱(标上频率值)。

9.27　码率为 1/2、约束长度 $K=3$ 的卷积码的网格图如题 9.27 图所示，图中的虚线表示输入为"1"时所走的分支，实线表示输入为"0"时所走的分支。各分支上的数字表示编码器输出的码字。

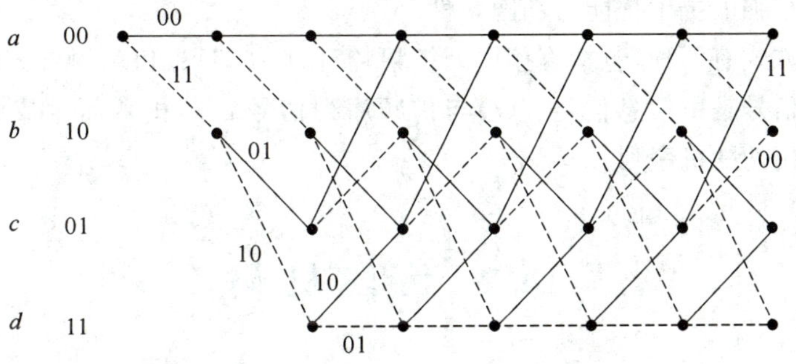

题 9.27 图

(1) 若接收序列为 11 11 00 00 01 10 11 …，请用维特比算法计算译码后的输出序列；

(2) 画出该卷积码的状态转移图；

(3) 写出该卷积码的生成多项式。

第 9 章习题答案

第10章 扩频通信

10.1 引 言

扩频通信是利用扩频信号传送信息的一种通信方式。扩频信号的频谱宽度比信息带宽大很多。对于数字扩频通信而言，扩频信号的带宽 B 与信息速率 R_b 之比$\frac{B}{R_b}\gg 1$，或者 B 与码元速率 R_s 之比$\frac{B}{R_s}\gg 1$。也可表示为 $BT_b\gg 1$ 或 $BT_s\gg 1$。

扩频信号具有良好的相关特性，包括尖锐的自相关特性和低值的互相关特性。这些特性使扩频通信具有很强的抗干扰能力和隐蔽性。

扩频的主要方式有两种，包括直接序列扩频（简称直扩，DS）和跳频（FH）。本章主要介绍直扩系统。直扩信号是由信息信号 $d(t)$ 与扩频序列信号 $c(t)$ 相乘而生成的，即$d(t)\cdot c(t)$。扩频序列通常采用伪随机序列。

10.2 伪随机码

10.2.1 定义

伪随机码又称伪随机序列，它是具有类似于随机序列基本特性的确定序列。通常广泛应用二进制序列，因此我们仅限于研究二进制序列。

二进制独立随机序列在概率论中称为伯努利(Bernoulli)序列，它由两个元素（符号）0，1或1，−1组成，序列中不同位置的元素取值相互独立，0或1的出现概率相等。伯努利随机序列具有以下3个基本特性：

(1) 在序列中“0”和“1”出现的相对频率各为1/2。

(2) 序列中连0或连1称为游程，连0或连1的个数称为游程的长度。序列中长度为1的游程数占游程总数的1/2；长度为2的游程数占游程总数的1/4；长度为3的游程数占游程总数的1/8；长度为 n 的游程数占游程总数的 $1/2^n$（对于所有有限的 n）。此性质简称为随机序列的游程特性。

(3) 如果将给定的随机序列位移任何个元素，则所得序列和原序列对应的元素有一半相同，一半不同。

如果确定序列近似满足以上 3 个特性，则称此确定序列为伪随机序列。

10.2.2　最长线性反馈移存器序列(m 序列)

1. m 序列的产生

最长线性反馈移存器序列是最常见和最常用的一种伪随机序列，简称 m 序列，它是由具有线性反馈的移位寄存器产生的周期最长的序列。

以长度(周期)为 7 的 m 序列为例说明 m 序列的产生过程和性质。

图 10.2.1 为长度等于 7 的 m 序列(简称 7 位 m 序列)产生电路的逻辑框图。

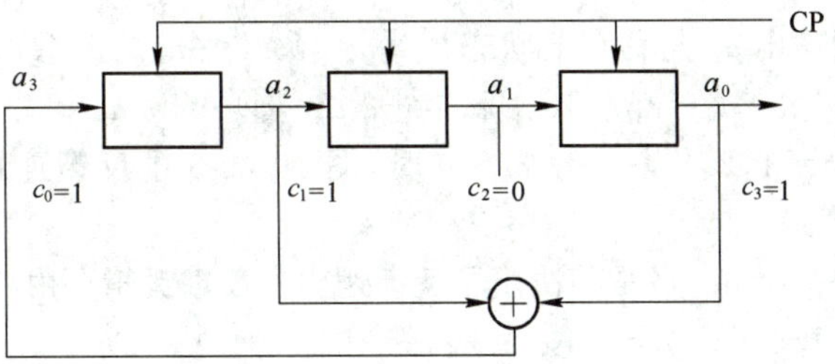

图 10.2.1　m 序列产生电路逻辑框图

在时钟脉冲的作用下移存器的状态不断变化，图 10.2.2 为移存器状态变化图表。假设移存器的初始状态为 $a_0=1, a_1=0, a_2=0$。由图 10.2.2 可见，在第 7 个时钟脉冲时移存器的状态又回到初始状态，这说明此序列的长度(周期)等于 7。如果移存器的初始状态为全 0，即 $a_0=0$，$a_1=0, a_2=0$，则此状态在时钟脉冲作用下不会改变。即全 0 初始状态下产生的序列为全 0 序列。非全 0 初始状态下，移存器状态变化的顺序可以用其状态转移图表示。图 10.2.3 是非全 0 初始状态下的状态转移图；图 10.2.4 是全 0 初始状态下的状态转移图。其中图 10.2.3 圆圈中的数字与 a_2, a_1, a_0 相对应。

CP	a_3	a_2	a_1	a_0
0	1	0	0	1
1	1	1	0	0
2	1	1	1	0
3	0	1	1	1
4	1	0	1	1
5	0	1	0	1
6	0	0	1	0
7	1	0	0	1

图 10.2.2　状态变化图表

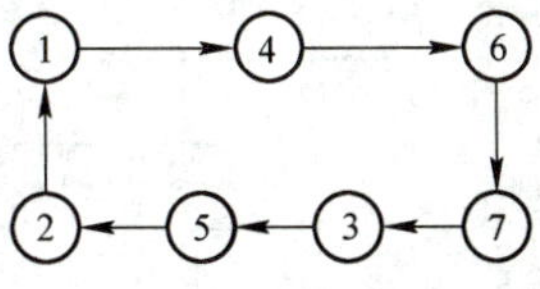

图 10.2.3　非全 0 初始状态下状态转移图

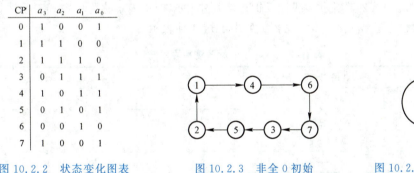

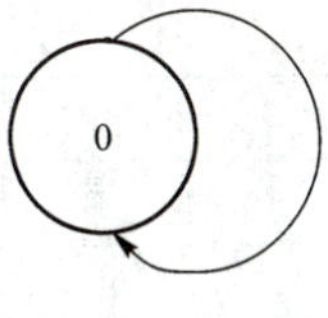

图 10.2.4　全 0 初始状态下状态转移图

上述 7 位 m 序列产生器由三级移存器组成，每一级移存器有两个可能状态(0,1)，三级移存器的所有可能状态为 $2^3=8$ 种：000，001，010，011，100，101，110，111，其中全 0 状态 000 不能进入 m 序列产生器的移存器，否则将出现全 0 序列。由此可见，三级移存器组成的线性反馈电路所产生的序列周期不会超过 $2^3-1=7$。一般情况，由 n 级移存器组成的线性反馈电路所产生的序列周期不会超过 2^n-1。图 10.2.5 为由 n 级具有线性反馈逻辑移存器所组成的码序列发生器的框图。

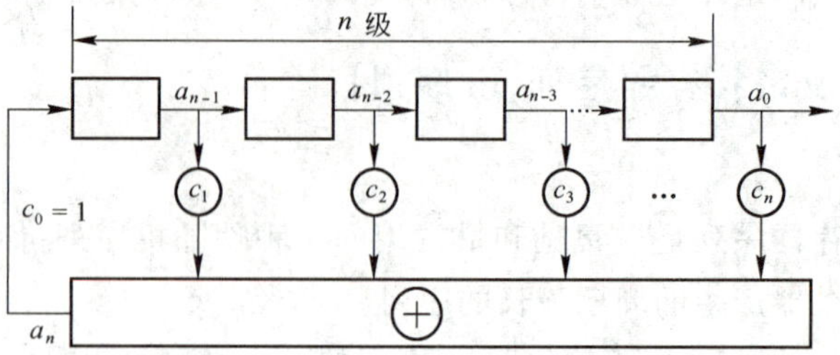

图 10.2.5 线性反馈移位寄存器序列发生器逻辑框图

图 10.2.5 中反馈输出 a_n 与移存器状态 $a_{n-1}a_{n-2}a_{n-3}\cdots a_0$ 的关系可用式(10.2.1)表示

$$a_n=c_1a_{n-1}\oplus c_2a_{n-2}\oplus c_3a_{n-3}\oplus\cdots\oplus c_na_0 \tag{10.2.1}$$

其中系数 $c_k\in(0,1)$，$k=1,2,3,\cdots,n$。$c_k=0$ 时，图 10.2.5 中反馈连接断开；$c_k=1$ 时，反馈接通。

由此可见，系数 $c_1\ c_2\ c_3\cdots c_n$ 的取值决定了反馈逻辑。反馈逻辑可由特征多项式 $f(x)$ 表示

$$f(x)=c_0+c_1x+c_2x^2+c_3x^3+\cdots+c_nx^n \tag{10.2.2}$$

其中，$c_k\in(0,1)$，$k=0,1,2,3,\cdots,n$；n 为移存器级数。

因为码序列发生器中反馈逻辑总是接入的，所以式(10.2.2)中 $c_0=1$。

例如：$f(x)=1+x+x^4$，表示 $n=4$，有 4 级移存器，且 $c_1=1,c_2=0,c_3=0,c_4=1$。

不同特征多项式对应不同的反馈逻辑，即对应不同的序列。由 n 级移存器组成的线性反馈电路所产生的序列周期不会超过 2^n-1，其中周期等于 2^n-1 的序列即为 m 序列(最长线性反馈移存器序列)。

可以证明：产生 m 序列的充分必要条件是其特征多项式是本原多项式。而有关本原多项式的概念，请见本书第 9 章 9.4 节。

构成 m 序列产生器必须找到相应的本原多项式。经过前人的大量计算，已将常用的本原多项式列成表，如表 10.2.1 所示。线性反馈逻辑用本原多项式表示称为代数式表示法，此外，还可以用八进数和二进数表示。表 10.2.1 列出了这 3 种表示方法。

表 10.2.1 m 序列反馈逻辑表示法

n	代数式	八进数	二进数($c_5c_4c_3c_2c_1c_0$)
2	x^2+x+1	7	111
3	x^3+x+1	13	001011
4	x^4+x+1	23	010011
5	x^5+x^2+1	45	100101

2. m 序列的性质

(1) 均衡性

在一个周期中“1”的个数比“0”的个数多 1。

n 级移存器有 2^n 个状态，这些状态对应的二进数有一半为偶数(即末位数为 0)，另一半为奇数(即末位数为 1)。m 序列一个周期经历 2^n-1 个状态，少一个全 0 状态(属于偶数状态)，因此，在一个周期中“1”的个数比“0”的个数多 1。

(2) 游程特性

一个周期中长度为 1 的游程数占游程总数的 1/2；长度为 2 的游程数占游程总数的1/4；

长度为 k 的游程数占游程总数的 $1/2^k$，其中 $1\leqslant k\leqslant n-1$。连“0”的长度最大是 $n-1$，连“1”的长度最大是 n。

(3) 移位相加特性

一个 m 序列 M_p 与其移位序列 M_r 模 2 加得到的序列 M_s 仍是 M_p 的移位序列（移位数与 M_r 的不同），即

$$M_p \oplus M_r = M_s$$

(4) 相关特性

令 m 序列为 $a_1a_2a_3\cdots a_N$，$a_k\in(0,1)$，$k=1,2,3,\cdots$，$\{a_k\}$ 称为单极性序列。又令 $b_k=1-2a_k$，则当 $a_k=0$ 时，$b_k=1$；当 $a_k=1$ 时，$b_k=-1$，显然，$b_k\in(1,-1)$ 为双极性码元。对应单极性 m 序列的双极性 m 序列为 $b_1b_2b_3\cdots b_N$。

定义：称

$$\frac{1}{N}\sum_{k=1}^{N}b_kb_{k+j}=r_b(j) \tag{10.2.3}$$

为 m 序列归一化周期性自相关函数，其中 b 的下标按模 N 运算，即 $b_{k+N}=b_k$。

令 $c_1c_2c_3\cdots c_N$ 为另一双极性 m 序列，称

$$\frac{1}{N}\sum_{k=1}^{N}b_kc_{k+j}=r_{bc}(j) \tag{10.2.4}$$

为序列 b 和 c 的归一化周期性互相关函数，其中 b,c 的下标按模 N 运算，即 $b_{k+N}=b_k$，$c_{k+N}=c_k$。

性质：周期等于 N 的 m 序列的周期性自相关函数为二值函数，即

$$r_b(j)=\begin{cases}1, & j=nN(n=0,\pm1,\pm2,\cdots)\\ \dfrac{-1}{N}, & j\neq nN\end{cases} \tag{10.2.5}$$

此性质可由性质(3)移位相加特性得到。首先不难验证：单极性码元的模二加对应双极性码元的相乘，见表 10.2.2 和表 10.2.3。

表 10.2.2 单极性码元的模二加

$\oplus$	1	0
1	0	1
0	1	0

表 10.2.3 双极性码元的相乘

×	−1	1
−1	1	−1
1	−1	1

根据表 10.2.2 表 10.2.3 和性质(3)可看出：双极性 m 序列与其移位序列的乘积也是一双极性移位的 m 序列，此序列一个周期中“−1”的个数比“1”个数多 1，所以其一个周期的元素的和等于−1。由此证明了 m 序列周期性自相关函数的二值性。

3. 双极性 m 序列码波形的自相关函数

由反馈移存器产生的 m 序列码波形是单极性不归零脉冲序列波形，如图 10.2.6 所示。

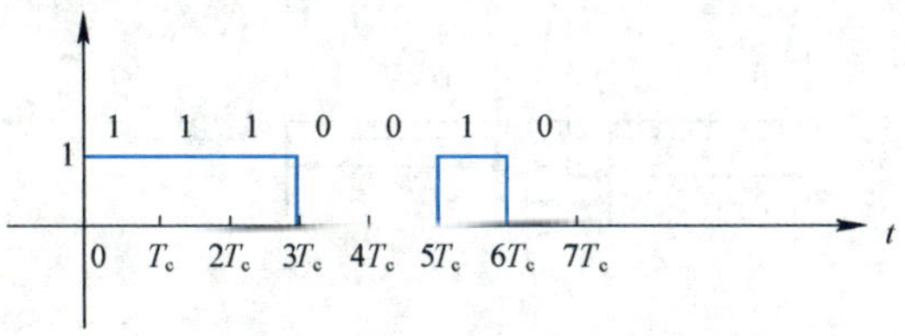

图 10.2.6 7 位 m 序列码波形(1 个周期)

一般情况,长度为 $N=2^n-1$ 的 m 序列 $a_{i1}a_{i2}\cdots a_{iN}$ 与其对应的 m 序列码波形 $a_i(t)$ 的关系可由式(10.2.6)表示

$$a_i(t)=\sum_{k=1}^{N}a_{ik}g[t-(k-1)T_c] \tag{10.2.6}$$

其中

$$g(t)=\begin{cases}1, & 0<t\leqslant T_c\\ 0, & \text{其他 } t\end{cases}$$

称为码片波形,简称码片。$a_i(t)$ 的持续时间为 $T=NT_c$。

对应的双极性 m 序列码波形为(设 $b_{ik}=1-2a_{ik}$)

$$b_i(t)=\sum_{k=1}^{N}b_{ik}g[t-(k-1)T_c]$$

m 序列码波形的相关函数的定义:令

$$B_i(t)=\sum_{n=-\infty}^{\infty}b_i(t-nT)$$

为 $b_i(t)$ 的周期性延拓。

称

$$r_i(\tau)=\frac{1}{T}\int_0^T B_i(t)B_i(t+\tau)\mathrm{d}t \tag{10.2.7}$$

为 $b_i(t)$ 的归一化周期性自相关函数

称

$$r_{ij}(\tau)=\frac{1}{T}\int_0^T B_i(t)B_j(t+\tau)\mathrm{d}t \tag{10.2.8}$$

为 $b_i(t)$ 和 $b_j(t)$ 的归一化周期性互相关函数

可以证明双极性 m 序列码的归一化周期性自相关函数如图 10.2.7 所示,其表示式为

$$r_i(\tau)=\sum_{k=-\infty}^{\infty}r(\tau-kT)-\frac{1}{N}$$

其中

$$r(\tau)=\begin{cases}\dfrac{N+1}{N}\left(1-\dfrac{|\tau|}{T_c}\right), & |\tau|<T_c\\ 0, & \text{其他 } \tau\end{cases} \tag{10.2.9}$$

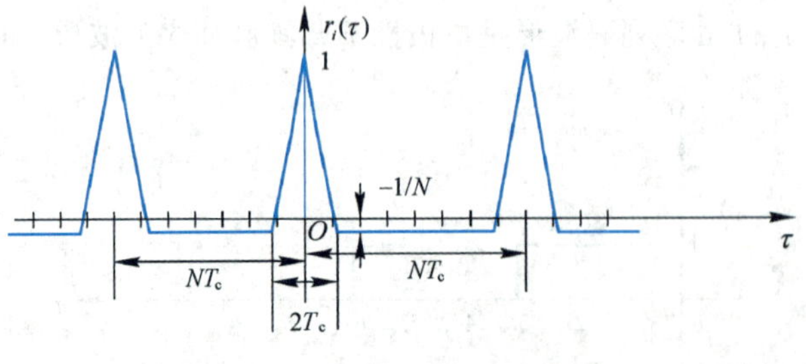

图 10.2.7 双极性 m 序列码波形的归一化周期性自相关函数

10.2.3　Gold 码

Gold 码是由 m 序列派生出的一种伪随机码，它具有类似于 m 序列具有的伪随机性质，但其同长度不同序列的数目比 m 序列的多得多。

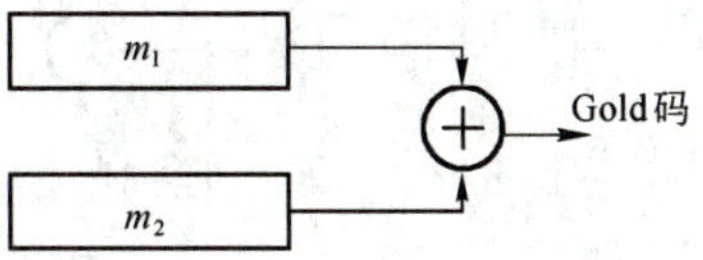

图 10.2.8　Gold 码发生器框图

Gold 码是由 m 序列的优选对移位模二加构成，如图 10.2.8 所示。令 m_1，m_2 为同长度的两个不同 m 序列，如果 m_1，m_2 的周期性互相关函数为三值函数，即只取值：

$$u_1=-1,u_2=\begin{cases}2^{(n+1)/2}-1, & n\text{ 为奇数}\\2^{(n+2)/2}-1, & n\text{ 为偶数}\end{cases}$$

$$u_3=\begin{cases}-[2^{(n+1)/2}+1], & n\text{ 为奇数}\\-[2^{(n+2)/2}+1], & n\text{ 为偶数}\end{cases}\tag{10.2.10}$$

则称 m_1 和 m_2 为一个优选对。

Gold 码 $=m_1\oplus m_2$，此 m_2 序列是具有特定位移的 m_2 序列，它可由 m_2 序列与其移位序列模二相加得到。

10.3　伪码的同步

所谓两个伪码同步，就是保持其时差(相位差)为 0 状态。令 $a(t-\tau_1)$，$a(t-\tau_2)$ 为两个长度相等的伪码，则保持同步就是保持 $\tau_1=\tau_2$，或写成 $\Delta\tau=\tau_2-\tau_1=0$。

通常伪码均是以周期性重复的形式运行，即

$$c_i(t)=\sum_{n=-\infty}^{\infty}a_i(t-nT)\qquad(-\infty<t<\infty)$$

其中 T 是 $a_i(t)$ 的长度(持续时间)，即 $a_i(t)=0\ (t<0,t>T)$，显然，$c_i(t)$ 是 $a_i(t)$ 的周期性重复(延拓)，其周期为 T。

我们所研究的同步，即是 $c_i(t)$ 的同步。伪码同步可分为粗同步和细同步，粗同步又称捕获，细同步又称跟踪。

令 $c(t-\tau)$，$c(t-\hat{\tau})$ 的周期为 $T=NT_c$，N 为码位数(码长)，T_c 为码片宽。

粗同步是使 $|\Delta\tau|<T_c$，其中 $\Delta\tau=\hat{\tau}-\tau$。

细同步(跟踪)是使 $|\hat{\tau}-\tau|=|\Delta\tau|\to 0$，并保持此状态。

10.3.1　粗同步(捕获)

粗同步的检测主要方法有并行相关法、串行相关法以及匹配滤波法。

1. 并行相关法

图 10.3.1 为并行相关检测法框图。

通过检测比较 $y_1,y_2,\cdots,y_N$ 选其最大者对应的 $\hat{\tau}$ 为检测的时延估值(误差在 T_c 以内)。

并行相关函数检测法在无干扰与理想的相关特性条件下，理论上只需一个周期 T 即可完成捕获，但需要 N 个相关电路；当 $N\gg1$ 时，将导致设备庞大。

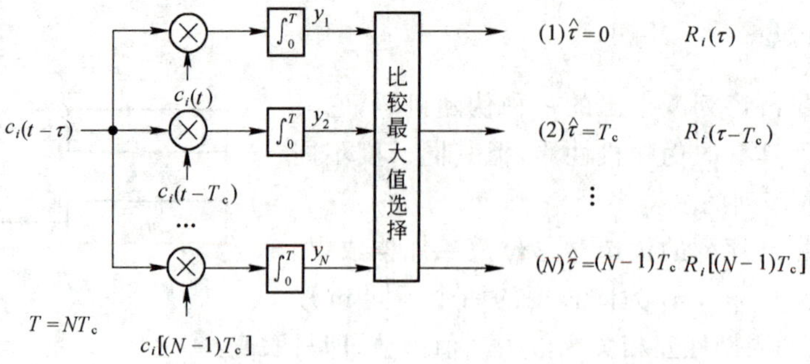

图 10.3.1 并行相关检测原理图

2. 串行相关检测法

图 10.3.2 为串行相关检测框图。

每经过 T 改变 $\hat{\tau}$ 一个量(T_c 或 $T_c/2$),并将 $R_i(\hat{\tau}-\tau)$ 与值 u_0 比较,超过 u_0 时对应的 $\hat{\tau}$ 即为估值。由图 10.3.2 可见,此时 $|\Delta\tau|\leqslant T_c$。串行法只需一个相关器,电路简单。但代价是捕获时间长,最长捕获时间可达 $(N-1)T$。当 $N\gg1$ 时,$(N-1)T$ 很长。

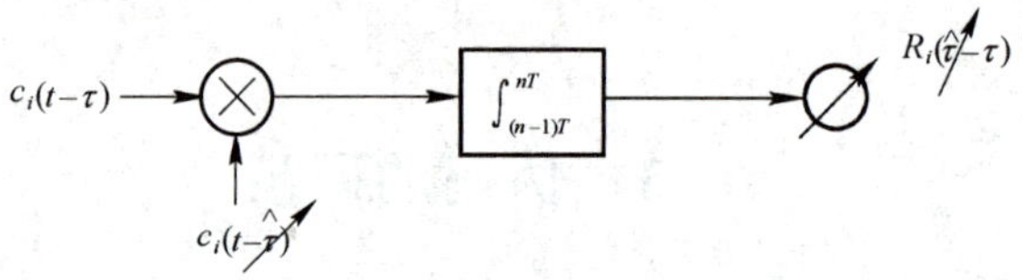

图 10.3.2 串行相关检测原理图

3. 匹配滤波捕获法

令 $a_i(t)\equiv0,t<0,t>T$,即其持续时间为 T。构成 $a_i(t)$ 的匹配滤波器,冲激响应为 $h(t)=a_i(T-t)$,不难看出,$h(t)$ 的持续期也为 T。

令

$$c_i(t)=\sum_{n=-\infty}^{\infty}a_i(t-nT)$$

当 $h(t)$ 的输入为 $c_i(t)$ 时,输出 $y(t)$ 等于

$$c_i(t)\rightarrow\boxed{h(t)}\rightarrow y(t)$$

$$\begin{aligned}y(t)&=c_i(t)*h(t)=\int_0^T h(\alpha)c_i(t-\alpha)\mathrm{d}\alpha\\&=\int_0^T a_i(T-\alpha)c_i(t-\alpha)\mathrm{d}\alpha=R_i(t-\alpha-T+\alpha)\\&=R_i(t-T)\end{aligned}\tag{10.3.1}$$

即 $y(t)$ 等于 $a_i(t)$ 的周期性自相关函数。

若 $a_i(t)$ 为 m 序列码(双极性),则 $R_i(t-T)$ 的波形如图 10.3.3 所示。

$$y(kT)=R_i(0)=|R_i(t)|_{\max}\qquad k=0,\pm1,\pm2,\pm3,\cdots$$

注意:这里横坐标是时间 t(实时)。

匹配滤波法的特点是实时性,其输出的最大时刻就是输入伪码一个周期的结束时刻,也就是下一个周期的起始时刻,因此它的最短捕获时间也是 T。这种方法的主要限制是长码($N\gg1$)

的匹配滤波器硬件实现困难。

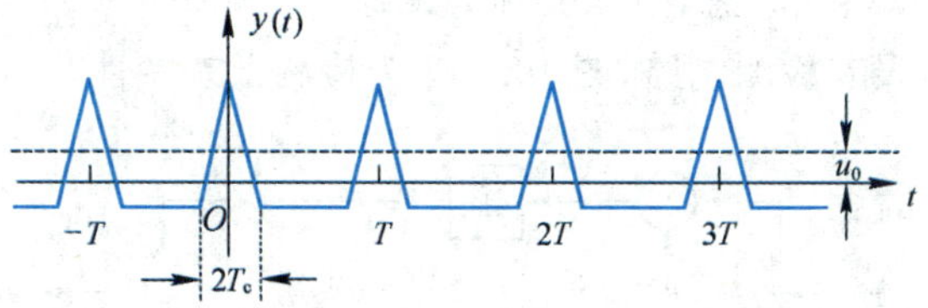

图 10.3.3　m 序列的周期性自相关函数

7 位 m 序列码的匹配滤波器构成如下：令 $m(t)$为双极性 7 位 m 序列码波形，则其匹配滤波器的单位冲激响应 $h(t)=m(T-t)$。图 10.3.4 示出 $m(t)$和 $h(t)$的波形。

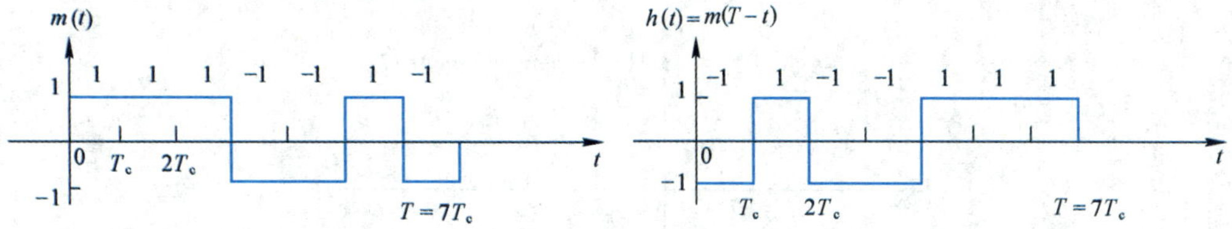

图 10.3.4　双极性 7 位 m 序列码波形及其匹配滤波器单位冲激响应波形

图 10.3.5 为 $m(t)$匹配滤波器的框图。其中

$$h_0(t)=\begin{cases}1, & 0\leqslant t\leqslant T_c\\ 0, & \text{其他 } t\end{cases}$$

是一个码片波形匹配滤波器的冲激响应。

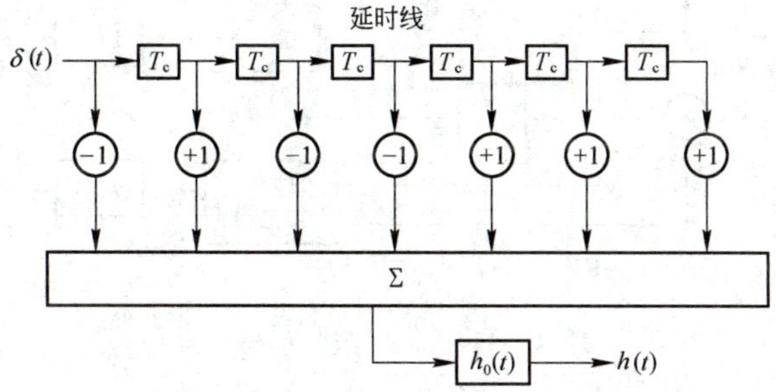

图 10.3.5　双极性 7 位 m 序列码波形匹配滤波器

由图 10.3.5 可见，双极性 m 序列码波形匹配滤波器由抽头延时线、倒相电路、相加电路和码片的匹配滤波器构成。

当 $N\gg 1$ 时，制作许多抽头的模拟信号延时线很困难，且级数愈多，对每一级的精度和稳定度要求也愈高，技术上实现难度很大。

10.3.2　细同步(跟踪)

1. 基带伪码细同步

令 $c_i(t-\tau)$为接收到的伪码，$c_i(t-\hat{\tau})$为本地伪码，细同步(跟踪)使 $|\hat{\tau}-\tau|=\Delta\tau\to 0$，并保持此状态。

细同步原理是连续地检测细同步误差，并根据检测结果不断地调整本地伪码的时延(相位)，使 $\hat{\tau}-\tau=\Delta\tau\to 0$，并保持此状态，所以又称为跟踪。

图 10.3.6 为细同步误差检测电路；图 10.3.7 为检测误差特性。

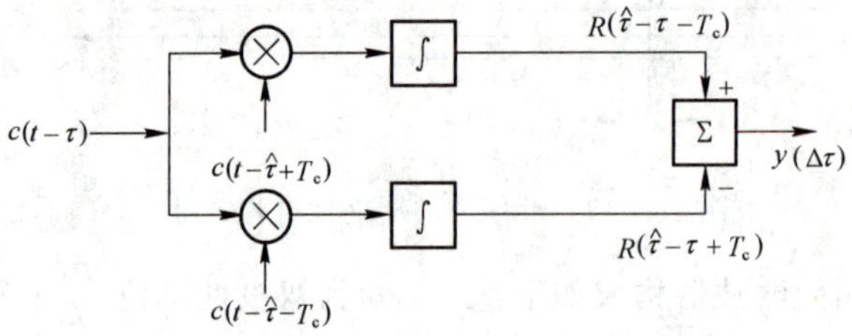

图 10.3.6 细同步误差检测电路

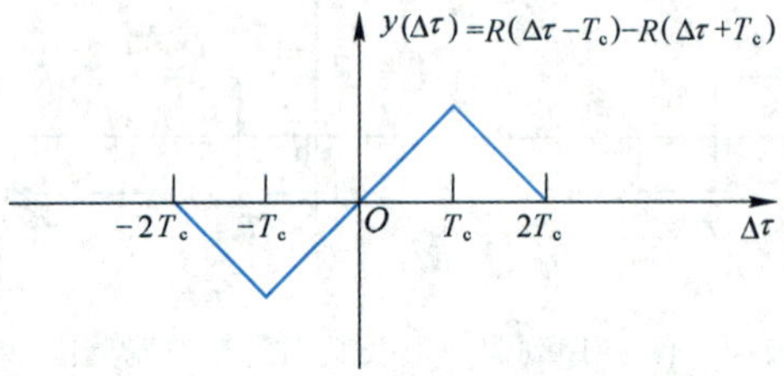

图 10.3.7 检测误差特性

图 10.3.8 为伪码延时锁定电路，可用于伪码细同步跟踪。

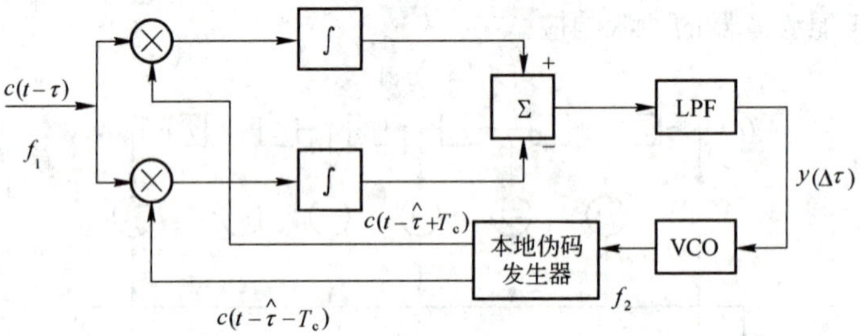

图 10.3.8 伪码延时锁定电路

令

$$f_2=f_1+y(\Delta\tau) \tag{10.3.2}$$

其中，f_1 为接收到的伪码时钟频率；f_2 为本地伪码的时钟频率(VCO)。

由图 10.3.7 可见，在 $(-T_c, T_c)$ 区间，有

$$y(\Delta\tau)=K\Delta\tau \tag{10.3.3}$$

其中，$K>0$ 为常数。将式(10.3.3)代入式(10.3.2)，得到

$$f_2=f_1+K\Delta\tau \tag{10.3.4}$$

由图 10.3.7 可见，若 $\Delta\tau\in(0,T_c)$，则 $K\Delta\tau>0$，有 $f_2>f_1$，此时，本地伪码超前滑动，即使 $\Delta\tau\to 0$。

若 $\Delta\tau\in(-T_c,0)$，则 $K\Delta\tau<0$，有 $f_2<f_1$，此时本地伪码滞后滑动，即使 $\Delta\tau\to 0$，最后稳定锁定在 $\Delta\tau=0$ 点，且有跟踪能力。即若 $\Delta\tau>0$，则 $\Delta\tau\to 0$；若 $\Delta\tau<0$，也有 $\Delta\tau\to 0$。跟踪范围 $\Delta\tau\in(-T_c,T_c)$，为两个码片 $2T_c$。

图 10.3.6 所示的为双码片检测电路。此外，还有单码片检测电路，图 10.3.9 为单码片检测框图，图 10.3.10 为其检测特性。

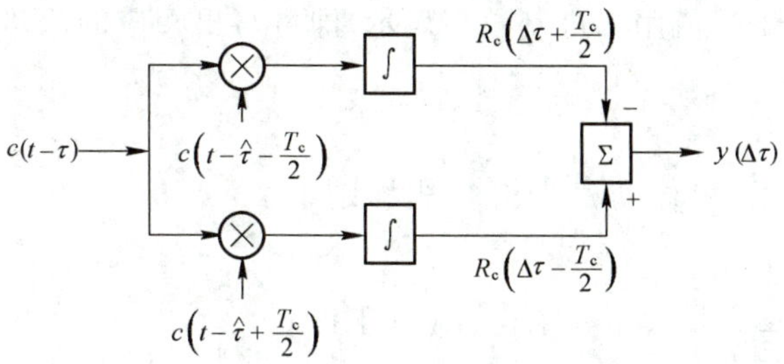

图 10.3.9　单码片检测电路

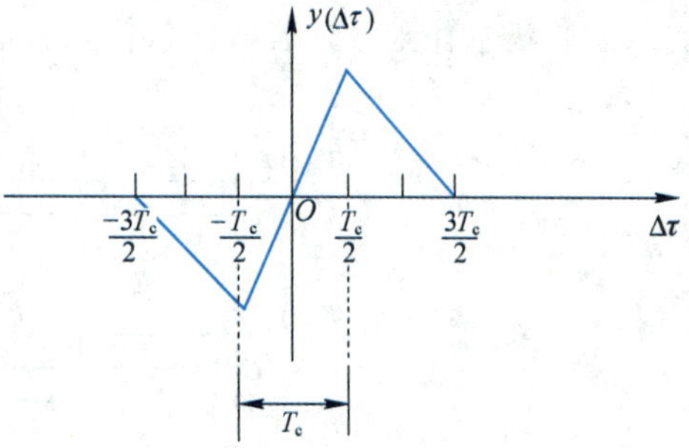

图 10.3.10　单码片检测特性

由单码片检测电路与 VCO，本地伪码发生器也可构成伪码延时锁定电路。由图10.3.10可见，跟踪范围为 $\Delta\tau\in(-T_c/2, T_c/2)$。虽然单码片电路跟踪范围比双码片电路的小，但其检测特性的斜率比双码片电路的大，所以其同步跟踪精度比双码片的高。

一般讲，检测电路中两路本地伪码的时延差可以是码片的若干分之一，时延差越小，跟踪范围越小，但跟踪精度越高。

2. 细同步跟踪电路的一般形式

概括而言，同步跟踪电路由同步误差检测电路、本地伪码发生器和本地伪码时延(相位)调整电路构成，如图 10.3.11 所示。

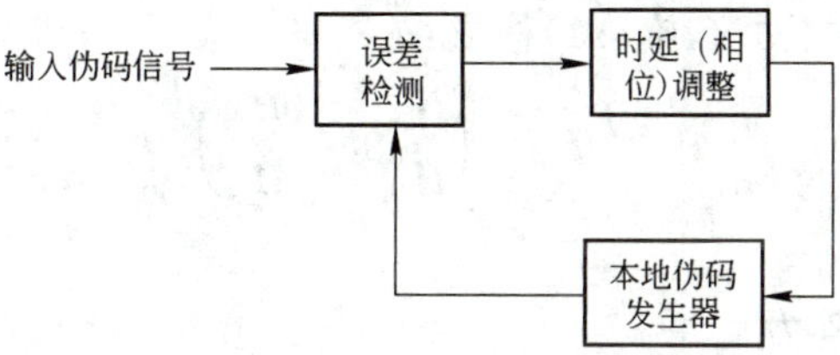

图 10.3.11　伪码跟踪环路框图

误差检测一般用相关检测，本地伪码时延(相位)调整可用压控振荡器(VCO)或用时钟倍频加减脉冲法。

10.4　正　交　码

通信系统中通常采用二值的非正弦型正交函数作为正交码。这样的码易于用数字电路产生和处理。此类函数有瑞得麦彻(Radermacher)函数、沃尔什(Walsh)函数、正交 Gold 码等。本节主要介绍沃尔什函数。

1. 沃尔什函数的构成

沃尔什函数集是完备的非正弦型正交函数集，相应的离散沃尔什函数简称为沃尔什序列或沃尔什码。在 IS-95 CDMA 蜂窝移动通信系统中应用了 64 阶沃尔什序列。

N 阶沃尔什函数集可定义为 N 个子函数的集合，记为$\{W_j(t);t\in(0,T),j=0,1\cdots,N-1\}$，$W_j(t)$仅在集合$\{+1,-1\}$中取值；在区间$(0,T)$内，$W_j(t)$有 j 次符号变化；$W_j(t)$的下标 j 的取值对应于每个子函数的符号改变次数，且任意两子函数之间具有正交性。图 10.4.1 表示 4 阶沃尔什函数。若将沃尔什函数的±1 幅值用二进制数字表示，即可写出相应的沃尔什序列。

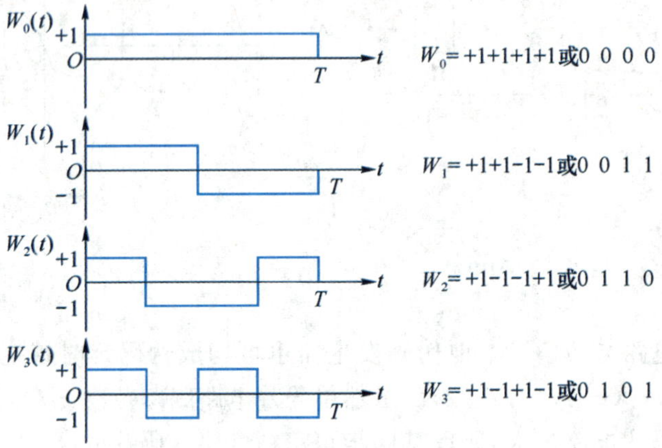

图 10.4.1　4 阶沃尔什函数及沃尔什序列

沃尔什序列可由哈达玛(Hadamard)矩阵产生。哈达玛矩阵是一方阵，该方阵的每一元素为+1 或−1，各行(或列)之间是正交的，其最低阶的哈达玛矩阵为二阶：

$$\boldsymbol{H}_2=\begin{pmatrix}1 & 1\\ 1 & -1\end{pmatrix}$$

高阶哈达玛矩阵可由递推公式(10.4.1)构成：

$$\boldsymbol{H}_{2N}=\begin{pmatrix}\boldsymbol{H}_N & \boldsymbol{H}_N\\ \boldsymbol{H}_N & -\boldsymbol{H}_N\end{pmatrix} \tag{10.4.1}$$

其中：$N=2^m$，$m=1,2,\cdots$。

例如：4 阶哈达玛矩阵为

$$\boldsymbol{H}_4=\begin{pmatrix}\boldsymbol{H}_2 & \boldsymbol{H}_2\\ \boldsymbol{H}_2 & -\boldsymbol{H}_2\end{pmatrix}=\begin{bmatrix}1 & 1 & 1 & 1\\ 1 & -1 & 1 & -1\\ 1 & 1 & -1 & -1\\ 1 & -1 & -1 & 1\end{bmatrix}$$

需指出，哈达玛矩阵的各行(或列)序列均为沃尔什序列，只是哈达玛矩阵的行序号与沃尔什序列按符号改变次数排序的下标号不同，而前者的行序号与后者的下标号之间具有一定的对应关系[30]。由哈达玛矩阵(行号为 i)产生的沃尔什序列用 $\mathrm{W_h}(i)$表示。

例如：由 4 阶哈达玛矩阵构成 4 阶沃尔什序列。由 $\boldsymbol{H}_4$ 的各行(列)构成长度为 4(即包含 4 个元素)的 4 阶沃尔什序列为(括号中的数字是哈达玛矩阵的行号)

$$\begin{aligned}\mathrm{W_h}(0)&:1\quad 1\quad 1\quad 1\\ \mathrm{W_h}(1)&:1\quad -1\quad 1\quad -1\\ \mathrm{W_h}(2)&:1\quad 1\quad -1\quad -1\\ \mathrm{W_h}(3)&:1\quad -1\quad -1\quad 1\end{aligned}$$

对应的沃尔什函数如图 10.4.2 所示(图中的 $T=1$)。

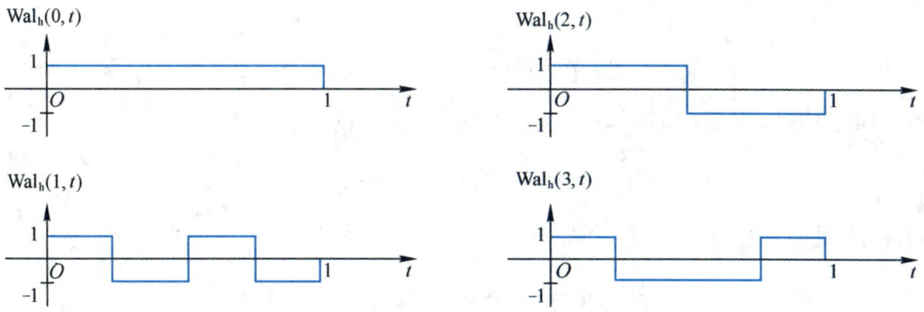

图 10.4.2　沃尔什函数集

长度为 N 的沃尔什序列可表示为 N 维矢量（一般，$N=2^m$，$m=1,2,\cdots$）

$$[h_{i1}\ h_{i2}\cdots\ h_{iN}],\quad i=0,1,\cdots,N-1;h_{ik}\in(+1,-1) \tag{10.4.2}$$

对应于哈达玛矩阵的第 i 行号的沃尔什函数可表示为

$$\mathrm{Wal_h}[i,t]=\sum_{k=1}^{N}h_{ik}g[t-(k-1)T_c] \tag{10.4.3}$$

其中$[h_{i1}h_{i2}\cdots h_{iN}]$是哈达玛矩阵的第 i 行号的矢量（$i=0,1,\cdots,N-1$）。

$$g(t)=\begin{cases}1, & 0\leqslant t\leqslant T_c\\0, & 其他\ t\end{cases}$$

称作码片波形，简称码片（chip），如图 10.4.3 所示。

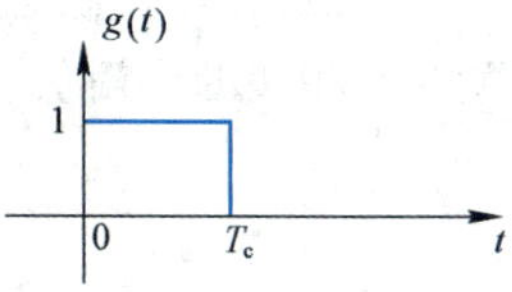

图 10.4.3　码片波形

2. 沃尔什函数的性质

(1) 在[0,1)区间正交，即

$$\int_0^1\mathrm{Wal_h}(i,t)\mathrm{Wal_h}(j,t)\mathrm{d}t=\begin{cases}1,i=j\\0,i\neq j\end{cases}\quad i,j=0,1,2,\cdots,N-1 \tag{10.4.4}$$

(2) 除 $\mathrm{Wal_h}(0,t)$外，其他的 $\mathrm{Wal_h}(i,t)$函数在区间[0,1)的均值为 0。

(3) 两个沃尔什函数相乘得到另一沃尔什函数，即

$$\mathrm{Wal_h}(i,t)\mathrm{Wal_h}(k,t)=\mathrm{Wal_h}(q,t) \tag{10.4.5}$$

这表示沃尔什函数对于乘法是自闭的。

(4) 沃尔什函数集是完备的，即长度为 N 的沃尔什函数（序列）有 N 个（相互正交）。

3. 沃尔什函数的频域特性和相关特性

同长度的不同编号的沃尔什函数的频带宽度是不同的。频带宽度决定于其最短游程的宽度 T_i，近似等于 $1/T_i$。不同编号的沃尔什函数的 T_i 不同，因此其频带宽度也不同。相应的基数 $B_i=\Delta f_iT$ 也不一样。这表示，若用 $\mathrm{Wal_h}(i,t)$作扩频码，则不同 i 的扩频增益是不同的。从抗干扰的角度考虑，这是不利的。后面将介绍解决此问题的方法。

沃尔什函数的自相关函数和互相关函数特性也不理想。

令 $\mathrm{Wal_h}(i,t)$的持续时间为 T，即为一个周期

$$\mathrm{Wal_h}(i,t)\equiv 0,\quad t\notin(0,T)$$

则

$$R_{iN}(\tau)=\int_0^T\mathrm{Wal_h}(i,t)\mathrm{Wal_h}(i,t+\tau)\mathrm{d}t \tag{10.4.6}$$

称作 $\mathrm{Wal_h}(i,t)$的非周期性自相关函数。

令

$$W_i(t)=\sum_{n=-\infty}^{\infty}\mathrm{Wal_h}(i,t-nT)\quad -\infty<t<\infty \tag{10.4.7}$$

为 $\mathrm{Wal_h}(i,t)$的周期性重复(延拓),$i=0,1,2,\cdots,N-1$,则称

$$R_i(\tau)=\int_0^T W_i(t)W_i(t+\tau)\mathrm{d}t \tag{10.4.8}$$

为 $\mathrm{Wal_h}(i,t)$的周期性自相关函数。称

$$R_{ij}(\tau)=\int_0^T W_i(t)W_j(t+\tau)\mathrm{d}t \tag{10.4.9}$$

为 $\mathrm{Wal_h}(i,t)$和 $\mathrm{Wal_h}(j,t)$的周期性互相关函数。

分析和计算表明:

$$R_{ij}(0)=0$$

但 $\tau\neq0$ 时 $R_{ij}(\tau)\neq0$。而且对某些 i,j 和 τ 值,$|R_{ij}(\tau)|$值还相当大,甚至接近 $R_i(0)$〔$R_j(0)$〕值,即

$$|R_{ij}(\tau)|_{\max}\approx R_i(0)$$

沃尔什函数的自相关特性的旁瓣值$|R_i(\tau)|_{\max}(\tau\neq0)$也较大,有些也接近 $R_i(0)$值。

总之,在同步状态下($\tau=0$),沃尔什函数的互相关为0;而在不同步状态下($\tau\neq0$),其自相关和互相关的旁瓣值$|R(\tau)|_{\max}$都比较大,不利于在异步码分系统中应用。

10.5 直接序列扩频

直扩调制的方式很多,本节介绍最为基本的DS-BPSK。

10.5.1 直扩二相移相键控

图10.5.1是产生直扩二相移相键控(DS-BPSK)信号的原理框图。图中 $d(t)\in\{\pm1\}$是双极性不归零形式的信息码信号,信息速率为 $R_b=\frac{1}{T_b}$;$c(t)\in\{\pm1\}$是扩频信号,它是由m序列或其他扩频码形成的双极性不归零信号,其周期 T_c 称为码片周期。扩频系统也可以采用矩形以外的脉冲成形,如根号升余弦滚降等。为简单起见,本章始终假设采用矩形脉冲。

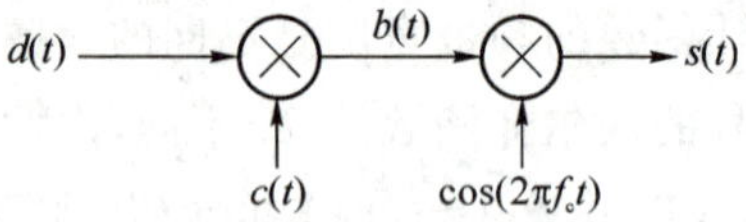

图10.5.1 产生DS-BPSK信号的原理框图

$d(t)$和 $c(t)$都属于二进制PAM信号,因此可以写成:

$$d(t)=\sum_{k=-\infty}^{\infty}d_k g(t-kT_b) \tag{10.5.1}$$

$$c(t)=\sum_{n=-\infty}^{\infty}c_n g_c(t-nT_c) \tag{10.5.2}$$

其中 $g(t)$是幅度为1,宽度为 T_b 的矩形脉冲;$g_c(t)$是码片的成形脉冲,它是幅度为1、宽度为 T_c 的矩形脉冲;$\{d_k\}$是以独立等概方式取值于±1的数据序列;$\{c_n\}$是取值于±1的码片序列(扩频

序列)。一个数据符号 d_k 在时间上对应 $N=\frac{T_b}{T_c}$ 个码片,称 N 为扩频系数或扩频因子。

令 $b(t)=d(t)c(t)$,则 $b(t)$ 也是幅度为 ±1 的双极性不归零信号:

$$b(t)=\sum_{n=-\infty}^{\infty} b_n g_c(t-nT_c) \tag{10.5.3}$$

其中 $\{b_n\}$ 是扩频序列 $\{c_n\}$ 乘以数据序列 $\{d_k\}$ 的结果,一个数据符号要与 N 个码片相乘。因此 $b_n=d_k c_n=d_{\lfloor n/N\rfloor}c_n$,$\lfloor\cdot\rfloor$ 表示向下取整。很明显,$b(t)$ 是循环平稳过程。

在 $[0,T_b]$ 时间内,发送的信息符号是 $d_0\in\{\pm1\}$,对应有 N 个扩频码的码片 $(c_0,c_1,\cdots,c_{N-1})$,对应扩频后的码片是 $(b_0,b_1,\cdots,b_{N-1})=(d_0c_0,d_0c_1,\cdots,d_0c_{N-1})$。

$b(t)$ 经过正弦载波调制后得到 DS-BPSK 信号,其表达式为

$$\begin{aligned} s(t) &= d(t)c(t)\cos 2\pi f_c t = b(t)\cos 2\pi f_c t \\ &= \sum_{n=-\infty}^{\infty} b_n g_c(t-nT_c)\cos 2\pi f_c t \end{aligned} \tag{10.5.4}$$

图 10.5.2 是 DS-BPSK 解调与解扩框图。接收端通过伪码同步恢复出 $c(t)$,同时通过载波同步恢复出 $2\cos 2\pi f_c t$。

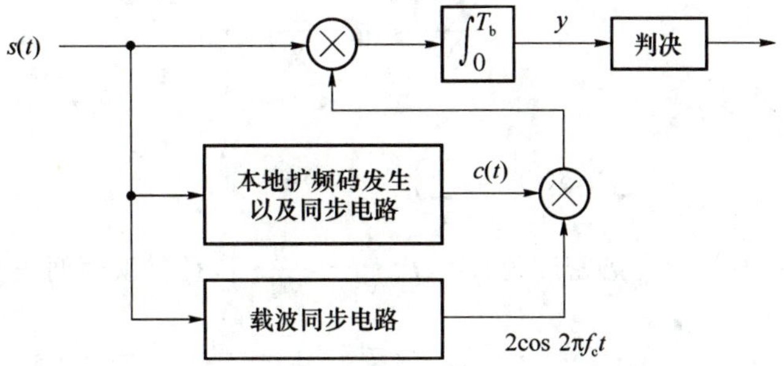

图 10.5.2 DS-BPSK 解扩解调框图

考虑在 $[0,T_b]$ 时间内恢复的扩频信号、载波信号与接收信号 $s(t)$ 相乘后,相关积分的输出是

$$y=\int_0^{T_b} d(t)c^2(t)2\cos^2 2\pi f_c t\mathrm{d}t = d_0 T_b \tag{10.5.5}$$

对 y 进行判决即可得到发送的信息。

10.5.2 功率谱密度

式(10.5.4)表明 $s(t)$ 相当于用 $\{b_n\}$ 作为数据,对 $\cos 2\pi f_c t$ 进行 BPSK 调制的结果。因此,若 $b(t)$ 的功率谱密度为 $P_b(f)$,则 $s(t)$ 的功率谱密度为

$$P_s(f)=\frac{1}{4}[P_b(f-f_c)+P_b(f+f_c)] \tag{10.5.6}$$

故此只需求出 $P_b(f)$ 即可。

首先考虑无扩频的情形,此时 $N=1$,$T_c=T_b$。若信息序列 $\{d_k\}$ 是取值于 $\{\pm1\}$ 的独立等概序列,则根据第 5 章 5.2 节,$b(t)$ 的功率谱密度为

$$P_b(f)=P_d(f)=T_b\text{sinc}^2(fT_b) \tag{10.5.7}$$

其主瓣带宽为 $R_b=\frac{1}{T_b}$。

对于扩频系数为 N 的扩频系统,若$\{c_n\}$是取值于$\{\pm1\}$的独立等概序列,则$\{b_n\}$也是取值于$\{\pm1\}$的独立等概序列。此时 $b(t)$的功率谱为

$$P_b(f)=T_c\,\mathrm{sinc}^2(fT_c) \tag{10.5.8}$$

其主瓣带宽为 $R_c=\frac{1}{T_c}=NR_b$,带宽扩展了 N 倍。

若扩频码是伪随机序列,其分析较为复杂。简单起见,我们考虑 m 序列,并假设其周期正好等于扩频系数 N①。此时 $c(t)$是周期为 $T_b=NT_c$ 的周期信号,可展开为傅里叶级数:

$$c(t)=\sum_{n=-\infty}^{\infty}A_n e^{j2\pi\frac{n}{NT_c}t} \tag{10.5.9}$$

其功率谱密度为

$$P_c(f)=\sum_{n=-\infty}^{\infty}|A_n|^2\delta\left(f-\frac{n}{NT_c}\right) \tag{10.5.10}$$

上式是图 10.2.7 的傅氏变换,可以求出

$$|A_n|^2=\begin{cases}\dfrac{1}{N^2} & n=0\\[2mm] \dfrac{N+1}{N^2}\mathrm{sinc}^2\left(\dfrac{n}{N}\right) & n\neq0\end{cases} \tag{10.5.11}$$

$d(t)$与 $c(t)$相乘,结果是

$$b(t)=\sum_{k=-\infty}^{\infty}A_n d(t)e^{j2\pi\frac{n}{NT_c}t} \tag{10.5.12}$$

式右边求和中的每一项的功率谱密度为$|A_n^2|P_d\left(f-\frac{n}{NT_c}\right)$,且各项两两正交:

$$\int_0^{NT_c}A_n e^{j2\pi\frac{n}{NT_c}t}\cdot\left[A_{n'}e^{j2\pi\frac{n'}{NT_c}t}\right]^*\mathrm{d}t=0,\quad n\neq n' \tag{10.5.13}$$

因此 $b(t)$的功率谱是各项功率谱之和

$$\begin{aligned}P_b(f)&=\sum_n|A_n|^2P_d\left(f-\frac{n}{NT_c}\right)\\&=\frac{N+1}{N^2}\sum_{n\neq0}\mathrm{sinc}^2\left(\frac{n}{N}\right)P_d\left(f-\frac{n}{NT_c}\right)+\frac{1}{N^2}P_d(f)\end{aligned} \tag{10.5.14}$$

其图形如图 10.5.3 所示。这个频谱从形状上说,与无扩频近似相同,但带宽展宽为原来的 N 倍。

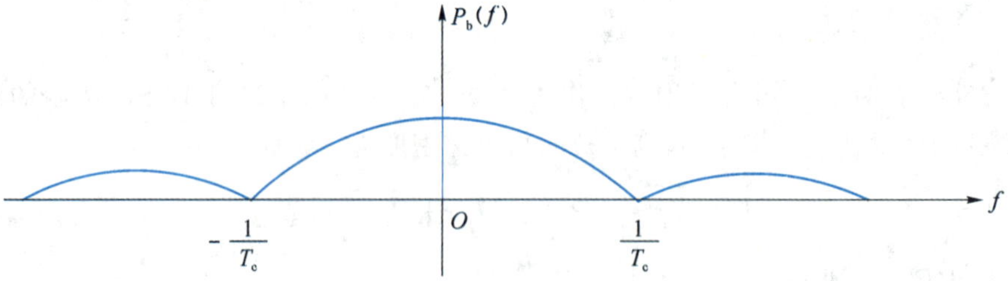

图 10.5.3 伪码直扩信号功率谱密度示意图

① 注意在实际系统中,扩频码的周期不一定等于扩频系数。例如在第 2 代和第 3 代移动通信系统中,伪码的周期通常远大于扩频系数。此时的扩频序列可近似看成纯随机序列。

值得注意的是，若 $c(t)\in\{\pm1\}$，则扩频并不改变发送信号的功率。事实上，直扩信号的平均功率为$\overline{d^2(t)c^2(t)\cos^2 2\pi f_c t}=\overline{d^2(t)\cos^2 2\pi f_c t}$，与未扩频的 BPSK 功率相等。由于二者的功率谱形状基本相同，因此直扩信号的功率谱密度要比未扩频信号低 N 倍。当$N\gg1$时，甚至可以低于接收机内部噪声的功率谱密度，即直扩信号可以掩埋在噪声中，因此具有很强的隐藏性。另外，从式(10.5.14)可以看出，直扩信号的频谱无离散分量，因此捕捉侦听它也很困难。

10.5.3 DS-BPSK 的抗干扰性能

1. 干扰为加性白噪声

当存在加性白高斯噪声干扰时，图 10.5.2 接收机的输入信号为

$$r(t)=s(t)+n_w(t) \tag{10.5.15}$$

其中 $n_w(t)$是功率谱密度为$\frac{N_0}{2}$的白高斯噪声。相关积分的输出为

$$\begin{aligned} y &= \int_0^{T_b}[d(t)c(t)\cos 2\pi f_c t + n_w(t)]2c(t)\cos 2\pi f_c t\mathrm{d}t \\ &= d_0 T_b + \xi \end{aligned} \tag{10.5.16}$$

根据 3.4.3 节，$\xi=\int_0^{T_b} n_w(t)\cdot 2c(t)\cos 2\pi f_c t\mathrm{d}t$ 是高斯分布，其均值为 0，方差为 $N_0 T_b$。

作为对照，若图 10.5.1 和图 10.5.2 中的 $c(t)=1$，则成为无扩频的 BPSK 系统。对应的相关输出为

$$\begin{aligned} y &= \int_0^{T_b}[d(t)\cos 2\pi f_c t + n_w(t)]2\cos 2\pi f_c t\mathrm{d}t \\ &= d_0 T_b + \xi' \end{aligned} \tag{10.5.17}$$

其中噪声分量 $\xi'=\int_0^{T_b} n_w(t)\cdot 2\cos 2\pi f_c t\mathrm{d}t$ 也是 0 均值的高斯分布，方差也是 $N_0 T_b$。这说明 DS-BPSK 与 BPSK 的抗高斯白噪声能力是完全一样的。

2. 干扰为非扩频的 BPSK 信号

若干扰为非扩频的 BPSK 信号 $d_2(t)\cos(2\pi f_c t+\varphi_2)$，其中 $d_2(t)\in\{\pm1\}$是与 $d(t)$独立的另一个信息信号，假设其信息速率与 $d(t)$一样是 $R_b=\frac{1}{T_b}$，并且在时间上与 $d(t)$是对齐的(同步)。$[0,T_b]$时间内，$d(t)$的数据是 d_0，$d_2(t)$的数据是 $d_{2,0}$。

接收机输入为

$$r(t)=d(t)c(t)\cos 2\pi f_c t+d_2(t)\cos(2\pi f_c t+\varphi_2) \tag{10.5.18}$$

接收机相关输出中的干扰分量为

$$\begin{aligned} \xi &= \int_0^{T_b} d_2(t)\cos(2\pi f_c t+\varphi_2)\cdot 2c(t)\cos 2\pi f_c t\mathrm{d}t \\ &= d_{2,0}T_b\cdot\overline{c(t)}\cos\varphi_2 \end{aligned} \tag{10.5.19}$$

其中

$$\begin{aligned} \overline{c(t)} &= \frac{1}{T_b}\int_0^{T_b} c(t)\mathrm{d}t = \frac{1}{NT_c}\int_0^{NT_c}\sum_{i=0}^{N-1} c_i g_c(t-iT_c)\mathrm{d}t \\ &= \frac{1}{N}\sum_i c_i \end{aligned} \tag{10.5.20}$$

是扩频码的均值。假设 φ_2 在[0,2π]内均匀分布,则输出信扰比为

$$\gamma_o=\frac{(d_0T_b)^2}{E[(d_{2,0}T_b\cdot\overline{c(t)}\cos\varphi_2)^2]}=\frac{2}{[\overline{c(t)}]^2} \tag{10.5.21}$$

如果 $N=1$,即若发送信号 $s(t)$是非扩频的 BPSK,则 $c(t)=1$,$\overline{c(t)}=1$,$\gamma_o=2$;如果发送信号是 DS-BPSK,$\overline{c(t)}$与具体所采用的扩频码有关。

若 $c(t)$采用周期为 $N=\frac{T_b}{T_c}$的 m 序列,则$\overline{c(t)}=-\frac{1}{N}$,$\gamma_o=2N^2$。和 $N=1$(无扩频)相比,信扰比提高了 N^2 倍。不过得到这一结果时假设了干扰信号和扩频信号同步,并且假设比特周期等于 m 序列的周期。在其他条件下,结果有所不同,但都与扩频码的特性密切相关。若 $c(t)$是随机序列或者是长 PN 序列的截短序列,信扰比的提高倍数大致为 N。

$d_2(t)\cos(2\pi f_c t+\varphi_2)$的带宽是 $d(t)c(t)\cos 2\pi f_c t$ 的$\frac{1}{N}$,因此可以看作是对扩频信号的窄带干扰。以上结果表明扩频信号具有抗窄带干扰的能力,且 N 越大,抗干扰能力越强。

再来考虑扩频信号 $d(t)c(t)\cos 2\pi f_c t$ 对非扩频信号 $d_2(t)\cos(2\pi f_c t+\varphi_2)$的干扰问题。后者的接收机如第6章的图6.2.21所示,其输入信号是

$$r(t)=d_2(t)\cos(2\pi f_c t+\varphi_2)+d(t)c(t)\cos 2\pi f_c t \tag{10.5.22}$$

若本地载波的幅度也取2,则相关积分的结果是

$$\begin{aligned}y&=\int_0^{T_b}[d_2(t)\cos(2\pi f_c t+\varphi_2)+d(t)c(t)\cos 2\pi f_c t]\cdot 2\cos(2\pi f_c t+\varphi_2)\mathrm{d}t\\&=d_{2,0}T_b+d_0T_b\,\overline{c(t)}\cos\varphi_2\end{aligned} \tag{10.5.23}$$

输出信扰比也和式(10.5.21)一样,是$\frac{2}{[\overline{c(t)}]^2}$。当 $N\gg1$ 时,干扰可以忽略。此时,扩频系统与非扩频系统可工作在同一频段。

3. 干扰为另一扩频信号

若干扰为另一扩频信号 $s_3(t)=d_3(t)c_3(t)\cos(2\pi f_c t+\varphi_3)$,称此干扰为多址干扰。

假设 $s_3(t)$和 $s(t)$之间存在时延差 τ_3,则 $s_3(t)$在 $s(t)$接收机相关器的响应(多址干扰)为

$$\begin{aligned}\xi&=\int_0^{T_b}s_3(t-\tau_3)\cdot 2c(t)\cos 2\pi f_c t\mathrm{d}t\\&=\int_0^{T_b}d_3(t-\tau_3)c_3(t-\tau_3)\cos(2\pi f_c t+\theta)\cdot 2c(t)\cos 2\pi f_c t\mathrm{d}t\\&=\cos\theta\cdot R_{3c}(\tau_3)\end{aligned} \tag{10.5.24}$$

其中 $\theta=\varphi_3-2\pi f_c\tau_3$. 设 φ_3 在$(0,2\pi)$内均匀分布,τ_3 在$(0,T_b)$内均匀分布,且 φ_3 与 τ_3 相互独立,则

$$E[\xi^2]=E[\cos^2\theta\cdot R_{3c}^2(\tau)]=\frac{1}{2T_b}\int_0^{T_b}R_{3c}^2(\tau_3)\mathrm{d}\tau_3=\frac{1}{2}\overline{R_{3c}^2(\tau_3)} \tag{10.5.25}$$

对于多数伪随机序列信号,互相关函数的均方值$\overline{R_{3c}^2(\tau_3)}=NT_c^2$,因此多址信扰比为

$$\gamma_o=\frac{d^2(t)T_b^2}{E[\xi^2]}=\frac{T_b^2}{NT_c^2/2}=2N \tag{10.5.26}$$

由此可见,N 越大,多址信扰比越大,抗多址干扰的能力越强。

4. 干扰为多径干扰

若干扰为多径干扰 $d(t-\tau)c(t-\tau)\cos(2\pi f_c t+\varphi)$，则接收机的输入为

$$r(t)=d(t)c(t)\cos 2\pi f_c t+d(t-\tau)c(t-\tau)\cos(2\pi f_c t+\varphi) \tag{10.5.27}$$

接收机相关器输出的多径干扰分量为

$$\xi=\cos\varphi\int_0^{T_b} d(t-\tau)c(t-\tau)c(t)\mathrm{d}t=\cos\varphi\cdot R_c(\tau) \tag{10.5.28}$$

其中 $R_c(\tau)=\int_0^{T_b} d(t-\tau)c(t-\tau)c(t)\mathrm{d}t$ 是 $c(t)$的自相关函数。

假设 φ 在$(0,2\pi)$内均匀分布，τ 在$(0,T_b)$内均匀分布，且 φ，τ 相互独立，则

$$\begin{aligned}E[\xi]^2&=E[\cos^2\varphi]\cdot E[R_c^2(\tau)]\\&=\frac{1}{2}\times\frac{1}{T_b}\int_0^{T_b}R_c^2(\tau)\mathrm{d}\tau=\frac{1}{2}\overline{R_c^2(\tau)}\end{aligned} \tag{10.5.29}$$

对随机序列信号，有$\overline{R_c^2(\tau)}=NT_c^2(\tau\neq 0)$。由此得到多径信扰比

$$\gamma_o=\frac{d^2(t)T_b^2}{E[\xi^2]}=\frac{2T_b^2}{NT_c^2}=2N \tag{10.5.30}$$

当 $N=1$ 时，为非扩频信号，$N\gg 1$ 时为扩频信号。$N=\frac{T_b}{T_c}=\frac{1/T_c}{1/T_b}$，即为扩频信号带宽与信息带宽之比，称作扩频增益或扩频系数。

综上所述，扩频系统具有抗窄带干扰、多址干扰和多径干扰的能力，扩频系数 N 越大，抗干扰性越强。抗多径干扰的能力取决于扩频码的自相关特性，若自相关特性为$\delta(\tau)$，则可完全抑制掉多径干扰；抗多址干扰的能力取决于扩频码的互相关特性，若互相关恒为 0，则可完全抑制多址干扰。实际的伪随机码相关特性不完全理想，但比较好，为准正交码，即 $\frac{R_c(0)}{|R_c(\tau)|_{\max}}\gg 1(\tau\neq 0)$；$\frac{R_c(0)}{|R_{cb}(\tau)|_{\max}}\gg 1$，因此虽然不能完全抑制干扰，但可以抑制大部分干扰。

10.6 直扩正交多进制调制

第 6 章 6.4.7 节曾经介绍了正交 MFSK，它使用 M 个正交基函数

$$f_i(t)=\sqrt{\frac{2}{T_s}}\cos\left(2\pi f_c t+\frac{i\pi t}{T_s}\right),\quad i=1,2,\cdots,M,t\in[0,T_s] \tag{10.6.1}$$

发送信号波形是

$$s_i(t)=\sqrt{E_s}f_i(t),\quad i=1,2,\cdots,M,t\in[0,T_s] \tag{10.6.2}$$

其中 E_s 是符号能量。

如果将式(10.6.1)中的基函数换成正交码构成的正交函数，便形成了直扩多进制调制。

例如采用 8 阶沃尔什函数就可以构成 8 进制正交调制。8 阶哈达玛矩阵为

$$\boldsymbol{H}_8=\begin{pmatrix}\boldsymbol{H}_4 & \boldsymbol{H}_4\\ \boldsymbol{H}_4 & -\boldsymbol{H}_4\end{pmatrix}$$

$$
=\begin{pmatrix}
+1 & +1 & +1 & +1 & +1 & +1 & +1 & +1 \\
+1 & -1 & +1 & -1 & +1 & -1 & +1 & -1 \\
+1 & +1 & -1 & -1 & +1 & +1 & -1 & -1 \\
+1 & -1 & -1 & +1 & +1 & -1 & -1 & +1 \\
+1 & +1 & +1 & +1 & -1 & -1 & -1 & -1 \\
+1 & -1 & +1 & -1 & -1 & +1 & -1 & +1 \\
+1 & +1 & -1 & -1 & -1 & -1 & +1 & +1 \\
+1 & -1 & -1 & +1 & -1 & +1 & +1 & -1
\end{pmatrix} \tag{10.6.3}
$$

用它构成的归一化正交基函数如图 10.6.1 所示。发送信号的表达式同式(10.6.2),只是基函数换成了图 10.6.1 所示的函数。

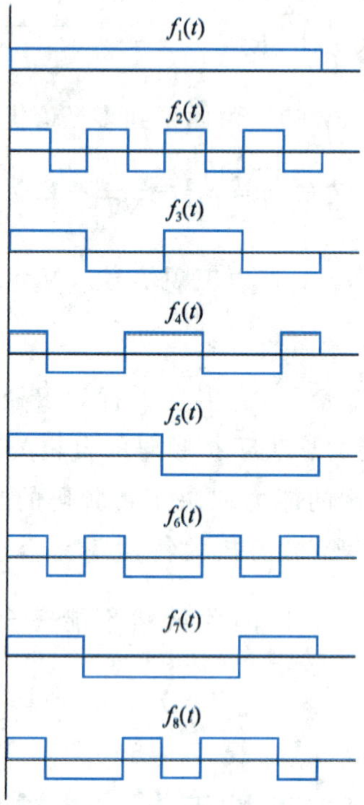

图 10.6.1 用 8 阶沃尔什码构成的归一化正交基函数

由于只是基函数不同,所以直扩正交调制的解调框图也和第 6 章的图 6.4.33 一样,图 6.4.34 所示的误码性能也同样适用。由于维数扩展带来了编码增益,所以误码性能随进制数 M 增加而改善。理论上,当 $M\to\infty$ 时,M 进制正交调制可以达到信道的香农极限。

10.7 码分复用与码分多址

10.7.1 码分复用

一般实际信道的容量比一路信号的信息速率大得多。为了充分利用信道,应在同一信道中传输许多路相互独立的信号,称为信道复用。为在接收端能将不同路信号区分开,必须使不同路信号具有某种不同特征。按照不同频域特征区分信号的方式称为频分复用(FDM),见第

4章4.5节；按照不同时域特征区分信号的方式称为时分复用(TDM)，见第7章7.9.4节。除此之外，还可以按照不同波形(码)特征来区分信号，称为码分复用(CDM)。

令 $m_n^{(k)}$ 为第 k 路数据的第 n 个符号，它可以是数据符号，也可以是对模拟信号的采样结果。第 k 路对应的信号是

$$s_k(t) = \sum_{n=-\infty}^{\infty} m_n^{(k)} c_k(t-nT) \tag{10.7.1}$$

其中 T 为符号间隔，$c_k(t)$为第 k 路的特征信号，其定义区间为$(0,T)$。

由 L 路信号合并的信号称为群信号，表示为

$$s(t) = \sum_{k=1}^{L} s_k(t) \tag{10.7.2}$$

该信号可以基带传输，也可以调制后在带通信道上传输。

从 $s(t)$中区分出多路信号的充分必要条件是特征信号$\{c_k(t)\}$线性不相关。通常采用正交设计，即

$$\int_0^T c_i(t)c_j(t)\mathrm{d}t = \begin{cases} A(\text{常数}) & i=j \\ 0 & i\neq j \end{cases} \tag{10.7.3}$$

在时分复用中，$\{c_k(t)\}$是时间正交；在频分复用中，$\{c_k(t)\}$是频率正交；如果采用正交码实现正交的$\{c_k(t)\}$，就是正交码分复用。正交码分复用通常采用沃尔什码。

接收端采用相关接收，如图10.7.1所示。

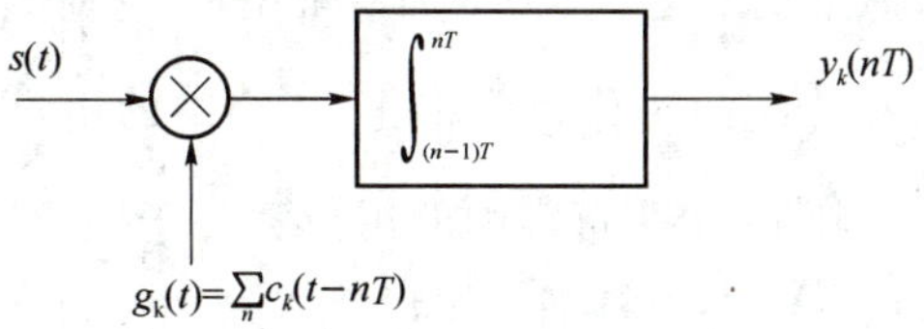

图10.7.1 相关接收机

由式(10.7.3)不难看出：

$$y_n^{(k)} = y_k(nT) = \int_{(n-1)T}^{nT} s(t)g_k(t)\mathrm{d}t = Am_n^{(k)} \tag{10.7.4}$$

10.7.2 沃尔什码相关特性的改善

由10.4节可知，沃尔什码的自相关特性和互相关特性都不理想。这意味着CDM信号经过多径信道传输时，每个用户的不同径之间会产生严重干扰，同时不同用户不同径之间也会产生严重干扰。为此，可以用一相关性较好的伪随机序列(通常为m序列)与沃尔什码模二加(对单极性码)或相乘(对双极性码)，得到的码(称为改善的沃尔什码)除保留了沃尔什码的正交性外，同时又大大改善了其相关特性，使其旁瓣减小至$\sqrt{N}$数量级。

令 $W_i(t)$和 $W_j(t)$是定义在$(0,T)$上的两个双极性的沃尔什函数，$a(t)$为双极性偶位m序列码波形(即双极性m序列末尾加一个1)。

构造新码

$$\begin{cases} b_i(t)=W_i(t)a(t) \\ b_j(t)=W_j(t)a(t) \end{cases} \tag{10.7.5}$$

不难证明 $b_i(t)$与 $b_j(t)$在区间$(0,T)$内正交：

$$\int_0^T b_i(t)b_j(t)\mathrm{d}t = \int_0^T W_i(t)W_j(t)a^2(t)\mathrm{d}t$$

$$= \int_0^T W_i(t)W_j(t)\mathrm{d}t = \begin{cases} T & i = j \\ 0 & i \neq j \end{cases} \quad (10.7.6)$$

因 $a(t)\in\{\pm 1\}$，有 $a^2(t)=1$。

$b_i(t)$和 $b_j(t)$即为改善的沃尔什码，它既保持了沃尔什码的正交性，又改善了相关特性。计算统计表明，其相关特性符合伪随机序列的特性。

在多径信道中传输 CDM 信号时，采用这种改善了的沃尔什码可以大大降低多径引起的干扰。

10.7.3 码分多址

除了多路复用外，直扩还可用于多址通信。

利用直扩实现多址通信时，不同的用户用不同的码作为扩频码，称该码为用户的地址码。假设采用伪随机码，则对于某一个用户来说，经过接收端的相关接收后，其他用户形成的多址干扰将被抑制在$\frac{1}{N}$附近。只要 N 足够大，多个用户就可以同时在相同的频率上进行通信。这种多址方式称为 DS-CDMA。当用户采用不同的伪码作为地址码时，用户之间不需要协调时间关系，称为异步码分多址。

虽然直扩能抑制干扰，但干扰不是0。每增加一个用户，它对其他用户的干扰就会增加一点点(增量是其功率的$\frac{1}{N}$)，和传统的时分频分相比，能容纳的用户数不是一个硬的限制。例如，频分系统会事先分出几个频道，最多可容纳的用户数等于频道数。一旦这个数已满，就不能再增加用户。而在 DS-CDMA 中，可容纳的用户数取决于各用户对干扰的承受程度。增加一个用户的效果只是其他用户的信扰比略有减小，而不是说用户数达到某个值后就绝对不能再增加。这个特点叫软容量。软容量受干扰容限的制约，称此特性为干扰受限。

无线蜂窝系统的上行经常采用异步的码分多址，用伪码来区分不同用户的通信。但下行一般是采用正交码(例如用伪随机序列改善过的沃尔什码)来区分多个同时进行的通信。由于下行是同步的，因此如果不考虑信道多径的话，各用户的地址码完全正交，没有多址干扰。

有些蜂窝系统的上行也采用正交码来实现 CDMA，由于保持正交码的正交性需要各用户同步发送，因此这样的系统需要设计一个同步机制来协调各用户的发射时机。此类系统称为同步码分多址(S-CDMA)。

10.8 多径分集接收：Rake 接收

扩频信号具有尖锐的自相关函数，利用这种特性可以实现多径分集接收，达到抗多径干扰和抗衰落的目的。

假设发送 DS-BPSK 信号 $s(t)=d(t)c(t)\cos 2\pi f_c t$，$d(t),c(t)\in\{\pm 1\}$。$s(t)$通过多径信道到达接收端，接收端收到的信号为

$$r(t) = \sum_{k=1}^{L}\mu_k d(t-\tau_k)c(t-\tau_k)\cos(2\pi f_c t+\varphi_k) \quad (10.8.1)$$

其中，$\mu_k(k=1,2,\cdots,L)$是各径的路径增益。对于瑞利信道，$\{\mu_k\}$是相互独立的瑞利分布的随机变量；τ_k 是各径的多径时延；φ_k 是随机相位。

多径分集接收机也称为 Rake 接收机，它利用 L 个相关电路分别取出 L 条径上的信息信号 $\mu_k d(t-\tau_k)$，$k=1,2,\cdots,L$，然后将它们同步相加（合并），再进行判决。

图 10.8.1 是 Rake 接收机框图。搜索电路完成对多径信号的幅度、时延及相位估计（测量），供给 L 个本地扩频码发生器以设置相应的时延 $\tau_k(k=1,2,\cdots,L)$。L 个相关电路将 L 条多径信号分离，延时电路将它们同步，然后按照各支路的强弱进行加权合并，最后比较判决输出信息。

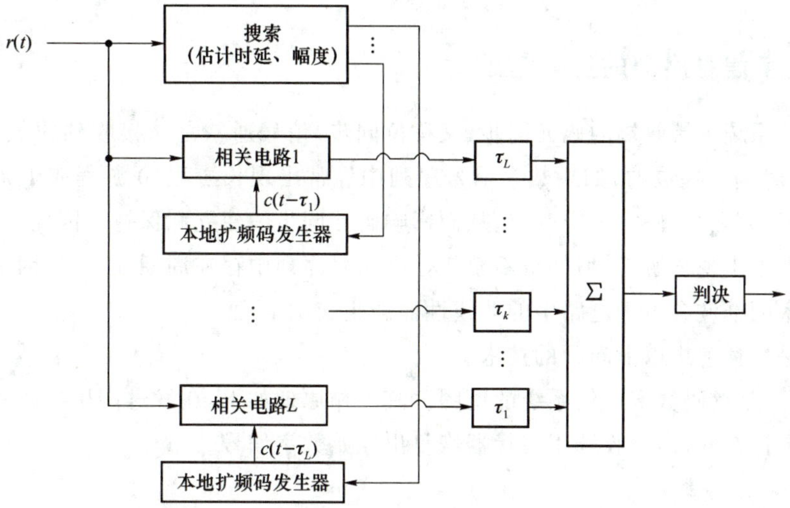

图 10.8.1　多径分集接收机框图(Rake 接收机)

当扩频系数 N 很大时，Rake 接收机中的每一个分支都可以良好地抑制其他径的干扰，从而得到 L 个经历不同衰落的信息信号。其效果与 L 重接收天线分集等价。在衰落信道中，各径的路径增益 μ_k 都是在随机变化的，合并使衰落变得平滑。由此带来的增益可达十几分贝或更多。

10.9　扩频码的其他应用

10.9.1　误码率的测量

图 10.9.1 为开环误码测试系统的框图。

用 m 序列模拟数字信号序列，经过信道发送到接收端，接收端解出 m 序列（有误码），本地 m 序列发生器产生与发端码型相同的 m 序列，并由同步电路使它与接收到的 m 序列同步，将本地同步的 m 序列与接收的 m 序列进行比较，不同的码元便是误码，记录误码数并除以总的码元数，便可得到误码率的近似值。

由于 m 序列具有伪随机性质，其统计特性与随机数字信息序列的统计特性接近，因此，这种测试方法的测试结果与实际信息码元序列传送情况误码结果基本一致。这种测试方法的优点是可以实现开环测试，即收发端不在同一地点的测试。

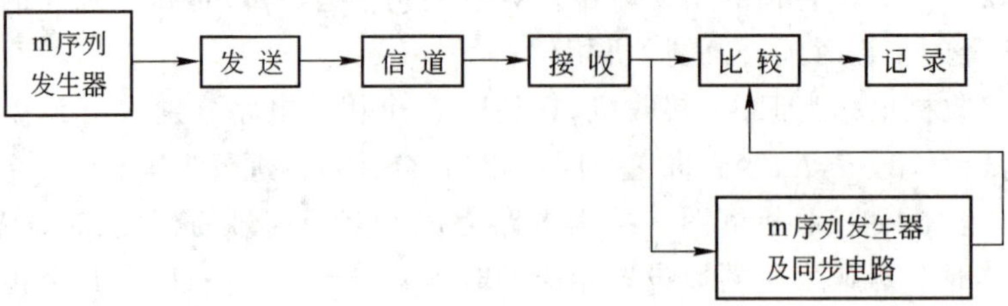

图 10.9.1 误码测试系统框图

10.9.2 数字信息序列的扰码与解扰

数字通信系统中接收端的码元同步(又称位同步)信号通常是从接收到的数字信号的“0”和“1”的交变时刻中提取的,如果数字信号序列中经常出现长游程(0 游程或 1 游程),则将会长时间不出现“0”和“1”码元的交变点,从而影响码元同步的建立和保持。因此,希望传送的数字信号序列中不出现长游程;另外也不希望数字信号序列中存在周期性分量,因为这些周期分量的不同频率的谐波会由于电路中的非线性而产生交调干扰。

扰码就是一种解决以上问题的技术。

图 10.9.2 是扰码数字通信系统的框图。其工作原理如下:在发送端用扰码器来改变原始数字信号的统计特性,而接收端用解扰器恢复出原始数字信号。

图 10.9.2 扰码与解扰通信系统框图

图 10.9.3 是一种由 7 级移存器组成的自同步扰码器和解扰器的原理框图。可以看出,扰码器是一种反馈电路,解扰器是一种前馈电路,它们都是由 7 级移存器和两个模二加电路组成。设扰码器的输入数字序列为 $\{a_k\}$,输出为 $\{b_k\}$;解扰器的输入数字序列为 $\{b_k\}$,输出为 $\{c_k\}$。由图 10.9.3 不难看出,扰码器的输出为

$$b_k = a_k \oplus b_{k-3} \oplus b_{k-7}$$

而解扰器的输出为

$$c_k = b_k \oplus b_{k-3} \oplus b_{k-7} = a_k$$

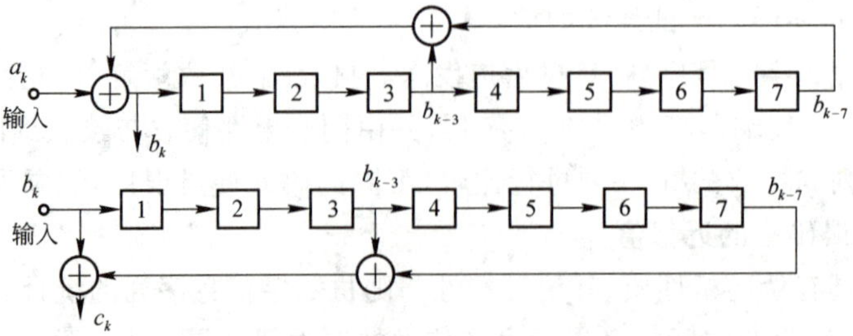

图 10.9.3 自同步扰码器和解扰器框图

以上两式表明，解扰后的序列与加扰前的序列相同。

这种解扰器是自同步的，因为如果信道干扰造成错码，它的影响只持续错码位于移存器内的一段时间，即最多影响连续7个输出码元。

如果断开输入端，扰码器就变成一个线性反馈移存器序列产生器，其输出为一周期性序列，一般设计反馈抽头的位置，使其构成为m序列产生器。

m序列能最有效地将输入序列扰乱。扰码器的作用可以看作是使输出码元成为输入序列许多码元的模二和。因此可以把它当作是一种线性序列滤波器；同理，解扰器也可看作是一个线性序列滤波器。

10.9.3 噪声发生器

测量通信系统的性能时，常使用噪声发生器，由它给出具有所要求的统计特性和频率特性的噪声，并且可以随意控制其强度，以便得到不同信噪比下的性能。例如，在许多情况下，要求它能产生限带白高斯噪声。使用噪声二极管这类噪声源构成的噪声发生器，由于受外部因素的影响，其统计特性是时变的，因此，测量得到的误码率常常很难重复得到。

m序列的功率谱密度的包络是$(\sin x/x)^2$形的。设m序列的码片宽度为T_c，则在$0\sim(1/T_c)\times45\%$ Hz的范围内，可以认为它具有均匀的功率谱密度。所以，可以用m序列的这一部分作为噪声产生器的噪声输出，其特性与随机噪声特性很接近，且很稳定，容易控制噪声强度。

10.9.4 数字通信加密

数字通信加密的基本原理可用图10.9.4表示。信源产生的二进制数字信号和一个周期很长的伪随机序列模二相加，将原消息序列变成加密序列。这种加密序列在信道中传输，如果被他人窃听也不可能理解其内容。在接收端再模二加上一同样的伪随机序列，即能恢复为原发送消息序列。

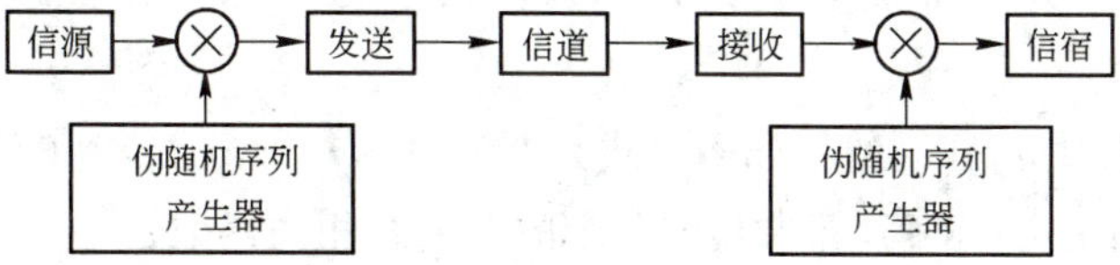

图10.9.4 数字加密系统框图

因为不同长度的伪随机序列有许多种，同一长度的伪随机序列也有很多种，如果收发端的伪随机序列的码型和起始相位不同，就不能解密，所以要破密是很困难的。序列周期越长，为了破密而要搜索起始相位所花费的时间也就越长，所以加密用的伪随机序列应具有很长的周期。

10.9.5 测量时延

通信系统中有时需要测量信号经过传输路径后的时延值，例如多径传播时不同路径的时延值。另外，无线电测距就是利用测量无线电信号到达某物体的传播时延值而折算出到达此物体的距离。由于m序列具有优良的周期性自相关特性,利用它作测量信号可以提高可测量的最大时延值和测量精度。图10.9.5为这种测量方法示意图。发端发送一周期性m序列码,经过传输路径到达接收端。接收端的本地m序列码发生器产生与发送端相同的周期性m序列码,并通过伪码同步电路使本地m序列码与接收到的m序列码同步。比较接收端本地m序列码与发送端的m序列码的时延差即为传输路径的时延。不难看出,一般情况下,这种方法只能闭环测量,即收发端在同一地方。测量精度决定于伪码同步电路的精度及m序列码的码片宽度。m序列码的周期即为可测量的最大时延值。由于伪码同步电路具有相关积累作用,因此即使接收到的m序列码信号的平均功率很小,只要m序列码的周期足够大,在伪码同步电路中仍可得到很高的信噪比,从而保证足够的测量精度。

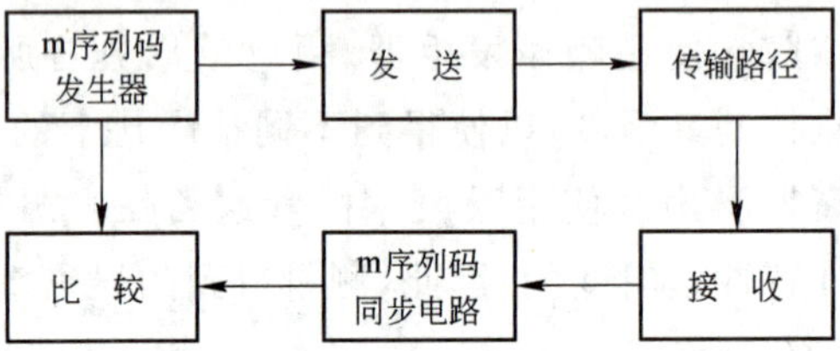

图10.9.5 传输时延测量示意图

习 题

10.1 利用m序列的移位相加特性证明双极性m序列的周期性自相关函数为二值函数,且主副峰之比等于码长(周期)。

10.2 已知线性反馈移存器序列的特征多项式为$f(x)=x^3+x+1$,求此序列的状态转移图,并说明它是否是m序列。

10.3 已知m序列的特征多项式为$f(x)=x^4+x+1$,写出此序列一个周期中的所有游程。

10.4 已知优选对m_1,m_2的特征多项式为$f_1(x)=x^3+x+1$,$f_2(x)=x^3+x^2+1$,写出由此优选对产生的所有Gold码,并求其中两个的周期互相关函数。

10.5 采用m序列测距,已知时钟频率等于1 MHz,最远目标距离为3 000 km,求m序列的长度(一周期的码片数)。

10.6 已知某线性反馈移存器序列发生器的特征多项式为$f(x)=x^3+x^2+1$,请画出此序列发生器的结构图,写出它的输出序列(至少包括一个周期),并指出其周期是多少。

10.7 请:

(1) 写出8阶哈达玛矩阵;

(2) 验证此矩阵的第3行和第4行是正交的。

10.8 某直扩系统的接收信号表达式为

$$s(t)=d(t)c(t)\cos(\omega_c t+\varphi)+c_o(t)\sin(\omega_c t+\varphi)$$

其中$d(t)\in\{\pm1\}$是数据信号,$c(t)$、$c_o(t)$是两个正交的扩频码信号,φ是接收信号的随机相位。请设计相应的接收框图。

10.9　某直扩系统的接收信号表达式为

$$s(t)=d(t)c_1(t)\cos\omega_c t+d(t)c_2(t)\sin\omega_c t$$

其中，$d(t)\in\{\pm 1\}$是数据信号，$c_1(t)$、$c_2(t)$是两个伪码扩频码信号，请设计相应的接收框图。

第 10 章习题答案

第 11 章　正交频分复用多载波调制技术

11.1 引　言

在数字无线通信中，无线信道的频率资源有限，要求有效利用信道频带。尤其是新一代无线通信系统，希望支持更高信息速率。在 2016 年，IEEE 协会制定的无线局域网 802.11ac 标准（WiFi 5），在 5 GHz 工作频段，所分配的最大信道带宽为 160 MHz，要求传输 867 Mbit/s 信息速率的数据。

在系统设计选择相应的数字调制方式时，必须要兼顾频带利用率及误码性能，这与信道条件以及所用的调制技术密切相关。

在加性白高斯噪声（AWGN）信道条件下，给定信道频带时，应在满足误码性能要求的前提下尽量采用频带利用率高的数字调制方式。以数字微波中继通信为例，该系统收、发相距约 50 km，并采用抛物面定向天线。收发之间的电波主要是视距（LOS）传播，影响接收机误码性能的主要因素是发射功率及接收机的噪声系数。因此，在大部分情形下，其信道可以建模为 AWGN 信道。国际电联（ITU-R）对数字微波通信的载频和信道带宽都有明确的规定。譬如：规定载频为 6 GHz 的系统信道带宽为 30 MHz。如果要求传输四次群（见7.9.4 节），其数据速率是 139.264 Mbit/s，频带利用率达到 4.64 bit · s^{-1} · Hz^{-1}，可采用滚降系数为 0.5 的 64QAM 系统（见 6.4.6 节）。若要求误比特率为 1×10^{-6}，该系统理论上需要的 E_b/N_0 约为 19 dB。

然而，在以衰落为特征的移动通信系统中，影响误码性能的不仅仅是加性噪声。

正如第 8 章 8.6 节衰落信道指出：由于移动信道的多径传播引起多径时延扩展，可能会产生频率选择性衰落；另外，移动台运动引起的多普勒扩展，可能会产生时间选择性衰落，这将严重影响数字通信系统的误码性能。为此，在移动通信中，要考虑采用频谱利用率高、并能有效抗衰落的数字调制方式。

本章着重讨论在新一代无线通信系统中，为了传输更高比特速率、抗频率选择性衰落的有效措施之一是采用以正交频分复用（OFDM）方式实现多载波调制技术。

以 OFDM 方式实现多载波调制的基本思想是将宽带信道分解成许多并行的窄子信道，使每个子信道的带宽小于信道的相干带宽 B_c，从而每个子信道所经历的衰落近似是平衰落。具体实现时，输入的高速数据流通过串并变换变换成 N 个并行的子数据流，每个子数据流的数据速率是输入数据速率的 $1/N$。这 N 个平行数据流各自调制不同中心频率的子载波，在各自的子信道上并行传输。并要求各子载波间隔是载波上符号间隔的倒数，使各子载波上的信号相互正交，以提高信道的频谱利用率。

多载波调制技术早在 20 世纪末 50 年代末至 60 年代初就已经应用于军事高频无线通信中，由于实现复杂，没有被广泛应用。早期的多载波调制中，各子载波上的信号的频谱是不重叠的。若两个信号的频谱不重叠，它们自然是正交的。但频谱不重叠不是正交的必要条件，只要频差合理，同样能够实现正交。OFDM 便是这样一种多载波调制，其子载波间隔是子载波上符号间隔的倒数，各子载波的频谱是重叠的。这种重叠使得频谱效率显著提高。20 世纪 70 年代，Weinstein 和 Ebert 提出用离散傅里叶变换(DFT)及其逆变换(IDFT)进行 OFDM 多载波调制方式的运算。DFT 及 IDFT 存在快速算法：FFT 和 IFFT，它使 OFDM 能够以低成本的数字方式实现。在 20 世纪 80 年代，随着 OFDM 理论的不断完善、数字信号处理及微电子技术的快速发展，OFDM 技术也逐步走向实用化。大约从 20 世纪 90 年代起，OFDM 技术开始应用于各种有线及无线通信中，包括：数字用户环路(DSL)、数字音频广播(DAB)、数字视频广播(DVB)以及新一代的无线局域网(WLAN)。OFDM 也已经成为 4G、5G 移动通信空中接口技术。

OFDM 技术广泛应用于具有较大时延扩展信道的高速无线通信中，它显然优于时域均衡。这是由于在高速无线通信中，若要用均衡器达到较好的性能，则需要的抽头数很多，实现复杂，而且在时变信道中，实时调整大量抽头系数也很困难。因而，目前大多数新出现的高速无线通信系统均采用 OFDM 技术。

11.2　OFDM 多载波调制技术的基本原理

11.2.1　BPSK-OFDM

首先阐明各子载波调制为 BPSK 的 OFDM 原理。

在图 11.2.1(a)中，输入的数据流信息速率是 R_b，符号间隔是 $T_b=1/R_b$。经过串并变换器变换为 N 个并行的子数据流，子数据流的符号速率为$\frac{R_b}{N}$，符号间隔是 $T_s=NT_b$。每个子数据流分别对各自的子载波进行 BPSK 调制。各子载波的频率为 $f_i=f_c+i\Delta f, i=0,1,2,\cdots,N-1$，子载波的间隔为 $\Delta f=\frac{1}{T_s}=\frac{R_b}{N}$。此 N 个 BPSK 信号同时发送。当 N 足够大时，各子载波已调信号近似经历平衰落。

图 11.2.2 是对应图 11.2.1(a)的接收框图。由于发送的是 N 个 BPSK 信号，所以接收端用 N 个 BPSK 解调器来解调。各个子 BPSK 信号的载波构成一组基函数：$\{g(t)\cos(2\pi f_i t), i=0,1,\cdots,N-1\}$，其中 $f_i=f_c+i\Delta f$。若 $g(t)$是$[0,T_s]$内的矩形脉冲，则根据图 6.4.28 可知，载频间隔 $\Delta f=\frac{1}{T_s}$可以保证它们之间的正交性。正交性使得图11.2.2中的各个 BPSK 解调支路互不干扰。于是，从发到收，整个 BPSK-OFDM 系统等价于 N 个独立存在的 BPSK 系统。

OFDM 系统一般采用矩形脉冲成形，它能保证子载波信号的正交性，无子载波间干扰。矩形脉冲成形的子载波频谱是 sinc 函数，如图 11.2.1(b)所示。OFDM 信号的功率谱密度如图 11.2.1(c)所示。

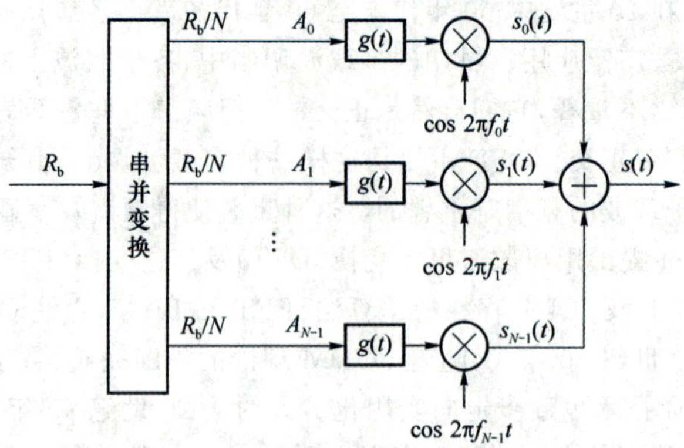

(a) 产生BPSK-OFDM信号的原理框图〔$f_i=f_c+i\Delta f, i=0,1,\cdots,N-1$〕

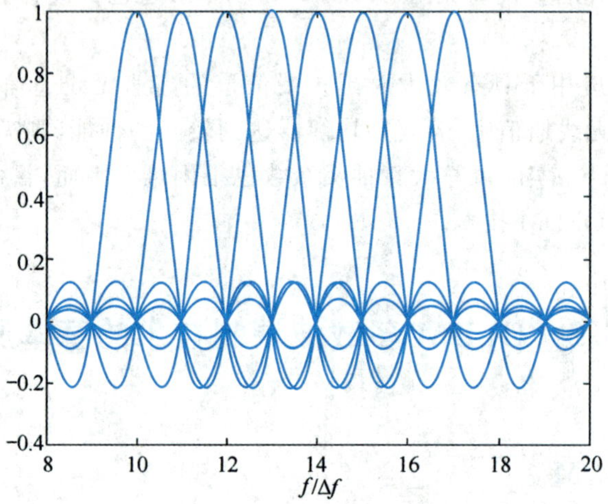

(b) OFDM系统中各子载波的频谱〔设$g(t)$为矩形脉冲，$f_c/\Delta f=10$〕

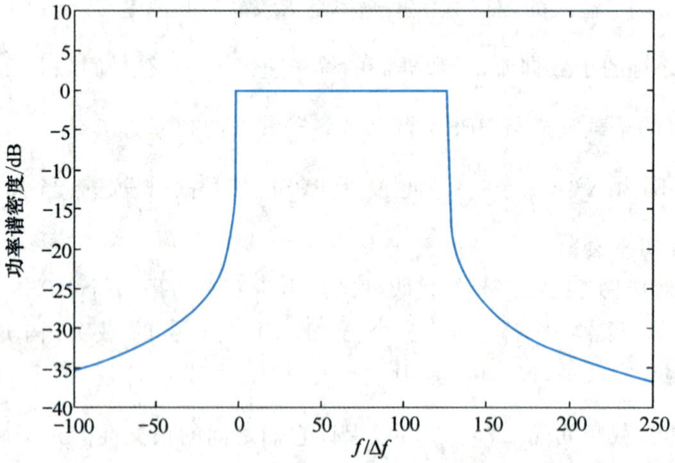

(c) 具有128个子载波的OFDM信号的功率谱密度

图 11.2.1 OFDM 信号的产生、OFDM 信号各子载波的频谱、OFDM 信号的功率谱密度

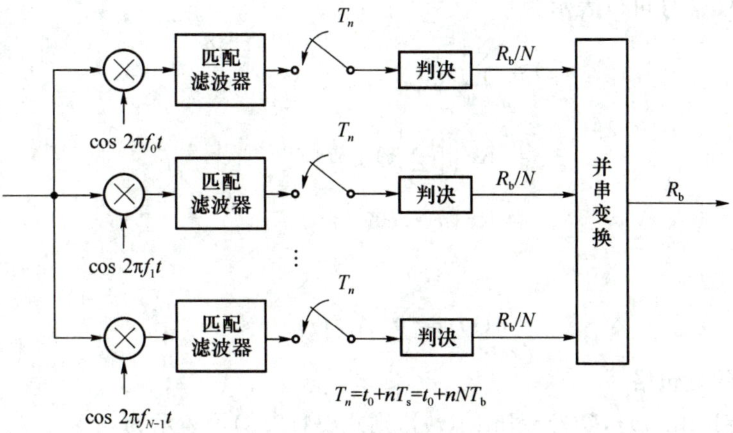

图 11.2.2　BPSK-OFDM 信号的接收框图

11.2.2　QAM-OFDM

当子载波采用 $MQAM$ 调制时，产生 OFDM 信号的原理如图 11.2.3 所示。速率为 R_b 的二进制数据经串并变换成为 N 路速率为 R_b/N 的子数据流，每个子数据流通过各自的子载波进行 $MQAM$ 调制，然后一起发送。若 QAM 的进制数是 M，则每个子载波上的符号速率是 $R_s=\frac{R_b}{N\log_2 M}$，子载波间隔是 $\Delta f=\frac{1}{T_s}=R_s$。由于各个子载波正交，所以接收端也可以仿照图 11.2.2，用一组 N 个并行的解调器来解调。系统整体等价于 N 个独立的 $MQAM$ 系统，每个子系统分担了 $1/N$ 的信源数据。

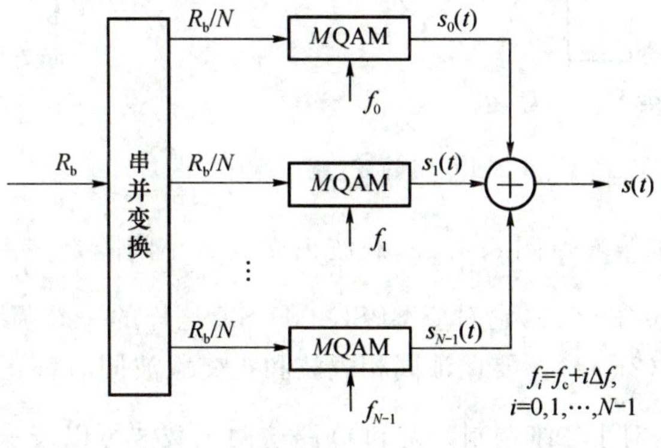

图 11.2.3　产生 QAM-OFDM 信号的原理框图

在$[0,T_s]$时间内，第 i 个子载波上已调的 QAM 信号可以表示为

$$\begin{aligned} s_i(t) &= A_{i_c}g(t)\cos(2\pi f_i t)-A_{i_s}g(t)\sin(2\pi f_i t) \\ &= \mathrm{Re}\{[A_{i_c}+\mathrm{j}A_{i_s}]g(t)\mathrm{e}^{\mathrm{j}2\pi f_i t}\} \\ &= \mathrm{Re}\{A_i g(t)\mathrm{e}^{\mathrm{j}2\pi f_i t}\} \end{aligned} \tag{11.2.1}$$

其中，$A_i=A_{i_c}+\mathrm{j}A_{i_s}$ 是发送的 QAM 符号的星座点，A_{i_c}、A_{i_s} 分别是其同相分量(I 路)和正交分量(Q 路)；$f_i=f_c+i\Delta f=f_c+\frac{i}{T_s}$ 是第 i 路的载波频率，$i=0,1,\cdots,N-1$；$g(t)$是脉冲成形滤波器的冲激响应，假设它为矩形脉冲。

总的 OFDM 信号可以表示为

$$\begin{aligned} s(t) &= \sum_{i=0}^{N-1} s_i(t) \\ &= \mathrm{Re}\left\{\left[\sum_{i=0}^{N-1} A_i g(t) \mathrm{e}^{\mathrm{j}2\pi i \Delta f t}\right] \mathrm{e}^{\mathrm{j}2\pi f_c t}\right\} \\ &= \mathrm{Re}\{a(t) \mathrm{e}^{\mathrm{j}2\pi f_c t}\} \end{aligned} \tag{11.2.2}$$

其中

$$a(t) = \sum_{i=0}^{N-1} A_i g(t) \mathrm{e}^{\mathrm{j}2\pi i \Delta f t} \tag{11.2.3}$$

是 OFDM 信号的复包络。

若令 $I(t)=\mathrm{Re}\{a(t)\}$,$Q(t)=\mathrm{Im}\{a(t)\}$,则式(11.2.2)可表示为

$$s(t)=I(t)\cos(2\pi f_c t)-Q(t)\sin(2\pi f_c t) \tag{11.2.4}$$

因此也可以先得到复包络 $a(t)$,再通过 I/Q 正交调制来得到 OFDM 信号,如图 11.2.4 所示。接收端的处理则是相应的逆处理。

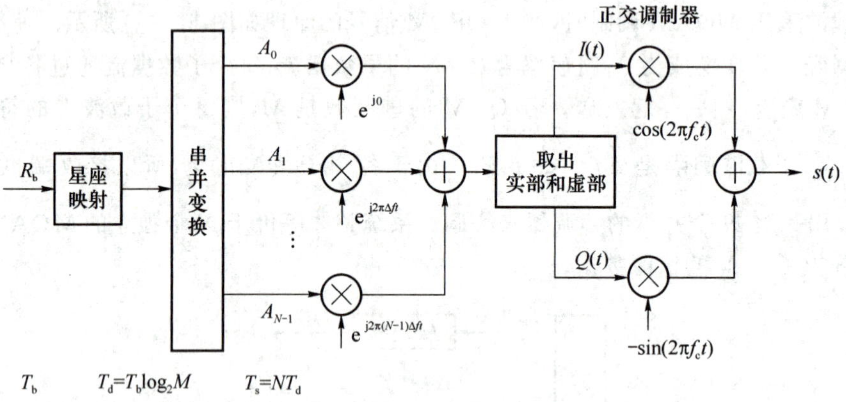

图 11.2.4 先产生 OFDM 信号的复包络,再通过正交调制得到 OFDM 信号

需要注意的是,根据第 6 章图 6.4.28,载波正交的最小间隔是 $\frac{1}{2T_s}$,而不是 $\frac{1}{T_s}$。这是因为该图所考虑的载波是 $\cos(2\pi f_i t)$,它对应 BPSK、MASK 这样的一维调制。已调信号只有同相载波,没有正交载波 $\sin(2\pi f_i t)$。要保证同相载波和正交载波同时都正交,就需要载波间隔为 $\frac{1}{T_s}$。由式(11.2.1)可见,对于二维调制,I 路和 Q 路这两个载波可以表示为一个复数载波 $\mathrm{e}^{\mathrm{j}2\pi f_i t}$。对于任意两个复载波 $c_n=g(t)\mathrm{e}^{\mathrm{j}2\pi f_n t}$ 和 $c_m=g(t)\mathrm{e}^{\mathrm{j}2\pi f_m t}$,假设 $g(t)$ 为矩形脉冲,则有

$$\begin{aligned} \int_0^{T_s} c_n(t) c_m^*(t)\,\mathrm{d}t &= \int_0^{T_s} \mathrm{e}^{\mathrm{j}2\pi f_n t} \cdot \mathrm{e}^{-\mathrm{j}2\pi f_m t}\,\mathrm{d}t \\ &= \int_0^{T_s} \mathrm{e}^{\mathrm{j}2\pi(f_n-f_m)t}\,\mathrm{d}t \\ &= \frac{\mathrm{e}^{\mathrm{j}2\pi(f_n-f_m)T_s}-1}{\mathrm{j}2\pi(f_n-f_m)} \\ &= T_s \mathrm{e}^{\mathrm{j}\pi(f_n-f_m)T_s} \mathrm{sinc}\left[(f_n-f_m)T_s\right] \end{aligned} \tag{11.2.5}$$

由此可知,使 $c_n(t)$ 和 $c_m(t)$ 保持正交的最小间隔是 $|f_n-f_m|=\frac{1}{T_s}$。

OFDM 系统的子载波一般都采用 QPSK、MQAM 等二维调制，因此载波间隔取为$\frac{1}{T_s}$。

11.3　OFDM 调制的数字实现

为了实现 OFDM 调制的基带数字处理，首先要将 OFDM 信号的复包络进行采样，成为离散时间信号。

在$[0,T_s]$时间内，若采样时刻是 $m\frac{T_s}{N}$，$m=0,1,\cdots,N-1$，则对 OFDM 信号的复包络$a(t)$采样后的序列为

$$\begin{aligned} a_m &= a\left(m\frac{T_s}{N}\right)=\sum_{i=0}^{N-1}A_i e^{j2\pi i\Delta f\cdot m\frac{T_s}{N}} \\ &= \sum_{i=0}^{N-1}A_i e^{j2\pi\frac{mi}{N}} \qquad m=0,1,\cdots,N-1 \end{aligned} \tag{11.3.1}$$

该式正好就是对序列$\{A_0,A_1,\cdots,A_{N-1}\}$进行离散傅里叶反变换(IDFT)的结果。因此，给定输入的符号$\{A_0,A_1,\cdots,A_{N-1}\}$后，借助 IDFT 即可得到 OFDM 复包络的时间采样。

接收端通过 I/Q 正交解调可以恢复 OFDM 信号的复包络 $a(t)$，将其采样得到时间序列$\{a_m\}=\{a_0,a_1,\cdots,a_{N-1}\}$。由于 IDFT 是可逆变换，因此对序列$\{a_m\}$进行离散傅里叶变换(DFT)即可得到发送的序列$\{A_i\}$：

$$A_i=\sum_{m=0}^{N-1}a_m e^{-j2\pi\frac{mi}{N}} \qquad i=0,1,\cdots,N-1 \tag{11.3.2}$$

由于$\{a_m\}$是对时间信号的采样，故称其为时域序列。而$\{A_i\}$是序列$\{a_m\}$的离散傅里叶变换，故称为频域序列。

当 N 为 2 的整幂时，DFT 及 IDFT 存在快速算法：FFT 和 IFFT。这样，可以借助 FFT 和 IFFT 来实现 OFDM 信号的调制与解调，如图 11.3.1 所示。

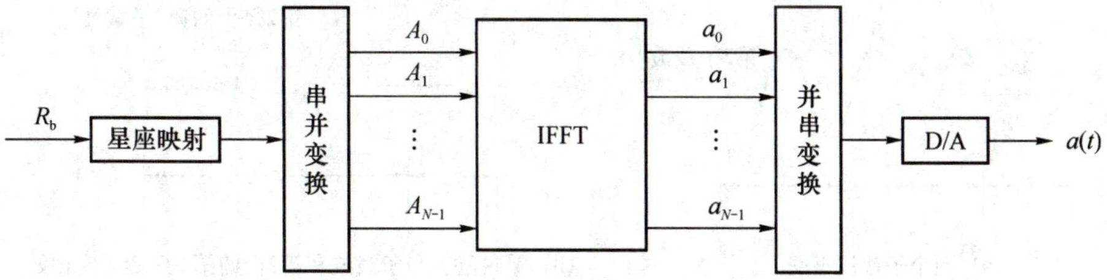

(a) 发送端调制器的基带数字处理

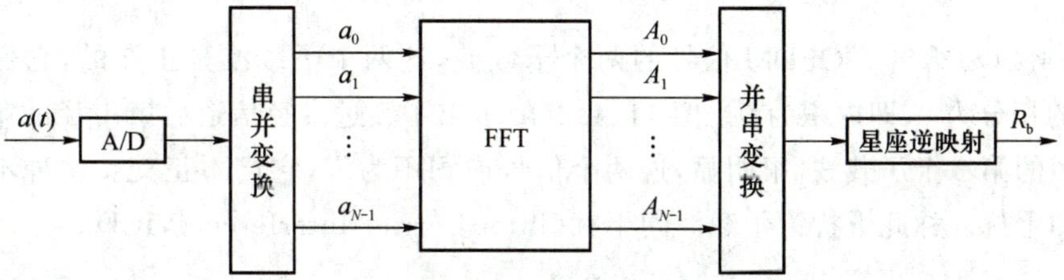

(b) 接收端解调器的基带数字处理

图 11.3.1　OFDM 调制器及解调器的基带数字处理

11.4 循环前缀

11.4.1 保护间隔

为了有效对抗多径信道的时延扩展,OFDM 信号由频率间隔为 Δf 的 N 个子载波构成,所有子载波在符号间隔 $T_s=\frac{1}{\Delta f}$时间内相互正交。对于给定的系统带宽,子载波数的选取要满足符号持续时间 T_s 远大于信道的时延扩展。在此基础上,还需要采取措施消除前后两个 OFDM 符号之间的码间干扰。一种方法是在每个 OFDM 符号之间插入保护间隔,如图 11.4.1 所示。保护间隔的长度 T_g 比信道的最大多径时延更大,以保证前一 OFDM 符号的拖尾不会干扰到下一个符号。加入保护间隔后,整个 OFDM 符号的周期成为 $T=T_g+T_s=T_g+\frac{1}{\Delta f}$。

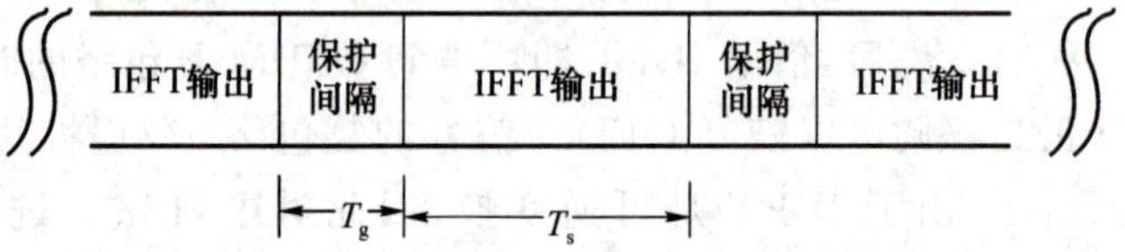

图 11.4.1 加入保护间隔的 OFDM 符号周期

保护间隔内可以不发送信号,即 T_g 是一段空白的传输时段。但在这种情况下,多径传输会破坏在 T_s 时间内子载波间的正交性,产生子载波间干扰,如图 11.4.2 所示。

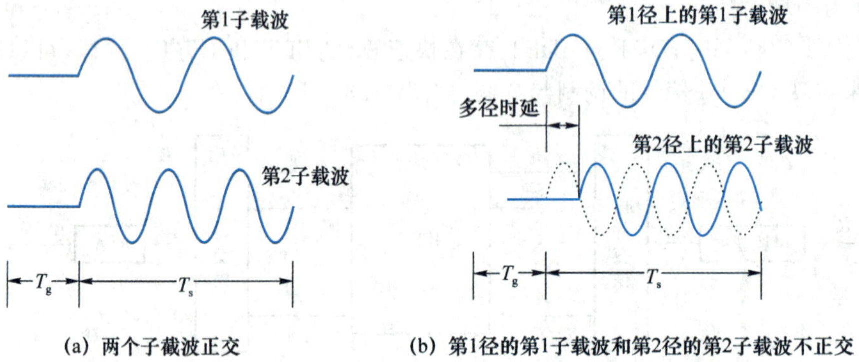

图 11.4.2 加空闲保护间隔后,OFDM 信号的两个子载波的波形

图 11.4.2(a)给出了 OFDM 信号的两个子载波,这两个子载波是正交的,它们的乘积在$[0,T_s]$内的积分为 0,即内积为 0。图 11.4.2(b)示出了经过多径信道后第 1 径的第 1 个子载波和第 2 径的第 2 个子载波,很明显,这两个信号内积不为零,它们不正交。这种不正交将表现为相互的干扰。称此干扰为子载波间干扰(Inter-Carrier Interference,ICI)。

11.4.2 循环前缀

为了解决空闲保护间隔所存在的子载波间干扰问题,可采用循环前缀的方法。循环前缀就是将每个 OFDM 符号的信号波形的最后 T_g 时间内的波形复制到前面原本是空闲保护间隔的位置上。对于 IFFT 实现来说，就是将最后的若干个样值复制到前面，形成前缀，如图 11.4.3 所示。

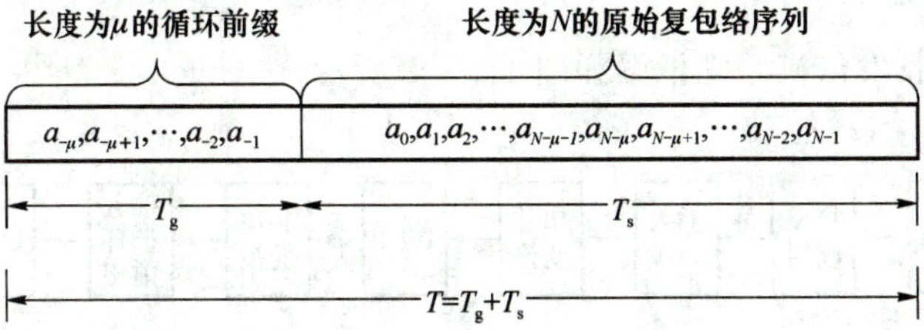

图 11.4.3　具有循环前缀的 OFDM 复包络序列

图中的 N 是 OFDM 复包络 $a(t)$ 在 T_s 时间内的样值个数，μ 是循环前缀内的样值个数，此 μ 值要大于多径信道的等效基带冲激响应按离散时间表示时的样值个数。用循环前缀替代空闲保护间隔后，OFDM 的符号周期仍然是 $T=T_s+T_g$。这样，每个符号周期内有 $\mu+N$ 个样值，其编号从 $-\mu$ 到 $N-1$。

循环前缀满足下面的循环关系：

$$a(-k)=a(N-k)\qquad k=1,2,\cdots,\mu \tag{11.4.1}$$

在接收端采样后，每个 OFDM 符号周期内有 $\mu+N$ 个样值，其中前 μ 个对应循环前缀位置的样值包含前一 OFDM 符号的拖尾所产生的干扰，因此接收端要去除循环前缀，用其余不受码间干扰影响的 N 个样值进行 FFT 来恢复发送序列。

从离散时间的角度看，多径信道可以表示为一个有限冲激响应(FIR)线性系统，信道输出是发送序列和信道冲激响应的线性卷积。采用循环前缀后，信道输出的后 N 个样值是发送序列和信道冲激响应的循环卷积[35]。循环卷积可以保证各子载波上发送的时间序列经过多径信道传输，在去除前缀后，仍能保持正交。

从连续时间的角度看，各子载波的波形关系如图 11.4.4 所示。在图 11.4.4(a)中，T_g 时间内的波形是将 T_s 时间内的最后一部分补到了前面。经过多径信道后的两个子载波是图 11.4.4(b)中的实线。由于 T_s 对这两个子载波来说，都是其周期的整倍数，虽然多径传输后第 2 径有了延迟，但在 T_s 时间内相乘积分的结果仍然是 0，即它们还是正交的。

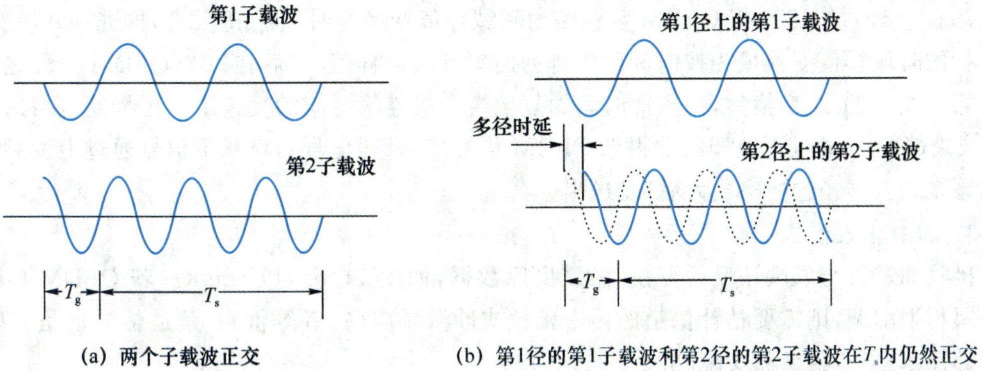

图 11.4.4　加循环前缀后 OFDM 信号的两个子载波的波形

11.5 OFDM 系统的收发信机

OFDM 系统的收发信机原理框图如图 11.5.1 所示。

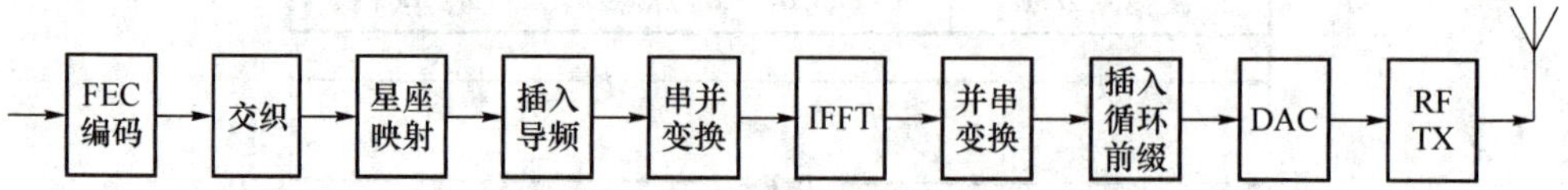

(a) 发信机

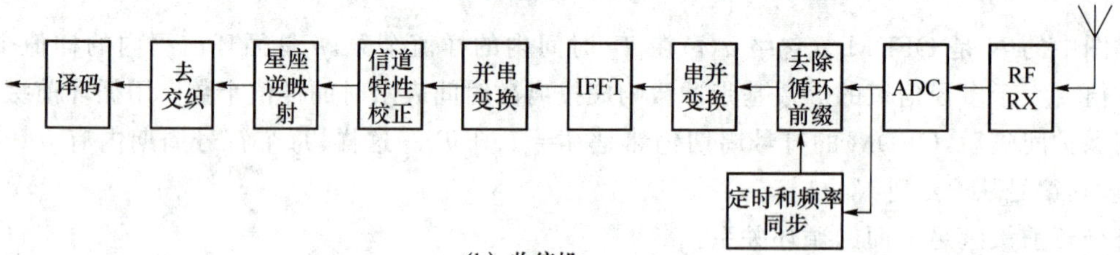

(b) 收信机

图 11.5.1 OFDM 收发信机的结构图

1. 纠错编码与交织

多载波调制技术的优点是子信道的带宽足够窄,从而抑制了多径信道的时延扩展的影响,但是子信道的平衰落仍会使某些子信道有较大的误码率,因而对抗子信道的平衰落十分重要,其中最有效的措施之一是交织编码。

为了克服深衰落发生突发差错的影响,首先将数据进行纠错编码、交织,而后通过各子信道传送。若在衰落信道传输中受到深衰落,接收端解调输出将会出现突发差错,如果交织器的长度足够大,解交织后可将突发错改造为独立差错,再通过纠错译码来纠正。

2. OFDM 调制系统的发信机

在发送端,二进制数据经纠错编码、交织后映射到 QAM 星座得到一个 QAM 复数符号序列,再经串并变换后的 N 个并行 QAM 符号 $\{A_i\}$,符号周期为 T_s。在每个 T_s 周期内,此 N 个并行的 $\{A_i\}$ 经过 IFFT,将 OFDM 复包络的频域样值变换为时域样值 $\{a_m\}$,再进行并串变换,将并行的时域样值变换成为按时间顺序排列的串行时域样值,然后在每个 OFDM 符号之前插入前缀。通过 D/A 变换后,将离散时间的复包络变成连续时间的复包络。再将复包络的实部 $I(t)$ 及虚部 $Q(t)$ 通过正交调制器得到 OFDM 信号(实带通信号),将基带信号通过上变频搬移到射频 f_c 上,再经过功率放大后,发送出去。

3. OFDM 收信机

接收端进行与发端相反的变换,恢复出原数据,如图 11.5.1(b)所示。若 OFDM 接收系统采用相干解调,则需要估计信道的传递函数或冲激响应(二者等价)。信道估计也是 OFDM 的关键技术之一,请参阅文献[39]。

需指出,多载波调制系统与单载波系统相比较,也存在不足之处:多载波系统的峰均比远大于单载波系统,不利于在发端使用非线性功率放大器;多载波系统的频率偏移会降低子载波间的正交性,影响系统性能。请参考文献[39]。

11.6　OFDM 系统的应用

目前，OFDM 多载波调制技术已广泛应用于高速无线通信中，例如数字用户环路(DSL)、数字音频广播(DAB)、数字视频广播(DVB)、无线局域网(WLAN)、无线城域网(WMAN)等。该技术也是 4G、5G 蜂窝移动通信系统空中接口的方案。下面介绍 OFDM 技术在数字音频广播中的应用。

在音频广播系统中，为了提高质量，数字系统将逐步取代现有的模拟系统。许多国家都为数字音频广播建立了标准。欧洲于 1995 年通过了第一版本 ETS300401 DAB 标准，又于 1997 年通过了第二版本。由于欧洲标准在世界上得到众多国家支持，我国也试行该标准，在此简要介绍欧洲的 DAB 传输模式。

欧洲 DAB 标准包含 4 种传输模式，其中每个模式都有特定的频带和相应的应用领域。所有模式都采用 OFDM 多载波调制方式，每个子载波上的调制方式均为 $\frac{\pi}{4}$-DQPSK。由于发送端是差分调制，故在接收端可采用非相干解调方案，不需要提取载波相位或进行信道估计。

4 个模式中的 OFDM 参数如表 11.6.1 所示。

表 11.6.1　DAB 中的 OFDM 参数

参　数	模式 1	模式 2	模式 3	模式 4
子载波个数	1 536	384	192	768
子载波间隔	1 kHz	4 kHz	8 kHz	2 kHz
符号时间长度	1.246 ms	311.5 μs	155.8 μs	623 μs
保护间隔	246 μs	61.5 μs	30.8 μs	123 μs
载波频率	<375 MHz	<1.5 GHz	<3 GHz	< 1.5 GHz
发射机距离	<96 km	<24 km	<12 km	<48 km

地面广播采用 VHF 频道的模式 1，子载波数为 1 536，子载波间隔为 $\Delta f=1$ kHz，对应的符号周期是 $T_s=1$ ms，循环前缀的持续时间是 246 μs，计入循环前缀后 OFDM 符号的时间长度是 $T=T_g+T_s=1.246$ ms。模式 3 是为卫星传输设计的，其载频可达到 3 GHz，具有 192 个子载波，子载波间隔 $\Delta f=8$ kHz，$T_s=125$ μs，循环前缀持续时间是 $T_g=30.8$ μs，包含循环前缀在内的 OFDM 符号的时间长度为 $125+30.8=155.8$ μs。

DAB 的发射机框图如图 11.6.1(a)所示，超外差接收机框图如图 11.6.1(b)所示。图中 SAW 是声表面波中频滤波器。

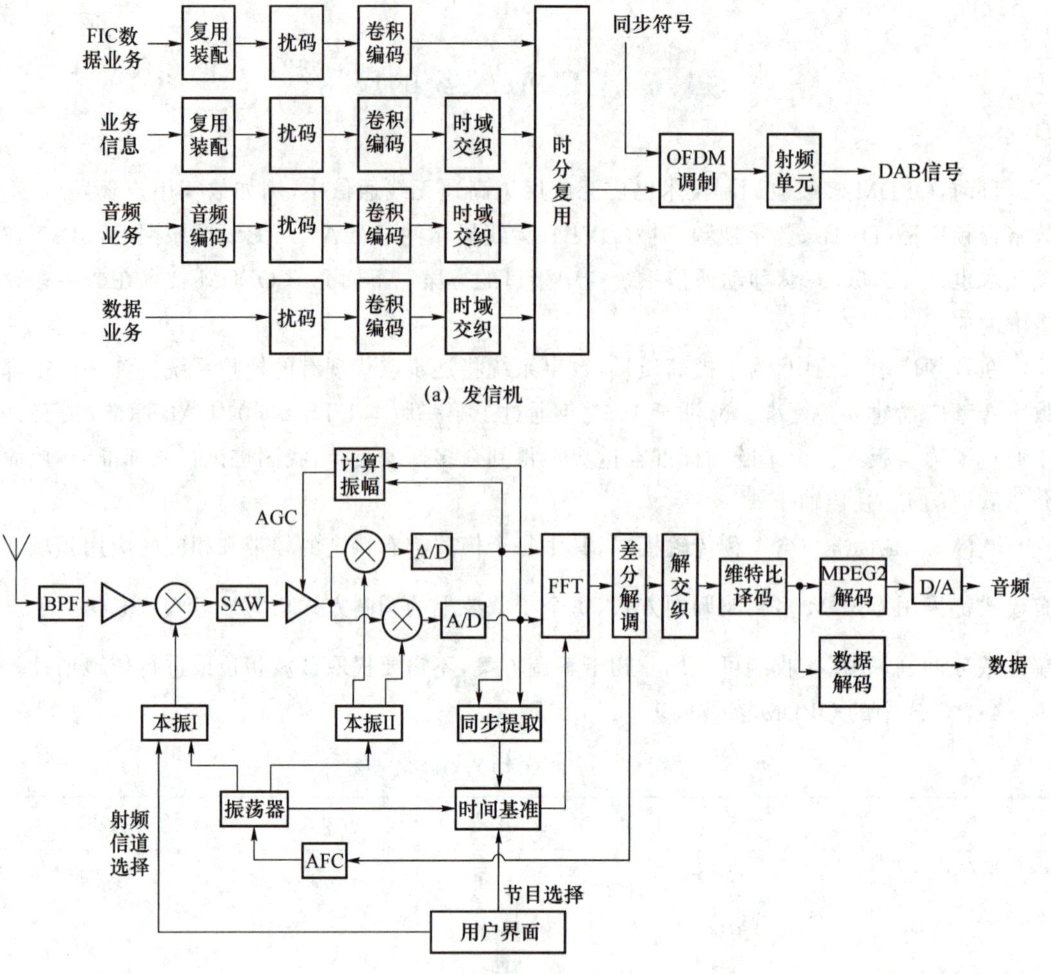

(b) 收信机

图 11.6.1 DAB 收发信机的结构图

第 12 章　通信系统的优化

这一章将重点研究通信系统的优化。通信的实质是传送信息，而传送信息的核心问题：首先要对信息进行定量化的描述与度量，其次是要设计一类能实现可靠、有效、安全传送信息的通信系统。也即实现通信系统在不同技术指标下的优化。

本章主要介绍在信息定量度量的基础上，通信系统的优化，重点侧重于通信原理中最关心的可靠性指标下的优化与实现。主要内容包含以下 4 个方面：

- 通信系统优化的物理与数学模型；
- 通信系统单技术指标下的优化；
- 基于加性、白色、高斯信道通信系统在可靠性指标下的优化；
- 随参信道通信系统在可靠性指标下优化的基本思路。

12.1　通信系统优化的物理与数学模型

12.1.1　模型的建立与描述

为了简化分析并突出问题的实质，本章仅讨论由单个离散消息信源、信道所组成的单向通信系统。它是本书中讨论的最基本通信系统。其物理模型如下。

由图 12.1.1，通信系统是由信源、信道、信宿、编/译码以及加性噪声共同组成的。其主要部分描述与度量如下。

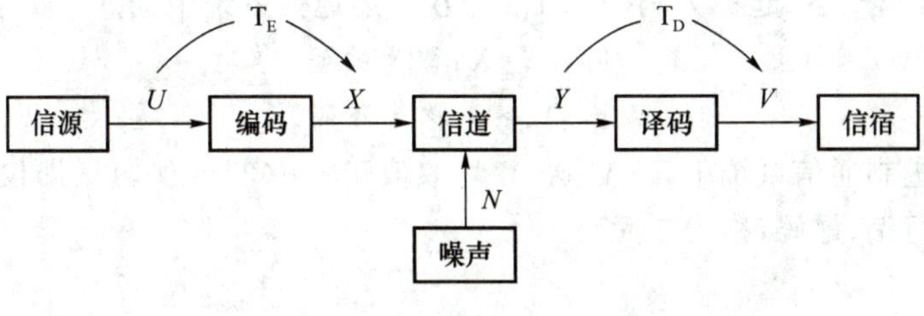

图 12.1.1　简化的通信系统物理模型

1. 信源

信源是传送信息的来源，数学上采用随机变量 U 及其概率分布来描述：

$$\text{无失真信源} \qquad [U, P(u_i)] \tag{12.1.1}$$

$$\text{限失真信源} \qquad \{[U, P(u_i)], [U\times V, d(u_i, v_j)]\} \tag{12.1.2}$$

其中 U 为信源输出的随机变量，它有 n 个可能取值，u_i 是其第 i 个取值，即 $U=\{u_1,\cdots,u_i,\cdots,u_n\}$。$V$ 为信宿收到的随机变量，$V=\{v_1,\cdots,v_j,\cdots,v_n\}$。$d(u_i,v_j)$则表示信源发送 u_i，

信宿取值 v_j 时所产生的失真。

两类信源输出的信息的定量度量可分别表示如下。

无失真信源可用信息熵 $H(U)$ 表示，即

$$H(U)=-\sum_{i=1}^{n}P(u_i)\log_2 P(u_i) \tag{12.1.3}$$

限失真信源则可引用信息率失真 $R(D)$ 函数表示，即

$$R(D)=\min_{P(v_j|u_i)\in P_D} I(U;V) \tag{12.1.4}$$

其中

$$P_D=\left\{P(v_j\mid u_i):\sum_i\sum_j P(u_i)P(v_j\mid u_i)d(u_i,v_j)\leqslant D\right\} \tag{12.1.5}$$

D 为最大允许失真。

2. 信道

它是传送信息的通道。一般由具体物理媒质组成，比如导线、电缆、光缆以及无线通信中的空间等。在数学上信道可以抽象地表达为由信道输入 X、信道输出 Y 以及 X 到 Y 的映射或变换共同构成。

当信道中无噪声时，$X\to Y$ 是一一对应的映射；当信道有噪声时，$X\to Y$ 是随机映射，可用条件转移概率 $P(Y=y|X=x)$ 来表示，简记为 $P(y|x)$。若从物理概念上理解，数学上的映射在物理上可看作信号空间上的变换。因此，信道的数学模型可抽象描述为

$$[X,P(y|x),Y] \tag{12.1.6}$$

相应在信道中传送的最大信息量可以表示为信道容量。即信道的定量度量可以表示为

$$C=\max_{P(x)} I(X;Y) \tag{12.1.7}$$

3. 编/译码

为了能在通信系统中可靠、有效、安全地传送信息，为了实现信息传输中信源、信道与通信系统统计匹配，即实现系统优化，需要引入编/译码。从这个意义上看，编/译码是实现通信系统在三类主要技术指标(可靠、有效、安全)的要求下，实现优化的主要手段和方法。

所谓码，数学上是指一类映射，物理上可看作信号空间上的变换，它是在发送与接收端成对出现的。发送端编码是正映射(正变换)，用 $\mathrm{T_E}$ 表示；相应的接收端译码是逆映射(逆变换)，用$\mathrm{T_D}$表示。组合在一起称为码$(\mathrm{T_E},\mathrm{T_D})$。在上述通信系统中，有

$$\mathrm{T_E}:U\to X，称为编码 \tag{12.1.8}$$

$$\mathrm{T_D}:Y\to V，称为译码 \tag{12.1.9}$$

在通常的二进制通信系统中，U、V、X、Y 均取值于 $\mathrm{GF}(2)=\{0,1\}$，即仅考虑在二进制的二元有限域上进行编、译码，称为二元码。

4. 通信系统

前面已指出，通信系统是由信源/信宿、信道与编/译码共同构成，它可以表示为

$$S=\{U,V,C,(\mathrm{T_E},\mathrm{T_D})\} \tag{12.1.10}$$

一般情况下，U、V、X、Y 构成马尔可夫链，则通信系统可由下列联合概率分布来描述：

$$P(S)=P(u)\cdot P(x|u)\cdot P(y|x)\cdot P(v|y) \tag{12.1.11}$$

当编/译码方式给定且互逆(即 $\mathrm{T_D}=\mathrm{T_E^{-1}}$)时，有

$$P(S)=P(u)\cdot P(y|x) \tag{12.1.12}$$

这时，通信系统完全由信源与信道的统计特性共同决定。通信原理仅研究这类通信系统。

12.1.2　通信系统优化的度量指标与准则

众所周知，通信系统的性能有代表数量与质量的有效性、可靠性与安全性 3 项基本指标。其中有效性是体现通信系统数量的基本指标，可靠性与安全性则是体现通信系统质量的基本指标。可靠性是指系统抗客观噪声与干扰的能力。安全性则是指系统抗人为干扰破坏的能力。由于本书篇幅有限，没有涉及安全性，故本章不予讨论。在本章中主要讨论旨在保证质量的可靠性，同时也涉及与数量有关的有效性。

在数字通信中，度量可靠性的最主要技术指标是误码率与信噪比。这里首先讨论误码率。在本章中，误码率定义为

$$e(\mathrm{T_E},\mathrm{T_D}) \triangleq P(\hat{u}\neq u) \tag{12.1.13}$$

即信号 u 经发送端编码 $\mathrm{T_E}$，经过信道到达接收端后，译码 $\mathrm{T_D}$ 的结果 $\hat{u}$ 不等于 u 的概率。

在通信系统中，可以将误码分为三类准则：

$$\text{无失真准则：}\quad e(\mathrm{T_E},\mathrm{T_D})=P_e=0 \tag{12.1.14}$$

$$\text{误差准则：}\quad e(\mathrm{T_E},\mathrm{T_D})=P_e<\varepsilon \tag{12.1.15}$$

$$\text{平均误差准则：}\quad \bar{e}(\mathrm{T_E},\mathrm{T_D})=\overline{P}_e<\varepsilon \tag{12.1.16}$$

以上 3 个准则中，无失真准则最强，但它一般仅用于无失真信源编码，比如文字与传真编码。误差准则次之，它仅是一个过渡性准则，并无实际应用。平均误差准则是三者之中最弱的准则，最具实际应用价值。通常限失真系统（此时 ε 取最大允许失真 D）以及受噪声、干扰影响的实际信道均采用这类准则。

在数字通信系统中定量度量可靠性的另一个重要指标是信噪比 P/σ^2 或等效的归一化信噪比 E_b/N_0。其中，P 表示信号功率，σ^2 表示噪声功率，E_b 为单位比特的信号能量，N_0 表示噪声的单边功率谱密度。若 B 为信号带宽，R_b 为传输速率，其最大值是容量 C，则有如下关系：

$$\frac{P}{\sigma^2}=\frac{P}{N_0B}=\frac{E_b}{N_0}\cdot\frac{R_b}{B} \tag{12.1.17}$$

实际通信系统在描述、度量可靠性时往往采用以上两个指标。即一般采用 E_b/N_0（或 P/σ^2）作为自变量横轴，而用 $\overline{P}_e$ 为因变量纵轴构成不同通信体制下，随 E_b/N_0 而变化的平均误码率 $\overline{P}_e$ 曲线来直观表达。

下面首先给出一个平稳、遍历、连续信源通过一个限时（T）、限频（B）、限功率（P）的加性白高斯噪声信道（AWGN）的最大传信率，即信道容量 C 的基本公式，它就是著名的香农公式。显然，这时的信道容量可以表达为有限个样点值容量之和，即

$$\begin{aligned} C_T &= \sum_{i=1}^{N} C_i = 2BT\times\frac{1}{2}\log_2\left(1+\frac{P}{\sigma^2}\right) \\ &= BT\log_2\left(1+\frac{P}{N_0B}\right)\quad \text{bit} \end{aligned} \tag{12.1.18}$$

式中 $N=2BT$ 是根据第 7 章所述的奈奎斯特速率确定的 T 时间内可发送的符号数，$C_i=\frac{1}{2}\log_2\left(1+\frac{P}{\sigma^2}\right)$是由第 8 章式(8.8.12)确定的每符号的信道容量。

若按单位时间考虑，则信道容量为

$$C=\frac{C_T}{T}=B\log_2\left(1+\frac{P}{N_0B}\right)\quad \text{bit/s} \tag{12.1.19}$$

12.2 通信系统单技术指标下的优化

所谓单技术指标是指仅在有效性、可靠性、安全性三性中的单一指标下通信系统的优化，它实际上就是香农的信源(无失真与限失真)编码定理、信道编码定理与密码学基本定理。本书不讨论安全性，因而本节也不讨论香农的密码学基本定理，仅重点简要介绍香农无失真信源编码定理、限失真信源编码定理和信道编码定理，这就是著名的香农编码三定理。

本节将侧重从物理概念上简单介绍3个编码定理定性的含义，进一步地深入分析超出了本书的范围。

为了定性地说明物理含义，首先将通信系统中经常引用的一些基本参数加以分析并分类如下。

一类为客观参数：它是由信源、信道本身的客观统计特性所决定的，且一旦统计特性已知，它是可以定量计算的。比如信源的信息熵 $H(U)$、信息率失真 $R(D)$ 函数、信道的容量 C 以及从信源到信宿所传送的互信息 $I(U;V)$。

另一类是通信系统中的主观参数，是人为给定或主观上要求的。比如通信系统中的实际传送速率 R、信源/信宿给出的最大允许失真 D 等参数。

通信系统优化的实质就是研究在不同的优化指标下，上述两类主客观的相应参量如何能实现统计意义上的匹配以及实现匹配所需的条件。

通信系统的优化目标归根结底可归纳为下列在数量(有效性)、质量(可靠性)方面的3项指标：

- 系统传输最有效：$\begin{cases}\text{对无失真信源；}\\\text{对限失真信源。}\end{cases}$
- 系统传输最可靠：对有失真(噪声与干扰)信道。
- 系统传输最安全：主要针对人为破坏。

以上3项指标中的安全性超出了本书范围，本章不予讨论。剩下的两项基本指标下，3种不同情况下的通信系统的优化问题就构成了著名的3个香农编码定理。下面，我们仅以定性的物理概念阐述3个编码定理的实质。

12.2.1 无失真信源的编码定理

优化指标：系统输出最有效。

优化条件：无失真信源、无干扰信道。

优化问题：在什么条件下，最优化的无失真信源编译码(T_E，T_D)存在？什么条件下不存在？

优化对象：实质是实现无失真信源与通信系统之间的统计匹配。无失真信源的代表参量是信息熵 $H(U)$，通信系统的代表参量是希望达到的实际传输速率 R。

定理表达形式：它既是存在性定理，也是构造性定理。系统优化可归结为主、客观两类参量 R 与 $H(U)$ 如何实现统计匹配。即若 $R>H(U)$，最有效的无失真信源编/译码(T_E，T_D)存在；反之，若 $R<H(U)$，这样的编/译码不存在。这就是香农第一编码定理。

结论：无失真信源编码是寻求通信系统与无失真信源实现统计匹配的编/译码(T_E，T_D)，也即寻求通信系统实际传输速率 R 与无失真信源信息熵 $H(U)$ 相匹配的信源编/译码，故又称为熵编码。若采用经无失真编码后的平均码长 $\overline{L}$ 来表示通信系统实际传输速率，则这一存在性定理就转化为构造性定理。即最优的无失真信源编码是寻求与信源信息熵 $H(U)$ 相匹配的平均码长为 $\overline{L}$ 的等长码或变长码。

这一定理对实现理想无失真信源编/译码的启示是两种实现方式：一是改造信源，即改变信源分布为理想的等概率分布，再采用理想的等长码实现统计匹配；另一方法是适应信源，即利用不等长码，比如哈夫曼码实现与实际的不等概信源的统计匹配。这些内容构成了本书第 7 章的 7.5 节和 7.6 节。

12.2.2　限失真信源的编码定理

优化指标：系统传输最有效。

优化条件：限失真信源、无干扰信道。

优化问题：在什么条件下，最优的限失真信源编译码(T_E, T_D)存在？什么条件下不存在？

优化对象：实现限失真信源与通信系统之间的统计匹配。问题可归结为限失真信源的率失真函数 $R(D)$ 与通信系统的实际传输速率 R 之间的匹配。

定理表达形式：仅为存在性定理。若 $R>R(D)$，最有效的限失真信源编/译码(T_E, T_D)存在；反之，若 $R<R(D)$，这样的编/译码不存在。这就是香农第三编码定理。这个定理的提出在时间上晚于信道编码定理，所以称为第三定理。

结论：限失真信源编码/译码是寻求通信系统与限失真信源实现统计匹配的(T_E, T_D)，也即寻求系统的实际传输速率 R 与限失真信源的 $R(D)$ 在平均误码准则下实现统计匹配的信源编/译码。

限失真信源编码定理和无失真信源编码定理之间的主要不同有：无失真编码定理既是存在性的又是构造性的，而限失真编码定理仅是存在性定理。另外，无失真信源编码的准则是无误码($P_e=0$)准则，而限失真信源编码的准则是平均误码准则，即 $\overline{P}_e<\varepsilon$。

限失真编码定理虽然仅是存在性定理，但它也与无失真编码定理一样，给出了两类构造限失真编码的方向：一类是改造信源，比如解除实际信源的相关性，此类编码有预测编码和变换编码等(见 7.10 节)；另一类是适应信源的限失真编码，比如矢量量化编码等(见 7.9 节)。

12.2.3　信道编码定理

优化指标：系统传输最可靠。

优化条件：理想信源，失真信道。

优化问题：在什么条件下，最优的信道编译码(T_E, T_D)存在？什么条件下不存在？

优化对象：如何实现通信系统与失真信道之间的统计匹配。问题可归结为通信系统实际传输速率 R 与失真信道的信道容量 C 之间的匹配。

定理表达形式：仅为存在性定理。若 $R<C$，最可靠的信道编/译码(T_E, T_D)存在；反之，若 $R>C$，这样的编/译码不存在。这就是香农第二编码定理，又称信道编码定理。

结论：在失真信道下信道编/译码是寻求系统的实际传输速率 R 与失真信道在平均误码 $\overline{P}_e<\varepsilon$ 准则下实现统计匹配的信道编/译码。

这一定理也仅是一类存在性定理，但它也给实现信道编/译码指出了两个方向：一是改造信道，比如自适应均衡、信道交织等；另一是适应信道，比如链路自适应技术能使调制与编码适应于信道。

12.3 基于 AWGN 信道在可靠性指标下的优化

上节定性介绍了香农的 3 个编码定理及其基本物理概念。本节将较为深入地介绍信道编码定理,即通信系统可靠性指标下的优化及其具体实现的进展。

众所周知,香农信道编码定理是研究通信系统在可靠性指标下的极限传输能力,即容量。它的典型表达式是著名的香农信道容量公式:

$$C=B\log_2\left(1+\frac{P}{\sigma^2}\right)\quad \text{bit/s} \tag{12.3.1}$$

它对实际基带信道或者二维的带通信道均有相同的形式。

为了进一步定量描述通信系统有效性,引入信道传输的频谱效率:

$$0\leqslant\eta\leqslant\frac{C}{B}\triangleq\eta_0 \tag{12.3.2}$$

η 表示通信系统在单位频带上实际传输的信息速率,即频谱效率。$\frac{C}{B}$ 是频谱效率的上限。对于带通调制信号,若码元间隔是 T_s,则按奈奎斯特极限传输时,$B=\frac{1}{T_s}$,$\frac{C}{B}=CT_s$ 就是一个码元最大可携带的信息量。将纠错编码和调制整体看成一个广义编码,$\frac{C}{B}$ 也就是这个编码率的最大可能值。因此上式中的 η_0 同时也是广义编码率的上限。注意频谱效率的单位 bit·s^{-1}·Hz^{-1} 和码率的单位 bit/symbol 是等同的,因为 1/Hz=s,symbol 没有物理量纲。

若每个调制符号的能量是 E_s,每信息比特的能量是 E_b,则 $P=E_s/T_s=\eta E_b/T_s$,$\sigma^2=N_0/T_s$。按极限速率传输时,有

$$\eta_0=\log_2\left(1+\frac{P}{\sigma^2}\right)=\log_2\left(1+\frac{E_b}{N_0}\eta_0\right) \tag{12.3.3}$$

最小需要的 E_b/N_0 为

$$\left(\frac{E_b}{N_0}\right)_{\min}=\frac{2^{\eta_0}-1}{\eta_0} \tag{12.3.4}$$

以可靠性指标 $\left(\frac{E_b}{N_0}\right)_{\min}$ 为横坐标,以极限的有效性指标 η_0 为纵坐标,可以画出一条曲线,如图 12.3.1 中的曲线①所示。这条曲线表示通信系统的可靠性和有效性之间的最佳平衡,它实际是香农信道容量公式的另一种图示方式。

在图 12.3.1 中有 4 组曲线。

第一组即曲线①,它是根据式(12.3.4)得到的,接近一条直线,表示香农极限的频谱效率,是理论上的最优值。或可解释为给定信道传输的频谱效率为 η 时,可靠传输(差错率任意小)所需要的最小 E_b/N_0 值。

第二组曲线②是一簇曲线,表示等概的二维数字调制 MPSK/MQAM 通过无记忆 AWGN 信道传输,且带通信号带宽 B 为最小奈奎斯特带宽 $\frac{1}{T_s}$(T_s 为码元间隔)时,信道最高

的频谱效率。它实际是单位频带信道中信道输入和输出的互信息。受调制方式的约束，曲线②中的各条曲线总低于曲线①，前者的信道输入是二维有限离散星座，而后者要求信道输入必须是高斯分布的。

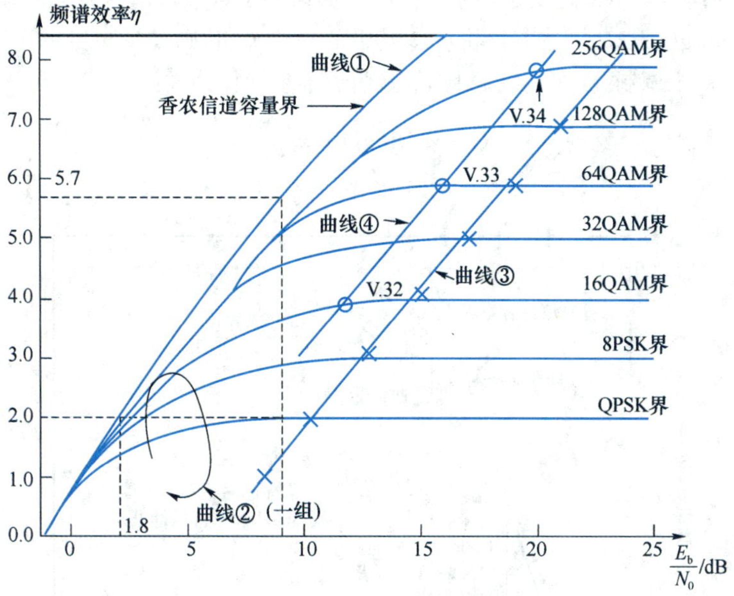

图 12.3.1　频谱效率 η 与 E_b/N_0 的关系曲线

图 12.3.1 中的第三条线即曲线③，是用图中标有"×"的点近似而成的直线。这些点的纵坐标是无编码的 $MPSK/MQAM$ 的频谱效率 $\eta=\log_2 M$，横坐标是它们通过 AWGN 传输时，对应 $P_e=10^{-5}$所需的 E_b/N_0。以 QPSK 为例，无编码 QPSK 的 $\eta=2\ \text{bit}\cdot\text{s}^{-1}\cdot\text{Hz}^{-1}$，对应 $P_e=10^{-5}$所需的 E_b/N_0 是 9.6 dB。而香农容量界曲线①在 $\eta=2$ 时对应的 E_b/N_0 为1.8 dB，二者相差 7.8 dB。或者，当 E_b/N_0 同为 9.6 dB 时，曲线①对应的 $\eta=5.7$，曲线③对应$\eta=2$，二者的频谱效率相差 $3.7\ \text{bit}\cdot\text{s}^{-1}\cdot\text{Hz}^{-1}$。这些数字说明了未加信道编码的数字调制与香农极限的差距。为此，为了优化系统的性能，应将信道纠错编码与数字调制技术相结合。

图中的第四组曲线即曲线④，是用图中标有"○"的点近似而成的直线。这些点表示国际电联 ITU-T 自 1986 年以来相继通过的一些网格编码调制 TCM（见 9.9 节）的性能，代表现有的一些编码调制技术的水平。如果将高阶调制与 Turbo 码或者 LDPC 结合，性能还可以更优。

在 AWGN 信道中通信系统的主要优化手段与方法是将调制技术与信道编码技术相结合。由于图 12.3.1 中的高阶调制已采用了最佳的相干解调方式，因此这里重点研究信道编码在系统优化中的任务与作用。由图可见，信道编码的任务就是要填补两组曲线，③与①或③与②之间的差距，即无编码的通信系统与最优通信性能之间的差距。而采用信道编码可以逐步并尽力缩小两曲线之间的差距。也即在最优调制/解调的基础上，采用不同形式、不同性能的信道编/译码可以分别在不同程度上使曲线③向②或①靠近。越靠近，其相应的信道编/译码性能就越优良。这就是在通信系统中采用信道编码的目的。

下面通过图 12.3.2 进一步说明信道编码对通信系统优化的作用，并对目前二进制信道编码领域的进展作简略说明。

需指出,图12.3.1反映二维调制的性能,而图12.3.2则是对应一维调制。对于二维调制,在给定带通信道的带宽为B,总信道噪声功率为σ^2,总信号功率为P时,信道容量由式(12.3.1)给定。该带通信号包括I路和Q路两个支路(二维),达到容量的传输方式必然要完全利用这两个维,并且每维的信号功率是总发送功率的一半。如果将发送总功率提高一倍,信道噪声功率σ^2不变,容量将是$B\log(1+2P/\sigma^2)$;若再将I/Q其中的一路关闭,则容量减少一半。而此时正是一个总功率为P的一维调制,故在一维调制下,其信道容量计算公式为

$$C=\frac{1}{2}B\log_2\left(1+\frac{2P}{\sigma^2}\right) \tag{12.3.5}$$

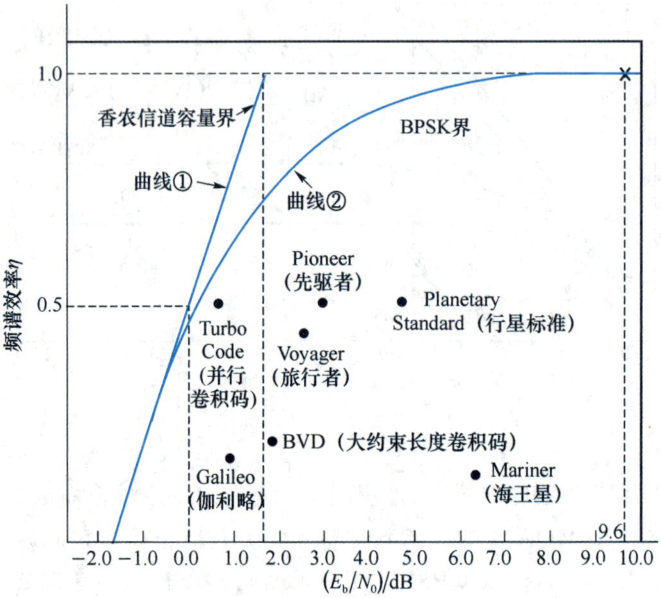

图12.3.2 实际编码标准与香农极限的比较

式(12.3.4)相应成为

$$\left(\frac{E_b}{N_0}\right)_{\min}=\frac{2^{2\eta_0}-1}{2\eta_0} \tag{12.3.6}$$

图12.3.2中的曲线①就是根据式(12.3.6)得到的。

图12.3.2中的曲线②,表示将等概率、二进制数字信号输入于BPSK调制器,得到一维带通信号,再通过限带、限功率、无记忆AWGN信道传输,可求得信道输入与输出之间的最大互信息,即为信道容量,其单位频带内的信道容量(频谱效率)与E_b/N_0的关系曲线即为曲线②,称此曲线②为BPSK容量界。仍需指出,图12.3.2曲线①要求的信道输入必须是高斯分布的。

图12.3.2还反映了一些二进制编码与BPSK调制相级联、经AWGN信道传输、相干解调、译码后的实际系统性能,以及它们和理想容量界的差距。主要是一些行星探测器中使用的编码,该领域属于深空通信。定义编码增益为无编码BPSK达到近似无误码所需的E_b/N_0和采用编码后达到近似无误码所需E_b/N_0的比值。若将$P_e=10^{-5}$近似看成无误码,无编码BPSK所需的E_b/N_0为9.6 dB。美国宇航局制定的行星标准卷积码是约束长度为7的(2,1,7)卷积码,编码率为1/2,所需E_b/N_0为4.5 dB,编码增益为5.1 dB。旅行者号探测器将这个卷积码和RS(255,233)级联,使编码增益提高到7.1 dB。先驱者号行星探测器采用(2,1,32)卷积码,所需E_b/N_0为2.7 dB。伽利略号采用RS(255,223)和(4,1,15)卷积码的级联,所需

E_b/N_0 为 0.9 dB，它以更低的编码率(0.25)为代价，换来信号功率的降低。图中还标出了 C. Berrou 发明的 Turbo 码的性能，其编码率为 1/2，所需 E_b/N_0 仅为0.7 dB，与 BPSK 的容量界仅差 0.5 dB。若采用 LDPC 码，文献中已报道码率为 0.5 的最好性能几乎逼近容量界，和 BPSK 容量界只差 0.004 5 dB。说明目前的二进制编码已经很完善。

12.4　随参信道通信系统在可靠性指标下优化的基本思路

随参通信系统主要是指基于无线传播的通信系统。它与前面所分析的恒参 AWGN 信道的最大不同在于信道特性。随参信道特性不是恒定不变的，而是在随时间、频率或空间不断变化。

分析和解决这类通信系统并实现其性能优化是极其困难的。主要体现在以下两个方面：其一，随参信道的特性由多种因素综合决定，比如在移动通信中，信道是由阴影效应引起的阴影衰落和由时变多径传输引起的三类不同性质的选择性衰落(空间、频率、时间)共同决定的，且每种衰落都很复杂；其二，随参信道的特性是一个随机函数，和一般有规律的确定函数相比，随参信道的特性更难掌握。(需指出：由信号在无线信道传输中遇到障碍物阻挡所引起的阴影效应类似于太阳光被云层遮挡的现象。另外，由于阴影衰落的持续时间是几秒甚至几分钟，所以称它为慢衰落。)

下面仅对这类随参信道的分析、改造与优化给出一些初步考虑与基本思路。

既然恒参与随参两类通信系统的主要不同是信道特性，这里将重点从信道特性分析入手研究两者的差异。

为了借用前面对 AWGN 信道优化的成果，可以将随参信道分解为两部分：其一是传统的 AWGN 信道 C_1；其二是纯粹的，即狭义的随参信道 C_2。若这两部分的传递函数分别为 $\mathbb{H}_1$、$\mathbb{H}_2$，则总的传递函数为

$$\mathbb{H}=\mathbb{H}_1\cdot\mathbb{H}_2 \tag{12.4.1}$$

在移动通信中，$\mathbb{H}_2$ 可进一步分解为

$$\mathbb{H}_2=\mathbb{H}_{21}\cdot\mathbb{H}_{22}\cdot\mathbb{H}_{23}\cdot\mathbb{H}_{24} \tag{12.4.2}$$

其中 $\mathbb{H}_{21}$ 表示慢衰落信道的传递函数，$\mathbb{H}_{22}$、$\mathbb{H}_{23}$、$\mathbb{H}_{24}$ 分别表示空间、频率、时间选择性衰落的传递函数。若某一类型的衰落可以忽略或者不存在，则相应的传递函数可取为 1。

对于随参通信系统，首要的任务是寻求克服、改造、优化各类信道衰落的措施和方法。通常是在发送端和接收端分别采用一些经过优化的信号处理，来改造和适应客观存在的随参信道特性。这在原理上可归结为寻求逆变传递函数 $\mathbb{H}_2^{-1}$：

$$\mathbb{H}_2^{-1}=\mathbb{H}_{24}^{-1}\cdot\mathbb{H}_{23}^{-1}\cdot\mathbb{H}_{22}^{-1}\cdot\mathbb{H}_{21}^{-1} \tag{12.4.3}$$

其中的 $\mathbb{H}_{2i}^{-1}$ 是 $\mathbb{H}_{2i}$ 的逆函数。这种对随参信道的改造或者适应就体现上述的逆函数。这些逆函数还可以分解为发送端与接收端两部分：

$$\mathbb{H}_2^{-1}=\mathbb{H}_{2T}^{-1}\cdot\mathbb{H}_{2R}^{-1} \tag{12.4.4}$$

$$\mathbb{H}_{2i}=\mathbb{H}_{2iT}^{-1}\cdot\mathbb{H}_{2iR}^{-1},\quad i=1,2,3,4 \tag{12.4.5}$$

其中，下标 T、R 分别代表在发送端实现和在接收端实现。发送端实现的信号处理一般称为信号设计或者预编码，在接收端实现的信号处理一般称为信号检测。有可能同时在收发两端实现针对衰落的信号处理，也有可能只在一端实现(此时 $\mathbb{H}_{2T}^{-1}$、$\mathbb{H}_{2R}^{-1}$ 中有一个是 1，或者 $\mathbb{H}_{2iT}^{-1}$、$\mathbb{H}_{2iR}^{-1}$

中有一个是1)。

从原理上看,随参通信系统的优化原则上可以分为两种情形:或者是将信道改造成AWGN,或者是让发送和接收的信号处理适应信道的参数变化。

例如对于时间选择性衰落,如果是实时业务,各类CDMA系统,如IS-95、CDMA2000、WCDMA和TD-SCDMA中的闭环功率控制就是在致力于将信噪比时变的信道改造为信噪比恒定的AWGN信道。此时的信号处理 $\mathbb{H}^{-1}$ 体现为发送端的功率控制;而对于分组交换型的数据业务,如第三代移动通信系统中1xEV-DO的HDR、WCDMA和TD-SCDMA中的HSPA则是采取适应时变信道的做法,而不是将其直接改造成AWGN信道,再按AWGN信道来进行传输。此时 $\mathbb{H}^{-1}$ 体现为发送端进行的链路自适应。

对于频率选择性衰落,通常采用多种方法。在频率选择性衰落不太明显时,可采用自适应均衡技术(如GSM系统);当频率选择性衰落较明显时,码分系统可采用Rake接收技术(见10.8节);当频率选择性衰落严重时,可采用正交频分复用OFDM的等效并行传输技术,它可以大大降低频率选择性衰落引起的码间干扰,详见本书第11章。

对于空间选择性衰落,最有效的方法是采用各类空间分集技术,其典型技术包括接收分集、发送分集、空时编码等。

此外,对于空间、时间、频率等选择性衰落,还可以通过编码加交织的方法来提高性能。衰落信道有其自身的容量界,从理论上说,达到这个容量界的方法一是采用时域、频域或空域的自适应技术(适应信道),二是采用码长足以遍历衰落的信道编码。AWGN信道下优化的编码加交织是一种遍历衰落的方法,对于硬判决译码来说,交织把突发错的信道改造为随机错的信道,相当于改造成了AWGN信道。

上述这些克服信道随参性的措施都必须建立在对实际信道实时监测和准确估值的基础上。信道估计的准确性将对这些措施的性能产生影响。

最后,引用移动通信中的衰落统计特性图12.4.1和克服时变多径传输引起的瑞利衰落以及白噪声引入潜在处理增益的图12.4.2来定性说明时变通信系统需要克服的各种衰落以及潜在的能力。有关无线移动通信的大尺度及小尺度衰落请参考文献[29,34]。

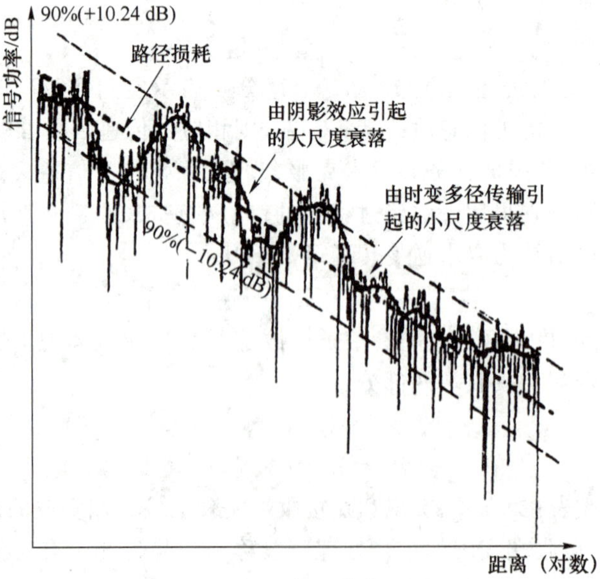

图12.4.1　移动通信大尺度衰落和小尺度衰落特性的叠加

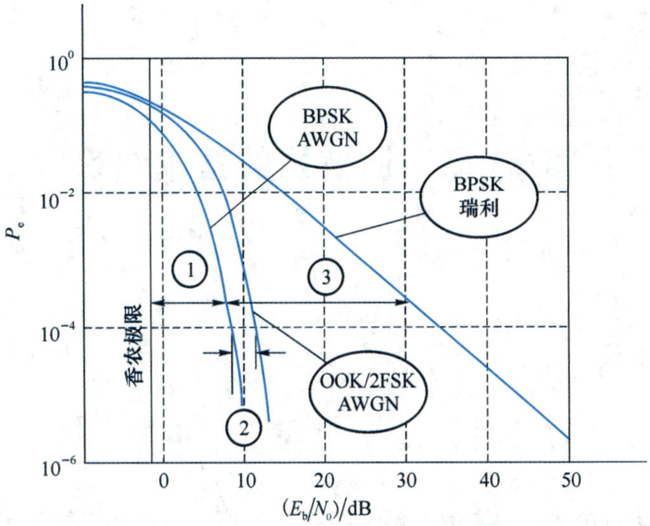

图 12.4.2　衰落信道及 AWGN 信道下潜在的处理增益

从图 12.4.1 可见，在 90%可靠性的前提下，抗阴影衰落的技术在理论上的潜力大致有 ±10 dB左右。

图 12.4.2 最左边的竖线是香农极限所需的最小可能的 E_b/N_0 值，即式(12.3.4)当 $C/B\to 0$时的极限值($\ln 2\approx -1.6$ dB)，低于这个值时，任何通信系统都不可能实现近似无误码。再向右是 BPSK、2FSK 和 OOK 在 AWGN 信道下的性能，即第 6 章的式(6.2.108)、(6.2.88)和(6.2.37)。最右侧的曲线是 BPSK 在瑞利衰落下的误码曲线。

图中的区域①表示 BPSK 结合编码可以获得的性能增益，编码的增益与码率有关，最大可得到的编码增益若按 $P_e=10^{-4}$计算，是 10 dB(BPSK 在 $E_b/N_0=8.4$ dB 时 $P_e=10^{-4}$)。但要注意的是，达到这个编码增益对应的编码率(或频谱效率)将趋于 0。区域②是把 OOK 或 2FSK 改进为 BPSK 所能够获得的增益，为 3 dB。区域③是借助分集等方式消除了瑞利衰落后所能够获得的潜在增益，约为 28 dB。

由以上分析可见，随参信道中各类抗衰落的措施有很大的潜力，远大于恒参信道中的潜力。但是，要想获得这一潜力并不容易，它是通信工作者今后长期奋斗的目标。最后需要说明的是，本章内容均假设单用户情形，未涉及多用户的信源和信道，有关这些内容以及可提高数据速率、改善系统性能的多天线技术的理论将在研究生课程中讲授。感兴趣的读者请参考文献[12,18,29,35]。

第 13 章　通信网的基本知识

13.1 引　　言

本书前面章节重点论述点对点通信系统的基本原理。当许多点之间要相互通信时，需通过转接设备把这些点对点的通信系统连接成通信网。本章将讲述通信网方面的基本知识。详细内容请参阅文献[40,45,47]。

通信网种类繁多。从业务层面说，通信网分为电话网、计算机数据网、传真网等；从转接方式上分为电路交换网、信息交换网、无交换的全连接网等；从服务范围上分为公用网、专用网、局域网、广域网等。此外，还有许多有特定内涵的网，如电信管理网、智能网、自愈网等。每一种网络的规划、设计和分析均涉及相当广泛的理论基础，例如研究通信网的拓扑结构和流量，需要图论；研究信道利用率和阻塞率，需要排队论；研究服务质量，需要可靠性理论。这些理论都各自可以单独成书。作为基本知识，本章 13.2 节将介绍通信网的基本组成要素和性能要求；13.3 节讨论交换的基本方式，包括以多址接入方式组网的问题；13.4 节介绍为了自动完成通信功能而设置的信令或协议；13.5 节介绍代表通信网发展方向的下一代网络；13.6 节简述无线自组织网络。

13.2 通信网的组成要素和性能要求

现代的通信网一般包括 4 个基本组成部分：终端机、信道、交换设施、信令或协议。终端机和信道构成了点对点的通信系统；许多通信系统用交换设施和信令、协议联系起来就构成了通信网，以使各终端机之间实现相互通信。

终端机是指位于信源、信宿处的，用于通信的端点设备，如各种电话机，包括手机、固话、车载电话、卫星电话、可视电话等；各种数据终端，包括寻呼机、联网的电脑、传感器、遥控设备等；还包括各种多媒体终端，如手机电视等。通信终端的首要功能是消息转换：把待传送的消息转换成电信号送入网内，并把来自网内的电信号转换为消息。例如，电话机的耳机和听筒，视频终端中的摄像头和显示屏，发送短信、上网时的键盘输入和显示器输出等。终端的第二个功能是传输信息所需要的信号处理。例如电话机中的混合线圈起到复用发送和接收信号的功能，使双向的话音信号能在一对双绞线上传输。不同的通信终端所包含的处理功能会有很大的差别，例如固话的电话机处理功能非常简单，而手机终端则包括从信源编码、调制到信道编码的种种复杂处理。终端的第三个功能是要支持必需的协议和信令处理功能，如话机的拨号及振铃功能、上网计算机中的各种通信协议等。

信道是指网络中连接各节点和终端的“线”，它实现各种信息的物理传输。这里所说的“信道”概念要比第 8 章所谈论的信道概念更为广泛。通信网中所说的信道更多是指一种逻辑上的信道概念，有时也称为链路或电路。这种逻辑信道是对高层的某个数据流等效的信道。例如从北京到上海的一条光缆在物理上是一个信道，它可能同时承载着大量的话音。在交换机来说，这条光缆就是多个逻辑信道，每个话路就是一个逻辑信道。这个逻辑信道的起点和终点是交换机中每个话路的进线和出线，而光传输中的调制、解调、复用、编码等环节都是信道内部的事情。

交换设备是指将众多的通信终端通过各自的信道传输后连接在一起的转接设备。利用此转接设备，实现多点之间的相互通信，构成通信网。交换设备是通信网的核心，13.3 节将简要介绍交换技术的基本原理。

为了实现通信网预期的功能，还需要设计通信规程，这些规程称为信令(Signaling)或者协议(Protocol)。在传统上，信令是来自电信网的术语，协议则是来自计算机通信中的术语。信令或协议是网内使用的“语言”，用来协调网的运行，达到互通和互控的目的，使通信终端以及网内的各种节点能正常配合，以实现端到端的通信。例如电话网中的“语言”：电话机摘机便是告诉网络侧用户要开始呼叫；用户拨号是在通知网络，用户想和谁通话；回铃音或者彩铃则表示网络已经就绪，等待被叫摘机。协议的例子有分组网中的 X.25，国际互联网中的 TCP/IP 等。数据终端以及其他网络节点必须遵循这些协议，才能正常通信。本章第 4 节简要介绍信令和协议。

下面简述通信网的性能要求。

对通信网最基本的要求是网内任意两个终端都能快速连通来相互传送信息，即从用户开始呼叫到最终接通之间的时延必须要小于一定的值。这是因为信息内容一般是有时效的，接通时延过长可能会使信息失效或至少使效果变差。影响接通速度的主要因素是网络资源不足。例如在图 13.2.1 所示的树形网中，A、B、C、D、E 是终端，a、b、c 是交换节点。即使 C、E 正在通话，A 拨打 D 时只能等到 C、E 的通话结束，由此产生了接通时延。如果超出一定时间仍不能接通，就不满足快速接通的要求。假如我们按图 13.2.1(b)那样在节点 a、d 之间增加一个信道，那么当 C、E 正在通话时，A、D 也可以接通。图 13.2.1 只是一个示意图，在现今的电话网中，交换节点之间的连线(中继线)一般是时分复用的多路信道，只要多路中有一路结束通话就可以将空出的信道给其他呼叫使用。增加网络资源除了可以降低接通时延，提高接通率以外，也能提高网络的可靠性：在图 13.2.1(b)中，即使 c 到 d 的中继线出现故障，任何两个终端也都能进行通信；而在图 13.2.1(a)中，如果 c 到 d 的中继线出现故障，终端 A、B、C 将不可能打通 D、E。

通信网的基本任务是传送信息。单位时间内通过网络的比特数或话路数称为网的吞吐量。以数据速率衡量的吞吐量单位是 bit/s，以通话量衡量的单位是爱尔兰(Erl)，单位时间(1 小时)内持续进行一个通话就是 1 Erl。当通信需求不大时，所有信息都能在网内通过，网络所实现的吞吐量等于用户所提出的需求量。随着需求量逐步增加，网络实现的吞吐量也增加，但网络资源的有限性将使某些需求不能接通，因此吞吐量的增加速度将低于需求量的增加速度，此时网络的吞吐量低于总需求量。当吞吐量达到一定峰值后，继续增加需求量反而会使吞吐量下降，这就是出现了拥塞状态。吞吐量的峰值代表网络传送信息的能力，自然越大越好。另外考虑到现代的通信网不再是单一业务的网络，因此，对通信网的第二个性能要求就是能传输多种业务和大量的信息。

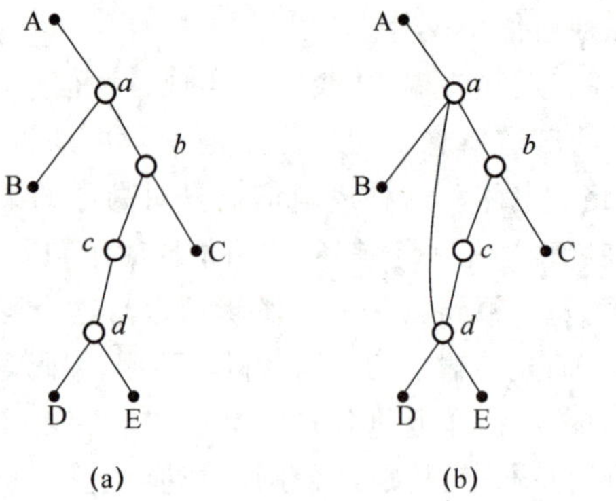

图 13.2.1 树形图

第三个要求是质量的一致性。所谓质量的一致性是指通信网所提供的质量应与两个用户的距离远近无关,或都能保证最低质量指标,北京到天津的通话质量应当与北京到巴黎一样。各种业务都有它的质量要求,体现质量的指标可以是话音发言人的可辨别程度、图像的清晰度等。质量不能保证的通信可能会失去意义,与未能接通差别不大,至少会使用户有不良感受。所以这也是一个重要要求,网络设计者必须充分重视,接入网内的任何设备必须经过严格的入网检测也正是为了这一点。

第四个要求是经济上的合理性,这可以说是决定性的要求。倘若一个网的造价太高,维护费用很大,其他性能再好也无法运行。因为此时资费必然很高,将导致市场需求不够而无利可图。铱星移动通信网的失败就是一个明显的例子。评价一个网在经济上的合理性是相当困难的。即便如此,网络设计时还是要把这个要求作为很重要的问题来考虑。

总起来说,对通信网的要求可归纳为信息多、转接快、质量好和代价低。虽然这些要求很难在实际网中全面满足,但它们指明了通信网的发展方向。

13.3 交换技术的基本原理

要把点对点的通信系统组成多点之间能相互通信的通信网,除了经济上不合理的全连接网络外,就必须有交换设备来进行转接。在传统上,电话网采用电路转接方式,计算机网采用信息包转接方式。另外,通过多址接入技术共享信道的方式也可看成一种转接方式,因而也可归类在交换技术中。本节将分别讨论这 3 种方式的基本原理。

13.3.1 电路转接

电路转接就是通过一系列交换机,在两个电话终端之间接通一条专用通道,使它们之间能相互通信。在通信期间,通路上的各段信道被这个呼叫独占使用,直到通信结束以后才释放。图 13.3.1 是电路转接交换机的示意图,其核心部分是开关群。不同体制的交换设备可以有不同的开关群结构,但一般均可等效于图 13.3.1(b)的纵横结构。开关群有 n 条进线和 m 条出线。图 13.3.1(b)举例示出了 5 条进线和 5 条出线的情形。进线和出线排成纵横的线条,交叉点上设置有开关。若以 1、2、3、4、5 标记出线,以 a、b、c、d、e 标记进线,以坐标方式如(a,3)代表交叉点,那么接通(a,3)就使进线 a 连接到出线 3。某个开关接通后,同一行和同一列上的其他开关必须锁住(打开)，以免一条进线接通多条出线或一条出线接通多条进线。在图 13.3.1(b)中，实心点表示开关(a,3)接通，空心点表示这些开关是打开的。

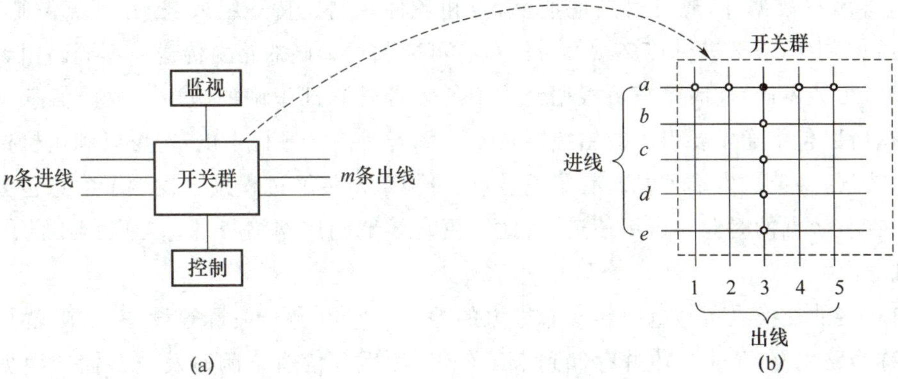

图 13.3.1　电路转接及开关群

图 13.3.1 中的控制单元根据用户的拨号决定接通哪个开关。监视单元是为管理目的而设置的。这样的开关群称为一级开关群，是电路转接的基本单元。群内的开关数是$m\times n$，当 m 和 n 很大时，开关数量将非常大，不但成本高，控制和维护也有困难。为了解决此问题，常采用多级方式，它以一级开关群为基本单元通过级联得到更大的开关群。

这种开关群的一般原理适用于各种制式，但控制开关的方式差别较大。最早是人工控制开关，后来发展到自动控制和计算机程序控制。开关的物理结构也从早期的继电器触点，发展到现今的无触点数字逻辑电路。对于全数字化的通信网来说，图 13.3.1(b)中的进线和出线都是二进制比特流，因此可以通过数字逻辑电路来把进线连接到所需的出线上。

13.3.2　信息转接

随着数据类通信的不断发展，电路转接日益显露出其不足，主要是线路利用不充分。在一次呼叫期间，电路转接将一个端到端的电路始终分配给这个呼叫，而通信过程中的数据往往是间歇出现的。如果信道个数已被占满，电路转接将拒绝新的呼叫请求，形成呼损。实际上，即使对于话音呼叫，在一次通话过程中，也有约一半以上的时间内，所占的线路也是空闲的，因为通常的用户习惯总是一方讲话的时候另一方在听，即使讲话的一方也经常存在语句之间的停顿等，而这些空闲的时间一样在占用线路。电路转接中也有一些措施来利用这些语音空隙来提高信道利用率，例如 IS-95 蜂窝移动通信系统中利用话音激活情况来分配功率，再比如固话网经常在中继线中采用数字电路倍增技术(DCME)等。不过更为彻底的方式就是采用信息转接：仅当真正有数据的时候才分配信道。

信息转接又称为信息存储转发。当交换点收到某一信息后，先把它存储下来，等前方线路有空时发送。前方的信道是多个用户共享的，交换点收到的是多个用户的数据，这样可以高效率地利用信道。由于每个用户的数据传输存在间隙，故一个前方信道可以给多个用户服务，这种概念也叫统计复用。不过，交换点收到某个用户的数据时，前方的线路可能正在传输其他用户的数据，因此信息转接所付的代价是信息的延时。而在电路转接中，前方的信道是预先分配给某一个用户的。某种意义上说，早期人工电话转接就已经具有存储转发这种功能：用户的呼叫要求先被登记下来，有空闲线路时通知用户再接通。电报转接也是存储转发式的：当一个电报送到交换点后，先存在纸带上，等电路有空时发出去。这两种方式是人工实现的存储转发，而近代的信息转接中，收到的信息是存储在计算机中，所有处理也在计算机内进行。

一般的信息转接采用数据包形式的分组交换。它将一份信息分解成若干个数据包，每个包中除包含用户数据外，还有目的地址、编号和各种控制比特等组成包头，有点像邮政信封。交换点按包头中的地址进行转接。每份信息有可能通过不同的路由传送。不同路由到达信宿的包次序有可能不同，此时信宿可根据包头中的编号复原到正确的次序。数据信息对于差错比较敏感，所以包中通常要引入差错控制技术。倘若在传输过程中出错，可以利用检错码的监督位发现错误，并请求发端重发。有了编号，还可检验出传输过程是否发生了信息包丢失。这种方式总在有数据的时候才占用信道，因此能更有效地利用网络资源。互联网中的信息交换便是如此。

信息转接的交换设备与电路转接有很大的差别。它没有开关群等设备，实际就是一台计算机，常称为路由器，负责接收并存储到来的分组，然后等信道空闲时发送存储的数据。其工作过程一般是这样的：路由器从进线接收到达的数据包，先检验它有否出错，无错就发回确认信号，如有差错就等待前站重发。路由器根据到达包的包头中的地址等信息进行路由选择，然后存储到相应输出端口(出线)的缓存队列中，排队向前发送。在队列中排队的数据包有可能来自不同的输入端口，也有可能是同一输入端口，但与电路转接不同，路由器同一入口到来的数据未必来自同一用户，它也可能是前一级路由器统计复用的结果。路由器在输出端口发送的数据包也包含检错码的监督位，一般采用9.3.7节所述的CRC校验。如果对方发回确认信号，则清除缓存的数据包，如对方发回否认信号或经过一段预定的时间还收不到确认信号，就重发该包。

一般而言，信息转接在网络资源利用上要比电路转接好，但由于缓存排队及头部信息处理的原因，总要引入一定的时延。这种时延对实时性要求高的通信(如电话)可能是不能接受的。因此在第二代(2G)和第三代(3G)移动通信系统中，一般是实时业务进行电路转接，非实时或者对时延有一定承受能力的业务进行分组交换，相应称为网络的电路域和分组域。不过随着网络容量的扩大和电路质量的提高，信息转接的这种时延可以被减少，故下一代网络的核心都是分组交换。提高信道速率可以减少排队时间，提高信道质量可以降低重传，甚至基本不需要重传。这使得传统的实时业务也开始向分组交换演进，典型的如IP电话(VoIP)。基于信息转接的代表性传输网络中，一个是互联网所用的IP网络，另一个是异步转移模式(ATM)，分别来自计算机通信领域和电信领域。ATM的起源可追溯到20世纪80年代提出的综合业务数字网(ISDN)。当时数字通信已有替代模拟通信的趋势，人们试图做到用一个通信终端能收发各种业务的信息，至少包括电话和数据。因此开发了2B+D的传输方式：其中2B是两路双向的64 kbit/s信号，其中一路作为PCM电话信号进入电路转接网，另一路作为数据业务进入信息转接网，如用于发送传真或上网。D是16 kbit/s，用作控制。这种系统在商业上未能取得很大发展。因此又提出宽带综合业务数字网(B-ISDN)，以适应宽带业务，如视频点播，并把ATM交换机定为其核心设备。ATM系统也是用信息包进行交换，其包(在ATM中称为信元)长度固定为53个字节，其中48个是有效信息载荷，5个是报头，报头中有校验码，信息部分无校验码。在网内传输时，不用检错重发机制，以减小时延，有益于传送实时信号。同时，ATM还引入了一些控制机制来增强系统的功能。虽然B-ISDN也未能取得市场的发展，但ATM已在骨干网中得到了应用。

13.3.3　多址接入

以上所讨论的电路转接和信息转接通过一个或多个交换节点实现了网中多点之间任何两个点的通信。多点也可以借助多址技术实现任何两点之间的通信。例如在阿罗华(ALOHA)系统中,各个用户可以不通过交换设备而直接通过随机多址的方式通过同一个共享的无线信道向主机发送信息。各用户以竞争的方式向主机发出信息包,如有两个用户同时发出而相碰撞,则等待一段随机时间后再重发。如无碰撞,主机就能收到信号,然后发回确认信号,通信成功。这种方式线路利用率较低,效率只能达到 18%,不过由于它简单易行,在一些场合下仍然有其使用价值。以后出现的各种随机接入协议基本都是在阿罗华协议基础上进行的改进。在以太网中,各用户直接接到总线上,通过随机接入相互发送信息包,信息包内包括发送者和目标接收者的地址(MAC 地址)。为了避免碰撞,提高效率,以太网采用了监听方式,就是在发送信息包之前先检测总线上有无信号,如有信号就暂时不发,等线上没有信号时再发。这样做并不能完全避免碰撞,比如有几个用户同时在监听,同时发现线路空闲而同时发出信息包时,碰撞依然会发生。为此,以太网协议又规定发出数据包后还应继续监听,如发现碰撞就停止发包,以免浪费信道。以太网的这种方式称为载波监听碰撞检测(CSCD),是一种线路利用率较高的随机多址接入的信息转接系统。

除了上述这种随机多址接入的信息转接外,也有多址接入的电路转接,常用于卫星通信网和蜂窝移动通信网中,可分为频分多址(FDMA)、时分多址(TDMA)和码分多址(CDMA)。

FDMA 把信道的总频带划分成许多子频带,每个子频带就是一个单独的信道。如果为每一对需要通信的端点之间分配一个信道,这样就构成了全连接的网络,某些卫星通信系统就是这样工作的。如果用户数很多,则需要由系统来动态分配频率,如在第一代蜂窝移动通信系统中:用户先提出申请,然后系统向其分配一个空闲频率,通话结束后释放这个频率。这一过程实际上已经包含了前面所述的电路转接功能。FDMA 系统的发送端一般用滤波器来限制发送的频谱,接收端一般也是用滤波器来滤出所需的信号。由于实际滤波不可能是理想的矩形滤波器,故此为了防止干扰,FDMA 的相邻子频带之间应留出保护频带。这种保护频带使 FDMA 系统总的频谱利用率降低。在频分复用中,若不留保护带,让子频带间隔达到保证正交性的最小频差,这样构成的复用系统就是第 11 章所述的 OFDM(正交频分复用),类似地,以 OFDM 为基础构成的多址系统就是 OFDMA。OFDMA 能显著提高频谱效率,因而成为未来移动通信系统的一个热门备选技术。

TDMA 将信道沿时间分成帧,每个帧内又进一步分成多个时隙,不同帧内同一位置的时隙序列构成一个子信道,接收方按预定的定时范围来取出需要的信号。例如 GSM 蜂窝移动通信系统中每个帧分为 8 个时隙。相比于传统的 FDMA 来说,TDMA 不需要保护频带,因此频谱效率高。虽然 TDMA 的实现要比 FDMA 复杂一些(需要有一定的同步机制),但随着技术的发展、大规模集成电路的应用,其成本在持续下降,因此完全基于 FDMA 的第一代蜂窝移动通信系统已逐渐被淘汰。第二代的 GSM 系统就是 FDMA 和 TDMA 的结合,它将整个频段分成许多频率信道,称为载波,每个载波再按 8 个时隙进行时间分割。

CDMA 用正交码或者准正交码区分子信道,接收端通过码相关运算来取出需要的信号。与正交性很好的 TDMA 和 FDMA 不同,异步 CDMA 一般采用 10.2 节所讲的伪随机码,因此是准正交的。CDMA 也可以采用沃尔什码或其他类型的正交码,但这样的系统需要良好的时间同步,这种 CDMA 就是同步 CDMA,如我国提出的第三代移动通信系统

TD-SCDMA。异步CDMA中码的不正交性造成的结果是码道之间的干扰，称为多址干扰。CDMA固有的扩频功能可降低这种干扰的影响。异步CDMA的一个特点是软容量。在FDMA、TDMA及同步CDMA中，信道的个数是固定的，如果用户数超过此值，就需要等待信道空闲。但在异步CDMA中，如果扩频增益足够大的话，理论上可以无限制地加入新的用户通信，增加新用户提高了多址干扰，使每个用户的信道质量下降。减小多址干扰是改进码分多址系统的重点所在。主要措施包括：功率控制，使离基站近的用户不至于产生特大干扰；话音间隙不发送载波或低功率发送，以减小对其他用户的干扰等；多用户检测，智能天线技术等。CDMA固有的扩频特性还可用来进行测距和定位，通过Rake接收汇集多径信号，详见第10章。第三代移动通信的几个国际标准基本上都是码分多址方式，而4G、5G移动通信标准采用了OFDMA。

13.4 信令和协议

通信网并不仅仅是把节点(终端及交换设备)用信道简单连在一起就完成了任务，这些节点还需要按一定的规程来运行。传统上，这些规程在电话网中称为信令，在计算机网中称为协议，它们是网内使用的“语言”，用来协调网的运行，达到互通和互控的目的。在人工转接时，大部分转接功能由人(用户及接线员)来完成，他们用自然语言互相沟通来完成相应的功能。为了建立世界性的通信网，这种规范最好是全世界统一的，以避免多次转换的麻烦。但在目前，由于通信网是逐渐发展的，各国都有各自的历史背景，加上最初人们也没有充分认识到统一规范的重要性，因此各行其是，当然各有不同。但现在不便改动，因为许多产品已投产和使用，影响的面太大。国际标准化组织和国际电联虽也做了一些努力，制定了一些建议，还是不能被完全采用。以下分别举例来说明信令和协议。

13.4.1 电话信令

现有电话网是采用电路转接的。一个用户呼叫另一个用户一般要通过一个或几个交换局来建立电路，然后通话，完毕后再拆除电路。下面举例说明信令，在这个例子中有两个用户，分属两个交换局，这两个交换局之间有直接的连接，如图13.4.1所示。

在图13.4.1中，用户到交换局的连线称为用户线，两个局之间的连线称为中继线。主叫端的话机摘机将在用户线上构成一个直流通路，交换机由此认识到用户有呼叫的意图。交换局以拨号音(一般是400 Hz的连续音)来应答。用户用耳来听，听到拨号音表示交换局处于就绪状态，可以拨被叫的号码。电话机上的拨号盘或按键可产生出不同的脉冲或双音频信号，代表数字0～9及#和*。用户拨号就是通过这些数字向交换局通知被叫地址。若交换局未准备好，没有发回拨号音，用户拨号将不起作用。若交换局无空闲电路或交换设施，则发回忙音(一般是快速断续音)，用户听到忙音后应挂机，以后再呼叫。这些控制功能发生在用户线上，称为用户线信令。

交换局A和交换局B之间的信令称为局间信令，信令的信号形式与具体的中继线类型有关。在现代的电话网中，它们不再是脉冲、双音频或者单音信号，而是一些数字比特。交换局A首先确定出被叫话路的路由是通向交换局B，然后在这个中继线(出线)上发出启动信号，B局收到启动信号后发回准备好信号。然后A局发出被叫地址，B局收到地址后直接试接，若被叫用户正在通话，则发回忙音，否则就发出振铃信令。振铃信令同时发给主叫用户和被叫用户，局 A 将向主叫用户发出振铃信令将使主叫用户在其话机中听到振铃音(一般是较慢的断续音)，用户听到这个声音表示网络已接通呼叫，正等待被叫摘机；局 B 向被叫发送的振铃信令将使其话机振铃。被叫用户摘机后通话过程开始。作为电路转接，在通话期间，相应的用户线、中继线及相关设备一直处于占用状态，直至通话完毕。当通话一方挂机后，交换局就可拆线，所有占用的设备恢复空闲状态。

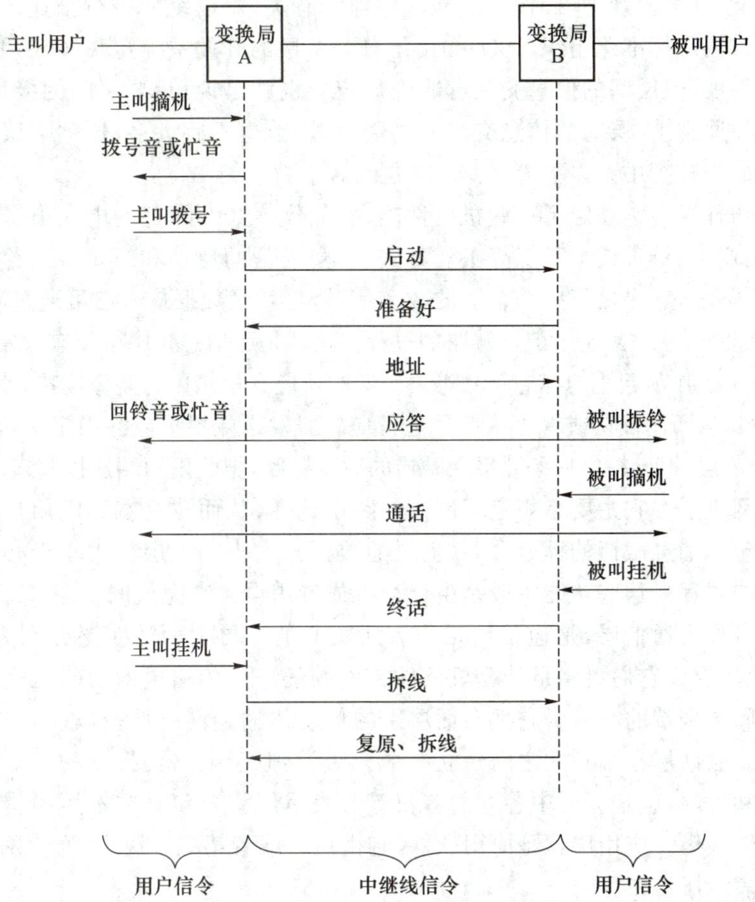

图 13.4.1　电话信令示例

如果被叫用户也属于交换局 A，则不需要图中局间的信令联系，局 A 直接试接被叫。如果被叫属于另一个局 C，从 A 到 C 的话路需要经过局 B，则局 B 收到来自 A 的信令后继续向前发送信令，方式与前面所讲的情形类似。

用户线信令在各国基本上差别不大。其中人的参与较多，有一些差别也只是拨号音频率和振铃音间隙等，一般关系不大。在前面的例子中，我们假设了局间信令和传送话音的信道是同一路由传输的，这种情形称为随路信令。随路信令复接在中继线中，例如第 7 章的图 7.9.15 中的时隙 TS16 就是用于传输信令，TS0 用于同步，其他时隙是时分复用的 30 个 PCM 话路。

除随路信令外，线路利用率更高的是共路信令。1980 年 CCITT 提出后经修改的七号信令是一种共路信令，目前已成为国际上使用最广泛的信令系统。我国也已于 1990 年发布国内电话网上的七号信令系统。共路信令系统用一个独立的数据通信网专门用来传输信令,各交换节点都与信令网相连接,信令以信息包的形式在信令网上传送。

13.4.2 数据网协议

计算机网或数据网中的协议所起的作用与电话网中的信令是一样的,它也是一种协调网络运行的"语言"。数据网协议中人的参与非常少,所用的交换方式是信息转接。具体使用的协议与网络功能、计算机硬件、操作系统和软件等都有关,难以统一进行描述。为此人们提出了分层的概念。国际标准化组织(ISO)提出了分为7层的开放系统互联(OSI)参考模型,各层可以各自独立发展,但层间的信息交流有明确规定。也就是说,只要层间的接口符合规范,各层可自由设计。原则上,层间的信息交流应尽量少,层数也不宜太多,这种7层结构是兼顾这些因素后形成的一种折中。以下简介 OSI 7 层协议。

最下层是物理层。它规定了一些机电性能,例如代表"0"和"1"的电压值、匹配阻抗、比特速率等,还包括双工、单工或半双工等工作方式,建立通信的启动和终止方式等。这层协议满足后,从上层看下去,它提供了一个合适的数字信道,也就是数据信号已可通过它传送出去。

第二层是链路层。它规定了建立链路的过程。这就是在信息包中必须有收发数据的相互应答,每个帧中规定了作为起止的标志符号等。发送端还应有检错用的监督比特,使接收端能检查这一帧是否有错,从而用确认或者否认信号进行应答。发送端根据应答确定是否重发。这层协议完成后,从上一层看,已提供一条几乎无差错的数据链路,把收发两端连接起来。

第三层是网络层。它主要是规定了网内的路由选择,从而建立端到端用户之间信息包传输路径。它还包括消息载荷的拆分合并(上层的数据帧大小和下层帧大小未必一致)、网络拥塞控制等方面的规程。这些功能一般是由计算机或专用设备来完成的。

以上三层可称为通信层,是通信网工作者所关心的。再上面的四层分别为传输层、会话层、表示层和应用层。它们更多是计算机软件方面的任务。传输层的功能是完成主机之间或信源和信宿之间端到端的互通。它把会话层来的信息传输到网络层,也就是把信息处理成适于在网内传送。会话层在端到端之间建立一个会话(类似于电路交换中的一个电话呼叫),负责会话的建立和拆除,确定会话中各方的鉴权等。表示层主要包括文本压缩、常用词转换、加密和文件格式转换等。应用层就是应用软件,它由用户或者第三方决定,通信网只要求它所形成的消息能与表示层接口。

注意这种协议分层只是一种建议的设计模式。具体的通信系统中可能有不同的分层方法,但其思想基本类似。例如国际互联网采用的 TCP/IP 协议栈是4层,包括应用层(HTTP、POP3、FTP 等)、传输层(TCP、UDP)、网络层(IP)和网络接入层(以太网、WLAN 等)。

CCITTX.25 是数据通信中的一个典型协议,下面简介其部分内容,以窥协议的一般性质。

X.25 中的物理层协议是 CCITT X.21 和 X.21bis 建议,其中有机械连接、电气特性和信号线定义的各种具体规定。链路层采用高级数据链路控制(HDLC)协议的一个子集,称为平衡型链路访问(LAPB)协议。链路层的数据是以帧的形式组织的,HDLC 的帧结构如图 13.4.2 所示。其中 I 是上层来的数据。由于物理层的比特流是连续传送的,故此设置了 F 作为帧开始和结束的标志符号,其值是 01111110 八个比特。为了防止报文内也出现这种比特组合而发生混淆,在组成信息包时,通常要求出现5个连"1"时,必须在后面加一个"0",在接收端检测到有5个连"1"就把后面的"0"取消,以恢复消息状态。A 是地址字节,用于链路层时,它指示传输方向，方向可能是从数字通信设备（DCE）发到数字终端设备（DTE）或相反。C 是控制字节，用来标识该帧的类型、帧的编号以及轮询位。信息部分 I 一般不规定长度。FCC 是 CRC 校验（见 9.3.7 节），其生成多项式是$x^{16}+x^{12}+x^{5}+1$。

F	A	C	I	FCC	F

图 13.4.2　HDLC 帧结构

X.25 的网络层传输也是以帧的方式组织的，其帧结构也一样是在上层数据上加装用于控制目的的帧头。这里不再详述。

由以上的简单介绍已可见协议的复杂性，要精确地描述一个协议是相当困难的，验证它能在所有异常情况下都能正确运行就更困难了，而且还希望这些工作能由计算机自动完成，所以协议的描述和验证仍是一个重要研究课题。

13.5　下一代网络

13.5.1　NGN

NGN 是 Next Generation Network 或 New Generation Network 的缩写，即下一代网络或新一代网络。泛指一种与现在的网络不同，通过采用大量先进技术而形成的新网络。它能够提供各种可能的业务，包括语音、数据及多媒体业务等，能实现现有各种网络的融合，能让各种不同的终端用户互通业务。在技术上，下一代网络将包括软交换，包括以多业务传输平台和智能光网络为基础的传送网，包括下一代互联网和 IPv6，包括 DSL（数字用户线）、PON（无源光网络）、WLAN（无线局域网）等接入方式，并包括 3G、4G 等下一代的移动网络。

NGN 是一个分组传输网络，其主要特征体现为控制与承载分离、呼叫/会话与应用/业务分离、业务的提供与网络分离。NGN 采用开放式体系架构和标准接口，从而能支持各种类型的业务，包括实时业务、流业务、非实时业务和多媒体业务。NGN 能支持端到端的 QoS，具有透明的宽带传输能力。它通过开放接口与现有网络互通，具有通用移动性。所谓通用移动性，是指不论接入技术是什么，用户作为单个人能够始终如一地使用和管理其业务。NGN 还能使用户自由选择业务提供商（SP）。

NGN 从纵向可分为接入层、传输层、控制层和应用层，其结构如图 13.5.1 所示。接入层通过各种接入手段将用户所产生的语音、数据、多媒体等信息转换成能够在分组网中传输的数据格式后提交给分组网络；传输层采用分组技术，提供一个高可靠、端到端 QoS 保证的传送网络。控制层是 NGN 的核心，负责呼叫控制和处理功能、业务交换功能、提供和支持多种协议接口、互通功能、语音处理功能、操作维护功能、资源管理功能、计费功能、认证和授权功能、网关功能、地址解析功能等。应用层由一些服务器构成，向 NGN 提供业务应用。从这种分层结构可以看出，NGN 的思想是业务与呼叫控制分离，呼叫与承载分离，而在传统电路交换网络中，呼叫控制、业务提供以及电路交换矩阵都集成在一个交换设备中。

13.5.2　软交换

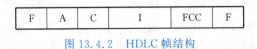

软交换（Softswitch）的概念最早起源于美国。早期，有一些企业在基于 IP 的企业网内通

过呼叫软件来实现集团电话,称为 IP PBX。这种方法可以通过局域网实现管理与维护,对设备的可靠性、计费和管理要求不高,因此获得了巨大成功。随着这一技术的发展,人们提出了分解程控交换机功能的思路:将传统的交换设备部件化,分为呼叫控制与媒体处理,二者之间采用标准协议(MGCP,H.248)且主要使用纯软件进行处理,这样就产生了软交换技术。

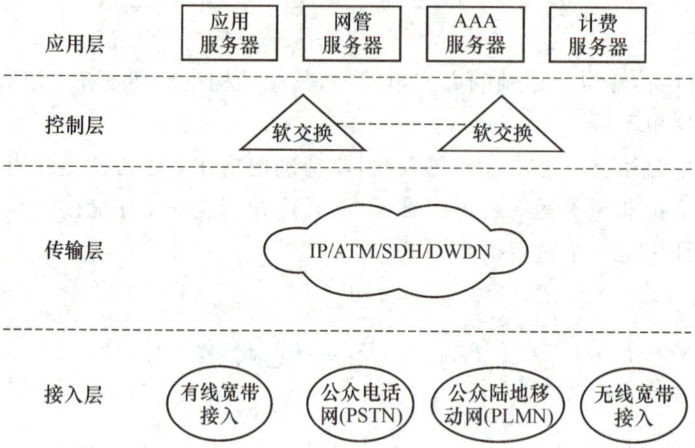

图 13.5.1　NGN 的网络分层

可以从多个角度来理解软交换:一方面,可以将它理解为一种分层、开放的 NGN 体系结构;另一方面,也可以将它理解为 IP PBX 的进一步扩展,即除了提供呼叫控制功能外,还能提供电信级运营商所需要的计费、认证、路由、协议处理、资源管理和分配等其他功能;此外,还可以将软交换理解为处于 NGN 控制层的物理设备,如图 13.5.1 所示。软交换是当前业界的一个热点话题,在许多场合下,软交换几乎成了 NGN 的同名词。但严格说,NGN 包含着更为广泛的内容,软交换只是 NGN 核心控制层技术之一。

13.5.3　IMS

IMS 是 IP 多媒体子系统的英文缩写:IP multimedia subsystem。

当固定电话通信从 IP 电话发展出软交换的同时,移动通信中也产生了类似的思想。在 3G 移动通信的发展过程中,3G 国际标准化组织 3GPP 先后推出了不同版本的 WCDMA 标准,包括 R99、R4、R5 和 R6 等。2001 年完成的 R4 版本主要特征是在核心网电路域中实现了承载与控制的分离,即将传统移动交换机(MSC)分离为媒体网关(MGW)和 MSC 服务器两部分。如果与软交换相类比的话,也可以将 MSC 称为"移动软交换",但它和固话网的软交换还是存在着许多的差异。

之后的 R5 版本在核心网中首次引入了 IMS,这是一个在基于 IP 的网络上提供多媒体业务的通用网络架构。R6 版本对 IMS 进行了完善。IMS 的重要特点是对控制层功能做了进一步的分解,实现了会话控制实体 CSCF 和承载控制实体 MGCF 在功能上的分离,使网络架构更为开放、灵活,所以 IMS 实际上比传统软交换更"软"。

虽然 IMS 是针对移动通信而提出,但出于网络融合的愿望,人们想到将 IMS 扩展到固定通信领域,希望借此建立移动网络与固定网络的统一控制层。3GPP 与其他一些标准化组织都在为此而努力。许多国际组织和主流设备制造商都已开始依照 IMS 体系架构去开发 NGN 系统。IMS 的理想是建立与接入无关、能被移动与固定网络共用的融合核心网,即能够为使用 2.5G、3G、WLAN 和固定宽带等不同接入手段的用户提供融合业务。

IMS 与软交换都是发展 NGN 的途径。它们都希望建立基于 IP 的融合与开放的网络平台。从标准化和技术成熟度来看，基于软交换构建固定 NGN 更为现实，难度也较小，国内外已开展了大量的商用试验；从技术趋势来看，IMS 代表了未来的发展方向。可以说，基于软交换的网络只是 NGN 发展的初级阶段，而 IMS 是 NGN 发展的高级阶段。

13.6　无线自组织网络

前述的各种通信网络都属于有架构的网络：网络中存在大量的基础设施，如路由器、交换机等，通过这些基础设施来完成网络功能。这种网络通常是由网络运营商或者所有者出资，一般需要经过专门的技术设计和工程施工之后，才能开通运行。与此相对，无线通信网还存在另一种形式，即自组织网络（Ad Hoc Network），它是由许多节点以自发的方式即时形成的网络。这些节点既可能是源节点或者目的节点，也可能是转接节点。自组织网络不需要中央控制设施，网络节点通过一套协议自动形成一个网络，实现通信网的各种基本功能。在无线自组织网络中，相邻的节点通常以随机接入的方式直接通信；不相邻的两个节点之间的通信通过其他节点转接完成，称为多跳通信。无线自组织网络协议的一个重要功能就是建立起适当的多跳路由。

自组织网络目前还存在许多待完善的地方，主要是数据速率和网络效率较低，不能良好支持实时业务等。不过，自组织网络突破了传统网络的局限性，能够快速、便捷、高效地部署，因此有广泛的应用领域。例如在办公场所、会议室等环境中，无线自组织网络可以使笔记本电脑、掌上电脑之间相互通信；在家庭中，我们可以将各种家用电器通过自组织网络的方式连成网络，实现"智能家居"。无线自组织网络在工业、航天、军事等领域中也大有用武之地。车间和生产线可以通过无线自组织网络实现分布式的控制；战场上的士兵配备有通信终端后，也能动态地组成网络。无线自组织网络的一个重要应用形式是无线传感器网络，它将大量的传感器通过自组织方式连成网络。

13.7　结　束　语

以上简述了通信网的简要知识，包括组网的各种要素，交换技术，信令和协议的基本概念，以及通信网未来发展的简要介绍。随着时代的发展，信息已成为生产和生活中重要的部分，信息共享必须求助于通信网的发展，因为它能将信息最快速地传播，取得最大的效益。由此可见，通信产业将以通信网为中心而进一步发展。

回顾通信网的发展过程，有许多失败的预期。20 世纪 80 年代的综合业务数字网和后来的宽带综合业务数字网都没得到很大的发展，互联网和移动通信网却出乎预料的飞速发展。但对此又估计过高，出现了后来的网站泡沫，第三代移动通信网也一再推迟，以铱星为代表的卫星移动通信网也有类似情况。这些情况说明，通信网是一个庞大的系统，技术相当复杂，不易考虑得面面俱到，市场需求也很难预测。此外，理论工作做得不够，一直有些争论无法统一。总之，通信网是一个值得深入研究的课题，应引起大家更多的关注。

缩 略 语

3GPP	3rd Generation Partnership Project	第三代合作伙伴计划
ADC	Analog-to-Digital Converter	模数变换器
ADPCM	Adaptive Differential Pulse Code Modulation	自适应差分脉冲编码调制
AM	Amplitude Modulation	幅度调制
ARQ	Automatic Repeat reQuest	自动重发请求
ATM	Asynchronous Transfer Mode	异步转移模式
AWGN	Additive White Gaussian Noise	加性白高斯噪声
BPF	Band-Pass Filter	带通滤波器
BPSK	Binary Phase Shift Keying	二进制移相键控
CDF	Cumulative Distribution Function	累积分布函数
CDM	Code Division Multiplexing	码分复用
CDMA	Code Division Multiple Access	码分多址
CRC	Cyclic Redundancy Check	循环冗余检验
DAB	Digital Audio Broadcasting	数字音频广播
DAC	Digital-to-Analog Converter	数模变换器
dB	deci-Bel	分贝
DCT	Discrete Cosine Transform	离散余弦变换
DFT	Discrete Fourier Transform	离散傅里叶变换
DPSK	Differential Phase Shift Keying	差分移相键控
DQPSK	Differential QPSK	差分四相移相键控
DSB-SC	Double Sideband - Suppressed-Carrier	双边带抑制载波
DSB-TC	Double Sideband with Transmitted Carrier	双边带传输载波
DSSS	Direct Sequence Spread Spectrum	直接序列扩频
DTFT	Discrete-Time Fourier Transform	离散时间傅氏变换
DVB	Digital Video Broadcasting	数字视频广播
eMBB	enhanced Mobile Broadband	增强型移动宽带
ETSI	European Telecommunication Standards Institute	欧洲电信标准协会
FDM	Frequency Division Multiplexing	频分复用

FDMA	Frequency Division Multiple Access	频分多址
FEC	Forward Error Correction	前向纠错
FFT	Fast Fourier Transform	快速傅里叶变换
FM	Frequency Modulation	调频
FSK	Frequency Shift Keying	移频键控
GMSK	Gaussian Minimum Shift Keying	高斯最小移频键控
HDB3	High Density Bipolar of Order 3	三阶高密度双极性码
ICI	Inter-Carrier Interference	载波间干扰
IEEE	Institute of Electrical and Electronic Engineers	电气与电子工程师协会
IF	Intermediate Frequency	IF
IP	Internet Protocol	互联网协议
ISDN	Integrated Service Digital Network	综合业务数字网
ISI	Inter-Symbol Interference	符号间干扰
ISO	International Standards Organization	国际标准化组织
ITU	International Telecommunication Union	国际电信联盟
JSCC	Joint Source-Channel Coding	联合信源信道编码
LDPC	Low Density Parity Check	低密度奇偶校验
LNA	Low Noise Amplifier	低噪声放大器(低噪放)
LO	Local Oscillator	本地振荡器(本振)
LPF	Low Pass Filter	低通滤波器
LSB	Lower Sideband	下边带
MAP	Maximum A Posterior	最大后验
MF	Matched Filter	匹配滤波器
MIMO	Multiple Input Multiple Output	多入多出
ML	Maximum Likelihood	最大似然
mMTC	massive Machine Type Communication	海量机器类通信
MASK	M-ary Amplitude Shift Keying	M 进制移幅键控
MPEG	Motion Picture Experts Group	活动图像专家组
MPSK	M-ary Phase Shift Keying	M 进制移相键控
MSK	Minimum Shift Keying	最小移频键控
NBFM	Narrow Band Frequency Modulation	窄带调频
NGN	Next Generation Network	下一代网络
NRZ	Non-Return to Zero	不归零
OFDM	Orthogonal Frequency Division Multiplexing	正交频分复用

OFDMA	Orthogonal Frequency Division Multiple Access	正交频分复用多址
OOK	On-Off Keying	通断键控
OQPSK	Offset QPSK	偏移四相移相键控
OTFS	Orthogonal Time Frequency Space	正交时频空间
PA	Power Amplifier	功率放大器(功放)
PAM	Pulse Amplitude Modulation	脉冲幅度调制
PAPR	Peak to Average Power Ratio	峰均比
PDF	Probability Density Function	概率密度函数
PLL	Phase-Locked Loop	锁相环
PM	Phase Modulation	调相
PMF	Probability Mass Function	概率质量函数
PSK	Phase Shift Keying	移相键控
PSTN	Public Switched Telephone Network	公用电话交换网
QAM	Quadrature Amplitude Modulation	正交幅度调制
QPSK	Quadrature Phase Shift Keying	正交移相键控
	Quadriphase Shift Keying	四相移相键控
	Quaternary Phase Shift Keying	四进制移相键控
RF	Radio Frequency	射频
SDH	Synchronous Digital Hierarchy	同步数字系列
SDN	Software Defined Network	软件定义网络
SINR	Signal to Interference plus Noise Ratio	信干噪比
SNR	Signal to Noise Ratio	信噪比
SSB	Single Sideband	单边带
TCP	Transmission Control Protocol	传输控制协议
TDM	Time Division Multiplexing	时分复用
TDMA	Time Division Multiple Access	时分多址
TD-SCDMA	Time Division-Synchronization Code Division Multiple Access	时分同步码分多址
uRLLC	ultra-Reliable and Low-Latency Communication	超可靠低时延
USB	Upper Sideband	上边带
VCO	Voltage Controlled Oscillator	压控振荡器
VSB	Vestigial Sideband	残留边带
WCDMA	Wideband Code Division Multiple Access	宽带码分多址
WLAN	Wireless Local Area Network	无线局域网
WMAN	Wireless Metropolitan Area Network	无线城域网

参考文献

[1] SHANNON C E. A mathematical theory of communication[J]. Bell System Technical Journal, 1948, 27(3): 379-423.

[2] NYQUIST H. Certain topics in telegraph transmission theory[J]. Transactions of the American Institute of Electrical Engineers, 1928, 47(2): 617-644.

[3] 栾正禧. 中国邮电百科全书：电信卷[M]. 北京：人民邮电出版社，1993.

[4] HAYKIN S, MOHER M. Communication Systems[M]. 5th ed. John Wiley & Sons, 2009.

[5] 郑君里，应启珩，杨为理. 信号与系统[M]. 2 版. 北京：高等教育出版社，2000.

[6] 陆大絟，张颢. 随机过程及其应用[M]. 2 版. 北京：清华大学出版社，2012.

[7] PROAKIS J G, SALEHI M. Communication Systems Engineering[M]. 2nd ed. Prentice Hall, Inc., 2002.

[8] COUCH L W, II. Digital and Analog Communication Systems[M]. 8th ed. Pearson, 2013.

[9] PROAKIS J G. Digital Communications[M]. 5th ed. McGraw-Hill Education, 2008.

[10] 曹志刚. 通信原理与应用[M]. 北京：高等教育出版社，2015.

[11] WILSON S G. Digital Modulation and Coding[M]. Prentice Hall, Inc. , 1996.

[12] HAYKIN S, MOHER M. 现代无线通信[M]. 郑宝玉，等译. 北京：电子工业出版社，2006.

[13] VAN TREES H L. Detection, Estimation, and Modulation Theory: Part I Detection, Estimation, and Linear Modulation Theory[M]. New York: John Wiley & Sons, 2001.

[14] 周炯槃. 信息理论基础[M]. 北京：人民邮电出版社，1983.

[15] 周炯槃，丁晓明. 信源编码原理[M]. 北京：人民邮电出版社，1996.

[16] 朱雪龙. 应用信息论基础[M]. 北京：清华大学出版社，2001.

[17] BERGER T. Rate Distortion Theory[M]. Prentice Hall, Inc., 1971.

[18] 牛凯，吴伟陵. 移动通信原理[M]. 3 版. 北京：电子工业出版社，2021.

[19] 吴伟陵. 信息处理与编码[M]. 北京：人民邮电出版社，1999.

[20] 王新梅，肖国镇. 纠错码——原理与方法[M]. 西安：西安电子科技大学出版社，1991.

[21] MCELIECE R J. The Theory of Information and Coding[M]. Addison, Wesley Publishing Company, Inc., 1997.

[22] 樊昌信，曹丽娜. 通信原理[M]. 7 版. 北京：国防工业出版社，2012.

[23] BIGLIERI E. Coding for Wireless Channels[M]. Springer, 2005.

[24] OPPENHEIM A V. Signals & Systems[M]. 2nd ed. Prentice Hall, 1997.

[25] ZIEMER R E. Principles of Communications: System Modulation and Noise[M]. John Wiley & Sons, 2006.

[26] RAPPAPORT T S. Wireless Communications Principles and Practice[M]. Prentice Hall，Inc.，1996.
[27] 阮秋琦. 数字图像处理学[M]. 北京：电子工业出版社，2001.
[28] 蔡安妮，孙景鳌. 多媒体通信技术基础[M]. 北京：电子工业出版社，2001.
[29] SKLAR B. Digital Communications：Fundamentals And Applications[M]. Pearson，2021.
[30] MOLISCH A F. 宽带无线数字通信[M]. 许希斌，等译. 北京：电子工业出版社，2002.
[31] MOLISCH A F. 无线通信[M]. 田斌，译. 北京：电子工业出版社，2008.
[32] LEE J S，MILER L E. CDMA 系统工程手册[M]. 许希斌，等译. 北京：人民邮电出版社，2001.
[33] SCHWARTZ M. 移动无线通信[M]. 许希斌，李云洲，译. 北京：电子工业出版社，2006.
[34] JAKES W C. Microwave Mobile Communications[M]. Piscataway，NJ：IEEE Press，1974.
[35] GOLDSMITH A. 无线通信[M]. 杨鸿文，等译. 北京：人民邮电出版社，2006.
[36] BAHAI A R S，SALTZBERG B R. Multi-Carrier Digital Communications Theory and Applications of OFDM[M]. 2nd ed. Springer，2004.
[37] TELLADO J，ALVAREZ J. Multicarrier Modulation with Low Par：Applications to DSL and Wireless[M]. Boston：Kluwer，2000.
[39] 尹长川，等. 多载波宽带无线通信技术[M]. 北京：北京邮电大学出版社，2004.
[40] 周炯槃. 通信网理论基础[M]. 北京：人民邮电出版社，1991.
[41] 杨学志. 通信之道：从微积分到 5G[M]. 北京：电子工业出版社，2016.
[42] 陈小锋. 通信新读——从原理到应用[M]. 北京：机械工业出版社，2013.
[43] MADHOW U. Fundamentals of Digital Communication[M]. Cambridge：Cambridge University Press，2014.
[44] GALLAGER R G. Principles of Digital Communication[M]. Cambridge：Cambridge University Press，2014.
[45] 彭木根. 通信网理论与技术基础[M]. 北京：北京邮电大学出版社，2023.
[46] 邓钢，刘宝玲. 通信电子电路：微课版[M]. 北京：人民邮电出版社，2024.
[47] 纪越峰. 现代通信技术[M]. 5 版. 北京：北京邮电大学出版社，2020.
[48] 谈振辉. CDMA 通信原理与技术[M]. 北京：高等教育出版社，2022.
[49] LAUNIAINEN P. 无线通信简史：从电磁波到 5G[M]. 蒋楠，译. 北京：人民邮电出版社，2020.
[50] 周圣君. 通信简史[M]. 北京：人民邮电出版社，2022.
[51] 胡细宝，等. 概率论·数理统计·随机过程[M]. 北京：北京邮电大学出版社，2004.
[52] 郭文彬，等. 通信原理——基于 Matlab 的计算机仿真[M]. 北京：北京邮电大学出版社，2015.
[53] 刘晓峰，等. 5G 无线系统设计与国际标准[M]. 北京：人民邮电出版社，2019.
[54] 郭一珺，等. 通信原理习题集[M]. 2 版. 北京：北京邮电大学出版社，2025.